測度・積分とバナッハ空間

松田 稔

東京図書出版

まえがき

　書名をみたとき，読者諸君は本の内容について何を思い描くであろう．それを以下で述べよう．さて，測度論，積分論固有の内容で構成された著作以外では，これら (測度論, 積分論) の分野, 内容は確率論の基礎との考えの下, [測度，積分と確率論] との立場で，測度論，積分論の準備後，発展的内容は「確率論」であるとの認識で著されている書物が，わが国では多数見られるのではないかと従来から感じてきた．あるいは昨今では, [**測度, 積分と関数解析**] との立場で，測度論，積分論は, 広範な関数解析 (あるいは，特殊化した場合には，例えば，偏微分方程式論等) の諸問題を扱う際の有力, 格好な **関数空間** の具体的事例, 考察対象を提供する基礎分野であるという認識で著されている書物も，わが国で散見されるようになったと感じている．しかし，測度論，積分論が，このような認識のみの下で扱われ, 紹介されることは，これらの内容の面白さ，興味深さの (重要な側面であることに相違ないが, その実) 或る側面だけを提示しているのみではないかとの思いを持つようになってきた．そのため本書は，このような立場, 観点から著されたものではなく，前著：バナッハ空間とラドン・ニコディム性，と同様の趣旨に立脚し，バナッハ空間の構造解析に資する測度論, 積分論の妙味, 逞しさ, 力強さを (前著以外の内容に関して, 著者の能力の範囲で) さらに少しでも伝えることができればという思いで著されている．したがって，測度, 積分とバナッハ空間の関連分野の内容としては，邦書では最初に紹介される興味深い成果 (特に, ペッティス積分に関するもの, 弱ラドン・ニコディム性に関するもの) も多々含まれている．すなわち，前著の続論的意味合いを持つ内容 (特に, 3 章部分) も含む形で構成されている．

　第 1 章では, 2 章, 3 章におけるバナッハ空間の構造解析に関するテーマの準備内容として必須の測度論, 積分論の広範な基礎理論をまとめた．従来の測度論, 積分論に特化した邦書では余り含まれることのなかった「有限加法的実測度」についての基礎事項や，「任意個数の確率測度空間の積測度」についての基礎事項も, 2 章, 3 章 での必要性の故に, 紹介し，測度論, 積分論の一つの総括を, 分かり易く提示したと考えている．なお, 章末に用意した練習問題 (基礎的問題から重要かつ必須的な応用問題で構成される大問 54 題) と, その解答例を併せて読破すれば，測度, 積分についての大方の内容は，この第 1 章部分で十分に学習可能である．そして，第 2 章, 第 3 章が本書の主要部分である．第 2 章ではバナッハ空間 X に **弱位相** $\sigma(X, X^*)$ を導入した位相空間 $(X, \sigma(X, X^*))$ における測度論を先ず論じる．この分野での先駆的な結果である G. Edgar (1977) の定理の紹介と，その結果派生した, 測度論とバナッハ空間の構造理論との関連問題

の中で得られた興味深い諸結果 (A. Tortrat の結果を含む) を述べている．次に，バナッハ空間に値をとる関数の積分論について論じる．ボッホナー積分，バーコフ積分，ペッティス積分である．ボッホナー積分については，前著：バナッハ空間とラドン・ニコディム性，あるいは他の邦書においても多く扱われているが，バーコフ積分，ペッティス積分に関する記述は邦書に殆ど見られていない．そのため，これらの積分の基礎事項，特に **ペッティス積分** に焦点をあて，多くの紙面をとり論じることにする．ペッティス積分は昨今，バナッハ空間の構造理論との関連で重視されている積分概念である．前二者の積分が強積分と呼ばれるのに対して，弱積分と呼ばれる積分概念の最初のもので，B. J. Pettis (1938) により定義されたバナッハ空間値関数の積分概念である．Pettis の定義以来，(弱積分という条件の弱さに起因する探求の難しさ故か) ペッティス積分関連の研究は然程なされて来なかったが，K. Musial (1976, 1979) のバナッハ空間の弱ラドン・ニコディム性の探求をきっかけとして，ペッティス積分とバナッハ空間の構造理論との関係を解き明かす研究や，ペッティス積分可能関数を解析する研究が非常に活発に行われるようになった．2 章では特に，現在に至るこのような分野の研究を促進したと考えられる幾つかの重要な成果のうち，ペッティス積分可能関数を core (コア) の概念で特徴付ける R. Geitz (1981, 1982), M. Talagrand (1984) の結果を重視して紹介したい．第 3 章では，バナッハ空間の弱ラドン・ニコディム性について論じる．前著で紹介したバナッハ空間のラドン・ニコディム性が，バナッハ空間値測度が**ボッホナー積分可能な密度関数** を持つか，否かを問題としたのに対して，ここでは，同様の問題を **ペッティス積分可能な密度関数** について考えるもので，前述したように K. Musial の先駆的研究がきっかけとなっている．特に豊かな理論が展開された**共役空間の弱ラドン・ニコディム性** について，l_1 を含まないバナッハ空間との関連も含め，共役空間が弱ラドン・ニコディム性を持つための基本的必要十分条件を紹介する．その際，共役空間のラドン・ニコディム問題の論理展開，発想がどのように踏襲，改変されながら弱ラドン・ニコディム問題に応用されているのかという面白さにも注意を払うことが肝要である．なお，2 章，3 章にも章末問題を用意し，測度，積分に留まらない関数解析分野の内容の基本的問題も多く配し，本文内容の補完や，その理解の一助としているので，解答例とともに学習されたい．

　前著と同様本書においても，読者諸君が，紹介された様々な成果に触れることにより，位相空間論，測度論，積分論，関数解析の基礎理論等が，バナッハ空間の構造理論の中で果たしている役割の大きさ，その柔軟性 (しなやかさ) などを感じとることができるならば，著者としてはこの上もない喜びである．

目次

まえがき 1

第1章　測度，積分の一般理論 5
　1.1　集合族 5
　1.2　可算加法的測度（特に，ルベーグ測度）と（抽象）積分 26
　1.3　有限加法的実測度，（可算加法的）実測度 117
　1.4　積測度 168
　　　　問題1 253

第2章　バナッハ空間における測度論，バナッハ空間値関数の積分論 278
　2.1　バナッハ空間における測度 278
　2.2　バナッハ空間値関数の積分（特に，ペッティス積分）......................322
　　　　問題2 397

第3章　バナッハ空間と弱ラドン・ニコディム性 413
　3.1　バナッハ空間の弱ラドン・ニコディム性 413
　3.2　共役バナッハ空間の弱ラドン・ニコディム性 419
　　　　問題3 471

　　　　問題の解答 475

　　　　あとがき 534

　　　　索引 536

第 1 章 測度, 積分の一般理論

ここでは, バナッハ空間を測度論, 積分論の観点から構造解析するための準備内容として必須の, 測度論, 積分論の基礎理論や, 書物の後半部分で解説される主要理論のために必要とされる測度論, 積分論のさらなる補足事項を, 総括的に与える. 内容としては, 集合族, 可算加法的測度 (特に, ルベーグ測度), 抽象積分 (ルベーグ積分), 有限加法的実測度, 積測度等である. 特に, 有限加法的実測度の項では, この分野の基礎事項である, 吉田・ヒューイット分解や, 有界実数列全体の作るバナッハ空間 l_∞ の共役空間に言及する. また, 積測度の項では, 通常の基礎的内容のみではなく, 0-1 法則や, カントール空間 $\{0,1\}^N$ とハール測度に関する結果も紹介し, 2 章, 3 章の準備としたい. すなわち, この章は, (有限加法的実測度を含む) 測度論, 積分論の抽象理論の纏め的意味合いを持つ内容と 2 章, 3 章で展開される主要理論の準備内容で構成されている.

1.1 集合族

読者諸君は過去において, 面積あるいは体積という言葉で表現されてきたものが考えられる様々な集合に出会ってきた. この節は, このような集合の作る集合 (数学用語で, **集合族** という) に目を向け, 調べることにより出現する様々な集合族の状況を解析し, それらを的確に把握したいという趣旨の下, 述べられている. もう少しきちんと言えば, 次節以降で与えられる有限加法的 (実) 測度, あるいは (可算加法的) 測度の定義域として現れる様々な基本的集合族 (半集合環, 集合環, 集合体, σ-集合体, 単調族等) を, 初等的なものから順次紹介し, 如何にして, 特殊な集合で構成される集合族から, より一般的な集合で構成される集合族を獲得するのかという一手順を, 具体的議論も踏まえながら一般的, 抽象的議論により紹介しよう.

以後, $\mathbf{R}^k$ は k 次元ユークリッド空間を表す. すなわち, 集合としては

$$\mathbf{R}^k = \{(x_1, \ldots, x_k) : x_1, \ldots, x_k \in \mathbf{R}\}$$

であり, これに通常の和と実数倍を導入して得られる線形空間に, ユークリッドノルム

$$\|x\| = \sqrt{\sum_{i=1}^k x_i^2} \quad (x = (x_1, \ldots, x_k) \in \mathbf{R}^k)$$

を導入した空間である. この $\mathbf{R}^k$ の部分集合のうち, 或る種の集合, すなわち, $\mathbf{R}^k$ に (ルベーグ) 測度論を構築する際の最も基本的な集合に着目す

る．すなわち，通常，区間と呼ばれるものである．そのために，$\mathbf{R}^1$ ($=\mathbf{R}$ と略記) の区間から定義する．普通．集合として出会う際には閉区間，開区間が基礎的，一般的であるが，測度論を展開するには，半開区間が都合が良く，一般的なものである．$a, b \in \mathbf{R}$, $a \leq b$ について

$$(a, b] = \{x \in \mathbf{R} : a < x \leq b\} \text{ (ただし, } a = b \text{ のときは空集合を表す)}$$

と定義し，このような集合を一次元有限左半開区間 (finite left-half open interval) という．$\mathbf{R}$ の有限左半開区間全体から成る集合族 (その各元が集合である集合のことを集合族という) を $\boldsymbol{J}^{(1)}$ と表す．すなわち

$$\boldsymbol{J}^{(1)} = \{(a, b] : -\infty < a \leq b < \infty\}$$

である．また，必ずしも有限でない半開区間を次のように定義する．$-\infty \leq a \leq b \leq \infty$ について，$(a, b]$ を次で定義する．全て，$\mathbf{R}$ の部分集合として与えられる．

$$(a, b] = \begin{cases} (-\infty, b] & (-\infty = a < b < \infty \text{ のとき}) \\ (a, \infty) & (-\infty < a < b = \infty \text{ のとき}) \\ (-\infty, \infty) & (-\infty = a < b = \infty \text{ のとき}) \\ (a, b] & (-\infty < a \leq b < \infty \text{ のとき}) \end{cases}$$

このような集合を，左半開区間 (left-half open interval) という．$\mathbf{R}$ の左半開区間全体から成る集合族を $\boldsymbol{J}^{(1)}_{\infty}$ と表すことにする．すなわち

$$\boldsymbol{J}^{(1)}_{\infty} = \{(a, b] : -\infty \leq a \leq b \leq \infty\}$$

である．次に，$\mathbf{R}^k$ において，同様の集合 (有限左半開区間，左半開区間，これらを総称して，以後，矩形と表記する場合がある) を定義する．$J \subset \mathbf{R}^k$ が k 次元有限左半開区間であるとは，次の形の集合をいう．$-\infty < a_i \leq b_i < \infty$ ($i = 1, 2, \ldots, k$) について

$$J = \{(x_1, \ldots, x_k) : a_i < x_i \leq b_i, i = 1, 2, \ldots, k\}$$

すなわち

$$J = \Pi_{i=1}^{k}(a_i, b_i] \ ((a_i, b_i] \in \boldsymbol{J}^{(1)}, i = 1, 2, \ldots, k)$$

である．すなわち，k 次元有限左半開区間とは，一次元有限左半開区間の k 個の直積集合として定義される集合である．同様に，k 次元左半開区間 J とは

$$J = \Pi_{i=1}^{k}(a_i, b_i] \ ((a_i, b_i] \in \boldsymbol{J}^{(1)}_{\infty})$$

で定義する．すなわち，k 次元左半開区間とは、一次元左半開区間の k 個の直積集合である．$\bm{J}^{(k)}$, $\bm{J}^{(k)}_\infty$ を，各々 k 次元有限左半開区間，k 次元左半開区間全体から成る集合族とする．すなわち

$$\bm{J}^{(k)} = \{\Pi_{i=1}^k (a_i, b_i] \ : \ (a_i, b_i] \in \bm{J}^{(1)}, i = 1, 2, \ldots, k\}$$

$$\bm{J}^{(k)}_\infty = \{\Pi_{i=1}^k (a_i, b_i] \ : \ (a_i, b_i] \in \bm{J}^{(1)}_\infty, i = 1, 2, \ldots, k\}$$

である．

例えば，$k = 2, 3$ の場合における $\bm{J}^{(2)}, \bm{J}^{(3)}$ の元は，各々 $J = (a_1, b_1] \times (a_2, b_2]$, $J = (a_1, b_1] \times (a_2, b_2] \times (a_3, b_3]$ の形であり，辺が各軸に平行な長方形，直方体を表している．このような集合が，$\mathbf{R}^2$ や，$\mathbf{R}^3$ における集合に，各々，面積や体積と呼ばれる概念を導入する際の基本的集合となる．そのため，我々はこのような集合の集合族：$\bm{J}^{(k)}$, あるいは $\bm{J}^{(k)}_\infty$ が，集合の基本的演算：合併 (和)，交わり (積)，差等の演算に対してどのような振る舞いをするか，その持つ性質に注目したい．そのことは，より一般な集合の集合族が，このような集合演算に対して持つ性質を調べるために非常に有効となる．先ず，$\bm{J}^{(1)}$ の様子から探ってみよう．

$$\bm{J}^{(1)} = \{(a, b] \ : \ -\infty < a \leq b < \infty\}$$

は，次の性質を持つ．

(s.1) $\emptyset \in \bm{J}^{(1)}$

(s.2) $\forall (a, b], (c, d] \in \bm{J}^{(1)} \Rightarrow (a, b] \cap (c, d] \in \bm{J}^{(1)}$

(s.3) $\forall (a, b] \supset (c, d], (a, b], (c, d] \in \bm{J}^{(1)} \Rightarrow$

$(a, b] \setminus (c, d] = (a, c] \cup (d, b], (a, c], (d, b] \in \bm{J}^{(1)}, (a, c] \cap (d, b] = \emptyset$

これから推測するに，$\bm{J}^{(k)}$ も次の性質を持つのではないか．すなわち，$\bm{J}^{(1)}$ の場合と対応して記せば

(s.1) $\emptyset \in \bm{J}^{(k)}$

(s.2) $\forall J_1, J_2 \in \bm{J}^{(k)} \Rightarrow J_1 \cap J_2 \in \bm{J}^{(k)}$

(s.3) $\forall J_1 \supset J_2, J_1, J_2 \in \bm{J}^{(k)} \Rightarrow \bm{J}^{(k)}$ の互いに素な有限個の元から成る集合族 $\{K_1, \ldots, K_m\}$ が存在して

$$J_1 \setminus J_2 = \sum_{i=1}^m K_i$$

が成り立つ．

(ただし，本書では，集合演算の場合の記号として，断り無く $\sum$ を用いた場合，互いに素な集合の和を表すことにする)

この問題を解決するために，我々は一般的な設定の下で，考えることにする．すなわち，$\mathbf{R}$ の集合族 $\bm{J}^{(1)}$ が持つ性質 (s.1), (s.2), (s.3) に着目し，このような性質を持つ集合族を一般的に考えることにする．設定は，次のようである．

S を或る集合とし，これを全体集合として，その部分集合の作る集合族の様子としてとらえるという考え方である．そのために，先ず S の部分集合全体から成る集合族を $\mathcal{P}(S)$ と表す．これは S の巾集合といわれる．すなわち
$$\mathcal{P}(S) = \{A \ : \ A \subset S\}$$
である．そのとき我々は，S の部分集合の作る或る集合族 $\mathcal{H}$ で，(s.1), (s.2), (s.3) を持つ集合族が，如何なる性質を持っているのかを，調べようというのである．

定義 1.1.1 (半集合環)　S の部分集合の作る或る集合族 $\mathcal{H}$ $(\subset \mathcal{P}(S))$（すなわち，或る性質を持った部分集合全体から成る集合族 $\mathcal{H}$ といっても良い）が，次の性質 (s.1), (s.2), (s.3) を持つとき，$\mathcal{H}$ は，S の**半集合環** (semi-ring, 以後，英語表記を用いる) であるという（ただし，半集合環を，half-ring という表記もあるが，本書では，semi-ring を用いることにする）．

(s.1) $\emptyset \in \mathcal{H}$

(s.2) $\forall H_1, H_2 \in \mathcal{H} \Rightarrow H_1 \cap H_2 \in \mathcal{H}$

(s.3) $\forall H_1 \supset H_2, H_1, H_2 \in \mathcal{H} \Rightarrow \mathcal{H}$ の互いに素な有限個の元から成る集合族 $\{K_1, \ldots, K_m\}$ が存在して
$$H_1 \backslash H_2 = \sum_{i=1}^{m} K_i$$
が成り立つ．

特に，全体集合 S を含む semi-ring $\mathcal{H}$ を，**半集合体** (semi-algebra) という．

注意 1　1. 性質 (s.3) は，包含関係にある $\mathcal{H}$ の元 H_1, H_2（ただし，$H_1 \supset H_2$）の差 $H_1 \backslash H_2$ は，$\mathcal{H}$ の有限個の元 $\{K_1, \ldots, K_m\}$ により分割されることを意味している．

2. 上記 (s.1), (s.2), (s.3) の三つの条件は，次の三つの条件で置き換えて良い．

(s.1) $\emptyset \in \mathcal{H}$

(s.2) $\forall H_1, H_2 \in \mathcal{H} \Rightarrow H_1 \cap H_2 \in \mathcal{H}$

(s.3)$'$ $\forall H_1, H_2 \in \mathcal{H} \Rightarrow \mathcal{H}$ の互いに素な有限個の元から成る集合族

$\{K_1, \ldots, K_m\}$ が存在して
$$H_1 \backslash H_2 = \sum_{i=1}^{m} K_i$$
が成り立つ.

それには, (s.1), (s.2), (s.3)$'$ $\Rightarrow$ (s.1), (s.2), (s.3) は明らかであるから, (s.1), (s.2), (s.3) $\Rightarrow$ (s.1), (s.2), (s.3)$'$ を示せば良い. 容易であるから, 各自で確かめること (ヒント: $H_1 \backslash H_2 = H_1 \backslash (H_1 \cap H_2)$, $H_1 \cap H_2 \in \mathcal{H}$ を利用せよ).

さて, $\boldsymbol{J}^{(k)}$, $\boldsymbol{J}_{\infty}^{(k)}$ の集合族としての性質を探るために, これらを一般化したものと推測される semi-ring $\mathcal{H}$ の持つ性質を調べてみよう. そして, これらに関する結果を基にして, $\boldsymbol{J}^{(k)}$ 等の性質について述べよう. 先ず, $\mathcal{H}$ の第一の基本的性質として

命題 1.1.2 S の semi-ring $\mathcal{H}$ は, 次の性質 $(*)$ を持つ.
$(*)$ $\mathcal{H}$ の元 H, $\mathcal{H}$ の互いに素な有限個の元から成る集合族 $\{H_1, \ldots, H_n\}$ で
$$H \supset \sum_{i=1}^{n} H_i$$
を満たすものが与えられたとき, $\mathcal{H}$ の互いに素な有限個の元から成る集合族 $\{K_1, \ldots, K_m\}$ を適当にとれば
$$H \backslash \left(\sum_{i=1}^{n} H_i \right) = \sum_{j=1}^{m} K_j$$
が成り立つ.

証明 n に関する数学的帰納法 (略して, 帰納法) で示す.

(I) $n = 1$ のとき. これは, semi-ring の定義の内の条件 (s.3) そのものであるから, この場合は成り立つ.

(II) n のとき, この命題が成り立つと仮定して, $(n+1)$ の場合に成り立つことを示そう. すなわち, $H \in \mathcal{H}$, $\{H_1, \ldots, H_n, H_{n+1}\} \subset \mathcal{H}$ で
$$H \supset \sum_{i=1}^{n+1} H_i$$
を満たすものが与えられたとせよ. そのとき
$$H \backslash \left(\sum_{i=1}^{n+1} H_i \right) = \left(H \backslash \sum_{i=1}^{n} H_i \right) \backslash H_{n+1}$$

であることを先ず注意する．ところで，$H, \{H_1, \ldots, H_n\} \subset \mathcal{H}$, $H \supset \sum_{i=1}^{n} H_i$ であるから，帰納法の仮定を用いて或る互いに素な有限個の集合から成る集合族 $\{K_1, \ldots, K_m\} \subset \mathcal{H}$ を適当にとれば

$$H \backslash \left(\sum_{i=1}^{n} H_i \right) = \sum_{j=1}^{m} K_j$$

が成り立つ．したがって

$$\begin{aligned} H \backslash \left(\sum_{i=1}^{n+1} H_i \right) &= \left(H \backslash \left(\sum_{i=1}^{n} H_i \right) \right) \backslash H_{n+1} \\ &= \left(\sum_{j=1}^{m} K_j \right) \backslash H_{n+1} \\ &= \sum_{j=1}^{m} (K_j \backslash H_{n+1}) \end{aligned}$$

となる．ここで，semi-ring の性質 (s.3)$'$ を用いて，K_j $(j = 1, 2, \ldots, m)$ 毎に，或る互いに素な有限個の集合から成る集合族 $\{L_1^{(j)}, \ldots, L_{p(j)}^{(j)}\} \subset \mathcal{H}$ を適当にとれば

$$K_j \backslash H_{n+1} = \sum_{l=1}^{p(j)} L_l^{(j)}$$

が成り立つ．今，$\{L_l^{(j)} : l = 1, \ldots, p(j); j = 1, \ldots, m\} = \{L_1, L_2 \ldots, L_q\}$ と表せば，もちろん $L_i \cap L_j = \emptyset$ $(i \neq j)$ であるから

$$H \backslash \left(\sum_{i=1}^{n+1} H_i \right) = \sum_{j=1}^{q} L_j$$

となるので，証明が終わる．

注意 2 この命題は，$\mathcal{H}$ の元 H の或る部分集合が，或る有限個の元によって分割されているとき，その残りの集合も $\mathcal{H}$ の元で分割できることを意味している．

この結果を用いれば，$\mathcal{H}$ の有限個の元の和として得られる集合についての情報をもたらす，次を得る．

命題 1.1.3 semi-ring $\mathcal{H}$ は次を満たす．

$\mathcal{H}$ の任意の有限個の元から成る集合族 $\{H_1, \ldots, H_n\}$ に対して

$\mathcal{H}$ の, 或る互いに素な有限個の元から成る集合族 $\{K_1, \ldots, K_m\}$ を適当にとれば
$$\bigcup_{i=1}^{n} H_i = \sum_{j=1}^{m} K_j$$
が成り立つ.

証明 n に関する帰納法を用いる.

(I) $n = 1$ のとき. 明らかである.

(II) n 個のとき, この命題が成り立つと仮定して, $(n+1)$ の場合に成り立つことを示そう. そのために, $\{H_1, \ldots, H_n, H_{n+1}\} \subset \mathcal{H}$ をとれ. 帰納法の仮定から, 或る互いに素な有限個の集合から成る集合族 $\{L_1, \ldots, L_l\} \subset \mathcal{H}$ を適当にとれば
$$\bigcup_{i=1}^{n} H_i = \sum_{j=1}^{l} L_j$$
が成り立つ. したがって
$$\begin{aligned}
\bigcup_{i=1}^{n+1} H_i &= H_{n+1} \cup \left(\sum_{j=1}^{l} L_j\right) \\
&= \left(\sum_{j=1}^{l} L_j\right) \bigcup \left(H_{n+1} \setminus \left(\sum_{j=1}^{l} L_j\right)\right) \\
&= \left(\sum_{j=1}^{l} L_j\right) \bigcup \left(H_{n+1} \setminus \left(\sum_{j=1}^{l} (L_j \cap H_{n+1})\right)\right)
\end{aligned}$$

ところで, $H_{n+1}, \{L_1 \cap H_{n+1}, \ldots, L_l \cap H_{n+1}\} \subset \mathcal{H}$ であるから, 命題 1.1.2 を用いれば, 或る互いに素な有限個の集合から成る集合族 $\{L'_1, \ldots, L'_q\} \subset \mathcal{H}$ が存在して
$$H_{n+1} \setminus \left(\sum_{j=1}^{l} (L_j \cap H_{n+1})\right) = \sum_{j=1}^{q} L'_j$$
となる. したがって, $\{L_j : j = 1, \ldots, l\} \cup \{L'_j : j = 1, \ldots, q\} = \{K_1, \ldots, K_m\}$ (ただし, $m = l + q$) と表せば, $\{K_1, \ldots, K_m\} \subset \mathcal{H}$ であり
$$\bigcup_{i=1}^{n+1} H_i = \sum_{j=1}^{m} K_j$$
が成り立つので, 証明が完結する.

semi-ring の一般的性質の最後として，次の命題 1.1.4 を与える．それは二つの semi-ring から作られる直積集合の集合族に関するものである．S, T を二つの集合とし，その巾集合を $\mathcal{P}(S)$, $\mathcal{P}(T)$ で与えたとき，その各々の或る semi-ring を $\mathcal{H}(S)$, $\mathcal{H}(T)$ と表すことにする．$S \times T$ は S と T の積集合，すなわち

$$S \times T = \{(s, t) \ : \ s \in S,\ t \in T\}$$

である．そのとき，$\mathcal{P}(S \times T)$ の部分集合の作る或る集合族 $\mathcal{H}(S) \times \mathcal{H}(T)$ を

$$\mathcal{H}(S) \times \mathcal{H}(T) = \{A \times B \ : \ A \in \mathcal{H}(S),\ B \in \mathcal{H}(T)\}$$

で定義する．ただし，$A \times B = \{(s, t) \ : \ s \in A,\ t \in B\}$ である．

命題 1.1.4 $\mathcal{H}(S)$ が S の semi-ring, $\mathcal{H}(T)$ が T の semi-ring ならば，$\mathcal{H}(S) \times \mathcal{H}(T)$ は $S \times T$ の semi-ring である．

証明 semi-ring の性質 (s.1), (s.2), (s.3) を確かめよう．

(s.1) について．$\emptyset \in \mathcal{H}(S)$, $\emptyset \in \mathcal{H}(T)$ であるから，$\emptyset = \emptyset \times \emptyset \in \mathcal{H}(S) \times \mathcal{H}(T)$ が成り立つ．

(s.2) について．任意の $A \times B, C \times D \in \mathcal{H}(S) \times \mathcal{H}(T)$ をとれ．そのとき，$A, C \in \mathcal{H}(S)$, $B, D \in \mathcal{H}(T)$ であるから，semi-ring の性質を用いて $A \cap C \in \mathcal{H}(S)$, $B \cap D \in \mathcal{H}(T)$ である．したがって

$$(A \times B) \cap (C \times D) = (A \cap C) \times (B \cap D) \in \mathcal{H}(S) \times \mathcal{H}(T)$$

が成り立つ．

(s.3) について．任意の $A \times B, C \times D \in \mathcal{H}(S) \times \mathcal{H}(T)$, $A \times B \supset C \times D$ をとれ．$C = \emptyset$ あるいは，$D = \emptyset$ の場合は $C \times D = \emptyset$ となり，明らかに (s.3) は成り立つから，$C \neq \emptyset$, $D \neq \emptyset$ とする．そのとき，容易に分かるように $A \supset C$, $B \supset D$ である．したがって，semi-ring の性質を用いれば

$$A \backslash C = \sum_{i=1}^{m} H_i,\ \{H_1, \ldots, H_m\} \subset \mathcal{H}(S)$$

$$B \backslash D = \sum_{j=1}^{n} K_j,\ \{K_1, \ldots, K_n\} \subset \mathcal{H}(T)$$

を満たす $\{H_i\}_{i=1}^{m}, \{K_j\}_{j=1}^{n}$ が存在する. そのとき

$$
\begin{aligned}
(A \times B) \backslash (C \times D) &= ((A\backslash C) \times B \cup (C \times B)) \backslash (C \times D) \\
&= (((A\backslash C) \times B) \cup (C \times (B\backslash D) \cup (C \times D)) \backslash (C \times D) \\
&= ((A\backslash C) \times B) \cup (C \times (B\backslash D)) \\
&= \left(\left(\sum_{i=1}^{m} H_i\right) \times B\right) \bigcup \left(C \times \left(\sum_{j=1}^{n} K_j\right)\right) \\
&= \left(\sum_{i=1}^{m}(H_i \times B)\right) \bigcup \left(\sum_{j=1}^{n}(C \times K_j)\right)
\end{aligned}
$$

となるので, 証明が完結する.

以上で示した semi-ring の一般的性質を用いれば, 我々が先に問題とした $\boldsymbol{J}^{(k)}, \boldsymbol{J}^{(k)}_{\infty}$ の $\mathbf{R}^k$ の集合族としての性質 (各々, semi-ring 性, semi-algebra 性) が簡単に分かる.

命題 1.1.5 $\boldsymbol{J}^{(k)} = \{\Pi_{i=1}^{n}(a_i, b_i] : (a_i, b_i] \in \boldsymbol{J}^{(1)}, i = 1, \ldots, k\}$, $\boldsymbol{J}^{(k)}_{\infty} = \{\Pi_{i=1}^{k}(a_i, b_i] : (a_i, b_i] \in \boldsymbol{J}^{(1)}_{\infty}, i = 1, \ldots, n\}$ は, 共に semi-ring である. 特に, 後者は semi-algebra である.

証明 同様であるから, $\boldsymbol{J}^{(k)}$ の semi-ring 性の証明のみ注意する. 次元の数 k に関する帰納法を用いる.

(I) $k = 1$ のとき. $\boldsymbol{J}^{(1)}$ は, 先に注意したように semi-ring である. 各自で確かめること.

(II) k のとき, 命題が成り立つと仮定して, $(k+1)$ の場合に成り立つことを証明する. そのために, 次が成り立つことを注意する.

$$\boldsymbol{J}^{(k+1)} = \boldsymbol{J}^{(k)} \times \boldsymbol{J}^{(1)}$$

実際, それは

$$\Pi_{i=1}^{k+1}(a_i, b_i] = \left(\Pi_{i=1}^{k}(a_i, b_i]\right) \times (a_{k+1}, b_{k+1}]$$

および

$$\Pi_{i=1}^{k}(a_i, b_i] \in \boldsymbol{J}^{(k)}, \ (a_{k+1}, b_{k+1}] \in \boldsymbol{J}^{(1)}$$

から得られる. ところで, 帰納法の仮定から $\boldsymbol{J}^{(k)}$ は $\mathbf{R}^k$ の semi-ring であり, $\boldsymbol{J}^{(1)}$ は $\mathbf{R}$ の semi-ring であるから, 命題 1.1.4 を利用すれば, $\boldsymbol{J}^{(k+1)} = \boldsymbol{J}^{(k)} \times \boldsymbol{J}^{(1)}$ は $\mathbf{R}^k \times \mathbf{R} (= \mathbf{R}^{k+1})$ の semi-ring である (すなわち, 命題 1.1.4 を, $X = \mathbf{R}^k, Y = \mathbf{R}, \mathcal{H}(X) = \boldsymbol{J}^{(k)}, \mathcal{H}(Y) = \boldsymbol{J}^{(1)}$ として利用

したのである). 特に, $\boldsymbol{J}_\infty^{(k)}$ には, 全体集合 $\mathbf{R}^k$ が属するから, semi-algebra である.

我々が面積, 体積という概念 (一般的には, 測度といわれる) を導入する際に最も基本的な集合と考えているもの, すなわち, このような区間の集合から成る集合族は, semi-ring をなしているのである.

さて, 我々が過去において出会い, 学習してきた, 区間の次の段階に測度 (面積あるいは体積) を考えた基本的な集合としては, このような有限左半開区間の有限個の和集合として得られる集合であったことを思い出すであろう. このような集合を, ここでは初等的集合 (elementary set) と呼ぼう. すなわち, $\mathbf{R}^k$ の部分集合 A が初等的集合であるとは

$$A = \bigcup_{i=1}^n J_i, \ ただし, \ \{J_1,\ldots,J_n\} \subset \boldsymbol{J}^{(k)}$$

と表されることである. したがって, このような初等的集合の全体から成る集合族の性質を探るために, 前段と同様にして一般的な取り扱いを試みる. すなわち, 一つの semi-ring $\mathcal{H}$ が与えられたとき

$$\mathcal{R} = \{\bigcup_{i=1}^n H_i : \{H_1,\ldots,H_n\} \subset \mathcal{H}\}$$

として, 新しい集合族 (すなわち, $\mathcal{H}$ の任意有限個の元 $H_1,\ldots,H_n$ の和集合 $\bigcup_{i=1}^n H_i$ として得られる集合全体から成る集合族) $\mathcal{R}$ を導入する.

注意 3 命題 1.1.3 に注意すれば, $\mathcal{R}$ は

$$\mathcal{R} = \{\sum_{i=1}^m K_i : \{K_1,\ldots,K_m\} \subset \mathcal{H}\}$$

と表せる. すなわち, $\mathcal{R}$ の元 A は, $\mathcal{H}$ の **互いに素** な任意有限個の元 $K_1,\ldots,K_m$ の和集合として得られる集合全体から成る集合族といっても良い.

このような集合族をとらえるために, 新たな性質を持つ集合族を導入する.

定義 1.1.6 (集合環) 集合 S の部分集合の作る或る集合族 $\mathcal{R}$ が, 次の性質 (r.1), (r.2), (r.3) を持つとき, S の **集合環** (ring) であるという.
　(r.1) $\mathcal{R} \neq \emptyset$
　(r.2) $\forall A, B \in \mathcal{R} \Rightarrow A \backslash B \in \mathcal{R}$

(r.3) $\forall A, B \in \mathcal{R} \Rightarrow A \cup B \in \mathcal{R}$

特に, $S \in \mathcal{R}$ であるとき, $\mathcal{R}$ を S の**集合体** (field, あるいは, algebra) という. ここでは, 以後, algebra を用いることにする. すなわち, S の**集合体** (algebra, 加法族ともいう) とは, 全体集合 S を含む集合環 (ring) のことをいう. 以後, **各集合族の表記は, 全て英単語を用いる** ことにする.

そのとき, 次の命題が成り立ち, その証明は容易である.

命題 1.1.7 S の部分集合の作る或る集合族 $\mathcal{A}$ について, 次が成り立つ.
(1) $\mathcal{A}$ が S の ring ならば, semi-ring である.
(2) $\mathcal{A}$ が S の algebra であるための必要十分条件は, 次の性質を満たすことである.
(a.1) $S \in \mathcal{A}$
(a.2) $\forall A \in \mathcal{A} \Rightarrow A^c (= S \backslash A) \in \mathcal{A}$
(a.3) $\forall A, B \in \mathcal{A} \Rightarrow A \cup B \in \mathcal{A}$

証明 各自で確かめること.

さて, $\mathcal{H}$ の有限個の元の和集合全体として定義される, 先に問題とした集合族 $\mathcal{R}$ を, 以後 $\mathcal{R}(\mathcal{H})$ と表すことにし, この集合族の性質を, 次で調べることにする. 当然に, $\mathcal{H} \subset \mathcal{R}(\mathcal{H})$ である. その上, 次が得られる.

定理 1.1.8 $\mathcal{H}$ が S の semi-ring ならば, $\mathcal{R}(\mathcal{H})$ は S の ring である.
特に, $S \in \mathcal{H}$ ならば, $\mathcal{R}(\mathcal{H})$ は S の algebra である.

証明 $\mathcal{R}(\mathcal{H})$ が ring であることを示すために, $\mathcal{R}(\mathcal{H})$ について, ring の満たすべき性質 (r.1), (r.2), (r.3) を確かめる.
(r.1) について. $\emptyset \in \mathcal{H} \subset \mathcal{R}(\mathcal{H})$ であるか, $\mathcal{R}(\mathcal{H}) \neq \emptyset$ となり, (r.1) が成り立つ.
(r.2) について. 任意の $A, B \in \mathcal{R}(\mathcal{H})$ をとれ. そのとき, A, B の定義と, 注意 3 から
$$A = \bigcup_{i=1}^{n} H_i, \ B = \sum_{j=1}^{m} K_j$$
と表される (ただし, $\{H_1, \ldots, H_n\}, \{K_1, \ldots, K_m\} \subset \mathcal{H}$ である). したがって
$$A \backslash B = \bigcup_{i=1}^{n} \left(H_i \backslash \left(\sum_{j=1}^{m} K_j \right) \right) = \bigcup_{i=1}^{n} \left(H_i \backslash \left(\sum_{j=1}^{m} (H_i \cap K_j) \right) \right)$$

である. 各 i $(i=1,\ldots,n)$ について, $H_i \cap K_j \subset H_i$ $(j=1,\ldots,m)$, H_i, $H_i \cap K_j \in \mathcal{H}$ であるから, 命題 1.1.2 を利用すれば, 各 i 毎に, $\mathcal{H}$ の互いに素な有限個の元から成る集合族 $\{L_1^{(i)},\ldots,L_{p(i)}^{(i)}\}$ が存在して

$$H_i \setminus \left(\sum_{j=1}^m (H_i \cap K_j)\right) = \sum_{k=1}^{p(i)} L_k^{(i)}$$

となる. そのとき

$$A \setminus B = \bigcup_{i=1}^n \left(\sum_{k=1}^{p(i)} L_k^{(i)}\right)$$

より, この右辺の集合は, $\mathcal{H}$ の有限個の元の和集合であるから, $A \setminus B \in \mathcal{R}(\mathcal{H})$ が成り立つ. すなわち, $\mathcal{R}(\mathcal{H})$ について, (r.2) が示された.

(r.3) について. 任意の $A, B \in \mathcal{R}(\mathcal{H})$ をとれ. そのとき, A, B を (r.2) の場合と同様に表せば

$$A \cup B = \left(\bigcup_{i=1}^n H_i\right) \cup \left(\bigcup_{j=1}^m K_j\right)$$

となり, この右辺の集合は $\mathcal{H}$ の有限個の元の和集合であるから, $A \cup B \in \mathcal{R}(\mathcal{H})$ が得られ, この集合族について, (r.3) が示された.

以上で, [$\mathcal{R}(\mathcal{H})$ が ring である] ことが示された.

特に, $S \in \mathcal{H}$ ならば, $\mathcal{R}(\mathcal{H})$ は, 全体集合 S を含む ring であるから, algebra である.

この結果を利用すれば, 初等的集合の全体が作る集合族 $\mathcal{R}(\boldsymbol{J}^{(k)})$ および $\mathcal{R}(\boldsymbol{J}_\infty^{(k)})$ について, 次の結果が得られる.

系 1.1.9 $\mathcal{R}(\boldsymbol{J}^{(k)})$ は $\mathbf{R}^k$ の ring である. また, $\mathcal{R}(\boldsymbol{J}_\infty^{(k)})$ は $\mathbf{R}^k$ の algebra である.

証明 命題 1.1.5 および, 定理 1.1.8 から生じる.

さて, これまでに色々な性質を持った集合族が紹介されてきたが, 或る一般の集合族 $\mathcal{F}$ が与えられたとき, このような特殊な性質を持った集合族 (例えば, ring, あるいは, algebra) との関連は, どのようにして考えられるのであろうか. そのために, 次の概念を与えよう.

定義 1.1.10 S の部分集合の作る, 空でない或る集合族 $\mathcal{F}$ (すなわち,

$\mathcal{F} \subset \mathcal{P}(S))$ が与えられたとき, この $\mathcal{F}$ に対して, 次の二つの集合族を定義する.

(i) $\mathcal{R} \subset \mathcal{P}(S)$ が, 次の性質 (a), (b) を持つとき, $\mathcal{R}$ は, $\mathcal{F}$ を含む **最小の ring** という.

(a) $\mathcal{R}$ は, $\mathcal{F}$ を含む ring である (以後, これを $\mathcal{R}$: ring $\supset \mathcal{F}$ と記す).

(b) $\forall \mathcal{R}'$: ring $\supset \mathcal{F}$ について, $\mathcal{R}' \supset \mathcal{R}$ が成り立つ.

すなわち, $\mathcal{R}$ とは, この性質から分かるように, 集合族の包含で, 集合族の大小を考えたとき, $\mathcal{F}$ より大きい ring の内で, 最小のものであるということである. このような性質を持った $\mathcal{R}$ は, $\mathcal{F}$ によって **生成された ring** ともいわれる. 以後, $\mathcal{F}$ に関連した, このような ring $\mathcal{R}$ を, $\mathcal{R}(\mathcal{F})$ と表すことにする.

同様にして

(ii) $\mathcal{A} \subset \mathcal{P}(S)$ が, 次の性質 (a), (b) を持つとき, $\mathcal{A}$ は, $\mathcal{F}$ を含む **最小の algebra** という.

(a) $\mathcal{A}$: algebra $\supset \mathcal{F}$

(b) $\forall \mathcal{A}'$: algebra $\supset \mathcal{F}$ について, $\mathcal{A}' \supset \mathcal{A}$ が成り立つ.

すなわち, $\mathcal{A}$ とは, この性質から分かるように, 集合族の包含で, 集合族の大小を考えたとき, $\mathcal{F}$ より大きい algebra の内で, 最小のものであるということである. このような性質を持った $\mathcal{A}$ は, $\mathcal{F}$ によって **生成された algebra** ともいわれる. 以後, $\mathcal{F}$ に関連した, このような algebra $\mathcal{A}$ を, $\mathcal{A}(\mathcal{F})$ と表す.

容易に分かるように, $\mathcal{F}$ 自身が ring であれば, $\mathcal{R}(\mathcal{F}) = \mathcal{F}$ であり, $\mathcal{F}$ 自身が algebra であれば, $\mathcal{A}(\mathcal{F}) = \mathcal{F}$ であるから, このような $\mathcal{R}(\mathcal{F}), \mathcal{A}(\mathcal{F})$ は存在する. さて, 一般の集合族 $\mathcal{F}$ についてはどうであろうか. すなわち, $\mathcal{F}$ に対する, このような集合族 $\mathcal{R}(\mathcal{F}), \mathcal{A}(\mathcal{F})$ は常に考えることが可能か (すなわち, 存在するか) は, 次の命題が答えている.

命題 1.1.11 任意の空でない集合族 $\mathcal{F}$ $(\subset \mathcal{P}(X))$ について, $\mathcal{R}(\mathcal{F}), \mathcal{A}(\mathcal{F})$ が存在する.

証明 同様であるから, $\mathcal{R}(\mathcal{F})$ の存在について述べる. 新たに, ring という集合族から構成される, 或る集合 C を次のように与えよう.

$$C = \{\mathcal{R} \; : \; \mathcal{R} \text{ は } \mathcal{F} \text{ を含む ring}\}$$

このとき, $\mathcal{P}(S) \in C$ であることを注意せよ. そして

$$\mathcal{R}^* = \bigcap_{\mathcal{R} \in C} \mathcal{R}$$

として定義される集合族 $\mathcal{R}^*$ を考える．$\boldsymbol{C} \neq \emptyset$ であるから，このような $\mathcal{R}^*$ は存在する．そのとき，$\mathcal{R}^* = \mathcal{R}(\mathcal{F})$ であることを示そう．それには，$\mathcal{R}^*$ について，定義 1.1.10 で述べた (a), (b) を確かめれば良い．

(a) について．すなわち，$\mathcal{R}^*$: ring $\supset \mathcal{F}$ を示そう．任意の $\mathcal{R} \in \boldsymbol{C}$ について，$\mathcal{R} \supset \mathcal{F}$ であるから，その共通部分集合 $\mathcal{R}^*$ について，明らかに $\mathcal{R}^* \supset \mathcal{F}$ である．しかも，$\mathcal{R}^*$ が ring であることを示すためには，ring の性質 (r.1), (r.2), (r.3) を確かめることになるが，各 $\mathcal{R} \in \boldsymbol{C}$ が ring であることを用いれば，明らかである．例えば，(r.2) についてのみ述べよう．任意の $A, B \in \mathcal{R}^*$ をとれ．そのとき，任意の $\mathcal{R} \in \boldsymbol{C}$ について，$A, B \in \mathcal{R}$ であり，$\mathcal{R}$ が ring であるから，$A \backslash B \in \mathcal{R}$ である．これが，任意の $\mathcal{R} \in \boldsymbol{C}$ について成り立つから

$$A \backslash B \in \bigcap_{\mathcal{R} \in \boldsymbol{C}} \mathcal{R} = \mathcal{R}^*$$

が得られる．すなわち，$\mathcal{R}^*$ は (r.2) を満たす．よって，$\mathcal{R}^*$ は (a) を満たす．

(b) について．任意の $\mathcal{R}'$: ring $\supset \mathcal{F}$ を与えよ．そのとき，$\boldsymbol{C}$ の定義から，$\mathcal{R}' \in \boldsymbol{C}$ である．したがって，$\mathcal{R}^* \subset \mathcal{R}'$ が得られる．すなわち，$\mathcal{R}^*$ は (b) を満たす．

同様にして，$\mathcal{A}(\mathcal{F})$ の存在も示し得るので，この証明を参考にして各自で与えること．

注意 4 与えられた集合族 $\mathcal{F}$ から，このような集合族 $\mathcal{R}(\mathcal{F}), \mathcal{A}(\mathcal{F})$ を得る具体的，構成的方法として，集合族 $\mathcal{F}$ を出発点として，これに集合を順々に追加していき，目的が達成されるまで，この作業を行うこと (もう少し正確に述べれば，$\mathcal{F}$ から，帰納的な定義により集合族を順々に拡大していって，最終的に $\mathcal{R}(\mathcal{F})$ や $\mathcal{A}(\mathcal{F})$ を獲得するという考え方) によるものがあるが，ここで紹介したものより難解であるので，ここではその考え方とは異なる，この形のものを与えた．ただし，$\mathcal{F}$ が簡単な場合については，このような考え方の精神も分かり易いので，次の例でその辺りを窺い知るのも良い (一般的な場合は，章末問題 7 番として与えることにする)．

与えられた集合族 $\mathcal{F}$ について，$\mathcal{R}(\mathcal{F}), \mathcal{A}(\mathcal{F})$ がどのようなものになるのか，次の具体的，簡単な例の場合で確認してみよう．

例 1.1.12 S の部分集合が作る或る集合族 $\mathcal{F}$ が，以下の各々の場合に，$\mathcal{R}(\mathcal{F}), \mathcal{A}(\mathcal{F})$ を眺めてみよう．

(I) $E \in \mathcal{P}(S), E \subsetneq S$ を一つ与え，$\mathcal{F} = \{E\}$ とした場合．すなわち，S の真部分集合 E のみから成る集合族 $\mathcal{F}$ (すなわち，元が一個のみである集合族 $\mathcal{F}$) について，$\mathcal{R}(\mathcal{F}), \mathcal{A}(\mathcal{F})$ を求める．実は，$\mathcal{R}(\mathcal{F}) = \{\emptyset, E\}$，$\mathcal{A}(\mathcal{F}) = \{\emptyset, E, E^c, S\}$ である．例えば，$\mathcal{R}(\mathcal{F}) = \{\emptyset, E\}$ をみるには，$\mathcal{R}^* =$

$\{\emptyset, E\}$ として, $\mathcal{R}^*$ が, $\mathcal{F}$ を含む最小の ring であることを示せ. 各自で確かめること. 同様に, $\mathcal{A}(\mathcal{F})$ の場合も示せ. これも各自で確かめること.

(I) の次の段階のものとして, 元が二個から成る集合族 $\mathcal{F}$ について, $\mathcal{R}(\mathcal{F}), \mathcal{A}(\mathcal{F})$ を考えよう.

(II) $A, B \in \mathcal{P}(S)$, $A \neq B$ について, $\mathcal{F} = \{A, B\}$ とした場合. そのとき, $\mathcal{R}(\mathcal{F}) = \{\emptyset, A, B, A \cup B, A \backslash B, B \backslash A, (A \backslash B) \cup (B \backslash A), A \cap B\}$, $\mathcal{A}(\mathcal{F}) = \{\emptyset, A, B, A^c, B^c, A \cup B, A \cap B, A \backslash B, B \backslash A, A^c \cup B, A \cup B^c, A^c \cup B^c, A^c \cap B^c, (A \backslash B) \cup (B \backslash A), (A^c \cup B) \cap (B^c \cup A), X\}$ である. これらの事実が正しいことは, 各自で確かめること.

次は元の個数が n 個と一般的であるが, その元の状態が特殊な場合について考えてみよう.

(III) $S = \sum_{i=1}^n A_i$ について, $\mathcal{F} = \{A_1, \ldots, A_n\}$ とした場合.
$$\mathcal{A}(\mathcal{F}) = \mathcal{R}(\mathcal{F}) = \{\bigcup_{i \in \boldsymbol{F}} A_i \ : \ \boldsymbol{F} \text{ は } \{1, 2, \ldots, n\} \text{ の部分集合}\}$$
である.

(III) の場合より, 少し一般的な場合として

(IV) $\mathcal{F} = \{A_1, \ldots, A_n\}$, $A_i \cap A_j = \emptyset$ $(i \neq j)$ とした場合 (すなわち, (III) において, 必ずしも, その和集合が全体集合 S とならない場合). (III) の場合を参考にして, $\mathcal{R}(\mathcal{F}), \mathcal{A}(\mathcal{F})$ を求めてみよ (ヒント: $A_{n+1} = S \backslash \sum_{i=1}^n A_i$ を考えよ). 各自で確かめること.

なお, 章末問題 5 番で, これら (I) ~ (IV) の状況を全て含む設定での問題を与える.

注意 5 1. $\mathcal{H}$ が semi-ring であるとき, $\mathcal{H}$ から得られる一つの集合族を表す記号として, $\mathcal{R}(\mathcal{H})$ を用いたが, この集合族は正に $\mathcal{H}$ を含む最小の ring であることが容易に示されるので, 記号として矛盾しない正当なものであることを注意しておく. すなわち, 定理 1.1.8 において

$$\mathcal{R}(\mathcal{H}) = \{\bigcup_{i=1}^n H_i \ : \ \{H_1, \ldots, H_n\} \subset \mathcal{H}\}$$

と表記しているが, この右辺の集合族は, そこで示したように ring であり, $\mathcal{H}$ を含む任意の ring $\mathcal{R}'$ は, この集合族を含むことは明らかである (なぜならば, ring は有限個の元の和をとるという操作で閉じている) から, この集合族は最小であることが分かる. すなわち, 右辺の集合族は, $\mathcal{H}$ を含む最小の ring であるから, $\mathcal{R}(\mathcal{H})$ と一致する.

2. 前段 1. で述べたことをヒントにしても, 例 1.1.12 の (IV) を考えることができる. 実際, $\mathcal{H} = \{A_1, \ldots, A_n\}$ とすれば, 仮定から $\mathcal{H}_0 = \{\emptyset, A_1, \ldots, A_n\}$ が semi-ring であることは容易に示される. したがって,

1. により, $\mathcal{R}(\mathcal{H}_0)$ が求められる. これから, $\mathcal{R}(\mathcal{H})$ が求められる.

さて, 今まで紹介してきた集合族 (例えば, semi-ring, ring, algebra) は, 測度論のための準備的集合族 (すなわち, 集合族として持っている性質が未だ弱い集合族) であり, 測度論を述べるに際して最も重要で本質的な集合族であるのは, これから紹介しようとする集合族 (可算個の集合の和に関して閉じている集合族) である. それらは, ring, algebra に対応し, 一般化されたものであり, 二つのタイプの集合族が考えられている.

定義 1.1.13 (σ-**集合環**, σ-**集合体**) (1) 集合 S の部分集合の作る或る集合族 $\mathcal{S}$ が, 次の性質 (S.1), (S.2), (S.3) を持つとき, S の σ-**集合環** (σ-ring) であるという.
　(S.1) $\mathcal{S} \neq \emptyset$
　(S.2) $\forall A, B \in \mathcal{S} \Rightarrow A \setminus B \in \mathcal{S}$
　(S.3) $\forall \{A_i : i = 1, 2, \ldots\} \subset \mathcal{S}$ について, $\bigcup_{i=1}^{\infty} A_i \in \mathcal{S}$ が成り立つ.
　(2) S の部分集合の作る或る集合族 Σ が, 次の性質 (σ.1), (σ.2), (σ.3) を持つとき, S 上の σ-**集合体** (σ-field, あるいは, σ-algebra, σ-加法族ともいう. 以後は, σ-algebra を用いる) であるという.
　(σ.1) $S \in \Sigma$
　(σ.2) $\forall A \in \Sigma \Rightarrow A^c \in \Sigma$
　(σ.3) $\forall \{A_i : i = 1, 2, \ldots\} \subset \Sigma$ について, $\bigcup_{i=1}^{\infty} A_i \in \Sigma$ が成り立つ.

このように, σ-algebra Σ とは, 全体集合を含み, 補集合をとる操作, 可算個の集合の和をとる操作で閉じている集合族であるといえる. ring, algebra の場合との性質の端的な差は, 各々 (S.3), (σ.3) において述べられている部分であり, 前者は [有限個の集合の和をとるという操作で閉じている] (以下の注意 6 参照) のに対して, これは (それより更に一般的な) [可算個の集合の和をとるという操作で, これらの集合族が閉じている] ことを示している.

注意 6 1. ring $\mathcal{R}$ の性質 (r.3) (同じことであるが, algebra $\mathcal{A}$ の性質 (a.3)) は, $\mathcal{R}$ (あるいは, $\mathcal{A}$) が, 二個の集合の和で閉じていることを示しているが, 帰納法を用いれば, 有限個の集合の和で閉じていることが示される. 各自で確かめること.
　2. 定義から明らかに, [σ-ring $\Rightarrow$ ring], [σ-algebra $\Rightarrow$ algebra], [σ-algebra $\Rightarrow$ σ-ring] である. 各自で確かめること.

ring, algebra の場合に定義 1.1.10 で与えたように, 一般の或る部分集

合族 $\mathcal{F}$ について, これを含む最小の σ-ring, あるいは、最小の σ-algebra が定義される.

定義 1.1.14 (i) $\mathcal{S} \subset \mathcal{P}(S)$ が, 次の性質 (a), (b) を持つとき, $\mathcal{S}$ は $\mathcal{F}$ を含む **最小の σ-ring** (あるいは, $\mathcal{F}$ によって **生成された σ-ring**) であるという.
  (a) $\mathcal{S} : \sigma\text{-ring} \supset \mathcal{F}$
  (b) $\forall \mathcal{S}' : \sigma\text{-ring} \supset \mathcal{F}$ について, $\mathcal{S}' \supset \mathcal{S}$ が成り立つ.
以後, $\mathcal{F}$ に関連した, このような σ-ring を, $\mathcal{S}(\mathcal{F})$ と表す.
同様にして
  (ii) $\Sigma \subset \mathcal{P}(S)$ が, 次の性質 (a), (b) を持つとき Σ は, $\mathcal{F}$ を含む **最小の σ-algebra** (あるいは, $\mathcal{F}$ によって **生成された σ-algebra**) であるという.
  (a) $\Sigma : \sigma\text{-algebra} \supset \mathcal{F}$
  (b) $\forall \Sigma' : \sigma\text{-algebra} \supset \mathcal{F}$ について, $\Sigma' \supset \Sigma$ が成り立つ.
以後, $\mathcal{F}$ に関連した, このような σ-algebra を, $\sigma(\mathcal{F})$ と表す.

ring, algebra に関する命題 1.1.11 と同様にして, 次の命題が得られる. 証明は, 命題 1.1.11 の証明を真似れば良いから, 各自で確かめること.

命題 1.1.15 任意の空でない集合族 $\mathcal{F}\ (\subset \mathcal{P}(S))$ について, $\mathcal{S}(\mathcal{F}), \sigma(\mathcal{F})$ が存在する.

今後, 本書においては (σ-ring ではなく, それより良い性質を持った) σ-algebra のみを利用して論理展開することにする. 先の例 1.1.12 で紹介した ring, algebra の場合とは異なり, $\mathcal{F}$ を含む最小の σ-algebra である $\sigma(\mathcal{F})$ を構成することは, 特殊な場合（例えば, $\mathcal{F}$ が有限集合等の場合）以外では難しい (順序数と超限帰納法の利用によるため, その準備が必要となるからである. これに関したことは, 章末問題 9 番を参照せよ). したがって, ここでは簡単な場合である次の二つの例を述べるに留める.

例 1.1.16 (I) $\mathcal{F} = \{B_1, \ldots, B_n\}$, すなわち, $\mathcal{F}$ が有限個の集合から成る集合族の場合. 先ず, $\mathcal{A}(\mathcal{F})$ も有限個の集合から成る集合族であることを確かめ, それを用いて, $\sigma(\mathcal{F}) = \mathcal{A}(\mathcal{F})$ を得る. 章末問題 5 番を参照せよ.
  (II) $\mathcal{F} = \{A_i\ :\ i = 1, 2, \ldots\}$ (ただし, $S = \sum_{i=1}^{\infty} A_i$ を満たす). また, $\mathbf{N} = \{1, 2, \ldots\}$: 自然数全体の集合とする. 各 $D \in \mathcal{P}(\mathbf{N})$ について

$$A(D) = \bigcup_{i \in D} A_i$$

と定義する. そのとき, $\sigma(\mathcal{F}) = \{A(D)\ :\ D \in \mathcal{P}(\mathbf{N})\}$ が成り立つ.

この (II) の例からは, $S = \mathbf{N}$ とし, $\mathcal{F} = \{\{i\} : i = 1, 2, \ldots\}$ (すなわち, 一点集合から成る集合族) とした場合に, $\sigma(\mathcal{F}) = \mathcal{P}(\mathbf{N})$ であることが分かる. また, (念のため注意しておけば) $\mathcal{R}(\mathcal{F}) = \{A \subset \mathbf{N} : A$ は有限集合$\}$, $\mathcal{A}(\mathcal{F}) = \{A \subset \mathbf{N} : A$ あるいは A^c が有限集合$\}$ となる. 各自で確かめること (章末問題 4 番も参照せよ).

さらに, 具体的集合族である $\boldsymbol{J}^{(k)}, \boldsymbol{J}_\infty^{(k)}$ との関係で $\sigma(\boldsymbol{J}^{(k)}), \sigma(\boldsymbol{J}_\infty^{(k)})$ がどのような集合から構成される集合族となるかを注意しておこう.

(III) ($\mathbf{R}^k$ のボレル集合族 $\mathcal{B}(\mathbf{R}^k)$) $\mathcal{O}(\mathbf{R}^k)$ を $\mathbf{R}^k$ の開集合族としたとき, ボレル集合族 $\mathcal{B}(\mathbf{R}^k)$ は

$$\mathcal{B}(\mathbf{R}^k) = \sigma(\mathcal{O}(\mathbf{R}^k))$$

として定義される. また, $\mathcal{F}(\mathbf{R}^k)$ を $\mathbf{R}^k$ の閉集合族としたとき, 明らかに

$$\sigma(\mathcal{O}(\mathbf{R}^k)) = \sigma(\mathcal{F}(\mathbf{R}^k))$$

が成り立つので, ボレル集合族 $\mathcal{B}(\mathbf{R}^k)$ は

$$\mathcal{B}(\mathbf{R}^k) = \sigma(\mathcal{F}(\mathbf{R}^k))$$

として定義してもよい. そして, ボレル集合族の元である集合を, ボレル集合という. そのとき, 次が成り立つ.

$$\mathcal{B}(\mathbf{R}^k) = \sigma(\boldsymbol{J}^{(k)}) = \sigma(\boldsymbol{J}_\infty^{(k)})$$

このことは, 任意の開集合 O が有限左半開区間の可算個の和集合として表されることを用いれば, 証明される (後述の命題 1.2.18 を用いよ). 詳細は章末問題 8 番で扱う. この結果から, 最初の集合族が (図形的に単純な) 区間という集合で構成されるものであった場合, それにより生成される ring, あるいは algebra では, (せいぜい) 初等的集合といった (かなり具体的な) もののみから構成されることになるが, 可算和をとる操作で閉じた σ-algebra を考えれば, ボレル集合と呼ばれる全ての集合 (例えば, G_δ-集合, F_σ-集合, $\cdots$, といった, 開集合, 閉集合を出発点として, これらに可算個の積をとる操作や, 可算個の和をとる操作を施して生じる全ての集合) で構成されることになり, 非常に大きな集合族となるのである.

集合族の最後として, algebra $\mathcal{A}$ に関する $\sigma(\mathcal{A})$ の解釈として便利で非常に有効である, 単調族 (monotone class) と呼ばれる集合族について述べよう.

定義 1.1.17 S を一つの集合とする.

(1) $\mathcal{M} \subset \mathcal{P}(S)$ が **単調族** (monotone class) であるとは, 次の二つの性質を満たすことをいう.

(m.1) $E_n \uparrow$ $(n = 1, 2, \ldots)$, すなわち, $E_1 \subset E_2 \subset \cdots \subset E_n \subset \cdots$, を満たす任意の集合列 $\{E_n\}_{n \geq 1} \subset \mathcal{M}$ について

$$\bigcup_{n=1}^{\infty} E_n \in \mathcal{M}$$

が成り立つ.

(m.2) $E_n \downarrow$ $(n = 1, 2, \ldots)$, すなわち, $E_1 \supset E_2 \supset \cdots \supset E_n \supset \cdots$, を満たす任意の集合列 $\{E_n\}_{n \geq 1} \subset \mathcal{M}$ について

$$\bigcap_{n=1}^{\infty} E_n \in \mathcal{M}$$

が成り立つ.

(2) $\mathcal{F} \subset \mathcal{P}(X)$ について, $\mathcal{M}^*$ が $\mathcal{F}$ を含む **最小の単調族** であるとは, 次の二つの性質を満たすことをいう.

(i) $\mathcal{M}^*$ は, $\mathcal{F} \subset \mathcal{M}^*$ を満たす単調族である.

(ii) 任意の単調族 $\mathcal{M} \supset \mathcal{F}$ について, $\mathcal{M}^* \subset \mathcal{M}$ が成り立つ.

そのとき, 先に述べた最小の algebra, 最小の σ-algebra の存在と同様の証明により次が得られる.

命題 1.1.18 $\mathcal{F} \subset \mathcal{P}(S)$ について, $\mathcal{F}$ を含む最小の単調族 $\mathcal{M}^*$ がただ一つ存在する.

以後, このような集合族 $\mathcal{M}^*$ を $\mathcal{M}(\mathcal{F})$ と表すことにする.

そのとき, σ-algebra との関係で, 次の定理 (Monotone Class Theorem, **単調族定理**) が成り立つ.

定理 1.1.19 $\mathcal{A}$ を, S の部分集合の作る或る algebra とする. そのとき, 次が成り立つ.

$$\sigma(\mathcal{A}) = \mathcal{M}(\mathcal{A})$$

すなわち, 基礎の集合族が algebra である場合は, それを含む最小の σ-algebra と最小の単調族が一致するということである.

証明 σ-algebra は一つの単調族であるから, $\mathcal{M}(\mathcal{A}) \subset \sigma(\mathcal{A})$ が生じる. 逆向きの包含については, $\mathcal{M}(\mathcal{A})$ が, (一つの) σ-algebra であることを示せばよい. 以下で「$\mathcal{M}(\mathcal{A})$: σ-algebra」の証明を与える. すなわち

(σ.1) $S \in \mathcal{M}(\mathcal{A})$
(σ.2) $\forall E \in \mathcal{M}(\mathcal{A}) \Rightarrow E^c \in \mathcal{M}(\mathcal{A})$
(σ.3) $\forall \{E_i : i = 1, 2, \ldots\} \subset \mathcal{M}(\mathcal{A}) \Rightarrow \bigcup_{i=1}^{\infty} E_i \in \mathcal{M}(\mathcal{A})$

の三つの性質を示す. (σ.1) は, $\mathcal{A}$ の algebra 性を用いれば $S \in \mathcal{A} \subset \mathcal{M}(\mathcal{A})$ となる.

次に, (σ.2) について. 次の集合族 $\mathcal{F}$ を考えよう.

$$\mathcal{F} = \{E \in \mathcal{P}(S) : E^c \in \mathcal{M}(\mathcal{A})\}$$

そのとき, $\mathcal{A}$ の algebra 性から, $\mathcal{A} \subset \mathcal{F}$ である. さらに, $\mathcal{F}$ は次に示すように, 単調族である.

(m.1) $E_n \uparrow$ $(n = 1, 2, \ldots)$ を満たす任意の集合列 $\{E_n\}_{n \geq 1} \subset \mathcal{F}$ について

$$\bigcup_{n=1}^{\infty} E_n \in \mathcal{F}$$

が成り立つ.

実際, そのとき, $\mathcal{F}$ の性質から, 各 $E_n^c \in \mathcal{M}(\mathcal{A})$ で, $E_n^c \downarrow$ $(n = 1, 2, \ldots)$ であるから

$$\bigcap_{n=1}^{\infty} E_n^c \in \mathcal{M}(\mathcal{A})$$

すなわち

$$\left(\bigcup_{n=1}^{\infty} E_n\right)^c \in \mathcal{M}(\mathcal{A})$$

が得られ

$$\bigcup_{n=1}^{\infty} E_n \in \mathcal{F}$$

が生じる. 単調族のもう一方の性質 (m.2) の確認も同様であるから, 各自で確かめること. したがって, $\mathcal{F}$ は単調族となり, $\mathcal{A}$ を含んでいるから

$$\mathcal{M}(\mathcal{A}) \subset \mathcal{F}$$

となるので, $\mathcal{M}(\mathcal{A})$ が, (σ.2) を持つことが示された.

最後に $\mathcal{M}(\mathcal{A})$ が, 性質 (σ.3) を持つことを示そう. そのために先ず, $\mathcal{M}(\mathcal{A})$ が有限和をとる操作で閉じていること, すなわち

(∗) $E_1, \ldots, E_n \subset \mathcal{M}(\mathcal{A})$ について, $\bigcup_{i=1}^{n} E_i \in \mathcal{M}(\mathcal{A})$ が成り立つ

ことを示そう. (∗) を得るためには, 数学的帰納法で考えれば, 次の基本的な場合 (∗∗) の確認をすればよい.

(∗∗) $E, F \in \mathcal{M}(\mathcal{A}) \Rightarrow E \cup F \in \mathcal{M}(\mathcal{A})$

である. そのために, 次の集合族 $\mathcal{F}_1$ を考える.

$$\mathcal{F}_1 = \{F \in \mathcal{P}(S) : E \cup F \in \mathcal{M}(\mathcal{A}), \forall E \in \mathcal{A}\}$$

そのとき, $\mathcal{A}$ の algebra 性から, $\mathcal{A} \subset \mathcal{F}_1$ であり, しかも, $\mathcal{F}_1$ が単調族であることが分かる. 単調族の二つの性質 (m.1), (m.2) を, (前述と同様に) 定義にしたがって確認すればよいから, 各自で確かめること. このようにして, $\mathcal{F}_1$ の単調族性が得られるので

$$\mathcal{M}(\mathcal{A}) \subset \mathcal{F}_1$$

が得られる. すなわち

$$E \in \mathcal{A}, F \in \mathcal{M}(\mathcal{A}) \Rightarrow E \cup F \in \mathcal{M}(\mathcal{A})$$

が生じる. したがって, 次の集合族 $\mathcal{F}_2$:

$$\mathcal{F}_2 = \{E \in \mathcal{P}(S) \,:\, E \cup F \in \mathcal{M}(\mathcal{A}), \forall F \in \mathcal{M}(\mathcal{A})\}$$

を考えれば, 直前の結果から $\mathcal{A} \subset \mathcal{F}_2$ であり, $\mathcal{F}_1$ の場合と同様にして単調族が示される (各自で確かめること) ので

$$\mathcal{M}(\mathcal{A}) \subset \mathcal{F}_2$$

が得られる. すなわち, $(**)$ が得られた. したがって, $(*)$ を得る. その結果, $(\sigma.3)$ の確認は次のようにすれば容易である. それは, 任意に $\{E_n\}_{n \geq 1} \subset \mathcal{M}(\mathcal{A})$ を与えたとき

$$F_n = \bigcup_{i=1}^{n} E_i$$

として, F_n $(n = 1, 2, \ldots)$ を定義すれば, $\mathcal{M}(\mathcal{A})$ について示した性質 (有限和で閉じている) から, $F_n \in \mathcal{M}(\mathcal{A})$ $(n = 1, 2, \ldots)$ であり, $F_n \uparrow$ $(n = 1, 2, \ldots)$ であるから, $\mathcal{M}(\mathcal{A})$ の単調族性より

$$\bigcup_{n=1}^{\infty} E_n = \bigcup_{n=1}^{\infty} F_n \in \mathcal{M}(\mathcal{A})$$

が生じるからである. よって, 証明が完結する.

この定理は, 「$\mathcal{A}$ が algebra」の場合には, $\sigma(\mathcal{A})$ を, $\mathcal{M}(\mathcal{A})$ として解釈し, $\sigma(\mathcal{A})$ における状況を調べるために, σ-algebra 性の替わりに, (場合によっては) それより確認が非常に容易な, **単調族性** を調べればよいことを指摘しているものである (章末問題 17 番 (a) の解答を参照せよ).

注意 7 測度論において, ここで用いたごとくの論理展開で [集合族の各元が或る性質 P を持つこと] を示す場合が多々あり, このような論理展開に

精通することが測度論に興味を持つための必須の条件 (しかも, 測度論固有の論理展開か) とも考えられるので, 少し代表的な場合 (単調族の場合, σ-algebra の場合) を注意しておく. 先ず, ここで用いた場合であるが

(1) 集合族 $\mathcal{F}$ の各元が性質 P を持つことが仮定されているとき, 果たして, それより大きい $\mathcal{M}(\mathcal{F})$ の各元が性質 P を持つかを問われる場合. この場合には, 次の集合族:

$$\mathcal{F}^* = \{F : F \text{ は 性質 } P \text{ を持つ }\}$$

を考えれば, 仮定から $\mathcal{F}^* \supset \mathcal{F}$ である. したがって, $\mathcal{F}^*$ が単調族であることを確認すれば

$$\mathcal{M}(\mathcal{F}) \subset \mathcal{F}^*$$

が得られ, $\mathcal{M}(\mathcal{F})$ の各元は性質 P を持つことが分かる.

次に, 非常によく問われる場合として

(2) 集合族 $\mathcal{F}$ の各元が性質 P を持つことが仮定されているとき, 果たして, それより大きい $\sigma(\mathcal{F})$ の各元が性質 P を持つかを問われる場合. この場合には, 次の集合族:

$$\mathcal{F}^* = \{F : F \text{ は 性質 } P \text{ を持つ }\}$$

を考えれば, 仮定から $\mathcal{F}^* \supset \mathcal{F}$ である. したがって, $\mathcal{F}^*$ が σ-algebra であることを確認すれば

$$\sigma(\mathcal{F}) \subset \mathcal{F}^*$$

が得られ, $\sigma(\mathcal{F})$ の各元は性質 P を持つことが分かる.

以後, このような論理展開で証明される事項に多く出会うので, その折々に, この論理展開に慣れることが肝要である.

1.2 可算加法的測度 (特に, ルベーグ測度) と (抽象) 積分

ここでは, ユークリッド空間 $\mathbf{R}^k$ の或る種の集合に, ルベーグ測度と呼ばれる測度 (従来, 面積, 体積といった言葉で表現されてきた事柄の総称である) を与えることを主題としながら, 可算加法的測度 (短縮化して, 測度) と呼ばれる概念の一般的理論の基礎, さらには, 可算加法的測度に関する抽象積分 (あるいは, ルベーグ積分) と呼ばれる積分概念の一般的理論の基礎を与えよう. すなわち, 次の形でのルベーグ測度の構成理論を与えるのが, 第一の目的である.

(I) どのような集合に対して, ルベーグ測度が導入されるのか.
(II) 導入されたルベーグ測度とは, どのような性質を持つのか.
(III) ルベーグ測度が考えられる集合から成る集合族は, どのような性質を持つのか.

その後，ルベーグ測度に代表される可算加法的測度に関する積分について

(i) どのような関数に対して，積分を考えるのか．
(ii) 積分はどのように定義されるのか．
(iii) 定義された積分は，どんな性質を持つのか，その積分は何故有効であるか．

といった事柄を明らかにすることを，第二の目的とする．

このような事柄を，以下で順次明らかにしていこう．

[区間関数の有限加法性，可算加法性]

先ず，我々は **区間関数** (interval function) と呼ばれる，各区間 (本書では，有限左半開区間，あるいは，左半開区間を意味する) に対して定義された集合関数 $|\cdot|$ に着目する．これらは，$\mathbf{R}^1, \mathbf{R}^2, \mathbf{R}^3$ においては，各々，[線分の長さ]，[長方形の面積]，[直方体の体積] といった，従来，長さ，面積，体積という概念に接した際，最初に出合ったものであることを思い出そう．さて，次の事柄を確認しておく．

(i) $\mathbf{R}^1$ における線分の長さ $|\cdot|$ について
$|\cdot| : \boldsymbol{J}^{(1)} \to \mathbf{R}^+ \ (= [0, +\infty), $ 非負実数全体$)$ は

$$|(a,b]| = b - a \ ((a,b] \in \boldsymbol{J}^{(1)})$$

として定義されるものである．あるいは
$|\cdot| : \boldsymbol{J}^{(1)}_\infty \to \mathbf{R}^+ \cup \{+\infty\}$ は

$$|(a,b]| = \begin{cases} b - a & ((a,b] \in \boldsymbol{J}^{(1)} \text{ のとき}) \\ +\infty & ((a,b] \in \boldsymbol{J}^{(1)}_\infty \backslash \boldsymbol{J}^{(1)} \text{ のとき}) \end{cases}$$

として定義されるものである．

(ii) $\mathbf{R}^k \ (k \geq 2)$ における矩形の測度 $|\cdot|$ について
$|\cdot| : \boldsymbol{J}^{(k)} \to \mathbf{R}^+$ は

$$\left|\Pi_{i=1}^k (a_i, b_i]\right| = \Pi_{i=1}^k (b_i - a_i) \ (\Pi_{i=1}^k (a_i, b_i] \in \boldsymbol{J}^{(k)})$$

として定義されるものである．あるいは
$|\cdot| : \boldsymbol{J}^{(k)}_\infty \to \mathbf{R}^+ \cup \{+\infty\}$ は

$$\left|\Pi_{i=1}^k (a_i, b_i]\right| = \begin{cases} \Pi_{i=1}^k (b_i - a_i) & (\Pi_{i=1}^k (a_i, b_i] \in \boldsymbol{J}^{(k)} \text{ のとき}) \\ +\infty & (\Pi_{i=1}^k (a_i, b_i] \in \boldsymbol{J}^{(k)}_\infty \backslash \boldsymbol{J}^{(k)} \text{ のとき}) \end{cases}$$

として定義されるものである．

さて，これから論じられることは (平易にいえば) [このような基礎的な集合に対して与えられた量 $|\cdot|$ を基とし，この量の性質を調べ，確認することで，更に複雑な集合の場合にも，この量 $|\cdot|$ を **段階的に拡張** してみよう] ということである．

簡単のために，その辺りの様子を，先ず線分の長さから探ろう．その第一歩は次である．

命題 1.2.1 (線分の長さの有限加法性) $|\cdot| : J = (a,b] \, (\in \boldsymbol{J}^{(1)}) \to |J| = b-a \, (\in \mathbf{R}^+)$ として定義される線分の長さ $|\cdot|$ は，次の性質を持つ．
  (1) $|\emptyset| = 0$
  (2) $J = \sum_{i=1}^{n} J_i$，ただし，$J, J_1, \ldots, J_n \in \boldsymbol{J}^{(1)}$，であるとき
$$|J| = \sum_{i=1}^{n} |J_i|$$
が成り立つ．

証明 $J = (a,b]$ とおく．また，$\{J_1, \ldots, J_n\}$ は互いに素な有限左半開区間の集合族であるから，各 J_i として，$J_i = (a_i, b_i]$ とおくとき，$a_1 < a_2 < \cdots < a_n$ を満たすとして良い．このとき
$$(a,b] = \sum_{i=1}^{n} (a_i, b_i]$$
であるから
$$a = a_1 < b_1 = a_2 < b_2 = a_3 < \cdots < b_{n-1} = a_n < b_n = b$$
が成り立つ (各自で確かめること)．したがって

$$\begin{aligned}
\sum_{i=1}^{n} |J_i| &= \sum_{i=1}^{n} (b_i - a_i) \\
&= (b_1 - a_1) + (b_2 - a_2) + \cdots + (b_{n-1} - a_{n-1}) + (b_n - a_n) \\
&= b_n - a_1 \\
&= b - a \\
&= |J|
\end{aligned}$$

となるので，示された．

同様の性質は $\mathbf{R}^k (k \geq 2)$ における矩形の測度についても示される．す

なわち

命題 1.2.2 (矩形の測度の有限加法性) $|\cdot| : J = \Pi_{i=1}^{k}(a_i, b_i] \in \boldsymbol{J}^{(k)} \to |J| = \Pi_{i=1}^{k}(b_i - a_i) \in \mathbf{R}^{+}$ として定義される矩形の測度 $|\cdot|$ は次の性質を持つ.

(1) $|\emptyset| = 0$
(2) $J = \sum_{i=1}^{n} J_i$, ただし, $J, J_1, \ldots, J_n \in \boldsymbol{J}^{(k)}$, であるとき

$$|J| = \sum_{i=1}^{n} |J_i|$$

が成り立つ.

証明 一般次元の場合も, $k = 2$ の場合と本質的に同様な手順で示されるので, $k = 2$ で証明を与えることにする. 例えば, この場合を参考に ($k = 2$ の場合を仮定して) $k = 3$ の場合を証明すれば, その事情が良く理解されると考える. 各自で確かめること. さて, $k = 2$ の場合の証明は, 以下のように与えられる. $J = (a, b] \times (c, d]$, $J_i = (a_i, b_i] \times (c_i, d_i]$ $(i = 1, \ldots, n)$ とおく. そのとき, 条件

$$(a, b] \times (c, d] = \sum_{i=1}^{n}((a_i, b_i] \times (c_i, d_i])$$

から

$$(b - a)(d - c) = \sum_{i=1}^{n}(b_i - a_i)(d_i - c_i)$$

が成り立つことを示す. そのために, 先ず

$$(b - a)\chi_{(c,d]}(t) = \sum_{i=1}^{n}(b_i - a_i)\chi_{(c_i,d_i]}(t) \cdots (*)$$

を示そう.

(i) $t \notin (c, d]$ のとき. 左辺 = 右辺 = 0 で成り立つ.

(ii) $t \in (c, d]$ のとき. 上記の集合の等式において, 両辺の t による切り口をみよう. 左辺では

$$((a, b] \times (c, d])_t = (a, b]$$

一方, 右辺では

$$
\left(\sum_{i=1}^n ((a_i,b_i]\times(c_i,d_i])\right)_t = \left(\bigcup_{i=1}^n ((a_i,b_i]\times(c_i,d_i])\right)_t
$$
$$
= \bigcup_{\{i:t\in(c_i,d_i]\}} (a_i,b_i]
$$
$$
= \sum_{\{i:t\in(c_i,d_i]\}} (a_i,b_i]
$$

となる. この等式で, 最後の項の各集合が互いに素であることは, 次のようにして示される. 今, このような或る $j, l\ (\in \{i : t \in (c_i, d_i]\})$ について $(a_j, b_j] \cap (a_l, b_l] \neq \emptyset$ とすれば, この共通部分に含まれる点 $s\ (\in \mathbf{R})$ について, $\mathbf{R}^2$ の点 $x = (s, t)$ を考える. そのとき

$$x \in ((a_j,b_j]\times(c_j,d_j]) \cap ((a_l,b_l]\times(c_l,d_l])$$

すなわち, $x \in J_j \cap J_l$ となるから矛盾する. したがって, この場合の等式は

$$(a,b] = \sum_{\{i:t\in(c_i,d_i]\}} (a_i,b_i]$$

となるから, 命題 1.2.1 から

$$b - a = \sum_{\{i:t\in(c_i,d_i]\}} (b_i - a_i)$$

を得る. ところが

$$\sum_{\{i:t\in(c_i,d_i]\}} (b_i - a_i) = \sum_{i=1}^n (b_i - a_i)\chi_{(c_i,d_i]}(t)$$

であるから, 要求された等式 $(*)$ が得られた. この等式 $(*)$ の両辺を, $[c,d]$ 上でリーマン積分すれば

$$(b-a)\int_c^d \chi_{(c,d]}(t)dt = \sum_{i=1}^n (b_i - a_i)\int_c^d \chi_{(c_i,d_i]}(t)dt$$

すなわち

$$(b-a)(d-c) = \sum_{i=1}^n (b_i - a_i)(d_i - c_i)$$

が得られ, 証明が完結する.

注意 1 $\mathbf{R}^2$ における矩形の測度の有限加法性は, 切り口を考えることに

より, $\mathbf{R}^1$ における矩形の測度 (すなわち, 線分の長さ) の有限加法性に帰着させることで, 証明されている. それと同様に, $\mathbf{R}^3$ の場合は, $\mathbf{R}^2$ の場合への帰着となる. このことから, 一般次元の矩形の測度の有限加法性の証明は, 次元についての帰納法を用いることで完結できるであろう. 上で述べたように, $\mathbf{R}^3$ の場合を, 各自で確かめること.

系 1.2.3 $|\cdot|: J = \Pi_{i=1}^k (a_i, b_i) \in \boldsymbol{J}_\infty^{(k)} \to |J| = \Pi_{i=1}^k (b_i - a_i) \in \mathbf{R}^+ \cup \{+\infty\}$ として定義される (必ずしも有界でない矩形の測度) $|\cdot|$ は, 有限加法性を持つ.

証明 $J = \sum_{i=1}^n J_i,$ ただし, $J, J_1, \ldots, J_n \in \boldsymbol{J}_\infty^{(k)}$ としたとき

$$|J| = \sum_{i=1}^n |J_i| \cdots (*)$$

を示す. 二つの場合に分けて示す.

(i) $J_i \in \boldsymbol{J}^{(k)}$ $(i = 1, 2, \ldots, n)$ のとき. 明らかに, J は有界であるから, $J \in \boldsymbol{J}^{(k)}$ となり, 命題 1.2.2 より生じる.

(ii) $\boldsymbol{J}^{(k)}$ に属さない J_i が存在するとき. $J \supset J_i$ であるから, $J \notin \boldsymbol{J}^{(k)}$ である. したがって, $(*)$ の左辺 $= +\infty =$ 右辺 である.

以上で, $|\cdot|$ の有限加法性が示された.

これら矩形の測度についての事実を, 一般的に表現すれば, 次の形となる. すなわち, 集合族 $\boldsymbol{J}^{(k)}$ あるいは $\boldsymbol{J}_\infty^{(k)}$ を, 一般的な semi-ring を成す集合族 $\mathcal{H}$ に置き換え, 矩形の測度 $|\cdot|$ を, $\mathcal{H}$ に属する集合について非負数値が対応している, (集合関数と呼ばれる) 一般的な量 μ に置き換えて得られる状態である. それを正確に, 少しく一般的に記述すれば, 次である.

定義 1.2.4 (有限加法的測度) S の部分集合から成る或る集合族 $\mathcal{F}$ で, $\emptyset \in \mathcal{F}$ を満たすものが与えられたとする. 集合関数 $\mu: F \in \mathcal{F} \to \mu(F) \in \mathbf{R}^+ \cup \{+\infty\}$ が, 次の条件を満たすとき, μ を, 集合族 $\mathcal{F}$ で定義された **有限加法的測度** (finitely additive measure) という.

(i) $\mu(\emptyset) = 0$

(ii) $F = \sum_{i=1}^n F_i,$ ただし, $F, F_1, \ldots, F_n \in \mathcal{F}$ としたとき

$$\mu(F) = \sum_{i=1}^n \mu(F_i)$$

が成り立つ.

特に, $\mathcal{F}$ が semi-ring であるとき, semi-ring 上の有限加法的測度 μ が持つ性質を調べれば, その結果は, 特別な場合としての [semi-ring $\boldsymbol{J}^{(k)}$ や, $\boldsymbol{J}_\infty^{(k)}$ で定義された矩形の測度 $|\cdot|$ に応用] できる. 実は, semi-ring 上の有限加法的測度について, 次が成り立つ.

命題 1.2.5 S の部分集合から成る或る集合族 $\mathcal{H}$ が semi-ring であるとする. そのとき $\mu : \mathcal{H} \to \mathbf{R}^+ \cup \{+\infty\}$, 有限加法的測度について, 次の性質が成り立つ.

(1) (μ の単調性) $H \subset K$, $H, K \in \mathcal{H} \Rightarrow \mu(H) \leq \mu(K)$
(2) ((1) の一般化) $\sum_{i=1}^n H_i \subset K$ $(H_1, \ldots, H_n, K \in \mathcal{H})$
  $\Rightarrow \sum_{i=1}^n \mu(H_i) \leq \mu(K)$
(3) $\sum_{i=1}^n H_i \subset \sum_{j=1}^m K_j$ $(H_1, \ldots, H_n, K_1, \ldots, K_m \in \mathcal{H})$
  $\Rightarrow \sum_{i=1}^n \mu(H_i) \leq \sum_{j=1}^m \mu(K_j)$
(4) (μ の有限劣加法性) $H \subset \bigcup_{i=1}^n H_i$ $(H, H_1, \ldots, H_n \in \mathcal{H})$
  $\Rightarrow \mu(H) \leq \sum_{i=1}^n \mu(H_i)$
特に, $H = \bigcup_{i=1}^n H_i$ のとき, $\mu(H) \leq \sum_{i=1}^n \mu(H_i)$ が成り立つ.

証明 (1) について. semi-ring の定義 1.1.1 (s.1) から

$$K \setminus H = \sum_{i=1}^m L_i$$

を満たす $\{L_1, \ldots, L_m\} \subset \mathcal{H}$ が存在する. すなわち

$$K = H \cup \sum_{i=1}^m L_i \; (H \cap L_i = \emptyset, \forall i)$$

であるから, μ の有限加法性より

$$\mu(K) = \mu(H) + \sum_{i=1}^m \mu(L_i)$$

が得られる. ところが, $\mu(L_i) \geq 0$ $(\forall i)$ であるから, $\mu(K) \geq \mu(H)$ である.

(2) について. $\mathcal{H}$ は semi-ring であるから, 命題 1.1.2 より

$$K \setminus \sum_{i=1}^n H_i = \sum_{j=1}^m K_j$$

を満たす $\{K_1, \ldots, K_m\} \subset \mathcal{H}$ が存在する. すなわち

$$K = \left(\sum_{i=1}^n H_i\right) \cup \left(\sum_{j=1}^m K_j\right)$$

で, 右辺の各集合は互いに素であるから, μ の有限加法性を用いて

$$\mu(K) = \sum_{i=1}^{n} \mu(H_i) + \sum_{j=1}^{m} \mu(K_j)$$

となり, 各 $\mu(K_j) \geq 0$ から

$$\mu(K) \geq \sum_{i=1}^{n} \mu(H_i)$$

を得る.

(3) について. 各 i について

$$H_i = \sum_{j=1}^{m} (H_i \cap K_j)$$

であるから, μ の有限加法性から

$$\mu(H_i) = \sum_{j=1}^{m} \mu(H_i \cap K_j)$$

である. したがって

$$\sum_{i=1}^{n} \mu(H_i) = \sum_{i=1}^{n} \left(\sum_{j=1}^{m} \mu(H_i \cap K_j) \right) = \sum_{j=1}^{m} \left(\sum_{i=1}^{n} \mu(H_i \cap K_j) \right)$$

である. ところが, 各 j について

$$\sum_{i=1}^{n} (H_i \cap K_j) \subset K_j$$

であるから, (2) を用いて

$$\sum_{i=1}^{n} \mu(H_i \cap K_j) \leq \mu(K_j)$$

である. したがって

$$\sum_{i=1}^{n} \mu(H_i) \leq \sum_{j=1}^{m} \mu(K_j)$$

が成り立つ.

(4) について. 後段の部分, すなわち, $[H = \bigcup_{i=1}^{n} H_i \Rightarrow \mu(H) \leq \sum_{i=1}^{n} \mu(H_i)]$ を示せば, 十分である. 実際, これが示されれば, 前段の部分は次のように容易に分かる. $H \subset \bigcup_{i=1}^{n} H_i$ とせよ. そのとき,

$H = \bigcup_{i=1}^{n}(H \cap H_i)$, $H \cap H_i \in \mathcal{H}$ ($\forall i$) となるから, 後段の部分の結果と (1) を用いれば

$$\mu(H) \leq \sum_{i=1}^{n} \mu(H \cap H_i) \leq \sum_{i=1}^{n} \mu(H_i)$$

が得られる. したがって, 後段の部分を示そう. それには, semi-ring についての次の性質 $(*)$ を先ず注意する.

$(*)$ $\mathcal{H}$ の任意の有限個の元から成る集合族 $\{H_1, \ldots, H_n\}$ を与えたとき, $\mathcal{H}$ の互いに素な有限個の元から成る集合族 $\{K_1, \ldots, K_m\}$ を適当にとって

(a) $\bigcup_{i=1}^{n} H_i = \sum_{j=1}^{m} K_j$,

(b) 任意の K_j は, 或る H_i に含まれる (すなわち, 任意の K_j に対して, $K_j \subset H_i$ を満たす H_i が存在する)

とできる.

実際, この $(*)$ は, n に関する帰納法で得られる. 帰納法の第二段のみ注意しよう. すなわち, $\{H_1, \ldots, H_n\}$ について, この事柄 $(*)$ が成り立つと仮定して, $\{H_1, \ldots, H_n, H_{n+1}\}$ について, $\mathcal{H}$ の, 有限個の元から成る, このような集合族を構成しよう. そのために, 帰納法の仮定 (n 個の場合) から保証される $\{H_1, \ldots, H_n\}$ に対して存在する, 性質 (a), (b) を持つ有限集合を $\{K_1, \ldots, K_m\}$ とする. そのとき, $H_{n+1} \supset \sum_{j=1}^{m}(H_{n+1} \cap K_j)$ であるから, 命題 1.2.2 を用いれば

$$H_{n+1} \backslash \sum_{j=1}^{m}(H_{n+1} \cap K_j) = \sum_{l=1}^{q} L_l$$

を満たす $\{L_1, \ldots, L_q\} \subset \mathcal{H}$ が存在する. そのとき, $\{K_1, \ldots, K_m, L_1, \ldots, L_q\}$ $= \{K_1, \ldots, K_{m+q}\}$ と表せば, これが $\{H_1, \ldots, H_n, H_{n+1}\}$ に対して, 性質 (a), (b) を持つ要求された集合族であることは, 容易に分かる. したがって, $(n+1)$ 個の場合も示されたので, $(*)$ が成り立つ. したがって, μ の有限加法性から

$$\mu(H) = \mu(\bigcup_{i=1}^{n} H_i) = \mu(\sum_{j=1}^{m} K_j) = \sum_{j=1}^{m} \mu(K_j)$$

である. さて, 各 i ($i = 1, 2, \ldots, n$) について $\mathbf{N}_i = \{j : K_j \subset H_i\}$ とすれば, 性質 (b) から

$$\bigcup_{i=1}^{n} \mathbf{N}_i = \{1, 2, \ldots, m\}$$

である．しかも，$\mathbf{N}_i$ の定義から $\sum_{j\in\mathbf{N}_i} K_j \subset H_i$ である．よって，(2) から
$$\sum_{j\in\mathbf{N}_i} \mu(K_j) \leq \mu(H_i)$$
である．したがって
$$\mu(H) = \sum_{j=1}^{m} \mu(K_j) \leq \sum_{i=1}^{n}\left(\sum_{j\in\mathbf{N}_i}\mu(K_j)\right) \leq \sum_{i=1}^{n}\mu(H_i)$$
が成り立ち，(4) が示された．

注意 2 ここで与えた命題 1.2.5 (4) の証明は，μ が semi-ring 上の有限加法的測度であるという性質のみに依存した証明であるので，上述のように少し複雑な証明となっている．次 (命題 **1.2.6**) に述べるように，この有限加法的測度 μ が ring 上に有限加法的測度として拡張されることを用いれば，ring 上での有限加法的測度の性質に依存して証明を与えることができ，非常に容易である．すなわち，有限加法的測度の単調性から結果が得られる．各自で確かめること．

命題 1.2.6 semi-ring $\mathcal{H}$ と，有限加法的測度 $\mu : \mathcal{H} \to \mathbf{R}^+ \cup \{+\infty\}$, が与えられたとき，この μ を，有限加法性を保ったまま，$\mathcal{R}(\mathcal{H})$ までただ一通りに拡張できる．すなわち，次の性質を満たす有限加法的測度 $\alpha : \mathcal{R}(\mathcal{H}) \to \mathbf{R}^+ \cup \{+\infty\}$ がただ一つ存在する．
$$\alpha(H) = \mu(H)\ (H \in \mathcal{H})$$

証明 各 $A \in \mathcal{R}(\mathcal{H})$ について
$$\alpha(A) = \sum_{i=1}^{n} \mu(H_i)$$
と定義する (ただし，$A = \sum_{i=1}^{n} H_i$, $\{H_1, \ldots, H_n\} \subset \mathcal{H}$). そのとき，次のように，$\alpha(A)$ を定義する右辺の値は，A の $\mathcal{H}$ の元による表示に依存しないことが示されるから，良く定義されている．実際
$$A = \sum_{i=1}^{m} H_i = \sum_{j=1}^{n} K_j \Rightarrow \sum_{i=1}^{m} \mu(H_i) = \sum_{j=1}^{n} \mu(K_j)$$
を示そう．このことは
$$\sum_{i=1}^{m} \mu(H_i) = \sum_{i=1}^{m}\left(\sum_{j=1}^{n}\mu(H_i \cap K_j)\right)$$

$$= \sum_{j=1}^{n} \left(\sum_{i=1}^{m} \mu(K_j \cap H_i) \right) = \sum_{j=1}^{n} \mu(K_j)$$

により, 成立することが分かる. この α が $\mathcal{R}(\mathcal{H})$ 上で有限加法的であることは, 下記の注意 3 の 2. で述べているように, $A, B \in \mathcal{R}(\mathcal{H}), A \cap B = \emptyset$, について

$$\alpha(A \cup B) = \alpha(A) + \alpha(B) \cdots (*)$$

を示せば良い. しかし, これは α の定義から明らかである. すなわち

$$A = \sum_{i=1}^{m} H_i, \ B = \sum_{j=1}^{n} K_j$$

ならば

$$A \cup B = \sum_{l=1}^{m+n} L_l$$

(ただし, $L_1 = H_1, \ldots, L_m = H_m, L_{m+1} = K_1, \ldots, L_{m+n} = K_n$) であるから, (*) が α の定義より得られるのである. ただ一通りであることは容易であるから, 各自確かめること.

注意 3 1. $\mathcal{H} = \boldsymbol{J}^{(k)}$ とし, μ を矩形の測度 $|\cdot|$ とした特別の場合に限定すれば, この命題 1.2.5 は, 初等的集合の測度の大きさについての関係を与えている. 例えば
 (a) $\sum_{j=1}^{n} J_j \subset \sum_{i=1}^{m} I_i \Rightarrow \sum_{j=1}^{n} |J_j| \leq \sum_{i=1}^{m} |I_i|$
 (b) $\sum_{j=1}^{n} J_j = \sum_{i=1}^{m} I_i \Rightarrow \sum_{j=1}^{n} |J_j| = \sum_{i=1}^{m} |I_i|$
が成り立つことが分かる. (a) から, ジョルダン内測度がジョルダン外測度以下であることが分かり, (b) から, 初等的集合については, 矩形による分割には依存しないで, その測度が定まることが分かる.

このように, 矩形という具体的な集合に関わる問題を, より一般的な形でとらえて, 先ずその状態で理論を展開し (ここでみたように, このような抽象化されたものを対象にした方が, 或る意味では, 理論展開が容易となる), その理論を特殊な場合に限定することで, (例えば, 矩形という) 具体的な場合の結果を得るという類の理論展開は, 数学では良く現れるものである.

2. $\mathcal{F}$ が ring である場合には, これは有限個の集合の和をとるという操作で閉じている (すなわち, $\forall \{F_1, \ldots, F_n\} \subset \mathcal{F} \Rightarrow \bigcup_{i=1}^{n} F_i \in \mathcal{F}$) から, $\mu : \mathcal{F} \to \mathbf{R}^+ \cup \{+\infty\}$ が有限加法的測度であるための必要十分条件は, (任意の二個の集合の条件で述べられるところの) 次の条件 (*) である.

($*$) $\forall F_1, F_2 \in \mathcal{F}$, $F_1 \cap F_2 = \emptyset$ について, $\mu(F_1 \cup F_2) = \mu(F_1) + \mu(F_2)$ が成り立つ.

これは, 集合の個数 n に関する帰納法で容易に証明される. 各自で確かめること. また, この事実を $\mathcal{F} = \mathcal{R}(\boldsymbol{J}^{(k)})$ (初等的集合全体の作る集合族), $\mu = |\cdot|$ (矩形の測度を, 初等的集合まで拡張した測度, 命題 1.2.6 参照) として考えれば, 具体的事例 (すなわち, 我々が従来から知っていた初等的集合に関するジョルダン測度の性質) になる.

[測度の拡張定理, ルベーグ測度]

これまでの内容 (特に, 線分の長さや, 矩形の測度, すなわち, 区間関数は有限加法的であるという事実に代表される内容) は, 或る意味では, ジョルダン測度に関連した事柄を少しく本質が分かりやすい形で系統的に整理し, 眺めたものである. したがって, これ以後に紹介する内容がルベーグによる新しい展開であり, それまでには気付かれることのなかった, 新味のある事実が次々に明らかになったのである. その第一歩 (スタート) は, 矩形の測度 $|\cdot| : \boldsymbol{J}^{(k)} \to \mathbf{R}^+$ が, (従来, 知られているような) 単に有限加法性のみならず, 可算加法性を持つことを, 初めて世に提示したのである. その証明に関して重要な点は, 有限加法性が集合論的な性質のみに依存して証明がなされるのに対し, 可算加法性は **コンパクト性** という位相的性質にも依存 (すなわち, 位相的性質の新たな利用) して証明されるということである. これが, その証明の卓抜した点であるといえる.

定理 1.2.7(矩形の測度の可算加法性)　$|\cdot| : \boldsymbol{J}^{(k)} \to \mathbf{R}^+$ は, 次の性質 ($*$) (**可算加法性** という) を持つ.
　　($*$) $J = \sum_{n=1}^{\infty} J_n$, ただし, $J, J_n \in \boldsymbol{J}^{(k)}$ ($\forall n$) としたとき

$$|J| = \sum_{n=1}^{\infty} |J_n|$$

が成り立つ.

我々は, この証明を与える前に, この定理から生じる状況を一般的にとらえた形での, 次の定義を与えよう. これは, 定義 1.2.4 の可算加法版である.

定義 1.2.8　S の部分集合から成る或る集合族 $\mathcal{F}$ で, $\emptyset \in \mathcal{F}$ を満たすものが与えられたとき, $\mu : \mathcal{F} \to \mathbf{R}^+ \cup \{+\infty\}$ が **可算加法的測度** (countably additive measure) であるとは, 次の性質を満たすことをいう.

(1) $\mu(\emptyset) = 0$
(2) $F = \sum_{n=1}^{\infty} F_n$, ただし, $F, F_n \in \mathcal{F}$ $(\forall n)$ としたとき

$$\mu(F) = \sum_{n=1}^{\infty} \mu(F_n)$$

がなりたつ.

以後, 測度 (measure) と短縮していえば, 常に, 可算加法的測度のことを指す. また, 可算加法性を, 完全加法性, あるいは, σ-加法性ともいう.

注意 4 1. 明らかに, 測度ならば, 有限加法的測度である.
2. $\mathcal{F} = \boldsymbol{J}^{(1)}$ の場合に, $F = \sum_{n=1}^{\infty} F_n$ となる簡単な例としては

$$F = (0, 1], \ F_n = (1/2^n, 1/2^{n-1}] \ (n = 1, 2, \ldots)$$

がある. そのとき, 線分の長さ $|\cdot|$ を計算すれば

$$|F| = 1 = \sum_{n=1}^{\infty} \frac{1}{2^n} = \sum_{n=1}^{\infty} |F_n|$$

が成り立っている.

定理 1.2.7 の証明 (1) について. $J = \Pi_{i=1}^{k}(a_i, b_i] = \emptyset \Leftrightarrow a_i = b_i$ を満たす i が存在する $\Leftrightarrow \Pi_{i=1}^{k}(b_i - a_i) = 0 \Leftrightarrow |J| = 0$ から生じる.
(2) について. $J, J_1, J_2, \ldots \in \boldsymbol{J}^{(k)}$ が

$$J = \sum_{n=1}^{\infty} J_n$$

を満たすとする. そのとき, 任意の m について, $J \supset \sum_{n=1}^{m} J_n$ であるから, $\boldsymbol{J}^{(k)}$ の semi-ring 性と, 矩形の測度 $|\cdot|$ の $\boldsymbol{J}^{(k)}$ 上での有限加法性を用いれば, 命題 1.2.5 の性質 (2) から

$$|J| \geq \sum_{n=1}^{m} |J_n|$$

が成り立つ. ここで, m は任意であるから, $m \to \infty$ として

$$|J| \geq \sum_{n=1}^{\infty} |J_n|$$

が成り立つ. 重要なのは, これから示そうとする逆向きの不等式 ($|\cdot|$ の可算劣加法性)
$$|J| \le \sum_{n=1}^{\infty} |J_n|$$
である. そのために, 先ず次のことを注意する. 証明は容易であるから, 各自で確かめること.
$J = \Pi_{i=1}^{k}(a_i, b_i]$, また, 十分小さい正数 δ について, $J_\delta = \Pi_{i=1}^{k}(a_i + \delta, b_i]$, $J'_\delta = \Pi_{i=1}^{k}(a_i, b_i + \delta]$ とおく. そのとき
$$|J_\delta| \uparrow |J| \; (\delta \downarrow 0), \; |J'_\delta| \downarrow |J| \; (\delta \downarrow 0)$$
が成り立つ. さて
$$J = \Pi_{i=1}^{k}(a_i, b_i], \; J_n = \Pi_{i=1}^{k}(a_i^{(n)}, b_i^{(n)}] \; (n = 1, 2, \ldots)$$
とおき, 任意に正数 ε を与えよ. そのとき, 今注意したことから, 或る正数 δ, δ_n が存在して
$$|J_\delta| > |J| - \varepsilon, \; |(J_n)'_{\delta_n}| < |J_n| + \frac{\varepsilon}{2^n} \; \cdots \; (**)$$
が成り立つ. そのとき
$$\begin{aligned}\Pi_{i=1}^{k}[a_i + \delta, b_i] &\subset J \\ &= \sum_{n=1}^{\infty} J_n \\ &\subset \bigcup_{n=1}^{\infty} \left(\Pi_{i=1}^{k}(a_i^{(n)}, b_i^{(n)} + \delta_n) \right)\end{aligned}$$
が成り立つ. したがって
$$\{\Pi_{i=1}^{k}(a_i^{(n)}, b_i^{(n)} + \delta_n) \; : \; n = 1, 2, \ldots\}$$
は, コンパクト集合 $\Pi_{i=1}^{k}[a_i + \delta, b_i]$ の開被覆である. よって, これは有限部分被覆を持つから, 或る番号 m が存在して
$$\Pi_{i=1}^{k}[a_i + \delta, b_i] \subset \bigcup_{n=1}^{m} \left(\Pi_{i=1}^{k}(a_i^{(n)}, b_i^{(n)} + \delta_n) \right)$$
が成り立つ. したがって
$$\Pi_{i=1}^{k}(a_i + \delta, b_i] \subset \bigcup_{n=1}^{m} \left(\Pi_{i=1}^{k}(a_i^{(n)}, b_i^{(n)} + \delta_n] \right)$$

である．ところが, 矩形の測度の有限加法性から生じる性質を述べた命題 1.2.5 の (4) (有限劣加法性) から

$$|\Pi_{i=1}^k(a_i+\delta, b_i]| \leq \sum_{n=1}^m |\Pi_{i=1}^k(a_i^{(n)}, b_i^{(n)}+\delta_n]|$$

すなわち

$$|J_\delta| \leq \sum_{n=1}^m |(J_n)'_{\delta_n}|$$

である．したがって, 条件 (∗∗) と併せて

$$|J|-\varepsilon < |J_\delta| \leq \sum_{n=1}^m |(J_n)'_{\delta_n}| < \sum_{n=1}^m \left(|J_n|+\frac{\varepsilon}{2^n}\right) \leq \sum_{n=1}^\infty |J_n| + \varepsilon$$

を得る．ε は任意より

$$|J| \leq \sum_{n=1}^\infty |J_n|$$

を得る．したがって, 証明は完結する．

注意 5 一般次元 k について, $\boldsymbol{J}^{(k)}$ 上で定義された矩形の測度の可算加法性を示したので, 少し証明が冗長になったが, $k=1$ の場合はもう少しすっきりと表現できる．先ず, 前半の不等式は上述と同様で, $|\cdot|$ の有限加法性から生じるものである．重要な部分は後半の不等式：$|\cdot|$ の可算劣加法性, すなわち

$$(a,b] = \sum_{n=1}^\infty (a_n, b_n] \Rightarrow b-a \leq \sum_{n=1}^\infty (b_n - a_n)$$

を示すことである．この場合は, 十分小さい任意の正数 ε について

$$[a+\varepsilon, b] \subset \bigcup_{n=1}^\infty (a_n, b_n + \frac{\varepsilon}{2^n})$$

を用いることにより, 可算劣加法性が証明される．各自で確かめること．

この矩形の測度の可算加法性から, 必ずしも有界でない矩形の測度, すなわち, $|\cdot|: \boldsymbol{J}_\infty^{(k)} \to \mathbf{R}^+ \cup \{+\infty\}$ の可算加法性が得られる．正確に述べれば

系 1.2.9 $|\cdot|: J \in \boldsymbol{J}_\infty^{(k)} \to |J| \in \mathbf{R}^+ \cup \{+\infty\}$ を, 次のように定義する．

$$|J| = \begin{cases} \Pi_{i=1}^k(b_i - a_i) & (J = \Pi_{i=1}^k(a_i, b_i] \in \boldsymbol{J}^{(k)} \text{のとき}) \\ +\infty & (J = \Pi_{i=1}^k(a_i, b_i] \in \boldsymbol{J}_\infty^{(k)} \setminus \boldsymbol{J}^{(k)} \text{のとき}) \end{cases}$$

そのとき, $|\cdot|$ は可算加法的測度である.

証明 $J = \sum_{n=1}^{\infty} J_n$, ただし, $J, J_n \in \boldsymbol{J}_{\infty}^{(k)}$ としたとき

$$|J| = \sum_{n=1}^{\infty} |J_n|$$

を示す. (1) $J \in \boldsymbol{J}^{(k)}$ のとき. この場合は, 任意の n について, $J_n \in \boldsymbol{J}^{(k)}$ であるから, 定理 1.2.7 を用いれば, 要求された結果が生じる.

(2) $J \in \boldsymbol{J}_{\infty}^{(k)} \setminus \boldsymbol{J}^{(k)}$ のとき. 任意の正数 L を与える. $I_n = (-n, n] \times \cdots \times (-n, n]$ (($-n, n]$ の k 個の直積により得られる有限左半開区間) とすれば, $n \to \infty$ のとき, $|J \cap I_n| \uparrow \infty$ であるから, 或る p が存在して, $|J \cap I_p| > L$ である. このとき

$$J \cap I_p = \sum_{n=1}^{\infty} (J_n \cap I_p)$$

であるから, 定理 1.2.7, 命題 1.2.5 (1) を用いて

$$L < |J \cap I_p| = \sum_{n=1}^{\infty} |J_n \cap I_p| \leq \sum_{n=1}^{\infty} |J_n|$$

が生じる. ところが L は任意であるから

$$\sum_{n=1}^{\infty} |J_n| = +\infty = |J|$$

となり, この場合の証明が終わる.

このように, いずれの場合も (有界であれ, 非有界であれ), 矩形の測度は単なる有限加法性に留まらず, **可算加法性** を持つことが分かった. 以前 (有限加法性の性質の部分) で展開したのと同様に, こうした具体的事実を踏まえながら, 設定をより一般にし, その設定の下で色々な状況を探り, 調べるという (数学に普遍的な) 理論の展開, 方法をここでも採ろう. すなわち, この状態を一般的な設定で述べれば, 次のようになるであろう. 将に, 前と同様であり, $\boldsymbol{J}^{(k)}, \boldsymbol{J}_{\infty}^{(k)}$ を, 一般的な semi-ring $\mathcal{H}$ とし, $|\cdot|$ を, 可算加法的測度 $\mu : \mathcal{H} \to \mathbf{R}^+ \cup \{+\infty\}$ とした設定の下で, 調べようというのである.

さて, 我々は第一段階の集合 (矩形) に関しての測度のより良い性質 (可算加法性) を獲得した (従来は, 有限加法性しか知らなかった) のであるから, この結果を用いて第二段階の集合 (初等的集合) の測度を調べたらどのようになるのかは, 興味のあるところである (有限加法性の場合は命題 1.2.6 で, そのことを述べている). 先ず, それを調べよう.

[S の部分集合から成る或る集合族 $\mathcal{H}$ は semi-ring であり, $\mu : \mathcal{H} \to \mathbf{R}^+ \cup \{+\infty\}$, は測度 (すなわち, 可算加法的測度のこと) であるとする. そのとき, μ をもっと広い範囲 (当然の要求として、初等的集合の作る集合族, この場合ならば, $\mathcal{R}(\mathcal{H})$ を含むようなもっと広い集合族) まで, 可算加法性を持ったまま拡張できるか, 否かという問題] (**測度の拡張問題**) を考えてみよう. この問題に関して, 次の結果 (命題 1.2.6 の可算加法性版) を先ず得る.

命題 1.2.10 S の部分集合から成る或る集合族 $\mathcal{H}$ が semi-ring であるとき, 測度 $\mu : \mathcal{H} \to \mathbf{R}^+ \cup \{+\infty\}$, は, ただ一通りに $\mathcal{R}(\mathcal{H})$ まで, 測度として拡張できる. すなわち, 次の性質を満たす測度 $\alpha : \mathcal{R}(\mathcal{H}) \to \mathbf{R}^+ \cup \{+\infty\}$ が, ただ一つ存在する.

$$\alpha(H) = \mu(H) \ (\forall H \in \mathcal{H})$$

証明 有限加法的な μ の場合 (すなわち, 命題 1.2.6 の場合) と同様にして, $A = \sum_{i=1}^n H_i \in \mathcal{R}(\mathcal{H})$ について

$$\alpha(A) = \sum_{i=1}^n \mu(H_i)$$

で定義する. 測度は, (当然) 有限加法的であるから, 命題 1.2.6 で注意したように, この右辺は, A の表現の仕方に依存しないで定まる. したがって, α は良く定義されており, しかも, 有限加法的である. これが測度であることを示そう. すなわち $A = \sum_{n=1}^\infty A_n$, ただし, $A, A_n \in \mathcal{R}(\mathcal{H})$ $(\forall n)$ としたとき

$$\alpha(A) = \sum_{n=1}^\infty \alpha(A_n)$$

を示す. さて, $A_n \in \mathcal{R}(\mathcal{H})$ $(\forall n)$ であるから, 各 n 毎に $\mathcal{H}$ の有限集合 $\{H_1^{(n)}, \ldots, H_{p(n)}^{(n)}\}$ が存在して

$$A_n = \sum_{i=1}^{p(n)} H_i^{(n)}$$

となる. そのとき, α の定義から

$$\sum_{n=1}^\infty \alpha(A_n) = \sum_{n=1}^\infty \left(\sum_{i=1}^{p(n)} \mu(H_i^{(n)}) \right)$$

である. ここで, A の状態で次の二つの場合に分ける.

(a) $A \in \mathcal{H}$ のとき.
$$A = \sum_{n=1}^{\infty} \left(\sum_{i=1}^{p(n)} H_i^{(n)} \right)$$

すなわち, $\mathcal{H}$ の元 A が $\mathcal{H}$ の可算個の元 $\{H_i^{p(n)} : i = 1, 2, \ldots, p(n), n = 1, 2, \ldots\}$ の互いに素な和であるから, μ が $\mathcal{H}$ 上の測度であること (可算加法性) を用いて

$$\alpha(A) = \sum_{n=1}^{\infty} \left(\sum_{i=1}^{p(n)} \mu(H_i^{(n)}) \right) = \sum_{n=1}^{\infty} \alpha(A_n)$$

を得る. よって, この場合は示された.

(b) A が一般のとき. $\mathcal{H}$ の互いに素な有限個の元 $\{K_1, \ldots, K_m\}$ をとり, $A = \sum_{j=1}^{m} K_j$ と表す. そのとき, 各 j について

$$K_j = \sum_{n=1}^{\infty} (K_j \cap A_n)$$

である. したがって, 各 j について, (a) の場合から

$$\alpha(K_j) = \sum_{n=1}^{\infty} \alpha(K_j \cap A_n)$$

が成り立つ. ゆえに

$$\begin{align*}
\alpha(A) &= \sum_{j=1}^{m} \mu(K_j) \\
&= \sum_{j=1}^{m} \left(\sum_{n=1}^{\infty} \alpha(K_j \cap A_n) \right) \\
&= \sum_{n=1}^{\infty} \left(\sum_{j=1}^{m} \alpha(K_j \cap A_n) \right)
\end{align*}$$

を得る. ところが, 上述したように, α は $\mathcal{R}(\mathcal{H})$ 上で有限加法的であるから, 各 n 毎に

$$\sum_{j=1}^{m} \alpha(K_j \cap A_n) = \alpha(A_n)$$

が成り立つ. したがって

$$\alpha(A) = \sum_{n=1}^{\infty} \alpha(A_n)$$

を得る. また, 唯一性は明らかである. よって示された.

この結果と, 定理 1.2.7, 系 1.2.9 の結果を併せれば、(有界, 非有界にかかわらず) 矩形の測度 $|\cdot|$ から, 初等的集合に拡張された集合関数 (各集合に対して, 或る値を対応させる関数のことを, 単に関数と表現しないで, このようにいう) μ は測度である. すなわち

系 1.2.11 (1) 矩形の測度 $|\cdot|: \boldsymbol{J}^{(k)} \to \mathbf{R}^+$ を, 各 $A \in \mathcal{R}(\boldsymbol{J}^{(k)})$ について

$$\alpha(A) = \sum_{i=1}^n |J_i| \ (A = \sum_{i=1}^n J_i \ \text{のとき})$$

として拡張した集合関数 $\alpha: \mathcal{R}(\boldsymbol{J}^{(k)}) \to \mathbf{R}^+$ は測度である.

(2) 必ずしも有界でない矩形の測度 $|\cdot|: \boldsymbol{J}^{(k)}_\infty \to \mathbf{R}^+ \cup \{+\infty\}$ を, 各 $A \in \mathcal{R}(\boldsymbol{J}^{(k)}_\infty)$ について

$$\alpha(A) = \sum_{i=1}^n |J_i| \ (A = \sum_{i=1}^n J_i \ \text{のとき})$$

として拡張した集合関数 $\alpha: \mathcal{R}(\boldsymbol{J}^{(k)}_\infty) \to \mathbf{R}^+ \cup \{+\infty\}$ は測度である.

さて, この系 1.2.11 (2) に注目しよう. すなわち, 集合族 $\mathcal{R}(\boldsymbol{J}^{(k)}_\infty)$ は, 全空間 $\mathbf{R}^k$ を含む ring であるから, $\mathbf{R}^k$ 上の algebra である. したがって, 我々は, algebra 上で定義された測度 α を獲得したことになる. 前段と同様に, このような測度 α はもっと広い範囲の集合に測度として拡張可能かを考える. すなわち, 次の問題である.

問題 S の部分集合から成る或る集合族 $\mathcal{A}$ が algebra であるとき, 測度 $\alpha: \mathcal{A} \to \mathbf{R}^+ \cup \{+\infty\}$ が与えられている. そのとき, α を $\mathcal{A}$ を含む, σ-algebra をなす集合族 Σ まで測度として拡張できるか？

この問題は, **測度の拡張問題** といわれる問題の内でも根幹をなす問題であり, 次の形 (定理 1.2.12) で解かれている. この解決のために展開される論理プロセスは, (現在では) 拡張問題を扱う際の基本となっている通常のもので, カラテオドリ (C. Caratheodory) による [外測度のみの利用] および [外測度に関する可測集合の導入] という測度論において正に重要な論理展開で構成されている. なお, ルベーグ測度の構成理論として, ジョルダン測度の拡張理論と類似な, 外測度, さらに内測度を定義し, それらを利用しながらの論理展開が, 初期のものとしてあるが (ルベーグ自身の論理展開も然り), 外測度のみで拡張理論が構成できるという意味で, 以下で

紹介されるものに優越性があると考えられる.

定理 1.2.12 S の部分集合から成る或る集合族 $\mathcal{A}$ は algebra で, 測度 $\alpha : \mathcal{A} \to \mathbf{R}^+ \cup \{+\infty\}$ が与えられているとする. そのとき, α を $\mathcal{A}$ を含む σ-algebra Σ 上まで, 測度として拡張できる. すなわち, 或る σ-algebra $\Sigma \, (\supset \mathcal{A})$ と測度 $\beta : \Sigma \to \mathbf{R}^+ \cup \{+\infty\}$ が存在し

$$\beta(A) = \alpha(A) \ (A \in \mathcal{A})$$

が成り立つ.

この定理の証明のためには, ジョルダン外測度を一般化 (精密化) したものと考えられる, カラテオドリの外測度 (outer measure) を導入する. すなわち

定義 1.2.13 S の部分集合の全体から成る集合族 $\mathcal{P}(S)$ について, $\mathcal{P}(S)$ 上で定義された集合関数 Γ (すなわち, $\Gamma : \mathcal{P}(S) \to \mathbf{R}^+ \cup \{+\infty\}$) が, 次の性質を満たすとき, S 上の **外測度 (カラテオドリの意味で)** であるという.
 (1) $\Gamma(\emptyset) = 0$
 (2) (単調性) $A \subset B \Rightarrow \Gamma(A) \leq \Gamma(B)$
 (3) (可算劣加法性) $A = \bigcup_{n=1}^{\infty} A_n$, としたとき

$$\Gamma(A) \leq \sum_{n=1}^{\infty} \Gamma(A_n)$$

が成り立つ.

今後, 単に外測度と表現したときは, (カラテオドリの意味の) この外測度のことをいう.

注意 6 (1) 条件 (3) に注目したことが重要である. すなわち, 後で注意するが, 従来のジョルダン外測度は, 有限劣加法性のみで, このような可算劣加法性を持たない. そのことが基本的な欠点となり, ジョルダン外測度による論理展開の広がりを阻害しているといえる.
 (2) 外測度の条件 (3) は, 次の条件 $(3)'$ で置き換えても良い.
 $(3)'$ $A \subset \bigcup_{n=1}^{\infty} A_n$ としたとき

$$\Gamma(A) \leq \sum_{n=1}^{\infty} \Gamma(A_n)$$

が成り立つ. 示すべきは, $(1), (2), (3) \Rightarrow (1), (2), (3)'$ であるが, 容易であるから, 各自で確かめること.

例 1.2.14 (I) k-次元ルベーグ外測度 λ^*.

各 $E \in \mathcal{P}(\mathbf{R}^k)$ について

$$\lambda^*(E) = \inf\{\sum_{n=1}^{\infty} |J_n| \; : \; E \subset \bigcup_{n=1}^{\infty} J_n, \; J_n \in \boldsymbol{J}^{(k)} \; (\forall n)\}$$

と定義する.

$$\mathbf{R}^k = \bigcup_{n=1}^{\infty} I_n \; (I_n = (-n,n] \times \cdots \times (-n,n], n = 1, 2, \ldots)$$

であるから, λ^* は定義され, $0 \leq \lambda^*(E) \leq +\infty$ $(\forall E \in \mathcal{P}(\mathbf{R}^k))$ である. しかも, 上述の定義 1.2.13 の外測度の性質 (1), (2), (3) を満たす. (1), (2) は明らかより, (3) のみ注意する.

(3) について. $E = \bigcup_{n=1}^{\infty} E_n$ とする. 次の二つの場合を考える.

(i) $\lambda^*(E_p) = +\infty$ を満たす p が存在するとき. $\lambda^*(E) \geq \lambda^*(E_p) = +\infty$, $\sum_{n=1}^{\infty} \lambda^*(E_n) \geq \lambda^*(E_p) = +\infty$ から生じる.

(ii) (i) でないとき. 任意の n について, $\lambda^*(E_n) < +\infty$ である. 任意の正数 ε を与えよ. そのとき, λ^* の定義から, 各 n 毎に $\lambda^*(E_n)$ の定義から, $\{J_i^{(n)} \; : \; i = 1, 2, \ldots\} \subset \boldsymbol{J}^{(k)}$ が存在して

$$\lambda^*(E_n) + \frac{\varepsilon}{2^n} > \sum_{i=1}^{\infty} |J_i^{(n)}|, \; E_n \subset \bigcup_{i=1}^{\infty} J_i^{(n)}$$

を満たす. そのとき

$$E \subset \bigcup_{n=1}^{\infty} \left(\bigcup_{i=1}^{\infty} J_i^{(n)}\right)$$

であるから, E は $\{J_i^{(n)} \; : \; i = 1, 2, \ldots, n = 1, 2, \ldots\}$ $(\subset \boldsymbol{J}^{(k)})$ で被覆されている. したがって, $\lambda^*(E)$ の定義から

$$\begin{aligned}
\lambda^*(E) &\leq \sum_{n=1}^{\infty} \left(\sum_{i=1}^{\infty} |J_i^{(n)}|\right) \\
&< \sum_{n=1}^{\infty} (\lambda^*(E_n) + \frac{\varepsilon}{2^n}) \\
&= \sum_{n=1}^{\infty} \lambda^*(E_n) + \varepsilon
\end{aligned}$$

が得られる. 正数 ε は任意より

$$\lambda^*(E) \leq \sum_{n-1}^{\infty} \lambda^*(E_n)$$

を得る.

(II) algebra 上の測度 α から導かれる外測度 Γ_α.

S の部分集合から成る或る集合族 $\mathcal{A}$ を algebra とし, $\alpha : \mathcal{A} \to \mathbf{R}^+ \cup \{+\infty\}$ を測度とする. そのとき, α から導かれる外測度とは, 次で定義されるものをいう. 各 $E \in \mathcal{P}(S)$ について

$$\Gamma_\alpha(E) = \inf\{\sum_{n=1}^\infty \alpha(A_n) \ : \ E \subset \bigcup_{n=1}^\infty A_n, \ A_n \in \mathcal{A} \ (\forall n)\}$$

と定義する. 常に $E \subset S$ $(S \in \mathcal{A})$ であるから, これは定義され, $\Gamma_\alpha(E) \leq \alpha(S)$ である. そのとき, Γ_α は, 外測度の性質 (1), (2), (3) を満たす. 証明は (I) の場合と同様である. 各自で確かめること.

注意 7 1. ジョルダン外測度 $(m_J)^*$ はカラテオドリの意味の外測度ではない. その例を, 次の簡単なもので紹介する. $E = \{x \in [0,1] \ : \ x \in \mathbf{Q}\}$ (ただし, $\mathbf{Q}$ は有理数の集合) とする. そのとき, $E = \{q_n \ : \ n = 1, 2, \ldots\}$ と表示できる. したがって, 各 n 毎に $E_n = \{q_n\}$ とすれば, $E = \bigcup_{n=1}^\infty E_n$ である. ところが, $(m_J)^*(E) = 1$, $(m_J)^*(E_n) = 0 \ (\forall n)$ であるから

$$1 = (m_J)^*(E) > 0 = \sum_{n=1}^\infty (m_J)^*(E_n)$$

となるので, ジョルダン外測度 $(m_J)^*$ は, カラテオドリの外測度の条件 (3) (可算劣加法性) を必ずしも満たさないことが分かる.

2. ルベーグ外測度の定義とジョルダン外測度の定義から, 任意の $E \in \mathcal{P}(\mathbf{R}^k)$ について

$$\lambda^*(E) \leq (m_J)^*(E)$$

が成り立つ. ジョルダン外測度は, 初等的集合 (矩形の有限和の集合) で被覆し, 定義されるものであるが, ここで新たに与えられたルベーグ外測度は, 矩形の可算和の集合で被覆し, 定義されているため, 被覆に用いる各矩形をいくらでも小さくとることができる. その結果, 被覆で得られる集合を, 元の集合 E に対して, ジョルダンの場合より, 近似として精密にとることができることを意味する.

さて, 外測度が与えられたとき, それに対応して我々は, (自然に) **可測集合** (measurable set) と呼ばれる概念を, 次のように導入することができる. このような集合の導入は, 測度の拡張理論の展開の中で重要な局面をなす. これは, 各集合は Γ に関しては, **可算劣加法性** という, 測度的には (言わば) 少し不満足な性質のみで存在しているので, 少し集合を制限して, Γ に対して巧く振る舞う (巧く対応する) 集合を探してみようという意図

である．

定義 1.2.15 (1) S 上の外測度 $\Gamma : \mathcal{P}(S) \to \mathbf{R}^+ \cup \{+\infty\}$ が与えられたとき

$A \in \mathcal{P}(S)$ が Γ-可測集合 (Γ-measurable set)

$\Leftrightarrow$

$$\Gamma(E) \geq \Gamma(E \cap A) + \Gamma(E \backslash A) \ (\forall E \in \mathcal{P}(S))$$

として定義する．

(2) Γ-可測集合 の全体の作る集合族を $\mathcal{M}_\Gamma$ で表す．すなわち

$$\mathcal{M}_\Gamma = \{A \in \mathcal{P}(S) \ : \ \Gamma(E) \geq \Gamma(E \cap A) + \Gamma(E \backslash A), \ \forall E \in \mathcal{P}(S)\}$$

である．

注意 8 定義 1.2.15 で，不等号 $\geq$ を等号 $=$ に置き換えても同じである．実際，Γ の可算劣加法性 (当然，有限劣加法性) を用いれば

$$\Gamma(E) \leq \Gamma(E \cap A) + \Gamma(E \backslash A)$$

が生じるからである．

注意 9 Γ-可測性を言い換えたものとして，次がある．
 $A \in \mathcal{M}_\Gamma \Leftrightarrow A$ は次の性質 $(*)$ を持つ．

$(*)$ $E \subset A, \ F \subset A^c$ について，$\Gamma(E \cup F) = \Gamma(E) + \Gamma(F)$
 証明は以下．$(\Rightarrow)$ について．$E \subset A, \ F \subset A^c$ を，任意にとれ．$A \in \mathcal{M}_\Gamma$ であるから

$$\Gamma(E \cup F) \geq \Gamma((E \cup F) \cap A) + \Gamma((E \cup F) \backslash A)$$

である．すなわち
$$\Gamma(E \cup F) \geq \Gamma(E) + \Gamma(F)$$

である．$\Gamma(E \cup F) \leq \Gamma(E) + \Gamma(F)$ は，Γ の有限劣加法性から生じるので

$$\Gamma(E \cup F) = \Gamma(E) + \Gamma(F)$$

が成り立つ．

$(\Leftarrow)$ について．任意の $E \in \mathcal{P}(S)$ をとれ．$E \cap A \subset A, \ E \backslash A \subset A^c$ であるから，仮定を用いて

$$\Gamma(E) = \Gamma((E \cap A) \cup (E \backslash A)) = \Gamma(E \cap A) + \Gamma(E \backslash A)$$

すなわち, $A \in \mathcal{M}_\Gamma$ である.

外測度 Γ に関する定理として, Γ-**可測集合** 全体の作る集合族 $\mathcal{M}_\Gamma$ の性質を述べた次の定理は基本である.

定理 1.2.16 S 上の外測度 $\Gamma : \mathcal{P}(S) \to \mathbf{R}^+ \cup \{+\infty\}$ が与えられたとき, 次の二つの事柄が成り立つ.
 (1) $\mathcal{M}_\Gamma$ は σ-algebra を成す. すなわち, 次の性質を持つ.
 (σ.1) $S \in \mathcal{M}_\Gamma$
 (σ.2) $A \in \mathcal{M}_\Gamma \Rightarrow A^c \in \mathcal{M}_\Gamma$
 (σ.3) $\forall \{A_n : n = 1, 2, \ldots\} \subset \mathcal{M}_\Gamma \Rightarrow \bigcup_{n=1}^\infty A_n \in \mathcal{M}_\Gamma$
 (2) Γ は σ-algebra $\mathcal{M}_\Gamma$ 上の測度である. すなわち, 任意の $\{A_n : n = 1, 2, \ldots\} \subset \mathcal{M}_\Gamma$, $A_i \cap A_j = \emptyset$ $(i \neq j)$ について

$$\Gamma \left(\bigcup_{i=1}^\infty A_i \right) = \sum_{i=1}^\infty \Gamma(A_i)$$

が成り立つ.

証明 (1) について.
 (σ.1) について. そのために, 任意の $E \in \mathcal{P}(S)$ をとれ. そのとき

$$\Gamma(E) = \Gamma(E \cap S) + \Gamma(\emptyset) = \Gamma(E \cap S) + \Gamma(E \backslash S)$$

であるから, $S \in \mathcal{M}_\Gamma$ である.
 (σ.2) について. そのために, 任意の $E \in \mathcal{P}(S)$ をとれ. そのとき, $A \in \mathcal{M}_\Gamma$ であるから

$$\Gamma(E) \geq \Gamma(E \cap A) + \Gamma(E \backslash A)$$

が成り立つ. ところが

$$\Gamma(E \cap A) = \Gamma(E \backslash A^c), \ \Gamma(E \backslash A) = \Gamma(E \cap A^c)$$

であるから

$$\Gamma(E) \geq \Gamma(E \cap A^c) + \Gamma(E \backslash A^c)$$

となり, $A^c \in \mathcal{M}_\Gamma$ を得る.
 (σ.3) について. この証明には, 次の手順を踏む. 先ず, 次の二つの性質を示す.
 (a) $\forall A, B \in \mathcal{M}_\Gamma \Rightarrow A \cap B \in \mathcal{M}_\Gamma$

(b) $\forall \{A_n : n = 1, 2, \ldots\} \subset \mathcal{M}_\Gamma$, $A_i \cap A_j = \emptyset$ $(i \neq j)$ が与えられたとき, 任意の $E \in \mathcal{P}(S)$, 任意の自然数 n について, 次の不等式が成り立つ.

$$\Gamma(E) \geq \sum_{i=1}^{n} \Gamma(E \cap A_i) + \Gamma\left(E \backslash (\bigcup_{i=1}^{n} A_i)\right)$$

その結果, 次を得る. 任意の $E \in \mathcal{P}(S)$ について、

$$\Gamma(E) \geq \Gamma\left(E \cap (\bigcup_{i=1}^{\infty} A_i)\right) + \Gamma\left(E \backslash (\bigcup_{i=1}^{\infty} A_i)\right)$$

すなわち

$$A = \bigcup_{n=1}^{\infty} A_n \in \mathcal{M}_\Gamma$$

を得る.

(a), (b) が示されれば, 次のようにして $\mathcal{M}_\Gamma$ の性質 $(\sigma.3)$ が示される. 実際, $(\sigma.3)$ で与えられた $\{A_n : n = 1, 2, \ldots\}$ に対して, $B_1 = A_1, B_2 = A_2 \cap A_1^c, \ldots, B_{n+1} = A_{n+1} \cap (A_1 \cup \cdots \cup A_n)^c$ $(n \geq 1)$ と定めれば, $(\sigma.2)$, (a) を用いて, 任意の n について, $B_n \in \mathcal{M}_\Gamma$ であり

$$\bigcup_{n=1}^{\infty} A_n = \bigcup_{n=1}^{\infty} B_n, \quad B_i \cap B_j = \emptyset \ (i \neq j)$$

である. したがって, (b) を用いれば

$$\bigcup_{n=1}^{\infty} A_n = \bigcup_{n=1}^{\infty} B_n \in \mathcal{M}_\Gamma$$

となり, 要求された結果を得る.

さて, (a), (b) を示そう.

(a) について. $A \cap B \in \mathcal{M}_\Gamma$ を示すために

$$\Gamma(E) \geq \Gamma(E \cap (A \cap B)) + \Gamma(E \backslash (A \cap B)) \ (\forall E \in \mathcal{P}(S))$$

を示そう. 先ず, $A^c \in \mathcal{M}_\Gamma$ より

$$\Gamma(E \cap B) \geq \Gamma(E \cap B \cap A^c) + \Gamma((E \cap B) \backslash A^c)$$

すなわち

$$\Gamma(E \cap B) \geq \Gamma((E \cap B) \backslash A) + \Gamma((E \cap B) \cap A)$$

が成り立つ. また, $B^c \in \mathcal{M}_\Gamma$ から

$$\Gamma(E) \geq \Gamma(E \cap B^c) + \Gamma(E \backslash B^c) = \Gamma(E \backslash B) + \Gamma(E \cap B)$$

である．さらに，容易に分かるように
$$E \cap (A^c \cup B^c) = (E \cap A^c) \cup (E \cap B^c) = (E \cap A^c \cap B) \cup (E \cap B^c)$$
であるから，Γ の劣加法性を用いて
$$\Gamma(E \cap (A^c \cup B^c)) \leq \Gamma(E \cap A^c \cap B) + \Gamma(E \cap B^c)$$
すなわち
$$\Gamma(E \backslash (A \cap B)) \leq \Gamma(E \cap A^c \cap B) + \Gamma(E \backslash B)$$
が得られる．したがって，任意の $E \in \mathcal{P}(X)$ について
$$\Gamma(E \cap (A \cap B)) + \Gamma(E \backslash (A \cap B))$$
$$\leq \Gamma(E \cap B \cap A) + \Gamma(E \backslash B) + \Gamma(E \cap A^c \cap B)$$
$$= \Gamma((E \cap B) \cap A) + \Gamma((E \cap B) \backslash A) + \Gamma(E \backslash B)$$
$$\leq \Gamma(E \cap B) + \Gamma(E \backslash B) \leq \Gamma(E)$$
が得られる．したがって，$A \cap B \in \mathcal{M}_\Gamma$ が得られた．

(b) について．n に関する帰納法を用いる．

(I) $n = 1$ のとき．$A_1 \in \mathcal{M}_\Gamma$ より，任意の $E \in \mathcal{P}(X)$ について
$$\Gamma(E) \geq \Gamma(E \cap A_1) + \Gamma(E \backslash A_1)$$
であるから，この場合は成り立つ．

(II) n のとき，この不等式が成り立つとして，$(n+1)$ の場合に成り立つことを示そう．すなわち，仮定される事柄は，任意の $E \in \mathcal{P}(S)$ に対して
$$\Gamma(E) \geq \sum_{i=1}^{n} \Gamma(E \cap A_i) + \Gamma\left(E \backslash (\bigcup_{i=1}^{n} A_i)\right)$$
である．そして，示すべきは，任意の $F \in \mathcal{P}(S)$ に対して
$$\Gamma(F) \geq \sum_{i=1}^{n+1} \Gamma(F \cap A_i) + \Gamma\left(F \backslash (\bigcup_{i=1}^{n+1} A_i)\right)$$
である．そのために，任意の $F \in \mathcal{P}(S)$ をとれ．そして
$$E = F \cap A_{n+1}^c$$
とせよ．そのとき，n 個の場合から
$$\Gamma(F \cap A_{n+1}^c) \geq \sum_{i=1}^{n} \Gamma\left((F \cap A_{n+1}^c) \cap A_i\right) + \Gamma\left((F \cap A_{n+1}^c) \backslash (\bigcup_{i=1}^{n} A_i)\right)$$

すなわち, $(A_i \cap A_j = \emptyset, (i \neq j)$ を用いれば)

$$\Gamma(F \cap A_{n+1}^c) \geq \sum_{i=1}^n \Gamma(F \cap A_i) + \Gamma\left(F \backslash (\bigcup_{i=1}^{n+1} A_i)\right)$$

となる. ところで, $A_{n+1} \in \mathcal{M}_\Gamma$ であるから

$$\Gamma(F) \geq \Gamma(F \cap A_{n+1}) + \Gamma(F \backslash A_{n+1})$$

であるので, この二つの不等式から

$$\Gamma(F) \geq \Gamma(F \cap A_{n+1}) + \sum_{i=1}^n \Gamma(F \cap A_i) + \Gamma\left(F \backslash (\bigcup_{i=1}^{n+1} A_i)\right)$$

すなわち

$$\Gamma(F) \geq \sum_{i=1}^{n+1} \Gamma(F \cap A_i) + \Gamma\left(F \backslash (\bigcup_{i=1}^{n+1} A_i)\right)$$

となり, $(n+1)$ の場合が示された.

(b) で得られた不等式から, 任意の $E \in \mathcal{P}(S)$, 任意の n について

$$\begin{aligned}\Gamma(E) &\geq \sum_{i=1}^n \Gamma(E \cap A_i) + \Gamma\left(E \backslash (\bigcup_{i=1}^n A_i)\right) \\ &\geq \sum_{i=1}^n \Gamma(E \cap A_i) + \Gamma\left(E \backslash (\bigcup_{i=1}^\infty A_i)\right)\end{aligned}$$

を得る. すなわち, 任意の $E \in \mathcal{P}(S)$, 任意の n について

$$\Gamma(E) \geq \sum_{i=1}^n \Gamma(E \cap A_i) + \Gamma\left(E \backslash (\bigcup_{i=1}^\infty A_i)\right)$$

である. n が任意であるから, $n \to \infty$ として

$$\Gamma(E) \geq \sum_{i=1}^\infty \Gamma(E \cap A_i) + \Gamma\left(E \backslash (\bigcup_{i=1}^\infty A_i)\right) \cdots (*)$$

が成り立つ. ここで

$$\Gamma\left(E \cap (\bigcup_{i=1}^\infty A_i)\right) = \Gamma\left(\bigcup_{i=1}^\infty (E \cap A_i)\right) \leq \sum_{i=1}^\infty \Gamma(E \cap A_i)$$

を用いれば

$$\Gamma(E) \geq \Gamma\left(E \cap (\bigcup_{i=1}^\infty A_i)\right) + \Gamma\left(E \backslash (\bigcup_{i=1}^\infty A_i)\right)$$

を得る. すなわち
$$\bigcup_{i=1}^{\infty} A_i \in \mathcal{M}_\Gamma$$
である.

以上で (1) が示された.

(2) について. (1) で示された不等式 $(*)$ において
$$E = \bigcup_{n=1}^{\infty} A_n$$
とすれば
$$\Gamma\left(\bigcup_{n=1}^{\infty} A_n\right) \geq \sum_{n=1}^{\infty} \Gamma(A_n)$$
が得られる. ところが, Γ は外測度より, 逆向きの不等式は外測度の性質として成り立っているから, 結局
$$\Gamma\left(\bigcup_{n=1}^{\infty} A_n\right) = \sum_{n=1}^{\infty} \Gamma(A_n)$$
が成り立つ. すなわち, Γ は可算加法性を持つことが示されたので, 測度であることが分かる. よって, 定理の証明は完結する.

定理 1.2.16 は測度の拡張を図る際, 最も重要な局面に登場する定理である. 定理 1.2.16 が指摘している内容は, [測度の前段階 (実際, 可算加法性までの性質を持たないが, それより性質の劣る可算劣加法性を持つ) である外測度 Γ が獲得できれば, それを利用することにより, 必ず, 或る σ-algebra (すなわち, $\mathcal{M}_\Gamma$) 上に測度を見出すことができる] ということを保証していることである. このことは, 外測度が手に入れば, (その定義域を少し狭くしなければならないが) 測度が手に入ったも同然であることを, 物語っている. そういう意味で実に味わい深い重要な定理である. これを利用することにより, 或る algebra $\mathcal{A}$ 上に測度 (すなわち, $\mathcal{A}$ を定義域とする測度) が獲得されたとき, その測度を, $\mathcal{A}$ を含む, 或る σ-algebra Σ まで測度として拡張できること (先に述べた定理 1.2.12) の証明を与えよう.

定理 1.2.12 の証明 $\alpha : \mathcal{A} \to \mathbf{R}^+ \cup \{+\infty\}$ を測度とするとき, Γ_α を, 例 1.2.14 で述べた α から導かれた外測度とする. すなわち, 任意の $E \in \mathcal{P}(X)$ に対して
$$\Gamma_\alpha(E) = \inf\{\sum_{n=1}^{\infty} \alpha(A_n) \ : \ E \subset \bigcup_{n=1}^{\infty} A_n, \ A_n \in \mathcal{A} \ (\forall n)\}$$

とする. そのとき
$$\Sigma = \mathcal{M}_{\Gamma_\alpha}$$
とすれば, 定理 1.2.16 から, Σ は σ-algebra である. また, この Σ に Γ_α を制限した測度を β とする. すなわち
$$\beta(E) = \Gamma_\alpha(E) \ (E \in \Sigma)$$
として定義された $\beta : \Sigma \to \mathbf{R}^+ \cup \{+\infty\}$ は, Σ 上の測度となる. したがって, 示すべきことは, 次の二点である.

(a) $\mathcal{A} \subset \Sigma$

(b) $\beta(A) = \alpha(A) \ (A \in \mathcal{A})$

(a) について. 任意の $A \in \mathcal{A}$ をとれ. そのとき, $A \in \mathcal{M}_{\Gamma_\alpha} \ (= \Sigma)$ を示そう. すなわち, A が Γ_α-可測集合であること, すなわち, 任意の $E \in \mathcal{P}(S)$ に対して
$$\Gamma_\alpha(E) \geq \Gamma_\alpha(E \cap A) + \Gamma_\alpha(E \backslash A)$$
が成り立つことを示そう. $\Gamma_\alpha(E) = +\infty$ の場合は明らかに成り立つから, $\Gamma_\alpha(E) < +\infty$ の場合のみに示せばよい. そのために, 任意の正数 ε を与えよ. そのとき, $\Gamma_\alpha(E)$ の定義から, 可算個の集合族 $\{A_n : n = 1, 2, \ldots\} \subset \mathcal{A}$ で
$$\Gamma_\alpha(E) + \varepsilon > \sum_{n=1}^\infty \alpha(A_n), \ E \subset \bigcup_{n=1}^\infty A_n$$
を満たすものが存在する. そのとき
$$E \cap A \subset \bigcup_{n=1}^\infty (A_n \cap A), \ A_n \cap A \in \mathcal{A} \ (\forall n)$$
および
$$E \backslash A \subset \bigcup_{n=1}^\infty (A_n \backslash A), \ A_n \backslash A \in \mathcal{A} \ (\forall n)$$
であるから, Γ_α の定義から
$$\Gamma_\alpha(E \cap A) \leq \sum_{n=1}^\infty \alpha(A_n \cap A)$$
および
$$\Gamma_\alpha(E \backslash A) \leq \sum_{n=1}^\infty \alpha(A_n \backslash A)$$

が成り立つ. したがって, α が $\mathcal{A}$ 上の測度であることを用いれば

$$\begin{aligned}
\Gamma_\alpha(E\cap A)+\Gamma_\alpha(E\backslash A) &\leq \sum_{n=1}^\infty \alpha(A_n\cap A)+\sum_{n=1}^\infty \alpha(A_n\backslash A)\\
&= \sum_{n=1}^\infty (\alpha(A_n\cap A)+\alpha(A_n\backslash A))\\
&= \sum_{n=1}^\infty \alpha\left((A_n\cap A)\cup(A_n\backslash A)\right)\\
&= \sum_{n=1}^\infty \alpha(A_n)\\
&\leq \Gamma_\alpha(E)+\varepsilon
\end{aligned}$$

を得る. 正数 ε は任意であるから

$$\Gamma_\alpha(E)\geq \Gamma_\alpha(E\cap A)+\Gamma_\alpha(E\backslash A)$$

が示された.

(b) について. そのために, 任意の $A\in\mathcal{A}$ をとれ. 定義より, $\beta(A)=\Gamma_\alpha(A)$ であるから

$$\Gamma_\alpha(A)=\alpha(A)$$

を示すことになる. 先ず, $A\subset A\in\mathcal{A}$ であるから

$$\Gamma_\alpha(A)\leq \alpha(A)$$

が生じる. 次に逆向きの不等式を示す. それは, 次のようにして分かる. 任意の可算個の集合族 $\{A_n : n=1,2,\ldots\}\subset\mathcal{A}$, $A\subset \bigcup_{n=1}^\infty A_n$ を満たすものをとれ. そのとき, algebra 上の測度の性質により

$$\alpha(A)\leq \sum_{n=1}^\infty \alpha(A_n)$$

が成り立つから, 右辺の inf をとれば

$$\alpha(A)\leq \Gamma_\alpha(A)$$

が生じる. よって, $\alpha(A)=\Gamma_\alpha(A)$ が成り立つ.

以上で, 定理 1.2.12 の証明が完結する.

ここで, 測度の拡張に関して我々が歩んできたステップをもう一度振り返り確認しよう. 先ず, 一般論の形で述べ, その特別な場合としての具体的な場合 (すなわち, ルベーグ測度の場合) を述べる.

(I)（一般的な記述） S は或る集合で，その部分集合から成る或る集合族 $\mathcal{H}$ (すなわち, $\mathcal{H} \subset \mathcal{P}(S)$) で, semi-ring をなすものを考える．特に, $S \in \mathcal{H}$ (すなわち, $\mathcal{H}$ が semi-algebra) を仮定．そのとき, $\mathcal{H}$ 上で定義された測度 μ から出発して，この測度 μ がもっと広い定義域を持つ測度に拡張される様子を以下に記述する．先ず，それを $\mathcal{R}(\mathcal{H})$ 上の測度 α に拡張する (命題 1.2.10 参照)．ところが, $\mathcal{R}(\mathcal{H})$ は ring であり，全体集合 $S \in \mathcal{H} \subset \mathcal{R}(\mathcal{H})$ であるから, $\mathcal{R}(\mathcal{H})$ ($= \mathcal{A}$ とおく) は algebra である．したがって, algebra $\mathcal{A}$ 上の測度 α を獲得したので，これを用いて，外測度 Γ_α を定義する．すなわち，任意の $E \in \mathcal{P}(S)$ について

$$\Gamma_\alpha(E) = \inf\{\sum_{n=1}^\infty \alpha(A_n) \,:\, E \subset \bigcup_{n=1}^\infty A_n,\, A_n \in \mathcal{A}\}$$

として定義される．ところが, $\mathcal{A} = \mathcal{R}(\mathcal{H})$ の元の形と, μ を用いての α の定義から $\mathcal{H}$ の可算集合族 $\{H_n : n = 1, 2, \dots\}$ を用いて

$$\Gamma_\alpha(E) = \inf\{\sum_{n=1}^\infty \mu(H_n) \,:\, E \subset \bigcup_{n=1}^\infty H_n,\, H_n \in \mathcal{H}\}$$

とも書けることは容易に分かる．さて，このようにして，外測度 Γ_α が獲得されたので，これから自然に, Γ_α-可測集合の全体から成る集合族 (短縮して, Γ_α-可測集合族という) として定義される或る σ-algebra $\mathcal{M}_{\Gamma_\alpha}$ ($= \Sigma$ とおく) および, Γ_α を，そこに制限したとき得られる測度 β が獲得できる (定理 1.2.16 参照)．それは次の性質も併せ持つものである (定理 1.2.12 参照)．すなわち, $\mathcal{A} \subset \Sigma$, $\beta(A) = \alpha(A)$ ($\forall A \in \mathcal{A}$) を満たしている．すなわち, β は, α を ($\mathcal{A}$ から Σ まで) 拡張した測度となっている．当然, α は μ の拡張であるから，結局 β は, μ を測度の性質を保ったまま，拡張したものとなっている．

(II)（ルベーグ測度の場合） $S = \mathbf{R}^k$, $\mathcal{H} = \boldsymbol{J}_\infty^{(k)}$, $\mu = |\cdot|$（矩形の測度）として，出発する．そのとき, $|\cdot|$ は, $\boldsymbol{J}_\infty^{(k)}$ 上の測度 (系 1.2.9 参照) である．さらに，それは, $\mathcal{R}(\boldsymbol{J}_\infty^{(k)})$ 上の測度 α として拡張される (すなわち, α は，必ずしも有界ではない初等的集合の測度である)．$\mathcal{R}(\boldsymbol{J}_\infty^{(k)})$ は，全体集合 $\mathbf{R}^k$ を含む ring であるから, algebra である．この algebra 上の測度 α を用いて，任意の $E \in \mathcal{P}(\mathbf{R}^k)$ に対して定義される外測度

$$\Gamma_\alpha(E) = \inf\{\sum_{n=1}^\infty \alpha(A_n) \,:\, E \subset \bigcup_{n=1}^\infty A_n,\, A_n \in \mathcal{R}(\boldsymbol{J}_\infty^{(k)})\,(\forall n)\}$$

を考える．そのとき, (I) の場合から

$$\Gamma_\alpha(E) = \inf\{\sum_{n=1}^\infty |J_n| \,:\, E \subset \bigcup_{n=1}^\infty J_n,\, J_n \in \boldsymbol{J}_\infty^{(k)}\,(\forall n)\} \cdots (*)$$

である．ところが

$$\Gamma_\alpha(E) = \lambda^*(E) \ (= \inf\{\sum_{n=1}^\infty |J_n| \ : \ E \subset \bigcup_{n=1}^\infty J_n, \ J_n \in \boldsymbol{J}^{(k)} \ (\forall n)\})$$

(例 1.2.14 (I) を参照) が得られる．実際, $(*)$ と λ^* の比較から

$$\Gamma_\alpha(E) \leq \lambda^*(E)$$

は明らかである．したがって, $\Gamma_\alpha(E) = +\infty$ の場合は, 両辺 $= +\infty$ で成り立つ. $\Gamma_\alpha(E) < +\infty$ の場合は, 任意の正数 ε を与えたとき, $(*)$ から

$$\sum_{n=1}^\infty |J_n| < \Gamma_\alpha(E) + \varepsilon, \ E \subset \bigcup_{n=1}^\infty J_n$$

を満たす $\{J_n \ : \ n = 1, 2, \ldots\} \subset \boldsymbol{J}_\infty^{(k)}$ が存在する．そのとき, $\Gamma_\alpha(E)$ の有限性より, 当然

$$|J_n| < +\infty \ (\forall n)$$

であるから, $J_n \in \boldsymbol{J}^{(k)} \ (\forall n)$ となり

$$\lambda^*(E) \leq \sum_{n=1}^\infty |J_n| < \Gamma_\alpha(E) + \varepsilon$$

である．したがって, 正数 ε の任意性から

$$\lambda^*(E) \leq \Gamma_\alpha(E)$$

を得て

$$\Gamma_\alpha(E) = \lambda^*(E)$$

を得る．すなわち, (この場合) α (必ずしも有界でない初等的集合の測度) から導かれる外測度 Γ_α とは, ルベーグ外測度 λ^* のことである．そして我々は, このルベーグ外測度 λ^* を用いて, λ^*-可測集合族 $\mathcal{M}_{\lambda^*}$ $(= \{A \in \mathcal{P}(\mathbf{R}^k) : \lambda^*(E) \geq \lambda^*(E \cap A) + \lambda^*(E \backslash A), \ \forall E \in \mathcal{P}(\mathbf{R}^k)\})$ を定めることで, $\mathcal{R}(\boldsymbol{J}_\infty^{(k)})$ を含む (よって, 当然 $\boldsymbol{J}^{(k)}$ を含む) σ-algebra $\mathcal{M}_{\lambda^*}$ を得る．そのとき, λ^* を $\mathcal{M}_{\lambda^*}$ のみに制限したものを λ と記せば, これは $\mathcal{M}_{\lambda^*}$ 上の測度であり, 例えば, 各 $J \in \boldsymbol{J}^{(k)}$ については, $\lambda(J) = |J|$ である．すなわち

$$\boldsymbol{J}^{(k)} \subset \mathcal{M}_{\lambda^*}$$

であり

$$\lambda(E) = \lambda^*(E) \ (E \in \mathcal{M}_{\lambda^*})$$

として, $\mathcal{M}_{\lambda^*}$ 上で定義された集合関数 λ は, 測度であり, $\lambda(J) = |J|$ ($\forall J \in \boldsymbol{J}^{(k)}$) を満たすことが分かる.

このとき, この測度 λ を (k 次元) **ルベーグ測度**といい, $\mathcal{M}_{\lambda^*}$ に属する集合を, (k 次元) **ルベーグ可測集合** (すなわち, ルベーグが考えた意味で, 測度が存在するという集合のこと) という. 以後, ルベーグ可測集合族が作る σ-algebra を Λ で表す. そして, $\mathbf{R}^k$: 全体集合, Λ: その或る種の部分集合から構成されている, ルベーグ可測集合族と呼ばれる σ-algebra, その上で定義されているルベーグ測度 λ, という三つを組にしたものを $(\mathbf{R}^k, \Lambda, \lambda)$ と表し, (k 次元) **ルベーグ測度空間** (Lebesgue measure space) という.

少し冗長になったが, 以上で述べてきたルベーグ測度の構成理論の展開を**短縮**してまとめれば, 以下のようであり, このステップでルベーグ測度が構成されていることを, 理解して欲しい.

(第一段階) (有限左半開区間の測度) $|\cdot| : J \in \boldsymbol{J}^{(k)} \to \mathbf{R}^+$ を次で定める.

$$J = \Pi_{i=1}^k (a_i, b_i] \in \boldsymbol{J}^{(k)} \to |J| = \Pi_{i=1}^k (b_i - a_i) \in \mathbf{R}^+$$

そのとき, $|\cdot|$ は, $\boldsymbol{J}^{(k)}$ 上の測度である.

(第二段階) (k-次元ルベーグ外測度の構成) 各 $E \in \mathcal{P}(\mathbf{R}^k)$ について, E のルベーグ外測度 $\lambda^*(E)$ を次で定義する.

$$\lambda^*(E) = \inf\{\sum_{n=1}^\infty |J_n| \ : \ E \subset \bigcup_{n=1}^\infty J_n, \ J_n \in \boldsymbol{J}^{(k)} \ (\forall n)\}$$

そのとき, $\lambda^* : \mathcal{P}(\mathbf{R}^k) \to \mathbf{R}^+ \cup \{+\infty\}$ は, (カラテオドリの) 外測度である.

(第三段階) (k-次元ルベーグ測度) λ^*-可測集合族 $\mathcal{M}_{\lambda^*}$ ($= \Lambda$, ルベーグ可測集合族) を考えれば

(i) Λ : σ-algebra $\supset \boldsymbol{J}^{(k)}$

(Λ は σ-algebra より, 任意の集合列 $\{A_n\}_{n \geq 1} \subset \Lambda$ について

$$\bigcup_{n=1}^\infty A_n \in \Lambda$$

が成り立つ). すなわち, (ルベーグの意味で) 測度のある集合は, 可算個の和で閉じていることが分かる.

(ii) λ^* の Λ への制限 λ は, 測度 (**可算加法的測度**) である.

すなわち, 任意の集合列 $\{A_n\}_{n \geq 1} \subset \Lambda$, $A_i \cap A_j = \emptyset$ ($i \neq j$) について

$$\lambda(\bigcup_{n=1}^\infty A_n) = \sum_{n=1}^\infty \lambda(A_n)$$

を満たす (可算加法性).

(iii) $\lambda(J) = |J|$ $(\forall J \in \boldsymbol{J}^{(k)})$

次に問題にすることは，[(ルベーグの意味で) 面積や体積の考えられる集合が作る集合族：Λ の **集合族としての大きさ** である]．すなわち，どのような集合に測度が存在すると考えてよいのかを判断する目安である．その基本的結果は，次である．ここで，$\mathcal{B}(\mathbf{R}^k)$ は，位相的集合を母体として定義された σ-algebra であり，**ボレル集合族** と呼ばれ，例 1.1.16 (III) で定義されているものである．次の定理 1.2.17 は，「全てのボレル集合は，(ルベーグの意味で) 測度が考えられる集合である」ということを示している．すなわち，ルベーグ可測集合の或る意味の広範さを指摘していると考えられる．

定理 1.2.17 $\mathcal{B}(\mathbf{R}^k) \subset \Lambda$ が成り立つ．

定理 1.2.17 の証明のために，$\mathbf{R}^k$ が持つ性質として重要な [リンデレーフの性質] を注意する．すなわち

命題 1.2.18 $\mathbf{R}^k$ は、リンデレーフの性質を持つ．すなわち，次が成り立つ．$\mathbf{R}^k$ の任意の部分集合 A について，開集合族 $\{O_\gamma : \gamma \in \Gamma\}$ が A の被覆 (すなわち，$A \subset \bigcup_{\gamma \in \Gamma} O_\gamma$ を満たす) とする．そのとき，Γ から，(高々) 可算個の $\gamma_1, \gamma_2, \ldots$ を選んで

$$A \subset \bigcup_{n=1}^{\infty} O_{\gamma_n}$$

とできる．

証明 $B(x_n, q_m) = \{x \in \mathbf{R}^k : \|x - x_n\| < q_m\}$ を，有理点 x_n を中心，半径を正の有理数 q_m とする開球とすれば，有理点，有理数の稠密性により，任意の開集合 O について

$$O = \bigcup \{B(x_n, q_m) : B(x_n, q_m) \subset O\}$$

である．したがって，$\{B(x_n, q_m) : n = 1, 2, \ldots; m = 1, 2, \ldots\} = \{U_n : n = 1, 2, \ldots\}$ と表せば

$$O = \bigcup_{U_n \subset O} U_n$$

である．よって，各 $\gamma \in \Gamma$ 毎に、$\mathbf{N}(\gamma) = \{n : U_n \subset O_\gamma\}$ とすれば

$$O_\gamma = \bigcup_{n \in \mathbf{N}(\gamma)} U_n$$

である．したがって

$$A \subset \bigcup_{\gamma \in \Gamma} O_\gamma = \bigcup_{\gamma \in \Gamma} \left(\bigcup_{n \in \mathbf{N}(\gamma)} U_n \right)$$

である．ところが，$\mathbf{N}(\gamma) \subset \mathbf{N}$ であるから

$$\bigcup_{\gamma \in \Gamma} \mathbf{N}(\gamma) = \{n_1, n_2, \dots\} \ (1 \leq n_1 < n_2 < \dots)$$

と表すことができる．そのとき

$$A \subset \bigcup_{i=1}^\infty U_{n_i}$$

が成り立つ．ところが，各 n_i について，$n_i \in \mathbf{N}(\gamma_i)$ を満たす γ_i が存在するから，$\mathbf{N}(\gamma_i)$ の定め方により $U_{n_i} \subset O_{\gamma_i}$ となる．したがって

$$A \subset \bigcup_{i=1}^\infty U_{n_i} \subset \bigcup_{i=1}^\infty O_{\gamma_i}$$

が示され，証明が完結する．

定理 1.2.17 の証明 例 1.1.16 (III) で注意したように，命題 1.2.18 を用いることで

$$\mathcal{B}(\mathbf{R}^k) = \sigma(\boldsymbol{J}^{(k)})$$

が得られる (章末問題 8 番 (b) を参照せよ)．また，$\boldsymbol{J}^{(k)} \subset \Lambda$ であるから

$$\mathcal{B}(\mathbf{R}^k) = \sigma(\boldsymbol{J}^{(k)}) \subset \sigma(\Lambda) = \Lambda$$

が得られる．すなわち，要求された結果である．

注意 10 (例 1.1.16 (III) でも少し述べ，繰り返しにもなるが) 定義から，開集合，閉集合はボレル集合である．さらに，開集合の可算個の共通部分として得られる集合 A (G_δ-集合という) や，閉集合の可算個の和集合として得られる集合 B (F_σ-集合という) も，ボレル集合である．実際，ボレル集合族は σ-algebra であるから，可算個の共通部分をとる操作や，可算個の和集合をとる操作で閉じているからである．すなわち，A, B について

$$A = \bigcap_{n=1}^\infty O_n \in \sigma(\mathcal{O}(\mathbf{R}^k))$$

$$B = \bigcup_{n=1}^{\infty} F_n \in \sigma(\mathcal{F}(\mathbf{R}^k))$$

(ただし, 任意の n で O_n は開集合, F_n は閉集合である) であることから分かる. 例えば, ジョルダン非可測集合としてよく紹介される集合 $E = \{(x,y) \in I : x, y \text{ は有理数}\}$ は

$$E = \bigcup_{n=1}^{\infty} \{p_n\}$$

と表示され, 各 $\{p_n\}$ は閉集合であるから, この E は F_σ-集合である. よって, 定理 1.2.17 から, $E \in \mathcal{B}(\mathbf{R}^k) \subset \Lambda$ が得られ, ルベーグの意味では可測集合となる. この集合 E はボレル集合としては, 初期に得られるもの (すなわち, 第一段階のボレル集合を, 開集合, 閉集合と考えれば, 第二段階で獲得できるボレル集合といえるもの) である. したがって, ルベーグの意味の可測集合としては, まだまだ分かりやすいものといえる.

定理 1.2.17 から, Λ の広範さを知ったのであるが, これは $\mathcal{P}(\mathbf{R}^k)$ とは一致しない. すなわち, ルベーグの意味でも測度の考えられない集合, すなわち, **ルベーグ非可測集合の存在** が示される. その議論を展開する前に, Λ 上で定義された集合関数としてのルベーグ測度 λ の性質を調べよう. その事柄を測度空間一般の形での性質として, 記述し, 紹介しよう. そのために, 先にルベーグ測度空間として与えた概念を一般化しよう.

定義 1.2.19 S を全体集合, Σ を S の或る部分集合から成る σ-algebra, μ を Σ 上で定義された測度とするとき, この三つを組にして (S, Σ, μ) と表したものを, **測度空間** (measure space) という.

特に, $\mu(S) < +\infty$ が満たされるとき, μ は **有限測度** であるといい, (S, Σ, μ) を **有限測度空間** (finite measure space) という. また, 適当な可算個の集合族 $\{S_n : n = 1, 2, \ldots\} \subset \Sigma$ で

$$S = \bigcup_{n=1}^{\infty} S_n, \ \mu(S_n) < +\infty \ (\forall n)$$

を満たすものが存在するとき, μ は σ-**有限測度** であるといい, (S, Σ, μ) を σ-**有限測度空間** (σ-finite measure space) という.

なお, S を全体集合, Σ を S の或る部分集合から成る σ-algebra としたとき, この二つを組にして (S, Σ) と表したものを, **可測空間** (measurable space) という. 特に, $(\mathbf{R}^k, \Lambda)$ を $(k$ **次元**) **ルベーグ可測空間** という.

注意 11 $([0, 1], \Lambda, \lambda)$ は, $\lambda([0, 1]) = 1$ であるから, 有限測度空間 (特に,

確率測度空間) である. ところが, $(\mathbf{R}^k, \Lambda, \lambda)$ は, $\lambda(\mathbf{R}^k) = +\infty$ であるから, 有限測度空間ではない. しかし

$$S_n = (-n, n] \times (-n, n] \times \cdots \times (-n, n] \ (k \text{ 個の直積})$$

とすれば, $\lambda(S_n) < +\infty \ (\forall n)$ で

$$\mathbf{R}^k = \bigcup_{n=1}^{\infty} S_n$$

が成り立つから, $(\mathbf{R}^k, \Lambda, \lambda)$ は σ-有限測度空間である.

σ-algebra 上で定義された測度 μ についての基本的性質を与える.

命題 1.2.20 測度空間 (S, Σ, μ) について, 次が成り立つ.
(1) (測度の単調性) $A \subset B, A, B \in \Sigma \Rightarrow \mu(A) \leq \mu(B)$
(2) $A \subset B, \mu(A) < +\infty \Rightarrow \mu(B \setminus A) = \mu(B) - \mu(A)$
(3) (測度の可算劣加法性) $A, \{A_n : n = 1, 2, \ldots\} \subset \Sigma, A \subset \bigcup_{n=1}^{\infty} A_n$
$\Rightarrow \mu(A) \leq \sum_{n=1}^{\infty} \mu(A_n)$
(4) (測度の単調収束定理) $\{A_n\}_{n \geq 1} \subset \Sigma$ (Σ の元から成る集合列の意味を, このように記すことにする) について, 次が成り立つ.
(i) (単調増加の集合列の場合) $A_1 \subset A_2 \subset \cdots \subset A_n \subset \cdots \to A$
(すなわち, $A = \bigcup_{n=1}^{\infty} A_n$) $\Rightarrow$

$$\lim_{n \to \infty} \mu(A_n) = \mu(A)$$

(ただし, 極限の値は $+\infty$ まで許す)
(ii) (単調減少の集合列の場合) $A_1 \supset A_2 \supset \cdots \supset A_n \supset \cdots \to A$ (すなわち, $A = \bigcap_{n=1}^{\infty} A_n$), および, $\mu(A_1) < +\infty \Rightarrow$

$$\lim_{n \to \infty} \mu(A_n) = \mu(A)$$

証明 (1) について. $\mu(B) = \mu(B \setminus A) + \mu(A) \geq \mu(A)$ から, 生じる.
(2) について. $\mu(A) < +\infty$ であるから, (1) の等式の両辺から $\mu(A)$ を減じれば良い.
(3) について. $A = \bigcup_{n=1}^{\infty} (A \cap A_n)$ であるから, この場合に

$$\mu(A) \leq \sum_{n=1}^{\infty} \mu(A \cap A_n)$$

を示せば, $\mu(A \cap A_n) \leq \mu(A_n)\ (\forall n)$ であるから

$$\mu(A) \leq \sum_{n=1}^{\infty} \mu(A_n)$$

が得られる. $A \cap A_n = B_n\ (\forall n)$ とおけ. そのとき $C_1 = B_1, C_2 = B_2 \backslash B_1$, ..., $C_n = B_n \backslash (B_1 \cup \cdots \cup B_{n-1})\ (n \geq 2)$ とすれば

$$\bigcup_{n=1}^{\infty} B_n = \sum_{n=1}^{\infty} C_n,\ C_n \subset B_n\ (\forall n)$$

であるから, μ の可算加法性より

$$\mu(A) = \mu(\bigcup_{n=1}^{\infty} B_n) = \mu(\bigcup_{n=1}^{\infty} C_n) = \sum_{n=1}^{\infty} \mu(C_n) \leq \sum_{n=1}^{\infty} \mu(B_n)$$

が得られ, 要求された結果が示された.

(4) (i) について. (1) より

$$\mu(A_1) \leq \mu(A_2) \leq \cdots \leq \mu(A_n) \leq \cdots$$

である.

(a) $\mu(A_N) = +\infty$ なる N が存在するとき.

$$+\infty = \mu(A_N) \leq \mu(A_n) \leq \mu(A)\ (\forall n \geq N)$$

であるから

$$+\infty = \mu(A) = \lim_{n \to \infty} \mu(A_n)$$

である.

(b) 任意の n で, $\mu(A_n) < +\infty$ のとき.

$$A = A_1 \cup (A_2 \backslash A_1) \cup \cdots \cup (A_{n+1} \backslash A_n) \cup \cdots \left(= A_1 \cup \left(\bigcup_{n=1}^{\infty} (A_{n+1} \backslash A_n)\right)\right)$$

であるから, μ の可算加法性を用いて

$$\mu(A) = \mu(A_1) + \sum_{n=1}^{\infty} \mu(A_{n+1} \backslash A_n)$$

である. ところが, $\mu(A_n) < +\infty\ (\forall n \geq 1)$ であるから

$$\mu(A_{n+1} \backslash A_n) = \mu(A_{n+1}) - \mu(A_n)\ (\forall n \geq 1)$$

が成り立つ．したがって

$$
\begin{align*}
\mu(A) &= \mu(A_1) + \lim_{m \to \infty}\left(\sum_{n=2}^{m} \mu(A_n \setminus A_{n-1})\right) \\
&= \mu(A_1) + \lim_{m \to \infty}\left(\sum_{n=2}^{m} (\mu(A_n) - \mu(A_{n-1}))\right) \\
&= \lim_{m \to \infty} \mu(A_m)
\end{align*}
$$

が得られ，証明が終わる．

(4)(ii) について．

$$A_1 = A \cup (A_1 \setminus A_2) \cup \cdots \cup (A_n \setminus A_{n+1}) \cup \cdots \left(= A \cup \left(\bigcup_{n=1}^{\infty}(A_n \setminus A_{n+1})\right)\right)$$

であるから，(3) (i) の場合と同様にして

$$\mu(A_1) = \mu(A) + \mu(A_1) - \lim_{m \to \infty} \mu(A_m)$$

が得られる．すなわち

$$\mu(A) = \lim_{n \to \infty} \mu(A_n)$$

である．

注意 12 命題 1.2.20 の (4)(ii) で，$\mu(A_1) < +\infty$ が仮定されない場合は減少列に関する単調収束定理は必ずしも成り立たない．その簡単な例は次である．(R, Λ, λ)：1 次元ルベーグ測度空間において，$A_n = (n, +\infty)$ とすれば，$A_n \in \boldsymbol{J}_\infty^{(1)} (\subset \Lambda)$ であり，$A_1 \supset A_2 \supset \cdots \supset A_n \supset \cdots$ である．そして

$$\bigcap_{n=1}^{\infty} A_n = \emptyset \ (= A)$$

である．ところが，$\lambda(A_n) = +\infty \ (\forall n)$ であるから

$$\lim_{n \to \infty} \lambda(A_n) \neq \lambda(A) \ (= 0)$$

となる．

さて，Λ は，$\mathcal{B}(\mathbf{R}^k)$ を含む σ-algebra であったが，Λ の元であるルベーグ可測集合は，どの程度ボレル集合と異なるのか，あるいは，似ているのかを観てみよう．そのためにルベーグ測度空間 $(\mathbf{R}^k, \Lambda, \lambda)$ が持つ次の性質 (測度空間の完備性) に言及しよう．

定義 1.2.21 (S, Σ, μ) : 測度空間について, $\Sigma_0 = \{B \in \Sigma \ : \ \mu(B) = 0\}$, $\mathcal{N} = \{N \in \mathcal{P}(S) \ : \ N$ は, Σ_0 に属する集合の部分集合 $\}$ とする. そのとき, $\mathcal{N} \subset \Sigma$ が満たされるならば, (S, Σ, μ) を**完備測度空間**という. すなわち, μ-測度 0 の集合の部分集合が, 全て σ-algebra Σ に属する (すなわち, 測度 μ で測ることができる) とき, **完備**であるという.

命題 1.2.22 $(\mathbf{R}^k, \Lambda, \lambda)$ は完備測度空間である.

証明 $N \in \mathcal{P}(\mathbf{R}^k), N \subset B$ (ただし, $\lambda(B) = 0$) とする. そのとき
$$\lambda^*(N) \leq \lambda^*(B) = \lambda(B) = 0$$
であるから, $\lambda^*(N) = 0$ である. ところが, そのとき, $N \in \Lambda$ $(= \{F \ : \ \lambda^*(E) \geq \lambda^*(E \cap F) + \lambda^*(E \backslash F), \forall E \in \mathcal{P}(\mathbf{R}^k)\})$ である. 実際, $\lambda^*(N) = 0$ であるから, $\lambda^*(E \cap N) = 0$ であり, 更に, $E \supset E \backslash N$ を用いて
$$\lambda^*(E) \geq \lambda^*(E \backslash N) = \lambda^*(E \cap N) + \lambda^*(E \backslash N)$$
が得られるからである.

注意 13 この命題の意味する事は, ルベーグ測度 0 の集合のどんな部分集合も必ずルベーグ可測集合であり, その測度は 0 であることである.

なお, ルベーグ測度空間とは違い, 完備ではない測度空間について, その完備化問題を, 章末問題 19 番 (測度空間の完備化) で取り扱っているので, 参照すること.

また, ルベーグ外測度が開集合との関係で持つ性質として, 次を与える.

命題 1.2.23 $A \in \mathcal{P}(\mathbf{R}^k)$ について
$$\lambda^*(A) = \inf\{\lambda(G) \ : \ A \subset G, \ G \in \mathcal{O}(\mathbf{R}^k)\}$$
が成り立つ.

証明 (i) $\lambda^*(A) = +\infty$ のとき. 任意の $G \supset A$, $G \in \mathcal{P}(\mathbf{R}^k)$ について $\lambda(G) \ (= \lambda^*(G)) \geq \lambda^*(A) = +\infty$ であるから, 明らかに成り立つ.

(ii) $\lambda^*(A) < +\infty$ のとき. 任意の正数 ε を与えよ. そのとき, $\lambda^*(A)$ の定義から, 可算個の有限左半開区間から成る集合族 $\{J_n \ : \ n = 1, 2, \ldots\}$ (すなわち, 各 $J_n \in \boldsymbol{J}^{(k)}$ である可算個の集合族) が存在して
$$\lambda^*(A) + \frac{\varepsilon}{2} > \sum_{n=1}^{\infty} |J_n|$$

が成り立つ. 今, 各 J_n を
$$J_n = \Pi_{i=1}^k (a_i^{(n)}, b_i^{(n)}]$$
と表示する. そのとき, 各 n 毎に, 十分小さい正数 δ_n をとれば
$$\Pi_{i=1}^k (b_i^{(n)} + \delta_n - a_i^{(n)}) < \Pi_{i=1}^k (b_i^{(n)} - a_i^{(n)}) + \frac{\varepsilon}{2^{n+1}}$$
とできる. そして, 各 n 毎に
$$G_n = \Pi_{i=1}^k (a_i^{(n)}, b_i^{(n)} + \delta_n)$$
を考えれば, G_n は
$$J_n \subset G_n \subset \Pi_{i=1}^k (a_i^{(n)}, b_i^{(n)} + \delta_n]$$
を満たす開集合である. したがって, 任意の n について
$$\lambda(G_n) \leq \Pi_{i=1}^k (b_i^{(n)} - a_i^{(n)} + \delta_n) \leq |J_n| + \frac{\varepsilon}{2^{n+1}}$$
を満たす. そのとき
$$G = \bigcup_{n=1}^\infty G_n$$
とすれば, G は開集合であり
$$A \subset \bigcup_{n=1}^\infty J_n \subset \bigcup_{n=1}^\infty G_n = G$$
および
$$\begin{aligned}\lambda(G) &\leq \sum_{n=1}^\infty \lambda(G_n) \\ &< \sum_{n=1}^\infty |J_n| + \frac{\varepsilon}{2} \\ &< \lambda^*(A) + \varepsilon\end{aligned}$$
が得られるから, 証明が完結する.

これらの結果を利用して, 次の定理 (ルベーグ可測集合の規準, すなわち, 或る集合がルベーグ可測集合となるための必要十分条件, および, ルベーグ可測集合とボレル集合との関係) を示そう.

定理 1.2.24 集合 A についての次の各陳述は同値である.

(a) $A \in \Lambda$
(b) 任意の正数 ε に対して，開集合 G で，$G \supset A$ および $\lambda^*(G\backslash A) < \varepsilon$ を満たすものが存在する．
(c) 任意の正数 ε に対して，閉集合 F で，$F \subset A$ および $\lambda^*(A\backslash F) < \varepsilon$ を満たすものが存在する．
(d) 任意の正数 ε に対して，開集合 G と閉集合 F で，$F \subset A \subset G$ および $\lambda(G\backslash F) < \varepsilon$ を満たすものが存在する．

証明 (a) $\Rightarrow$ (b) について．$A \in \Lambda$ をとれ．任意の正数 ε を与えよ．$\lambda(A) < +\infty$ のときは，命題 1.2.23 から開集合 G ($\supset A$) で

$$\lambda(A) + \varepsilon > \lambda(G)$$

を満たすものが存在する．したがって，$\varepsilon > \lambda(G) - \lambda(A) = \lambda(G\backslash A)$ を得る．すなわち，(b) である．次に，A が一般のとき，$S_n = (-n, n] \times \cdots \times (-n, n]$ とし，$A_n = A \cap S_n$ とすれば，$\lambda(A_n) \leq \lambda(S_n) < +\infty$, $A_n \in \Lambda$ であるから，既に示した結果から，各 n 毎に，開集合 G_n ($\supset A_n$) で

$$\lambda(G_n\backslash A_n) < \frac{\varepsilon}{2^n}$$

を満たすものが存在する．したがって，$G = \bigcup_{n=1}^{\infty} G_n$ とすれば，G は次を満たす開集合であることが分かる．すなわち，$G \supset A$ であり

$$\begin{aligned}
\lambda(G\backslash A) &< \lambda\left(\left(\bigcup_{n=1}^{\infty} G_n\right) \backslash \left(\bigcup_{n=1}^{\infty} A_n\right)\right) \\
&\leq \lambda\left(\bigcup_{n=1}^{\infty} (G_n\backslash A_n)\right) \\
&\leq \sum_{n=1}^{\infty} \lambda(G_n\backslash A_n) \\
&< \sum_{n=1}^{\infty} \frac{\varepsilon}{2^n} = \varepsilon
\end{aligned}$$

が得られる．よって，(b) が示された．

(b) $\Rightarrow$ (a) について．各 n に対して，開集合 G_n ($\supset A$) で

$$\lambda^*(G_n\backslash A) < \frac{1}{n}$$

を満たすものが存在する．そのとき

$$G = \bigcap_{n=1}^{\infty} G_n$$

とおけば, G は G_δ-集合であるから, $G \in \mathcal{B}(\mathbf{R}^k)$ となり, $G \in \Lambda$ である. しかも
$$\lambda^*(G\backslash A) \leq \lambda^*(G_n\backslash A) < \frac{1}{n} \ (\forall n)$$
であるから, $\lambda^*(G\backslash A) = 0$ である. したがって
$$G\backslash A \in \Lambda$$
である. ここで $A = G\backslash(G\backslash A)$ であるから, $A \in \Lambda$ を得る. 以上で, 先ず (a), (b) の同値性が示された.

さて $A \in \Lambda \Leftrightarrow A^c \in \Lambda$ であるから
(a) $\Rightarrow$ (c) は, 次のように容易である. $A \in \Lambda$ をとれ. そのとき, $A^c \in \Lambda$ より, (a), (b) の同値性を用いて, 開集合 $G \ (\supset A^c)$ で
$$\lambda^*(G\backslash A^c) < \varepsilon$$
を満たすものが存在する. したがって, $F = G^c$ ととれば, F: 閉集合, $F \subset A$, および
$$\lambda^*(A\backslash F) = \lambda(G\backslash A^c) < \varepsilon$$
を得る. すなわち, (c) である.

(c) $\Rightarrow$ (a) について. 各 n に対して, 閉集合 $F_n \ (\subset A)$ で
$$\lambda^*(A\backslash F_n) < \frac{1}{n}$$
を満たすものが存在する. そのとき
$$B = \bigcup_{n=1}^{\infty} F_n$$
とおけば, B は F_σ-集合より, ボレル集合であるから, $B \in \Lambda$ となる. しかも
$$\lambda^*(A\backslash B) \leq \lambda^*(A\backslash F_n) < \frac{1}{n} \ (\forall n)$$
であるから, $\lambda^*(A\backslash B) = 0$ である. したがって
$$A\backslash B \in \Lambda$$
である. ここで, $A = (A\backslash B) \cup B$ であるから, $A \in \Lambda$ を得る.

以上で, (a), (b), (c) の同値性が得られた. これらと (d) の同値性については, (d) $\Rightarrow$ (b) ($=$ (c)) は明らかであるから, (b) ($=$ (c)) を仮定して, (d) を示す. 任意の正数 ε を与えよ. そのとき, (b), (c) から, 開集合 G, 閉集合 F で
$$G \supset A, \ \lambda^*(G\backslash A) < \frac{\varepsilon}{2}$$

および
$$F \subset A, \quad \lambda^*(A\backslash F) < \frac{\varepsilon}{2}$$
を満たすものが存在する．そのとき
$$\begin{aligned}\lambda(G\backslash F) &= \lambda^*(G\backslash F) \\ &= \lambda^*((G\backslash A) \cup (A\backslash F)) \\ &\leq \lambda^*(G\backslash A) + \lambda^*(A\backslash F) \\ &< \frac{\varepsilon}{2} + \frac{\varepsilon}{2} \\ &= \varepsilon\end{aligned}$$

を得る．すなわち，(d) が示された．

注意 14 1. $\lambda(A) < +\infty$ を満たす場合には，次の性質が成り立つ．すなわち，任意の正数 ε について，コンパクト集合 K で，$K \subset A$, $\lambda(A) - \varepsilon < \lambda(K)$ を満たすものが存在する．実際，それは次のようにして分かる．先ず定理 1.2.24 から，閉集合 F で，$F \subset A$, $\lambda(A\backslash F) < \varepsilon/2$ (すなわち，$\lambda(A) - \lambda(F) < \varepsilon/2$) を満たすものが存在する．このとき，各 n について，$B_n = \{x \in \mathbf{R}^k : \|x\| \leq n\}$ (原点中心，半径 n の閉球) とすれば，$F_n = B_n \cap F$ はコンパクト集合であり，$F_1 \subset F_2 \subset \cdots F_n \subset \cdots \to F$ であるから，測度 λ の性質 (単調収束定理) を用いて，或る N をとれば
$$\lambda(F) - \frac{\varepsilon}{2} < \lambda(F_N)$$
とできる．したがって，$K = F_N$ とすれば，これが要求を満たすことは容易に分かる．

2. 定理 1.2.24 から，ルベーグ可測集合 A は，G_δ-集合，あるいは F_σ-集合といった特殊なボレル集合に，ルベーグ外測度 0 の集合 (すなわち，ルベーグ測度 0 の集合) を減じたり，あるいは加えたりして調整した集合であることが分かった．ルベーグ測度 0 の集合は些細な集合だから，これより，ルベーグ可測集合は，ボレル集合と大差がないものと考えるのは早計である．このルベーグ測度 0 の集合は，集合としては曲者であり，味わい深い反面，捉えがたい側面を持つのである．実は，ルベーグ測度 0 の集合の部分集合の内に，ボレル集合ではないルベーグ可測集合の存在を知ることができる (章末問題 18 番 (f) を参照せよ)．

もう一つ，ルベーグ測度の測度論的性質として，基本的なもの：平行移動に関する不変性 (translation invariant)，を注意する．$A \in \mathcal{P}(\mathbf{R}^k)$ と $a \in \mathbf{R}^k$ について，集合 A を a だけ平行移動した集合を $a + A$ で表す

($A + a$ とも記す). すなわち

$$a + A = \{a + x \; : \; x \in A\}$$

そのとき, 先ず, ルベーグ外測度値の平行移動不変性を表す次の結果を得る.

命題 1.2.25 $A \in \mathcal{P}(\mathbf{R}^k), a \in \mathbf{R}^k$ について

$$\lambda^*(a + A) = \lambda^*(A)$$

が成り立つ.

証明 $\lambda^*(A)$ の定義

$$\lambda^*(A) = \inf\{\sum_{n=1}^{\infty} |J_n| \; : \; A \subset \bigcup_{n=1}^{\infty} J_n, \; J_n \in \boldsymbol{J}^{(k)} \; (\forall n)\}$$

を思い出せ. 任意の $\{J_n \; : \; n = 1, 2, \ldots\} \subset \boldsymbol{J}^k, \; A \subset \bigcup_{n=1}^{\infty} J_n$ をとれ. そのとき, $a + J_n \in \boldsymbol{J}^{(k)} \; (\forall n)$ で

$$a + A \subset a + \bigcup_{n=1}^{\infty} J_n = \bigcup_{n=1}^{\infty} (a + J_n), \; |a + J_n| = |J_n| \; (\forall n)$$

であるから

$$\lambda^*(a + A) \leq \sum_{n=1}^{\infty} |a + J_n| = \sum_{n=1}^{\infty} |J_n|$$

が成り立つ. したがって, 右辺の inf をとって

$$\lambda^*(a + A) \leq \lambda^*(A)$$

を得る. ここで, a を $-a$ とすれば

$$\lambda^*(A - a) \leq \lambda^*(A)$$

を得る. よって, $(A + a) - a = A$ を用いて

$$\lambda^*(A) \leq \lambda^*(a + A)$$

を得る. 結局

$$\lambda^*(a + A) = \lambda^*(A)$$

を得る.

この結果を利用して, 次を得る.

定理 1.2.26（ルベーグ測度の**平行移動不変性**）　(1) $A \in \Lambda$ ならば, その平行移動 $a + A$ について, $a + A \in \Lambda$ である.
　(2) $A \in \Lambda$ ならば, $\lambda(a + A) = \lambda(A)$ が成り立つ.

証明　(1) について. 任意の部分集合 F をとれ. そして
$$\lambda^*(F) \geq \lambda^*(F \cap (a + A)) + \lambda^*(F \backslash (a + A))$$
を示そう. 命題 1.2.25 を用いれば
$$\lambda^*(F \cap (a + A)) = \lambda^*((F - a) \cap A))$$
$$\lambda^*(F \backslash (a + A)) = \lambda^*((F - a) \backslash A)$$
が成り立つ. そして, $A \in \Lambda$ を用いれば
$$\lambda^*(F - a) \geq \lambda^*((F - a) \cap A) + \lambda^*((F - a) \backslash A)$$
が成り立つ. ここで, 命題 1.2.25 より, $\lambda^*(F) = \lambda^*(F - a)$ であるから, 要求された結果が得られる.
　(2) について. (1) の結果と命題 1.2.25 から, 明らかである.

さて, ルベーグ測度の測度論的内容の締めくくりとして, 最初に問題とした事柄: Λ の大きさ, 簡単にいえば, $\mathbf{R}^k$ の全ての部分集合は, ルベーグの意味で可測となるか (すなわち, ルベーグの意味で測度の考えられる集合となるか) をみよう. これに関する答えは, 「ノー」である (選択公理の利用の下). すなわち, ルベーグの意味でも測度が存在しない集合 (ルベーグ非可測集合) の存在が知られている. 代表的なもの (G. Vitali, ビタリによる) を一つ紹介しよう.

[**ビタリ集合**] (Vitali set)

$\mathbf{Q}: \mathbf{R}^k$ の有理点 (すなわち, 全ての座標が有理数である点) 全体の集合とする. そして, $\mathbf{R}^k$ に次の同値関係 $\sim$ を導入する. $x, y \in \mathbf{R}^k$ について
$$x \sim y \Leftrightarrow x - y \in \mathbf{Q}$$
容易に分かるるように, これは $\mathbf{R}^k$ に同値関係を導入する. この同値関係 $\sim$ により, $\mathbf{R}^k$ を同値類に分け, $x \in \mathbf{R}^k$ の属する同値類を $[x]$ と表すことにする. すなわち
$$[x] = \{y \in \mathbf{R}^k \ : \ y \sim x\}$$

である.そのとき, (選択公理を利用して) 各同値類 $[x]$ から一個ずつ元を選び,その元全体により構成される集合を V とする.この V を,ビタリ集合という.このとき,次が成り立つ.

定理 1.2.27 $V \notin \Lambda$ (すなわち, V はルベーグ非可測集合である)

証明 先ず
$$\mathbf{R}^k = \bigcup_{q \in \mathbf{Q}} (q + V)$$
を注意する.実際,任意の $x \in \mathbf{R}^k$ をとれ.そのとき, V の作り方より $[x] \cap V \neq \emptyset$ であるから,この共通部分の点 y をとる.そのとき $x \sim y$, $y \in V$, すなわち, $q = x - y$ として, $q \in \mathbf{Q}$ で
$$x = q + y \in q + V$$
である.したがって
$$\mathbf{R}^k \subset \bigcup_{q \in \mathbf{Q}} (q + V)$$
である.逆向きの包含は明らかであるから,要求された集合の等式が分かる.

今, $V \in \Lambda$ と仮定しよう.そのとき,以下のようにして矛盾を導くことができる. $V \in \Lambda$ とすれば, $\lambda(V) > 0$ であることが生じる.実際, $\lambda(V) = 0$ とすれば, λ の平行移動不変性から,任意の $q \in \mathbf{Q}$ について, $\lambda(q+V) = 0$ となり
$$+\infty = \lambda(\mathbf{R}^k) \leq \sum_{q \in \mathbf{Q}} \lambda(q+V) = 0$$
となるから,矛盾である (この不等式は, $\mathbf{Q}$ の可算集合であることと, λ の可算劣加法性から得られることを注意せよ).したがって, $\lambda(V) > 0$ である.このとき,ルベーグ測度正の集合が持つ性質として,次がある (章末問題 15 番を参照せよ). [十分小さい正数 δ をとれば, $B(0,\delta) \subset V - V$ が成り立つ] (ただし, $V - V = \{u - v : u, v \in V\}$, $B(0,\delta)$: 原点中心,半径 δ の開球).この結果を用いれば,有理点の稠密性から, $B(0,\delta)$ には 0 と異なる有理点 q^* が存在するから,その q^* について
$$q^* \in V - V$$
である.したがって, V の元 u, v をとれば
$$q^* = u - v$$

と表される. このとき, 仮定から $u \sim v$ である. すなわち, $[u] = [v]$ である. ところが, $u, v \in V$ であるから, V の作り方 (すなわち, 各同値類との共通集合は一点集合) により $u = v$ となる. すなわち, $q^* = u - v = 0$ で, $q^* \neq 0$ に矛盾する.

以上で, $V \notin \Lambda$ が示された.

注意 15 この定理の証明を応用することにより, ルベーグ外測度正の集合には, 必ずルベーグ非可測集合が含まれることが, 以下のように示される. 今, A を $\lambda^*(A) > 0$ を満たす集合とする. そのとき, 定理 1.2.27 の証明中の式

$$\mathbf{R}^k = \bigcup_{q \in \mathbf{Q}} (q + V)$$

を利用すれば

$$A = \bigcup_{q \in \mathbf{Q}} ((q + V) \cap A)$$

となる. したがって

$$0 < \lambda^*(A) \leq \sum_{q \in \mathbf{Q}} \lambda^*((q + V) \cap A)$$

となる. よって, 或る $q \in \mathbf{Q}$ が存在して

$$\lambda^*((q + V) \cap A) > 0$$

を満たす. このとき, $B = (q + V) \cap A \notin \Lambda$ が定理 1.2.27 と同様の展開で示される. 各自で確かめること. その結果, B が A に含まれるルベーグ非可測集合であることが分かる.

[可測関数]

ここでは, 一つの集合 S と, その部分集合から成る, 或る σ-algebra Σ を固定し, この対に関して, 次項で積分を考える際の対象となる関数 $f : S \to \mathbf{R} \cup \{+\infty\} \cup \{-\infty\}$ ($= \mathbf{R}^*$ と表示, 拡張された実数の集合という) について考察する. そのために, 第一として, 次の定義を与える.

定義 1.2.28 (可測空間) 或る一つの集合 S を全体集合とし, その部分集合が作る一つの σ-algebra Σ との (この順での) 組, すなわち, 順序対 (ordered pair) : (S, Σ) を**可測空間** (measurable space) という.

さて, 可測空間 (S, Σ) が与えられたとき, $f : S \to \mathbf{R}^*$ で, Σ について

巧く振る舞う関数に注目しよう．それは丁度，位相空間 $(S, \mathcal{O})$ に関して，位相 $\mathcal{O}$ について巧く振る舞う関数 $f : S \to \mathbf{R}$ として，連続関数 f に注目したことと似ている．そのために，先ず次の形の関数から始める．

定義 1.2.29 (単関数)　可測空間 (S, Σ) が与えられたとき，$\theta : S \to \mathbf{R}$ が Σ-単関数 (Σ-simple function) であるとは，$\theta(S) = \{a_1, \ldots, a_n\}$ (ただし，$a_i \neq a_j$, $i \neq j$) (すなわち，θ の値域が有限集合) であり，$E_i = \{s \in S : \theta(s) = a_i\} \, (= \theta^{-1}(\{a_i\})) \in \Sigma \, (i = 1, 2, \ldots, n)$ が満たされるときをいう．

注意 16　このような Σ-単関数 θ は

$$\theta(s) = \sum_{i=1}^{n} a_i \chi_{E_i}(s) \text{ (ただし, } S = \sum_{i=1}^{n} E_i, \ E_1, \cdots, E_n \in \Sigma)$$

と表示される．ただし，$A \subset S$ について

$$\chi_A(s) = \begin{cases} 1 & (s \in A \text{ のとき}) \\ 0 & (s \notin A \text{ のとき}) \end{cases}$$

であり，これを A の特性関数 (characteristic function) という．

逆に，次の形の関数 θ，すなわち

$$\theta(s) = \sum_{j=1}^{m} b_j \chi_{F_j}(s) \text{ (ただし, } b_j \in \mathbf{R}, F_j \in \Sigma, F_i \cap F_l = \emptyset, i \neq l)$$

は，単関数である．実際

$$F_{m+1} = S \setminus \left(\bigcup_{j=1}^{m} F_j \right)$$

とし，$b_{m+1} = 0$ とすれば

$$\theta(s) = \sum_{j=1}^{m+1} b_j \chi_{F_j}(s)$$

であるから，$\{b_1, \ldots, b_m, b_{m+1}\} = \{a_1, \ldots, a_n\}$ (ただし，$a_i \neq a_j$, $i \neq j$) と表し，$\mathbf{N}_i = \{j : b_j = a_i\}$ とし

$$E_i = \bigcup_{j \in \mathbf{N}_i} F_j \, (\in \Sigma)$$

とすれば

$$\theta(s) = \sum_{i=1}^{n} a_i \chi_{E_i}(s)$$

となる.

以後, 全ての Σ-単関数 (短縮して, 単関数) から成る集合を $\Theta(\Sigma)$ と表す. すなわち
$$\Theta(\Sigma) = \{\theta : S \to \mathbf{R} \mid \theta \text{ は単関数}\}$$
である. そのとき, $\Theta(\Sigma)$ は, 通常の関数の和と実数倍で, 線形空間を作る. さらに, 束 (lattice) を成す. すなわち

命題 1.2.30 $\Theta(\Sigma)$ は次の性質を持つ.
 (1) $c \in \mathbf{R}$, $\theta \in \Theta(\Sigma) \Rightarrow c\theta \in \Theta(\Sigma)$
 (2) $\theta_1, \theta_2 \in \Theta(\Sigma) \Rightarrow \theta_1 + \theta_2 \in \Theta(\Sigma)$
以上で, $\Theta(\Sigma)$ は線形空間である. さらに
 (3) $\theta_1, \theta_2 \in \Theta(\Sigma) \Rightarrow \max(\theta_1, \theta_2) \in \Theta(\Sigma)$ および $\min(\theta_1, \theta_2) \in \Theta(\Sigma)$
(このとき, $\Theta(\Sigma)$ は束を成すという)

証明 (1) について. $\theta = \sum_{i=1}^{n} a_i \chi_{E_i}$ (ただし, $a_i \in \mathbf{R}$, $E_i \in \Sigma$, $S = \sum_{i=1}^{n} E_i$), $c \in \mathbf{R}$ とする. そのとき
$$c\theta = \sum_{i=1}^{n} (ca_i) \chi_{E_i} \in \Theta(\Sigma)$$
である.

(2) について. $\theta_1 = \sum_{i=1}^{n} a_i \chi_{E_i}$, $\theta_2 = \sum_{j=1}^{m} b_j \chi_{F_j}$ (ただし, $a_i, b_j \in \mathbf{R}$, $E_i, F_j \in \Sigma$, $S = \sum_{i=1}^{n} E_i = \sum_{j=1}^{m} F_j$) とする. そのとき
$$\theta_1 + \theta_2 = \sum_{i,j} (a_i + b_j) \chi_{E_i \cap F_j}$$
で, $E_i \cap F_j \in \Sigma$ であるから, $\theta_1 + \theta_2 \in \Theta(\Sigma)$ が分かる.

(3) について. 次の等式を用いる.
$$\max(\theta_1, \theta_2) = \frac{\theta_1 + \theta_2 + |\theta_1 - \theta_2|}{2}$$
$$\min(\theta_1, \theta_2) = \frac{\theta_1 + \theta_2 - |\theta_1 - \theta_2|}{2}$$
であるから, 性質 (1), (2) (すなわち, $\Theta(\Sigma)$ の線形空間性) を考慮すれば
$$\theta \in \Theta(\Sigma) \Rightarrow |\theta| \in \Theta(\Sigma)$$
を示せば良い. ところが, $\theta = \sum_{i=1}^{n} a_i \chi_{E_i}$ のとき
$$|\theta| = \sum_{i=1}^{n} |a_i| \chi_{E_i}$$

であるから, $|\theta| \in \Theta(\Sigma)$ である. よって, 証明が完結する.

例 1.2.31 $S = \mathbf{R}$, $\Sigma = \mathcal{B}(\mathbf{R})$ であるとき, 単関数 $\theta : \mathbf{R} \to \mathbf{R}$ として, 次を挙げる.

(I) $J_1, \ldots, J_n \in \boldsymbol{J}^{(1)}$, $J_i \cap J_j = \emptyset$ $(i \neq j)$ について
$$\theta = \sum_{i=1}^{n} a_i \chi_{J_i}$$
とするとき, このような θ は $\mathbf{B}(\mathbf{R})$-単関数である.

単関数は, このように図示可能な関数ばかりではない. 例えば

(II) $E_1 = \mathbf{Q}$：有理数全体の集合 (F_σ-集合) $\in \mathcal{B}(\mathbf{R})$ であるから, E_2 (無理数全体の集合) $\in \mathcal{B}(\mathbf{R})$ である. そのとき
$$\theta = a \chi_{E_1} + b \chi_{E_2}$$
は, $\mathbf{B}(\mathbf{R})$-単関数である.

次に単関数を一般化したものとして, **可測関数** と呼ばれる関数を導入する.

定義 1.2.32 (S, Σ) を可測空間とする. $f : S \to \mathbf{R}^*$ について, f が Σ-可測 であるとは, 次の性質 $(*)$ を満たすことをいう.

$(*)$ $\forall r \in \mathbf{R}$ について
$$\{s \in S \ : \ f(s) > r\} \in \Sigma$$
が成り立つ.

この定義 1.2.32 と σ-algebra の性質から, 次が得られる.

命題 1.2.33 (S, Σ) を可測空間とするとき, $f : S \to \mathbf{R}^*$ について, 次の陳述は同値である.

(1) f が Σ-可測
(2) $\forall r \in \mathbf{R}$ について, $\{s \in S \ : \ f(s) \geq r\} \in \Sigma$ (すなわち, $f^{-1}([r, +\infty]) \in \Sigma$)
(3) $\forall r \in \mathbf{R}$ について, $\{s \in S \ : \ f(s) \leq r\} \in \Sigma$ (すなわち, $f^{-1}([-\infty, r]) \in \Sigma$)
(4) $\forall r \in \mathbf{R}$ について, $\{s \in S \ : \ f(s) < r\} \in \Sigma$ (すなわち, $f^{-1}([-\infty, r)) \in \Sigma$)

証明 (1) = (3) について. $\forall r \in \mathbf{R}$ について

$$\{s \in S \ : \ f(s) > r\} = S \backslash \{s \in S \ : \ f(s) \leq r\}$$

$$\{s \in S \ : \ f(s) \leq r\} = S \backslash \{s \in S \ : \ f(s) > r\}$$

と, σ-algebra が補集合をとる操作で閉じていることを用いれば, 分かる.
 (1) = (2) について. (1) $\Rightarrow$ (2).

$$\{s \in S \ : \ f(s) \geq r\} = \bigcap_{n=1}^{\infty} \{s \in S \ : \ f(s) > r - \frac{1}{n}\}$$

を用いれば, 右辺の各集合

$$\{s \in S \ : \ f(s) > r - \frac{1}{n}\} \in \Sigma$$

であるから, σ-algebra が可算個の集合の共通部分をとる操作で閉じていることから, 左辺の集合 $\in \Sigma$, すなわち, (2) である. この際

$$[r, +\infty] = \bigcap_{n=1}^{\infty} (r - \frac{1}{n}, +\infty]$$

を用いた (各自で確かめること). (2) $\Rightarrow$ (1) については

$$(r, +\infty] = \bigcup_{n=1}^{\infty} [r + \frac{1}{n}, +\infty]$$

を用いれば (各自で確かめること)

$$f^{-1}((r, +\infty]) = \bigcup_{n=1}^{\infty} f^{-1}([r + \frac{1}{n}, +\infty])$$

から, 前と同様に (1) が生じる.
 他の同値性の証明も同様であるから, 各自で確かめること.

 以後, Σ-可測関数全体がつくる集合を $M(\Sigma)$ で表すことにする.

例 1.2.34 (可測関数) (I) (S, Σ) を可測空間とする. そのとき, $\Theta(\Sigma) \subset M(\Sigma)$ である. すなわち, Σ-単関数 θ は, Σ-可測関数である.

$$\theta(s) = \sum_{i=1}^{n} a_i \chi_{E_i}(s) \ (\text{ただし}, a_1 < \cdots < a_n, \ E_i \in \Sigma, \ S = \sum_{i=1}^{n} E_i)$$

と表すとき, $\{s \in S : \theta(s) > r\} \in \Sigma \ (\forall r \in \mathbf{R})$ を確かめる. それは, 次のようにすれば, 分かる.

(i) $r < a_1$ のとき　$\{s \in S : \theta(s) > r\} = S \in \Sigma$

(ii) $a_1 \leq r < a_2$ のとき　$\{s \in S : \theta(s) > r\} = S \backslash E_1 \in \Sigma$ 等々, とすれば良い. 各自で確かめること.

(II) $S = \mathbf{R}^k, \Sigma = \mathcal{B}(\mathbf{R}^k)$ のとき, すなわち, 可測空間として, $(\mathbf{R}^k, \mathcal{B}(\mathbf{R}^k))$ をとる. そのとき, $f : \mathbf{R}^k \to \mathbf{R}$, 連続関数は, $\mathcal{B}(\mathbf{R}^k)$-可測関数である. 実際, f の連続性から, 開区間 $(r, +\infty)$ の f の原像として

$$\{s \in \mathbf{R}^k : f(s) > r\} \ (= f^{-1}((r, +\infty)))$$

は開集合であるからボレル集合である, すなわち

$$\{s \in \mathbf{R}^k : f(s) > r\} \in \mathcal{B}(\mathbf{R}^k) \ (\forall r \in \mathbf{R})$$

となり, f は, $\mathcal{B}(\mathbf{R}^k)$-可測である.

(III) $S = \mathbf{R}, \Sigma = \mathcal{B}(\mathbf{R})$ のとき, すなわち, 可測空間として, $(\mathbf{R}, \mathcal{B}(\mathbf{R}))$ をとる. そのとき $f : \mathbf{R} \to \mathbf{R}$, 単調増加関数 (あるいは, 単調減少関数) は, $\mathcal{B}(\mathbf{R})$-可測関数である. 実際, f の単調性から $\{s \in \mathbf{R} : f(x) > r\}$ が区間であることが分かるからである. その際, $[A \subset \mathbf{R}$ が区間 $\Leftrightarrow A$ が凸集合$]$ を用いる (章末問題 22 番を参照せよ).

(II), (III) の例のように, ボレル σ-algebra $\mathcal{B}(\mathbf{R}^k)$ に関して可測な関数を, **ボレル可測関数**, 同様に, ルベーグ可測集合族 Λ に関して可測な関数を **ルベーグ可測関数** といい, ボレル可測ならば, ルベーグ可測である.

次に Σ-可測性について, 次の事実も応用上で有効である.

定理 1.2.35 (S, Σ) を可測空間とするとき, $f : S \to \mathbf{R}^*$ について, f が Σ-可測であるための必要十分条件は, 次の (a), (b) が成り立つことである.

(a) $f^{-1}(\{+\infty\}), f^{-1}(\{-\infty\}) \in \Sigma$

(b) $\forall B \in \mathcal{B}(\mathbf{R})$ について, $f^{-1}(B) \in \Sigma$ である.

特に, $f : S \to \mathbf{R}$ のとき, f が Σ-可測であるための必要十分条件は

$$\forall B \in \mathcal{B}(\mathbf{R}) \text{ について}, f^{-1}(B) \in \Sigma$$

が成り立つことである.

証明 (十分性) (a), (b) を仮定して, f の Σ-可測性をいう. そのために, 任意の $r \in \mathbf{R}$ をとれ. そのとき, (a), (b) を用いて

$$f^{-1}((r, +\infty]) = f^{-1}((r, +\infty)) \sqcup f^{-1}(\{+\infty\}) \in \Sigma$$

が分かる．ここで, $(r,+\infty)$ は開集合より，これが $\mathbf{R}$ のボレル集合であることを用いている．

(必要性) f の Σ-可測性を仮定して, (a), (b) を示す．先ず (a) を示そう．それは
$$f^{-1}(\{+\infty\}) = \bigcap_{n=1}^{\infty} f^{-1}((n,+\infty]) \in \Sigma$$
より分かる． $f^{-1}(\{-\infty\})$ についても同様である．次に (b) の証明である．すなわち

$$[\forall r \in \mathbf{R} \text{ について}, \ f^{-1}((r,+\infty]) \in \Sigma \Rightarrow f^{-1}(B) \in \Sigma \ (\forall B \in \mathcal{B}(\mathbf{R}))]$$

を示す．この事実の証明が，この定理の証明で重要な部分であり, (前にも注意した) **測度論特有の証明プロセス** を用いる．そのために，次の集合族 $\mathcal{F}$ を考える．
$$\mathcal{F} = \{A \in \mathcal{P}(\mathbf{R}) \ : \ f^{-1}(A) \in \Sigma\}$$
である．そのとき
$$f^{-1}((r,+\infty]) = f^{-1}((r,+\infty)) \cup f^{-1}(\{+\infty\})$$
であり，仮定から
$$f^{-1}((r,+\infty]), \ f^{-1}(\{+\infty\}) \in \Sigma$$
より, $f^{-1}((r,+\infty)) \in \Sigma$, すなわち, $(r,+\infty) \in \mathcal{F}$ である．しかも, $\mathcal{F}$ は, $\mathbf{R}$ 上の σ-algebra である．実際, σ-algebra の三つの条件が以下で確認できる．

(σ.1) $\mathbf{R} \in \mathcal{F}$ であること．
$$\begin{array}{rcl} f^{-1}(\mathbf{R}) & = & f^{-1}(\mathbf{R}^*\backslash(\{+\infty\}\cup\{-\infty\})) \\ & = & f^{-1}(\mathbf{R}^*)\backslash \left(f^{-1}(\{+\infty\})\cup f^{-1}(\{-\infty\})\right) \\ & = & S\backslash \left(f^{-1}(\{+\infty\})\cup f^{-1}(\{-\infty\})\right) \in \Sigma \end{array}$$
から得られる．

(σ.2) $A \in \mathcal{F} \Rightarrow A^c \in \mathcal{F}$ であること．
$$\begin{array}{rcl} f^{-1}(A^c) & = & f^{-1}(\mathbf{R}\backslash A) \\ & = & f^{-1}(\mathbf{R}^*\backslash(\{+\infty\}\cup\{-\infty\}\cup A)) \\ & = & S\backslash \left(f^{-1}(\{+\infty\})\cup f^{-1}(\{-\infty\})\cup f^{-1}(A)\right) \in \Sigma \end{array}$$
から，得られる．

(σ.3) $\{A_n : n = 1, 2, \ldots\} \subset \mathcal{F} \Rightarrow \bigcup_{n=1}^{\infty} A_n \in \Sigma$ であること. これは

$$f^{-1}\left(\bigcup_{n=1}^{\infty} A_n\right) = \bigcup_{n=1}^{\infty} f^{-1}(A_n)$$

で, 右辺の各集合は Σ の元であることから, 得られる.

しかも, $\mathcal{F} \supset \mathcal{O}(\mathbf{R})$ である. 実際, 定理 1.2.17 の証明 (章末問題 8 番の解答参照) の中で示したように, 任意の開集合 O (すなわち, $O \in \mathcal{O}(\mathbf{R})$) は, 適当に可算個の有限左半開区間の集合族 $\{(a_n, b_n] : n = 1, 2, \ldots\}$ をとって

$$O = \bigcup_{n=1}^{\infty} (a_n, b_n]$$

と表せる. そのとき

$$\begin{aligned}
f^{-1}(O) &= \bigcup_{n=1}^{\infty} f^{-1}((a_n, b_n]) \\
&= \bigcup_{n=1}^{\infty} f^{-1}((a_n, +\infty] \setminus (b_n, +\infty]) \\
&= \bigcup_{n=1}^{\infty} \left(f^{-1}((a_n, +\infty]) \setminus f^{-1}((b_n, +\infty])\right) \in \Sigma
\end{aligned}$$

が得られ, $O \in \mathcal{F}$ が示された. したがって, $\mathcal{F}$ は, $\mathcal{O}(\mathbf{R})$ を含む σ-algebra であるから, $\mathcal{B}(\mathbf{R})$ を含む. すなわち

$$B \in \mathcal{B}(\mathbf{R}) \Rightarrow f^{-1}(B) \in \Sigma$$

が得られ, 証明が完結する.

特に, $f : S \to \mathbf{R}$ のときは

$$f^{-1}(\{+\infty\}) = \emptyset, \ f^{-1}(\{-\infty\}) = \emptyset$$

であるから, 条件 (a) は必ず成り立つので, 条件 (b) のみとなる.

この定理の一つの応用として, Σ-可測関数を簡単に, 種々作る方法が得られる. すなわち, 次の定理である.

定理 1.2.36 (S, Σ) を可測空間とするとき, $f : S \to \overline{\mathbf{R}}$, Σ-可測関数と, $\phi : \mathbf{R} \to \mathbf{R}$, $\mathcal{B}(\mathbf{R})$-可測関数について, その合成関数

$$\phi \circ f : S \to \overline{\mathbf{R}}$$

は Σ-可測関数である．ただし，$\phi \circ f(s) = \phi(f(s))\ (s \in S)$

証明 任意の $r \in \mathbf{R}$ について

$$A = \{s \in S\ :\ \phi(f(s)) > r\} \in \Sigma$$

を示す．ところが

$$A = \{s \in S\ :\ f(s) \in \phi^{-1}((r, +\infty))\}$$

と表現できる．そして，ϕ の $\mathcal{B}(\mathbf{R})$-可測性から

$$B = \phi^{-1}((r, +\infty)) \in \mathcal{B}(\mathbf{R})$$

が生じるので，定理 1.2.35 から

$$A = f^{-1}(B) \in \Sigma$$

が得られる．

先の例 1.2.34 の (II), (III) で注意したように，連続関数，あるいは単調関数は $\mathcal{B}(\mathbf{R})$-可測関数であるから，ϕ を連続関数，あるいは単調関数としてとれば，定理 1.2.36 が利用できる．すなわち，一つの Σ-可測関数 f と，任意の連続関数，あるいは単調関数 ϕ との合成関数は，常に Σ-可測となるのである．次の例は，f が Σ-可測のとき，連続関数と合成した場合である．

例 1.2.37 (I) $\phi(t) = |t|^p\ (p > 0)$ との合成関数として

$$F(s) = |f(s)|^p$$

は，Σ-可測である．

(II) $\phi(t) = |t|/(1 + |t|)$ との合成関数として

$$G(s) = \frac{|f(s)|}{1 + |f(s)|}$$

は，Σ-可測である．

その他，Σ-可測関数についての基本的性質として

命題 1.2.38 (S, Σ) を可測空間とする．次の陳述が成り立つ．

(1) $f : S \to \mathbf{R}^*$, Σ-可測とする．そのとき，任意の $c \in \mathbf{R}$ について，$f + c$ もまた，Σ-可測である．

(2) $f, g : S \to \mathbf{R}^*$, Σ-可測とする. そのとき, 次の各集合

$$\{s \in S \ : \ f(s) > g(s)\}, \ \{s \in S \ : \ f(s) \leq g(s)\},$$

$$\{s \in S \ : \ f(s) < g(s)\}, \ \{s \in S \ : \ f(s) \geq g(s)\}$$

は, 全て Σ の元である.

(3) (簡単のために, 実数値関数に限定する) $f, g : S \to \mathbf{R}$, Σ-可測とする. そのとき, 和の関数 $f + g$, 積の関数 fg, 最大の値をとる関数 $\max(f, g)$, 最小の値をとる関数 $\min(f, g)$ もまた, Σ-可測である.

(4) $\{f_n\}_{n \geq 1}$ を Σ-可測関数の列とする. そのとき

$$F(s) = \sup_{n \geq 1} f_n(s), \ G(s) = \inf_{n \geq 1} f_n(s)$$

として定義される $F, G : S \to \mathbf{R}^*$ もまた, Σ-可測である.

(5) $\{f_n\}_{n \geq 1}$ を Σ-可測関数の列とする. そのとき

$$F(s) = \limsup_{n \to \infty} f_n(s), \ G(s) = \liminf_{n \to \infty} f_n(s)$$

として定義される $F, G : S \to \mathbf{R}^*$ もまた, Σ-可測である. その結果, 特に

$$\lim_{n \to \infty} f_n(s)$$

が各 $s \in S$ 毎に存在する ($+\infty, -\infty$ も含めて存在する) とき

$$F(s) = \lim_{n \to \infty} f_n(s)$$

として定義される $F : S \to \mathbf{R}^*$ もまた, Σ-可測である.

証明 (1) について. 任意の $r \in \mathbf{R}$ について

$$\{s \in S \ : \ f(s) + c > r\} = \{s \in S \ : \ f(s) > c - r\}$$

であり, $c - r \in \mathbf{R}$ であるから, この集合は Σ の元である.

(2) $A = \{s \in S \ : \ f(s) > g(s)\} \in \Sigma$ を示す. そのために, 次を注意する.

$$A = \bigcup_{q \in \mathbf{Q}} \{s \in S \ : \ f(s) > q > g(s)\}$$

これは, 有理数全体の集合 $\mathbf{Q}$ の稠密性から, 明らかである. そのとき

$$\{s \in S \ : \ f(s) > q > g(s)\} = \{s \in S \ : \ f(s) > q\} \cap \{s \in S \ : \ g(s) < q\}$$

であり, 右辺の二つの集合は Σ の元である. したがって, $A \in \Sigma$ が生じる. 他の集合については, 補集合を考えることで得られる.

(3) について. $f, g : S \to \mathbf{R}$, Σ-可測とする. $f + g$ の可測性については, 任意の $r \in \mathbf{R}$ をとれば

$$A = \{s \in S \ : \ f(s) + g(s) > r\} = \{s \in S \ : \ f(s) > r - g(s)\}$$

であり, ここで (1), (2) を用いて $A \in \Sigma$ が得られる. 同様に, $f - g$ も Σ-可測である. しかも, 定理 1.2.36 から $\phi(t) = t^2$ との合成関数として

$$(f+g)^2, \ (f-g)^2$$

は共に, Σ-可測である. したがって

$$fg = \frac{(f+g)^2 - (f-g)^2}{4}$$

は Σ-可測である. また

$$\max(f, g) = \frac{f + g + |f - g|}{2}$$

であるから, $\phi(t) = |t|$ との合成関数として, $|f + g|$ は Σ-可測である. したがって, $\max(f, g)$ は Σ-可測である. 同様に, $\min(f, g)$ も Σ-可測である.

(4) について. 任意の $r \in \mathbf{R}$ について

$$A = \{s \in S \ : \ F(s) > r\} = \{s \in S \ : \ \sup_{n \geq 1} f_n(s) > r\} \in \Sigma$$

を示す. ところで

$$A = \bigcup_{n=1}^{\infty} \{s \in S \ : \ f_n(s) > r\}$$

である. それは

$$s \in A \Leftrightarrow \ f_p(s) > r \text{ を満たす } p \text{ が存在}$$

が成り立つからである. 同様に

$$B = \{s \in S : G(s) < r\} = \bigcup_{n=1}^{\infty} \{s \in S \ : \ f_n(s) < r\}$$

である. したがって, Σ の性質 $(\sigma.3)$ から, $A, B \in \Sigma$ が生じる.

(5) について. (4) の結果から, 任意の i について

$$F_i(s) = \sup_{n \geq i} f_n(s)$$

として定義される関数 F_i は, Σ-可測関数である. したがって

$$F(s) = \limsup_{n\to\infty} f_n(s) = \inf_{i\geq 1} F_i(s)$$

は, Σ-可測関数である. G の可測性も同様にして, 得られる (各自で確かめること). したがって, 特に

$$\lim_{n\to\infty} f_n(s)$$

が存在するとき, この極限関数 F は Σ-可測である.

注意 17 命題 1.2.38 の性質 (4), (5) は, 列についての性質であり, 非可算濃度の関数族には必ずしも成り立たない. 例えば, 次の例を与える. V: ビタリ集合とし, 各 $v \in V$ について

$$f_v(t) = \chi_{\{v\}}(t)$$

とする. すなわち, 一点集合 $\{v\}$ の特性関数とする. そのとき, f_v は, Λ-可測である. そして, Λ-可測な関数族 $\{f_v : v \in V\}$ について

$$F(t) = \inf\{f_v(t) : v \in V\}$$

とすれば, F は Λ-可測ではない. 各自で確かめること (ヒント: $F(t) = \chi_V(t)$ を示せ).

可測関数の項の最後として, **可測関数** と **単関数** の関係を記述する基本的事実 (後述される [積分の定義] の際に利用されるもの) を紹介する.

定理 1.2.39 (S, Σ) を可測空間とし, $f : S \to \mathbf{R}^+ \cup \{+\infty\}$, Σ-可測関数とする. そのとき, 次の性質を持つ非負の単関数の列 $\{\theta_n\}_{n\geq 1}$ が存在する.

$$0 \leq \theta_1(s) \leq \cdots \leq \theta_n(s) \leq \cdots \leq f(s) \ (\forall s \in S)$$

および

$$\lim_{n\to\infty} \theta_n(s) = f(s) \ (\forall s \in S)$$

証明 各 $n = 1, 2, \ldots$, と $i = 1, 2, \ldots, n \cdot 2^n$ について

$$E_{n,i} = \{s \in S : \frac{i-1}{2^n} \leq f(s) < \frac{i}{2^n}\}$$

および

$$E_n = \{s \in S : f(s) \geq n\}$$

とせよ．そのとき, 各 n について
$$S = \left(\bigcup_{i=1}^{n \cdot 2^n} E_{n,i}\right) \cup E_n$$
である．そして
$$\theta_n(s) = \sum_{i=1}^{n \cdot 2^n} \frac{(i-1)}{2^n} \chi_{E_{n,i}}(s) + n \cdot \chi_{E_n}(s)$$
として，単関数列 $\{\theta_n\}_{n \geq 1}$ を定義する．そのとき, 次が示される．
  (i) $0 \leq \theta_n(s) \leq \theta_{n+1}(s) \leq f(s)$ ($\forall n, \forall s \in S$)
  (ii) 任意の $s \in S$ について
$$\lim_{n \to \infty} \theta_n(s) = f(s)$$
が成り立つ．

この証明は章末問題 23 番の中に, 問題形式で述べてある．各自で確かめること．

[**抽象積分 (abstract integral), あるいは, ルベーグ積分 (Lebesgue integral)**]

ここでは, 測度空間 (S, Σ, μ) が与えられたとき, $f : S \to \mathbf{R}^*$, Σ-可測関数について, f の S 上での測度 μ に関する (抽象, あるいはルベーグ) 積分
$$\int_S f(s) d\mu(s) \text{ (略して, } \int_S f d\mu \text{ との表示も使用)}$$
をどのようにして定義するか, 定義された積分はどんな性質を持つか等を調べる．本来, ルベーグ積分と呼ぶことは, ルベーグ測度空間 $(\mathbf{R}^k, \Lambda, \lambda)$ 上で定義された関数の積分を取り扱う際の言葉として妥当であると考えるが, その測度空間の固有性に積分の定義が依存しない形で述べられる (すなわち, 本質的に, ルベーグ積分と同じである) ことから, このような一般の測度空間についての積分を, ルベーグ積分と表現することが普通である．この積分の定義は, (平たく言えば) 例えば, $f \geq 0$ である関数の場合に限定すれば, S を底面とし, S の各点 s における高さ $f(s)$ である物体 V の体積を, 底面の面積を, 特に, 測度 μ に依存した量で測った場合に求めていることになる．このイメージを持ちながら, 定義を順次, 観て行こう．

先ず, 積分の定義については, 次の順序による．単純な Σ-可測関数 (すなわち, 底面集合は複雑かもしれないが, **高さの関数は単純である物体** に相当する場合) から, 一般的な Σ-可測関数 (すなわち, 高さの関数が複雑

で, 一般的な物体に相当) へと積分の定義を拡大する. しかもその際, 一般的な物体を, 単純な物体の列の増大極限としてとらえようというのである.

(I) 非負 Σ-単関数 θ について
$$\int_S \theta(s)d\mu(s)$$
を定義する.

(II) ((I) の場合を用いて) 非負 Σ-可測関数 f について
$$\int_S f(s)d\mu(s)$$
を定義する.

(III) ((II) の場合を用いて) 一般の Σ-可測関数 f についての積分
$$\int_S f(s)d\mu(s)$$
を考える.

段階 (III) で紹介され, 注意されるように, 全ての Σ-可測関数に対して, ルベーグ積分
$$\int_S f(s)d\mu(s)$$
が定義される訳ではない.

では, 第一段階 (I) の場合から始めよう.

(I) (非負 Σ-単関数の積分)

非負 Σ-単関数全体の作る集合を $\Theta^+(\Sigma)$ と表す. そして $\theta \in \Theta^+(\Sigma)$ を
$$\theta(s) = \sum_{i=1}^n a_i \chi_{E_i}(s) \ (a_i \in \mathbf{R}^+, \ E_i \in \Sigma, \ S = \sum_{i=1}^n E_i)$$
と表す. このとき
$$\int_S \theta(s)d\mu(s) \ (略して, \int_S \theta d\mu \text{との表示も使用}) = \sum_{i=1}^n a_i \mu(E_i)$$
により, 定義する (ただし, ここで, $0 \cdot +\infty = 0, \ a \cdot +\infty = +\infty$ ($a > 0$) と定める).

注意すべきは (すなわち, これが良く定義されているためには), この右辺の値が, θ の表示に依存しない値であることのチェックである. すなわち
$$\theta = \sum_{i=1}^n a_i \chi_{E_i} = \sum_{j=1}^m b_j \chi_{F_j}$$

(ただし, $a_i, b_j \in \mathbf{R}^+$, $E_i, F_j \in \Sigma$, $S = \sum_{i=1}^n E_i = \sum_{j=1}^m F_j$) としたとき

$$\sum_{i=1}^n a_i \mu(E_i) = \sum_{j=1}^m b_j \mu(F_j)$$

を確かめねばならない. その証明は, 以下のようである.

$$\mu(E_i) = \sum_{j=1}^m \mu(E_i \cap F_j), \ \mu(F_j) = \sum_{i=1}^n \mu(F_j \cap E_i)$$

であり, $\mu(E_i \cap F_j) \neq 0$ なる i,j については, $a_i = b_j$ であるから

$$\begin{aligned}
\sum_{i=1}^n a_i \mu(E_i) &= \sum_{i=1}^n a_i \left(\sum_{j=1}^m \mu(E_i \cap F_j)\right) \\
&= \sum_{i,j} a_i \mu(E_i \cap F_j) \\
&= \sum_{i,j} b_j \mu(F_j \cap E_i) \\
&= \sum_{j=1}^m \left(\sum_{i=1}^n b_j \mu(F_j \cap E_i)\right) \\
&= \sum_{j=1}^m b_j \left(\sum_{i=1}^n \mu(E_i \cap F_j)\right) \\
&= \sum_{j=1}^m b_j \mu(F_j)
\end{aligned}$$

となり, 示された.

非負 Σ-単関数 θ に対して定義された積分の性質として

命題 1.2.40 (S, Σ, μ) を測度空間とする. そのとき, 非負 Σ-単関数 $\theta : S \to \mathbf{R}^+$ の積分は, 次の性質を持つ.

(1) $\int_S \theta d\mu \in [0, +\infty]$ である.

(2) $\theta_1, \theta_2 \in \Theta^+(\Sigma)$ について

$$\int_S (\theta_1 + \theta_2) d\mu = \int_S \theta_1 d\mu + \int_S \theta_2 d\mu$$

が成り立つ.

(3) $\theta_1, \theta_2 \in \Theta^+(\Sigma)$, $\theta_1 \leq \theta_2$ (すなわち, $\theta_1(s) \leq \theta_2(s)$, $\forall s \in S$) について

$$\int_S \theta_1 d\mu \leq \int_S \theta_2 d\mu$$

が成り立つ.

証明 (1) について. 定義から明らかである.
(2) について. θ_1, θ_2 を次のように表す.

$$\theta_1 = \sum_i a_i \chi_{E_i}, \ \theta_2 = \sum_j b_j \chi_{F_j}$$

$$(\text{ただし}, a_i, b_j \in \mathbf{R}^+, \ E_i, F_j \in \Sigma, \ S = \sum_i E_i = \sum_j F_j)$$

そのとき

$$\theta_1 + \theta_2 = \sum_{i,j} (a_i + b_j) \chi_{E_i \cap F_j}$$

である. よって

$$\int_S (\theta_1 + \theta_2) d\mu = \sum_{i,j} (a_i + b_j) \mu(E_i \cap F_j)$$

である. したがって

$$\begin{aligned}
\sum_{i,j} (a_i + b_j) \mu(E_i \cap F_j) &= \sum_{i,j} a_i \mu(E_i \cap F_j) + \sum_{i,j} b_j \mu(E_i \cap F_j) \\
&= \sum_i a_i \left(\sum_j \mu(E_i \cap F_j) \right) \\
&\quad + \sum_j b_j \left(\sum_i \mu(E_i \cap F_j) \right) \\
&= \sum_i a_i \mu(E_i) + \sum_j b_j \mu(F_j) \\
&= \int_S \theta_1 d\mu + \int_S \theta_2 d\mu
\end{aligned}$$

となり, 示された.
(3) について. $\theta_3 = \theta_2 - \theta_1$ とすれば, $\theta_3 \in \Theta^+(\Sigma)$ である. したがって, (2) から

$$\int_S \theta_2 d\mu = \int_S \theta_3 d\mu + \int_S \theta_1 d\mu$$

が得られる. (1) から, $\int_S \theta_3 d\mu \geq 0$ であるから

$$\int_S \theta_2 d\mu \geq \int_S \theta_1 d\mu$$

が生じる.

この結果を利用して, 第二段階 (II) (積分の定義で最も重要な段階) を述べる.

(II) (非負 Σ-可測関数の積分)

非負 Σ-可測関数の全体を $M^+(\Sigma)$ で表す. そのとき, $f \in M^+(\Sigma)$ について

$$\int_S f(s)d\mu(s)$$

をどのように定義するか. そのためには, 次の結果 (定理 1.2.39) を思い出そう. すなわち, 「$f \in M^+(\Sigma)$ について, 次のような非負 Σ-単関数列 $\{\theta_n\}_{n\geq 1}$ が存在する」

$$0 \leq \theta_1(s) \leq \theta_2(s) \leq \ldots \theta_n(s) \leq \ldots \leq f(s), \lim_{n\to\infty} \theta_n(s) = f(s) \ (\forall s \in S)$$

(このことが, 複雑な関数を高さに持つ物体を, 単純な関数を高さに持つ物体の列の増大極限でとらえようということに対応している) そのとき, (I) で

$$\int_S \theta_n d\mu \ (n = 1, 2, \ldots)$$

は定義されているから, 正数列

$$\{\int_S \theta_n d\mu\}_{n\geq 1}$$

を考える. $\{\theta_n\}_{n\geq 1}$ は単調増加列であるから, 命題 1.2.40 を用いれば

$$\int_S \theta_1 d\mu \leq \int_S \theta_2 d\mu \leq \ldots \leq \int_S \theta_n d\mu \leq \ldots$$

である. すなわち, 積分値の数列 (すなわち, 単純な高さを持つ物体の列の体積を表す数列) は, 単調増加列である. したがって, $+\infty$ まで含めれば

$$\lim_{n\to\infty} \int_S \theta_n d\mu$$

が存在する. そのとき, この極限 ($\leq +\infty$) で

$$\int_S f d\mu$$

を与える. すなわち

$$\int_S f(s)d\mu(s) = \lim_{n\to\infty} \int_S \theta_n(s)d\mu(s)$$

により, 定義する. このとき, 確かめなければならないこと (すなわち, これが良く定義されていることの確認) は, 右辺の値が, このような単調増加列 $\{\theta_n\}_{n\geq 1}$ に依存しないで定まること, すなわち, 次の命題を示すことが必要である.

命題 1.2.41 $\Theta^+(\Sigma)$ の二つの単調増加な関数列 $\{\theta_n\}_{n\geq 1}$, $\{\theta'_n\}_{n\geq 1}$ (すなわち, $\theta_1(s) \leq \ldots \leq \theta_n(s) \leq \ldots \leq f(s)$, $\theta'_1(s) \leq \ldots \leq \theta'_n(s) \leq \ldots \leq f(s), \forall s \in S,$ を満たす) が

$$\lim_{n\to\infty} \theta_n(s) = \lim_{n\to\infty} \theta'_n(s) = f(s) \ (\forall s \in S)$$

を満たすとき

$$\lim_{n\to\infty} \int_S \theta_n d\mu = \lim_{n\to\infty} \int_S \theta'_n d\mu$$

が成り立つ.

この命題 1.2.41 は次の補題から容易に生じる.

補題 1.2.42 $\theta, \{\theta_n\}_{n\geq 1} \subset \Theta^+(\Sigma)$ について

$$\theta_1(s) \leq \ldots \leq \theta_n(s) \leq \ldots, \text{ および } \theta(s) \leq \lim_{n\to\infty} \theta_n(s) \ (\forall s \in S)$$

が満たされるとき

$$\int_S \theta d\mu \leq \lim_{n\to\infty} \int_S \theta_n d\mu$$

が成り立つ.

実際, [補題 1.2.42 $\Rightarrow$ 命題 1.2.41] は, 以下のように容易である.

命題 1.2.41 の証明 各 m を固定すれば

$$\theta_m(s) \leq f(s) = \lim_{n\to\infty} \theta'_n(s) \ (\forall s \in S)$$

であるから, 補題 1.2.42 を用いて

$$\int_S \theta_m d\mu \leq \lim_{n\to\infty} \int_S \theta'_n d\mu$$

が得られる. ここで, m は任意であるから, $m \to \infty$ として

$$\lim_{m\to\infty} \int_S \theta_m d\mu \leq \lim_{n\to\infty} \int_S \theta'_n d\mu$$

を得る. 今の論法で, θ_m を θ'_m に, $\{\theta'_n\}_{n\geq 1}$ を $\{\theta_n\}_{n\geq 1}$ に置き変えれば

$$\lim_{m\to\infty}\int_S \theta'_m d\mu \leq \lim_{n\to\infty}\int_S \theta_n d\mu$$

が分かり, 前段の不等式と併せて, 命題 1.2.41 が得られる.

したがって, 第二段階での積分が良く定義されていることを示すためには, 補題 1.2.42 が重要な確認事項である.

補題 1.2.42 の証明 これを示すために

$$\theta = \sum_{i=1}^m a_i \chi_{E_i}\ (a_i \in \mathbf{R}^+,\ E_i \in \Sigma,\ S = \sum_{i=1}^m E_i)$$

とする. そして, 次の二通りの場合を考える.

(i) $\int_S \theta d\mu = +\infty$ の場合.

そのとき, $+\infty = \sum_{i=1}^m a_i \mu(E_i)$ であるから

$$a_i > 0,\ \mu(E_i) = +\infty$$

を満たす i が少なくとも一つ存在する. このような i を一つとれ. そして

$$A_n = \{s \in E_i\ :\ \theta_n(s) > \frac{a_i}{2}\}$$

とおく. そのとき, $\theta_1 \leq \ldots \leq \theta_n \leq \ldots$ であり

$$s \in E_i \Rightarrow a_i = \theta(s) \leq \lim_{n\to\infty}\theta_n(s)$$

であるから

$$A_1 \subset A_2 \subset \cdots \subset A_n \uparrow E_i,\ A_n \in \Sigma$$

が成り立つ. したがって

$$\lim_{n\to\infty} \mu(A_n) = \mu(E_i) = +\infty$$

である. ところで, 各 n 毎に

$$\left(\frac{a_i}{2}\right)\chi_{A_n} \leq \theta_n \chi_{A_n} \leq \theta_n$$

であるから, 命題 1.2.40 (2) を用いて

$$\int_S \theta_n d\mu \geq \int_S \theta_n \chi_{A_n} d\mu \geq \int_S \left(\frac{a_i}{2}\right)\chi_{A_n} d\mu = \frac{a_i}{2}\mu(A_n)$$

が得られるので, $n \to \infty$ として

$$\lim_{n\to\infty}\int_S \theta_n d\mu = +\infty = \int_S \theta d\mu$$

を得る.

(ii) $\int_S \theta d\mu < +\infty$ の場合.

そのとき

$$\sum_{i=1}^m a_i \mu(E_i) < +\infty$$

である. したがって, $\mathbf{N}_+ = \{i : a_i > 0\}$ とすれば, $\mu(E_i) < +\infty$ ($\forall i \in \mathbf{N}_+$) であり

$$\int_S \theta d\mu = \sum_{i\in\mathbf{N}_+} a_i \mu(E_i)$$

である. そして $A = \bigcup_{i\in\mathbf{N}_+} E_i$ とおけ. そのとき

$$\mu(A) = \sum_{i\in\mathbf{N}_+} \mu(E_i) < +\infty$$

である. そして, 任意の正数 ε (ただし, $\varepsilon < \min_{i\in\mathbf{N}_+} a_i$ を満たす) をとれ. そして

$$A_n = \{s \in A : \theta_n(s) > \theta(s) - \varepsilon\}$$

とおく. ところが $\theta, \{\theta_n\}_{n\geq 1}$ についての仮定から

$$A_1 \subset \cdots \subset A_n \uparrow A, \ A_n \in \Sigma$$

である. しかも

$$\theta_n \geq \theta_n \chi_{A_n} \geq (\theta - \varepsilon)\chi_{A_n} \geq 0$$

であるから, 命題 1.2.40 (1), (2) を用いて

$$\begin{aligned}\int_S \theta_n d\mu &\geq \int_S (\theta-\varepsilon)\chi_{A_n} d\mu \\ &= \int_S \theta \chi_{A_n} d\mu - \varepsilon \cdot \mu(A_n) \quad \cdots (*)\end{aligned}$$

を得る. ここで, 最後の等式は

$$\theta \chi_{A_n} = (\theta-\varepsilon)\chi_{A_n} + \varepsilon \chi_{A_n}$$

および, 命題 1.2.40 (2) から生じる. さらに, $\theta\chi_A = \theta\chi_{(A\setminus A_n)} + \theta\chi_{A_n}$ から

$$0 \leq \int_S \theta\chi_A d\mu - \int_S \theta\chi_{A_n} d\mu = \int_S \theta\chi_{(A\setminus A_n)} d\mu \leq (\max_{i\in\mathbf{N}_+} a_i)\mu(A\setminus A_n)$$

を得る. したがって, この式と, 前段の式 (∗) および, $\mu(A\setminus A_n) \to 0$ ($n \to \infty$) を用いれば

$$\lim_{n\to\infty} \int_S \theta_n d\mu \geq \int_S \theta\chi_A d\mu - \varepsilon\mu(A) = \int_S \theta d\mu - \varepsilon\mu(A)$$

を得る (この等号を得るために, $\theta = \theta\chi_A$ を用いた). $\mu(A) < +\infty$ であるから, $\varepsilon \to 0$ として

$$\lim_{n\to\infty} \int_S \theta_n d\mu \geq \int_S \theta d\mu$$

を得る. 以上で, 補題 1.2.42 の証明は完結する.

したがって, 我々が先に与えた $f \in M^+(\Sigma)$ の積分

$$\int_S f(s)d\mu(s)$$

(S を底面とし, S の各点 s における高さ $f(s)$ である物体 V の体積を表している) は, 定義となっていることが立証された. この定義に基づいて $M^+(\Sigma)$ の関数に対する積分の簡単な性質を, 先ず挙げる.

命題 1.2.43 $M^+(\Sigma)$ に属する関数についての積分は, 次の性質を持つ.
(1) $f, g \in M^+(\Sigma)$ について

$$\int_S (f+g)d\mu = \int_S f d\mu + \int_S g d\mu$$

が成り立つ.

(2) $c \geq 0, f \in M^+(\Sigma)$ について

$$\int_S cf d\mu = c\int_S f d\mu$$

が成り立つ.

(3) $f, g \in M^+(\Sigma)$, $f \leq g$ について

$$\int_S f d\mu \leq \int_S g d\mu$$

が成り立つ.

証明 (1) について. $\{\theta_n\}_{n\geq 1}$, $\{\theta'_n\}_{n\geq 1} \subset \Theta^+(\Sigma)$, $\theta_n \uparrow f$, $\theta'_n \uparrow g$ とするとき, 積分の定義から

$$\int_S f d\mu = \lim_{n\to\infty} \int_S \theta_n d\mu, \quad \int_S g d\mu = \lim_{n\to\infty} \int_S \theta'_n d\mu$$

である. そのとき, $\theta_n + \theta'_n \in \Theta^+(\Sigma)$, $\theta_n + \theta'_n \uparrow f + g$ であるから

$$\begin{aligned}\int_S (f+g) d\mu &= \lim_{n\to\infty} \int_S (\theta_n + \theta'_n) d\mu \\ &= \lim_{n\to\infty} \int_S \theta_n d\mu + \lim_{n\to\infty} \int_S \theta'_n d\mu \\ &= \int_S f d\mu + \int_S g d\mu\end{aligned}$$

を得る.

(2) について. (1) と同様であり, 容易. 各自で確かめること.

(3) について. (1) のような $\{\theta_n\}_{n\geq 1}$, $\{\theta'_n\}_{n\geq 1}$ をとれ. そのとき

$$\theta_m \leq f \leq g = \lim_{n\to\infty} \theta'_n$$

であるから, 先の補題 1.2.42 より

$$\int_S \theta_m d\mu \leq \lim_{n\to\infty} \int_S \theta'_n d\mu = \int_S g d\mu$$

が生じる. よって, $m \to \infty$ として

$$\int_S f d\mu \leq \int_S g d\mu$$

を得る.

注意 18 $M^+(\Sigma)$ に属する関数 f の積分を $\Theta^+(\Sigma)$ の関数列に依存することなく, 定義する方法がある. 以下に述べる. 定義そのものとしては, こちらの方が分かりやすい面もあるかと思うが, 後に述べる積分の性質 (単調収束定理) 等を示すには, 少し困難さを伴う (すなわち, 結局, 列による定義に頼ることになる). 時に, 定義として採用する著者もいるので, ここで注意しておく. 各 $f \in M^+(\Sigma)$ について

$$\int_S f d\mu = \sup\left\{\int_S \theta d\mu : \theta \leq f, \theta \in \Theta^+(\Sigma)\right\}$$

により, 定義する (右辺の値は, $+\infty$ も許す). この右辺は, $+\infty$ まで許せば必ず存在するから, 先に与えた定義のように, 右辺の値が, 列の取り方に依存しないというようなことをチェックする必要がない. そのため, 積分

の定義としては前の場合より単純であるといえる．この値と，我々が (II) で与えたものが，同一の値であることを証明できる．各自で確かめること．

(III) (一般の Σ-可測関数の積分)
$f \in M(\Sigma)$ について
$$\int_S f(s) d\mu(s)$$
の定義を与える．そのために，f を，非負の Σ-可測関数の二つの和として表す．すなわち

$$f^+(s) = \max(f(s), 0), \ f^-(s) = \max(-f(s), 0) \ (= -\min(f(s), 0))$$

とすれば，f^+, f^- は共に，$M^+(\Sigma)$ の元で

$$f(s) = f^+(s) - f^-(s) \ (\forall s \in S)$$

を満たす．したがって

$$\int_S f(s) d\mu(s) = \int_S f^+(s) d\mu(s) - \int_S f^-(s) d\mu(s)$$

により，定義したい．ただし，この場合における右辺の様子をみれば ((II) で注意したように)

$$0 \leq \int_S f^+(s) d\mu(s) \leq +\infty, \ 0 \leq \int_S f^-(s) d\mu(s) \leq +\infty$$

であるから，右辺の値が定義されるのは，次の三通りのいずれかの場合である．この場合，積分
$$\int_S f d\mu$$
は意味を持つという．

(i) $\int_S f^+ d\mu < +\infty$, $\int_S f^- d\mu < +\infty$ のとき．

$$\int_S f d\mu = \int_S f^+ d\mu - \int_S f^- d\mu \ (\in \mathbf{R})$$

により，定義する．

(ii) $\int_S f^+ d\mu = +\infty$, $\int_S f^- d\mu < +\infty$ のとき．

$$\int_S f d\mu = +\infty$$

として定義する.

(iii) $\int_S f^+ d\mu < +\infty$, $\int_S f^- d\mu = +\infty$ のとき.

$$\int_S f d\mu = -\infty$$

として定義する.

このようにして, 任意の Σ-可測関数 (ただし, 積分が意味を持つ場合の Σ-可測関数) の積分が定義された. この積分を, **抽象積分 (あるいは, ルベーグ積分)** という.

特に, (i) の場合, すなわち, 積分値が実数値として存在する場合に注目する.

定義 1.2.44 $f \in M(\Sigma)$ について

$$\int_S f^+ d\mu < +\infty, \quad \int_S f^- d\mu < +\infty$$

が成り立つとき, f を μ に関して**積分可能** (μ-積分可能, あるいは μ-可積分) な関数という. μ-積分可能な関数全体の作る集合を $L_1(S, \Sigma, \mu)$ で表す. すなわち

$$L_1(S, \Sigma, \mu) = \{f \in M(\Sigma) : \int_S f^+ d\mu < +\infty, \int_S f^- d\mu < +\infty\}$$

そのとき, 次の命題が簡単に得られる.

命題 1.2.45 $f \in M(\Sigma)$ について

$$f \in L_1(S, \Sigma, \mu) \Leftrightarrow |f| \in L_1(S, \Sigma, \mu)$$

が成り立つ.

証明 $|f| = f^+ + f^-$ に注意すれば, 命題 1.2.43 (1) から

$$\int_S |f| d\mu = \int_S f^+ d\mu + \int_S f^- d\mu$$

である. したがって

$$\int_S |f| d\mu < +\infty \Leftrightarrow \int_S f^+ d\mu < +\infty, \int_S f^- d\mu < +\infty$$

である. よって, 要求された結果が生じる.

次に, 一般の可測集合 A (すなわち, $A \in \Sigma$ を満たす A) 上での積分 (すなわち, 例えば $f \geq 0$ の場合ならば, 底面が特に A という集合で, 各 $s \in A$ での高さが $f(s)$ である物体の体積) の場合の定義を与える. それは, 次のようにして, S 上の積分として, 定義する. すなわち, $f \in M(\Sigma)$ について, $f\chi_A \in M(\Sigma)$ であるから

定義 1.2.46 $f \in M(\Sigma)$, $A \in \Sigma$ について
$$\int_A f(s)d\mu(s) = \int_S f(s)\chi_A(s)d\mu(s)$$
により, 定義する (ただし, 右辺の積分が意味を持つ場合).

以後, 測度 μ に依存する性質を論ずる際に, 次のような表現が用いられる. S の各点 s に依存する性質 **P** が, μ-殆ど至る所で成り立つ とは, 或る μ-測度 0 の集合 N が存在して, $s \notin N$ を満たす s については **P** が成り立つことをいう. すなわち, 或る μ-測度 0 の集合を除けば, その性質 **P** が成り立っていることをいう. 平たく言えば, [測度 μ で測ったときに無視できる集合 $\Leftrightarrow \mu(N) = 0$] であるから, 測度 μ で無視できる程度の小さい集合の外の点では, 性質 **P** が成り立っているということである. このとき, **P** が μ-a.e. (almost everywhere) に成り立つと記す.

さて, この積分の性質として, 重要なものを列挙しよう.

定理 1.2.47 積分に関する, 次の各陳述が成り立つ.
(1) $f \in M(\Sigma)$ が μ-a.e. に 0 ならば
$$\int_S f d\mu = 0$$
である.
(2) $f \in M(\Sigma)$, $N \in \Sigma$ で $\mu(N) = 0$ ならば
$$\int_N f d\mu = 0$$
である.
(3) $f \in M^+(\Sigma)$ について
$$\int_S f d\mu = 0 \Rightarrow f = 0 \; (\mu\text{-a.e.})$$

である.

(4) $f \in L_1(S, \Sigma, \mu)$ について, $N = \{s \in S : |f(s)| = +\infty\}$ とおけば, $\mu(N) = 0$ である. すなわち, μ-積分可能関数 f は, μ-a.e. に有限値 (すなわち, 実数値) をとる.

(5) $f \in M(\Sigma)$, $g \in L_1(S, \Sigma, \mu)$, $|f| \leq |g|$ (μ-a.e.) ならば
$$f \in L_1(S, \Sigma, \mu), \quad \int_S |f| d\mu \leq \int_S |g| d\mu$$
である.

以後の関数は全て, $L_1(S, \Sigma, \mu)$ の元とする.

(6) $\left|\int_S f d\mu\right| \leq \int_S |f| d\mu$ が成り立つ.

(7) 次の等式が成り立つ. ただし, $c \in \mathbf{R}$ である.
$$\int_S (f+g) d\mu = \int_S f d\mu + \int_S g d\mu, \quad \int_S cf d\mu = c \int_S f d\mu$$

(8) $A, B \in \Sigma$, $A \cap B = \emptyset$ であるとき
$$\int_{A \cup B} f d\mu = \int_A f d\mu + \int_B f d\mu$$
である.

証明 (1) について. $f = 0$ (μ-a.e.) であるから
$$f^+ = 0 \ (\mu\text{-a.e.}), \quad f^- = 0 \ (\mu\text{-a.e.})$$
である. したがって, $f \in M^+(\Sigma)$, $f = 0$ (μ-a.e.) について
$$\int_S f d\mu = 0$$
を示せば良い. さて, 任意の $\theta \in \Theta^+(\Sigma)$, $\theta \leq f$ をとれば $\theta = 0$ (μ-a.e.) である. すなわち
$$\theta = \sum_{i=1}^n a_i \chi_{E_i}$$
と表せば, $a_i > 0$ である i については, $\mu(E_i) = 0$ である. したがって, 常に
$$a_i \mu(E_i) = 0$$
となるので
$$\int_S \theta d\mu = \sum_{i=1}^n a_i \mu(E_i) = 0$$

が成り立つ. よって, f の積分を定義する際の $\Theta^+(\Sigma)$ の関数列 $\{\theta_n\}_{n\geq 1}$ について
$$\int_S \theta_n d\mu = 0 \; (\forall n)$$
となる. よって
$$\int_S f d\mu = \lim_{n\to\infty} \int_S \theta_n d\mu = 0$$
となる.

(2) について. $g = f\chi_N$ とすれば, $g = 0$ (μ-a.e.) であるから, (1) の結果を用いて
$$\int_N f d\mu = \int_S f\chi_N d\mu = \int_S g d\mu = 0$$
を得る.

(3) について. $A = \{s \in S \,:\, f(s) > 0\}$ とし
$$A_n = \{s \in S \,:\, f(s) \geq \frac{1}{n}\}$$
とすれば, $A_n \in \Sigma$ $(\forall n)$ で, $A_1 \subset \cdots \subset A_n \subset \cdots$ で
$$A = \bigcup_{n=1}^\infty A_n$$
である. したがって, 測度の性質から
$$\mu(A) = \lim_{n\to\infty} \mu(A_n)$$
である. しかも, $nf(s) \geq \chi_{A_n}(s)$ $(\forall s)$ であるから, 命題 1.2.43 を用いて
$$0 = \int_S nf d\mu \geq \int_S \chi_{A_n} d\mu = \mu(A_n)$$
が得られる. すなわち, $\mu(A_n) = 0$ $(\forall n)$ である. したがって, $\mu(A) = 0$ となり, 要求された結果である.

(4) について. $N_n = \{s \in S \,:\, |f(s)| \geq n\}$ とすれば
$$N = \bigcap_{n=1}^\infty N_n$$
である. そのとき, $|f| \geq n\chi_{N_n}$ であるから
$$+\infty > \int_S |f| d\mu \geq \int_S n\chi_{N_n} d\mu = n\mu(N_n)$$

が成り立つ. したがって, 任意の n で

$$\mu(N) \leq \mu(N_n) \leq \frac{\int_S |f| d\mu}{n}$$

が成り立つので, $n \to \infty$ として

$$\mu(N) = 0$$

を得る.

(5) について. $|f| \leq |g|$ (μ-a.e.) であるから, 或る集合 N ($N \in \Sigma$, $\mu(N) = 0$) をとって

$$|f|\chi_{N^c} \leq |g|$$

とできる. したがって

$$\int_S |f|\chi_{N^c} d\mu \leq \int_S |g| d\mu < +\infty$$

である. ところが, $|f| - |f|\chi_{N^c} = 0$ (μ-a.e.) であるから (1) を用いて

$$\int_S (|f| - |f|\chi_{N^c}) d\mu = 0$$

である. ところが, $|f| - |f|\chi_{N^c} \in M^+(\Sigma)$, $|f|\chi_{N^c} \in M^+(\Sigma)$ であるから, 命題 1.2.43 を用いれば

$$\int_S |f| d\mu = \int_S (|f| - |f|\chi_{N^c}) d\mu + \int_S |f|\chi_{N^c} d\mu$$

となる. したがって

$$\int_S |f| d\mu = \int_S |f|\chi_{N^c} d\mu \leq \int_S |g| d\mu < +\infty$$

が得られる. すなわち, 要求された結果が得られた.

(6) について. $|f| = f^+ + f^-$ であるから

$$\int_S |f| d\mu = \int_S f^+ d\mu + \int_S f^- d\mu$$

である. そして, $M^+(\Sigma)$ の元である関数 f^+, f^- の積分は, 常に非負であるから, 次の不等式を得る.

$$-\left(\int_S f^+ d\mu + \int_S f^- d\mu\right) \leq \left(\int_S f^+ d\mu - \int_S f^- d\mu\right)$$
$$\leq \left(\int_S f^+ d\mu + \int_S f^- d\mu\right)$$

すなわち
$$\left|\int_S f d\mu\right| \leq \int_S |f| d\mu$$
である.

(7), (8) については, 章末問題 29 番, 30 番で各々扱う.

このようにして定義され, 定理 1.2.47 で述べた性質を持つルベーグ積分の重要な性質として, 収束性に関するものが二つある. すなわち,「関数列の収束が, その積分により得られる数列の収束を呼び起こすか」という問題について, 基本的な二つの定理が成り立つことを紹介する. ここで重要なことは, 関数列の収束には, **各点収束のみ仮定**することである. それより強い収束, 例えば積分について良く仮定される [一様収束] といった強い収束を仮定しないことである. 少しく厳密に表現すれば

$$\lim_{n\to\infty} f_n(s) = f(s)\ (\forall s \in S) \Rightarrow \lim_{n\to\infty} \int_S f_n d\mu = \int_S f d\mu$$

が成り立つか, という問題であり, これに答えているのが, 次の二つの定理である.

第一の場合は, 取り扱う関数列の符号が常に一定 (非負) の場合である.

(I) 定理 1.2.48 (単調収束定理, Monotone Convergence Theorem) $M^+(\Sigma)$ の関数列 $\{f_n\}_{n\geq 1}$ と関数 f について

$$f_1(s) \leq \ldots \leq f_n(s) \uparrow f(s)\ (\forall s \in S)$$

が満たされるとき

$$\lim_{n\to\infty} \int_S f_n d\mu = \int_S f d\mu$$

が成り立つ.

第二の場合は, 取り扱う関数列の符号が必ずしも一定ではない, すなわち, 正, 負を許す場合である. この場合は, その関数列全体が, 或る**積分可能関数で制御されている**という取り扱いやすい状況があるとき (すなわち, それらの積分が余り不都合さをもたないとき) であり, 次の形の積分の収束定理が得られる.

(II) 定理 1.2.49 (優越収束定理, Dominated Convergence Theorem) $M(\Sigma)$ の関数列 $\{f_n\}_{n\geq 1}$ と関数 f が次の二つの条件を満たすとする.
或る $\phi \in L_1(S,\Sigma,\mu)$ が存在して

$$|f_n(s)| \leq \phi(s)\ (\forall s \in S, \forall n)$$

および
$$\lim_{n\to\infty} f_n(s) = f(s) \ (\forall s \in S)$$
そのとき, $f \in L_1(S, \Sigma, \mu)$ であり
$$\lim_{n\to\infty} \int_S f_n d\mu = \int_S f d\mu$$
が成り立つ.

定理 **1.2.48** の証明 各 f_m について
$$\theta_{11} \leq \theta_{12} \leq \ldots \leq \theta_{1n} \uparrow f_1 \ (n \to \infty)$$
$$\theta_{21} \leq \theta_{22} \leq \ldots \leq \theta_{2n} \uparrow f_2 \ (n \to \infty)$$
$$\vdots$$
$$\theta_{m1} \leq \theta_{m2} \leq \ldots \leq \theta_{mn} \uparrow f_m \ (n \to \infty)$$
$$\vdots$$

を満たす $\{\theta_{mn}\}_{n \geq 1} \subset \Theta^+(\Sigma)$ をとる. そして, 各 m について
$$g_m = \max(\theta_{1m}, \theta_{2m}, \ldots, \theta_{mm})$$
とすれば, 命題 1.2.30(3) から $g_m \in \Theta^+(\Sigma) \ (\forall m)$ であり, しかも
$$g_m = \max(\theta_{1m}, \ldots, \theta_{mm}) \leq \max(f_1, \ldots, f_m) = f_m$$
である. その上, 各 s につき, $g_m(s) \leq g_{m+1}(s)$ であるから ($+\infty$ まで許せば) $\lim_{m\to\infty} g_m(s)$ が存在して
$$\lim_{m\to\infty} g_m \leq \lim_{m\to\infty} f_m = f$$
である. また, j を固定する毎に, $m \geq j$ について
$\theta_{jm} \leq \max(\theta_{1m}, \ldots, \theta_{mm}) = g_m$ であるから
$$f_j = \lim_{m\to\infty} \theta_{jm} \leq \lim_{m\to\infty} g_m$$
が成り立つ. したがって, $j \to \infty$ として
$$f = \lim_{j\to\infty} f_j \leq \lim_{m\to\infty} g_m$$

である．以上から，$\{g_n\}_{n\geq 1} \subset \Theta^+(\Sigma)$ で

$$g_1 \leq g_2 \leq \ldots \leq g_n \uparrow f$$

であるから，積分の定義により

$$\int_S f d\mu = \lim_{n\to\infty} \int_S g_n d\mu$$

が成り立つ．ところが

$$\int_S g_n d\mu \leq \int_S f_n d\mu \leq \int_S f d\mu$$

であるから，ここで $n \to \infty$ とすれば

$$\lim_{n\to\infty} \int_S f_n d\mu = \int_S f d\mu$$

を得る．よって，証明が完結する．

次に定理 1.2.49 の証明を与えよう．そのために，補題を準備する．

補題 1.2.50 (Fatou, ファトゥーの補題) $M^+(\Sigma)$ の関数列 $\{f_n\}_{n\geq 1}$ について，次の不等式が成り立つ．

$$\int_S \left(\liminf_{n\to\infty} f_n\right) d\mu \leq \liminf_{n\to\infty} \int_S f_n d\mu$$

証明 各 j について，$M^+(\Sigma)$ に属する関数 g_j を

$$g_j(s) = \inf_{n\geq j} f_n(s)$$

で定義する．そのとき

$$g_1 \leq g_2 \leq \ldots \leq g_n \uparrow \liminf_{n\to\infty} f_n$$

であるから，定理 1.2.48 を用いれば

$$\int_S \left(\liminf_{n\to\infty} f_n\right) d\mu = \lim_{n\to\infty} \int_S g_n d\mu$$

が成り立つ．ところが，各 n について g_n の定義より

$$g_n \leq f_n$$

であるから

$$\lim_{n\to\infty}\int_S g_n d\mu = \liminf_{n\to\infty}\int_S g_n d\mu \leq \liminf_{n\to\infty}\int_S f_n d\mu$$

が得られる．したがって

$$\int_S \left(\liminf_{n\to\infty} f_n\right) d\mu \leq \liminf_{n\to\infty}\int_S f_n d\mu$$

が得られる．

定理 1.2.49 の証明 仮定から, $\phi \in L_1(S, \Sigma, \mu)$ で

$$|f_n(s)| \leq \phi(s) \ (\forall s \in S, \ \forall n)$$

を満たすものが存在する．今，このような ϕ の状態として，二段階に分ける．

(i) ϕ が実数値の場合．そのとき

$$-\phi(s) \leq f_n(s) \leq \phi(s) \ (\forall s \in S, \ \forall n)$$

であるから

$$\phi + f_n \geq 0, \ \phi - f_n \geq 0 \ (\forall n)$$

である．したがって，ファトゥーの補題と定理 1.2.47 (7) より

$$\begin{aligned}\int_S \liminf_{n\to\infty}(\phi+f_n)d\mu &\leq \liminf_{n\to\infty}\int_S(\phi+f_n)d\mu \\ &= \liminf_{n\to\infty}\left(\int_S \phi d\mu + \int_S f_n d\mu\right) \\ &= \int_S \phi d\mu + \liminf_{n\to\infty}\int_S f_n d\mu\end{aligned}$$

となる．ところが，この第一式は，定理 1.2.47 (7) を用いれば

$$\int_S \liminf_{n\to\infty}(\phi+f_n)d\mu = \int_S (\phi+f)d\mu = \int_S \phi d\mu + \int_S f d\mu$$

であるから，$\int_S \phi d\mu \ (\in \mathbf{R})$ を差し引くことで

$$\int_S f d\mu \leq \liminf_{n\to\infty}\int_S f_n d\mu$$

を得る．同様にして

$$\int_S \liminf_{n\to\infty}(\phi-f_n)d\mu \leq \liminf_{n\to\infty}\int_S (\phi-f_n)d\mu$$
$$= \liminf_{n\to\infty}\left(\int_S \phi d\mu - \int_S f_n d\mu\right)$$
$$= \int_S \phi d\mu - \limsup_{n\to\infty}\int_S f_n d\mu$$

となる．ところが，この第一式は，前と同様に

$$\int_S \liminf_{n\to\infty}(\phi-f_n)d\mu = \int_S (\phi-f)d\mu = \int_S \phi d\mu - \int_S f d\mu$$

であるから，結局

$$\limsup_{n\to\infty}\int_S f_n d\mu \leq \int_S f d\mu$$

を得る．したがって

$$\limsup_{n\to\infty}\int_S f_n d\mu \leq \int_S f d\mu \leq \liminf_{n\to\infty}\int_S f_n d\mu$$

が得られるから

$$\lim_{n\to\infty}\int_S f_n d\mu = \int_S f d\mu$$

が示され，要求された結果である．

(ii) ϕ が一般のとき．$\phi \in L_1(S,\Sigma,\mu)$ であるから，定理 1.2.47 (4) を用いれば，或る集合 N ($N \in \Sigma$, $\mu(N)=0$) が存在して，ー $s \notin N$ ならば，$\phi(s) \in \mathbf{R}$ が成り立つ．よって

$$\psi(s) = \phi(s)\chi_{N^c}(s),\ F_n(s) = f_n(s)\chi_{N^c}(s),\ F(s) = f(s)\chi_{N^c}(s)$$

を考えれば，ψ は実数値関数で

$$|F_n(s)| \leq \psi(s)\ (\forall s \in S, \forall n)$$

$$F_n = f_n\ (\mu\text{-a.e.}),\ F = f\ (\mu\text{-a.e.}),\ \lim_{n\to\infty}F_n(s) = F(s)\ (\forall s \in S)$$

であるから，(i) の場合を利用すれば

$$\lim_{n\to\infty}\int_S F_n d\mu = \int_S F d\mu$$

が得られる．ところが，$F_n - f_n = 0$ (μ-a.e.) であるから

$$\int_S (F_n - f_n)d\mu = 0\ (\text{定理 1.2.47(1) の利用})$$

を得る. ところが, 定理 1.2.47 (7) の利用で

$$\int_S (F_n - f_n) d\mu = \int_S F_n d\mu - \int_S f_n d\mu$$

であるから

$$\int_S F_n d\mu = \int_S f_n d\mu$$

である. 同様にして

$$\int_S F d\mu = \int_S f d\mu$$

である. したがって

$$\lim_{n \to \infty} \int_S f_n d\mu = \int_S f d\mu$$

が成り立つ. すなわち, 全ての証明が完結する.

注意 19 1. 定理 1.2.49 の証明 (ii) で用いたように, 積分に関する次の事実は, 重要である. 積分の計算においては, 良く用いられる.

$f, g \in L_1(S, \Sigma, \mu),\ f(s) = g(s)\ (\mu\text{-a.e.}) \Rightarrow$

$$\int_S f d\mu = \int_S g d\mu$$

すなわち, 積分値は, μ-測度 0 の影響を無視できる (定理 1.2.47 (1) でも指摘) ことを示している.

2. 優越収束定理 (定理 1.2.49) は, 次の少し弱い形でも成り立つ. すなわち, 関数列が, 殆ど至る所の点 (全ての点ではなく) で各点収束している場合である.

$\phi \in L_1(S, \Sigma, \mu),\ \{f_n\}_{n \geq 1} \subset M(\Sigma),\ |f_n(s)| \leq \phi(s)\ (\forall s \in S, \forall n)$, $f_n(s) \to f(s)\ (\mu\text{-a.e.})$ であるとき

$$\lim_{n \to \infty} \int_S f_n d\mu = \int_S f d\mu$$

が成り立つ. この証明は, 当然, 定理 1.2.48 の証明に帰着させることになる. そのために, 或る集合 N ($N \in \Sigma,\ \mu(N) = 0$) について, $n \to \infty$ のとき

$$f_n(s) \to f(s)\ (s \notin N)$$

とする. そして

$$g_n(s) = f_n(s) \chi_{N^c}(s),\ g(s) = f(s) \chi_{N^c}(s)$$

と定義する.そのとき,明らかに $|g_n| \leq \phi$ $(\forall n)$, $g_n(s) \to g(s)$ $(\forall s \in S)$ であるから,定理 1.2.49 から

$$\lim_{n\to\infty} \int_S g_n d\mu = \int_S g d\mu$$

である.ここで,$g_n = f_n$, $g = f$ (μ-a.e.) であるから,前項 1. で述べたことを用いれば

$$\int_S g_n d\mu = \int_S f_n d\mu, \quad \int_S g d\mu = \int_S f d\mu$$

である.したがって,要求された結果が生じる.

定理 1.2.48,定理 1.2.49 の系として得られる項別積分の結果 (それは,実際の積分値の計算上において有効,例えば,関数を巾級数展開した後,各多項式を項別積分して,その関数の積分値を求めるという手順を与える) を述べる.先ず,単調収束定理の項別積分版として

系 1.2.51 (非負関数の場合の項別積分)　(S, Σ, μ) を測度空間とする.$M^+(\Sigma)$ の関数列 $\{f_n\}_{n \geq 1}$ が与えられたとき

$$\int_S \left(\sum_{n=1}^{\infty} f_n\right) d\mu = \sum_{n=1}^{\infty} \int_S f_n d\mu$$

が成り立つ.

証明　単調収束定理を利用する.そのために,各 n について

$$g_n = \sum_{i=1}^n f_i$$

として,非負 Σ-可測関数 g_n を定義する.この関数列 $\{g_n\}_{n \geq 1}$ は,単調増加列で

$$g_1 \leq \cdots \leq g_n \uparrow \sum_{n=1}^{\infty} f_n$$

であるから,単調収束定理により

$$\lim_{n\to\infty} \int_S g_n d\mu = \int_S \left(\sum_{n=1}^{\infty} f_n\right) d\mu$$

すなわち

$$\sum_{n=1}^{\infty} \int_S f_n d\mu = \int_S \left(\sum_{n=1}^{\infty} f_n\right) d\mu$$

が成り立つ.

次に, 優越収束定理の項別積分版として

系 1.2.52 (符号一定でない関数の場合の項別積分) (S, Σ, μ) を測度空間とする. $M(\Sigma)$ の関数列 $\{f_n\}_{n \geq 1}$ で
$$\sum_{n=1}^{\infty} \int_S |f_n| d\mu < +\infty$$
を満たすものが与えられたとき
$$\sum_{n=1}^{\infty} f_n(s)$$
は殆ど至る所収束し
$$\int_S \left(\sum_{n=1}^{\infty} f_n \right) d\mu = \sum_{n=1}^{\infty} \int_S f_n d\mu$$
が成り立つ. ただし
$$\sum_{n=1}^{\infty} f_n(s)$$
は, 収束しない点 s では, (例えば) 0 と定義しておく.

証明 非負 Σ-可測関数 ϕ を
$$\phi(s) = \sum_{n=1}^{\infty} |f_n(s)| \ (\geq 0, \ \forall s \in S)$$
で定義する. そのとき, 系 1.2.51 を用いて
$$\int_S \phi d\mu = \sum_{n=1}^{\infty} \int_S |f_n| d\mu < +\infty$$
であるから, $\phi \in L_1(S, \Sigma, \mu)$ であり, 或る集合 N ($N \in \Sigma$, $\mu(N) = 0$) をとれば $\phi(s) < +\infty \ (s \notin N)$ である (定理 1.2.47 (4) 参照). すなわち
$$s \notin N \Rightarrow \sum_{n=1}^{\infty} |f_n(s)| < +\infty$$
であるから, このような点 s で
$$\sum_{n-1}^{\infty} f_n(s)$$

は絶対収束している. よって $s \notin N$ を満たす s について

$$\sum_{n=1}^{\infty} f_n(s)$$

が存在するから, ϕ_m を

$$\phi_m(s) = \sum_{i=1}^{m} f_i(s) \ (s \in S)$$

として定義すれば

$$|\phi_m(s)| \leq \sum_{i=1}^{m} |f_i(s)| \leq \phi(s) \ (\forall s \in S, \forall m)$$

であり, $m \to \infty$ のとき

$$\phi_m(s) \to \sum_{n=1}^{\infty} f_n(s) \ (\mu\text{-a.e.})$$

である. したがって, 注意 19 の 2. で述べたことから

$$\lim_{m \to \infty} \int_S \phi_m d\mu = \int_S \left(\sum_{n=1}^{\infty} f_n \right) d\mu$$

すなわち

$$\sum_{n=1}^{\infty} \int_S f_n d\mu = \int_S \left(\sum_{n=1}^{\infty} f_n \right) d\mu$$

を得る.

これまでに紹介されてきたルベーグ積分は, 或る意味, 一般的, 抽象的に定義されてきたものなので (ただし, 少しは具体的意味合いにも触れたが), 積分概念として少し違和感を持つかもしれない. そのため, このルベーグ積分に少しは親しみを持つために, 従来学習してきた色々な概念との関係を (いくつかの例示により) 垣間みよう. 少しは親近感が持てるかもしれない.

例 1.2.53 (I) ルベーグ積分と無限級数

$\mathbf{N}$ を自然数全体の作る集合とし, $\mathcal{P}(\mathbf{N})$ をその冪集合とする. そのとき, 次のように定義される集合関数 μ は, 個数測度と呼ばれ, 測度となる.

$$\mu(A) = \begin{cases} A \text{ の元の個数} & (A \text{ が有限集合のとき}) \\ +\infty & (A \text{ が無限集合のとき}) \end{cases}$$

そして, 測度空間 $(\mathbf{N}, \mathcal{P}(\mathbf{N}), \mu)$ を考える.

(1) $f : \mathbf{N} \to \mathbf{R}^+$ について, f は $\mathcal{P}(\mathbf{N})$-可測である. そのとき

$$\int_{\mathbf{N}} f(n) d\mu(n) = \sum_{n=1}^{\infty} f(n)$$

が成り立つ.

(2) $f : \mathbf{N} \to \mathbf{R}$ について

(a) $\{f(n)\}_{n \geq 1}$ が絶対収束する, すなわち

$$\sum_{n=1}^{\infty} |f(n)| < +\infty$$

であるための必要十分条件は

$$f \in L_1(\mathbf{N}, \mathcal{P}(\mathbf{N}), \mu)$$

である.

(b) (a) のとき

$$\sum_{n=1}^{\infty} f(n) = \int_{\mathbf{N}} f(n) d\mu(n)$$

が成り立つ.

(3) 以上の結果から, 正項級数や, 絶対収束級数が, その収束性や, 極限値において, 和の順序により影響されないことが分かる (これら (1), (2), (3) を各自で確かめること).

(このように, 無限級数の理論は, ルベーグ積分の理論の一範疇としてとらえられる)

(II) ルベーグ積分とリーマン積分

簡単のために, $\mathbf{R}$ で紹介する. $[a,b] \subset \mathbf{R}$, $f : [a,b] \to \mathbf{R}$, 有界関数 (すなわち, $[a,b]$ 上で, $|f(t)| \leq M$) が与えられている. そして, 測度空間としては, $([a,b], \Lambda_{[a,b]}, \lambda)$ をとる (ここで, $\Lambda_{[a,b]} = \{E \in \Lambda \,:\, E \subset [a,b]\}$). このとき

定理 1.2.54 f がリーマン積分可能ならば, ルベーグ積分可能 (すなわち, $f \in L_1([a,b], \Lambda_{[a,b]}, \lambda)$) であり

$$\int_a^b f(t) dt = \int_{[a,b]} f(t) d\lambda(t)$$

が成り立つ. ここで, 左辺はリーマン積分, 右辺はルベーグ積分を表す.

この定理は,「有限区間上の積分については, ルベーグ積分は, リーマン積分の一般化である」ことを示している.

証明 各 n について, Δ_n を, $[a,b]$ の 2^n 等分分割とする. すなわち
$$\Delta_n : t_0^{(n)} = a < t_1^{(n)} < \ldots < t_{2^n}^{(n)} = b$$
そのとき, この分割は n が増える毎に, 細分となっている. すなわち
$$\Delta_1 \subset \Delta_2 \subset \cdots \subset \Delta_n \subset \cdots$$
である. この分割列に関係して, $[a,b]$ 上で定義された有界関数の列 $\{\phi_n\}_{n\geq 1}$, $\{\psi_n\}_{n\geq 1}$ を, 次のように定義する.

$$\phi_n(a) = f(a),\ \phi_n(t) = \inf_{s \in (t_{i-1}^{(n)}, t_i^{(n)}]} f(s)\ (= m_i\ \text{と記す})\ (t \in (t_{i-1}^{(n)}, t_i^{(n)}])$$

$$\psi_n(a) = f(a),\ \psi_n(t) = \sup_{s \in (t_{i-1}^{(n)}, t_i^{(n)}]} f(s)\ (= M_i\ \text{と記す})\ (t \in (t_{i-1}^{(n)}, t_i^{(n)}])$$

すなわち, $J_i^{(n)} = (t_{i-1}^{(n)}, t_i^{(n)}]$ $(i = 1, 2, \ldots, 2^n,\ n = 1, 2, \ldots)$ とすれば, $t \in [a, b]$ について

$$\phi_n(t) = f(a)\chi_{\{a\}}(t) + \sum_{i=1}^{2^n} m_i \cdot \chi_{J_i^{(n)}}(t)$$

および

$$\psi_n(t) = f(a)\chi_{\{a\}}(t) + \sum_{i=1}^{2^n} M_i \cdot \chi_{J_i^{(n)}}(t)$$

である. そのとき
$$-M \leq \phi_n(t) \leq f(t) \leq \psi_n(t) \leq M\ (\forall t \in [a, b], \forall n)$$
である. また
$$\int_{[a,b]} \phi_n(t) d\lambda(t) = \sum_{i=1}^{2^n} m_i \lambda(J_i^{(n)}) + f(a)\lambda(\{a\}) = \frac{b-a}{2^n} \sum_{i=1}^{2^n} m_i$$
であり, 同様に
$$\int_{[a,b]} \psi_n(t) d\lambda(t) = \frac{b-a}{2^n} \sum_{i=1}^{2^n} M_i$$
である. 一方, Δ_n に関する二つのダルブー和 $S(\Delta_n)$, $s(\Delta_n)$ は
$$S(\Delta_n) = \frac{b-a}{2^n} \sum_{i=1}^{2^n} \left(\sup_{s \in [t_{i-1}^{(n)}, t_i^{(n)}]} f(s) \right)$$

および
$$s(\Delta_n) = \frac{b-a}{2^n} \sum_{i=1}^{2^n} \left(\inf_{s \in [t_{i-1}^{(n)}, t_i^{(n)}]} f(s) \right)$$

である．したがって．任意の n について

$$s(\Delta_n) \leq \int_{[a,b]} \phi_n(t) d\lambda(t) \leq \int_{[a,b]} \psi_n(t) d\lambda(t) \leq S(\Delta_n) \cdots (*)$$

が成り立つ．それは，各 i について

$$\inf_{s \in [t_{i-1}^{(n)}, t_i^{(n)}]} f(s) \leq m_i, \quad \sup_{s \in [t_{i-1}^{(n)}, t_i^{(n)}]} f(s) \geq M_i$$

であることから分かる．また，$\Delta_1 \subset \cdots \subset \Delta_n \subset \cdots$ であるから

$$\phi_n(t) \uparrow, \ \psi_n(t) \downarrow \ (各 \ t \ 毎に)$$

が分かるので，次の二つの極限値：

$$\lim_{n \to \infty} \phi_n(t) \ (各 \ t \in [a,b]), \ \lim_{n \to \infty} \psi_n(t) \ (各 \ t \in [a,b])$$

の存在 (有限極限値である) が分かる．したがって，$\phi, \psi : [a,b] \to \mathbf{R}$ を

$$\phi(t) = \lim_{n \to \infty} \phi_n(t) \ (t \in [a,b]), \ \psi(t) = \lim_{n \to \infty} \psi_n(t) \ (t \in [a,b])$$

と定義すれば，ϕ, ψ は $\Lambda_{[a,b]}$-可測関数で，しかも

$$-M \leq \phi(t) \leq f(t) \leq \psi(t) \leq M \ (t \in [a,b])$$

を満たす．したがって

$$\phi, \psi \in L_1([a,b], \Lambda_{[a,b]}, \lambda)$$

である．さらに，f がリーマン積分可能であるから，リーマン積分可能関数の性質を用いて

$$s(\Delta_n) \to \int_a^b f(t) dt, \ S(\Delta_n) \to \int_a^b f(t) dt \ (n \to \infty)$$

を得る．また，優越収束定理 (定理 1.2.49) から $n \to \infty$ として

$$\int_{[a,b]} \phi_n(t) d\lambda(t) \to \int_{[a,b]} \phi(t) d\lambda(t), \ \int_{[a,b]} \psi_n(t) d\lambda(t) \to \int_{[a,b]} \psi(t) d\lambda(t)$$

である．したがって，$(*)$ で，$n \to \infty$ とすれば

$$\int_{[a,b]} \phi(t) d\lambda(t) = \int_{[a,b]} \psi(t) d\lambda(t) = \int_a^b f(t) dt$$

を得る. すなわち
$$\int_{[a,b]} (\psi(t) - \phi(t))d\lambda(t) = 0$$
である. ところが, $\psi(t) - \phi(t) \geq 0 \ (\forall t \in [a,b])$ であるから, 定理 1.2.47 (3) を利用すれば
$$\psi - \phi = 0 \ (\lambda\text{-a.e.})$$
である. したがって
$$\phi = f = \psi \ (\lambda\text{-a.e.})$$
を得る. よって, 定理 1.2.47 (5) から
$$f \in L_1([a,b], \Lambda_{[a,b]}, \lambda)$$
および
$$\int_a^b f(t)dt = \int_{[a,b]} \phi(t)d\lambda(t) = \int_{[a,b]} f(t)d\lambda(t)$$
を得て, 証明が完結する.

注意 20 この結果から, リーマン積分をルベーグ積分として解釈することで, ルベーグ積分の定理, 例えば「収束定理」が利用可能となる. 具体的な計算手順で述べれば, 積分式の変形段階では, ルベーグとして解釈して収束定理等を利用し, 数値を求める最終段階では, リーマンとしてみて, (原始関数の利用で) 積分値を求めることが, 有効な手順といえよう.

(III) ルベーグ積分とコーシーの広義積分

$I = [a, \infty)$, $f : [a, \infty) \to \mathbf{R}$, 連続関数の場合に限定して, コーシーの広義積分がルベーグ積分として解釈できる場合をみてみよう. 測度空間は $([a, \infty), \Lambda_{[a,\infty)}, \lambda)$ をとる. ただし, $\Lambda_{[a,\infty)} = \{E \in \Lambda \ : \ E \subset [a, \infty)\}$ である. このとき, 次の二つの場合は, 広義積分はルベーグ積分としての解釈が可能である.

(1) $f : [a, \infty) \to \mathbf{R}^+$ のとき. すなわち, 非負関数 f の場合は, f の $[a, \infty)$ 上でのルベーグ積分は意味を持ち
$$\int_a^\infty f(t)dt = \int_{[a,\infty)} f(t)d\lambda(t)$$
が成り立つ.

(2) $f : [a, \infty) \to \mathbf{R}$ のとき. すなわち, 一般符号関数 f の場合は
$$\int_a^\infty |f(t)|dt < +\infty$$

が満たされるならば, f は $[a, \infty)$ 上でルベーグ積分可能であり

$$\int_a^\infty f(t)dt = \int_{[a,\infty)} f(t)d\lambda(t)$$

が成り立つ.

これらの証明は, 以下のように与えられる. (1) の場合. $+\infty$ に発散する単調増加数列を $\{b_n\}_{n\geq 1}$ (ただし, 任意の n について, $b_n > a$ を満たす) とする. そして, 各 n について

$$f_n(t) = f(t)\chi_{[a,b_n]}(t)$$

と定義すれば, 各 f_n は, $[a, \infty)$ 上の非負ルベーグ可測 (すなわち, $\Lambda_{[a,\infty)}$-可測) 関数であり

$$f_1(t) \leq f_2(t) \leq \ldots \leq f_n(t) \uparrow f(t) \ (t \in [a, \infty))$$

である. したがって, 単調収束定理から

$$\int_{[a,\infty)} f(t)d\lambda(t) = \lim_{n\to\infty} \int_{[a,\infty)} f_n(t)d\lambda(t)$$

である. ところが, 任意の n で

$$\int_{[a,\infty)} f_n(t)d\lambda(t) = \int_{[a,b_n]} f(t)d\lambda(t) = \int_a^{b_n} f(t)dt$$

である (一つ目の等号は, ルベーグ積分の定義による. 二つ目の等号は, (II) ルベーグ積分とリーマン積分の項で述べた, 有限区間におけるリーマン積分とルベーグ積分の関係による) から

$$\int_a^\infty f(t)dt = \int_{[a,\infty)} f(t)d\lambda(t)$$

が得られる. 次に, (2) の場合について. (1) の場合から

$$\int_{[a,\infty)} |f(t)|d\lambda(t) = \int_a^\infty |f(t)|dt < +\infty$$

であるから, 前半は示された. さらに, 非負の場合から

$$\int_{[a,\infty)} f^+(t)d\lambda(t) = \int_a^\infty f^+(t)dt$$

および

$$\int_{[a,\infty)} f^-(t)d\lambda(t) = \int_a^\infty f^-(t)dt$$

であるから

$$\int_{[a,\infty)} f(t)d\lambda(t) = \int_{[a,\infty)} f^+(t)d\lambda(t) - \int_{[a,\infty)} f^-(t)d\lambda(t)$$
$$= \int_a^\infty f^+(t)dt - \int_a^\infty f^-(t)dt$$
$$= \int_a^\infty f(t)dt$$

が得られる.

しかし, コーシーの広義積分 (すなわち, リーマン積分) は, どんな場合でも, **ルベーグ積分として解釈できる訳ではない** ことを注意したい. その端的な例として, 次を挙げよう. すなわち

$$\int_{[a,\infty)} |f(t)|d\lambda(t) = +\infty \ (\Leftrightarrow f \notin L_1([a,\infty),\Lambda_{[a,\infty)},\lambda))$$

であるのに

$$\int_a^\infty f(t)dt$$

が (コーシーの広義積分の意味で) 存在する例である. それは

$$f(t) = \frac{\sin t}{t} \ (t \in [0,\infty))$$

(ただし, $f(0) = 1$ と定義) について

(a) コーシーの広義積分: $\int_0^\infty f(t)dt$ が存在し,

(b) $\int_{[0,\infty)} |f(t)|d\lambda(t) = +\infty$

であることが示される. なお, これらの内容については章末問題 31 番で扱うことにする.

すなわち, ルベーグ積分では f の積分を相手にするというより, $|f|$ (すなわち, f^+ および f^-) という非負関数の積分を先ず問題視し, その後で f の積分を問題にするという手順を踏むのに対して, リーマン積分では, 最初から f そのものの積分を問題視しているために, f が正, 負をとる関数の場合には, 積分を考える総和の中で相殺が起こり, 積分が可能となり得るのである. それは, 無限級数: $\sum_{n=1}^\infty a_n$ において, 正, 負の項を持つ場合, 級数そのものは (総和において, 都合のよい相殺減少が起こり) 収束するが, $\sum_{n=1}^\infty |a_n|$ は発散する (すなわち, 絶対収束しない) ことと本質的に同じことである ((I) ルベーグ積分と無限級数の項を参照). このようにル

ベーグ積分は, 総和において, 関数値の相殺現象という視点が欠落した積分という意味において弱点がある積分ではあるが, 絶対値関数において収束しているという強い条件を持つ積分ということで, (既に見てきたように) リーマン積分では得られない様々な利点を持つ積分となっている.

(IV) 微分と積分の順序交換 (ルベーグ積分の立場から)

定理 1.2.55 (微分と積分の順序交換定理) (S, Σ, μ) を測度空間とし, $(a, b) \subset \mathbf{R}$ とする. そのとき, $f : (a, b) \times S \to \mathbf{R}$ が次の条件を満たすとする.

(1) $t \in (a, b)$ を固定するごとに, $f(t, s)$ は $s \ (\in S)$ の関数として, μ-可測である.

(2) $s \in S$ を固定する毎に, $f(t, s)$ は $t \ (\in (a, b))$ の関数として, 微分可能である.

(3) 或る μ-積分可能関数 ϕ が存在して

$$|f_t(t, s)| \leq \phi(s) \ (\forall (t, s) \in (a, b) \times S)$$

が成り立つ.

そのとき, 各 $t \in (a, b)$ について

$$F(t) = \int_S f(t, s) d\mu(s)$$

と定義された関数 $F : (a, b) \to \mathbf{R}$ は, (a, b) 上で微分可能で

$$F'(t) = \left(\frac{d}{dt} F(t) = \int_S \frac{\partial}{\partial t} f(t, s) dt \right) = \int_S f_t(t, s) d\mu(t)$$

が成り立つ.

証明 $t \in (a, b)$ をとれ. そして, 任意の零列 $\{h_n\}_{n \geq 1}$ をとれ. そのとき

$$\lim_{n \to \infty} \frac{F(t + h_n) - F(t)}{h_n} = \int_S f_t(t, s) d\mu(x)$$

を示せば良い. さて

$$F(t + h_n) - F(t) = \int_S (f(t + h_n, s) - f(t, s)) d\mu(s)$$

である. 平均値の定理から, 各 n について

$$f(t + h_n, s) - f(t, s) = h_n f_t(t + t_n h_n, s)$$

を満たす $t_n \in (0,1)$ が存在する．したがって

$$\frac{F(t+h_n)-F(t)}{h_n} = \int_S f_t(t+t_n h_n, s) d\mu(s)$$

である．しかも，$\phi \in L_1(S, \Sigma, \mu)$ で

$$|f_t(t+t_n h_n, s)| \leq \phi(s)$$

および，$n \to \infty$ のとき

$$f_t(t+t_n h_n, s) = \frac{f(t+h_n, s) - f(t,s)}{h_n} \to f_t(t,s) \ (\forall s \in S)$$

であるから，優越収束定理を用いれば

$$\int_S f_t(t+t_n h_n, s) d\mu(s) \to \int_S f_t(t,s) d\mu(s) \ (n \to \infty)$$

である．すなわち

$$F^{'}(t) = \int_S f_t(t,s) d\mu(s)$$

を得る．

1.3 有限加法的実測度, (可算加法的) 実測度

ここでは，全体集合 S の部分集合から構成された algebra $\mathcal{A}$ 上で定義された実数値有限加法的測度 (finitely additive measure, 以後，有限加法的実測度と表記) の集合の (線形構造のみではなく) **束性** に先ず注目する．そして，有限加法的実測度 μ が，(可算加法的) 実測度 (signed measure) と**純粋有限加法的実測度** (purely finitely additive measure) の和として得られることを保証した Yoshida-Hewitt (吉田・ヒューイット) の分解定理を紹介することを主題としたい．また，l_∞ の共役空間や，σ-algebra 上で定義された (可算加法的) 実測度に関する Hahn (ハーン) 分解，Lebesgue (ルベーグ) 分解にも，束性を重視した形での論理展開により言及する．なお，章末問題として，$L_\infty(S, \Sigma, \mu)$ の共役空間についても触れる．

そのために，有界な有限加法的実測度に関する基本的結果 (このような有限加法的実測度全体の作る集合の束性等に関する結果) および，用語の定義を先ず与える．

定義 1.3.1 $\mathcal{A}$ を algebra とする．$\mu : \mathcal{A} \to \mathbf{R}$ が次を満たすとき，μ を $\mathcal{A}$ 上の **有限加法的実測度** という．

(1) $\mu(\emptyset) = 0$

(2) $A, B \in \mathcal{A}, A \cap B = \emptyset$ について
$$\mu(A \cup B) = \mu(A) + \mu(B)$$
が成り立つ．

特に，実測度 μ の地域 $\mu(\mathcal{A})$ が，非負実数値，すなわち
$$\mu(\mathcal{A}) \subset [0, +\infty) \ (= \mathbf{R}^+ \text{とも表記})$$
を満たすとき，μ は**有限加法的測度**であるという．

定義 1.3.2 有限加法的実測度 $\mu : \mathcal{A} \to \mathbf{R}$ が **有界** であるとは
$$\{\mu(A) \ : \ A \in \mathcal{A}\} \text{ が } \mathbf{R} \text{ の有界集合}$$
$$(\text{すなわち}, \sup\{|\mu(A)| \ : \ A \in \mathcal{A}\} < +\infty)$$
であることをいう．ここで，定義 1.3.1 の条件 (1), (2) は，有界性を保証しないこと，すなわち，次を注意しよう．

例 1.3.3 (必ずしも有界とはならない有限加法的実測度の例) $S = \mathbf{N}$ (自然数全体の集合), $\mathcal{A} = \{A \subset \mathbf{N} \ : \ A \text{ あるいは } A^c \text{ が有限集合}\}$ とするとき，$\mathcal{A}$ は algebra であることは
$$\mathcal{R} = \{A \subset \mathbf{N} \ : \ A \text{ は有限集合}\}$$
が ring であることと，章末問題 4 番から分かる．そのとき，$\mu : \mathcal{A} \to \mathbf{R}$ を次で定義する．
$$\mu(A) = \sum_{i \in A} \frac{(-1)^i}{i} \ (A \in \mathcal{A})$$
(級数：$\sum_{i=1}^{\infty} (-1)^i/i$ の収束性から，$\mu(A) \in \mathbf{R}, \forall A \in \mathcal{A}$，が得られることを注意せよ) このとき，$\mu$ の有限加法性は容易に得られるが，級数 $\sum_{i=1}^{\infty} (-1)^i/i$ の非絶対収束性から，μ の非有界性が生じる．例えば，$A_m = \{2i \ : \ i = 1, \cdots, m\} \in \mathcal{A}$ とすれば
$$\sup\{|\mu(A_m)| \ : \ m \geq 1\} = \sum_{m=1}^{\infty} \frac{1}{2m} = +\infty$$
となるからである．

この例から分かるように，条件収束級数 $\sum_{i=1}^{\infty} a_i$ を一つ与えれば，それに対して，上述と同様に以下のよう定義される $\nu : \mathcal{A} \to \mathbf{R}$
$$\nu(A) = \sum_{i \in A} a_i \ (A \in \mathcal{A})$$

について, ν は, 非有界な有限加法的実測度であることが分かる. 各自で確かめること.

ただし, **1.3 節** では, 「有限加法的実測度は有界性が仮定されている」ものとし, 特に, (有界性を) 断らないことにする. そして, $\mathcal{A}$ 上で定義された有限加法的実測度の全体からなる集合を $\mathcal{M}_b$ と表し, 有限加法的測度の全体からなる集合を $(\mathcal{M}_b)^+$ で表すことにする. 明らかに, $\mathcal{M}_b$ は, 和: $\mu + \nu$ と実数倍: $c\mu$ $(c \in \mathbf{R})$ を

$$(\mu + \nu)(A) = \mu(A) + \nu(A) \ (A \in \mathcal{A}), \ (c\mu)(A) = c\mu(A) \ (A \in \mathcal{A})$$

で定義することで, 実数体上の線形空間となる. 以後は, 表記: $\mathcal{M}_b$ で, この線形空間を表すものとする. また, 有限加法的実測度の内, 特に, 次の性質で定義される可算加法的実測度と呼ばれるものにも注目する (このようなものについては, 次節で詳細が展開される).

定義 1.3.4 (可算加法的実測度) 有限加法的実測度 $\mu : \mathcal{A} \to \mathbf{R}$ が次の性質 $(*)$ を持つとき, μ は **可算加法的実測度** (以後, 短縮化して, **実測度**) という.

$(*)$ 互いに素な集合の列 $\{A_n\}_{n \geq 1} \subset \mathcal{A}$ で, $\bigcup_{n=1}^{\infty} A_n \in \mathcal{A}$ を満たす任意の $\{A_n\}_{n \geq 1}$ について

$$\mu(\bigcup_{n=1}^{\infty} A_n) = \sum_{n=1}^{\infty} \mu(A_n)$$

が成り立つ.

注意 1 有限加法的実測度 μ の algebra $\mathcal{A}$ 上での可算加法性は, 次の性質 $(**)$ と同値になることが容易に分かる. 各自で確かめること (したがって, 実際上, algebra 上での可算加法性を確認する際に, この性質が示されることが多く, 有効な事実である).

$(**)$ 集合列 $\{A\}_{n \geq 1} \subset \mathcal{A}$ で

$$A_1 \supset A_2 \supset \cdots \supset A_n \supset \cdots, \ \bigcap_{n=1}^{\infty} A_n = \emptyset$$

を満たす任意の $\{A_n\}_{n \geq 1}$ について

$$\lim_{n \to \infty} \mu(A_n) = 0$$

が成り立つ.

また, **有限加法的** であっても, 可算加法性が必ず生じるとは限らない (すなわち, 有限加法的測度ではあるが, 可算加法的測度ではない測度の存在する) ことは, 次の例から分かる. したがって, これら二つの加法性の区別は必要である.

例 1.3.5 $\mathbf{N}$ において, 次の部分集合族 $\mathcal{F}$ を考える.

$$\mathcal{F} = \{A \subset \mathbf{N} \ : \ A^c \text{ は有限集合}\}$$

そのとき, $\mathcal{F}$ はフィルター基底となるから, $\mathbf{N}$ の極大フィルター $\mathcal{U}$ で, $\mathcal{F} \subset \mathcal{U}$ を満たすものが存在する. そのとき, $\mu_{\mathcal{U}} : \mathcal{P}(\mathbf{N}) \to \mathbf{R}^+$ を

$$\mu_{\mathcal{U}}(A) = 1 \ (A \in \mathcal{U}), \ \mu_{\mathcal{U}}(A) = 0 \ (A \notin \mathcal{U})$$

で定義する. そのとき, $\mu_{\mathcal{U}}$ は, $\mathcal{P}(\mathbf{N})$ 上で有限加法性を持つ. 実際, これを示すために, $A, B \subset \mathbf{N}$ で, $A \cap B = \emptyset$ を満たすものをとれ.

(i) $A \in \mathcal{U}$ のとき. $A \subset A \cup B$ であるから, フィルターの性質より $A \cup B \in \mathcal{U}$ である. また, $B \notin \mathcal{U}$ である. それは, $B \in \mathcal{U}$ ならば, フィルターの性質から, $\emptyset = A \cap B \in \mathcal{U}$ となり, 矛盾が生じるからである. したがって

$$\mu_{\mathcal{U}}(A \cup B) = 1 = \mu_{\mathcal{U}}(A) + \mu_{\mathcal{U}}(B)$$

が得られる.

(ii) $A \notin \mathcal{U}$ のとき. もし, $B \in \mathcal{U}$ ならば, (i) の場合と同様に

$$\mu_{\mathcal{U}}(A \cup B) = 1 = \mu_{\mathcal{U}}(A) + \mu_{\mathcal{U}}(B)$$

が得られる. また, もし, $B \notin \mathcal{U}$ ならば, $B^c \in \mathcal{U}$ となり, フィルターの性質により, $A^c \cap B^c \in \mathcal{U}$, すなわち

$$(A \cup B)^c \in \mathcal{U}, \text{ すなわち, } A \cup B \notin \mathcal{U}$$

となるので

$$\mu_{\mathcal{U}}(A \cup B) = 0 = \mu_{\mathcal{U}}(A) + \mu_{\mathcal{U}}(B)$$

が得られる. $\mu_{\mathcal{U}}(\emptyset) = 0$ は, $\emptyset \notin \mathcal{U}$ から明らかであるから, 以上で, 有限加法性が示された. 次に, 可算加法性を持たないことは, 次のように示される. $A_n = \{n\}$ (一個の元 n のみから成る集合) とすれば, 各 n について

$$A_n^c \in \mathcal{F} \subset \mathcal{U}$$

であるから, $A_n \notin \mathcal{U}$ が分かり, したがって

$$\sum_{n=1}^{\infty} \mu_{\mathcal{U}}(A_n) = 0$$

であるが, 一方, $\bigcup_{n=1}^{\infty} A_n = \mathbf{N} \in \mathcal{U}$ より
$$\mu_{\mathcal{U}}(\bigcup_{n=1}^{\infty} A_n) = 1$$
が得られるからである.

そのとき先ず, $\mathcal{M}_b$ の **束性** と呼ばれる性質に着目し調べよう. そのために, 次の概念を導入する.

定義 1.3.6 (有限個の有限加法的実測度の上限, 下限) $\mathcal{A}$ を algebra とし, 各 i $(i = 1, 2, \ldots, m)$ について $\mu_i : \mathcal{A} \to \mathbf{R}$ は有限加法的実測度とする. そのとき

(1) 二つの有限加法的実測度 μ, ν について, その大小 (すなわち, 順序) を次で導入する.
$$\mu \leq \nu \Leftrightarrow$$
$$\mu(A) \leq \nu(A) \ (\forall A \in \mathcal{A})$$

(2) $\inf(\mu_1, \mu_2, \ldots, \mu_m)$, $\sup(\mu_1, \mu_2, \ldots, \mu_m)$ を次のように定義する.
$$\nu = \inf(\mu_1, \mu_2, \ldots, \mu_m) \Leftrightarrow$$
ν は $\alpha \leq \mu_i$ $(i = 1, \ldots, m)$ を満たす $\mathcal{M}_b$ の元 α の内, 最大のもの
$$\gamma = \sup(\mu_1, \mu_2, \ldots, \mu_m) \Leftrightarrow$$
γ は $\beta \geq \mu_i$ $(i = 1, \ldots, m)$ を満たす $\mathcal{M}_b$ の元 β の内, 最小のものを表す.

ν, γ を各々, $\mu_1, \ldots, \mu_m$ の **下限**, **上限** という.

そのとき, 「$\mathcal{M}_b$ が **束** (lattice) をなす」ことを意味する, 次の結果が得られる.

命題 1.3.7 $\mu_1, \mu_2 \in \mathcal{M}_b$ について, $\sup(\mu_1, \mu_2) \in \mathcal{M}_b$, $\inf(\mu_1, \mu_2) \in \mathcal{M}_b$ である. すなわち, $\mathcal{M}_b$ は sup, inf をとる操作で閉じている (このような性質を持つ集合を, **束** という).

証明 同様であるから, $\sup(\mu_1, \mu_2) \in \mathcal{M}_b$ を注意する. そのために, $A \in \mathcal{A}$ について
$$\alpha(A) = \sup\{\mu_1(E) + \mu_2(A \setminus E) \ : \ E \subset A, \ E \in \mathcal{A}\}$$

により, $\alpha : \mathcal{A} \to \mathbf{R}$ を定義する. $\mu_1, \mu_2 \in \mathcal{M}_b$ であるから, 右辺の値を定義する集合の有界性が生じるので, α は定義される. この α が

(1) $\alpha \in \mathcal{M}_b$ を満たすこと,
(2) $\alpha \geq \mu_1, \mu_2$ を満たすこと,
(3) $\beta \geq \mu_1, \mu_2$ を満たす任意の $\beta \in \mathcal{M}_b$ について, $\beta \geq \alpha$ が成り立つこと,

の三点が示されれば, $\alpha = \sup(\mu_1, \mu_2)$ が得られ, 証明が完結する.

(1) について. α の有界性は, α の定義から

$$|\alpha(A)| \leq |\mu_1(E)| + |\mu_2(A \backslash E)| \leq M_1 + M_2$$

(ただし, $M_1 = \sup_{E \in \mathcal{A}} |\mu_1(E)|$, $M_2 = \sup_{E \in \mathcal{A}} |\mu_2(E)|$)

が成り立つので分かる. α の有限加法性を示すために

$$A = A_1 \cup A_2, \ A_1 \cap A_2 = \emptyset, \ A_1, A_2 \in \mathcal{A}$$

を与える. そのとき

$$\alpha(A) = \alpha(A_1) + \alpha(A_2)$$

を示そう. これも, α の定義から以下のようにして示される. 任意に正数 ε をとれ. そのとき

$$\mu_1(E_1) + \mu_2(A_1 \backslash E_1) > \alpha(A_1) - \frac{\varepsilon}{2}$$

および

$$\mu_1(E_2) + \mu_2(A_2 \backslash E_2) > \alpha(A_2) - \frac{\varepsilon}{2}$$

を満たす $E_i \subset A_i$, $E_i \in \mathcal{A}$ $(i = 1, 2)$ が存在する. したがって

$$\alpha(A_1) + \alpha(A_2) - \varepsilon < \mu_1(E_1) + \mu_1(E_2) + \mu_2(A_1 \backslash E_1) + \mu_2(A_2 \backslash E_2)$$

が成り立つ. ここで, $A_1 \cap A_2 = \emptyset, E_i \subset A_i$ $(i = 1, 2)$ であるから, μ_1, μ_2 の有限加法性を用いて

$$\mu_1(E_1) + \mu_1(E_2) = \mu_1(E_1 \cup E_2)$$

および

$$\mu_2(A_1 \backslash E_1) + \mu_2(A_2 \backslash E_2) = \mu_2((A_1 \cup A_2) \backslash (E_1 \cup E_2))$$

が得られる. したがって, これらの式から

$$\alpha(A_1) + \alpha(A_2) - \varepsilon < \mu_1(E_1 \cup E_2) + \mu_2((A_1 \cup A_2) \backslash (E_1 \cup E_2))$$

が得られる．ここで，$E_1 \cup E_2 \subset A_1 \cup A_2$, $E_1 \cup E_2 \in \mathcal{A}$ を用いれば

$$\mu_1(E_1 \cup E_2) + \mu_2((A_1 \cup A_2) \backslash (E_1 \cup E_2)) \leq \alpha(A_1 \cup A_2)$$

であるから，結局

$$\alpha(A_1) + \alpha(A_2) - \varepsilon < \alpha(A_1 \cup A_2)$$

となり，ε の任意性から

$$\alpha(A_1) + \alpha(A_2) \leq \alpha(A_1 \cup A_2)$$

が得られる．逆向きの不等式を次に示そう．任意に正数 ε を与える．そのとき，$E \subset A_1 \cup A_2 \ (= A)$, $E \in \mathcal{A}$ で

$$\alpha(A_1 \cup A_2) - \varepsilon < \mu_1(E) + \mu_2((A_1 \cup A_2) \backslash E)$$

を満たすものが存在する．$E_1 = A_1 \cap E$, $E_2 = A_2 \cap E$ とすれば

$$E = E_1 \cup E_2, \ E_i \subset A_i, \ E_i \in \mathcal{A} \ (i = 1, 2)$$

である．したがって

$$\mu_2((A_1 \cup A_2) \backslash E) = \mu_2((A_1 \backslash E_1) \cup (A_2 \backslash E_2)) = \mu_2(A_1 \backslash E_1) + \mu_2(A_2 \backslash E_2)$$

および

$$\mu_1(E) = \mu_1(E_1) + \mu_1(E_2)$$

が成り立つ．これらを用いれば

$$\alpha(A_1 \cup A_2) - \varepsilon < \mu_1(E_1) + \mu_2(A_1 \backslash E_1) + \mu_1(E_2) + \mu_2(A_2 \backslash E_2) \leq \alpha(A_1) + \alpha(A_2)$$

となり，ε の任意性から，要求された不等式が得られる．したがって，(1) が示された．

(2) について．α の定義式において，$E = A$ とすれば，$\alpha(A) \geq \mu_1(A)$ が得られる．また，$E = \emptyset$ とすれば，$\alpha(A) \geq \mu_2(A)$ が得られる．よって (2) が示された．

(3) について．任意の $\beta \in \mathcal{M}_b$ で，$\beta \geq \mu_1$, $\beta \geq \mu_2$ を満たすものをとれ．そのとき，任意の $E \subset A$, $E, A \in \mathcal{A}$ について

$$\beta(A) = \beta(E) + \beta(A \backslash E) \geq \mu_1(E) + \mu_2(A \backslash E)$$

が成り立つので，このような E で sup をとれば，$\beta(A) \geq \alpha(A)$ が得られ，(3) が示された．

$\inf(\mu_1, \mu_2)$ の存在も同様であり,この有限加法的測度 γ は

$$\gamma(A) = \inf\{\mu_1(E) + \mu_2(A\backslash E) \,:\, E \subset A, E \in \mathcal{A}\}$$

で定義すれば, $\gamma = \inf(\mu_1, \mu_2)$ が示される.各自で確認すること.

注意 2 我々は関数の世界において,このような [束構造] と呼ばれる状況に,既に出会っている.すなわち,定義域 D とした実数値関数の作るベクトル空間を $F(D)$ とし

$$f \geq g \;\Leftrightarrow\; f(d) \geq g(d) \;(\forall d \in D)$$

として $F(D)$ に順序構造 $\geq$ を与えたとき

$$\inf(f, g), \; \sup(f, g)$$

が何ものであるかを知っている.それは

$$\inf(f,g)(d) = \inf(f(d), g(d)), \; \sup(f,g)(d) = \sup(f(d), g(d))$$

として与えられるものであった.すなわち, (例えば) 二つの関数 f, g の各点における最小値で与えられる関数 k が, $F(D)$ 上に与えた順序に関して, $h \leq f, h \leq g$ を満たす関数 h の内で最大の関数 $\inf(f, g)$ になり,それ故, $k = \inf(f, g)$ となるのであった.しかし,命題 1.3.7 では,単に関数というのみではなく,測度性 (ここでは,有限加法性) を加味した関数という制限下で, inf や sup を見出すことが必要であるから,関数の場合と同様の考え方で

$$\inf(\mu_1, \mu_2)(E) = \inf(\mu_1(E), \mu_2(E)), \; \sup(\mu_1, \mu_2)(E) = \sup(\mu_1(E), \mu_2(E))$$

としたのでは不適当であり,命題 1.3.7 で展開した,このような複雑さを経て,初めて [束性] が獲得できるのである.

命題 1.3.7 を用いれば, $\mathcal{M}_b$ の n 個の元 $\mu_1, \ldots, \mu_n$ についても

$$\sup_{1 \leq i \leq n} \mu_i \; (= \sup(\mu_1, \ldots, \mu_n)), \; \inf_{1 \leq i \leq n} \mu_i \; (= \inf(\mu_1, \ldots, \mu_n))$$

の存在が帰納的に示される.すなわち,次の命題 1.3.8 である.

命題 1.3.8 $\mu_1, \ldots, \mu_n \in \mathcal{M}_b$ について

$$\sup_{1 \leq i \leq n} \mu_i \in \mathcal{M}_b, \; \inf_{1 \leq i \leq n} \mu_i \in \mathcal{M}_b$$

が成り立つ．しかも
$$\beta = \sup_{i \leq i \leq n} \mu_i, \ \nu = \inf_{1 \leq i \leq n} \mu_i$$
とおけば
$$\beta(A) = \sup\{\mu_1(E_1) + \cdots + \mu_n(E_n) \ : \ A = \sum_{i=1}^{n} E_i, \ \{E_i\}_{i=1}^{n} \subset \mathcal{A}\}$$
および
$$\nu(A) = \inf\{\mu_1(E_1) + \cdots + \mu_k(E_n) \ : \ A = \sum_{i=1}^{n} E_i, \ \{E_i\}_{i=1}^{n} \subset \mathcal{A}\}$$
が成り立つ．ここで, $A = \sum_{i=1}^{n} E_i$ は，互いに素な集合の和を表している．

証明 証明の分かり易さと記述の簡潔さのために, sup の命題について, $n = 2$ の場合を仮定して, $n = 3$ の場合が成り立つことを示そう (n の場合から $n+1$ の場合を示すのも同様である). また, inf の場合も同様である. そのために
$$\alpha = \sup(\mu_1, \mu_2)$$
(この存在は命題 1.3.7 から保証, あるいは, 帰納法の仮定と考えてもよい) とし
$$\sup(\mu_1, \mu_2, \mu_3) = \sup(\alpha, \mu_3)$$
が成り立つことを示そう．この右辺は命題 1.3.7 (あるいは, 帰納法の仮定) から $\mathcal{M}_b$ の元として存在するので
$$\beta = \sup(\alpha, \mu_3)$$
として, β が次の二つの性質を持つことを確認すればよい．
 (1) $\beta \geq \mu_i \ (i = 1, 2, 3)$,
 (2) $\gamma \geq \mu_i \ (i = 1, 2, 3)$ を満たす任意の $\gamma \in \mathcal{M}_b$ について, $\beta \leq \gamma$ が成り立つ．

 (1) について. $\beta \geq \alpha \geq \mu_1, \mu_2$ および, $\beta \geq \mu_3$ から生じる．
 (2) について. $\gamma \geq \mu_1, \mu_2$ であるから, α の性質 (最小性) から, $\gamma \geq \alpha$ が得られる．しかも, $\gamma \geq \mu_3$ であるから, β の性質 (最小性) から, $\gamma \geq \beta$ が得られる．

さらに
$$A = \sum_{i=1}^{3} E_i, \ \{E_i\}_{i=1}^{3} \subset \mathcal{A}$$

について, 命題 1.3.7 から
$$\alpha(E_1 \cup E_2) \geq \mu_1(E_1) + \mu_2(E_2)$$
が成り立つ. また, β についても
$$\beta(A) \geq \alpha(E_1 \cup E_2) + \mu_3(E_3)$$
が得られるので, 以上の不等式から
$$\beta(A) \geq \mu_1(E_1) + \mu_2(E_2) + \mu_3(E_3)$$
が成り立つ. すなわち
$$\beta(A) \geq \sup\{\mu_1(E_1) + \mu_2(E_2) + \mu_3(E_3) \ : \ A = \sum_{i=1}^{3} E_i, \ \{E_i\}_{i=1}^{3} \subset \mathcal{A}\}$$
が成り立つ. 次に逆向きの不等号 (この不等式の右辺の値を r とする) について示そう. 任意の正数 ε を与えよ. β の定義から $E \subset A$, $E \in \mathcal{A}$ が存在して
$$\beta(A) - \frac{\varepsilon}{2} < \alpha(A \backslash E) + \mu_3(E)$$
が成り立つ. $\alpha(A \backslash E)$ の定義から, $F \subset A \backslash E$, $F \in \mathcal{A}$ が存在して
$$\alpha(A \backslash E) - \frac{\varepsilon}{2} < \mu_1(F) + \mu_2((A \backslash E) \backslash F)$$
が成り立つ. したがって
$$\beta(A) - \varepsilon < \mu_1(F) + \mu_2(A \backslash (E \cup F)) + \mu_3(E)$$
が成り立つ. これから
$$\beta(A) - \varepsilon < r$$
が得られ, ε の任意性から
$$\beta(A) \leq r$$
が得られる. すなわち
$$\sup(\mu_1, \mu_2, \mu_3)(A) = \sup\{\mu_1(E_1) + \mu_2(E_2) + \mu_3(E_3)$$
$$: A = \sum_{i=1}^{3} E_i, \ \{E_i\}_{i=1}^{3} \subset \mathcal{A}\}$$
が成り立つことが示された.

系 1.3.9 (有限加法的実測度のジョルダン分解) $\mu \in \mathcal{M}_b$ について
$$\mu^+ = \sup(\mu, 0), \ \mu^- = -\inf(\mu, 0)$$

とおけば, $\mu^+, \mu^- \in (\mathcal{M}_b)^+$ で

$$\mu = \mu^+ - \mu^-$$

が成り立つ.

しかも, α が, 他の二つの有限加法的測度 α_1, α_2 によって

$$\alpha = \alpha_1 - \alpha_2$$

と表されるとすれば, $\alpha^+ \leq \alpha_1$, $\alpha^- \leq \alpha_2$ が成り立つ.

証明 $A \in \mathcal{A}$ について, 命題 1.3.7 から

$$\mu^+(A) = \sup\{\mu(E) \ : \ E \subset A, \ E \in \mathcal{A}\}$$

であるから

$$\begin{aligned}
0 \leq \mu^+(A) - \mu(A) &= \sup\{\mu(E) \ : \ E \subset A, \ E \in \mathcal{A}\} - \mu(A) \\
&= \sup\{\mu(E) - \mu(A) \ : \ E \subset A, \ E \in \mathcal{A}\} \\
&= \sup\{-\mu(A \backslash E) \ : \ E \subset A, \ E \in \mathcal{A}\} \\
&= -\inf\{\mu(A \backslash E) \ : \ E \subset A, \ E \in \mathcal{A}\} \\
&= -\inf\{\mu(G) \ : \ G \subset A, \ G \in \mathcal{A}\} \\
&= -\inf(\mu, 0)(A) \\
&= \mu^-(A)
\end{aligned}$$

が成り立つ. すなわち

$$\mu(A) = \mu^+(A) - \mu^-(A) \ (\forall A \in \mathcal{A})$$

が得られるので, $\mu = \mu^+ - \mu^-$ が成り立つ.

後半部分については

$$\alpha = \alpha_1 - \alpha_2$$

を満たす有限加法的測度 α_1, α_2 を与えたとき, 任意の $E \in \mathcal{A}$ について

$$\alpha_1(E) \geq \alpha^+(E), \ \alpha^-(E) \geq \alpha_2(E)$$

を示そう. それは, 任意の $A \in \mathcal{A}, \ A \subset E$ について

$$\alpha_1(E) \geq \alpha_1(A) = \alpha(A) + \alpha_2(A) \geq \alpha(A)$$

であるから, 右辺の上限をとれば

$$\alpha_1(E) \geq \alpha^+(E)$$

が得られる. $\alpha_2(E) \geq \alpha^-(E)$ も同様であるから, 各自で確かめること.

以後, $\mu \in \mathcal{M}_b$ について, その**全変動測度**と呼ばれる有限加法的測度を $|\mu|$ と表し, $|\mu| = \mu^+ + \mu^-$ で定義する. このとき, 二つの有限加法的実測度 μ_1, μ_2 について
$$|\mu_1 + \mu_2| \leq |\mu_1| + |\mu_2|$$
が成り立つことを注意せよ. 実際
$$\begin{aligned}
|\mu_1| + |\mu_2| &= \mu_1^+ + \mu_1^- + \mu_2^+ + \mu_2^- \\
&= (\mu_1^+ + \mu_2^+) + (\mu_1^- + \mu_2^-) \\
&\geq (\mu_1 + \mu_2)^+ + (\mu_1 + \mu_2)^- \\
&= |\mu_1 + \mu_2|
\end{aligned}$$
から得られる. この式の中の不等号が成り立つのは, $(\mu_1 + \mu_2)$ のジョルダン分解の性質 (系 1.3.9 の後半部分の性質) からである.

$\mathcal{M}_b$ の二つの元 μ_1, μ_2 が $\mathcal{A}$ 上で可算加法的であるとき, その可算加法性は, sup, inf をとる操作でも保存される. すなわち

命題 1.3.10 μ_i $(i = 1, 2)$ が可算加法的ならば, $\alpha = \sup(\mu_1, \mu_2)$, $\beta = \inf(\mu_1, \mu_2)$ も可算加法的である.

これを示すために, 二つの補題を与える. まず, 有限加法的実測度 μ が可算加法性を持つとき, それから得られる非負値有限加法的測度 μ^+, μ^- についての可算加法性に関する次の結果である.

補題 1.3.11 $\mu \in \mathcal{M}_b$ について, μ が可算加法的ならば, μ^+, μ^- も可算加法的である.

証明 同様であるから, μ^+ の場合について証明を与える. そのために
$$A = \sum_{n=1}^{\infty} A_n \ (A, \{A_n\}_{n \geq 1} \subset \mathcal{A})$$
を与えよ. そして
$$\mu^+(A) = \sum_{n=1}^{\infty} \mu^+(A_n)$$
を示す. μ^+ の非負値有限加法性 (命題 1.3.7 の結果) から, 任意の m に

ついて

$$\mu^+(A) = \mu^+(\sum_{n \geq m+1} A_n) + \sum_{n=1}^{m} \mu^+(A_n) \geq \sum_{n=1}^{m} \mu^+(A_n)$$

が得られるから, $m \to \infty$ として

$$\mu^+(A) \geq \sum_{n=1}^{\infty} \mu^+(A_n)$$

が得られる. 次に, 逆向きの不等式を示そう. そのために, 任意に正数 ε を与えよ. そのとき, μ^+ の定義から, $E \subset A$, $E \in \mathcal{A}$ で

$$\mu^+(A) - \varepsilon < \mu(E)$$

を満たすものが存在する. ここで, $E_n = E \cap A_n$ $(n = 1, 2, \ldots)$ とすれば, 各 n で, $E_n \subset A_n$, $E_n \in \mathcal{A}$ であり, $E_n \cap E_m = \emptyset$ $(m \neq n)$ を満たし

$$E = \sum_{n=1}^{\infty} E_n$$

が成り立つ. したがって, μ の可算加法性から

$$\mu^+(A) - \varepsilon < \mu(E) = \sum_{n=1}^{\infty} \mu(E_n) \leq \sum_{n=1}^{\infty} \mu^+(A_n)$$

が得られる. これから, 正数 $\varepsilon \to 0$ として

$$\mu^+(A) \leq \sum_{n=1}^{\infty} \mu^+(A_n)$$

が得られるので, 逆向きの不等式が示された.

補題 1.3.12 (1) $\mu_1, \mu_2, \mu_3 \in \mathcal{M}_b$ について

$$\inf(\mu_1, \mu_2) + \mu_3 = \inf(\mu_1 + \mu_3, \mu_2 + \mu_3),$$

$$\sup(\mu_1, \mu_2) + \mu_3 = \sup(\mu_1 + \mu_3, \mu_2 + \mu_3)$$

が成り立つ.

(2) $\mu_1, \mu_2 \in \mathcal{M}_b$ について

$$\sup(\mu_1, \mu_2) = \frac{|\mu_1 - \mu_2| + \mu_1 + \mu_2}{2}$$

$$\inf(\mu_1, \mu_2) = \frac{\mu_1 + \mu_2 - |\mu_1 - \mu_2|}{2}$$

が成り立つ.

証明 (1) について. 同様であるから, inf についての等号のみ与える.
$$\alpha = \inf(\mu_1, \mu_2), \quad \beta = \inf(\mu_1 + \mu_3, \mu_2 + \mu_3)$$
とおけ. そのとき
$$\alpha \leq \mu_1, \mu_2 \Rightarrow \alpha + \mu_3 \leq \mu_1 + \mu_3, \mu_2 + \mu_3$$
であるから, β の最大性より, $\alpha + \mu_3 \leq \beta$ が得られる. 逆向きの不等式については
$$\beta \leq \mu_1 + \mu_3, \mu_2 + \mu_3 \Rightarrow \beta - \mu_3 \leq \mu_1, \mu_2$$
であるから, α の最大性より $\beta - \mu_3 \leq \alpha$, すなわち
$$\beta \leq \alpha + \mu_3$$
が得られて, 等式が生じる.

(2) について. 同様であるから, sup についての等号のみ与える.
$$\alpha = \sup(\mu_1, \mu_2)$$
とおけ. そのとき
$$\begin{aligned}
\alpha - \mu_2 &= \sup(\mu_1, \mu_2) - \mu_2 \\
&= \sup(\mu_1 - \mu_2, 0) \quad ((1) \text{ の結果による}) \\
&= (\mu_1 - \mu_2)^+ \\
&= |\mu_1 - \mu_2| - (\mu_1 - \mu_2)^- \\
&= \frac{|\mu_1 - \mu_2| + |\mu_1 - \mu_2| - (\mu_1 - \mu_2)^- - (\mu_1 - \mu_2)^-}{2} \\
&= \frac{|\mu_1 - \mu_2| + (\mu_1 - \mu_2)^+ - (\mu_1 - \mu_2)^-}{2} \\
&= \frac{|\mu_1 - \mu_2| + \mu_1 - \mu_2}{2}
\end{aligned}$$
が成り立つ. したがって
$$\alpha = \frac{|\mu_1 - \mu_2| + \mu_1 + \mu_2}{2}$$
が得られる.

命題 1.3.10 の証明 補題 1.3.12 の (2) の等式から, $\sup(\mu_1, \mu_2)$ の可算加

法性を示すためには, $|\mu_1 - \mu_2|$ の可算加法性を示せば十分である. ところが, 補題 1.3.11 から, $(\mu_1 - \mu_2)^+$, $(\mu_1 - \mu_2)^-$ が可算加法性を持つことが分かるから, その結果, $|\mu_1 - \mu_2|$ の可算加法性が得られる. inf についても同様である. したがって, 証明が完結する.

注意 3 1. 補題 1.3.12 から

$$|\mu| = \sup(\mu^+, \mu^-),\ 0 = \inf(\mu^+, \mu^-)$$

が生じる. 実際, sup については

$$\sup(\mu^+, \mu^-) = \frac{|\mu^+ - \mu^-| + \mu^+ + \mu^-}{2} = \frac{|\mu| + |\mu|}{2} = |\mu|$$

である. inf については

$$\inf(\mu^+, \mu^-) = \frac{\mu^+ + \mu^- - |\mu^+ - \mu^-|}{2} = \frac{|\mu| - |\mu|}{2} = 0$$

である.

2. 命題 1.3.10 と, 数学的帰納法を用いることにより, $\mu_1, \ldots, \mu_n$ が可算加法的ならば

$$\sup_{1 \leq i \leq n} \mu_i,\ \inf_{1 \leq i \leq n} \mu_i$$

も可算加法的であることが分かる.

最後に, Yoshida-Hewitt の分解定理の, 本書で紹介する証明 (M. M. Rao[6]) のために, σ-algebra Σ 上で定義された可算加法的測度 (すなわち, 測度) の列 $\{\nu_n\}_{n \geq 1}$ について, その各点収束極限として得られる集合関数の測度性を保証する次の定理を注意する. この定理は, 定理それ自身として非常に重要である.

定理 1.3.13 (Vitali-Hahn-Saks, ビタリ・ハーン・サックス) (S, Σ, μ) が有限測度空間, 各 n について, $\nu_n : \Sigma \to \mathbf{R}^+$ は μ-絶対連続な測度 (後述の定義 1.3.40 を参照せよ) とする. そして, 各 $E \in \Sigma$ 毎に $\lim_{n \to \infty} \nu_n(E)$ が存在すると仮定する. そのとき

$$\nu(E) = \lim_{n \to \infty} \nu_n(E)\ (E \in \Sigma)$$

として定義される $\nu : \Sigma \to \mathbf{R}^+$ は測度である.

証明 μ に対応して定義される $E\ (\in \Sigma)$ の含まれる同値類を, $[E]\ (= \{A \in$

$\Sigma : \mu(A \triangle E) = 0\})$ と表し,その同値類全体から成る集合を Σ/μ と表す.すなわち
$$\Sigma/\mu = \{[E] : E \in \Sigma\}$$
としたとき,Σ/μ 上に距離 d を
$$d([E], [F]) = \mu(E \triangle F) \ ([E], [F] \in \Sigma/\mu)$$
で導入すれば,$(\Sigma/\mu, d)$ は完備距離空間である (章末問題 2 の 1 番 (d) の解答を参照せよ).そして,$f_n : \Sigma/\mu \to \mathbf{R}^+$ を
$$f_n([E]) = \nu_n(E) \ ([E] \in \Sigma/\mu)$$
で定義する.ν_n の μ-絶対連続性より,右辺の値は同値類の代表元の取り方に依存しないので,左辺の関数 f_n は定義される.しかも
$$|f_n([E]) - f_n([F])| \leq \nu_n(E \triangle F)$$
で,ν_n が μ-絶対連続であるから,各 f_n は連続関数である.さて,任意の正数 ε を与えよ.そのとき,各 n について
$$Z_n = \bigcap_{m \geq n} \{[E] : |f_m([E]) - f_n([E])| \leq \frac{\varepsilon}{4}\}$$
とおけば,f_n の連続性から,各 Z_n は閉集合であり,仮定:
$$\exists \lim_{n \to \infty} f_n([E]) \ (\forall [E] \in \Sigma/\mu)$$
を用いれば
$$\Sigma/\mu = \bigcup_{n=1}^{\infty} Z_n$$
が成り立つ.ここで,$(\Sigma/\mu, d)$ の完備性 (したがって,第 2 類の集合であること) から,ベールのカテゴリー定理を用いることで,或る番号 p が存在して,Z_p は内点 $[E]$ を含む.したがって,或る正数 δ_1 が存在して

任意の $[F] \in B([E], \delta_1) \ (= \{[F] : d([F], [E]) < \delta_1\})$ について
$$|f_m([F]) - f_p([F])| \leq \frac{\varepsilon}{4} \ (\forall m \geq p)$$
が成り立つ.このとき,$\mu(A) < \delta_1$ を満たす任意の $A \in \Sigma$ と,任意の $m \geq p$ について

$d([E], [E \cup A]) = \mu(A \backslash E) \leq \mu(A) < \delta_1, \ d([E], [E \backslash A]) = \mu(E \cap A) < \delta_1$

であるから

$$\begin{aligned}
|\nu_m(A) - \nu_p(A)| &= |f_m([A]) - f_p([A])| \\
&= |(f_m([E \cup A]) - f_m([E \setminus A])) \\
&\quad - (f_p([E \cup A]) - f_p([E \setminus A]))| \\
&\leq |f_m([E \cup A]) - f_p([E \cup A])| \\
&\quad + |f_m([E \setminus A]) - f_p([E \setminus A])| \leq \frac{\varepsilon}{2}
\end{aligned}$$

が成り立つ. ここで, ν_p の μ-絶対連続性から, (後述の命題 1.3.41 (5) を用いれば) 或る正数 δ_2 が存在して, $\mu(A) < \delta_2$ を満たす任意の $A \in \Sigma$ について

$$\nu_p(A) < \frac{\varepsilon}{2}$$

が成り立つから, $m \geq p$ を満たす任意の m と, $\mu(A) < \min(\delta_1, \delta_2)$ を満たす任意の $A \in \Sigma$ について

$$\nu_m(A) \leq |\nu_m(A) - \nu_p(A)| + \nu_p(A) < \varepsilon$$

が成り立つ. したがって, $\nu_1, \ldots, \nu_{p-1}$ の μ-絶対連続性から, 或る正数 δ_3 が存在して, $\mu(A) < \delta_3$ を満たす任意の $A \in \Sigma$ について

$$\nu_i(A) < \varepsilon \ (i = 1, 2, \ldots, p-1)$$

が成り立つ. 結局, $\delta = \min(\delta_1, \delta_2, \delta_3)$ ととれば, $\mu(A) < \delta$ を満たす任意の $A \in \Sigma$ と, 任意の m について $\nu_m(A) < \varepsilon$ が成り立つことが分かる. そのとき, ν の可算加法性が次のように示される.

$$E = \sum_{n=1}^{\infty} E_n, \ \{E_n\}_{n \geq 1} \subset \Sigma$$

とする. 任意に正数 ε をとれ. そして, δ を上述の性質を持つ正数とする. 各 k について

$$B_k = \sum_{n \geq k+1} E_n$$

とおけば, $B_k \searrow \emptyset \ (k \to \infty)$ であるから, 或る N が存在して, $k \geq N$ を満たす任意の k で $\mu(B_k) < \delta$ が成り立つ. このとき, このような k について, 上述の性質から

$$\nu_m(B_k) < \varepsilon \ (m = 1, 2, \ldots)$$

であるから, このような各 k について, $m \to \infty$ として $\nu(B_k) \leq \varepsilon$ が得られる. このことから

$$0 \leq \nu(E) - \sum_{n=1}^{k} \nu(E_n) = \nu(B_k) \to 0 \ (k \to \infty)$$

が得られる. すなわち
$$\nu(E) = \sum_{n=1}^{\infty} \nu(E_n)$$
(ν の可算加法性) が得られた.

注意 4 定理 1.3.13 では, $\{\nu_n\}_{n\geq 1}$ が測度の列と仮定して証明を与えたが, さらに一般な, $\{\nu_n\}_{n\geq 1} \subset \mathcal{M}_b$ の仮定の下でも全く同じ証明の展開で (各自で考えてみよ)
$$\nu(E) = \lim_{n\to\infty} \nu_n(E) \ (E \in \Sigma)$$
として定義される $\nu \in \mathcal{M}_b$ が可算加法性を持つ (すなわち, ν が実測度である) ことが得られる. これを通常, Vitali-Hahn-Saks の定理という.

[**Yoshida-Hewitt の分解定理**]

以上の準備の下で, 表題の定理を与えよう. 先ず, 有限加法的測度の場合から述べよう. そのために, 用語の定義を与える.

定義 1.3.14 $\mu \in (\mathcal{M}_b)^+$ について, μ が **純粋に有限加法的** (purely finitely additive, 以後, 英単語表記を用いる) であるとは
$$0 \leq \nu \leq \mu, \ \nu \text{ は 可算加法的} \ \Rightarrow \ \nu = 0$$
が成り立つことをいう. すなわち, μ 以下の可算加法的測度は, 恒等的に 0 に等しい測度のみであることをいう.

そのとき, 次の定理が成り立つ.

定理 1.3.15 (Yoshida-Hewitt, 吉田・ヒューイット) 任意の $\mu \in (\mathcal{M}_b)^+$ は, purely finitely additive な $\mu_a \in (\mathcal{M}_b)^+$ と可算加法性を持つ $\mu_c \in (\mathcal{M}_b)^+$ を適当にとることにより
$$\mu = \mu_a + \mu_c$$
と表すことができる. しかも, このような表し方はただ一通りである. すなわち

$\mu = \mu_a + \mu_c = \mu_1 + \mu_2$ (μ_1 : purely finitely additive, μ_2 : 可算加法的)
$$\Rightarrow \mu_a = \mu_1, \ \mu_c = \mu_2$$
が成り立つ.

証明 $\mathcal{M} = \{\nu : 0 \le \nu \le \mu, \nu$ は $\mathcal{A}$ 上で可算加法的$\}$ とする. そして

$$r = \sup\{\nu(S) : \nu \in \mathcal{M}\} \; (\le \mu(S) < +\infty)$$

とおく. そのとき, r の定義から, $\mathcal{M}$ の列 $\{\nu_n\}_{n \ge 1}$ で, $\nu_n(S) \to r$ を満たすものが存在する. そして,

$$\tilde{\nu}_n = \sup_{1 \le i \le n} \nu_i \; (n = 1, 2, \ldots)$$

とおく. そのとき, 命題 1.3.10 の証明後の注意 3 の 2. から, 各 $\tilde{\nu}_n$ は $\mathcal{A}$ 上で可算加法的であり

$$\tilde{\nu}_1 \le \tilde{\nu}_2 \le \cdots \le \tilde{\nu}_n \le \cdots \le \mu$$

が成り立つ. ところで, 各 $\tilde{\nu}_n$ は, $\mathcal{A}$ 上で可算加法的であるから, (カラテオドリの外測度による) 拡張定理 (定理 1.2.12) を用いれば, それらは, $\Sigma = \sigma(\mathcal{A})$ ($\mathcal{A}$ を含む最小の σ-algebra) まで, 可算加法的測度 (すなわち, 測度) として拡張される. それらを, 各 n 毎に, $\overline{\nu_n}$ と表すことにすれば

$$\overline{\nu_1} \le \overline{\nu_2} \le \cdots \le \overline{\nu_n} \le \cdots \; \text{および}, \; \overline{\nu_n}(S) \le \mu(S) \; (n = 1, 2, \ldots)$$

が成り立つ. 実際, 各 $E \in \Sigma$ について

$$\overline{\nu_n}(E) = \inf\{\sum_{i=1}^{\infty} \tilde{\nu}_n(A_i) : E \subset \bigcup_{i=1}^{\infty} A_i, \{A_i\}_{i \ge 1} \subset \mathcal{A}\}$$

$$\le \inf\{\sum_{i=1}^{\infty} \tilde{\nu_{n+1}}(A_i) : E \subset \bigcup_{i=1}^{\infty} A_i, \{A_i\}_{i \ge 1} \subset \mathcal{A}\} = \overline{\nu_{n+1}}(E)$$

が成り立つからである. したがって, 各 $E \in \Sigma$ について, $\{\overline{\nu_n}(E)\}_{n \ge 1}$ は上に有界な単調増加列であるから

$$\mu_c(E) = \lim_{n \to \infty} \overline{\nu_n}(E) \; (E \in \Sigma)$$

で, $\mu_c : \Sigma \to \mathbf{R}^+$ を定義すれば, 定理 1.3.13 から μ_c は測度であることが分かる. 実際

$$\alpha = \sum_{n=1}^{\infty} \frac{1}{2^n} \overline{\nu_n}$$

を考えれば, α は $\alpha(S) < +\infty$ を満たす測度であり, 各 $\overline{\nu_n}$ が α-絶対連続であることが容易に分かるからである. このようにして, μ_c の Σ 上での (したがって, 当然 $\mathcal{A}$ 上での) 測度性が示された. したがって

$$\mu_c|\mathcal{A} \; (\mu_c \; \text{の} \; \mathcal{A} \; \text{上への制限}) \in \mathcal{M}$$

が得られる. 実際, そのためには

$$\mu_c(A) \leq \mu(A) \ (A \in \mathcal{A})$$

を確かめればよいが, それは, 任意の n と, 任意の $A \in \mathcal{A}$ について

$$\overline{\nu_n}(A) = \tilde{\nu_n}(A) = (\sup_{1 \leq i \leq n} \nu_i)(A) = \sup\{\nu_1(A_1) + \cdots + \nu_n(A_n)$$

$$: A = \sum_{i=1}^n A_i, \ \{A_i\}_{i \geq 1} \subset \mathcal{A}\} \leq \sum_{i=1}^n \mu(A_i) = \mu(A)$$

が成り立つことから分かる. このとき

$$r \geq (\mu_c|\mathcal{A})(S) = \mu_c(S) = \lim_{n \to \infty} \overline{\nu_n}(S)$$

$$= \lim_{n \to \infty} \tilde{\nu_n}(S) = \sup_{n \geq 1} \nu_n(S) = r$$

となり, $r = \mu_c(S)$ が成り立つ. したがって

$$\mu_a(A) = \mu(A) - \mu_c(A) \ (A \in \mathcal{A})$$

で, $\mu_a : \mathcal{A} \to \mathbf{R}^+$ を定義すれば, μ_a は purely finitely additive であることが分かる. それを示すために, $0 \leq \beta \leq \mu_a$ を満たす (可算加法的) 測度 β をとり, $\beta = 0$ を示そう. このような β について

$$(\beta + \mu_c)(A) \leq \mu(A) \ (A \in \mathcal{A})$$

であるから, $\beta + \mu_c \in \mathcal{M}$ が得られる. したがって

$$\beta(S) + r = \beta(S) + \mu_c(S) = (\beta + \mu_c)(S) \leq r$$

が得られるから, $\beta(S) \leq 0$, すなわち, $\beta = 0$ が示された.

なお, このような分解の一意性は次のようにして示される.

$$\mu = \mu_1 + \mu_2 = \mu_c + \mu_a$$

ただし, μ_1 は可算加法的測度, μ_2 は purely finitely additive な測度とする. そのとき

$$\mu_1 - \mu_c = \mu_a - \mu_2 \leq \mu_a$$

で, $0 \leq \mu_a$ であるから

$$\sup(\mu_1 - \mu_c, 0) \leq \mu_a$$

が成り立つ. ここで, μ_a の purely finitely additive 性を用いれば

$$\sup(\mu_1 - \mu_c, 0) = 0$$

が成り立つ. すなわち, $\mu_1 \leq \mu_c$ である. 同様にして, $\mu_c \leq \mu_1$ が得られるから

$$\mu_c = \mu_1, \text{ したがって } \mu_a = \mu_2$$

が分かる. すなわち, 表示の一意性である.

この結果を用いて, $\mathcal{M}_b$ の元の分解を与える. そのために, $\mathcal{M}_b$ の元 μ について, μ が purely finitely additive であることを次のように定義する.

定義 1.3.16 $\mu \in \mathcal{M}_b$ が **purely finitely additive** であるとは, μ のジョルダン分解を, $\mu = \mu^+ - \mu^-$ としたとき, μ^+, μ^- が共に purely finitely additive であることをいう.

このとき, 次の分解定理が得られる (なお, この場合も, 定理 1.3.15 と同様, 表示の一意性も成立するが, その事実が以後に利用されないことから, その証明とともに割愛している).

定理 1.3.17 (Yoshida-Hewitt) $\mu \in \mathcal{M}_b$ は, purely finitely additive な $\mu_a \in \mathcal{M}_b$ と, 可算加法的な $\mu_c \in \mathcal{M}_b$ の和として得られる.

証明 μ のジョルダン分解を $\mu = \mu^+ - \mu^-$ と表す. そのとき, 定理 1.3.15 から

$$\mu^+ = (\mu^+)_a + (\mu^+)_c, \ \mu^- = (\mu^-)_a + (\mu^-)_c$$

と表現できる. したがって

$$\mu_c = (\mu^+)_c - (\mu^-)_c, \ \mu_a = (\mu^+)_a - (\mu^-)_a$$

とすれば, $\mu = \mu_a + \mu_c$ で, μ_c は (可算加法的) 実測度であり, μ_a は purely finitely additive であることが分かる. μ_c の可算加法性は明らかであるから, μ_a が purely finitely additive であることを注意する. そのために, μ_a のジョルダン分解を

$$\mu_a = (\mu_a)^+ - (\mu_a)^-$$

と表せば, ジョルダン分解の性質 (系 1.3.9) より

$$0 \leq (\mu_a)^+ \leq (\mu^+)_a, \ 0 \leq (\mu_a)^- \leq (\mu^-)_a$$

であるから, $0 \le \nu \le (\mu_a)^+$ を満たす可算加法的測度 ν は, $(\mu^+)_a$ が purely finitely additive であることを用いれば, $\nu = 0$ となる. すなわち, $(\mu_a)^+$ は purely finitely additive である. $(\mu_a)^-$ も同様にして, purely finitely additive であることが分かるから, μ_a が purely finitely additive であることが示された.

次に, 有限加法的実測度が, 或るバナッハ空間の共役空間の表現に有効であり, そこにおいて Yoshida-Hewitt 分解 (定理 1.3.17) が利用され, どのような結果を導くかを述べよう.

[l_∞ の共役空間]

ここでは, $S = \mathbf{N}$ (自然数全体から成る集合), $\mathcal{A} = \mathcal{P}(\mathbf{N})$ としたときの, $\mathcal{P}(\mathbf{N})$ 上で定義された有限加法的実測度についての基本的事柄を与えよう. そのために, 次の基本的バナッハ空間を与える. すなわち, 有界実数列全体の作るバナッハ空間である.

定義 1.3.18 有界実数列全体の作る集合を l_∞ とする. すなわち

$$l_\infty = \{\{a_n\}_{n \ge 1} : \sup_{n \ge 1} |a_n| < +\infty\}$$

である. このとき, $a = \{a_n\}_{n \ge 1}$, $b = \{b_n\}_{n \ge 1} \in l_\infty$ について

$$a + b = \{a_n + b_n\}_{n \ge 1} \, (\in l_\infty),$$

$a = \{a_n\}_{n \ge 1} \in l_\infty$, $t \in \mathbf{R}$ について

$$ta = \{ta_n\}_{n \ge 1} \, (\in l_\infty)$$

と定義すれば, l_∞ は係数体 $\mathbf{R}$ 上の線形空間である. しかも, 各 $a = \{a_n\}_{n \ge 1} \in l_\infty$ について

$$\|a\|_\infty = \sup_{n \ge 1} |a_n| \, (\in \mathbf{R}^+)$$

として定義された量 $\|\cdot\|_\infty$ は, l_∞ 上のノルムであり, $(l_\infty, \|\cdot\|_\infty)$ はバナッハ空間となる (完備性を各自で確認せよ). 以後, このバナッハ空間を (簡略して) l_∞ で表す.

なお, 有界数列 $\{a_n\}_{n \ge 1} \in l_\infty$ について, $f(n) = a_n \, (n \in \mathbf{N})$ と定義することで, 有界関数 $f : \mathbf{N} \to \mathbf{R}$ を得るので, バナッハ空間 $(l_\infty, \|\cdot\|_\infty)$ は, $\mathbf{N}$ 上で定義された有界関数全体のつくる線形空間に, sup-ノルム (すなわ

ち, 一様ノルム) を導入したバナッハ空間と解釈できることを注意しておく (以後, 随所で, この解釈を重用する).

また, $\mu : \mathcal{P}(\mathbf{N}) \to \mathbf{R}$, 有限加法的実測度について, その全変動測度, 全変動の概念を与える.

定義 1.3.19 (1) μ の **全変動測度** $\|\mu\| : \mathcal{P}(\mathbf{N}) \to \mathbf{R}^+$, を次で定義する.

$$\|\mu\|(E) = \sup\{\sum_{i=1}^{m} |\mu(E_i)| \ : \ E = \sum_{i=1}^{m} E_i\} \ (E \in \mathcal{P}(\mathbf{N}))$$

(そのとき, 右辺の値が有限値であり, 任意の $E \in \mathcal{P}(\mathbf{N})$ について

$$\|\mu\|(E) \leq \|\mu\|(\mathbf{N}) \leq 2M, \ \text{ただし}, \ M = \sup\{|\mu(A)| \ : \ A \in \mathcal{P}(\mathbf{N})\}$$

が成り立つこと, および, $\|\mu\|$ の有限加法性は容易に分かる)

(2) $\|\mu\|(\mathbf{N})$ を μ の **全変動** (あるいは, **全変分**) という. それを, $\|\mu\|$ と表示し, μ の **全変分ノルム** という.

そのとき, このような集合関数として定義された $\|\mu\| : \mathcal{P}(\mathbf{N}) \to \mathbf{R}^+$ が, μ のジョルダン分解との関連で定義された全変動測度 $|\mu| \ (= \mu^+ + \mu^-)$ と同一のものであることが, 次の命題 1.3.20 から分かる. したがって, 以後, この集合関数を, $|\mu|$ で表すことにする. この結果は, 定義域が, この場合の特殊な集合族: $\mathcal{P}(\mathbf{N})$ に限ることなく, 一般の集合 S の部分集合の作る或る algebra $\mathcal{A}$ を定義域として持つ有限加法的実測度 μ で成り立つ結果であるので, その形で与えておく. すなわち, $E \in \mathcal{A}$ について

$$\|\mu\|(E) = \sup\{\sum_{i=1}^{m} |\mu(E_i)| \ : \ E = \sum_{i=1}^{m} E_i, \ \{E_i\}_{1 \leq i \leq m} \subset \mathcal{A}\}$$

と定義する. そのとき, $\|\mu\| : \mathcal{A} \to \mathbf{R}^+$ について, 定義域が $\mathcal{P}(\mathbf{N})$ の場合と同様な性質 (すなわち, 上記の定義 1.3.19 (1) の括弧部分で述べた性質) が成り立つことは, 容易に分かる. そして, 次が得られる.

命題 1.3.20 任意の $E \in \mathcal{A}$ について

$$\|\mu\|(E) = |\mu|(E) \ (= \mu^+(E) + \mu^-(E)) \ \cdots \ (*)$$

が成り立つ (この結果, 以後, 量 $\|\mu\|(E)$ も, $|\mu|(E)$ で表すことにし, $|\mu|(S)$ を, μ の全変分ノルムといい, $\|\mu\|$ で表す).

証明 各 E をとり, $\mathcal{A}$ に属する集合による, その有限分割

$$E = \sum_{i=1}^{m} F_i$$

を与えよ. そのとき
$$\sum_{i=1}^{m} |\mu(E_i)| = \mu(A) - \mu(B) \ (A, \ B \in \mathcal{A})$$
と表現できる. ここで
$$A = \sum \{E_i \ : \ \mu(E_i) \geq 0\}, \ B = \sum \{E_i \ : \ \mu(E_i) < 0\}$$
である. ところが, μ^+, μ^- の定義から
$$\mu(A) \leq \mu^+(A), \ -\mu^-(B) \leq \mu(B)$$
であるから
$$\sum_{i=1}^{m} |\mu(E_i)| = \mu(A) - \mu(B) \leq \mu^+(A) + \mu^-(B) \leq \mu^+(E) + \mu^-(E) = |\mu|(E)$$
が得られるので, 等式 $(*)$ の一方向の不等号が示された. 逆向きの不等号を示すために, 命題 1.3.10 の証明後の注意 3 の 1. で与えた
$$\inf(\mu^+, \mu^-) = 0$$
を用いる. 今の場合, このことは
$$0 = \inf\{\mu^+(A) + \mu^-(A^c) \ : \ A \in \mathcal{A}\} \cdots (**)$$
を意味する. さて, 任意の正数 ε を与えよ. そのとき, $(**)$ を用いれば, $A \in \mathcal{A}$ で
$$\mu^+(A) + \mu^-(A^c) < \frac{\varepsilon}{2}$$
を満たすものが存在する. したがって
$$\mu^+(E) = \mu^+(E \cap A) + \mu^+(E \cap A^c), \ \mu^-(E) = \mu^-(E \cap A) + \mu^-(E \cap A^c)$$
$$\mu(E \cap A^c) = \mu^+(E \cap A^c) - \mu^-(E \cap A^c), \ \mu(E \cap A) = \mu^+(E \cap A) - \mu^-(E \cap A)$$
であることを用いれば
$$\mu^+(E) - \mu(E \cap A^c) = \mu^+(E \cap A) + \mu^-(E \cap A^c) < \mu^+(A) + \mu^-(A^c) < \frac{\varepsilon}{2}$$
および
$$\mu^-(E) + \mu(E \cap A) = \mu^+(E \cap A) + \mu^-(E \cap A^c) < \frac{\varepsilon}{2}$$

が得られる. この二式から
$$|\mu|(E) = \mu^+(E) + \mu^-(E) < \mu(E \cap A^c) - \mu(E \cap A) + \varepsilon$$
$$\leq |\mu(E \cap A)| + |\mu(E \cap A^c)| + \varepsilon \leq \|\mu\|(E) + \varepsilon$$
が得られるので, ε の任意性から, $(*)$ の逆向きの不等号が示された.

さて以下では, [バナッハ空間 l_∞ の共役空間 l_∞^* の元 x^* (すなわち, x^* は, l_∞ 上の有界線形汎関数) とするとき, x^* が, $\mathcal{P}(\mathbf{N})$ 上の有限加法的実測度で表現可能である] ことを示そう. そのために先ず次を与える. それは, $\mathbf{N}$ 上で定義された有界関数 f と, 有限加法的実測度 $\mu : \mathcal{P}(\mathbf{N}) \to \mathbf{R}$ が与えられたとき, f の μ についての積分の概念である. その第一段階として, $f\,(:\mathbf{N} \to \mathbf{R})$ が特別な形の有界関数の場合に, f の μ についての積分が与えられる. 次に, この結果を用いて, f が一般の有界関数の場合に, その積分を拡張するという 2 段階の手順が踏まれる. いずれにしても, 関数の有界性の故に, 積分の定義手順は分かりやすい.

定義 1.3.21 $f = \sum_{i=1}^m t_i \chi_{E_i}$ (ただし, $\{t_i\}_{1 \leq i \leq m} \subset \mathbf{R}$, $\mathbf{N} = \sum_{i=1}^m E_i$ を満たす), すなわち, f が単関数の場合.
$$\int_{\mathbf{N}} f(n) d\mu(n) = \sum_{i=1}^m t_i \mu(E_i) \ (\in \mathbf{R})$$
として, f の μ についての $\mathbf{N}$ 上の **積分** を定義する. この右辺の値が, f の表示に依存しないで定まることは容易に示される (通常の測度の場合と同様である).

そして, このような単関数 (すなわち, 値域が有限集合である関数) について定義された積分が次の性質を持つことは容易に示される.

命題 1.3.22 (1) $f, g : \mathbf{N} \to \mathbf{R}$, 単関数と $t, s \in \mathbf{R}$ について
$$\int_{\mathbf{N}} (tf(n) + sg(n)) d\mu(n) = t \int_{\mathbf{N}} f(n) d\mu(n) + s \int_{\mathbf{N}} g(n) d\mu(n)$$
が成り立つ.

(2) $f, g : \mathbf{N} \to \mathbf{R}$, 単関数について
$$\left| \int_{\mathbf{N}} f(n) d\mu(n) - \int_{\mathbf{N}} g(n) d\mu(n) \right| \leq (\sup_{n \geq 1} |f(n) - g(n)|) |\mu|(\mathbf{N})$$
が成り立つ. したがって, 特に ($g = 0$ とすれば)
$$\left| \int_{\mathbf{N}} f(n) d\mu(n) \right| \leq (\sup_{n \geq 1} |f(n)|) |\mu|(\mathbf{N})$$

が成り立つ.

証明 (1) は, 通常の積分論と同様の展開で, 容易に示される.
(2) について. 単関数 f, g を

$$f(n) = \sum_{i=1}^{m} t_i \chi_{E_i}(n), \ g(n) = \sum_{j=1}^{k} s_j \chi_{F_j}(n)$$

と表示したとき

$$\int_{\mathbf{N}} f(n)d\mu(n) - \int_{\mathbf{N}} g(n)d\mu(n) = \sum_{i=1}^{m} t_i \mu(E_i) - \sum_{j=1}^{k} s_j \mu(F_j)$$

$$= \sum_{i,j} (t_i - s_j)\mu(E_i \cap F_j)$$

であるから

$$\left| \int_{\mathbf{N}} f(n)d\mu(n) - \int_{\mathbf{N}} g(n)d\mu(n) \right| \leq \sum_{i,j} |t_i - s_j||\mu(E_i \cap F_j)|$$

が成り立つ. ところが, $E_i \cap F_j \neq \emptyset$ を満たす任意の i, j について, $n^* \in E_i \cap F_j$ をとれば

$$|t_i - s_j| = |t_i \chi_{E_i}(n^*) - s_j \chi_{F_j}(n^*)| = |f(n^*) - g(n^*)| \leq \sup_{n \geq 1} |f(n) - g(n)|$$

であるから

$$\left| \int_{\mathbf{N}} f(n)d\mu(n) - \int_{\mathbf{N}} g(n)d\mu(n) \right| \leq (\sup_{n \geq 1} |f(n) - g(n)|) \sum_{i,j} |\mu(E_i \cap F_j)|$$

が得られる. ここで, $|\mu|(\mathbf{N}) = \|\mu\|(\mathbf{N})$ (命題 1.2.20) を用いれば

$$\sum_{i,j} |\mu(E_i \cap F_j)| \leq |\mu|(\mathbf{N})$$

であるから

$$\left| \int_{\mathbf{N}} f(n)d\mu(n) - \int_{\mathbf{N}} g(n)d\mu(n) \right| \leq (\sup_{n \geq 1} |f(n) - g(n)|)|\mu|(\mathbf{N})$$

が成り立つ.

また, 任意の有界関数は, 単関数により一様近似可能, すなわち

命題 1.3.23 $f : \mathbf{N} \to \mathbf{R}$ を有界関数とすれば，任意の正数 ε について，或る単関数 g で，$\varepsilon \geq \|f - g\|_\infty \; (= \sup_{n \geq 1} |f(n) - g(n)|$ であり，以後このように表すことにする) を満たすものが存在する．

証明 $|f(n)| \leq M \; (n = 1, 2, \ldots)$ とする．そして，任意の正数 ε を与えよ．そのとき，n を $n\varepsilon > M$ が成り立つようにとる．そして

$$E_i = \{n \in \mathbf{N} : i\varepsilon \leq f(n) < (i+1)\varepsilon\} \; (i = -n, -n+1, \ldots, 0, 1, \ldots, n)$$

とおけば

$$\mathbf{N} = \sum_{i=-n}^{n} E_i, \; |f(n) - i| \leq \varepsilon \; (n \in E_i)$$

が成り立つ．したがって，単関数 $g : \mathbf{N} \to \mathbf{R}$ として

$$g(n) = \sum_{i=-n}^{n} i \chi_{E_i}(n)$$

で定義すれば

$$\|f - g\|_\infty \leq \varepsilon$$

が成り立つので，要求された単関数である．

命題 1.3.22，命題 1.3.23 で得られた結果をまとめれば，次のように表現される (定理 1.3.24)．$\mathbf{N}$ 上で定義された有界関数 (すなわち，有界数列) 全体の作る線形空間 l_∞ に sup-ノルム (すなわち一様ノルム) を導入したバナッハ空間 (上で述べたように，これも，l_∞ と表す) において，単関数全体の作る線形部分空間を，$\mathcal{S}$ と表すことにする．そして，$L : \mathcal{S} \to \mathbf{R}$ を

$$L(g) = \sum_{i=1}^{m} t_i \mu(E_i) \; (g = \sum_{i=1}^{m} t_i \chi_{E_i} \in \mathcal{S})$$

と定義する．そのとき

定理 1.3.24 (1) $L : \mathcal{S} \to \mathbf{R}$ は線形写像であり

$$|L(g)| \leq |\mu|(\mathbf{N}) \|g\|_\infty \; (g \in \mathcal{S})$$

が成り立つ．

(2) $\mathcal{S}$ は，l_∞ の稠密な部分空間である．

したがって，ノルム空間の有界線形写像についての基本的結果から，L は，l_∞ 上まで，この状態を保存してただ一通りに拡張される．すなわち

定理 1.3.25 $\overline{L} : l_\infty \to \mathbf{R}$, 有界線形汎関数で
 (1) $\overline{L}(g) = L(g)$ $(g \in \mathcal{S})$
 (2) $|\overline{L}(f)| \leq |\mu|(\mathbf{N}) \|f\|_\infty$ $(f \in l_\infty)$
を満たすものがただ一つ存在する．

このとき

定義 1.3.26 一般の有界関数 f の μ についての **積分** は

$$\int_\mathbf{N} f(n) d\mu(n) = \overline{L}(f) \ (f \in l_\infty)$$

で定義する．

注意 5 この拡張写像 $\overline{L} : l_\infty \to \mathbf{R}$ は, $f \in l_\infty$ について, f に一様ノルムで収束する単関数列を $\{g_n\}_{n \geq 1}$ としたとき

$$\overline{L}(f) \ (= \int_\mathbf{N} f(n) d\mu(n)) = \lim_{m \to \infty} L(g_m) \ \cdots \ (*)$$

を満たしている．実際, $\overline{L}$ は連続写像であるから

$$\overline{L}(f) = \lim_{n \to \infty} \overline{L}(g_m)$$

が成り立つ．しかも

$$\overline{L}(g_m) = L(g_m) \ (m = 1, 2, \ldots)$$

であるから, $(*)$ が得られる．

 以上で得られたことは, $\mu : \mathcal{P}(\mathbf{N}) \to \mathbf{R}$, 有限加法的実測度が与えられたとき, μ は, l_∞ 上の有界線形汎関数を引き出すことである．すなわち

定理 1.3.27 μ に対応して, 次の性質を満たす $x^* \in l_\infty^*$ が存在する．

$$(x^*, f) = \int_\mathbf{N} f(n) d\mu(n) \ (f \in l_\infty), \ \|x^*\| = |\mu|(\mathbf{N})$$

証明 x^* として, $\overline{L}$ をとればよい．示すべく残されている事柄は

$$\|x^*\| = |\mu|(\mathbf{N})$$

である．$\|x^*\| = \|\overline{L}\| \leq |\mu|(\mathbf{N})$ は, 定理 1.3.25 (2) から得られるので, 逆向きの不等号を示せばよい．すなわち

$$\|\overline{L}\| \geq |\mu|(\mathbf{N})$$

を示そう．そのために, 任意に正数 ε を与えよ．そのとき, $|\mu|(\mathbf{N}) = \|\mu\|(\mathbf{N})$ (命題 1.3.20) から, $\mathbf{N}$ の有限分割 $\{E_i\}_{1 \leq i \leq m}$ が存在して

$$|\mu|(\mathbf{N}) - \varepsilon < \sum_{i=1}^{m} |\mu(E_i)|$$

が存在する．そのとき

$$A = \bigcup \{E_i \ : \ \mu(E_i) \geq 0\}, \ B = \bigcup \{E_i \ : \ \mu(E_i) < 0\}$$

とおき, $f : \mathbf{N} \to \mathbf{R}$ を次で定義する．

$$f(n) = 1 \ (n \in A), \ f(n) = -1 \ (n \in B) \ (\text{すなわち}, \ f = \chi_A - \chi_B)$$

そのとき, $\|f\|_\infty = 1$ であり

$$\overline{L}(f) = L(f) = \mu(A) - \mu(B) = \sum_{i=1}^{m} |\mu(E_i)|$$

が成り立つ．したがって

$$|\mu|(\mathbf{N}) - \varepsilon < \overline{L}(f) \leq \|\overline{L}\|$$

が得られ, ε の任意性から

$$|\mu|(\mathbf{N}) \leq \|\overline{L}\|$$

が得られ, 要求された結果である．

次に定理 1.3.27 の逆を与えよう．すなわち, $x^* \in l_\infty^*$ は, $\mathcal{P}(\mathbf{N})$ 上で定義された有限加法的実測度で表現できることを指摘する, 次の定理 1.3.28 である．

定理 1.3.28 各 $x^* \in l_\infty^*$ について, 適当に有限加法的実測度 $\mu : \mathcal{P}(\mathbf{N}) \to \mathbf{R}$ をとれば

$$(x^*, f) = \int_\mathbf{N} f(n) d\mu(n) \ (f \in l_\infty)$$

が成り立つ．しかも，$\|x^*\| = |\mu|(\mathbf{N})$ が成り立つ．

証明 与えられた $x^* \in l_\infty^*$ について，$\mu : \mathcal{P}(\mathbf{N}) \to \mathbf{R}$ を

$$\mu(E) = (x^*, \chi_E) \ (E \in \mathcal{P}(\mathbf{N}))$$

で定義する．そのとき，μ は有限加法的実測度である．有界性については

$$|\mu(E)| \leq \|x^*\|\|\chi_E\|_\infty = \|x^*\| \ (E \in \mathcal{P}(\mathbf{N}))$$

から分かる．また，μ の有限加法性を示すために，$E, F \in \mathcal{P}(\mathbf{N})$，$E \cap F = \emptyset$ をとれ．そのとき

$$\mu(E \cup F) = (x^*, \chi_{E \cup F}) = (x^*, \chi_E + \chi_F) = (x^*, \chi_E) + (x^*, \chi_F) = \mu(E) + \mu(F)$$

が成り立つことから，μ の有限加法性が分かる．この μ（x^* から導かれた有限加法的実測度という）について

$$(x^*, f) = \int_\mathbf{N} f(n) d\mu(n) \ (f \in l_\infty)$$

を示そう．さて，μ の定義から，f が単関数の場合，すなわち，$f = \sum_{i=1}^m t_i \chi_{E_i}$ の場合に

$$(x^*, f) = \sum_{i=1}^m t_i (x^*, \chi_{E_i}) = \sum_{i=1}^m t_i \mu(E_i) = \int_\mathbf{N} f(n) d\mu(n)$$

が得られるので，任意の単関数 f について

$$(x^*, f) = \int_\mathbf{N} f(n) d\mu(n)$$

が成り立つ．次に一般の有界関数 f（すなわち，$f \in l_\infty$）の場合．定義 1.3.26 の後の注意 5 内の $(*)$ から f に一様ノルムで収束する或る単関数列 $\{g_n\}_{n \geq 1}$ について

$$\int_\mathbf{N} f(n) d\mu(n) = \lim_{m \to \infty} \int_\mathbf{N} g_m(n) d\mu(n)$$

が成り立つので，単関数についての上述の結果と，x^* の連続性から

$$\int_\mathbf{N} f(n) d\mu(n) = \lim_{m \to \infty} (x^*, g_m) = (x^*, f)$$

が得られる．すなわち，要求された結果である．さらに

$$\|x^*\| = |\mu|(\mathbf{N})$$

が成り立つことは，定理 1.3.27 の証明で与えられている．

これらの結果をまとめれば，l_∞ の共役空間 l_∞^* と $\mathcal{P}(\mathbf{N})$ 上で定義された有限加法的実測度全体の作る線形空間に，全変分ノルムと呼ばれるノルム $\|\mu\|$ ($= |\mu|(\mathbf{N})$ で定義) を導入して得られるノルム空間 $((\mathcal{M}_b(\mathbf{N}), \|\cdot\|)$ と表すことにする) の同等性，すなわち，次の定理が得られる．

定理 1.3.29 $x^* \in l_\infty^*$ について，x^* から導かれる有限加法的実測度を対応させる写像を Φ とする．そのとき，$\Phi : l_\infty^* \to \mathcal{M}_b(\mathbf{N})$ は上への等距離同形写像である．

以後，l_∞ の共役空間 $(l_\infty^*, \|\cdot\|)$ は $(\mathcal{M}_b(\mathbf{N}), \|\cdot\|)$ と同一視する．そして，共役空間 l_∞^* について，以下に述べる取り扱いが可能となることを注意する．さて，$x^* \in l_\infty^*$ が与えられたとき，$\mu = \Phi(x^*)$ とし，それに，**Yoshida-Hewitt 分解定理** (定理 1.3.17) を用いて

$$\mu = \mu_a + \mu_c$$

とする．そのとき，$\mu_a, \mu_c \in \mathcal{M}_b(\mathbf{N})$ であるから，$\Phi(x_a^*) = \mu_a$, $\Phi(x_c^*) = \mu_c$ を満たす $x_a^*, x_c^* \in l_\infty^*$ が存在し

$$x^* = x_a^* + x_c^*$$

が成り立つ．したがって，$f \in l_\infty$ について

$$(x^*, f) = (x_a^*, f) + (x_c^*, f) = \int_\mathbf{N} f(n) d\mu_a(n) + \int_\mathbf{N} f(n) d\mu_c(n)$$

と表すことができる．ところで

$$f(n) = \sum_{i=1}^\infty f(i) \chi_{\{i\}}(n) \ (n \in \mathbf{N})$$

と表現すれば

$$\int_\mathbf{N} f(n) d\mu_c(n) = \int_\mathbf{N} \left(\sum_{i=1}^\infty f(i) \chi_{\{i\}}(n) \right) d\mu_c(n)$$

である．ここで，この右辺を計算するために，$\mu_c = \mu_c^+ - \mu_c^-$ とジョルダン分解すれば

$$\int_\mathbf{N} \left(\sum_{i=1}^\infty |f(i)| \chi_{\{i\}}(n) \right) d\mu_c^+(n) = \sum_{i=1}^\infty |f(i)| \mu_c^+(\{i\}) \leq M \mu_c^+(\mathbf{N})$$

$$\le M|\mu_c|(\mathbf{N}) \le M|\mu|(\mathbf{N}) < +\infty \ (\text{ただし}, \ M = \sup_{n\ge 1}|f(n)|)$$

であるから, 項別積分可能であり

$$\int_{\mathbf{N}} f(n)d\mu_c^+(n) = \sum_{i=1}^{\infty}\int_{\mathbf{N}} f(i)\chi_{\{i\}}(n)d\mu_c^+(n) = \sum_{i=1}^{\infty} f(i)\mu_c^+(\{i\})$$

が得られる. 同様に

$$\int_{\mathbf{N}} f(n)d\mu_c^-(n) = \sum_{i=1}^{\infty} f(i)\mu_c^-(\{i\})$$

が得られるので

$$\int_{\mathbf{N}} f(n)d\mu_c(n) = \sum_{i=1}^{\infty} f(i)\mu_c(\{i\})$$

が成り立つ. すなわち

$$(x^*, f) = \int_{\mathbf{N}} f(n)d\mu_a(n) + \sum_{n=1}^{\infty} f(n)\mu_c(\{n\})$$

と表現される. このように, 共役空間 l_∞^* の元 x^* という抽象的存在が, 二つの種類の実測度の積分 (すなわち, 有限加法的実測度に関する積分と無限級数) の和として具体的に捉えられることが興味深い.

注意 6 有限加法的実測度 $\mu : \mathcal{P}(\mathbf{N}) \to \mathbf{R}$ を, **Yoshida-Hewitt 分解定理**から

$$\mu = \mu_a + \mu_c$$

とすれば, $\mathbf{N}$ の任意の有限部分集合 F について

$$\mu_a(F) = 0$$

が成り立つ (特に, 有限加法的測度 μ について, $\mu_a(F) = 0$ が成り立つ).

実際, 或る有限集合 F について, $\mu_a(F) \ne 0$ とすれば

$$\mu_a^+(F) > 0 \ \text{あるいは}, \ \mu_a^-(F) > 0$$

の一方は必ず成り立つ. 今, $\mu_a^+(F) > 0$ を仮定しよう. そのとき

$$\nu(E) = \mu_a^+(E \cap F) \ (E \in \mathcal{P}(\mathbf{N}))$$

で, $\nu : \mathcal{P}(\mathbf{N}) \to \mathbf{R}^+$ を定義すれば, F が有限集合であるから, ν は可算加法的測度であることが分かる. しかも, $\nu(E) \le \mu_a^+(E)$ であるか

ら，μ_a^+ の purely finitely additive 性から，$\nu = 0$ が得られる．ところが $\nu(F) = \mu_a^+(F) > 0$ であるから，矛盾が生じる．$\mu_a^-(F) > 0$ の場合も同様である．

注意 7 ここでは，後の章の準備内容としての必要性から，有限加法的実測度の関連理論ということで，特殊なバナッハ空間 l_∞ に対しての共役空間の理論を与えたが，もっと一般なバナッハ空間 $L_\infty(S, \Sigma, \mu)$ (本質的有界な実数値 Σ-可測関数全体の作るバナッハ空間) の共役空間の理論として実は展開できる．この内容については，章末問題 38 番として取り扱う中で言及することにする．

[(可算加法的) 実測度]

全体集合 S とし，その一つの σ-algebra を Σ とする．1.2 節では " 測度 μ" という言葉で，$\mu(\Sigma) \subset \mathbf{R}^+ \cup \{+\infty\}$ (すなわち, 非負値である) を満たす Σ 上で定義された可算加法的集合関数 μ のことを，そのように表してきた．ここでは必ずしも非負とは限らない実数値をとる集合関数について紹介したい．このような集合関数については，本節の前半部分で，algebra 上で定義された有限加法的実測度に出会っているが，ここでは，(それより，条件を強くした) Σ 上で定義された実測度の基本的結果を，有限加法的実測度の場合の結果を踏まえながら述べよう．すなわち，我々がここで理論展開しようとするのは，次で与えられる集合関数である．

定義 1.3.30 $\alpha : \Sigma \to \mathbf{R}$ が **実測度** である (あるいは，**任意符号測度**, signed measure, との表現もあり) とは
 (1) $\alpha(\emptyset) = 0$
 (2) (可算加法性) $\{A_n\}_{n \geq 1} \subset \Sigma$, $A_i \cap A_j = \emptyset$ $(i \neq j)$ について
$$\alpha\left(\bigcup_{n=1}^\infty A_n\right) = \sum_{n=1}^\infty \alpha(A_n)$$
が成り立つことである．

注意 8 定義 1.3.30 の (2) (可算加法性) は，非負値の集合関数の場合の収束, 発散より，強い情報を含んでいることを注意する．それは，(2) の可算加法性の条件は，(2) の右辺の級数が加える順序に無関係に或る一定の実数値に収束していることを意味していることである．それは，$\pi : \mathbf{N} \to \mathbf{N}$

を,自然数の集合 $\mathbf{N}$ の順列 (一対一, 上への写像) とするとき

$$\bigcup_{n=1}^{\infty} A_n = \bigcup_{n=1}^{\infty} A_{\pi(n)}$$

が成り立つことから

$$\sum_{n=1}^{\infty} \alpha(A_n) = \sum_{n=1}^{\infty} \alpha(A_{\pi(n)})$$

が得られるからである. したがって, 級数

$$\sum_{n=1}^{\infty} \alpha(A_n)$$

は, 加える順序に無関係な一定の値

$$\alpha\left(\bigcup_{n=1}^{\infty} A_n\right)$$

に収束している. このことは, 級数の収束に関するリーマンの定理:絶対収束しない収束級数 (すなわち, 条件収束級数) は, 加える順序を変えることにより, 任意の値に収束, 発散させることが可能である, を用いれば

$$\sum_{n=1}^{\infty} |\alpha(A_n)| < +\infty$$

すなわち

$$\sum_{n=1}^{\infty} \alpha(A_n)$$

が絶対収束していることを表している.

ここで, 実測度の基本的一例を挙げる (なお, 例 1.2.53 (I) (2) を参照せよ).

例 1.3.31 (例 1.3.3 と比較) $(\mathbf{N}, \mathcal{P}(\mathbf{N}), \mu)$ を $\mathbf{N}$ 上の個数測度の作る測度空間とする. そのとき, $f : \mathbf{N} \to \mathbf{R}$ で

$$\sum_{n=1}^{\infty} |f(n)| < +\infty$$

を満たす級数 (すなわち, 絶対収束級数)

$$\sum_{n=1}^{\infty} f(n)$$

について, f に対応して次のように定義される $\alpha_f : \mathcal{P}(\mathbf{N}) \to \mathbf{R}$ は, 実測度である.

$$\alpha_f(A) = \sum_{n \in A} f(n) \ (A \text{ に含まれる番号 } n \text{ のみについての和})$$

実測度の場合にも, 測度の場合と同様に, 単調収束する集合列についての収束定理として次が成り立つ.

命題 1.3.32 (1) $A \subset B$, $A, B \in \Sigma$ について $\alpha(B \backslash A) = \alpha(B) - \alpha(A)$ が成り立つ.

(2) $\{A_n\}_{n \geq 1} \subset \Sigma$, $A_n \uparrow A$ ならば

$$\alpha(A) = \lim_{n \to \infty} \alpha(A_n)$$

が成り立つ.

(3) $\{A_n\}_{n \geq 1} \subset \Sigma$, $A_n \downarrow A$ ならば

$$\alpha(A) = \lim_{n \to \infty} \alpha(A_n)$$

が成り立つ.

証明 共に証明は, 測度の場合の命題 1.2.20 (2), 命題 1.2.20 (4) (i), (ii) と各々同様であるから, 各自で与えること.

algebra 上で定義された有限加法的実測度の場合には, 有界性が仮定されたのであるが, σ-algebra 上で定義された実測度については, 次が成り立つことを注意しておこう.

命題 1.3.33 任意の実測度は有界である.

証明 $\alpha : \Sigma \to \mathbf{R}$ を与える. そのとき

$$\sup\{|\alpha(A)| \ : \ A \in \Sigma\} < +\infty$$

を示す. これを否定することで, 矛盾を導こう. そのために, この否定

$$(*) \ \sup\{|\alpha(A)| \ : \ A \in \Sigma\} = +\infty$$

から, 次の性質を満たすような集合列 $\{A_n\}_{n \geq 0} \subset \Sigma$ の存在を示そう.

$$A_0 \supset A_1 \supset \cdots \supset A_n \supset \cdots$$

$$|\alpha(A_n)| \geq n \ (n = 0, 1, 2, \ldots)$$

$$\sup\{|\alpha(A)| \ : \ E \subset A_n, \ E \in \Sigma\} = +\infty$$

この集合列が得られたとすれば

$$A = \bigcap_{n=1}^{\infty} A_n \ (\in \Sigma)$$

について, 命題 1.3.32 (3) から

$$|\alpha(A)| = \lim_{n \to \infty} |\alpha(A_n)| = +\infty$$

となり, $\alpha(\Sigma) \in \mathbf{R}$ に矛盾する. したがって, このような集合列の存在を示そう. そのために, このような集合列を帰納的に定義しよう. 先ず $A_0 = S$ とする. そのとき, $(*)$ から

$$\sup\{|\alpha(E)| \ : \ E \subset A_0, \ E \in \Sigma\} = +\infty$$

より, $E_1 \subset A_0$ で

$$|\alpha(E_1)| \geq |\alpha(A_0)| + 1$$

を満たす $E_1 \in \Sigma$ が存在する. そのとき, 次のどちらか少なくとも一方が成り立つ.

 (i) $M = \sup\{|\alpha(E)| \ : \ E \subset E_1, \ E \in \Sigma\} = +\infty$
 (ii) $M' = \sup\{|\alpha(E)| \ : \ E \subset A_0 \backslash E_1, \ E \in \Sigma\} = +\infty$
 実際, (i), (ii) 共に不成立とすれば, $M < +\infty$, $M' < +\infty$ であるから, 任意の $A \in \Sigma$ について

$$\begin{aligned} |\alpha(A)| &= |\alpha(A \cap E_1) + \alpha(A \backslash E_1)| \\ &\leq |\alpha(A \cap E_1)| + |\alpha(A \backslash E_1)| \\ &\leq M + M' \end{aligned}$$

となり

$$\sup\{|\alpha(A)| \ : \ A \in \Sigma\} \leq M + M' \ (< +\infty)$$

を得るから, $(*)$ に矛盾する. したがって, (i) あるいは (ii) が成り立つ.
 (i) が成り立つ場合は, $A_1 = E_1$ と定義する.
 (ii) が成り立つ場合は, $A_1 = A_0 \backslash E_1$ と定義する.
(なお, (i), (ii) 共に成り立つ場合は, どちらで定義してもよい). そのとき, $A_0 \supset A_1$ であり

$$\sup\{|\alpha(E)| \ : \ E \subset A_1, \ E \in \Sigma\} = +\infty$$

が成り立つ．しかも (i), (ii) のいずれの場合にも

$$|\alpha(A_1)| \geq 1$$

が成り立つ．実際, (i) の場合は明らかであり, (ii) の場合には

$$|\alpha(A_1)| = |\alpha(A_0 \backslash E_1)| = |\alpha(A_0) - \alpha(E_1)| \geq |\alpha(E_1)| - |\alpha(A_0)| \geq 1$$

から生じる．よって, A_1 は要求された性質を持つ集合である．次に, 上述の性質を満たすような集合 A_2 を作ろう．A_1 の性質から

$$\sup\{|\alpha(E)| : E \subset A_1, E \in \Sigma\} = +\infty$$

であるから, $E_2 \subset A_1$ で

$$|\alpha(E_2)| \geq |\alpha(A_1)| + 2$$

を満たす $E_2 \in \Sigma$ が存在する．そのとき前段と同様にして, 次の (iii), (iv) が成り立つ．

　(iii) $\sup\{|\alpha(E)| : E \subset E_2, E \in \Sigma\} = +\infty$
　(iv) $\sup\{|\alpha(E)| : E \subset A_1 \backslash E_2, E \in \Sigma\} = +\infty$

そして, この E_2 に対応して, 前段と同様に A_2 を定義する．すなわち, (iii) が成り立つとき, $A_2 = E_2$ であり, (iv) が成り立つとき, $A_2 = A_1 \backslash E_2$ とする．そのとき, $A_1 \supset A_2$ で

$$\sup\{|\alpha(E)| : E \subset A_2, E \in \Sigma\} = +\infty$$

および

$$|\alpha(A_2)| \geq 2$$

が成り立つ．この論法で, A_n から A_{n+1} を次の性質を持つように作ることができる (わかり易さのため, この程度の表現とするので, 各自で確かめること)．

$$A_n \supset A_{n+1}$$
$$\sup\{|\alpha(E)| : E \subset A_{n+1}, E \in \Sigma\} = +\infty$$
$$|\alpha(A_{n+1})| \geq n+1$$

以上により, 要求された集合列 $\{A_n\}_{n \geq 0}$ が構成されるので, 証明が完結する．

この結果から, σ-algebra 上で定義された実測度は, (有界な) 有限加法的実測度になるので, 前半部分で有限加法的実測度に対して展開された理

論は，そのまま実測度の場合にも利用可能である．したがって，実測度の理論の上で基本的な結果：

[ジョルダン分解とハーン分解]

が，以下で述べるように得られる．すなわち，次の二つの定理：集合 S の σ-algebra Σ 上で定義された実測度 $\alpha : \Sigma \to \mathbf{R}$ を「二つの測度の差として表現する」(ジョルダンの分解定理) および，S を「α についての正集合 (positive set) P と負集合 (negative set) N に分割する」(ハーン分解) という二つである．これらの二つの事実は相互に関連を持つもので，「実測度の分解 $\Leftrightarrow$ S の分解」(すなわち，実測度の二つの測度への分解が，全体集合 S の上述の分割を生み，逆に全体集合 S の上述の分解が実測度の二つの測度への分解を生む) という状況が，実際に見て取れる．

先ず，これら二つの定理を正確に述べよう．

(I) **定理 1.3.34** (ジョルダン分解定理) $\alpha : \Sigma \to \mathbf{R}$ を実測度とするとき，二つの測度 $\alpha^+ : \Sigma \to [0, +\infty)$, $\alpha^- : \Sigma \to [0, +\infty)$ が存在して

$$\alpha(E) = \alpha^+(E) - \alpha^-(E) \ (E \in \Sigma)$$

を満たす．すなわち，$\alpha = \alpha^+ - \alpha^-$ が成り立つ．

しかも，α が他の二つの測度 α_1, α_2 によって

$$\alpha = \alpha_1 - \alpha_2$$

と表されるとすれば，$\alpha^+ \leq \alpha_1$, $\alpha^- \leq \alpha_2$ が成り立つ．

ハーン分解定理を述べるために，実測度 α に関する正集合，負集合，零集合 (null set) の概念を与える．

定義 1.3.35 $\alpha : \Sigma \to \mathbf{R}$ を実測度とする．或る集合 $E \ (\in \Sigma)$ が
(i) α に関する **正集合** (positive set) $\Leftrightarrow$

$$\alpha(A) \geq 0 \ (\forall A \subset E, \ A \in \Sigma)$$

(ii) α に関する **負集合** (negative set) $\Leftrightarrow$

$$\alpha(A) \leq 0 \ (\forall A \subset E, \ A \in \Sigma)$$

(iii) α に関する **零集合** (null set) $\Leftrightarrow$

$$\alpha(A) = 0 \ (\forall A \subset E, \ A \in \Sigma)$$

であることをいう．すなわち，正集合かつ負集合であるとき，零集合という．

そのとき，正集合，負集合，零集合についての次の簡単な性質が得られる．

命題 1.3.36 $\alpha : \Sigma \to \mathbf{R}$ を実測度とするとき，α の正集合の全体から成る集合の族 ($\mathcal{F}^+$ と記すことにする) は，次の性質を持つ．
 (1) $A \in \mathcal{F}^+$, $B \subset A$ ならば，$B \in \mathcal{F}^+$ である．
 (2) $\{A_n\}_{n \geq 1} \subset \mathcal{F}^+$ ならば，$E = \bigcup_{n=1}^{\infty} A_n \in \mathcal{F}^+$ である．
同様の事実が負集合全体から成る集合の族，零集合全体から成る集合の族についても成り立つ．

証明 (1) について．正集合の定義から明らかである．
 (2) について．$B_1 = A_1$, $B_2 = A_2 \backslash A_1, \cdots, B_n = A_n \backslash \bigcup_{i=1}^{n-1} A_i$ $(n \geq 2)$ と定義すれば，$B_i \cap B_j = \emptyset$ $(i \neq j)$ であり，(1) から $B_n \in \mathcal{F}^+$ $(n = 1, 2, \ldots)$ であり
$$E = \bigcup_{n=1}^{\infty} A_i = \bigcup_{n=1}^{\infty} B_n$$
である．そのとき，任意の $F \subset E$, $F \in \Sigma$ について，$F_n = F \cap B_n$ とおけば，$B_n \in \mathcal{F}^+$ から，$\alpha(F_n) \geq 0$ であり，α の実測度性 (それゆえ，可算加法性) を用いれば
$$\alpha(F) = \sum_{n=1}^{\infty} \alpha(F_n)$$
が成り立つので $\alpha(F) \geq 0$ が得られる．すなわち，$E \in \mathcal{F}^+$ が得られた．

(II) **定理 1.3.37** (ハーン分解定理) $\alpha : \Sigma \to \mathbf{R}$ を実測度とするとき，S は，α に関する正集合 P と負集合 N の二つに分割される．すなわち
$$S = P \cup N \ (P \cap N = \emptyset, \ P, N \in \Sigma)$$
(この事実を，$S = (P, N)$ と記すことにする) しかも，このような分解は次の意味で一通りである．
$$S = (P_1, N_1) = (P_2, N_2)$$
であるとき，$P_1 \equiv P_2$, $N_1 \equiv N_2$ が成り立つ．
 ここで，$P_1 \equiv P_2$ 等は，$P_1 \triangle P_2$ (P_1 と P_2 の対称差 $= (P_1 \backslash P_2) \cup (P_2 \backslash P_1)$) が零集合であることを意味する．

以下で，(I) ジョルダン分解定理 (定理 1.3.34) と，(II) ハーン分解定理 (定理 1.3.37) の証明を二通り与える．

(1)「(I) を証明し，その結果を利用して (II) を得る方法」について

[ジョルダン分解定理の証明] σ-algebra Σ 上で定義された実測度は, 命題 1.3.33 より, 有界であるから, 有限加法的実測度のジョルダン分解定理 (系 1.3.9) と補題 1.3.11 から得られる．

このジョルダン分解定理を利用したハーン分解定理の証明を与えよう．

[ハーン分解定理の証明] $\alpha : \Sigma \to \mathbf{R}$ を実測度とし, α のジョルダン分解を
$$\alpha = \alpha^+ - \alpha^-$$
とする．そのとき, 命題 1.3.10 の証明の後の注意 2 より
$$\inf(\alpha^+, \alpha^-) = 0$$
すなわち
$$\inf\{\alpha^+(E) + \alpha^-(E^c) \,:\, E \in \Sigma\} = 0$$
であるから, 各 $n = 1, 2, \ldots$ について, $E_n \in \Sigma$ が存在して
$$\frac{1}{2^n} > \alpha^+(E_n) + \alpha^-(E_n^c) \ (= \alpha^+(E_n) + \alpha^-(S \backslash E_n))$$
が成り立つ．このとき, 各 n 毎に
$$F_n = \bigcup_{m \geq n} E_m$$
として, Σ に属し, 単調減少する集合列 $\{F_n\}_{n \geq 1}$ を定義する．そして
$$N = \bigcap_{n=1}^{\infty} F_n$$
とおく．そのとき, $\alpha^+(N) = 0$ が得られる．実際
$$0 \leq \alpha^+(N) = \lim_{n \to \infty} \alpha^+(F_n) \leq \lim_{n \to \infty} \sum_{m \geq n} \alpha^+(E_m) \leq \lim_{n \to \infty} \frac{1}{2^{n-1}} = 0$$
となるからである．したがって
$$0 = \alpha^+(N) = \sup\{\alpha(E) \,:\, E \subset N,\, E \in \Sigma\}$$
が得られ
$$E \subset N,\, E \in \Sigma \ \Rightarrow\ \alpha(E) \leq 0$$

が分かるから，N は α の負集合である．そして，$P = S \backslash N$ とおけ．このとき，P が α の正集合であることが，次のようにして得られる．

$$0 \leq \alpha^-(P) = \alpha^-(S \backslash \bigcap_{n \geq 1} F_n) = \lim_{n \to \infty} \alpha^-(S \backslash F_n)$$

$$\leq \lim_{n \to \infty} \alpha^-(S \backslash E_n) \leq \lim_{n \to \infty} \frac{1}{2^n} = 0$$

が成り立つから

$$0 = \alpha^-(P) = -\inf\{\alpha(E) \,:\, E \subset P,\, E \in \Sigma\}$$

が得られ

$$E \subset P,\, E \in \Sigma \Rightarrow \alpha(E) \geq 0$$

が生じる．すなわち，P は α の正集合である．よって，(P, N) が S のハーン分解であることが分かる．

最後に，このような分解 (P, N) が上述の意味でただ一通りであることは，ハーン分解定理の二つ目の証明の中で与えることにするから，そちらを参照せよ．

次に，他の方法による証明を与えよう．

(2) 「(II) を証明して，その結果を利用して (I) を得る方法」について

[ハーン分解定理の証明] 次の補題が重要である．

補題 1.3.38 $\alpha : \Sigma \to \mathbf{R}$ を実測度とするとき，$\alpha(E) > 0$ を満たす集合 $E\ (\in \Sigma)$ について，$\alpha(A) > 0$ および $A \subset E$ を満たす正集合 A が存在する (すなわち，α-測度が正の集合 E は，必ず α-測度正の正集合 A を含む)．

証明 E が正集合の場合，$A = E$ ととればよい．したがって，$B \subset E$, $B \in \Sigma$ で，$\alpha(B^*) < 0$ を満たす B^* が存在する場合を考えよう．このとき，次の集合族 $\mathcal{F}_1$ に注目する．

$$\mathcal{F}_1 = \{B \in \Sigma \,:\, \alpha(B) < 0,\, B \subset E\}$$

そのとき，$B^* \in \mathcal{F}_1$ であるから，$\mathcal{F}_1 \neq \emptyset$ である．したがって，(この集合族 $\mathcal{F}_1$ に対応する) $\mathbf{N}$ (自然数全体の集合) の次の部分集合 $\mathbf{N}_1$ を考えれば，$\mathbf{N}_1 \neq \emptyset$ である．

$$\mathbf{N}_1 = \{n \in \mathbf{N} \,:\, \alpha(B) < -\frac{1}{n} \text{ を満たす } B \in \mathcal{F}_1 \text{ が存在}\}$$

実際, $B^* \in \mathcal{F}_1$ であるから, n を十分大きくとれば, $\alpha(B^*) < -1/n$ とできるからである. したがって, $n(1) = \min\{n : n \in \mathbf{N}_1\}$ とおけば, $\mathbf{N}_1$ の定義から
$$\alpha(B_1) < -\frac{1}{n(1)}$$
を満たす $B_1 \in \mathcal{F}_1$ が存在する. このとき, $E_1 = E \backslash B_1$ とする. E_1 が正集合ならば, $A = E_1$ ととればよい. 実際, そのとき
$$\alpha(A) = \alpha(E) - \alpha(B_1) > \alpha(E) + \frac{1}{n(1)} > 0$$
より, 要求された集合となるからである. したがって, E_1 が正集合でない場合を考える. 前段と同様にして, 次の集合族 $\mathcal{F}_2$ に注目する.
$$\mathcal{F}_2 = \{B \in \Sigma : \alpha(B) < 0,\ B \subset E_1\}$$
そのとき, E_1 が正集合でないから, $\mathcal{F}_2 \neq \emptyset$ であり, $\mathcal{F}_2 \subset \mathcal{F}_1$ である. そして
$$\mathbf{N}_2 = \{n \in \mathbf{N} : \alpha(B) < -\frac{1}{n} \text{ を満たす } B \in \mathcal{F}_2 \text{ が存在}\}$$
と定義すれば, 前段と同様に $\mathbf{N}_2 \neq \emptyset$ である. したがって, $n(2) = \min\{n : n \in \mathbf{N}_2\}$ とおけば, $n(2) \geq n(1)$ であり, $\mathbf{N}_2$ の定義から
$$\alpha(B_2) < -\frac{1}{n(2)}$$
を満たす $B_2 \in \mathcal{F}_2$ が存在する. このとき, $E_2 = E_1 \backslash B_2\ (= E \backslash (B_1 \cup B_2))$ とし, 前段と同様に考える. E_2 が正集合ならば, $A = E_2$ と取れば, これは要求された集合である. そうでない場合, 前段と同様の議論を展開する. そのとき, 我々は次の二通りの場合に出会う.

(i) 或る k 段階目に, $A = E \backslash (B_1 \cup \cdots \cup B_k)$ とすることで, 要求された集合 A が得られる場合.

(ii) (i) でない場合. このとき, 我々は次のような互いに素な集合の集合列 $\{B_m\}_{m \geq 1}$, および, 自然数の列 $\{n(m)\}_{m \geq 1}$ を得る.
$$n(1) \leq n(2) \leq \cdots \leq n(m) \leq \cdots$$
$B_m \subset E \backslash (B_0 \cup B_1 \cup \cdots \cup B_{m-1})\ (m = 1, 2, \ldots)$, ただし, $B_0 = \emptyset$
$$\alpha(B_m) < -\frac{1}{n(m)}\ (m = 1, 2, \ldots)$$
そのとき, $B = \bigcup_{m=1}^{\infty} B_m\ (\in \Sigma)$ について
$$\sum_{m=1}^{\infty} \frac{1}{n(m)} < -\sum_{m=1}^{\infty} \alpha(B_m) = -\alpha(B)\ (\in \mathbf{R})$$

となるから

$$\frac{1}{n(m)} \to 0, \text{ すなわち, } n(m) \to \infty \ (m \to \infty)$$

である．このことを利用して

$$A = E \backslash \left(\bigcup_{m=1}^{\infty} B_m \right)$$

が要求された集合となることを示そう．実際, $\alpha(A) > 0$ は, 前段と同様にすれば明らかである．したがって, A が正集合であることをいう．そのために, $\alpha(B) < 0, \ B \subset A$ を満たす集合 B が存在するとして, 矛盾を導こう．このとき

$$B \subset A \subset E \backslash (B_1 \cup \cdots \cup B_m) \ (m = 1, 2, \ldots)$$

であるから, $B \in \mathcal{F}_m \ (m = 1, 2, \ldots)$ である．したがって, 十分大きい全ての m については

$$\alpha(B) \geq -\frac{1}{n(m)-1} \ \cdots (*)$$

が成り立つ．実際, このような或る m で

$$\alpha(B) < -\frac{1}{n(m)-1}$$

ならば, $n(m) - 1 \in \mathbf{N}_m$ であるから

$$n(m) - 1 \geq \min\{n \ : \ n \in \mathbf{N}_m\} = n(m)$$

となり, 矛盾が生じるからである．したがって, $(*)$ で, $m \to \infty$ とすれば, $n(m) \to \infty$ であるから, $\alpha(B) \geq 0$ を得る．このことは, $\alpha(B) < 0$ に矛盾する．したがって, A は正集合であり, 要求された集合であることが分かる．

以上により, 補題の証明が完結する．

これらの準備を下にして, (II) の証明を与えよう．

[ハーン分解定理の証明] S が α の負集合ならば, $P = \emptyset, \ N = S$ とすれば, 要求された分解 (P, N) を得る．したがって, S が負集合でないときに, 分解 (P, N) を見つけよう．S が負集合でないから, $\alpha(F) > 0$ である集合 F が存在する．そのとき

$$\mathcal{F}^+ = \{E \in \Sigma \ : \ E \text{ は正集合}\}$$

を考えれば, 補題 1.3.38 から, F が正集合 A を含むから, $\mathcal{F}^+ \neq \emptyset$ である. そして
$$c = \sup\{\alpha(E) : E \in \mathcal{F}^+\} \ (\in \mathbf{R})$$
とせよ. そのとき, 各 n 毎に $E_n \in \mathcal{F}^+$ が存在して
$$c - \frac{1}{n} < \alpha(E_n) \ (n = 1, 2, \ldots)$$
が成り立つ. そのとき, $P = \bigcup_{n=1}^{\infty} E_n$ とおけば, 命題 1.3.36 より, $P \in \mathcal{F}^+$ である. しかも $P \backslash E_n \in \mathcal{F}^+$ であるから
$$\alpha(P) = \alpha(P \backslash E_n) + \alpha(E_n) \geq \alpha(E_n)$$
を用いれば
$$c \geq \alpha(P) > c - \frac{1}{n} \ (n = 1, 2, \ldots)$$
である. したがって, $n \to \infty$ として, $c = \alpha(P)$ を得る. このとき, $N = S \backslash P$ は負集合である. 実際, そうでないとすれば, $\alpha(E) > 0$ である集合 $E \ (\subset N)$ が存在するから, この E に対して補題 1.3.38 を用いることで, $A \in \mathcal{F}^+$ で, $\alpha(A) > 0$ を満たすものが存在する. このとき $P \cup A \in \mathcal{F}^+$ であるから
$$c \geq \alpha(P \cup A) = \alpha(P) + \alpha(A) > \alpha(P) = c$$
が得られ, 矛盾が生じる. したがって, N は負集合となるから, (P, N) が要求された分解となる.

最後に, このような分解 (P, N) が上述の意味でただ一通りであることを注意する. $(P_1, N_1), (P_2, N_2)$ がハーン分解とすれば
$$X = P_1 \cup N_1 = P_2 \cup N_2, \ P_1 \cap N_1 = \emptyset, \ P_2 \cap N_2 = \emptyset$$
を満たす. したがって
$$P_1 \backslash P_2 = N_1^c \backslash (N_2^c) \subset N_2$$
および (同様にして)
$$P_2 \backslash P_1 \subset N_1$$
が得られる. したがって, 命題 1.3.36 の (1) を (零集合の場合として) 用いれば, $P_1 \backslash P_2$, $P_2 \backslash P_1$ は共に零集合であるから, P_1 と P_2 の対称差: $P_1 \triangle P_2$ が零集合であることが分かる. $N_1 \triangle N_2$ についても同様である.

以上で, ハーン分解定理の証明が完結する.

このハーン分解定理を利用して, 実測度 α のジョルダン分解を与えよう.

[ジョルダン分解定理の証明] S の α に関するハーン分解を (P, N) とする. そのとき
 (a) $\alpha^+(E) = \alpha(E \cap P)$ $(E \in \Sigma)$
 (b) $\alpha^-(E) = -\alpha(E \cap N)$ $(E \in \Sigma)$
が成り立つことを示そう. 同様であるから, (a) のみ示そう. α^+ の定義は

$$\alpha^+(E) = \sup\{\alpha(A) : A \subset E,\ A \in \Sigma\}$$

であることを思い出せば, $E \cap P \subset E$, $E \cap P \in \Sigma$ であるから, 先ず

$$\alpha^+(E) \geq \alpha(E \cap P)$$

である. 一方, 任意の $A \subset E,\ A \in \Sigma$ について

$$\alpha(A) = \alpha(A \cap P) + \alpha(A \cap N)$$

で, N が負集合であるから, 命題 1.3.36 の (1) を (負集合の場合として) 用いて, $\alpha(A \cap N) \leq 0$ である. したがって, $\alpha(A) \leq \alpha(A \cap P)$ である. また

$$\alpha(E \cap P) = \alpha((E \backslash A) \cap P) + \alpha(A \cap P)$$

で, P が正集合であるから, $\alpha((E \backslash A) \cap P) \geq 0$ である. したがって

$$\alpha(A) \leq \alpha(A \cap P) \leq \alpha(E \cap P)$$

となり, A について左辺の上限をとれば

$$\alpha^+(E) \leq \alpha(E \cap P)$$

が得られる. 以上から

$$\alpha^+(E) = \alpha(E \cap P)$$

が示された. (b) も同様に得られる (各自で確かめること) から

$$\alpha(E) = \alpha(E \cap P) + \alpha(E \cap N) = \alpha^+(E) - \alpha^-(E)$$

となり, $\alpha = \alpha^+ - \alpha^-$ が示された.

ジョルダン分解, ハーン分解の分かり易い例は, 積分可能関数 f に対応して定義される実測度の場合である.

例 1.3.39 (S, Σ, μ) を測度空間とし, $f \in L_1(S, \Sigma, \mu)$ をとる. f に対応する実測度 α_f について, そのハーン分解, ジョルダン分解は, 次のように得られる.

(I) ハーン分解について. $P = \{s \in S : f(s) \geq 0\}$, $N = \{s \in S : f(s) < 0\}$ とすれば, P は α_f の正集合, N は α_f の負集合である. しかも, $S = P \cup N$, $P \cap N = \emptyset$ である. したがって, (P, N) は S の一つのハーン分解を与えている.

なお, $P' = \{s \in S : f(s) > 0\}$, $N' = \{s \in S : f(s) \leq 0\}$ としても, 容易に分かるように, (P', N') は S の一つのハーン分解である. これから, ハーン分解の一意性の意味が集合論的な意味 (集合としての一致) では成り立たないことが分かる.

(II) ジョルダン分解について.

$$\alpha_f^+(E) = \int_E f^+(s) d\mu(s), \ \alpha_f^-(E) = \int_E f^-(s) d\mu(s) \ (E \in \Sigma)$$

として定義される測度 α_f^+, α_f^- が, 容易に分かるように α_f のジョルダン分解を与えている.

この節の最後として, **測度の集合族の束性** を利用する方法に依存して

[ルベーグ分解定理]

について言及しよう. その定理を述べるために, **絶対連続性** (absolute continuity) と **特異性** (singularity) の二つの概念を定義しよう.

定義 1.3.40 (S, Σ, μ) を有限測度空間とし, $\nu : \Sigma \to \mathbf{R}$, 実測度とする.

(i) ν が μ-**絶対連続** (μ-absolutely continuous) であるとは, $\mu(E) = 0$ を満たす任意の $E \in \Sigma$ について

$$|\nu|(E) = 0 \ (\text{すなわち, } \nu^+(E) = \nu^-(E) = 0)$$

が成り立つことをいう.

(ii) ν が μ-**特異** (μ-singular) であるとは, 或る $E \in \Sigma$ が存在して

$$|\nu|(E) = 0 \text{ かつ } \mu(E^c) = 0$$

が成り立つことをいう.

定義 1.3.40 から, 次が容易に得られる.

命題 1.3.41 (S, Σ, μ) を有限測度空間とし, ν, ν_1, ν_2 は Σ 上で定義された実測度とする. また, $f \in L_1(S, \Sigma, \mu)$ とする. そのとき, 次が成り立つ.

(1) ν_1, ν_2 が, 共に μ-絶対連続ならば, $\nu_1 + \nu_2$ は μ-絶対連続である. 特に, $|\nu|$ が μ-絶対連続であるための必要十分条件は, ν^+, ν^- が, 共に μ-絶対連続であることである.

(2) ν が μ-特異であるための必要十分条件は, $\inf(|\nu|, \mu) = 0$ が成り立つことである.

(3) ν_1, ν_2 が, 共に μ-特異ならば, $\nu_1 + \nu_2$ は μ-特異である. 特に, $|\nu|$ が μ-特異であるための必要十分条件は, ν^+, ν^- が, 共に μ-特異であることである.

(4) ν が μ-絶対連続かつ μ-特異ならば, $\nu = 0$ が成り立つ.

(5) ν が μ-絶対連続とする. そのとき, 任意の正数 ε に対して, 或る正数 δ をとれば, $\mu(A) < \delta$ を満たす任意の $A \in \Sigma$ について, $|\nu|(A) < \varepsilon$ が成り立つ.

(6) f に対応する実測度 α_f (例 1.3.39) は, μ-絶対連続である.

証明 (1) は容易. 各自で確かめること.

(2) について. ($\Rightarrow$) これは, $|\nu|(E) = \mu(E^c) = 0$ を満たす $E \in \Sigma$ が存在すれば
$$0 \leq \inf(|\nu|, \mu)(S) \leq |\nu|(E) + \mu(E^c) = 0$$
が得られることから, 要求された結果が生じる.

($\Leftarrow$) ジョルダン分解定理からハーン分解定理を導いた証明を参考に記述すれば, $|\nu|(E) = \mu(E^c) = 0$ を満たす $E \in \Sigma$ が得られる. 各自で確かめること.

(3) について. 仮定から $E_1, E_2 \in \Sigma$ で
$$|\nu_1|(E_1) = \mu(E_1^c) = 0, \ |\nu_2|(E_2) = \mu(E_2^c) = 0$$
を満たすものが存在する. そのとき, $E = E_1 \cap E_2$ とおけば
$$0 \leq |\nu_1 + \nu_2|(E) \leq |\nu_1|(E) + |\nu_2|(E) \leq |\nu_1|(E_1) + |\nu_2|(E_2) = 0$$
かつ
$$0 \leq \mu(E^c) \leq \mu(E_1^c) + \mu(E_2^c) = 0$$
が得られるから, 要求された結果が生じる. 後半部分は, この結果と, $\nu^+ \leq |\nu|$, $\nu^- \leq |\nu|$ を用いることで得られる. 各自で確かめること.

(4) について. ν が μ-特異であるから, 或る $E \in \Sigma$ が存在して
$$|\nu|(E) = 0 \text{ かつ } \mu(E^c) = 0$$
が成り立つ. そのとき, 任意の $F \in \Sigma$ について
$$|\nu|(F) = |\nu|(F \cap E) + |\nu|(F \cap E^c) = 0 + 0 = 0$$

が得られる. それは
$$|\nu|(F \cap E) \leq |\nu|(E) = 0$$
および, $\mu(F \cap E^c) = 0$ と ν の μ-絶対連続性から
$$|\nu|(F \cap E^c) = 0$$
が成り立つからである. したがって, $\nu = 0$ である.

(5) これが成り立たないとして, 矛盾を導こう. そのとき, 或る正数 ε を適当にとれば, 任意の自然数 n について, $\mu(A_n) < 1/2^n$ かつ, $|\nu|(A_n) \geq \varepsilon$ を満たす $A_n \in \Sigma$ が存在する. したがって
$$A = \bigcap_{k=1}^{\infty}(\bigcup_{n \geq k} A_n)$$
とおけば
$$\mu(A) = \lim_{k \to \infty} \mu(\bigcup_{n \geq k} A_n) \leq \lim_{k \to \infty} \frac{1}{2^{k-1}} = 0, \ |\nu|(A) \geq \varepsilon$$
が得られる. これは, $[\mu(A) = 0 \Rightarrow |\nu|(A) = 0]$ (ν の μ-絶対連続性) に矛盾する.

(6) 各 $E \in \Sigma$ について, $|\alpha_f|(E) = \alpha_f^+(E) + \alpha_f^{-1}(E)$ (命題 1.3.20) で
$$\alpha_f^+(E) = \int_E f^+(s) d\mu(s), \ \alpha_f^-(E) = \int_E f^{-1}(s) d\mu(s)$$
より
$$|\alpha_f|(E) = \int_E |f(s)| d\mu(s) \ (E \in \Sigma)$$
が成り立つことから, $\mu(E) = 0$ ならば, $|\alpha_f|(E) = 0$ が生じる.

さて, ルベーグ分解定理を与えよう.

定理 1.3.42 (ルベーグ分解定理, Lebesgue Decomposition Theorem) (S, Σ, μ) を有限測度空間とし, $\nu : \Sigma \to \mathbf{R}^+$, 測度とする. そのとき, μ-絶対連続な測度 $\nu_a : \Sigma \to \mathbf{R}^+$ と μ-特異な測度 $\nu_s : \Sigma \to \mathbf{R}^+$ が存在して
$$\nu = \nu_a + \nu_s \ (すなわち, \nu(E) = \nu_a(E) + \nu_s(E), \ E \in \Sigma)$$
が成り立つ. しかも, このような分解はただ一通りである. すなわち
$$\nu = \nu_{a,1} + \nu_{s,1} = \nu_{a,2} + \nu_{s,2}$$

(ただし, $\nu_{a,1}$, $\nu_{a,2}$ は, μ-絶対連続, $\nu_{s,1}$, $\nu_{s,2}$ は, μ-特異) であるとき

$$\nu_{a,1} = \nu_{a,2},\ \nu_{s,1} = \nu_{s,2}$$

が成り立つ.

証明 以下で述べる証明の概要は, [ν から出来る限りの μ-絶対連続な測度分をとれば, 残りは結局 μ-特異な測度分である] ということである. さて, この考え方に沿った証明を展開しよう. 各自然数 n について

$$\nu_n = \inf(\nu, n \cdot \mu)$$

で定義される測度 ν_n を考える. そのとき, 各 $E \in \Sigma$ について, ν_n の定義式から

$$\nu_1(E) \le \nu_2(E) \le \cdots \le \nu_n(E) \le \cdots \le \nu(E)$$

が分かる. したがって

$$\nu_a(E) = \lim_{n \to \infty} \nu_n(E)\ (E \in \Sigma)$$

により, $\nu_a : \Sigma \to \mathbf{R}^+$ が定義できる. そのとき

$$\nu_a(E) \le \nu(E)\ (E \in \Sigma)$$

であり, ν_a の有限加法性は明らかであるから, ν_a は測度であることが分かる (必ずしも, 定理 1.3.13 に依存しなくて良い). すなわち, その可算加法性の証明は, 次のように容易である.

$$E = \sum_{n=1}^{\infty} E_n\ (E,\ E_n \in \Sigma, \forall n)$$

とせよ. そのとき, ν_a の有限加法性と ν の可算加法性を用いて

$$\begin{array}{rcl}
\nu_a(E) - \sum_{n=1}^{m} \nu_a(E_n) & = & \nu_a(E \backslash \sum_{n=1}^{m} E_n) \\
& \le & \nu(E \backslash \sum_{n=1}^{m} E_n) \\
& \to & 0\ (m \to \infty)
\end{array}$$

が得られるからである. さらに, ν_a は μ-絶対連続である. それは

$$0 \le \nu_n(E) \le n \cdot \mu(E)\ (E \in \Sigma)$$

であるから, $\mu(E) = 0$ ならば, $\nu_n(E) = 0$ $(\forall n)$ が得られ, その結果, $\nu_a(E) = 0$ が成り立つからである. しかも, $\nu - \nu_a$ は μ-特異が分かる. すなわち

$$\inf(\nu - \nu_a, \mu) = 0$$

が成り立つ. 以下で, この事実を示そう. そのために, 任意に正数 ε を与えよ. そして, 適当に $E \in \Sigma$ をとることで

$$(\nu - \nu_a)(E) < \varepsilon, \ \mu(E^c) < \varepsilon$$

が成り立つことを示そう. そのために $\alpha_n = \nu - n \cdot \mu$ $(n = 1, 2, \ldots)$ とおき, 各 α_n によるハーン分解を (P_n, N_n) とする. そのとき

$$E \subset N_n, \ E \in \Sigma \ \Rightarrow \ \alpha_n(E) \ (= (\nu - n \cdot \mu)(E)) \leq 0$$

が成り立つ. また

$$0 \leq \alpha_n(P_n) = \nu(P_n) - n \cdot \mu(P_n)$$

が成り立つので

$$\mu(P_n) \leq \frac{\nu(P_n)}{n} \leq \frac{\nu(S)}{n} \to 0 \ (n \to \infty)$$

が得られる. したがって, m が存在して

$$\mu(P_m) \ (= \mu(N_m^c)) < \varepsilon$$

が成り立つ. このとき, $E = N_m$ が求めるものであることが, 以下で示される. すなわち

$$(\nu - \nu_a)(N_m) < \varepsilon \ (実は, (\nu - \nu_a)(N_m) = 0)$$

が成り立つ. 実際

$$\inf(\nu, j \cdot \mu) = \inf(0, j \cdot \mu - \nu) + \nu \ (j = 1, 2, \ldots)$$

を用いれば, $j \geq m$ を満たす各 j について

$$\nu(N_m) - \inf(\nu, j \cdot \mu)(N_m) = \inf(0, j \cdot \mu - \nu)(N_m)$$

$$= \inf\{(j \cdot \mu - \nu)(F) \ : \ F \subset N_m, \ F \in \Sigma\} = 0 \ \cdots \ (*)$$

が得られる. それは, このような j について

$$(j \cdot \mu - \nu)(F) \geq (m \cdot \mu - \nu)(F) \geq 0 \ (F \subset N_m, \ F \in \Sigma)$$

が成り立つからである. したがって, $(*)$ において, $j \geq m$ として, $j \to \infty$ とすれば
$$\nu(N_m) - \nu_a(N_m) = 0$$
が得られる. したがって, $\nu_s = \nu - \nu_a$ とおけば, 一つのルベーグ分解
$$\nu = \nu_a + \nu_s$$
が得られた. 一意性については, 以下である.
$$\nu = \nu_{a,1} + \nu_{s,1} = \nu_{a,2} + \nu_{s,2}$$
(ただし, $\nu_{a,1}$, $\nu_{a,2}$ は, μ-絶対連続, $\nu_{s,1}$, $\nu_{s,2}$ は, μ-特異) とせよ. そのとき
$$\nu_{a,1} - \nu_{a,2} = \nu_{s,2} - \nu_{s,1}$$
が成り立つ. この式において, 左辺は μ-絶対連続な実測度であり, 右辺は μ-特異な実測度である (命題 1.3.41 (1), (3) による). したがって, 両辺の実測度は, μ-絶対連続で μ-特異となる. したがって, 命題 1.3.41 (4) を用いれば
$$\nu_{a,1} - \nu_{a,2} = \nu_{s,2} - \nu_{s,1} = 0$$
が得られる. すなわち
$$\nu_{a,1} = \nu_{a,2}, \ \nu_{s,1} = \nu_{s,2}$$
が成り立つ. よって, 表現の一意性が得られた.

以上で, 証明が完結する.

この定理から, 任意の実測度に関するルベーグ分解定理が容易に得られる.

系 1.3.43 (S, Σ, μ) を有限測度空間とし, $\nu : \Sigma \to \mathbf{R}$, 実測度とする. そのとき, μ-絶対連続な実測度 $\nu_a : \Sigma \to \mathbf{R}$ と μ-特異な実測度 $\nu_s : \Sigma \to \mathbf{R}$ が存在して
$$\nu = \nu_a + \nu_s \ (\text{すなわち}, \ \nu(E) = \nu_a(E) + \nu_s(E), \ E \in \Sigma)$$
が成り立つ. しかも, このような分解はただ一通りである. すなわち
$$\nu = \nu_{a,1} + \nu_{s,1} = \nu_{a,2} + \nu_{s,2}$$
(ただし, $\nu_{a,1}$, $\nu_{a,2}$ は, μ-絶対連続, $\nu_{s,1}$, $\nu_{s,2}$ は, μ-特異) であるとき,
$$\nu_{a,1} = \nu_{a,2}, \ \nu_{s,1} - \nu_{s,2}$$

が成り立つ.

証明 $\nu = \nu^+ - \nu^-$ とジョルダン分解すれば, ν^+, ν^- は測度であるから, 定理 1.3.42 より
$$\nu^+ = (\nu^+)_a + (\nu^+)_s$$
および
$$\nu^- = (\nu^-)_a + (\nu^-)_s$$
とルベーグ分解できる. そのとき
$$\nu_1 = (\nu^+)_a - (\nu^-)_a, \ \nu_2 = (\nu^+)_s - (\nu^-)_s$$
は各々, μ-絶対連続, μ-特異であり
$$\nu = \nu_1 + \nu_2$$
であるから, 要求された結果が得られる. 表現の一意性の部分は, 定理 1.3.42 の証明部分と同じである.

注意 9 **ラドン・ニコディムの定理**については, 例えば, 松田 [26] にも紹介してあるので, 本書では章末問題 40 番で取り扱うのみにするが, この結果を, ルベーグ分解定理に応用すれば, 次の結果が得られる.

(S, Σ, μ) を有限測度空間とし, $\nu : \Sigma \to \mathbf{R}$, 実測度とする. そのとき, μ-積分可能な関数 $f : S \to \mathbf{R}$ と μ-特異な実測度 $\nu_s : \Sigma \to \mathbf{R}$ が存在して
$$\nu(E) = \int_E f(s) d\mu(s) + \nu_s(E) \ (E \in \Sigma)$$
が成り立つ.

1.4 積測度

ここでは, σ-有限測度空間が有限個与えられたとき, それらに対応して得られる直積測度空間 (direct product measure space, 短縮化して, 積測度空間, product measure space) と呼ばれる σ-有限測度空間の構成と, その結果として生じる, 重積分と逐次積分との関係を提示しているフビニ (G. Fubini) の定理を解説する. さらに, 特に, 各測度空間が確率測度空間である場合には, (分かり易さのために) 第一段階として, **可算個の確率測度空間** に対応して構成される積測度空間を紹介し, この結果を踏まえて, 一般個数の確率測度空間に対して得られる積測度空間の構成についても言及する. すなわち, 積測度空間の構成理論の基礎を与える. その際, 尾部事象についての **0-1 法則** (zero-one law) にも言及する. また, 可算個の確

率測度空間の積測度空間の具体例として, **カントール空間** (Cantor space) $\{0,1\}^{\mathbf{N}}$ と, その上の (正規化された) **ハール測度** ((normalized) Haar measure) を取り扱うことにより, **カントール空間**の或る測度論的状況を調べる.

[積測度空間の構成]

(1) 有限個の σ-有限測度空間の積測度空間の構成. 最も基本的な二つの σ-有限測度空間の積測度空間の構成を, 最初の問題としよう. すなわち, 二つの σ-有限測度空間 $(S_1, \Sigma_1, \mu_1), (S_2, \Sigma_2, \mu_2)$ が与えられたとき, これに対応して, 積測度空間と呼ばれる σ-有限測度空間が定義され得ることを以下で述べよう. そのために, 先ず, S_1, S_2 の直積集合 $S_1 \times S_2$ を

$$S_1 \times S_2 = \{(s_1, s_2) \ : \ s_1 \in S_1, \ s_2 \in S_2\}$$

で定める. そのとき, 我々の第一番目の目標は, (大雑把にいって)「全体集合 $S_1 \times S_2$ の, 或る σ-algebra を成す部分集合族上で定義された測度で, 元の二つの測度 μ_1, μ_2 と関連を持つもの」を見出そうということである. もっと平易にいえば, 横軸 S_1 と縦軸 S_2 の各々に測度 μ_1 と μ_2 があるとき, 横軸と縦軸で定まる平面上の或る種の部分集合を測る量 (すなわち, 測度) で, (横 × 縦) 型の集合については, (横を μ_1 で測った量)×(縦を μ_2 で測った量) となるものを見出そうということである. そのため, (横 × 縦) 型の集合を考えよう. すなわち, $A \in \mathcal{P}(S_1), B \in \mathcal{P}(S_2)$ について, A と B の直積集合 ((横 × 縦) 型の集合に該当するもので, 矩形集合と呼ばれる) は

$$A \times B = \{(s_1, s_2) \ : \ s_1 \in A, \ s_2 \in B\}$$

である. そのとき

$$A \times B \in \mathcal{P}(S_1 \times S_2)$$

であることを注意せよ.

定義 1.4.1 $i = 1, 2$ について, $\mathcal{F}(S_i)$ を S_i の或る部分集合族 (すなわち, $\mathcal{F}(S_i) \subset \mathcal{P}(S_i), \ i = 1, 2$) とする. そのとき, $S_1 \times S_2$ の一つの部分集合族 $\mathcal{F}(S_1) \times \mathcal{F}(S_2)$ を

$$\mathcal{F}(S_1) \times \mathcal{F}(S_2) = \{A \times B \ : \ A \in \mathcal{F}(S_1), \ B \in \mathcal{F}(S_2)\}$$

で定義する.

例えば, $S_1 = S_2 = \mathbf{R}$ で, $\mathcal{F}(S_1) = \mathcal{F}(S_2) = \boldsymbol{J}^{(1)}$ とすれば

$$\mathcal{F}(S_1) \times \mathcal{F}(S_2) = \boldsymbol{J}^{(2)}$$

である.

定義 1.4.2 定義 1.4.1 の $\mathcal{F}(S_i)$ $(i=1,2)$ について, $\mathcal{F}(S_1) \times \mathcal{F}(S_2)$ を含む最小の σ-algebra を $\mathcal{F}(S_1) \otimes \mathcal{F}(S_2)$ で表す. すなわち

$$\mathcal{F}(S_1) \otimes \mathcal{F}(S_2) = \sigma(\mathcal{F}(S_1) \times \mathcal{F}(S_2))$$

である.

そのとき, この集合族について, 次が得られる.

命題 1.4.3 $S_1 \in \mathcal{F}(S_1)$, $S_2 \in \mathcal{F}(S_2)$ ならば

$$\mathcal{F}(S_1) \otimes \mathcal{F}(S_2) = \sigma(\mathcal{F}(S_1)) \otimes \sigma(\mathcal{F}(S_2))$$

が成り立つ (すなわち

$$\sigma(\mathcal{F}(S_1) \times \mathcal{F}(S_2)) = \sigma(\sigma(\mathcal{F}(S_1)) \times \sigma(\mathcal{F}(S_2)))$$

が成り立つ).

証明 $\mathcal{F}(S_1) \times \mathcal{F}(S_2) \subset \sigma(\mathcal{F}(S_1)) \times \sigma(\mathcal{F}(S_2))$ であるから

$$\mathcal{F}(S_1) \otimes \mathcal{F}(S_2) \subset \sigma(\mathcal{F}(S_1)) \otimes \sigma(\mathcal{F}(S_2))$$

が成り立つ. 逆向きの包含については, 次の $(*)$ を示せば十分である.

$$(*) \ \sigma(\mathcal{F}(S_1)) \times \sigma(\mathcal{F}(S_2)) \subset \mathcal{F}(S_1) \otimes \mathcal{F}(S_2)$$

これを示すために

$$(**) \ \mathcal{F}(S_1) \times \sigma(\mathcal{F}(S_2)) \subset \mathcal{F}(S_1) \otimes \mathcal{F}(S_2)$$

を先ず注意する. そのために, 次の集合族

$$\mathcal{F} = \{B \in \mathcal{P}(S_2) \ : \ A \times B \in \mathcal{F}(S_1) \otimes \mathcal{F}(S_2), \ \forall A \in \mathcal{F}(S_1)\}$$

を考える. そのとき, $\mathcal{F}(S_2) \subset \mathcal{F}$ は明らかであるから, $\mathcal{F}$ の σ-algebra 性を示せば

$$\sigma(\mathcal{F}(S_2)) \subset \mathcal{F}$$

が得られ, $(**)$ が示される. 各自で, $\mathcal{F}$ の σ-algebra 性を確かめること. この $(**)$ から, 今と同様な論理展開で

$$\sigma(\mathcal{F}(S_1)) \times \sigma(\mathcal{F}(S_2)) \subset \mathcal{F}(S_1) \otimes \mathcal{F}(S_2)$$

すなわち, (∗) が得られる. したがって, 証明が終わる.

この命題の応用例として, $\mathbf{R}^k$ のボレル σ-algebra (ボレル集合族) についての結果を得よう.

$S_1 = \mathbf{R}^m$, $S_2 = \mathbf{R}^n$ とし, $\mathcal{F}(S_1) = \mathcal{O}(\mathbf{R}^m)$ ($\mathbf{R}^m$ の開集合族), $\mathcal{F}(S_2) = \mathcal{O}(\mathbf{R}^n)$ ($\mathbf{R}^n$ の開集合族) とする. そして, $\mathcal{B}(\mathbf{R}^m) = \sigma(\mathcal{O}(\mathbf{R}^m))$ ($\mathbf{R}^m$ のボレル集合族), $\mathcal{B}(\mathbf{R}^n) = \sigma(\mathcal{O}(\mathbf{R}^n))$ ($\mathbf{R}^n$ のボレル集合族) とする. そのとき

命題 1.4.4 $\mathcal{B}(\mathbf{R}^{m+n}) = \mathcal{B}(\mathbf{R}^m) \otimes \mathcal{B}(\mathbf{R}^n)$

証明 命題 1.4.3 を用いれば

$$\mathcal{O}(\mathbf{R}^m) \otimes \mathcal{O}(\mathbf{R}^n) = \sigma(\mathcal{O}(\mathbf{R}^m)) \otimes \sigma(\mathcal{O}(\mathbf{R}^n)) = \mathcal{B}(\mathbf{R}^m) \otimes \mathcal{B}(\mathbf{R}^n)$$

が成り立つ. さて

$$\mathcal{O}(\mathbf{R}^m) \times \mathcal{O}(\mathbf{R}^n) = \{U \times V \; : \; U \in \mathcal{O}(\mathbf{R}^m), \, V \in \mathcal{O}(\mathbf{R}^n)\} \subset \mathcal{O}(\mathbf{R}^{m+n})$$

である. また, 任意の $W \in \mathcal{O}(\mathbf{R}^{m+n})$ について, 各 $x \in W$ を中心とする $\mathbf{R}^{m+n}$ の開区間 I_x が存在して $x \in I_x \subset W$ とできる. したがって

$$W = \bigcup_{x \in W} I_x$$

となるから, 命題 1.2.18 (リンデレーフの性質) を用いれば, 適当な可算個の開区間 $\{I_{x_i}\}_{i \geq 1}$ が存在して

$$W = \bigcup_{i=1}^{\infty} I_{x_i}$$

が成り立つ. 各開区間 $I_{x_i} = J_i \times L_i$ (J_i は $\mathbf{R}^m$ の開区間, L_i は $\mathbf{R}^n$ の開区間) と表されるから, 任意の i で

$I_{x_i} = J_i \times L_i \in \mathcal{O}(\mathbf{R}^m) \times \mathcal{O}(\mathbf{R}^n) \subset \sigma(\mathcal{O}(\mathbf{R}^m) \times \mathcal{O}(\mathbf{R}^n)) = \mathcal{O}(\mathbf{R}^m) \otimes \mathcal{O}(\mathbf{R}^n)$

である. したがって
$$W \in \mathcal{O}(\mathbf{R}^m) \otimes \mathcal{O}(\mathbf{R}^n)$$
である. 以上から

$$\mathcal{O}(\mathbf{R}^m) \otimes \mathcal{O}(\mathbf{R}^n) = \sigma(\mathcal{O}(\mathbf{R}^{m+n})) = \mathcal{B}(\mathbf{R}^{m+n})$$

が得られるので, 証明が完結する.

さて, ここでの目的は二つの測度空間 (S_1, Σ_1, μ_1), (S_2, Σ_2, μ_2) が与えられたとき

(I) $S_1 \times S_2$ のどのような集合族 (勿論, それは, 二つの σ-algebra Σ_1, Σ_2 に関連した σ-algebra である) を定義域とした

(II) (二つの測度 μ_1, μ_2 に関連した) どのような測度を獲得できるか
を問題とし, 解を見出すことであったことを思い起こそう.

そのために, (I) については, 二つの σ-algebra Σ_1, Σ_2 から自然に定義される ($S_1 \times S_2$ の或る部分集合族である) semi-ring $\mathcal{H}$ に着目する. すなわち

$$\mathcal{H} = \Sigma_1 \times \Sigma_2 \text{ ((横×縦) 型の集合の或る集合族)}$$

である. この集合族に属する元は **可測矩形** と呼ばれる. Σ_i $(i=1,2)$ の semi-ring 性を用いれば, 命題 1.1.4 から $\mathcal{H}$ は semi-ring であり, しかも, $S_1 \times S_2 \in \mathcal{H}$ であるから, 結局, semi-algebra である. また, (II) については, 最も基本的な **可測矩形**: $E \times F \in \mathcal{H}$ について

$$\mu(E \times F) = \mu_1(E)\mu_2(F)$$

としてはどうか (すなわち, 横軸の集合の測度と縦軸の集合の測度の積で, 可測矩形の測度を与えようという至極自然な発想を採用する), そして, この量的概念をもっと一般的な集合にまで拡げようという考えである.

(I) の集合族について, もう少し詳しく観てみよう. 上で述べたように $\Sigma_1 \times \Sigma_2$ は semi-algebra であるから

$$\mathcal{A}(\Sigma_1 \times \Sigma_2) = \{\sum_{i=1}^{n}(E_i \times F_i) \: : \: \{E_i \times F_i\}_{1 \leq i \leq n} \subset \Sigma_1 \times \Sigma_2, \, n = 1, 2, \ldots\}$$

である. したがって, 定理 1.1.19 (単調族定理) から

$$\Sigma_1 \otimes \Sigma_2 = \sigma(\Sigma_1 \times \Sigma_2) = \sigma(\mathcal{A}(\Sigma_1 \times \Sigma_2)) = \mathcal{M}(\mathcal{A}(\Sigma_1 \times \Sigma_2))$$

が成り立つことに着目しよう. そのとき, この集合族の等式は, $\Sigma_1 \otimes \Sigma_2$ に属する集合 A の性質 P を確認する場合, 先ず

(i) $A \in \Sigma_1 \times \Sigma_2$ であるとき (すなわち, この集合族に属する集合の中で最も基本的な集合であるところの (横×縦) 型の集合のとき) に, 性質 P を確認し,

次いで

(ii) $A \in \mathcal{A}(\Sigma_1 \times \Sigma_2)$ であるとき (すなわち, 次の段階の集合, 段階 (I) よりは少し複雑な集合であり, (横×縦) 型の集合の有限個の和集合として

得られる集合であるとき) に, 性質 P を確認し,

最後に

(iii) $A \in \mathcal{M}(\mathcal{A}(\Sigma_1 \times \Sigma_2))$ であるとき (すなわち, 集合が最も一般的であるとき) に, 性質 P を確認する

というように, 基本的な集合から一般的な集合にまで, 性質 P の確認の段階を上げていく順序を指示している. 具体的事実の証明に今後出会う中で, algebra を成す集合族 $\mathcal{A}$ の各集合に確認された性質 P を, 集合族 $\sigma(\mathcal{A})$ の各集合にまで確認する作業は, [σ-algebra 性の証明] を与えるより, [単調族性の証明] を与える方が, はるかに容易であることが分かり, 定理 1.1.19 (すなわち, $\sigma(\mathcal{A}) = \mathcal{M}(\mathcal{A})$) の意味, 特性が理解されるであろう. さて, 最初に与えられた二つの σ-algebara である Σ_1, Σ_2 を踏まえながら, 集合族 $\mathcal{H} = \Sigma_1 \times \Sigma_2$ からスタートして, このようにして我々は, より一般な集合を含む σ-algebra $\Sigma_1 \otimes \Sigma_2$ を獲得した.

以下では, 段階 (i) の集合に対して, 横の測度と縦の測度の積として自然に考えられる量が, 実は測度として振る舞い, その結果, 段階 (iii) の一般的な集合までも, 測度を考えることを可能ならしめることを紹介する. すなわち, 先ず次の結果が示される.

定理 1.4.5 $\Sigma_1 \times \Sigma_2$ の各元 $E \times F$ について

$$\nu(E \times F) = \mu_1(E) \cdot \mu_2(F) \text{ (横の測度と縦の測度の積)}$$

として定義される $\nu : \Sigma_1 \times \Sigma_2 \to \mathbf{R}^+ \cup \{+\infty\}$ (ただし, $(+\infty) \cdot 0 = 0 \cdot (+\infty) = 0$ と定義) は, semi-algebra $\Sigma_1 \times \Sigma_2$ 上の測度である.

$(E_1 \times F_1 = E_2 \times F_2 \neq \emptyset$ ならば, $E_1 = E_2$, $F_1 = F_2$ は容易に分かるから, ν を定義する右辺の値は, 集合 $E \times F$ の表現の仕方に依存しないことを注意せよ. すなわち, ν は, よく定義されている)

証明 $\nu(\emptyset) = 0$ は明らかであるから

(∗) $E \times F$, $\{E_n \times F_n\}_{n \geq 1} \subset \Sigma_1 \times \Sigma_2$, $E \times F = \sum_{n=1}^{\infty} (E_n \times F_n)$ について

$$\nu(E \times F) = \sum_{n=1}^{\infty} \nu(E_n \times F_n)$$

すなわち

$$\mu_1(E)\mu_2(F) = \sum_{n=1}^{\infty} \mu_1(E_n)\mu_2(F_n)$$

を示そう. そのために

$$\phi(s_1) = \mu_2(F)\chi_E(s_1), \ \phi_n(s_1) = \mu_2(F_n)\chi_{E_n}(s_1) \ (s_1 \in S_1)$$

を考える. そのとき

$$\phi(s_1) = \sum_{n=1}^{\infty} \phi_n(s_1) \ (s_1 \in S_1) \cdots (**)$$

が得られる. 実際, $s_1 \notin E$ のとき, $\phi(s_1) = \phi_n(s_1) = 0 \ (\forall n)$ であるから, $\sum_{n=1}^{\infty} \phi_n(s_1) = 0 = \phi(s_1)$ が成り立つ. 次に, $s_1 \in E$ のとき, $\phi(s_1) = \mu_2(F)$ である. また

$$E \times F = \sum_{n=1}^{\infty} (E_n \times F_n)$$

であるから, 両辺の s_1 による切り口を考えれば

$$(E \times F)_{s_1} = \bigcup_{n=1}^{\infty} (E_n \times F_n)_{s_1}$$

すなわち

$$F = \bigcup_{E_n \ni s_1} F_n$$

である. 右辺の和集合は, $E_n \ni s_1$ を満たす n についての和集合である. そのとき, そのような n については, F_n は互いに素である (何故か, 各自で確かめること) から, 右辺の和集合は互いに素な集合の和であることも注意せよ. したがって

$$\mu_2(F) = \sum_{E_n \ni s_1} \mu_2(F_n)$$

すなわち

$$\mu_2(F) = \sum_{n=1}^{\infty} \mu_2(F_n) \chi_{E_n}(s_1)$$

である. それは, 右辺の和の各項で値として残る項は, $E_n \ni s_1$ である n の場合で, そのとき, 値は $\mu_2(F_n)$ であるからである. したがって

$$\phi(s_1) = \mu_2(F) = \sum_{E_n \ni s_1} \mu_2(F_n) = \sum_{n=1}^{\infty} \phi_n(s_1)$$

が生じる. すなわち, $(**)$ が示された. この両辺を μ_1 で積分すれば非負可測関数項級数の項別積分可能性 (系 1.2.51) から

$$\int_{S_1} \phi(s_1) d\mu_1(s_1) = \sum_{n=1}^{\infty} \int_{S_1} \phi_n(s_1) d\mu_1(s_1)$$

すなわち, $(*)$ における等式

$$\mu_1(E)\mu_2(F) = \sum_{n=1}^{\infty} \mu_1(E_n)\mu_2(F_n)$$

が得られ, 証明が完結する.

　この結果を, 次の内容として再確認しよう：二つの測度空間 (S_1, Σ_1, μ_1), (S_2, Σ_2, μ_2) が与えられたとき, $\Sigma_1 \times \Sigma_2$ 上で定義された測度 ν で

$$\nu(E \times F) = \mu_1(E) \cdot \mu_2(F) \ (E \times F \in \Sigma_1 \times \Sigma_2)$$

を満たすものが存在する.
　$S_1 \times S_2$ の部分集合からなる部分集合族である $\mathcal{H} = \Sigma_1 \times \Sigma_2$ は semi-algebra であるから, 1.2 節で紹介された測度の拡張定理を利用すれば, $\mathcal{H}$ 上で定義された測度 ν は, 次のステップにより, 或る σ-algebra 上の測度として拡張される. すなわち, 任意の $A \in \mathcal{P}(S_1 \times S_2)$ に対して, ($\mathcal{H}$ 上の測度 ν から導入される) 外測度 Γ_ν を定義する.

$$\Gamma_\nu(A) = \inf\{\sum_{n=1}^{\infty} \nu(E_n \times F_n) \ : \ A \subset \bigcup_{n=1}^{\infty}(E_n \times F_n), \ \{E_n \times F_n\}_{n \geq 1} \subset \mathcal{H}\}$$

そして, Σ を Γ_ν-可測集合全体の作る σ-algebra とすれば

$$\sigma(\mathcal{H}) \ (= \Sigma_1 \otimes \Sigma_2) \subset \Sigma$$

であり, Γ_ν を Σ に制限した集合関数を μ と表せば, $\mu : \Sigma \to \mathbf{R}^+ \cup \{+\infty\}$ は, 測度であり

$$\mu(H) = \nu(H) \ (H \in \mathcal{H})$$

すなわち

$$\mu(E \times F) = \mu_1(E) \cdot \mu_2(F) \ (E \times F \in \Sigma_1 \times \Sigma_2)$$

を満たす. 以上から, 次のような**積測度** の存在に関する定理が得られた.

定理 1.4.6 二つの測度空間 (S_1, Σ_1, μ_1), (S_2, Σ_2, μ_2) が与えられたとき, 次の性質を満たす σ-algebra Σ と, 測度 $\mu : \Sigma \to \mathbf{R}^+ \cup \{+\infty\}$ が存在する.

$$\Sigma_1 \otimes \Sigma_2 \subset \Sigma$$

$$\mu(E \times F) = \mu_1(E) \cdot \mu_2(F) \ (E \times F \in \Sigma_1 \times \Sigma_2)$$

さて，このような測度 μ は，定義域を $\Sigma_1 \otimes \Sigma_2$ に制限した測度で考えれば，或る条件下では"ただ一つ"であることが分かる．すなわち

$$\alpha(E \times F) = \mu_1(E) \cdot \mu_2(F) \ (E \times F \in \Sigma_1 \times \Sigma_2)$$

を満たし，定義域を $\Sigma_1 \otimes \Sigma_2$ とする測度 α は，最初の測度空間 (S_i, Σ_i, μ_i) $(i=1,2)$ に条件を付加すれば，上で構成した測度 μ のみであることが以下で示される．すなわち，次の定理が成り立つ．

定理 1.4.7 (S_i, Σ_i, μ_i) $(i=1,2)$ が σ-有限測度空間であるとき，次の性質 $(*)$ を満たす測度 $\alpha : \Sigma_1 \otimes \Sigma_2 \to \mathbf{R}^+ \cup \{+\infty\}$ はただ一通りである．

$$\alpha(E \times F) = \mu_1(E) \cdot \mu_2(F) \ (E \times F \in \Sigma_1 \times \Sigma_2) \ \cdots \ (*)$$

すなわち，測度 $\beta : \Sigma_1 \otimes \Sigma_2 \to \mathbf{R}^+ \cup \{+\infty\}$ が

$$\beta(E \times F) = \mu_1(E) \cdot \mu_2(F) \ (E \times F \in \Sigma_1 \times \Sigma_2)$$

を満たすとすれば

$$\alpha(A) = \beta(A) \ (A \in \Sigma_1 \otimes \Sigma_2)$$

が成り立つ．

この定理を示すために，測度の拡張の唯一性に関する次の基本命題 (章末問題 17 番で取り扱う) を先ず注意する．

命題 1.4.8 S は一つの集合とし，その部分集合から成る semi-algebra を $\mathcal{H}$ とする．そして，$\Sigma = \sigma(\mathcal{H})$ とする．
(I) Σ 上で定義された二つの有限測度 α, β について

$$\alpha(H) = \beta(H) \ (H \in \mathcal{H})$$

が成り立つとき

$$\alpha(A) = \beta(A) \ (A \in \Sigma)$$

が成り立つ．
(II) ((I) の一般化) Σ 上で定義された二つの測度 α, β について

$$\alpha(H) = \beta(H) \ (H \in \mathcal{H})$$

であり，次の性質を満たす集合列 $\{H_n\}_{n \geq 1} \subset \mathcal{H}$ が存在すると仮定する．

$$S = \bigcup_{n=1}^{\infty} H_n, \ H_n \uparrow \ (n=1,2,\ldots), \ \alpha(H_n) < +\infty \ (n=1,2,\ldots)$$

そのとき
$$\alpha(A) = \beta(A) \ (A \in \Sigma)$$
が成り立つ.

この結果の (II) を用いて,定理 1.4.7 の証明を与えよう.

定理 1.4.7 の証明 定理 1.4.7 の設定において,命題 1.4.8 の (II) の条件が満たされることを確認しよう. $\mathcal{H} = \Sigma_1 \times \Sigma_2$, $S = S_1 \times S_2$ とする. そのとき, $\Sigma(\mathcal{H}) = \Sigma_1 \otimes \Sigma_2$ である. また,各 (S_i, Σ_i, μ_i) が σ-有限測度空間であるから, S_1 に対する,上で記載の集合列を $\{S_n^{(1)}\}_{n \geq 1}$ とし, S_2 に対するものを $\{S_n^{(2)}\}_{n \geq 1}$ とすれば

$$S = \bigcup_{n=1}^{\infty} (S_n^{(1)} \times S_n^{(2)}), \ S_n^{(1)} \times S_n^{(2)} \ (= H_n) \in \mathcal{H}, \ S_n^{(1)} \times S_n^{(2)} \uparrow (n = 1, 2, \ldots),$$

$$\alpha(S_n^{(1)} \times S_n^{(2)}) = \mu_1(S_n^{(1)}) \cdot \mu_2(S_n^{(2)}) < +\infty \ (n = 1, 2, \ldots)$$

が成り立つ. したがって, $\alpha(H) = \beta(H) \ (H \in \mathcal{H})$ を満たす二つの測度 α, β は, Σ 上でも一致していることが分かる. したがって,証明が完結する.

定義 1.4.9 定理 1.4.6 および定理 1.4.7 で **その存在と唯一性** が示された, $\Sigma_1 \otimes \Sigma_2$ を定義域とする,このような性質を持つ測度 α (すなわち,定理 1.4.6 で得られた μ を $\Sigma_1 \otimes \Sigma_2$ に制限した測度) を $\mu_1 \otimes \mu_2$ と表し,これを,二つの σ-有限測度 μ_1 と μ_2 の **(直) 積測度** (direct product measure of μ_1 and μ_2) という. また,測度空間 $(S_1 \times S_2, \Sigma_1 \otimes \Sigma_2, \mu_1 \otimes \mu_2)$ を,二つの σ-有限測度空間 $(S_i, \Sigma_i, \mu_i) \ (i = 1, 2)$ の **(直) 積測度空間** (direct product measure space of (S_1, Σ_1, μ_1) and (S_2, Σ_2, μ_2)) という (上で述べたように, $\mu_1 \otimes \mu_2$ も, σ-有限測度であることを注意せよ).

特に,測度空間 $(S_i, \Sigma_i, \mu_i) \ (i = 1, 2)$ が有限測度空間であるとき,その積測度空間 $(S_1 \times S_2, \Sigma_1 \otimes \Sigma_2, \mu_1 \otimes \mu_2)$ はまた,有限測度空間である.

さて次に,我々は以下で,積測度空間上での積分の問題に注意を向けよう. すなわち,各 σ-有限測度空間に関する積分 (逐次積分,あるいは,累次積分ともいう) と,それらの積測度空間に関する積分 (重積分) との関係を記述している [**フビニ の定理**] を紹介する. すなわち

問題 $(S_i, \Sigma_i, \mu_i) \ (i = 1, 2)$ を σ-有限測度空間,その積測度空間を

$(S_1 \times S_2, \Sigma_1 \otimes \Sigma_2, \mu_1 \otimes \mu_2)$ とする. そのとき, どのような条件の下で
$$f : S_1 \times S_2 \to \mathbf{R} \cup \{+\infty\} \cup \{-\infty\}$$
について, 次の三つの積分 (重積分と二つの逐次積分) が (存在し) 一致するか.
$$\iint_{S_1 \times S_2} f(s_1, s_2) d(\mu_1 \otimes \mu_2)(s_1, s_2) \text{ (重積分)}$$
$$\int_{S_1} \left(\int_{S_2} f(s_1, s_2) d\mu_2(s_2) \right) d\mu_1(s_1) \text{ (逐次積分 1)}$$
$$\int_{S_2} \left(\int_{S_1} f(s_1, s_2) d\mu_1(s_1) \right) d\mu_2(s_2) \text{ (逐次積分 2)}$$

この問題を考えるための最初の命題は次である. この命題は, この問題の最も基本的な場合, すなわち, $f(s_1, s_2) = \chi_A(s_1, s_2)$ ($A \in \Sigma_1 \otimes \Sigma_2$) であるときの基礎事実を与える (ルベーグ積分の定義をみれば, 最初のステップは, 可測集合の特性関数であったことを思い起こせ).

命題 1.4.10 (S_1, Σ_1), (S_2, Σ_2) を二つの測度空間とする. $A \in \Sigma_1 \otimes \Sigma_2$ と, $s_1 \in S_1$, $s_2 \in S_2$ について
$$A_{s_1} = \{s_2 \in S_2 \ : \ (s_1, s_2) \in A\} \ (A \text{ の } s_1 \text{ による切り口})$$
$$A_{s_2} = \{s_1 \in S_1 \ : \ (s_1, s_2) \in A\} \ (A \text{ の } s_2 \text{ による切り口})$$
とすれば
$$A_{s_1} \in \Sigma_2, \ A_{s_2} \in \Sigma_1$$
が成り立つ.

証明 $s_1 \in S_1$ とし, $A_{s_1} \in \Sigma_2$ を示そう (もう一方の事実も同様にして示される). そのために, 次の集合族 $\mathcal{F}$ を考える.
$$\mathcal{F} = \{A \in \Sigma_1 \otimes \Sigma_2 \ : \ A_{s_1} \in \Sigma_2, \ \forall s_1 \in S_1\}$$
そのとき, 先ず
$$\Sigma_1 \times \Sigma_2 \subset \mathcal{F}$$
が容易に分かる. 実際, $E \times F \in \Sigma_1 \times \Sigma_2$ について
$$(E \times F)_{s_1} = \begin{cases} F & (s_1 \in E \text{ のとき}) \\ \emptyset & (s_1 \notin E \text{ のとき}) \end{cases}$$

が成り立つから
$$(E \times F)_{s_1} \in \Sigma_2$$
である．さらに，この結果から
$$\mathcal{A}(\Sigma_1 \times \Sigma_2) \subset \mathcal{F}$$
が成り立つ．それは，各 $A \in \mathcal{A}(\Sigma_1 \times \Sigma_2)$ が
$$A = \bigcup_{i=1}^{n} (E_i \times F_i) \ (E_i \times F_i \in \Sigma_1 \times \Sigma_2)$$
と表され
$$(A)_{s_1} = \bigcup_{i=1}^{n} (E_i \times F_i)_{s_1} \in \Sigma_2$$
が得られるからである．その上，$\mathcal{F}$ が単調族であることは容易である．実際

  (m.1) $\{A_n\}_{n \geq 1} \subset \mathcal{F}, \ A_n \uparrow \ (n = 1, 2, \ldots) \Rightarrow \bigcup_{n=1}^{\infty} A_n \ (= A) \in \mathcal{F},$ が成り立つことは
$$(A_n)_{x_1} \uparrow (A)_{x_1}, \ (A_n)_{x_1} \in \Sigma_2 \ (n = 1, 2, \ldots)$$
から生じる．もう一方の (m.2) の性質についても同様である．したがって
$$\mathcal{M}(\mathcal{A}(\Sigma_1 \times \Sigma_2)) \subset \mathcal{F}$$
である．ところが，先に注意したように (定理 1.4.5 の直前に記された内容を参照せよ)
$$\Sigma_1 \otimes \Sigma_2 = \mathcal{M}(\mathcal{A}(\Sigma_1 \times \Sigma_2))$$
であるから
$$\Sigma_1 \otimes \Sigma_2 \subset \mathcal{F}$$
が分かり
$$\mathcal{F} = \Sigma_1 \otimes \Sigma_2$$
を得る．すなわち，証明が完結する．

この結果を基にして，次の命題を得る．これは，フビニの定理を
$$f(s_1, s_2) = \chi_E(s_1, s_2) \ (E \in \Sigma_1 \otimes \Sigma_2)$$
の特別の関数 (第一段階の関数) の場合に述べたものであり，一般的な関数のフビニの定理を与える際の基礎となり，フビニの定理の本質的内容を含むものである．

命題 1.4.11 (S_i, Σ_i, μ_i) $(i=1,2)$ は σ-有限測度空間とする. $A \in \Sigma_1 \otimes \Sigma_2$ について, 次の (i), (ii), (iii) が成り立つ (なお, (ii) は (i) が得られた故に考えられる事柄であり, (iii) は (ii) (当然 (i) も) が得られた故に考えられる事柄であることを注意しておく).

(i) 各 s_1 $(\in S_1)$ を固定するごとに, $\chi_A(s_1, s_2)$ は, s_2 の関数として, Σ_2-可測である.

各 s_2 $(\in S_2)$ を固定するごとに, $\chi_A(s_1, s_2)$ は, s_1 の関数として, Σ_1-可測である.

(ii) ((i) の結果故に定義される) 次の二つの非負関数 ($+\infty$ も許す)

$$h(s_1) = \int_{S_2} \chi_A(s_1, s_2) d\mu_2(s_2)$$

および

$$k(s_2) = \int_{S_1} \chi_A(s_1, s_2) d\mu_1(s_1)$$

は, 各々, 非負 Σ_1-可測, 非負 Σ_2-可測である.

(iii) ((ii) の結果故に定義される) 次の二つの値 ($+\infty$ も許す)

$$\int_{S_1} h(s_1) d\mu_1(s_1)$$

$$\int_{S_2} k(s_2) d\mu_2(s_2)$$

について

$$(\mu_1 \otimes \mu_2)(A) = \int_{S_1} h(s_1) d\mu_1(s_1) = \int_{S_2} k(s_2) d\mu_2(s_2)$$

が成り立つ.

すなわち, このような特殊な関数 $\chi_A(s_1, s_2)$ についての, 重積分, 二つの**逐次積分**の一致性:

$$\iint_{S_1 \times S_2} \chi_A(s_1, s_2) d(\mu_1 \otimes \mu_2)(s_1, s_2)$$

$$= \int_{S_1} \left(\int_{S_2} \chi_A(s_1, s_2) d\mu_2(s_2) \right) d\mu_1(s_1)$$

$$= \int_{S_2} \left(\int_{S_1} \chi_A(s_1, s_2) d\mu_1(s_1) \right) d\mu_2(s_2)$$

を得る. 今後, 重積分

$$\iint_{S_1 \times S_2} f(s_1, s_2) d(\mu_1 \otimes \mu_2)(s_1, s_2)$$

は (従来の積分の表記との統一性から)

$$\int_{S_1 \times S_2} f(s_1, s_2) d(\mu_1 \otimes \mu_2)(s_1, s_2)$$

と表記する.

命題 1.4.11 の証明 (i) について. (証明は同様であるから) s_1 を固定したとき, $\chi_A(s_1, s_2)$ が, s_2 の関数として, Σ_2-可測であることを示そう. さて, 任意の $s_2 \in S_2$ について

$$\chi_A(s_1, s_2) = \chi_{A_{s_1}}(s_2)$$

であることに注意せよ. そのとき, 命題 1.4.10 より, $A_{s_1} \in \Sigma_2$ であるから, 右辺の関数は Σ_2-可測である.

(ii) について. (証明は同様であるから)

$$h(s_1) = \int_{S_2} \chi_A(s_1, s_2) d\mu_2(s_2) = \int_{S_2} \chi_{A_{s_1}}(s_2) d\mu_2(s_2) = \mu_2(A_{s_1})$$

である. これが, Σ_1-可測関数であることを示す. そのために, 次の集合族 $\mathcal{F}$ を考える.

$$\mathcal{F} = \{\, C \in \Sigma_1 \otimes \Sigma_2 \,:\, s_1 \text{ の関数 } \mu_2(C_{s_1}) \text{ が } \Sigma_1\text{-可測} \,\}$$

そのとき

$$\Sigma_1 \otimes \Sigma_2 \subset \mathcal{F}$$

をいう. $E \times F$ ($E \in \Sigma_1$, $F \in \Sigma_2$) について

$$\mu_2((E \times F)_{s_1}) = \mu_2(F)\chi_E(s_1)$$

が容易に分かり, 右辺は Σ_1-可測であるから

$$E \times F \in \mathcal{F}$$

である. しかも, $C \in \mathcal{A}(\Sigma_1 \times \Sigma_2)$ について

$$C = \sum_{i=1}^{n}(E_i \times F_i) \ (E_i \times F_i \in \Sigma_1 \times \Sigma_2, \ i = 1, \ldots, n)$$

と表示できることから

$$\mu_2(C_{s_1}) = \mu_2\left(\left(\sum_{i=1}^{n}(E_i \times F_i)\right)_{s_1}\right) = \sum_{i=1}^{n}\mu_2((E_i \times F_i)_{s_1})$$

となり，ここで前段の結果を用いれば，右辺の関数は Σ_1-可測である．したがって
$$\mathcal{A}(\Sigma_1 \times \Sigma_2) \subset \mathcal{F}$$
が成り立つ．さらに
$$\mathcal{M}(\mathcal{A}(\Sigma_1 \times \Sigma_2)) \subset \mathcal{F}$$
を得るために，次の場合分けを行う．

(a) $\mu_2(S_2) < +\infty$ のとき．$\mathcal{F}$ が単調族であることを示す．すなわち，単調族を定義する二つの性質：(m.1), (m.2) の確認である．この条件 (a) の下では
$$C_n \uparrow C \Rightarrow \mu_2((C_n)_{s_1}) \uparrow \mu_2(C_{s_1}),$$
および
$$C_n \downarrow C \Rightarrow \mu_2((C_n)_{s_1}) \downarrow \mu_2(C_{s_1})$$
が成り立つことと，可測関数列の各点収束極限は，また可測関数であることから，これらの条件は確認できる．したがって，$\mathcal{F}$ は単調族となるから
$$\Sigma_1 \otimes \Sigma_2 = \mathcal{M}(\mathcal{A}(\Sigma_1 \times \Sigma_2)) \subset \mathcal{F}$$
が得られる．したがって
$$\mathcal{F} = \Sigma_1 \otimes \Sigma_2$$
が得られる．すなわち，$A \in \Sigma_1 \otimes \Sigma_2$ について s_1 の関数 $\mu_2(A_{s_1})$ は，Σ_1-可測であることが分かった．

(b) 一般のとき．(S_2, Σ_2, μ_2) は，σ-有限測度空間であるから，$S_n^{(2)} \uparrow S_2$, $\mu_2(S_n^{(2)}) < +\infty$ $(n = 1, 2, \ldots)$ を満たす $\{S_n^{(2)}\}_{n \geq 1} \subset \Sigma_2$ が存在する．したがって，次のように定義される測度 $\mu_2^{(n)} : \Sigma_2 \to \mathbf{R}^+$ を考えれば
$$\mu_2^{(n)}(F) = \mu_2(F \cap S_n^{(2)}) \ (F \in \Sigma_2)$$
測度 $\mu_2^{(n)}$ は，$\mu_2^{(n)}(S_2) < +\infty$ を満たすから (a) の場合を用いれば，$A \in \Sigma_1 \otimes \Sigma_2$ について s_1 の関数 $\mu_2^{(n)}(A_{s_1})$ は，Σ_1-可測である．ところが，各 s_1 について
$$\mu_2(A_{s_1}) = \lim_{n \to \infty} \mu_2(A_{s_1} \cap S_n^{(2)}) = \lim_{n \to \infty} \mu_2^{(n)}(A_{s_1})$$
であるから，s_1 の関数として，$\mu_2(A_{s_1})$ は Σ_1-可測であることが分かり，(ii) の証明が完結する．

(iii) について．示すべきは次の事柄 (*) である．
$$\mu_1 \otimes \mu_2(A) = \int_{S_1} \mu_2(A_{s_1}) d\mu_1(s_1) = \int_{S_2} \mu_1(A_{s_2}) d\mu_2(s_2) \ \cdots (*)$$

さて, $\mu_1 \otimes \mu_2 : \Sigma_1 \otimes \Sigma_2 \to \mathbf{R}^+ \cup \{+\infty\}$ は測度である. また, 次のように定義される集合関数 $\alpha : \Sigma_1 \otimes \Sigma_2$ も測度であることが分かる.

$$\alpha(A) = \int_{S_1} \mu_2(A_{s_1}) d\mu_1(s_1) \ (A \in \Sigma_1 \otimes \Sigma_2)$$

実際, α の可算加法性のみ注意しよう. すなわち

$$A = \sum_{n=1}^{\infty} A_n, \ (A, \{A_n\}_{n \geq 1} \subset \Sigma_1 \otimes \Sigma_2)$$

について

$$\alpha(A) = \sum_{n=1}^{\infty} \alpha(A_n)$$

を示そう.

$$A_{s_1} = \sum_{n=1}^{\infty} (A_n)_{s_1} \ (s_1 \in S_1)$$

であるから

$$\begin{aligned} \alpha(A) &= \int_{S_1} \mu_2(A_{s_1}) d\mu_1(s_1) \\ &= \int_{S_1} \left(\sum_{n=1}^{\infty} \mu_2((A_n)_{s_1}) \right) d\mu_1(s_1) \\ &= \sum_{n=1}^{\infty} \int_{S_1} \mu_2((A_n)_{s_1}) d\mu_1(s_1) \\ &= \sum_{n=1}^{\infty} \alpha(A_n) \end{aligned}$$

が得られ, α の可算加法性を得る. この等式での三番目の等号は, 非負可測関数についての項別積分定理による. したがって, $\mu_1 \otimes \mu_2$, α は, $\Sigma_1 \otimes \Sigma_2$ 上で定義された測度である. ここで, 命題 1.4.8 (II) の場合を, $\Sigma = \Sigma_1 \otimes \Sigma_2, \mathcal{H} = \Sigma_1 \times \Sigma_2, \alpha = \alpha, \beta = \mu_1 \otimes \mu_2$ として利用すれば, $(*)$, すなわち $[(\mu_1 \otimes \mu_2)(A) = \alpha(A) \ (A \in \Sigma_1 \otimes \Sigma_2)]$ を示すためには

$$(\mu_1 \otimes \mu_2)(E \times F) = \alpha(E \times F) \ (E \times F \in \Sigma_1 \times \Sigma_2)$$

を示せば十分である. これは, 以下のように容易である.

$$\begin{aligned} \alpha(E \times F) &= \int_{S_1} \mu_2((E \times F)_{s_1}) d\mu_1(s_1) \\ &= \int_{S_1} \chi_E(s_1) \mu_2(F) d\mu_1(s_1) \\ &= \mu_1(E) \cdot \mu_2(F) \\ &= (\mu_1 \otimes \mu_2)(E \times F) \end{aligned}$$

したがって, (∗) が得られ, (iii) の証明が完結する.

以上で, 命題 1.4.11 の証明が完了する.

さて, (命題 1.4.11 の結果を踏まえ) 非負可測関数に関する **フビニの定理** を与えよう.

定理 1.4.12 (S_i, Σ_i, μ_i) $(i = 1, 2)$ は, σ-有限測度空間である. そのとき, $\Sigma_1 \otimes \Sigma_2$-可測関数 $f : S_1 \times S_2 \to \mathbf{R}^+ \cup \{+\infty\}$ について, 次の (i), (ii), (iii) が成り立つ ((i), (ii), (iii) の関係は, 命題 1.4.11 で述べた事柄と同様である).

(i) s_1 を固定するごとに, $f(s_1, s_2)$ は, s_2 の関数として, Σ_2-可測である. また, s_2 を固定するごとに, $f(s_1, s_2)$ は, s_1 の関数として, Σ_1-可測である.

(ii) 次の二つの非負関数 $h : S_1 \to \mathbf{R}^+ \cup \{+\infty\}$, $k : S_2 \to \mathbf{R}^+ \cup \{+\infty\}$ は, 各々 Σ_1-可測, Σ_2-可測である.

$$h(s_1) = \int_{S_2} f(s_1, s_2) d\mu_2(s_2)$$

$$k(s_2) = \int_{S_1} f(s_1, s_2) d\mu_1(s_1)$$

(iii) (重) 積分, 二つの逐次積分について, 次の等式が成り立つ.

$$\int_{S_1 \times S_2} f(s_1, s_2) d(\mu_1 \otimes \mu_2)(s_1, s_2) = \int_{S_1} h(s_1) d\mu_1(s_1)$$
$$= \int_{S_2} k(s_2) d\mu_2(s_2)$$

すなわち

$$\int_{S_1 \times S_2} f(s_1, s_2) d(\mu_1 \otimes \mu_2)(s_1, s_2)$$
$$= \int_{S_1} \left(\int_{S_2} f(s_1, s_2) d\mu_2(s_2) \right) d\mu_1(s_1)$$
$$= \int_{S_2} \left(\int_{S_1} f(s_1, s_2) d\mu_1(s_1) \right) d\mu_2(s_2)$$

証明 $f(s_1, s_2) = \chi_A(s_1, s_2)$ のとき, すなわち, f が $\Sigma_1 \otimes \Sigma_2$ に属する集合 A の特性関数の場合が, 命題 1.4.11 である. この結果を基礎にして, より一般な非負 $\Sigma_1 \otimes \Sigma_2$-可測関数 f の場合に同様の結果が得られることを示そうというのである. 第一段階である特性関数の場合にフビニの定理が

示されているのであるから, (積分論における論理展開の常道として) 次は第二段階の単関数の場合の確認をすることになる. すなわち

$$f(s_1, s_2) = \sum_{i=1}^{n} a_i \chi_{A_i}(s_1, s_2) \ (a_i \geq 0, \ A_i \in \Sigma_1 \otimes \Sigma_2, \forall i)$$

の場合である. この場合は
 (1) 可測関数の有限個の和で得られる関数は, 可測であること
 (2) 積分の線形性
の利用により, 第一段階の結果 (すなわち, 命題 1.4.11) から容易である. 各自で確かめること.

最後に, 一般の非負 $\Sigma_1 \otimes \Sigma_2$-可測関数 f の場合であるが (これも, 以下のように, **積分論における論理展開の常道** を行う). この場合は, 定理 1.2.39 を利用すれば次の性質を持つ非負単関数 (すなわち, 第二段階における関数) の列 $\{\theta_n\}_{n\geq 1}$ が存在する.

$$0 \leq \theta_1(s_1, s_2) \leq \cdots \leq \theta_n(s_1, s_2) \leq \cdots \leq f(s_1, s_2)$$

および
$$\lim_{n \to \infty} \theta_n(s_1, s_2) = f(s_1, s_2) \ ((s_1, s_2) \in S_1 \times S_2)$$

この場合は, (2) の性質に加え
 (3) 可測関数列の各点収束極限である関数は可測である
と **積分の単調収束定理** の利用により, 第二段階の結果から定理 1.4.12 の性質 (i), (ii), (iii) の確認は容易である. 各自で確かめること.

以上により, 定理 1.4.12 の証明が完結する.

ここで非負関数の場合のフビニの定理に関する例を与えよう.

例 1.4.13 (I) (S, Σ, μ) を一つの σ-有限測度空間, $(\mathbf{R}, \Lambda, \lambda)$ を一次元ルベーグ測度空間とする. 明らかに, $(\mathbf{R}, \Lambda, \lambda)$ は σ-有限測度空間である. そのとき Σ-可測関数 $f : S \to \mathbf{R}^+ \cup \{+\infty\}$ について次が成り立つ.
 (i) $V(f) = \{(s, t) \in S \times \mathbf{R} : 0 \leq t < f(s), s \in S\}$ について

$$V(f) \in \Sigma \otimes \mathcal{B}(\mathbf{R}) \ (\subset \Sigma \otimes \Lambda)$$

である.
 (ii) 次の等式が成り立つ.

$$(\mu \otimes \lambda)(V(f)) = \int_S f(s) d\mu(s)$$

(iii) $W(f) = \{(s,t) \in X \times \mathbf{R} : 0 \le t \le f(s), s \in S\}$ について
$$W(f) \in \Sigma \otimes \mathcal{B}(\mathbf{R})$$
である.

(iv) 次の等式が成り立つ.
$$(\mu \otimes \lambda)(W(f)) = \int_S f(s) d\mu(s)$$

(v) f のグラフ $G(f) = \{(s,t) \in S \times \mathbf{R} : t = f(s), s \in S\}$ について
$$G(f) \in \Sigma \otimes \mathcal{B}(\mathbf{R})$$
である.

(vi) $(\mu \otimes \lambda)(G(f)) = 0$ である.

章末問題 43 番で取り扱う.

(II) 測度空間の σ-有限性を仮定しない場合 は, 必ずしも二つの**逐次積分**は一致しない. その例を挙げる.

(i) $(\mathbf{R}, \mathcal{B}(\mathbf{R}), \lambda)$ (ただし, λ はルベーグ測度) は σ-有限測度空間である.

(ii) $(\mathbf{R}, \mathcal{B}(\mathbf{R}), \mu)$ (ただし, μ は個数測度) は σ-有限測度空間ではない.

(iii) $\Delta = \{(t,t) : t \in \mathbf{R}\}$ とすれば, Δ は $\mathbf{R}^2$ の閉集合である. したがって
$$\Delta \in \mathcal{B}(\mathbf{R}) \otimes \mathcal{B}(\mathbf{R})$$
である.

(iv) $\chi_\Delta(t_1, t_2) : \mathbf{R} \times \mathbf{R} \to \mathbf{R}^+$ は, $\mathcal{B}(\mathbf{R}) \otimes \mathcal{B}(\mathbf{R})$-可測である.

(v) 次の二つの**逐次積分**
$$\int_\mathbf{R} \left(\int_\mathbf{R} \chi_\Delta(t_1, t_2) d\lambda(t_1) \right) d\mu(t_2)$$
$$\int_\mathbf{R} \left(\int_\mathbf{R} \chi_\Delta(t_1, t_2) d\mu(t_2) \right) d\lambda(t_1)$$

の値は一致しない. 前者は 0 であり, 後者は ∞ である.

章末問題 45 番で取り扱う.

(III) $(\mathbf{N}, \mathcal{P}(\mathbf{N}), \mu)$ を, 自然数の集合 $\mathbf{N}$, その巾集合 $\mathcal{P}(\mathbf{N})$, およびその上で定義された個数測度 μ から成る σ-有限測度空間とする. そのとき, 任意の関数 $f : \mathbf{N} \times \mathbf{N} \to \mathbf{R}^+$ は, 非負 $\mathcal{P}(\mathbf{N}) \otimes \mathcal{P}(\mathbf{N})$-可測関数である. したがって, 定理 1.4.12 から, 次の等式が成り立つ.

$$\begin{aligned}\int_{\mathbf{N} \times \mathbf{N}} f(m,n) d(\mu \otimes \mu)(m,n) &= \int_\mathbf{N} \left(\int_\mathbf{N} f(m,n) d\mu(m) \right) d\mu(n) \\ &= \int_\mathbf{N} \left(\int_\mathbf{N} f(m,n) d\mu(n) \right) d\mu(m)\end{aligned}$$

このことは，無限級数の和として解釈すれば次の等式を意味している．各自で確かめること．

$$\sum_{m,n} f(m,n) = \sum_{m=1}^{\infty}\left(\sum_{n=1}^{\infty} f(m,n)\right)$$
$$= \sum_{n=1}^{\infty}\left(\sum_{m=1}^{\infty} f(m,n)\right)$$

ここで, 第一項

$$\sum_{m,n} f(m,n)$$

は, 各 i,j について

$$s_{i,j} = \sum_{1\leq m\leq i, 1\leq n\leq j} f(m,n) \left(=\sum_{m=1}^{i}\left(\sum_{n=1}^{j} f(m,n)\right)\right)$$

と定義した二重数列 $\{s_{i,j}\}_{i,j\geq 1}$ の極限 ($+\infty$ も許す) を意味する．

最後に, 符号が一定でない関数 $f: S_1 \times S_2 \to \mathbf{R}\cup\{+\infty\}\cup\{-\infty\}$ の場合に得られる**フビニの定理**を紹介する．それは次のように述べられる．

定理 1.4.14 (S_i, Σ_i, μ_i) $(i=1,2)$ は σ-有限測度空間である．そのとき, $\Sigma_1 \otimes \Sigma_2$-可測関数 $f: S_1 \times S_2 \to \mathbf{R}\cup\{+\infty\}\cup\{-\infty\}$ が, 次の条件 $(*)$ (二変数関数としての積分可能性) を満たせば, それ以下に述べられた事柄 (i), (ii), (iii) が成り立つ．

$$\int_{S_1\times S_2} |f(s_1, s_2)| d(\mu_1\otimes\mu_2)(s_1, s_2) < +\infty \cdots (*)$$

(i) μ_1-測度 0 の集合 $E \in \Sigma_1$ に属さない点 s_1 で, $f(s_1, s_2)$ は s_2 の関数として μ_2-積分可能である．

μ_2-測度 0 の集合 $F \in \Sigma_2$ に属さない点 s_2 で, $f(s_1, s_2)$ は s_1 の関数として μ_1-積分可能である．

(ii) 次の二つの関数 $h: S_1 \to \mathbf{R}\cup\{+\infty\}\cup\{-\infty\}$, $k: S_2 \to \mathbf{R}\cup\{+\infty\}\cup\{-\infty\}$ は各々 μ_1-積分可能, μ_2-積分可能である．

$$h(s_1) = \begin{cases} \int_{S_2} f(s_1, s_2) d\mu_2(s_2) & (s_1 \in S_1\backslash E \text{ のとき}) \\ 0 & (s_1 \in E \text{ のとき}) \end{cases}$$

$$k(s_2) = \begin{cases} \int_{S_1} f(s_1, s_2) d\mu_1(s_1) & (s_2 \in S_2\backslash F \text{ のとき}) \\ 0 & (s_2 \in F \text{ のとき}) \end{cases}$$

(iii) 次の等式が成り立つ.
$$\int_{S_1} h(s_1) d\mu_1(s_1) = \int_{S_2} k(s_2) d\mu_2(s_2)$$
$$= \int_{S_1 \times S_2} f(s_1, s_2) d(\mu_1 \otimes \mu_2)(s_1, s_2)$$

すなわち,「積分値は測度 0 の集合の影響を受けない」ことから, この等式は次のように表現でき, これは, (非負関数の場合と同様に, そうでない関数の場合について) 条件 ($*$) の下での, 重積分と逐次積分の一致性を提示している.

$$\int_{S_1} \left(\int_{S_2} f(s_1, s_2) d\mu_2(s_2) \right) d\mu_1(s_1)$$
$$= \int_{S_2} \left(\int_{S_1} f(s_1, s_2) d\mu_1(s_1) \right) d\mu_2(s_2)$$
$$= \int_{S_1 \times S_2} f(s_1, s_2) d(\mu_1 \otimes \mu_2)(s_1, s_2)$$

証明 証明の本質は, $f(s_1, s_2) = f^+(s_1, s_2) - f^-(s_1, s_2)$ として, 非負関数の場合のフビニの定理を, $|f|$, f^+, f^- に適用することで, 結果を得ることである. 先ず, 条件 ($*$) から, 非負関数の場合のフビニの定理の利用により

$$\int_{S_1} \left(\int_{S_2} |f(s_1, s_2)| d\mu_2(s_2) \right) d\mu_1(s_1) < +\infty$$

および

$$\int_{S_2} \left(\int_{S_1} |f(s_1, s_2)| d\mu_1(s_1) \right) d\mu_2(s_2) < +\infty$$

が生じるから, $\mu_1(E) = 0$ を満たす集合 $E\ (\in \Sigma_1)$ に属さない点 $s_1\ (\in S_1)$ では

$$\int_{S_2} |f(s_1, s_2)| d\mu_2(s_2) < +\infty$$

すなわち, $s_1 \in S_1 \backslash E$ の各点 s_1 ごとに, s_2 の関数 $f(s_1, s_2)$ は μ_2-積分可能関数となり, 性質 (i) の前半部分を得る. もう一方の条件からも同様にして, 性質 (i) の後半部分が得られる.

(ii) については, 任意の $s_1\ (\in S_1)$ について

$$|h(s_1)| \leq \int_{S_2} |f(s_1, s_2)| d\mu_2(s_2)$$

であり, 右辺は (条件 ($*$) を用いれば) μ_1-積分可能関数より, h が μ_1-積分可能関数となる. 同様にして, k は μ_2-積分可能関数となる. よって, 性質 (ii) が得られた.

(iii) については

$$\int_{S_1 \times S_2} f(s_1, s_2) d(\mu_1 \otimes \mu_2)(s_1, s_2)$$
$$= \int_{S_1 \times S_2} f^+(s_1, s_2) d(\mu_1 \otimes \mu_2)(s_1, s_2)$$
$$- \int_{S_1 \times S_2} f^-(s_1, s_2) d(\mu_1 \otimes \mu_2)(s_1, s_2)$$

であることを注意する. そして, $s_1 \in S_1 \backslash E$ について

$$h(s_1) = \int_{S_2} f^+(s_1, s_2) d\mu_2(s_2) - \int_{S_2} f^-(s_1, s_2) d\mu_2(s_2)$$

であるから ($\mu_1(E) = 0$ を考慮して), 両辺を μ_1 で積分し, さらに非負関数の場合のフビニの定理を用いれば

$$\begin{aligned}
\int_{S_1} h(s_1) d\mu_1(s_1) &= \int_{S_1} \left(\int_{S_2} f^+(s_1, s_2) d\mu_2(s_2) \right) d\mu_1(s_1) \\
&\quad - \int_{S_1} \left(\int_{S_2} f^-(s_1, s_2) d\mu_2(s_2) \right) d\mu_1(s_1) \\
&= \int_{S_1 \times S_2} f^+(s_1, s_2) d(\mu_1 \otimes \mu_2)(s_1, s_2) \\
&\quad - \int_{S_1 \times S_2} f^-(s_1, s_2) d(\mu_1 \otimes \mu_2)(s_1, s_2) \\
&= \int_{S_1 \times S_2} f(s_1, s_2) d(\mu_1 \otimes \mu_2)(s_1, s_2)
\end{aligned}$$

となり, (iii) の前半の重積分と逐次積分に関する等式が得られる. (iii) の後半の等式 (すなわち, k に関する等式) も同様にして得られる.

以上で, 定理 1.4.14 の証明が完結する.

注意 1 条件 $(*)$ を確認するためには, 非負関数の場合のフビニの定理から

$$\int_{S_1} \left(\int_{S_2} |f(s_1, s_2)| d\mu_2(s_2) \right) d\mu_1(s_1) < +\infty$$

あるいは

$$\int_{S_2} \left(\int_{S_1} |f(s_1, s_2)| d\mu_1(s_1) \right) d\mu_2(s_2) < +\infty$$

のいずれか一方 (計算の容易な方) を調べればよい.

例 1.4.15 例 1.4.13 (III) の二重級数に関する例で, 各項の値が必ずしも

非負とは限らない場合を考える. すなわち, $f: \mathbf{N} \times \mathbf{N} \to \mathbf{R}$ について考える. ただし, f は
$$\sum_{m,n} |f(m,n)| < +\infty$$
を満たすとする. そのとき, 定理 1.4.14 の特別な場合として, 次の等式が得られる.
$$\sum_{m,n} f(m,n) = \sum_{m=1}^{\infty} \left(\sum_{n=1}^{\infty} f(m,n) \right) = \sum_{n=1}^{\infty} \left(\sum_{m=1}^{\infty} f(m,n) \right)$$
これは (例 1.4.13 (III) の正項二重級数の場合と同様に) 絶対収束する二重級数も, 和の順序に依存しないで (同一極限値に) 収束することを示している.

次に, 有限個 (n 個とする) の σ-有限測度空間の積測度空間を定義しよう. そのために, 次の定理を示そう.

定理 1.4.16 (S_i, Σ_i, μ_i) $(i = 1, 2, \ldots, n)$ を σ-有限測度空間とするとき, 次の性質 $(*)$ を満たす測度 $\alpha : \Sigma_1 \otimes \Sigma_2 \otimes \cdots \otimes \Sigma_n \to [0, +\infty]$ がただ一つ存在する.

$$(*) \ \alpha(E_1 \times E_2 \times \cdots \times E_n) = \mu_1(E_1) \cdot \mu_2(E_2) \cdots \mu_n(E_n)$$
$$(E_1 \times E_2 \times \cdots \times E_n \in \Sigma_1 \times \Sigma_2 \times \cdots \times \Sigma_n)$$

しかも, 測度空間:
$$(S_1 \times S_2 \times \cdots \times S_n, \Sigma_1 \otimes \Sigma_2 \otimes \cdots \otimes \Sigma_n, \alpha)$$
は σ-有限である.

この証明を与える前に, 二つの事項についての注意を与える. それは, 直積集合: $S_1 \times S_2 \times \cdots \times S_m$ $(m = 2, 3, \ldots)$ については
$$((s_1, \ldots, s_m), s_{m+1}) \ \text{と} \ (s_1, \ldots, s_m, s_{m+1})$$
を同一視する (共に, 各 i につき s_i が S_i に属する, 順序を込めた $(m+1)$ 個の点の組と考える) ことにより
$$(S_1 \times S_2 \times \cdots \times S_m) \times S_{m+1} = S_1 \times S_2 \times \cdots \times S_m \times S_{m+1}$$
が成り立つことである. その結果, $E_i \in \Sigma_i$ $(i = 1, 2, \ldots, m+1)$ について
$$(E_1 \times E_2 \times \cdots \times E_m) \times E_{m+1} = E_1 \times \cdots E_m \times E_{m+1}$$

が得られるから, 部分集合族: $\Sigma_1 \times \Sigma_2 \times \cdots \times \Sigma_m$ ($m = 2, 3, \ldots$) については

$$(\Sigma_1 \times \Sigma_2 \times \cdots \times \Sigma_m) \times \Sigma_{m+1} = \Sigma_1 \times \Sigma_2 \times \cdots \times \Sigma_m \times \Sigma_{m+1}$$

が成り立つことである.

定理 1.4.16 の証明 このような測度 α が存在した場合の唯一性を先ず注意する. このような測度 $\alpha, \beta : \Sigma_1 \otimes \cdots \otimes \Sigma_n \to [0, +\infty]$ が存在するとして, $\alpha = \beta$ を示す. その手順は, 定理 1.4.7 の証明と同様である. すなわち, この場合において

$$\mathcal{H} = \Sigma_1 \times \cdots \times \Sigma_n$$

とすれば, $\mathcal{H}$ が semi-algebra であることは, 命題 1.1.4 と帰納法から容易に分かり

$$\Sigma_1 \otimes \cdots \otimes \Sigma_n = \sigma(\mathcal{H})$$

である. また, 各 μ_i の σ-有限性から

$$S_i = \bigcup_{m=1}^{\infty} S_m^{(i)}, \, S_m^{(1)} \times \cdots \times S_m^{(n)} \, (= H_m) \in \mathcal{H}, \, S_m^{(1)} \times \cdots \times S_m^{(n)} \uparrow \, (m = 1, 2, \ldots),$$

$$\alpha(S_m^{(1)} \times \cdots \times S_m^{(n)}) = \beta(S_m^{(1)} \times \cdots \times S_m^{(n)}) = \Pi_{i=1}^n \mu_i(S_m^{(i)}) < +\infty$$

を満たす n 個の集合の列 $\{S_m^{(i)}\}_{m \geq 1}$ ($i = 1, 2, \ldots, n$) が存在する. しかも, $E_i \in \Sigma_i$ ($i = 1, 2, \ldots, n$) に対して

$$\alpha(E_1 \times \cdots \times E_n) = \mu_1(E_1) \cdot \cdots \cdot \mu_n(E_n) = \beta(E_1 \times \cdots \times E_n)$$

$$(\text{すなわち}, \, \alpha(H) = \beta(H), \, H \in \mathcal{H})$$

であるから, 命題 1.4.8 が利用でき, $\alpha = \beta$ が得られる.

次に, このような測度 α の存在については, 直積集合 $S_1 \times \cdots \times S_n$ の個数 n に関する帰納法を用いる. $n = 2$ の場合は, 定理 1.4.7 から得られる. 次に, n の場合を仮定して, $(n+1)$ の場合に成り立つことを示そう. そのために

$$S_1 \times S_2 \times \cdots \times S_n \times S_{n+1} = (S_1 \times S_2 \times \cdots \times S_n) \times S_{n+1}$$

および

$$\Sigma_1 \otimes \Sigma_2 \otimes \cdots \otimes \Sigma_n \otimes \Sigma_{n+1} = (\Sigma_1 \otimes \Sigma_2 \otimes \cdots \otimes \Sigma_n) \otimes \Sigma_{n+1}$$

が成り立つことを確認しよう. 第一の等式は, 既に上で注意したものであるから, 第二の等式について注意しよう. 先ず

$$\Sigma_1 \otimes \Sigma_2 \otimes \cdots \otimes \Sigma_n \otimes \Sigma_{n+1} = \sigma(\Sigma_1 \times \Sigma_2 \times \cdots \times \Sigma_n \times \Sigma_{n+1})$$

であり
$$\sigma(\sigma(\Sigma_1 \times \Sigma_2 \times \cdots \times \Sigma_n) \times \Sigma_{n+1}) = (\Sigma_1 \otimes \Sigma_2 \otimes \cdots \otimes \Sigma_n) \otimes \Sigma_{n+1}$$
であるから
$$\Sigma_1 \times \Sigma_2 \times \cdots \times \Sigma_n \subset \sigma(\Sigma_1 \times \Sigma_2 \times \cdots \times \Sigma_n)$$
を用いれば
$$\Sigma_1 \otimes \Sigma_2 \otimes \cdots \otimes \Sigma_n \otimes \Sigma_{n+1} \subset (\Sigma_1 \otimes \Sigma_2 \otimes \cdots \otimes \Sigma_n) \otimes \Sigma_{n+1}$$
が得られる. 次に, この逆向きの包含関係を得よう. そのために, 次の集合族 $\mathcal{F}$ を考える.
$$\mathcal{F} = \{F \in \mathcal{P}(S_1 \times \cdots \times S_n) : F \times G \in \Sigma_1 \otimes \cdots \otimes \Sigma_n \otimes \Sigma_{n+1},\ \forall G \in \Sigma_{n+1}\}$$
そのとき, $\mathcal{F}$ が, $\Sigma_1 \times \cdots \times \Sigma_n$ を含む σ-algebra であることが, 以下のように示される. 先ず
$$\Sigma_1 \times \cdots \times \Sigma_n \subset \mathcal{F}$$
は, $\mathcal{F}$ の定義から明らかである. 次に, σ-algebra であることを示そう. 任意の $G \in \Sigma_{n+1}$ について
$$S_1 \times \cdots \times S_n \times G \in \Sigma_1 \times \cdots \times \Sigma_n \times \Sigma_{n+1} \subset \Sigma_1 \otimes \cdots \otimes \Sigma_n \otimes \Sigma_{n+1}$$
であるから
$$S_1 \times \cdots \times S_n \in \mathcal{F}$$
である (すなわち, 全体集合 $S_1 \times \cdots \times S_n$ が $\mathcal{F}$ に属する). $F \in \mathcal{F}$ のとき, $F^c \in \mathcal{F}$ であることは, 任意の $G \in \Sigma_{n+1}$ について
$$F^c \times G = (S_1 \times \cdots \times S_n \times G) \backslash (F \times G) \in \Sigma_1 \otimes \Sigma_2 \otimes \cdots \otimes \Sigma_n \otimes \Sigma_{n+1}$$
であることから分かる (すなわち, $\mathcal{F}$ は補集合をとる操作で閉じている). 最後に, $\{F_m\}_{m \geq 1}$ を $\mathcal{F}$ に属する集合の列とすれば, 任意の $G \in \Sigma_{n+1}$ について
$$\left(\bigcup_{m=1}^{\infty} F_m\right) \times G = \bigcup_{m=1}^{\infty} (F_m \times G) \in \Sigma_1 \otimes \cdots \otimes \Sigma_n \otimes \Sigma_{n+1}$$
を得るので, $\mathcal{F}$ は, 集合の可算和をとる操作で閉じていることが分かる. したがって, $\mathcal{F}$ は σ-algebra で, $\Sigma_1 \times \cdots \times \Sigma_n$ を含むから
$$\Sigma_1 \otimes \Sigma_2 \otimes \cdots \otimes \Sigma_n \subset \mathcal{F}$$

が得られる. すなわち

$$(\Sigma_1 \otimes \Sigma_2 \otimes \cdots \otimes \Sigma_n) \times \Sigma_{n+1} \subset \Sigma_1 \otimes \Sigma_2 \otimes \cdots \otimes \Sigma_n \otimes \Sigma_{n+1}$$

が得られ, この右辺の集合族が σ-algebra であることから, 結局

$$(\Sigma_1 \otimes \Sigma_2 \otimes \cdots \otimes \Sigma_n) \otimes \Sigma_{n+1} \subset \Sigma_1 \otimes \Sigma_2 \otimes \cdots \otimes \Sigma_n \otimes \Sigma_{n+1}$$

が成り立つので, 逆向きの包含関係が示された. よって

$$\Sigma_1 \otimes \Sigma_2 \otimes \cdots \otimes \Sigma_n \otimes \Sigma_{n+1} = (\Sigma_1 \otimes \Sigma_2 \otimes \cdots \otimes \Sigma_n) \otimes \Sigma_{n+1}$$

が成り立つ. 帰納法の仮定から, n 個の場合の積測度 (σ-有限である)

$$\mu_1 \otimes \mu_2 \otimes \cdots \otimes \mu_n : \Sigma_1 \otimes \Sigma_2 \otimes \cdots \otimes \Sigma_n \to [0, +\infty]$$

が存在する. したがって, 二つの σ-有限測度空間

$$(S_1 \times \cdots \times S_n, \Sigma_1 \otimes \cdots \otimes \Sigma_n, \mu_1 \otimes \cdots \otimes \mu_n)$$

と $(S_{n+1}, \Sigma_{n+1}, \mu_{n+1})$ に対して, 二個の場合の積測度の存在定理 (定理 1.4.6) を用いれば, σ-有限測度 $\alpha : (\Sigma_1 \otimes \cdots \otimes \Sigma_n) \otimes \Sigma_{n+1} \to [0, +\infty]$ で

$$\alpha(A \times E_{n+1}) = (\mu_1 \otimes \cdots \otimes \mu_n)(A)\mu_{n+1}(E_{n+1})$$

$$(A \in \Sigma_1 \otimes \cdots \otimes \Sigma_n, \ E_{n+1} \in \Sigma_{n+1})$$

を満たすものが存在する. したがって, 特に

$$A = E_1 \times \cdots \times E_n \in \Sigma_1 \times \cdots \times \Sigma_n$$

として

$$\alpha(E_1 \times \cdots \times E_n \times E_{n+1}) = (\mu_1 \otimes \cdots \otimes \mu_n)(E_1 \times \cdots \times E_n)\mu_{n+1}(E_{n+1})$$

を満たすものが存在する. このとき, (帰納法の仮定から)

$$(\mu_1 \otimes \cdots \otimes \mu_n)(E_1 \times \cdots \times E_n) = \mu_1(E_1) \cdot \cdots \cdot \mu_n(E_n)$$

であることと, (上で注意した)

$$\Sigma_1 \otimes \Sigma_2 \otimes \cdots \otimes \Sigma_n \otimes \Sigma_{n+1} = (\Sigma_1 \otimes \Sigma_2 \otimes \cdots \otimes \Sigma_n) \otimes \Sigma_{n+1}$$

を用いれば, 結局, σ-有限測度 $\alpha : \Sigma_1 \otimes \cdots \otimes \Sigma_n \otimes \Sigma_{n+1} \to [0, +\infty]$ で

$$\alpha(E_1 \times \cdots \times E_n \times E_{n+1}) = \mu_1(E_1) \cdot \cdots \cdot \mu_{n+1}(E_{n+1})$$

を満たすものが存在することが分かる. よって, このような測度の存在と唯一性が示されたので, 証明が完結する.

定義 1.4.17 (S_i, Σ_i, μ_i) $(i = 1, 2, \ldots, n)$ を σ-有限測度空間とするとき, 定理 1.4.16 でただ一つ存在することが保証された σ-有限測度 α を, $\mu_1 \otimes \mu_2 \otimes \cdots \otimes \mu_n$ と表し, これを, n 個の測度 $\mu_1, \ldots, \mu_n$ の **積測度** という. また, σ-有限測度空間:

$$(S_1 \times \cdots \times S_n, \Sigma_1 \otimes \cdots \otimes \Sigma_n, \mu_1 \otimes \mu_2 \otimes \cdots \otimes \mu_n)$$

を, n 個の σ-有限測度空間 (S_i, Σ_i, μ_i) $(i = 1, 2, \ldots, n)$ の **積測度空間** という.

例 1.4.18 (I) $(\mathbf{R}^k, \mathbf{B}(\mathbf{R}^k), \lambda_k), (\mathbf{R}^l, \mathbf{B}(\mathbf{R}^l), \lambda_l)$ を, 各々, k 次元ルベーグ測度, l 次元ルベーグ測度を, k 次元ボレル集合族, l 次元ボレル集合族に定義域を制限して得られる σ-有限測度空間とするとき, この積測度空間は

$$(\mathbf{R}^k \times \mathbf{R}^l, \mathbf{B}(\mathbf{R}^k) \otimes \mathbf{B}(\mathbf{R}^l), \lambda_k \otimes \lambda_l) = (\mathbf{R}^{k+l}, \mathbf{B}(\mathbf{R}^{k+l}), \lambda_{k+l})$$

となることが分かる. それは, 命題 1.4.4 から

$$\mathbf{B}(\mathbf{R}^k) \otimes \mathbf{B}(\mathbf{R}^l) = \mathbf{B}(\mathbf{R}^{k+l})$$

であり, $J_1 = \Pi_{i=1}^{k}(a_i, b_i] \in \mathbf{J}^{(k)}$, $J_2 = \Pi_{j=1}^{l}(c_j, d_j] \in \mathbf{J}^{(l)}$ について

$$(\lambda_k \otimes \lambda_l)(J_1 \times J_2) = \lambda_k(J_1)\lambda_l(J_2) = \Pi_{i=1}^{k}(b_i - a_i)\Pi_{j=1}^{l}(d_j - c_j) = \lambda_{k+l}(J_1 \times J_2)$$

が得られるからである.

(II) $(\mathbf{R}, \mathbf{B}(\mathbf{R}), \lambda)$ を, 1 次元ルベーグ測度を 1 次元ボレル集合族に制限して得られる σ-有限測度空間とするとき, この k 個の積測度空間は ((I) の場合と同様に考えれば)

$$(\mathbf{R}^k, \mathbf{B}(\mathbf{R}^k), \lambda_k)$$

である. ただし, λ_k は k 次元ルベーグ測度である.

(III) 二つの 1 次元ルベーグ測度空間 $(\mathbf{R}, \Lambda, \lambda)$ から得られる積測度空間は, $(\mathbf{R}^2, \Lambda \otimes \Lambda, \lambda_2)$ であるが, これは, (I), (II) の場合と異なり, $(\mathbf{R}^2, \Lambda_2, \lambda_2)$ とはならない. 実際

$$\Lambda \otimes \Lambda \subsetneq \Lambda_2$$

であるからである (章末問題 46 番 (c) を参照せよ).

(IV) (S_i, Σ_i, μ_i) $(i = 1, 2, 3)$ を三つの σ-有限測度空間とし, その積測度空間を $(S_1 \times S_2 \times S_3, \Sigma_1 \otimes \Sigma_2 \otimes \Sigma_3, \mu_1 \otimes \mu_2 \otimes \mu_3)$ としたとき, (例えば, 非

負) 三変数関数のフビニの定理が次の形で得られる (重積分と逐次積分の一致性の部分のみ記述). $f : S_1 \times S_2 \times S_3 \to \mathbf{R}^+ \cup \{+\infty\}$ を $\Sigma_1 \otimes \Sigma_2 \otimes \Sigma_3$-可測関数とする. そのとき, 次の各積分値は一致する.

$$\int_{S_1 \times S_2 \times S_3} f(s_1, s_2, s_3) d(\mu_1 \otimes \mu_2 \otimes \mu_3)(s_1, s_2, s_3)$$

$$\int_{S_1} \left(\int_{S_2} \left(\int_{S_3} f(s_1, s_2, s_3) d\mu_3(s_3) \right) d\mu_2(s_2) \right) d\mu_1(s_1)$$

$$\int_{S_3} \left(\int_{S_2} \left(\int_{S_1} f(s_1, s_2, s_3) d\mu_1(s_1) \right) d\mu_2(s_2) \right) d\mu_3(s_3)$$

(その他, 積分順序を変えた積分値も同様である)

これらは

$$S_1 \times S_2 \times S_3 = S_1 \times (S_2 \times S_3) = (S_1 \times S_2) \times S_3,$$

$$\Sigma_1 \otimes \Sigma_2 \otimes \Sigma_3 = \Sigma_1 \otimes (\Sigma_2 \otimes \Sigma_3) = (\Sigma_1 \otimes \Sigma_2) \otimes \Sigma_3$$

および

$$\mu_1 \otimes \mu_2 \otimes \mu_3 = \mu_1 \otimes (\mu_2 \otimes \mu_3) = (\mu_1 \otimes \mu_2) \otimes \mu_3$$

といった等式を利用して, 三変数関数を二変数関数に読み替え, そして, 二変数関数のフビニの定理を利用する手順で得られる. 各自で確かめること. このように考えれば, 一般変数のフビニの定理も, 帰納的に得られることが分かる.

(2) 可算無限個の確率測度空間の積測度空間の構成. (S_i, Σ_i, μ_i) $(i = 1, 2, \ldots)$ は確率測度空間の列とする. そのとき, これらの積測度空間と呼ばれる確率測度空間 (S, Σ, μ) を構成しよう. 先ず, 集合 S を

$$S = \Pi_{i=1}^{\infty} S_i = \{s = (s_i)_{i \geq 1} \ : \ s_i \in S_i, \ \forall i\}$$

と定め, $\pi_i : S \to S_i$ $(i = 1, 2, \ldots)$ を次で定義する.

$$\pi_i(s) = s_i \ (s = (s_i)_{i \geq 1} \in S)$$

すなわち, π_i は, S から, S_i への射影である. また, A を $\mathbf{N}$ の有限部分集合とするとき, $\pi_A : S \to \Pi_{i \in A} S_i$ $(= S_A$ と, 以後表記$)$ を, 各 $s = (s_i)_{i \geq 1}$ について

$$\pi_A(s) = (s_i)_{i \in A} \ (\in S_A)$$

で定義する. したがって

$$A_n = \{1, 2, \ldots, n\} \subset \mathbf{N}$$

については

$$\pi_{A_n}(s) = (s_i)_{i \in A_n} = (s_1, \ldots, s_n) \ (\in S_1 \times \cdots \times S_n = S_{A_n})$$

となる．そして

$$\Sigma_A = \bigotimes_{i \in A} \Sigma_i \ (= \sigma(\Pi_{i \in A} \Sigma_i))$$

とおく．すなわち，$\Sigma_i \ (i \in A)$ の積 σ-algebra である．特に，$A = A_n$ ならば

$$\Sigma_{A_n} = \Sigma_1 \otimes \cdots \otimes \Sigma_n = \sigma(\{E_1 \times \cdots \times E_n \ : \ E_i \in \Sigma_i, \ i = 1, \ldots, n\})$$

である．また，Σ_{A_n} 上で定義される積測度を μ_{A_n} とする．すなわち

$$\mu_{A_n} = \mu_1 \otimes \cdots \otimes \mu_n$$

である．そして，S の部分集合の作る σ-algebra Φ のうちで，全ての写像 $\pi_i \ (i = 1, 2, \ldots)$ を可測にする最小の σ-algebra を Σ とし

$$\Sigma = \bigotimes_{i \geq 1} \Sigma_i$$

と表す．すなわち，次の性質を満たす，S の部分集合の作る σ-algebra Φ のうちで，最小のものである．

$$\pi_i^{-1}(\Sigma_i) \subset \Phi \ (i = 1, 2, \ldots)$$

そのとき，次の命題が成り立つ．

命題 1.4.19 Σ は，次の形で表現される．

$$\Sigma = \sigma\left(\bigcup_{i \geq 1} \pi_i^{-1}(\Sigma_i)\right) = \sigma\left(\bigcup_A \pi_A^{-1}(\Sigma_A)\right) = \sigma\left(\bigcup_{n \geq 1} \pi_{A_n}^{-1}(\Sigma_{A_n})\right)$$

証明 Σ の定義から

$$\sigma\left(\bigcup_{i \geq 1} \pi_i^{-1}(\Sigma_i)\right) \subset \Sigma$$

一方，各 $\pi_i \ (i = 1, 2, \ldots)$ は

$$\Phi = \sigma\left(\bigcup_{i \geq 1} \pi_i^{-1}(\Sigma_i)\right)$$

について可測であるから, Σ の最小性から

$$\Sigma \subset \Phi$$

が得られる. すなわち

$$\Sigma = \sigma\left(\bigcup_{i\geq 1} \pi_i^{-1}(\Sigma_i)\right)$$

が成り立つ. 次に, 任意の $A \subset A' \subset \mathbf{N}$ について

$$\pi_A^{-1}(\Sigma_A) \subset \pi_{A'}^{-1}(\Sigma_{A'})$$

が成り立つことを注意しよう. それは

$$\Sigma_A = \sigma(\{\Pi_{i\in A} E_i \ : \ E_i \in \Sigma_i\}), \ \Sigma_{A'} = \sigma(\{\Pi_{i\in A'} F_i \ : \ F_i \in \Sigma_i\}),$$

$$\Pi_{i\in A} E_i \times \Pi_{i\in A'\setminus A} S_i \in \Sigma_{A'}$$

および

$$\pi_A^{-1}(\Pi_{i\in A} E_i) = \pi_{A'}^{-1}(\Pi_{i\in A} E_i \times \Pi_{i\in A'\setminus A} S_i)$$

が成り立つことから分かる. したがって

$$\sigma\left(\bigcup_A \pi_A^{-1}(\Sigma_A)\right) = \sigma\left(\bigcup_{n\geq 1} \pi_{A_n}^{-1}(\Sigma_{A_n})\right)$$

が容易に得られる. また

$$\sigma\left(\bigcup_{i\geq 1} \pi_i^{-1}(\Sigma_i)\right) \subset \sigma\left(\bigcup_A \pi_A^{-1}(\Sigma_A)\right)$$

が分かる. したがって, 命題の証明を完結するためには, 各 n について

$$\pi_{A_n}^{-1}(\Sigma_{A_n}) \subset \sigma\left(\bigcup_{i=1}^n \pi_i^{-1}(\Sigma_i)\right)$$

を示せばよい. それは, $E_i \in \Sigma_i \ (i=1,\ldots,n)$ について

$$\pi_{A_n}^{-1}(\Pi_{i=1}^n E_i) = \bigcap_{i=1}^n \pi_i^{-1}(E_i) \in \sigma\left(\bigcup_{i=1}^n \pi_i^{-1}(\Sigma_i)\right)$$

であることと, 右辺の集合族の σ-algebra 性から得られる.

注意 2 Σ が,どんな集合から構成される σ-algebra であるかを,少し具体的に注意しよう.そのために,$\pi_{A_n}^{-1}(\Sigma_{A_n})$ について考えれば

$$\Sigma_{A_n} = \Sigma_1 \otimes \cdots \otimes \Sigma_n = \sigma(\Sigma_1 \times \cdots \times \Sigma_n)$$

であるから

$$\pi_{A_n}^{-1}(\Sigma_{A_n}) = \sigma(\{E_1 \times E_2 \times \cdots E_n \times S_{n+1} \times S_{n+2} \times \cdots \; : \; E_i \in \Sigma_i, \, i = 1, \cdots, n\})$$

であることが分かる.もっと一般に A を $\mathbf{N}$ の有限部分集合としたときには

$$\pi_A^{-1}(\Sigma_A) = \sigma(\{\Pi_{i \in A} E_i \times \Pi_{i \notin A} S_i \; : \; E_i \in \Sigma_i, \, i \in A\})$$

である.実際

$$\begin{aligned}\pi_A^{-1}(\Sigma_A) &= \pi_A^{-1}(\sigma(\Pi_{i \in A} \Sigma_i)) \\ &= \sigma(\pi_A^{-1}(\Pi_{i \in A} \Sigma_i)) \\ &= \sigma(\{\Pi_{i \in A} E_i \times \Pi_{i \notin A} S_i \; : \; E_i \in \Sigma_i, \, i \in A\}) \quad \cdots \; (\mathbf{E})\end{aligned}$$

であるからである.ここで,この等式 (**E**) の二つ目の等号

$$\pi_A^{-1}(\sigma(\Pi_{i \in A} \Sigma_i)) = \sigma(\pi_A^{-1}(\Pi_{i \in A} \Sigma_i))$$

は,$\mathcal{D} = \Pi_{i \in A} \Sigma_i$ とおくとき

$$\pi_A^{-1}(\sigma(\mathcal{D})) = \sigma(\pi_A^{-1}(\mathcal{D}))$$

が成り立つことから分かる.実際それは,左辺の集合族が $\pi_A^{-1}(\mathcal{D})$ を含む σ-algebra であることが,$\sigma(\mathcal{D})$ の σ-algebra 性から容易に示されるので

$$\pi_A^{-1}(\sigma(\mathcal{D})) \supset \sigma(\pi_A^{-1}(\mathcal{D}))$$

が先ず分かり,次に,集合族:

$$\{E \; : \; \pi_A^{-1}(E) \in \sigma(\pi_A^{-1}(\mathcal{D}))\}$$

が $\mathcal{D}$ を含む σ-algebra が容易に示されるので

$$\sigma(\mathcal{D}) \subset \{E \; : \; \pi_A^{-1}(E) \in \sigma(\pi_A^{-1}(\mathcal{D}))\}$$

が得られ

$$\pi_A^{-1}(\sigma(\mathcal{D})) \subset \sigma(\pi_A^{-1}(\mathcal{D}))$$

が分かるのである.したがって,等式 (**E**) の二つ目の等号が得られる.さて,$\mathbf{N}$ の各有限部分集合 A について

$$\{\Pi_{i \in A} E_i \times \Pi_{i \notin A} S_i \; : \; E_i \in \Sigma_i, \, i \in A\}$$

の形の集合 ($S = \Pi_{i=1}^{\infty} S_i$ の部分集合である) を **可測矩形** (有限個の積集合における場合と同様に) と呼べば, Σ は, (A を変化させて得られる) このような可測矩形の全体からなる集合族を含む最小の σ-algebra であることが, 命題 1.4.19 から分かる.

次に, 我々は
$$\Sigma = \bigotimes_{i \geq 1} \Sigma_i$$
を定義域とする, 次の性質 $[\cdots]$ を持つ確率測度 μ がただ一つ存在することを示す. [各 n について

$$\pi_{A_n}(\mu)(B) = \mu_{A_n}(B) \ (= (\mu_1 \otimes \cdots \otimes \mu_n)(B)), \ B \in \Sigma_{A_n} = \Sigma_1 \otimes \cdots \otimes \Sigma_n$$

すなわち, 各 n について
$$\mu(B \times \Pi_{j \geq n+1} S_j) = \mu_{A_n}(B) \ (B \in \Sigma_{A_n}) \ \cdots \ (*)$$
が成り立つ]. ここで, $\pi_{A_n}(\mu)$ を, μ の写像 π_{A_n} による **像測度** (image measure) という. そして, それは
$$\pi_{A_n}(\mu)(B) = \mu(\pi_{A_n}^{-1}(B)) \ (B \in \Sigma_{A_n})$$
で定義される. 先ず, このような像測度が定義され得ることを, ここで, 一般の形で注意しよう.

命題 1.4.20 (像測度) (S, Σ, μ) を測度空間, $(T, \mathcal{T})$ を可測空間とするとき, $f : S \to T$ が, Σ-$\mathcal{T}$ 可測とする. すなわち
$$f^{-1}(F) \in \Sigma \ (\forall F \in \mathcal{T})$$
そのとき
$$\nu(F) = \mu(f^{-1}(F)) \ (F \in \mathcal{T})$$
として定義される集合関数 $\nu : \mathcal{T} \to [0, +\infty]$ は測度である.
(この ν を, μ の写像 f による **像測度** といい, $f(\mu)$ で表す)

証明 ν の可算加法性を確かめればよい. f^{-1} の性質と測度 μ の可算加法性から容易に分かるので, 各自で確かめること.

命題 1.4.19 から, 各 n について
$$\pi_{A_n}^{-1}(\Sigma_{A_n}) \subset \Sigma$$

より, $\pi_{A_n} : S \to S_{A_n}$ は, Σ-Σ_{A_n} 可測が分かるから, 像測度 $\pi_{A_n}(\mu)$ は定義され得る. さて, 前述で問題にした, 確率測度 μ の存在を示そう. そのために, Σ についての次の結果 (命題 1.4.19) を用いる.

$$\Sigma = \sigma(\bigcup_{n \geq 1} \pi_{A_n}^{-1}(\Sigma_{A_n}))$$

また

$$\mathcal{A} = \bigcup_{n \geq 1} \pi_{A_n}^{-1}(\Sigma_{A_n})$$

とおく. そのとき, $\mathcal{A}$ は, S の部分集合の作る algebra である. そのとき, 次の順序で $(*)$ を満たす確率測度 $\mu : \Sigma \to [0, 1]$ (すなわち, 前述の性質 $[\cdots]$ を持つ確率測度) を構成しよう.

(i) $\mathcal{A}$ 上に $(*)$ を満たす集合関数 $\nu : \mathcal{A} \to [0, 1]$, $\nu(S) = 1$ を定義する.

(ii) ν が algebra $\mathcal{A}$ 上の有限加法的測度であることを示す.

(iii) ν が algebra $\mathcal{A}$ 上の可算加法的測度であることを示す.

(iv) ν を, $\sigma(\mathcal{A})$ $(= \Sigma)$ までただ一通りに測度 μ として拡張する.

(i) について. $E \in \mathcal{A}$ について

$$E = \pi_{A_n}^{-1}(B_n) \ (B_n \in \Sigma_{A_n})$$

と表現される. すなわち, 或る $B_n \in \Sigma_{A_n}$ が存在して

$$E = B_n \times \Pi_{i \geq n+1} S_i$$

となる. このとき, $\nu : \mathcal{A} \to [0, 1]$ を

$$\nu(E) = \mu_{A_n}(B_n)$$

で定義する. これが, 定義としての意味を持つためには

$$E = \pi_{A_n}^{-1}(B_n) = \pi_{A_m}^{-1}(B_m) \ (m < n, \ B_m \in \Sigma_{A_m}, \ B_n \in \Sigma_{A_n})$$

であるとき

$$\mu_{A_m}(B_m) = \mu_{A_n}(B_n)$$

を確認しなければならない. さて

$$E = B_m \times \Pi_{i \geq m+1} S_i = B_n \times \Pi_{i \geq n+1} S_i$$

であるから
$$B_m \times \Pi_{m+1 \le i \le n} S_i = B_n$$
が得られる．したがって
$$\mu_{A_n}(B_n) = \mu_{A_n}(B_m \times \Pi_{m+1 \le i \le n} S_i)$$
$$= (\mu_{A_m} \otimes \bigotimes_{m+1 \le i \le n} \mu_i)(B_m \times \Pi_{m+1 \le i \le n} S_i)$$
$$= \mu_{A_m}(B_m) \Pi_{m+1 \le i \le n} \mu_i(S_i) = \mu_{A_m}(B_m)$$
が成り立つ．また，ν の定義から，任意の n と，任意の $B_n \in \Sigma_{A_n}$ に対し
$$\nu(\pi_{A_n}^{-1}(B_n)) = \nu(B_n \times \Pi_{i \ge n+1} S_i) = \mu_{A_n}(B_n)$$
が成り立つことを注意せよ．しかも，$\nu(S)$ については，$S = S_1 \times \Pi_{i \ge 2} S_i$ と表せば，ν の定義より
$$\nu(S) = \mu_1(S_1) = 1$$
が得られる．

(ii) について．$\mathcal{A}$ が algebra であるから，$E_1, E_2 \in \mathcal{A}$ で，$E_1 \cap E_2 = \emptyset$ を満たす E_1, E_2 について
$$\mu(E_1 \cup E_2) = \mu(E_1) + \mu(E_2)$$
を示せばよい．このとき，$E_1, E_2 \in \pi_{A_n}^{-1}(\Sigma_{A_n})$ を満たす n で考えれば，$F_1, F_2 \in \Sigma_{A_n}$ が存在して
$$E_1 = F_1 \times \Pi_{i \ge n+1} S_i, \; E_2 = F_2 \times \Pi_{i \ge n+1} S_i$$
と表される．したがって，$F_1 \cap F_2 = \emptyset$ であり
$$E_1 \cup E_2 = (F_1 \cup F_2) \times \Pi_{i \ge n+1} S_i$$
(すなわち，$E_1 \cup E_2 = \pi_{A_n}^{-1}(F_1 \cup F_2)$) であるから
$$\nu(E_1 \cup E_2) = \mu_{A_n}(F_1 \cup F_2) = \mu_{A_n}(F_1) + \mu_{A_n}(F_2) = \nu(E_1) + \nu(E_2)$$
が得られる．

(iii) について．この部分が重要なステップである．ν が algebra $\mathcal{A}$ 上の有限加法的測度であるから，ν の $\mathcal{A}$ 上での可算加法性は，次の性質が得られれば分かる (定義 1.3.4 の後の注意 1 を参照)．
$$\{E_k\}_{k \ge 1} \subset \mathcal{A}, \; E_k \downarrow \emptyset \Rightarrow \nu(E_k) \to 0 \; (k \to \infty)$$

である．したがって，この性質が成り立たない，すなわち，$\mathcal{A}$ に次のような
単調減少列 $\{E_k\}_{k\geq 1}$ が存在するとして矛盾をいう．

$$E_k \downarrow \emptyset \ (k \to \infty), \ \inf_{k\geq 1} \nu(E_k) > 0$$

このとき

$$E_k \in \bigcup_{n=1}^{\infty} \pi_{A_n}^{-1}(\Sigma_{A_n})$$

であるから，$n(1) < n(2) < \cdots < n(k) < \cdots$ が存在して

$$E_k \in \pi_{A_{n(k)}}^{-1}(\Sigma_{A_{n(k)}}) \ (k=1,2,\ldots)$$

が成り立つ．すなわち，$B_{n(k)} \in \Sigma_{A_{n(k)}}$ が存在して

$$E_k = B_{n(k)} \times \Pi_{i \geq n(k)+1} S_i$$

が成り立つ．このとき，新たな集合列 $\{F_l\}_{l\geq 1}$ を次のように定義する．

$$F_l = S \ (1 \leq l \leq n(1)-1), \ F_l = B_{n(1)} \times \Pi_{i \geq n(1)+1} S_i \ (= E_1)$$

$$(n(1) \leq l \leq n(2)-1), \ F_l = B_{n(2)} \times \Pi_{i \geq n(2)+1} S_i \ (= E_2)$$

$$(n(2) \leq l \leq n(3)-1), \cdots, \cdots$$

そのとき，F_l の定義から明らかに，各 l 毎に $B_l \in \Sigma_{A_l}$ が存在して

$$F_l = B_l \times \Pi_{i \geq l+1} S_i$$

が成り立っている．そして

$$F_1 \supset F_2 \supset \cdots, \ \bigcap_{l=1}^{\infty} F_l = \bigcap_{k=1}^{\infty} E_k = \emptyset, \ \inf_{l\geq 1} \nu(F_l) > 0 \ \cdots (**)$$

も成り立つ．その上

$$F_1 \supset F_2 \supset \cdots \supset F_l \supset \cdots$$

であるから

$$B_1 \times S_2 \supset B_2, \ B_2 \times S_3 \supset B_3, \ \cdots, \ B_l \times S_{l+1} \supset B_{l+1}, \cdots$$

が得られ，その結果，各 m について

$$B_m \times S_{m+1} \times \cdots \times S_l \supset B_l \ (l=m+1, m+2, \ldots) \ \cdots (***)$$

が成り立つ. このとき, $a = (a_i)_{i \geq 1} \in \Pi_{i \geq 1} S_i$ で

$$a \in \bigcap_{l \geq 1} F_l$$

を満たす a の存在を示せば, $(**)$ の第二の性質に矛盾するので, 証明が完結する. そのために, $l \geq 2$ を満たす各 l について

$$f_{1,l}(t) = \int \cdots \int_{S_2 \times \cdots \times S_l} \chi_{B_l}(t, s_2, \ldots, s_l) d\mu_2(s_2) \cdots d\mu_l(s_l)$$

なる関数 $f_{1,l} : S_1 \to [0,1]$ を定義する. すなわち

$$f_{1,l}(t) = \left(\bigotimes_{2 \leq i \leq l} \mu_i \right) ((B_l)_t) \ (t \in S_1)$$

である. そのとき, フビニの定理から

$$\nu(F_l) = \mu_{A_l}(B_l) = \int_{S_1} f_{1,l}(t) d\mu_1(t) \ (l \geq 2)$$

が得られる (一つ目の等号は定義からで, 二つ目の等号はフビニの定理による). 今, $f_{1,l}(t) \to 0 \ (\forall t \in S_1)$ と仮定すれば, ルベーグの優越収束定理から

$$\nu(F_l) \to 0 \ (l \to \infty)$$

が生じ, $(**)$ に矛盾する. したがって, 或る $a_1 \in S_1$ を適当に選べば

$$f_{1,l}(a_1) \not\to 0 \ (l \to \infty)$$

が成り立つ. そのとき, $a_1 \in B_1$ であることを示そう. そのために, これを否定, すなわち, $a_1 \notin B_1$ とする. そのとき, $l \geq 2$ を満たす各 l について

$$(a_1, s_2, \ldots, s_l) \notin B_l \ (\forall (s_2, \ldots, s_l) \in S_2 \times \cdots \times S_l)$$

が成り立つことが分かる. 実際, 或る $(s_2, \ldots, s_l) \in S_2 \times \cdots \times S_l$ について

$$(a_1, s_2, \ldots, s_l) \in B_l$$

とせよ. そのとき

$$a_1 \in (B_l)_{(s_2, \ldots, s_l)} \subset B_1 \ ((***) \text{ の } m=1 \text{ の場合を利用})$$

が得られ, 矛盾するからである. したがって

$$\chi_{B_l}(a_1, s_2, \ldots, s_l) = 0 \ (\forall l \geq 2, \ (s_2, \ldots, s_l) \in S_2 \times \cdots \times S_l)$$

が成り立つことになり, $f_{1,l}(a_1) = 0$ $(l = 2, 3, \ldots)$ となるので, a_1 の上述の選び方に反する. よって, $a_1 \in B_1$ である. 次に, $f_{2,l}(t)$ $(t \in S_2, l \geq 3)$ を定義する.

$$f_{2,l}(t) = \int \cdots \int_{S_3 \times \cdots \times S_l} \chi_{B_l}(a_1, t, s_3, \ldots, s_l) d\mu_3(s_3) \cdots d\mu_l(s_l)$$

すなわち

$$f_{2,l}(t) = \left(\bigotimes_{3 \leq i \leq l} \mu_i\right)((B_l)_{(a_1,t)}) \ (t \in S_2)$$

である. このとき, フビニの定理より

$$f_{1,l}(a_1) = \int_{S_2} f_{2,l}(t) d\mu_2(t) \ (l \geq 3)$$

であるから, 先と同様な理由により, 或る $a_2 \in S_2$ が存在して

$$f_{2,l}(a_2) \not\to 0 \ (l \to \infty)$$

が成り立つ. このとき, 前段と同様にして

$$(a_1, a_2) \in B_2$$

が得られる. 実際, これを否定すれば, 前と同様に, $l \geq 3$ を満たす各 l と, 任意の $(s_3, \ldots, s_l) \in S_3 \times \cdots \times S_l$ について

$$(a_1, a_2, s_3, \ldots, s_l) \notin B_l$$

が得られ, $l \geq 3$ を満たす各 l について

$$f_{2,l}(a_2) = \int \cdots \int_{S_3 \times \cdots \times S_l} \chi_{B_l}(a_1, a_2, s_3, \ldots, s_l) d\mu_3(s_3) \cdots d\mu_l(s_l) = 0$$

が得られ, 矛盾が生じるからである. したがって, このような手順を続けることにより $a_i \in S_i$ $(i = 1, 2, \ldots)$ で, 任意の l について

$$(a_1, \ldots, a_l) \in B_l$$

を満たすものがとれることが分かる (正確には, 帰納的表現が必要と考えるが, 分かり易さのため, この程度の表現としておく). このとき, $a = (a_i)_{i \geq 1}$ とおけば, 各 l について

$$a = (a_1, \ldots, a_l, a_{l+1}, \ldots) \in B_l \times \Pi_{i \geq l+1} S_i = F_l$$

であるから
$$a \in \bigcap_{l=1}^{\infty} F_l$$
が得られ, 要求されたものである.

(iv) について. (iii) で, ν の $\mathcal{A}$ 上での可算加法性が示されたから, (通常の) 測度の拡張定理 (定理 1.2.12) から, 測度 $\mu : \sigma(\mathcal{A}) (= \Sigma) \to [0,1]$ で
$$\mu(A) = \nu(A) \ (A \in \mathcal{A})$$
を満たす μ が存在する. この μ が要求された確率測度である. 実際, ν の定義から, μ が $(*)$ を満たしていることが分かり, 性質 $(*)$ と, $\Sigma = \sigma(\mathcal{A})$ であることから, Σ 上で定義された, このような確率測度 μ は唯一 (命題 1.4.8) であることも分かるからである. この確率測度 μ を
$$\mu = \bigotimes_{i \geq 1} \mu_i$$
と表し, $\{\mu_i\}_{i \geq 1}$ の **積確率測度** という.

可算個の確率測度空間の積測度空間に関する以上の結果を纏めれば, 次である.

定理 1.4.21 可算個の確率測度空間 (S_i, Σ_i, μ_i) $(i = 1, 2, \ldots)$ が与えられたとき, S 上の確率測度 $\mu : \Sigma \to [0,1]$ で, 次の性質を満たすものがただ一つ存在する.
$$\pi_{A_n}(\mu) = \mu_{A_n} \ (n = 1, 2, \ldots)$$
ただし, $S = \Pi_{i \geq 1} S_i$, $\Sigma = \bigotimes_{i \geq 1} \Sigma_i$, $\pi_{A_n} : S \to S_{A_n}$ は**射影写像**, $\mu_{A_n} = \bigotimes_{1 \leq i \leq n} \mu_i$ である.

このとき, μ を $\bigotimes_{i \geq 1} \mu_i$ と表す.

(3) 任意個数の確率測度空間の積測度空間の構成. ここでの構成理論は, (2) の構成理論との対比で展開されるであろう. (したがって, 同様の論理展開が繰り返されるが) その様子を観察しながら進もう. 先ず, $\{(S_i, \Sigma_i, \mu_i) : i \in I\}$ を確率測度空間の集合とする. そのとき, これらの積測度空間と呼ばれる確率測度空間 (S, Σ, μ) を構成しよう. 集合 S を
$$S = \Pi_{i \in I} S_i = \{s = (s_i)_{i \in 1} \ : \ s_i \in S_i, \ \forall i\}$$
と定め, $\pi_i : S \to S_i$ $(i \in I)$ を次で定義する.
$$\pi_i(s) = s_i \ (s = (s_i)_{i \in I} \in S)$$

すなわち, π_i は, S から S_i への射影である. また, $\mathcal{F}$ を

$$\mathcal{F} = \{A \subset I \ : \ A \text{ は有限集合}\}$$

で定義する (すなわち, $\mathcal{F}$ は I の有限部分集合全体から成る集合族である). $A \in \mathcal{F}$ について, $\pi_A : S \to \Pi_{i \in A} S_i \ (= S_A$ と表す$)$ を, 各 $s = (s_i)_{i \in I}$ について

$$\pi_A(s) = (s_i)_{i \in A} \ (\in \Pi_{i \in A} S_i)$$

で定義する. したがって

$$A = \{i_1, i_2, \ldots, i_n\} \subset I$$

については

$$\pi_A(s) = (s_{i_1}, s_{i_2}, \ldots, s_{i_n}) \ (\in \Pi_{i \in A} S_i)$$

となる. すなわち, 集合 S から, S_A への射影写像である. また, $A, B \in \mathcal{F}$ で $A \subset B$ を満たす A, B について, 写像 $\pi_{AB} : S_B \to S_A$ を

$$\pi_{AB}((s_i)_{i \in B}) = (s_i)_{i \in A} \ ((s_i)_{i \in B} \in S_B)$$

で定義する. すなわち, 直積集合 S_B から, S_A への射影写像である. そして

$$\Sigma_A = \bigotimes_{i \in A} \Sigma_i \ (= \sigma(\Pi_{i \in A} \Sigma_i))$$

とおく. すなわち, $\Sigma_i \ (i \in A)$ の積 σ-algebra である. 特に, $A = \{i_1, i_2, \ldots, i_n\}$ ならば

$$\Sigma_A = \Sigma_{i_1} \otimes \cdots \otimes \Sigma_{i_n} = \sigma(\{E_{i_1} \times \cdots \times E_{i_n} \ : \ E_j \in \Sigma_j, \ j = i_1, \ldots, i_n\})$$

である. また, Σ_A 上で定義される積測度を μ_A とする. すなわち

$$\mu_A = \bigotimes_{i \in A} \mu_i$$

である. 特に, $A = \{i_1, i_2, \ldots, i_n\}$ ならば

$$\mu_A = \mu_{i_1} \otimes \cdots \otimes \mu_{i_n}$$

である. そして, S の部分集合の作る σ-algebra Φ のうちで, 全ての写像 $\pi_i \ (i \in I)$ を可測にする最小の σ-algebra を Σ とし

$$\Sigma = \bigotimes_{i \in I} \Sigma_i$$

と表す. すなわち, 次の性質を満たす, S の部分集合の作る σ-algebra Φ のうちで, 最小のものである.
$$\pi_i^{-1}(\Sigma_i) \subset \Phi \ (\forall i \in I)$$
そのとき, 次の命題が成り立つ.

命題 1.4.22 (1) $A, B \in \mathcal{F}$ で $A \subset B$ を満たす A, B について
$$\pi_{AB}^{-1}(\Sigma_A) \ (= \{\pi_{AB}^{-1}(E) \ : \ E \in \Sigma_A\}) \subset \Sigma_B$$
が成り立つ.

(2) (1) と同じ条件の下で
$$\pi_{AB}(\mu_B)(E) = \mu_A(E) \ (E \in \Sigma_A)$$
が成り立つ ((1) の結果により, 像測度が存在することを注意せよ).

(3) Σ は, 次の形で表現される.
$$\Sigma = \sigma\left(\bigcup_{i \in I} \pi_i^{-1}(\Sigma_i)\right) = \sigma\left(\bigcup_A \pi_A^{-1}(\Sigma_A)\right)$$
(その結果) また
$$\pi_A^{-1}(\Sigma_A) \subset \Sigma \ (A \in \mathcal{F})$$
が成り立つ.

証明 (1) について. S_A の部分集合から成る, 次の集合族 $\mathcal{C}$ を考える.
$$\mathcal{C} = \{E \in \mathcal{P}(S_A) \ : \ \pi_{AB}^{-1}(E) \in \Sigma_B\}$$
そのとき, $\mathcal{C}$ が σ-algebra であることは, Σ_B の σ-algebra 性から容易に分かる. しかも, E が S_A の可測矩形, すなわち
$$E = E_{i_1} \times \cdots \times E_{i_n} \ (E_j \in \Sigma_j, \ j = i_1, \ldots, i_n)$$
であるとき (ここで, $A = \{i_1, \ldots, i_n\}$ と表現している)
$$\pi_{AB}^{-1}(E) = E_{i_1} \times \cdots \times E_{i_n} \times \Pi_{j \in B \setminus A} S_j \in \Sigma_B$$
であるから, $\mathcal{C}$ は, S_A の可測矩形全体を含む σ-algebra であることが分かる. したがって
$$\Sigma_A \subset \mathcal{C}$$
が得られ, 要求された結果が生じる.

(2) について. 次の集合族 $\mathcal{E}$ を考える.
$$\mathcal{E} = \{E \in \Sigma_A \ : \ \pi_{AB}(\mu_B)(E) = \mu_A(E)\}$$
そのとき, $\mathcal{E}$ は, S_A の可測矩形を含むことが分かる. 実際
$$\mu_B(\pi_{AB}^{-1}(E)) = \mu_B(E \times \Pi_{j \in B \setminus A} S_j) = \mu_A(E) \Pi_{j \in B \setminus A} \mu_j(S_j) = \mu_A(E)$$
が成り立つからである. したがって, 命題 1.4.8 から $\mathcal{E} = \Sigma_A$ が得られ, 要求された結果である.

(3) について. Σ の定義から
$$\sigma\left(\bigcup_{i \in I} \pi_i^{-1}(\Sigma_i)\right) \subset \Sigma$$
一方, 各 $\pi_i \ (i \in I)$ は
$$\Phi = \sigma\left(\bigcup_{i \in I} \pi_i^{-1}(\Sigma_i)\right)$$
について可測であるから, Σ の最小性から $\Sigma \subset \Phi F$ が得られる. すなわち
$$\Sigma = \sigma\left(\bigcup_{i \in 1} \pi_i^{-1}(\Sigma_i)\right)$$
が成り立つ. 次に, 任意の $A \subset A' \subset I$ について
$$\pi_A^{-1}(\Sigma_A) \subset \pi_{A'}^{-1}(\Sigma_{A'})$$
が成り立つことを注意しよう. それは
$$\Sigma_A = \sigma(\{\Pi_{i \in A} B_i \ : \ B_i \in \Sigma_i\}), \ \Sigma_{A'} = \sigma(\{\Pi_{i \in A'} C_i \ : \ C_i \in \Sigma_i\}),$$
$$\Pi_{i \in A} B_i \times \Pi_{i \in A' \setminus A} S_i \in \Sigma_{A'}$$
および
$$\pi_A^{-1}(\Pi_{i \in A} B_i) = \pi_{A'}^{-1}(\Pi_{i \in A} B_i \times \Pi_{i \in A' \setminus A} S_i)$$
が成り立つことから分かる. したがって
$$\sigma\left(\bigcup_{i \in I} \pi_i^{-1}(\Sigma_i)\right) \subset \sigma\left(\bigcup_A \pi_A^{-1}(\Sigma_A)\right)$$
が分かる. よって, 前半部分の証明が完結する. また, 後半部分については, (1) と同様の議論で証明される. この場合は, 集合族
$$\mathcal{D} = \{D \in \mathcal{P}(S_A) \ : \ \pi_A^{-1}(D) \in \Sigma\}$$

が, S_A の可測矩形を含む σ-algebra を示すことになる. 各自で確かめること.

注意 3 Σ が, どんな集合から構成される σ-algebra であるかを, 少し具体的に注意しよう. それは, **(2)** の可算個の場合と同様に考えれば, I の各有限部分集合 A (すなわち, $A \in \mathcal{F}$) について

$$\{\Pi_{i \in A} E_i \times \Pi_{i \notin A} S_i : E_i \in \Sigma_i,\ i \in A\}$$

の形の集合 ($S = \Pi_{i \in I} S_i$ の部分集合である) を **可測矩形** (有限個の積集合における場合と同様に) と呼べば, Σ は, (A を $\mathcal{F}$ において変化させて得られる) このような可測矩形の全体からなる集合族を含む最小の σ-algebra であることが, 命題 1.4.22 (3) から分かる.

次に, 我々は
$$\Sigma = \bigotimes_{i \in I} \Sigma_i$$
上に, 次の [$\cdots$] の性質を持つ確率測度 μ がただ一つ存在することを示す.
[各 $A = \{i_1, \ldots, i_n\} \in \mathcal{F}$ について

$$\pi_A(\mu)(E) = \mu_A(E)\ (= (\mu_{i_1} \otimes \cdots \otimes \mu_{i_n})(E)),\ E \in \Sigma_{i_1} \otimes \cdots \otimes \Sigma_{i_n}$$

すなわち, 各 $A \in \mathcal{F}$ について

$$\mu(E \times \Pi_{j \in I \setminus A} S_j) = \mu_A(E)\ (E \in \Sigma_A)\ \cdots\ (*)$$

が成り立つ]. そのために, Σ についての結果 (命題 1.4.22) を用いる.

$$\Sigma = \sigma(\bigcup_{A \in \mathcal{F}} \pi_A^{-1}(\Sigma_A))$$

また
$$\mathcal{A} = \bigcup_{A \in \mathcal{F}} \pi_A^{-1}(\Sigma_A)$$

は, S の algebra である. 実際, 命題 1.4.22 (3) の証明中で注意した事実:

$$A \subset A'\ (A, A' \in \mathcal{F}) \Rightarrow \pi_A^{-1}(\Sigma_A) \subset \pi_{A'}^{-1}(\Sigma_{A'})$$

および, 各 A について, $\pi_A^{-1}(\Sigma_A)$ が σ-algebra であることにより, $\mathcal{A}$ の algebra 性は容易に分かる. そのとき, 次の順序で上記 $(*)$ を満たす確率測度 $\mu : \Sigma \to [0, 1]$ を構成する.

(i) $\mathcal{A}$ 上に $(*)$ を満たす集合関数 $\nu : \mathcal{A} \to [0, 1]$, $\nu(S) = 1$ を定義する.

(ii) ν が algebra $\mathcal{A}$ 上の有限加法的測度であることを示す.

(iii) ν が algebra $\mathcal{A}$ 上の可算加法的測度であることを示す.

(iv) ν を, $\sigma(\mathcal{A})\,(=\Sigma)$ までただ一通りに測度 μ として拡張する.

(i) について. $E \in \mathcal{A}$ について,
$$E = \pi_A^{-1}(E_A)\ (E_A \in \Sigma_A)$$
が存在する. すなわち
$$E = E_A \times \Pi_{i \in I \setminus A} S_i$$
である. このとき
$$\nu(E) = \mu_A(E_A)$$
で定義する. これが定義としての意味を持つためには
$$E = \pi_A^{-1}(E_A) = \pi_{A'}^{-1}(E_{A'})\ (A,\ A' \in \mathcal{F},\ E_A \in \Sigma_A,\ E_{A'} \in \Sigma_{A'})$$
であるとき
$$\mu_A(E_A) = \mu_{A'}(E_{A'})$$
を確認しなければならない. そのために, $B = A \cup A'$ とおけば, $B \in \mathcal{F}$, $A \subset B$, $A' \subset B$ である. そのとき
$$(\pi_{AB} \circ \pi_B)^{-1}(E_A) = \pi_A^{-1}(E_A) = \pi_{A'}^{-1}(E_{A'}) = (\pi_{A'B} \circ \pi_B)^{-1}(E_{A'})$$
すなわち
$$\pi_B^{-1}(\pi_{AB}^{-1}(E_A)) = \pi_B^{-1}(\pi_{A'B}^{-1}(E_{A'}))$$
が成り立つ. したがって
$$\pi_{AB}^{-1}(E_A) = \pi_{A'B}^{-1}(E_{A'})$$
が得られる. よって, 命題 1.4.22 (2) を用いれば
$$\mu_A(E_A) = \pi_{AB}(\mu_B)(E_A) = \mu_B(\pi_{AB}^{-1}(E_A))$$
$$= \mu_B(\pi_{A'B}^{-1}(E_{A'})) = \pi_{A'B}(\mu_B)(E_{A'}) = \mu_{A'}(E_{A'})$$
が得られ, 要求されたものである. しかも, $\nu(S)$ については, 例えば, 一つの $i^* \in I$ について $S = S_{i^*} \times \Pi_{i \neq i^*} S_i$ と表せば $\nu(S) = \mu_{i^*}(S_{i^*}) = 1$ が得られる.

(ii) について.$\mathcal{A}$ が algebra であるから,$E_1, E_2 \in \mathcal{A}$ で,$E_1 \cap E_2 = \emptyset$ を満たす E_1, E_2 について

$$\nu(E_1 \cup E_2) = \nu(E_1) + \nu(E_2)$$

を示せばよい.このとき,$E_1, E_2 \in \pi_A^{-1}(\Sigma_A)$ を満たす $A \in \mathcal{F}$ で考えれば (集合族 $\pi_A^{-1}(\Sigma_A)$ は A について単調増加より,このように A をとることが可能),$F_1, F_2 \in \Sigma_A$ が存在して

$$E_1 = \pi_A^{-1}(F_1),\ E_2 = \pi_A^{-1}(F_2)$$

すなわち

$$E_1 = F_1 \times \Pi_{i \in I \setminus A}\, S_i,\ E_2 = F_2 \times \Pi_{i \in I \setminus A}\, S_i$$

と表される.したがって,$F_1 \cap F_2 = \emptyset$ であり

$$E_1 \cup E_2 = (F_1 \cup F_2) \times \Pi_{i \in I \setminus A}\, S_i$$

(すなわち,$E_1 \cup E_2 = \pi_A^{-1}(F_1 \cup F_2)$) であるから,$\nu$ の定義から

$$\nu(E_1 \cup E_2) = \mu_A(F_1 \cup F_2) = \mu_A(F_1) + \mu_A(F_2) = \nu(E_1) + \nu(E_2)$$

が得られる.

(iii) について.この部分が重要なステップである.ν が algebra $\mathcal{A}$ 上の有限加法的測度であるから,ν の $\mathcal{A}$ 上での可算加法性は,次の性質が得られればよい (定義 1.3.4 の後の注意 1 を参照).

$$\{E_k\}_{k \geq 1} \subset \mathcal{A},\ E_k \downarrow \emptyset \Rightarrow \nu(E_k) \to 0\ (k \to \infty)$$

である.このとき

$$E_k \in \bigcup_{A \in \mathcal{F}} \pi_A^{-1}(\Sigma_A)$$

であるから,$A_{n(1)} \subset A_{n(2)} \subset \cdots \subset A_{n(k)} \subset \cdots$,を満たす集合列 $\{A_{n(k)}\}_{k \geq 1} \subset \mathcal{F}$ が存在して

$$E_k \in \pi_{A_{n(k)}}^{-1}(\Sigma_{A_{n(k)}})\ (k = 1, 2, \ldots)$$

が成り立つ.すなわち,$B_{n(k)} \in \Sigma_{A_{n(k)}}$ が存在して

$$E_k = B_{n(k)} \times \Pi_{i \in I \setminus A_{n(k)}}\, S_i$$

が成り立つ.このとき,I の可算部分集合 J を

$$J = \bigcup_{k=1}^{\infty} A_{n(k)}$$

とし, **(2)** の場合: 可算個の添え字集合に対する積確率測度空間の結果 (定理 1.4.21) に帰着させることを考えよう. すなわち

$$S_J = \Pi_{i \in J} S_i, \; \Sigma_J = \bigotimes_{i \in J} \Sigma_i, \; \mathcal{A}_J = \bigcup_{k=1}^{\infty} (\pi_{A_{n(k)}}^J)^{-1}(\Sigma_{A_{n(k)}})$$

とすれば, 定理 1.4.21 から, 次の性質を満たす S_J 上の確率測度 $\mu_J : \Sigma_J \to [0,1]$ の存在が得られている (ただし, $\pi_{A_{n(k)}}^J$ は, S_J から $S_{A_{n(k)}}$ への射影写像).

$$\pi_{A_{n(k)}}^J(\mu_J)(B) = \mu_{A_{n(k)}}(B) \; (B \in \Sigma_{A_{n(k)}}, \; k=1,2,\ldots)$$

したがって

$$E_k^J = B_{n(k)} \times \Pi_{i \in J \setminus A_{n(k)}} S_i \; (= (\pi_{A_{n(k)}}^J)^{-1}(B_{n(k)}))$$

と定義すれば

$$E_k^J \in \mathcal{A}_J, \; E_1^J \supset E_2^J \supset \cdots \supset E_k^J \supset \cdots, \; \bigcap_{k=1}^{\infty} E_k^J = \emptyset$$

で, しかも

$$\nu(E_k) = \mu_{A_{n(k)}}(B_{n(k)}) = \pi_{A_{n(k)}}^J(\mu_J)(B_{n(k)})$$
$$= \mu_J((\pi_{A_{n(k)}}^J)^{-1}(B_{n(k)})) = \mu_J(E_k^J) \; (k=1,2,\ldots)$$

が成り立つ. よって, **(2)** の結果から

$$\lim_{k \to \infty} \nu(E_k) = \lim_{k \to \infty} \mu_J(E_k^J) = 0$$

が得られる. したがって, ν の $\mathcal{A}$ 上での可算加法性が示された.

(iv) について. 可算個の場合と同じである. そして, このようにして得られた S 上の確率測度 μ を

$$\mu = \bigotimes_{i \geq 1} \mu_i$$

と表し, $\{\mu_i\}_{i \in I}$ の **積確率測度** という.

(3) の場合を, 定理として述べておこう.

定理 1.4.23 無限個の確率測度空間 $\{(S_i, \Sigma_i, \mu_i) : i \in I\}$ が与えられたとき, 測度 $\mu : \Sigma \to [0,1]$ で, 次の性質を満たすものがただ一つ存在する.

$$\pi_A(\mu) = \mu_A \; (\forall A \in \mathcal{F})$$

ただし, $S = \Pi_{i \in I} S_i$, $\Sigma = \bigotimes_{i \in I} \Sigma_i$, $\pi_A : S \to S_A$ は射影写像, $\mu_A = \bigotimes_{i \in A} \mu_i$ である.

このとき, μ を $\bigotimes_{i \in I} \mu_i$ と表す.

[**0-1 法則**]

可算個の確率測度空間 (S_i, Σ_i, μ_i) $(i = 1, 2, \ldots)$ の積確率測度空間 $(S, \bigotimes_{i \geq 1} \Sigma_i, \bigotimes_{i \geq 1} \mu_i)$ において, 尾部事象を定義し, それに関する 0-1 法則 (zero-one law) を示そう. $n = 1, 2, \ldots$ について

$$\Sigma^{(n)} = \sigma\left(\bigcup_A \pi_A^{-1}(\Sigma_A)\right), \text{ ただし, } A \text{ は } \{n, n+1, \cdots\} \text{ の任意有限部分集合}$$

により, S の σ-algebra の列 $\Sigma^{(n)}$ $(n = 1, 2, \ldots)$ を定義する. すなわち, 命題 1.4.19 から, $\Sigma^{(n)}$ は, 全ての π_i $(i \geq n)$ を可測にする (S の) 最小の σ-algebra である. このとき

$$\Sigma^{(1)} = \Sigma, \ \Sigma^{(n+1)} \subset \Sigma^{(n)} \ (n = 1, 2, \ldots)$$

が成り立つことは明らかである. また

命題 1.4.24 各 n について, 次が成り立つ. ただし, $A'_j = \{n, n+1, \ldots, j\}$ $(j \geq n)$ である.

$$\Sigma^{(n)} = \sigma\left(\bigcup_{j \geq n} \pi_{A'_j}^{-1}(\Sigma_{A'_j})\right)$$

また, $n \geq 2$ について

$$\Sigma^{(n)} = \{S_1 \times \cdots \times S_{n-1} \times B \ : B \in \bigotimes_{i \geq n} \Sigma_i\}$$

が成り立つ.

証明 前半は, 命題 1.4.19 の結果から生じる. 後半については, 以下のように示される. $\Sigma^{(n)}$ は, $\pi_n, \pi_{n+1}, \ldots$ を可測にする最小の (S における) σ-algebra である. さて, 後半部分の等式の右辺の集合族を, Σ^* とおけば, Σ^* の σ-algebra 性は明らかであり

$$S_1 \times \cdots \times S_{n-1} \times E \times S_{n+1} \times \cdots \in \Sigma^* \ (\forall E \in \Sigma_n)$$

$$S_1 \times \cdots \times S_n \times E \times S_{n+2} \times \cdots \in \Sigma^* \ (\forall E \in \Sigma_{n+1})$$

$$\vdots$$

は明らかより, Σ^* の σ-algebra 性から

$$\Sigma^* \supset \sigma(\{S_1 \times \cdots \times S_{n-1} \times E \times S_{n+1} \times \cdots : E \in \Sigma_n\}$$
$$\cup \{S_1 \times \cdots \times S_n \times E \times S_{n+2} \times \cdots : E \in \Sigma_{n+1}\} \cup \cdots) = \Sigma^{(n)}$$

が得られる. 逆向きの包含関係については

$$\mathcal{F}_n = \{F \in \bigotimes_{i \geq n} \Sigma_i : S_1 \times \cdots \times S_{n-1} \times F \in \Sigma^{(n)}\}$$

について, この集合族が σ-algebra であり, 任意の $E \in \Sigma_n$ について

$$E \times S_{n+1} \times S_{n+2} \cdots \in \mathcal{F}_n$$

任意の $E \in \Sigma_{n+1}$ について

$$S_n \times E \times S_{n+2} \cdots \in \mathcal{F}_n$$

$$\vdots$$

であるから

$$\mathcal{F}_n \supset \sigma(\{E \times S_{n+1} \times \cdots : E \in \Sigma_n\} \cup \{S_n \times E \times \cdots : E \in \Sigma_{n+1}\} \cup \cdots) = \bigotimes_{i \geq n} \Sigma_i$$

が得られる. したがって

$$\mathcal{F}_n = \bigotimes_{i \geq n} \Sigma_i$$

が得られる. すなわち

$$\Sigma^* \subset \Sigma^{(n)}$$

が分かる. 以上から後半の結果が得られた.

そして次を定義する.

定義 1.4.25 (尾部事象) S の部分集合 A が **尾部事象** (tail event) であるとは

$$A \in \bigcap_{n=1}^{\infty} \Sigma^{(n)} \; (= \Sigma^{(\infty)} \text{ と表示})$$

を満たすことをいう.

この定義 1.4.25 と命題 1.4.24 の後半部分から, 次のことが分かる.

系 1.4.26 集合 A が尾部事象であるための必要十分条件は, 各 $n = 1, 2, \ldots$ について, $\bigotimes_{i \geq n+1} \Sigma_i$ の元 B_n を適当にとれば
$$A = S_1 \times \cdots \times S_n \times B_n$$
と表されることである.

注意 4 上で与えたように, 確率測度空間の列 (S_i, Σ_i, μ_i) $(i = 1, 2, \ldots)$ が与えられたとき, S_i $(i = 1, 2, \ldots)$ の積空間 S と, その上の積 σ-algebra Σ が得られた. さらに Σ 上には, 確率測度 μ で, 次の性質 $(*)$ を持つものが存在することが分かった. この確率測度を, $\{\mu_i\}_{i \geq 1}$ の積確率測度といい, $\bigotimes_{i \geq 1} \mu_i$ と表している.

$$\pi_A(\mu) = \mu_A \ (A \text{ は } \mathbf{N} \text{ の任意有限部分集合}) \ \cdots \ (*)$$

ただし, ここで μ_A は, Σ_A で定義された積測度, すなわち
$$\mu_A = \bigotimes_{i \in A} \mu_i$$
である. したがって, 特に $E = \Pi_{i \in A} B_i$ $(B_i \in \Sigma_i, i \in A)$ の形の集合については
$$\mu_A(E) = \Pi_{i \in A} \mu_i(B_i)$$
が成り立っていることを注意しておく. このことから, $\mathbf{N}$ の有限部分集合 A, A' が, $A \cap A' = \emptyset$ の場合, $A'' = A \cup A'$ とすれば, $C \in \Pi_{i \in A} \Sigma_i, D \in \Pi_{i \in A'} \Sigma_i$ について
$$\mu_{A''}(C \times D) = \mu_A(C) \mu_{A'}(D)$$
が得られるから, この結果と単調族定理を用いることで, $E \in \Sigma_A, F \in \Sigma_{A'}$ について
$$\mu_{A''}(E \times F) = \mu_A(E) \mu_{A'}(F) \ \cdots \ (**)$$
が得られることは容易に分かる (各自で確かめること).

さて, 尾部事象についての基本的結果 (定理 1.4.27) を与えよう.

定理 1.4.27 $A \in \Sigma^{(\infty)}$ ならば, $\mu(A) = 0$, あるいは, $\mu(A) = 1$ である.

この証明のための補題として, 次の結果が重要である.

補題 1.4.28 各 n を固定する. そのとき
$$E \in \pi_{A_n}^{-1}(\Sigma_{A_n}), \ F \in \bigcup_{j \geq n+1} \pi_{A'_j}^{-1}(\Sigma_{A'_j})$$

を満たす E, F について

$$\mu(E \cap F) = \mu(E)\mu(F)$$

が成り立つ. ただし, $A'_j = \{n+1, \ldots, j\}$ $(j \geq n+1)$.

証明 F の仮定から, 或る $j \geq n+1$ が存在して

$$F \in \pi_{A'_j}^{-1}(\Sigma_{A'_j})$$

であるから

$$B_F \in \Sigma_{A'_j}, \ F = \pi_{A'_j}^{-1}(B_F)$$

を満たす B_F が存在する. また, E の仮定から

$$B_E \in \Sigma_{A_n}, \ E = \pi_{A_n}^{-1}(B_E)$$

を満たす B_E が存在する. したがって

$$E = B_E \times \Pi_{i \geq n+1} S_i, \ F = \Pi_{1 \leq i \leq n} S_i \times B_F \times \Pi_{i \geq j+1} S_i$$

であるから

$$E \cap F = B_E \times B_F \times \Pi_{i \geq j+1} S_i$$

となる. すなわち

$$E \cap F = \pi_{A_j}^{-1}(B_E \times B_F)$$

が得られる. したがって, 系 1.4.26 の後の注意 4 で与えた $(*), (**)$ を用いれば, $A_j = A_n \cup A'_j$ に注意して

$$\mu(E \cap F) = \mu(\pi_{A_j}^{-1}(B_E \times B_F)) = \pi_{A_j}(\mu)(B_E \times B_F) = \mu_{A_j}(B_E \times B_F)$$

$$= \mu_{A_n}(B_E)\mu_{A'_j}(B_F) = \pi_{A_n}(\mu)(B_E)\pi_{A'_j}(\mu)(B_F)$$

$$= \mu(\pi_{A_n}^{-1}(B_E))\mu(\pi_{A'_j}^{-1}(B_F)) = \mu(E)\mu(F)$$

が得られ, この補題が示された.

この結果を用いて「尾部事象の確率は 0 あるいは 1 である」ことを主張する定理 1.4.27 の証明を与えよう.

定理 1.4.27 の証明 定理を得るためには, $A \in \Sigma^{(\infty)}$ と, $B \in \Sigma$ について

$$\mu(A \cap B) = \mu(A)\mu(B) \ \cdots \ (*)$$

が成り立つことを示せばよい．実際，$(*)$ が得られれば，$A \in \Sigma^{(\infty)} \subset \Sigma^{(1)} = \Sigma$ であることから，$B = A$ とすることで

$$\mu(A) = \mu(A)^2, \text{ すなわち, } \mu(A) = 0 \text{ あるいは } \mu(A) = 1$$

が得られ，要求された結果となる．$(*)$ を段階を踏んで示そう．そのために

$$\mathcal{A} = \bigcup_{n \geq 1} \pi_{A_n}^{-1}(\Sigma_{A_n})$$

とおく．これは，単調増加な σ-algebra の列の和で得られる集合族であるから，algebra である．したがって

$$\Sigma = \sigma(\mathcal{A}) = \mathcal{M}(\mathcal{A}) \ (\mathcal{A} \text{ を含む最小の単調族)}$$

が成り立つことを注意しておく．

(I) $B \in \mathcal{A}$ の場合．各 $A \in \Sigma^{(\infty)}$ について

$$\mu(A \cap B) = \mu(A)\mu(B) \ \cdots \ (**)$$

が成り立つことが，以下のようにして得られる．$B \in \mathcal{A}$ であるから，或る k が存在して

$$B \in \pi_{A_k}^{-1}(\Sigma_{A_k})$$

が成り立つ．したがって，或る $C \in \Sigma_{A_k}$ が存在して

$$B = \pi_{A_k}(C)$$

と表される．このとき

$$A \in \Sigma^{(\infty)} \subset \Sigma^{(k+1)} = \bigotimes_{i \geq k+1} \Sigma_i = \sigma\left(\bigcup_{j \geq k+1} \pi_{A'_j}^{-1}(\Sigma_{A'_j})\right)$$

が成り立つ．さて

$$\mathcal{A}'_k = \bigcup_{j \geq k+1} \pi_{A'_j}^{-1}(\Sigma_{A'_j}), \text{ ただし, } A'_j = \{k+1, \ldots, j\} \ (j \geq k+1)$$

とおけば，これは algebra であり

$$A \in \sigma(\mathcal{A}'_k) = \mathcal{M}(\mathcal{A}'_k)$$

が成り立つ．したがって，$(**)$ を得るためには

$$\mu(D \cap B) = \mu(D)\mu(B) \ (D \in \mathcal{A}'_k) \ \cdots \ (***)$$

を確認すればよい. 実際, $(***)$ が確かめられれば

$$\mathcal{F} = \{E \in \Sigma^{(k+1)} \,:\, \mu(E \cap B) = \mu(E)\mu(B)\}$$

は, $\mathcal{A}'_k$ を含む. しかも, $\mathcal{F}$ の単調族性も, 測度の性質から得られるので

$$A \in \mathcal{M}(\mathcal{A}'_k) \,(= \Sigma^{(k+1)}) \subset \mathcal{F}$$

が得られ, $(**)$ が成り立つことが分かる. さて, $(***)$ を示すために, $D \in \mathcal{A}'_k$ をとれ. そのとき, このような B, D は $n = k$ の場合に, 補題 1.4.28 の仮定を満たす集合の対であることから, 補題 1.4.28 より $(***)$ が得られる.

したがって, (I) の場合は示された.

(II) $B \in \Sigma$ の場合.

$$\mathcal{F}' = \{F \in \Sigma \,:\, \mu(A \cap F) = \mu(A)\mu(F), \, \forall A \in \Sigma^{(\infty)}\}$$

とおけば, (I) の結果 (すなわち, 等式 $(**)$) から

$$\mathcal{A} \subset \mathcal{F}'$$

であり, 測度の性質から, $\mathcal{F}'$ の単調族性も得られ

$$B \in \Sigma = \mathcal{M}(\mathcal{A}) \subset \mathcal{F}'$$

が分かり, 結局 $(*)$ が得られ, 証明は完結する.

[カントール空間上のハール測度と **N** のフィルターについて]

先ず, これら確率論からの結果を, $S_i = \{0, 1\}$ (二点 $0, 1$ から成る離散位相空間) $(i = 1, 2, \ldots)$, その上の σ-algebra の列 $\Sigma_i = \{\{0, 1\}, \{0\}, \{1\}, \emptyset\}$ $(i = 1, 2, \ldots)$, そこで定義された確率測度の列 $(\mu_t)_i = t\delta_1 + (1-t)\delta_0$ (ただし, $t \in (0, 1)$ の定数, δ_0, δ_1 は, 各々, 点 $0, 1$ に置かれたディラック測度である) $(i = 1, 2, \ldots)$ の場合 (特に, $t = 1/2$ の場合は, μ_i と表示) に応用しよう. 以後, S_i は, $d_i(u, v) = |u - v|$ $(u, v \in S_i)$ で定義された距離 d_i を持つ距離空間として記述する. また, $\Sigma_i = \mathcal{B}(S_i)$ (S_i のボレル σ-algebra) である. 直積集合 $S = \Pi_{i=1}^\infty S_i$ には, 各 S_i からの直積位相 (すなわち, 全ての射影 $\pi_i : S \to S_i$ を連続にする最も弱い位相) を導入する. すなわち, S の二元 $b = (b_i)$ ($b_i = 0$, あるいは, 1), $c = (c_i)$ ($c_i = 0$, あるいは, 1) について

$$d(b, c) = \sum_{i=1}^\infty \frac{|b_i - c_i|}{2^i}$$

と定義された距離 d による位相である．このとき，S (**カントール空間** と呼ばれ，$\{0,1\}^{\mathbf{N}}$ と通常表示される) における，この位相についての開集合族を $\mathcal{O}(\{0,1\}^{\mathbf{N}})$ とし，それを含む最小の σ-algebra を $\mathcal{B}(\{0,1\}^{\mathbf{N}})$ ($\{0,1\}^{\mathbf{N}}$ の **ボレル集合族**) とする．そのとき次を注意する．

命題 1.4.29 次が成り立つ．
  (1) $S = \{0,1\}^{\mathbf{N}}$ はコンパクト距離空間である (したがって，可分完備な距離空間である)．
  (2) $\mathcal{B}(\{0,1\}^{\mathbf{N}}) = \bigotimes_{i \geq 1} \mathcal{B}(\{0,1\})$
  (3) 確率測度の列 $\{(\mu_t)_i\}_{i \geq 1}$ の積確率測度
$$\mu_t = \bigotimes_{i \geq 1} (\mu_t)_i$$
は，$\{0,1\}^{\mathbf{N}}$ 上のラドン確率測度である．ただし，$t = 1/2$ の場合は，μ_t を μ と表示．

この証明を与える前に，ここで，コンパクトハウスドルフ空間 K 上のラドン測度の概念 (命題 1.4.29 (3) の中に現れている) を注意する．

定義 1.4.30 (1) K の **ボレル集合族** $\mathcal{B}(K)$ とは，K の開集合族 $\mathcal{O}(K)$ を含む最小の σ-algebra をいう．すなわち
$$\mathcal{B}(K) = \sigma(\mathcal{O}(K))$$

(定義から，$\mathcal{B}(K) = \sigma(\mathcal{F}(K))$：$K$ の閉集合族 $\mathcal{F}(K)$ を含む最小の σ-algebra である)
  (2) $\mathcal{B}(K)$ を定義域とする測度 μ を，K 上の **ボレル測度** という．
  (3) 測度 $\mu : \mathcal{B}(K) \to \mathbf{R}^+$ が次の性質 (コンパクト集合に対して正則, compact-regular) を持つとき，μ を K 上の **ラドン測度** という．

$$\mu(E) = \sup\{\mu(C) \,:\, C \subset E,\, C \text{ はコンパクト }\} \ (\forall E \in \mathcal{B}(K))$$

すなわち，コンパクト正則な有限ボレル測度をラドン測度という．

命題 1.4.29 の証明 (1) は明らかである (大げさには，コンパクト空間の積空間についてのチコノフの定理からということであるが，具体的，直接的には，章末問題 51 番 (1) と カントール集合のコンパクト性から生じるので，確認せよ)．また，可分性についても [コンパクト距離空間は可分である] という一般論からではなく，$\{0,1\}^{\mathbf{N}}$ の稠密な可算部分集合 A としては，(例えば)

$$A = \{a = (a_i)_{i \geq 1} \,:\, \{i : a_i \neq 0\} \text{ が有限集合 }\}$$

をとることができることを注意せよ.

(2) $\{0,1\}^{\mathbf{N}} = S$, $\{0,1\} = S_i$ ($\forall i$) と表記する. そのとき, $\bigotimes_{i \geq 1} \mathcal{B}(S_i)$ は, 全ての π_i を可測にする最小の σ-algebra であるから, $\pi_i : S \to S_i$ が, $\mathcal{B}(S)$-$\mathcal{B}(S_i)$ 可測であることを示せば

$$\bigotimes_{i \geq 1} \mathcal{B}(S_i) \subset \mathcal{B}(S) \cdots (*)$$

が得られる. これを示そう. そのために, 先ず S の位相の定め方から

$$\pi_i^{-1}(\mathcal{O}(S_i)) \subset \mathcal{O}(S) \subset \mathcal{B}(S)$$

が成り立っていることを注意する. したがって

$$\mathcal{F}_i = \{A \subset S_i \ : \ \pi_i^{-1}(A) \in \mathcal{B}(S)\}$$

とおけば, $\mathcal{F}_i$ が, $\mathcal{O}(S_i)$ を含む σ-algebra であることが容易に分かるから

$$\mathcal{B}(S_i) = \sigma(\mathcal{O}(S_i)) \subset \mathcal{F}_i$$

が得られるので

$$\pi_i^{-1}(A) \in \mathcal{B}(S) \ (\forall A \in \mathcal{B}(S_i))$$

が示され, $\pi_i : \{0,1\}^{\mathbf{N}} \to \{0,1\}$ の $\mathcal{B}(S)$-$\mathcal{B}(S_i)$ 可測性を得た. したがって, $(*)$ が得られた. 次に, $(*)$ の逆向きの包含関係:

$$\mathcal{B}(S) \subset \bigotimes_{i \geq 1} \mathcal{B}(S_i)$$

について注意する. それには (1) で注意した, 距離空間 S の可分性 (すなわち, 第二可算公理性) を用いる. S の可算基底は, $\mathbf{N}$ の有限集合 $\{i_1, \ldots, i_m\}$ を与える毎に定義される

$$O_{i_1} \times \cdots \times O_{i_m} \times \Pi_{i \neq i_j} S_i \ (O_{i_j} \in \mathcal{O}(S_{i_j}), \ j = 1, \ldots, m)$$

であり, $U \in \mathcal{O}(S)$ は, このような形の S の開集合の可算個の和集合として表されることを注意する. しかも, この形の開集合:

$$O_{i_1} \times \cdots \times O_{i_m} \times \Pi_{i \neq i_j} S_i = \pi_{i_1}^{-1}(O_{i_1}) \cap \cdots \cap \pi_{i_m}^{-1}(O_{i_m})$$

であることと, 任意の j と任意の $B \in \mathcal{B}(S_j)$ について

$$\pi_j^{-1}(B) \in \bigotimes_{i \geq 1} \mathcal{B}(S_i)$$

であることから
$$O_{i_1} \times \cdots \times O_{i_m} \times \Pi_{i \neq i_j} S_i \in \bigotimes_{i \geq 1} \mathcal{B}(S_i)$$
が得られる. したがって, σ-algebra 性から, 任意の $U \in \mathcal{O}(S)$ について
$$U \in \bigotimes_{i \geq 1} \mathcal{B}(S_i)$$
(すなわち, $\mathcal{O}(S) \subset \bigotimes_{i \geq 1} \mathcal{B}(S_i)$) が得られ, 結局
$$\mathcal{B}(S) \subset \bigotimes_{i \geq 1} \mathcal{B}(S_i)$$
が示された.

以上で (2) の証明が完結する (上記の証明を観れば, カントール空間固有の場合の証明を与えたのではなく, 一般な命題: 各 S_i が可分距離空間であるとき, 積位相空間: $S = \Pi_{i \geq 1} S_i$ について
$$\mathcal{B}(S) = \bigotimes_{i \geq 1} \mathcal{B}(S_i)$$
が成り立つ, ことを示したのであることを注意せよ).

(3) (2) から, 積確率測度 μ は $\{0,1\}^{\mathbf{N}}$ 上のボレル測度である (すなわち, μ の定義域が $\bigotimes_{i \geq 1} \mathcal{B}(\{0,1\}) = \mathcal{B}(\{0,1\}^{\mathbf{N}})$ である). しかも, S の性質 (1) から, μ のコンパクト正則性は容易に生じるから (章末問題 54 番として取り扱う), μ のラドン性が生じる.

定理 1.4.27 および, 命題 1.4.29 から我々は次の結果 (**カントール空間における 0-1 法則**) を得る.

定理 1.4.31 カントール空間 $\{0,1\}^{\mathbf{N}}$ の尾部事象 B ($\in \mathcal{B}(\{0,1\}^{\mathbf{N}})$) について
$$\mu_t(B) = 0 \text{ あるいは } \mu_t(B) = 1$$
が成り立つ.

注意 5 カントール空間 $\{0,1\}^{\mathbf{N}}$ は, コンパクト距離空間であるが, さらに, $b = (b_i)_{i \geq 1}$, $c = (c_i)_{i \geq 1} \in \{0,1\}^{\mathbf{N}}$ について
$$b + c = (b_i + c_i)_{i \geq 1} \ (\in \{0,1\}^{\mathbf{N}})$$
と定義することで, この加法演算についての加群となり, コンパクト位相群となることが分かる. ただし, $\{0,1\}$ での加法演算は 2 進法によるもの

とする (章末問題 51 番 (e) を参照). そのとき, $t = 1/2$ の場合に, ここで紹介された μ は平行移動で不変な $\{0,1\}^{\mathbf{N}}$ 上のラドン確率測度であることが容易に示されるので (章末問題 51 番 (f) で取り扱う), μ はカントール空間上の正規化されたハール測度であることが分かる.

定理 1.4.31 を利用して, $\{0,1\}^{\mathbf{N}}$ ($= \mathcal{P}(\mathbf{N})$, この意味, 解釈については章末問題 51 番を参照せよ. 以後, 51 番に記載の内容で論理展開されることに注意) のフィルター (filter) をなす部分集合 $\mathcal{F}$ (すなわち, $\mathcal{F}$ は, $\mathbf{N}$ の部分集合の族で, filter をなすもの) が, μ_t に対して持つ性質について調べよう. そのために, フィルターに関する次の事柄を確認しておく.

定義 1.4.32 フィルター $\mathcal{F}$ について, 次の 2 種のフィルターを定義する.
(1) $\mathcal{F}$ が **固定フィルター** (fixed filter, 以後, 英語表記を採用) である
$$\Leftrightarrow \bigcap_{F \in \mathcal{F}} F \neq \emptyset$$

(2) $\mathcal{F}$ が **自由フィルター** (free filter, 以後, 英語表記を採用) である
$$\Leftrightarrow \bigcap_{F \in \mathcal{F}} F = \emptyset$$

そのとき, free filiter $\mathcal{F}$ についての次の結果は基本である.

命題 1.4.33 $\mathcal{F}$ は free filter とする. そのとき, 次が得られる.
(1) 任意の $a \in \{0,1\}^{\mathbf{N}}$, $a = (a_i)_{i \geq 1}$ ($\{i : a_i = 1\}$ が有限集合) について (注意 5 および, それに続く記述内容に沿い, 記載される, 以下同様)
$$\mathcal{F} + a = \{b + a : b \in \mathcal{F}\} = \mathcal{F}$$
が成り立つ. すなわち, $b = (b_i)_{i \geq 1}$, $c = (c_i)_{i \geq 1} \in \{0,1\}^{\mathbf{N}}$ について, $\{i : b_i \neq c_i\}$ が有限集合ならば
$$b \in \mathcal{F} \Leftrightarrow c \in \mathcal{F}$$
が成り立つ.

(2) ((1) の結果から) 各 k について, $G_k \subset \Pi_{i \geq k+1} \{0,1\}$ が存在して
$$\mathcal{F} = \{0,1\} \times \cdots \times \{0,1\} \times G_k \text{ (ここで, } \{0,1\} \text{ の個数は } k \text{ である)}$$
が成り立つ.

証明 (1) について. $\mathcal{F}$ の元 F ($\in \mathcal{P}(\mathbf{N})$) についての次の性質を注意する.

すなわち, F に含まれる有限個の元を, F に含まれない他の元と交換しても, それによって新たに得られる集合 F' について, $F' \in \mathcal{F}$ が成り立つ. 今, F の元 $u_1, \ldots, u_k$ を, $v_1, \ldots, v_k$ に交換して F' が得られるとしたとき

$$F \backslash \{u_1, \ldots, u_k\} \subset (F \backslash \{u_1, \ldots, u_k\}) \cup \{v_1, \ldots, v_k\} = F'$$

であるから

$$F \backslash \{u_1, \ldots, u_k\} \in \mathcal{F}$$

を示せば, $F' \in \mathcal{F}$ が分かる. さて, $\mathcal{F}$ の free 性から

$$\mathbf{N} = \bigcup_{F \in \mathcal{F}} F^c$$

であるから, 各 i について, $u_i \in F_i^c$ を満たす $F_i \in \mathcal{F}$ が存在する. このとき

$$\{u_1, \ldots, u_k\} \subset \left(\bigcup_{i=1}^k F_i^c \right) = \left(\bigcap_{i=1}^k F_i \right)^c$$

すなわち

$$F \backslash \{u_1, \ldots, u_k\} \supset F \cap \bigcap_{i=1}^k F_i$$

である. filter $\mathcal{F}$ は有限個の積の操作で閉じているから

$$F \cap \bigcap_{i=1}^k F_i \in \mathcal{F}$$

である. したがって $\mathcal{F}$ の filter 性を用いれば

$$F \backslash \{u_1, \ldots, u_k\} \in \mathcal{F}$$

が得られ, 要求されたものである. さて, $b = (b_i)_{i \geq 1} \in \mathcal{F}$ について, このような a に対して得られる $b + a$ は, b で定まる $\mathbf{N}$ の部分集合 F_b ($= \{i : b_i = 1\}$) において, F_b の有限個の元を交換して得られる集合に対応しているから, 前段の結果を用いて $b + a \in \mathcal{F}$ が得られる. すなわち

$$\mathcal{F} + a \subset \mathcal{F}$$

である. 一方, 同様に考えれば

$$\mathcal{F} - a \subset \mathcal{F}$$

も得られるので, これらを併せることで

$$\mathcal{F} + a = \mathcal{F}$$

が得られる.

(2) について. $\mathcal{F}$ の性質 (1) から, 任意の k について
$$\pi_{A_k}(\mathcal{F}) = \{0,1\} \times \cdots \times \{0,1\} \ (\{0,1\} \text{ の } k \text{ 個の直積})$$
が成り立つことを先ず注意する (ただし, $A_k = \{1, \ldots, k\}$). すなわち, π_{A_k} の全射を示そう. そのために, 任意の $u = (u_1, \ldots, u_k) \in \{0,1\} \times \cdots \times \{0,1\}$ について, $\pi_{A_k}(c) = u$ を満たす $c \in \mathcal{F}$ の存在をいう. 先ず, $b = (b_i)_{i \geq 1} \in \mathcal{F}$ を一つとる. そして, このような $c = (c_i)_{i \geq 1}$ を次で定義する.
$$c_i = u_i \ (i = 1, \ldots, k), \ c_i = b_i \ (i \geq k+1)$$
そのとき, $\{i : c_i \neq b_i\}$ は有限集合であり, $b \in \mathcal{F}$ であるから, (1) の結果より, $c \in \mathcal{F}$ である. しかも
$$\pi_{A_k}(c) = (c_1, \ldots, c_k) = (u_1, \ldots, u_k) = u$$
であるから, 要求された結果である. 次に, 任意の $u \in \{0,1\} \times \cdots \times \{0,1\}$ について
$$\mathcal{F}_u \ (\mathcal{F} \text{ の } u \text{ による切り口}) \text{ は常に一定}$$
であることをいう. すなわち, $u, v \in \{0,1\} \times \cdots \times \{0,1\}$ について
$$\mathcal{F}_u = \mathcal{F}_v$$
を示す. さて
$$\mathcal{F}_u = \{(a_{k+1}, a_{k+2}, \ldots) : (u_1, \ldots, u_k, a_{k+1}, \ldots) \in \mathcal{F}\}$$
および
$$\mathcal{F}_v = \{(a_{k+1}, a_{k+2}, \ldots) : (v_1, \ldots, v_k, a_{k+1}, \ldots) \in \mathcal{F}\}$$
であるが, (1) の結果から
$$(u_1, \ldots, u_k, a_{k+1}, \ldots) \in \mathcal{F} \iff (v_1, \ldots, v_k, a_{k+1}, \ldots) \in \mathcal{F}$$
が分かるので
$$\mathcal{F}_u = \mathcal{F}_v$$
が得られる. したがって, この共通の集合を $G_k \ (\subset \Pi_{i \geq k+1}\{0,1\})$ と表せば
$$\mathcal{F} = \bigcup_{u \in \{0,1\} \times \cdots \times \{0,1\}} (\{u\} \times G_k)$$

$$= \left(\bigcup_{u \in \{0,1\} \times \cdots \times \{0,1\}} \{u\}\right) \times G_k = \{0,1\} \times \cdots \times \{0,1\} \times G_k$$

が得られる．

命題 1.4.33 を利用すれば, free filter $\mathcal{F}$ についての重要な結果である次が得られる．

定理 1.4.34 free filter $\mathcal{F}\ (\subset \{0,1\}^{\mathbf{N}})$ について, 次の性質が成り立つ．
(1) $(\mu_t)_*(\mathcal{F}),\ (\mu_t)^*(\mathcal{F}) \in \{0,1\}$.
(2) $\mu_*(\mathcal{F}) = 0$.
(3) さらに, $\mathcal{F}$ が ultrafilter ならば, $\mu^*(\mathcal{F}) = 1$ である．

証明 (1) について. $(\mu_t)^*(\mathcal{F}) \in \{0,1\}$ を示そう．

$$(\mu_t)^*(\mathcal{F}) = \inf\{\mu_t(B)\ :\ \mathcal{F} \subset B \in \mathcal{B}(\{0,1\}^{\mathbf{N}})\}$$

であるから, $B^* \in \mathcal{B}(\{0,1\}^{\mathbf{N}})$ で

$$(\mu_t)^*(\mathcal{F}) = \mu_t(B^*),\ \mathcal{F} \subset B^*$$

を満たすものが存在する. そのとき, $\mathbf{N}$ の任意の有限部分集合 z (すなわち, $z = (z_i)_{i \geq 1} \in \{0,1\}^{\mathbf{N}}$ で, $\{i\ :\ z_i = 1\}$ は有限集合である z, 以下同様) について, $\mathcal{F} + z = \mathcal{F}$ を用いれば

$$\mathcal{F} = \mathcal{F} + z \subset B^* + z$$

であるから

$$\mathcal{F} \subset \bigcap\{B^* + z\ :\ z\ \text{は}\ \mathbf{N}\ \text{の有限部分集合}\}\ (= B\ \text{とおく})$$

が得られる. しかも, $B^* + z \in \mathcal{B}(\{0,1\}^{\mathbf{N}})\ (z \in \{0,1\}^{\mathbf{N}})$ であり, $\mathbf{N}$ の有限部分集合全体の作る集合族は可算個の元を持つから

$$B \in \mathcal{B}(\{0,1\}^{\mathbf{N}})$$

が得られる (章末問題 51 番 (f) を参照せよ). このとき, $\mathbf{N}$ の任意の有限部分集合 y について

$$B + y = \bigcap\{B^* + z\ :\ z\ \text{は}\ \mathbf{N}\ \text{の有限部分集合}\} + y$$

$$= \bigcap\{B^* + w\ :\ w\ \text{は}\ \mathbf{N}\ \text{の有限部分集合}\} = B$$

が成り立つ. すなわち, B は命題 1.4.33 (1) の $\mathcal{F}$ と同じ性質を持つので, その (2) と同じ証明により, 各 k について, $B_k \subset \Pi_{i \geq k+1}\{0,1\}$ が存在して
$$B = \{0,1\} \times \cdots \times \{0,1\} \times B_k$$
が存在する. しかも
$$(\mu_t)^*(\mathcal{F}) \leq \mu_t(B) \leq \mu_t(B^*) = (\mu_t)^*(\mathcal{F})$$
であるから
$$(\mu_t)^*(\mathcal{F}) = \mu_t(B)$$
が得られる. ところが
$$\mathcal{B}(\{0,1\}^{\mathbf{N}}) = \mathcal{B}(\{0,1\} \times \cdots \times \{0,1\}) \otimes \mathcal{B}(\Pi_{i \geq k+1}\{0,1\})$$
であり
$$\{0, \ldots, 0\} \in \{0,1\} \times \cdots \times \{0,1\}$$
であるから
$$B_{(0,\ldots,0)} = B_k \in \mathcal{B}(\Pi_{i \geq k+1}\{0,1\}) = \bigotimes_{i \geq k+1} \mathcal{B}(\{0,1\})$$
が得られる. すなわち, B は, 各 k 毎に $B_k \in \bigotimes_{i \geq k+1} \mathcal{B}(\{0,1\})$ が存在して
$$B = \{0,1\} \times \cdots \times \{0,1\} \times B_k$$
と表されるから, 系 1.4.26 を用いることにより, B は尾部事象であることが分かる. したがって, 定理 1.4.31 から
$$\mu_t(B) \in \{0,1\}$$
となり, 要求された結果が生じる. 次に $(\mu_t)_*(\mathcal{F}) \in \{0,1\}$ についても, この量の定義を用いて, 同様の議論を行う. すなわち
$$(\mu_t)_*(\mathcal{F}) = \mu_t(B_*), \ B_* \subset \mathcal{F}$$
を満たす B_* が存在する. そのとき, $\mathbf{N}$ の任意の有限部分集合 z について, $\mathcal{F} + z = \mathcal{F}$ を用いれば
$$\mathcal{F} = \mathcal{F} + z \supset B_* + z$$
であるから
$$\mathcal{F} \supset \bigcup \{B_* + z \ : \ z \text{ は } \mathbf{N} \text{ の有限部分集合}\} \ (= B' \text{ とおく})$$

が得られる. しかも, $\mathbf{N}$ の有限部分集合全体の作る集合族は可算個の元を持つから
$$B' \in \mathcal{B}(\{0,1\}^{\mathbf{N}})$$
が得られる. このとき, $\mathbf{N}$ の任意の有限部分集合 y について, B の場合と同様にして
$$B' + y = B'$$
が成り立つことが分かる. すなわち, B' についても, 命題 1.4.33 (1) の $\mathcal{F}$ と同じ性質を持つことが示されたので, その (2) と同じ証明により, 各 k について, $B'_k \subset \Pi_{i \geq k+1}\{0,1\}$ が存在して
$$B' = \{0,1\} \times \cdots \times \{0,1\} \times B'_k$$
と表される. しかも
$$(\mu_t)_*(\mathcal{F}) \geq \mu_t(B') \geq \mu_t(B_*) = (\mu_t)_*(\mathcal{F})$$
であるから
$$(\mu_t)_*(\mathcal{F}) = \mu_t(B')$$
が得られる. ところが
$$\mathcal{B}(\{0,1\}^{\mathbf{N}}) = \mathcal{B}(\{0,1\} \times \cdots \times \{0,1\}) \otimes \mathcal{B}(\Pi_{i \geq k+1}\{0,1\})$$
であり
$$\{0,\ldots,0\} \in \{0,1\} \times \cdots \times \{0,1\}$$
であるから
$$B'_k \in \mathcal{B}(\Pi_{i \geq k+1}\{0,1\}) = \bigotimes_{i \geq k+1} \mathcal{B}(\{0,1\})$$
が得られる. すなわち, B' は, 各 k 毎に $B'_k \in \bigotimes_{i \geq k+1} \mathcal{B}(\{0,1\})$ が存在して
$$B' = \{0,1\} \times \cdots \times \{0,1\} \times B'_k$$
と表されるから, 系 1.4.26 を用いることにより, B' は尾部事象であることが分かる. したがって, 定理 1.4.31 から
$$\mu_t(B') \in \{0,1\}$$
となり, 要求された結果が生じる.

(2) について. 各項が全て 1 である元 $e = (e_i)_{i \geq 1} \ (\in \{0,1\}^{\mathbf{N}})$ について
$$\mathcal{F} + e = \{b + e \ : \ b \in \mathcal{F}\} = \{b^c \ : \ b \in \mathcal{F}\}$$

(ここで, $b = (b_i)_{i \geq 1}$ に対して, $b^c = (c_i)_{i \geq 1}$, $b_i + c_i = 1, \forall i$ である) が成り立つことから, $\mathcal{F}$ の filter 性を用いれば

$$(\mathcal{F} + e) \cap \mathcal{F} = \emptyset$$

である. さて, (1) の証明を $t = 1/2$ の場合に適用すれば

$$\mu_*(\mathcal{F}) = \mu(B'), \ B' \subset \mathcal{F}$$

を満たす $B' \in \mathcal{B}(\{0,1\}^{\mathbf{N}})$ が存在する. このとき

$$B' + e \subset \mathcal{F} + e, \ B' + e \in \mathcal{B}(\{0,1\}^{\mathbf{N}})$$

であるから

$$1 = \mu_*(\{0,1\}^{\mathbf{N}}) \geq \mu_*((\mathcal{F} + e) \cup \mathcal{F}) \geq \mu((B' + e) \cup B')$$
$$= \mu(B' + e) + \mu(B') = 2\mu(B') = 2\mu_*(\mathcal{F}) \ \cdots \ (*)$$

が得られる. ただし, ここで, $(B' + e) \cap B' = \emptyset$ および, μ が平行移動に関して不変, すなわち

$$\mu(B' + e) = \mu(B')$$

が成り立つことを用いている (章末問題 51 番 (f) を参照). したがって, $\mu_*(\mathcal{F}) \leq 1/2$ であるから, (1) の結果と併せて, $\mu_*(\mathcal{F}) = 0$ が生じる.

(3) について. $\mathcal{F}$ が ultrafilter ならば

$$\mathcal{F} + e \ (= \{b^c \ : \ b \in \mathcal{F}\}) = \mathcal{F}^c \ \cdots \ (**)$$

であることを注意せよ. 実際

$$\mathcal{F} + e \subset \mathcal{F}^c$$

の包含は (2) の証明内で述べた. 逆向きの包含について, $\mathcal{F}$ の極大性が用いられる. それは, $\mathcal{F}$ の極大性を特徴付ける次の結果に負う.

$$\mathcal{F} \text{ が } \mathbf{ultrafilter} \ \Leftrightarrow$$

$\mathbf{N}$ の任意の部分集合 E について, E あるいは E^c は $\mathcal{F}$ に属する

さて, $b \in \mathcal{F}^c$ をとれ. そのとき, (filter の極大性についての, この注意から) $b^c \in \mathcal{F}$ より

$$b - e = b^c \in \mathcal{F}, \ \text{すなわち,} \ b \in \mathcal{F} + e$$

が得られる．したがって，(∗∗) が成り立つ．このとき

$$1 = \mu^*(\{0,1\}^{\mathbf{N}}) = \mu^*(\mathcal{F} \cup (\mathcal{F}+e)) \leq \mu^*(\mathcal{F}) + \mu^*(\mathcal{F}+e) = 2\mu^*(\mathcal{F})$$

が得られる．したがって，$\mu^*(\mathcal{F}) \geq 1/2$ であるから，(1) の結果と併せて，$\mu^*(\mathcal{F}) = 1$ が得られる（ここで，μ の平行移動不変性から容易に生じる μ^* の平行移動不変性を用いている）．

定理 1.4.34 の結果から，free ultrafilter $\mathcal{F}$ は μ について非可測な集合であることが分かる．このことと，次に述べる結果から，$[0,1]$ 上には $2^{\mathfrak{c}}$ 個のルベーグ非可測集合が存在することが分かる．そのための準備事項を与えよう．さて，$r_n(t)$ $(n=1,2,\ldots)$ を n-th **Rademacher 関数** とする．すなわち，$[0,1]$ の 2^n 等分分割により得られる半開区間の列

$$[0, 1/2^n), [1/2^n, 2/2^n), \cdots, [(2^n-1)/2^n, 1)$$

について，$r_n : [0,1] \to \mathbf{R}$ を，$r_n(1) = -1$ で

$$r_n(t) = 1 \ (t \in [(2i)/2^n, (2i+1)/2^n), \ i = 0, 1, \ldots, 2^{n-1}-1)$$

$$r_n(t) = -1 \ (t \in [(2i+1)/2^n, (2i+2)/2^n), \ i = 0, 1, \ldots, 2^{n-1}-1)$$

と定義する．そして，$b_n : [0,1] \to \mathbf{R}$ を

$$b_n(t) = \frac{(1 - r_n(t))}{2} \ (t \in [0,1])$$

で定義する．すなわち，$\{b_n(t)\}_{n \geq 1}$ は，t の 2 進数展開

$$t = \sum_{n \geq 1} \frac{b_n(t)}{2^n} \ (\text{ただし}, \ \{n \ : \ b_n(t) \neq 0\} \text{ が無限集合})$$

を与えている．そして，$\phi : [0,1] \to \{0,1\}^{\mathbf{N}}$ を

$$\phi(t) = \{b_n(t)\}_{n \geq 1}$$

で定義する．この関数は **Sierpinski (シェルピンスキー) 関数** と呼ばれ，本書では重要な関数として出現する．そのとき，次の集合族

$$\mathcal{B} = \{E \in \mathcal{B}(\{0,1\}^{\mathbf{N}}) \ : \ \phi^{-1}(E) \in \Lambda\}$$

を考えれば，$\pi_i \cdot \phi(t) \ (= \pi_i(\phi(t))) = b_i(t)$ の Λ-$\mathcal{B}(\{0,1\})$ 可測性から，任意の i で

$$\phi^{-1}(\pi_i^{-1}(\mathcal{B}(\{0,1\}))) \subset \Lambda$$

が得られるので
$$\pi_i^{-1}(\mathcal{B}(\{0,1\})) \subset \mathcal{B}$$
が成り立つ. 明らかに, $\mathcal{B}$ は σ-algebra であるから
$$\mathcal{B}(\{0,1\}^{\mathbf{N}}) = \sigma(\{\pi_i^{-1}(\mathcal{B}(\{0,1\})) : i = 1, 2, \ldots\}) \subset \mathcal{B}$$
が得られる. したがって
$$\mathcal{B} = \mathcal{B}(\{0,1\}^{\mathbf{N}})$$
となり, ϕ の $\Lambda - \mathcal{B}(\{0,1\}^{\mathbf{N}})$ 可測性が得られる. しかも, このことから, ϕ は, Lusin 可測であること, すなわち, [任意の $E \in \Lambda$, 任意の正数 ε について, E に含まれるコンパクト集合 K で
$$\lambda(E \backslash K) < \varepsilon, \ \phi|_K \ (\phi \text{ の } K \text{ への制限}) \text{ が連続}$$
を満たすものが存在する] (このような性質が成り立つとき, ϕ は **Lusin(ルージン)-可測** であるという) ことが以下のように示される. $\{0,1\}^{\mathbf{N}}$ は可分距離空間であるから, 稠密な可算集合 $\{x_m\}_{m \geq 1}$ が存在する. このとき, 各 n について
$$F_1^{(n)} = \phi^{-1}(B(x_1, \frac{1}{n})), \ F_m^{(n)} = \phi^{-1}(B(x_m, \frac{1}{n}) \backslash \bigcup_{i=1}^{m-1} B(x_i, \frac{1}{n})) \ (m \geq 2)$$
とおけば, 各 m について, $F_m^{(n)} \in \Lambda$ であり, 任意の n について
$$[0,1] = \bigcup_{m=1}^{\infty} F_m^{(n)}$$
が成り立つ. そして, 各 n 毎に
$$\phi_n(t) = \sum_{m=1}^{\infty} x_m \chi_{F_m^{(n)}}(t) \ (t \in [0,1])$$
と定義したとき, 各 $t \in [0,1]$ について
$$d(\phi(t), \phi_n(t)) < \frac{1}{n} \ (\text{ただし, } d \text{ はカントール空間上の距離})$$
が成り立つ. すなわち, このような形の関数の列 $\{\phi_n\}_{n \geq 1}$ で
$$\phi_n(t) \to \phi(t) \ (t \in [0,1]) \ ([0,1] \text{ 上での一様収束である})$$

を満たすものが存在する. さて, 任意の $E \in \Lambda$ と任意の正数 ε を与えよ. そのとき, 各 n 毎に

$$E = \bigcup_{m=1}^{\infty} (E \cap F_m^{(n)}), \ (E \cap F_i^{(n)}) \cap (E \cap F_j^{(n)}) = \emptyset \ (i \neq j)$$

であるから, 或る $N(n)$ が存在して

$$\lambda(E \setminus \bigcup_{m=1}^{N(n)} (E \cap F_m^{(n)})) < \frac{\varepsilon}{2^{n+1}}$$

とできる. このとき, $K_m^{(n)} \subset E \cap F_m^{(n)} \ (m = 1, \ldots, N(n))$ で

$$\lambda((E \cap F_m^{(n)}) \setminus K_m^{(n)}) < \frac{\varepsilon}{2^{n+1} N(n)}$$

を満たすコンパクト集合 $K_m^{(n)}$ をとり

$$K_n = \bigcup_{m=1}^{N(n)} K_m^{(n)} \ (\subset E)$$

とおけば, K_n はコンパクト集合で

$$\phi_n|_{K_n} \text{ は連続, および, } \lambda(E \setminus K_n) < \frac{\varepsilon}{2^n}$$

を満たすことが容易に分かる. したがって

$$K = \bigcap_{n=1}^{\infty} K_n$$

とおけば

$$\lambda(E \setminus K) \leq \sum_{n=1}^{\infty} \lambda(E \setminus K_n) < \varepsilon$$

であり, 任意の n で

$$\phi_n|_K \text{ は連続}$$

である. ところが

$$\phi_n \to \phi \ (K \text{ 上で一様収束})$$

であり, $\phi_n|_K$ は連続であるから, $\phi|_K$ は連続である. したがって K が要求されたコンパクト集合となり, 証明が完結する.

これらのことから

$$\phi(\lambda)(E) = \lambda(\phi^{-1}(E)) \ (E \in \mathcal{B}(\{0,1\}^{\mathbf{N}}))$$

として定義される $\mathcal{B}(\{0,1\})$ 上の確率測度 $\phi(\lambda)$ について, 次の結果が得られる.

命題 1.4.35 (1) 次が成り立つ.

$$\mu(E) = \phi(\lambda)(E) \ (E \in \mathcal{B}(\{0,1\}^{\mathbf{N}}))$$

(2) $\phi^{-1}(E) \in \Lambda \Leftrightarrow E \in \Sigma_\mu$ (μ-可測集合の集合族) が成り立つ.

(3) 次が成り立つ.

$$\mu_*(A) = \lambda_*(\phi^{-1}(A)) \ (A \in \mathcal{P}(\{0,1\}^{\mathbf{N}}))$$

および

$$\mu^*(A) = \lambda^*(\phi^{-1}(A)) \ (A \in \mathcal{P}(\{0,1\}^{\mathbf{N}}))$$

証明 (1) について. (1) を示すためには, μ を特徴付ける性質から

$$\pi_A(\phi(\lambda)) = \mu_A \ (A \text{ は } \mathbf{N} \text{ の有限部分集合})$$

を示せばよい. すなわち, $\Sigma_A = \sigma(\{\Pi_{i \in A} B_i : B_i \in \mathcal{B}(\{0,1\})\})$ について, $E \in \Sigma_A$ のとき

$$\pi_A(\phi(\lambda))(E) = \mu_A(E)$$

を示せばよい. そのためには, 両辺の測度が確率測度であることに注意すれば, $E = \Pi_{i \in A} B_i \ (B_i \in \mathcal{B}(\{0,1\}))$ という形の集合について, この等式を示せばよい. $A = \{i_1, \ldots, i_m\}$ と表せば

$$E = B_{i_1} \times \ldots \times B_{i_m} \ (B_{i_j} \in \mathcal{B}(\{0,1\}))$$

として

$$\pi_A(\phi(\lambda))(B_{i_1} \times \cdots \times B_{i_m}) = \phi(\lambda)(\Pi_{i \neq i_j} \{0,1\} \times B_{i_1} \times \cdots \times B_{i_m})$$

$$= \lambda(\phi^{-1}(\Pi_{i \neq i_j}\{0,1\} \times B_{i_1} \times \cdots \times B_{i_m}))$$

$$= \lambda(\{t : b_{i_1}(t) \in B_{i_1}, \cdots, b_{i_m}(t) \in B_{i_m}\})$$

$$= \lambda(\bigcap_{j=1}^m b_{i_j}^{-1}(B_{i_j})) = \Pi_{j=1}^m b_{i_j}(\lambda)(B_{i_j}) = \Pi_{j=1}^m \mu_{i_j}(B_{i_j}) = \mu_A(E)$$

が得られる. ここで, 任意の n と $B_i \in \mathcal{B}(\{0,1\}) \ (i=1,\ldots,n)$ について

$$\lambda(\{t : (b_1(t),\ldots,b_n(t)) \in B_1 \times \cdots \times B_n\})$$

$$= \lambda(\{t : b_1(t) \in B_1\}) \cdots \lambda(\{t : b_n(t) \in B_n\})$$

が成り立つこと,および,任意の $B \in \mathcal{B}(\{0,1\})$ について

$$b_i(\lambda)(B) = \mu_i(B)$$

が成り立つことを用いている.

したがって, (1) は示された.

(2) について. $[E \in \Sigma_\mu \Rightarrow \phi^{-1}(E) \in \Lambda]$ は容易である. 実際, 仮定から, $B_1 \subset E \subset B_2$, $B_1, B_2 \in \mathcal{B}(\{0,1\}^{\mathbf{N}})$, および $\mu(B_2 \backslash B_1) = 0$ を満たす B_1, B_2 がとれるので, $F_i = \phi^{-1}(B_i)$ $(i=1,2)$ とすれば

$$F_i \in \Lambda \ (i=1,2), \ F_1 \subset \phi^{-1}(E) \subset F_2,$$

および

$$\lambda(F_1 \backslash F_2) = \lambda(\phi^{-1}(B_2) \backslash \phi^{-1}(B_1)) = \phi(\lambda)(B_2 \backslash B_1) = \mu(B_2 \backslash B_1) = 0$$

が得られる. したがって, $\phi^{-1}(E) \in \Lambda$ が分かる. 逆向きを示そう. すなわち, $[\phi^{-1}(E) \in \Lambda \Rightarrow E \in \Sigma_\mu]$ は, 先に準備した ϕ の Lusin 可測性を用いる. $F_0 = \phi^{-1}(E)$ とおく. 任意に正数 ε を与える. $F_0 \in \Lambda$ であるから

$$K \subset F_0, \ \lambda(F_0 \backslash K) < \varepsilon \ \text{および} \ \phi|_K \ \text{が連続}$$

を満たすコンパクト集合 K が存在する. これから

$$\phi(\lambda)(E \backslash \phi(K)) = \lambda(\phi^{-1}(E) \backslash \phi^{-1}(\phi(K))) \leq \lambda(F_0 \backslash K) < \varepsilon$$

が得られる. すなわち, 任意の正数 ε について, $E_1 \subset E$ で, $\phi(\lambda)(E \backslash E_1) < \varepsilon$ を満たすコンパクト集合 E_1 (この場合の $\phi(K)$ である) が存在することが示された. $\phi^{-1}(E^c) = \phi^{-1}(E)^c \in \Lambda$ であるから, 同様の議論で, $E_2' \subset E^c$ で, $\phi(\lambda)(E^c \backslash E_2') < \varepsilon$ を満たすコンパクト集合 E_2' の存在が分かる. したがって, $E_2 = (E_2')^c$ とおけば

$$E_1 \subset E \subset E_2, \ E_1, E_2 \in \mathcal{B}(\{0,1\}^{\mathbf{N}}),$$

$$\mu(E_2 \backslash E_1) = \phi(\lambda)(E_2 \backslash E_1) < 2\varepsilon$$

が得られるので, $E \in \Sigma_\mu$ が分かる.

(3) について. $\mu_*(A) \leq \lambda_*(\phi^{-1}(A))$ は容易である. それは, (2) の最初の部分と同様である. 逆向きについて. $B \subset \phi^{-1}(A)$, $B \in \mathcal{B}(\{0,1\}^{\mathbf{N}})$ で

$$\lambda(B) = \lambda_*(\phi^{-1}(A))$$

を満たすものをとれ．そして，任意に正数 ε を与えよ．そのとき，((2) の証明から分かるように) $K \subset B$, K はコンパクトで

$$\lambda(B \backslash K) < \varepsilon, \ \phi|_K \ \text{が連続}$$

を満たすものが存在する．したがって，$\phi(K)$ はコンパクト ($\subset A$) であるから，$\phi(K) \in \mathcal{B}(\{0,1\}^{\mathbf{N}})$ を用いれば

$$\mu_*(A) \geq \mu(\phi(K)) = \lambda(\phi^{-1}(\phi(K))) \geq \lambda(K)$$
$$> \lambda(B) - \varepsilon = \lambda_*(\phi^{-1}(A)) - \varepsilon$$

が成り立つ．したがって，$\varepsilon \to 0$ として

$$\mu_*(A) \geq \lambda_*(\phi^{-1}(A))$$

が得られる．また，任意の $A \in \mathcal{P}(\{0,1\}^{\mathbf{N}})$ について

$$\mu^*(A^c) + \mu_*(A) = \lambda^*(\phi^{-1}(A^c)) + \lambda_*(\phi^{-1}(A))$$

が成り立つことが分かる．実際，両辺共に 1 である．それは，$\mu^*(A^c) = \mu(B)$ $(B \in \mathcal{B}(\{0,1\}^{\mathbf{N}}))$ を満たす $B \supset A^c$ をとれば，$B^c \subset A$, $B^c \in \mathcal{B}(\{0,1\}^{\mathbf{N}})$ であるから

$$1 = \mu(B^c) + \mu(B) \leq \mu_*(A) + \mu^*(A^c)$$

が得られる．また，$\mu_*(A) = \mu(C)$ $(C \in \mathcal{B}(\{0,1\}^{\mathbf{N}}))$ を満たす $C \subset A$ をとれば，$C^c \supset A^c$, $C^c \in \mathcal{B}(\{0,1\}^{\mathbf{N}})$ であるから

$$1 = \mu(C^c) + \mu(C) \geq \mu^*(A^c) + \mu_*(A)$$

が得られる．したがって

$$\mu_*(A) + \mu^*(A^c) = 1$$

である．同様にして

$$\lambda_*(\phi^{-1}(A)) + \lambda^*(\phi^{-1}(A^c)) = 1$$

が得られる．したがって，先に示した等式：

$$\mu_*(A) = \lambda_*(\phi^{-1}(A))$$

の結果から，A のところに A^c を代入することにより

$$\mu^*(A) = \lambda^*(\phi^{-1}(A))$$

が得られる．

定理 1.4.34, 命題 1.4.35 の結果として, $[0,1]$ のルベーグ非可測集合の作る集合族 Λ^c の濃度 (すなわち, ルベーグ非可測集合がどの位あるか) が分かる．

系 1.4.36 Λ^c の濃度は $2^{\mathbf{c}}$ である (ただし, $\mathbf{c}$ は連続体濃度を表す).

証明 $\{0,1\}^{\mathbf{N}}$ の free ultrafilter $\mathcal{F}$ をとれば, 命題 1.4.35 により, これは Σ_μ に属していないから, $\phi^{-1}(\mathcal{F}) \notin \Lambda$ となる. すなわち

$$\{\phi^{-1}(\mathcal{F}) \ : \ \mathcal{F} \text{ は free ultrafilter}\} \subset \Lambda^c$$

である. しかも, $\mathcal{F}_1 \neq \mathcal{F}_2$ ならば, $\phi^{-1}(\mathcal{F}_1) \neq \phi^{-1}(\mathcal{F}_2)$ であるから, Λ^c の濃度は

$$\{\mathcal{F} \ : \ \mathcal{F} \text{ は free ultrafilter}\}$$

の濃度以上である. したがって, $\mathbf{N}$ の Stone-Cech のコンパクト化 $\beta\mathbf{N}$ の濃度が $2^{\mathbf{c}}$ であること (L. Gillman-M. Jerison[8] の 9 章を参照) を用いれば, Λ^c の濃度は $2^{\mathbf{c}}$ 以上であることが分かる (次の項目 [$\mathbf{N}$ の **Stone-Cech のコンパクト化** $\beta\mathbf{N}$ **について**] の内容を参考にせよ). しかも, Λ^c の濃度は $[0,1]$ の部分集合全体の作る集合族の濃度 $2^{\mathbf{c}}$ 以下であるから, 結局, Λ^c の濃度は $2^{\mathbf{c}}$ であることが分かる.

ここで, 系 1.4.36 で用いた $\mathbf{N}$ の Stone-Cech のコンパクト化 $\beta\mathbf{N}$ に関する基本的事項について注意しておく．

[$\mathbf{N}$ の **Stone-Cech のコンパクト化** $\beta\mathbf{N}$ **について**]

(I) $\mathbf{N}$ の free ultrafilter と $\mathcal{P}(\mathbf{N})$ 上で定義された $\{0,1\}$-値有限加法的測度の関係．

$\mathcal{F}$ を, $\mathcal{P}(\mathbf{N})$ の ultrafilter とするとき, 次で定義される集合関数 $\mu_{\mathcal{F}} : \mathcal{P}(\mathbf{N}) \to \mathbf{R}^+$ を考える. 実際, $\mathcal{F}$ が ultrafilter であるから, 任意の $F \in \mathcal{P}(\mathbf{N})$ は, $F \in \mathcal{F}$ または, $F^c \in \mathcal{F}$ (すなわち, $F \notin \mathcal{F}$) の一方のみが必ず成り立つことから, 以下のようにして, $\mu_{\mathcal{F}}$ が定義され得るのである.

$$\mu_{\mathcal{F}}(F) = 1 \ (F \in \mathcal{F}), \ \mu_{\mathcal{F}}(F) = 0 \ (F \notin \mathcal{F})$$

そのとき, ultrafilter と $\{0,1\}$-値有限加法的測度の関係について, 次の基本的結果が得られる.

命題 1.4.37 (1) $\mu_{\mathcal{F}}$ は $\{0,1\}$-値有限加法的測度である.

(2) $\mathcal{F}$ が free あるいは fixed に依存して

(i) [$\mathcal{F}$ が free $\Leftrightarrow$ $\mu \leq \mu_{\mathcal{F}}$ を満たす任意の可算加法的測度 $\mu : \mathcal{P}(\mathbf{N}) \to \mathbf{R}^+$ について $\mu = 0$ (すなわち, $\mu_{\mathcal{F}}$ は purely finitely additive である)] が成り立つ.

(ii) [$\mathcal{F}$ が fixed $\Leftrightarrow$ $\mu_{\mathcal{F}}$ は可算加法的 $\Leftrightarrow$ $\mathbf{N}$ の元 n がただ一つ存在して, $\mu_{\mathcal{F}} = \delta_n$] が成り立つ.

証明 (1) について. $\{0,1\}$-値等は明らかであるから, 有限加法性を注意する. (ここでは) 有限加法性のために, それより強い性質:

$$\mu_{\mathcal{F}}(F_1 \cup F_2) + \mu_{\mathcal{F}}(F_1 \cap F_2) = \mu_{\mathcal{F}}(F_1) + \mu_{\mathcal{F}}(F_2) \ (F_1, F_2 \in \mathcal{P}(\mathbf{N}))$$

を与えよう. これは, $F_1, F_2 \in \mathcal{F}$ ならば, 両辺は共に 2 となり成立. それは

$$F_1 \subset F_1 \cup F_2, \ F_1 \in \mathcal{F} \Rightarrow F_1 \cup F_2 \in \mathcal{F}, \ \text{および}, \ F_1 \cap F_2 \in \mathcal{F}$$

から分かる. $F_1 \in \mathcal{F}, F_2 \notin \mathcal{F}$ (あるいは, その逆) の場合 は

$$F_1 \cap F_2 \subset F_2, \ F_2 \notin \mathcal{F} \Rightarrow F_1 \cap F_2 \notin \mathcal{F}$$

を用いれば, 両辺は共に 1 となり成立. それ以外 ($F_1, F_2 \notin \mathcal{F}$) の場合は両辺は共に 0 となり成立する. 実際, そのとき, $F_1^c, F_2^c \in \mathcal{F}$ より

$$F_1^c \cap F_2^c \in \mathcal{F} \Rightarrow (F_1 \cup F_2)^c \in \mathcal{F} \Rightarrow F_1 \cup F_2 \notin \mathcal{F}$$

および

$$F_1^c \cup F_2^c \in \mathcal{F} \Rightarrow (F_1 \cap F_2)^c \in \mathcal{F} \Rightarrow F_1 \cap F_2 \notin \mathcal{F}$$

を用いている.

(2) (i) については, $\mathcal{F}$ が free とせよ. そのとき, $\mathbf{N}$ の任意の有限部分集合 $A \notin \mathcal{F}$ であることを注意せよ. そのとき, $A_n = \{1, 2, \ldots, n\} \ (n = 1, 2, \ldots)$ について, μ の可算加法性から

$$\mu(\mathbf{N}) = \lim_{n \to \infty} \mu(A_n)$$

である. ところが, $\mu_{\mathcal{F}}(A_n) = 0 \ (n = 1, 2, \ldots)$ と

$$0 \leq \mu(A_n) \leq \mu_{\mathcal{F}}(A_n) \ (n = 1, 2, \ldots)$$

から, $\mu(\mathbf{N}) = 0$ が得られる. 逆については, (2) (ii) を先行して証明しておけば容易である. すなわち, (2) (ii) が示されたとすれば, $\mathcal{F}$ が free でない, すなわち, fixed ならば, $\mu_\mathcal{F} = \delta_n$ となり, δ_n が 0 と異なる可算加法的測度であることは明らかであるから, $\mu_\mathcal{F}$ は purely finitely additive でないことが得られ, (1) の逆が分かる. したがって, (2) (ii) を示そう.

(2) (ii) について. $\mathcal{F}$ が fixed ならば, $\mathcal{F}$ の極大性から, $\mathbf{N}$ の元 n がただ一つ存在して
$$\bigcap_{F \in \mathcal{F}} F = \{n\}$$
が成り立つ. したがって, $\mu_\mathcal{F} = \delta_n$ が得られる. このとき, $\mu_\mathcal{F}$ の可算加法性は明らかである. 最後に $\mu_\mathcal{F}$ の可算加法性を仮定する. $B_k = \{k\}$ について, $B_k \notin \mathcal{F}$ ($\forall k$) と仮定しよう. そのとき
$$\bigcup_{k=1}^{\infty} B_k = \mathbf{N}$$
であるから, $\mu_\mathcal{F}$ の可算加法性から
$$1 = \sum_{k=1}^{\infty} \mu_\mathcal{F}(B_k) = 0$$
が得られ, 矛盾が生じる. したがって, 或る $n \in \mathbf{N}$ (このような n はただ一つは容易) について, $B_n \in \mathcal{F}$ が得られる. このとき, 任意の $F \in \mathcal{F}$ について, $\{n\} \cap F \neq \emptyset$ から, $[n \in F]$ が成り立つ. すなわち, $\mathcal{F}$ は fixed である.

以上で (2) (ii) の三つの性質の同値性が得られ, 証明が完結する.

さて, purely finitely additive な $\{0,1\}$-値有限加法的測度 $\mu : \mathcal{P}(\mathbf{N}) \to \mathbf{R}^+$ について
$$\mathcal{F} = \{F \in \mathcal{P}(\mathbf{N}) \ : \ \mu(F) = 1\}$$
として定義される集合族 $\mathcal{F}$ は, free ultrafilter であり, $\mu = \mu_\mathcal{F}$ を満たす. ここで, $\mathcal{F}$ の filter 性は容易であり, 極大性も, μ の $\{0,1\}$-値性から, $A \in \mathcal{P}(\mathbf{N})$ について

$\mu(A) = 1$ (すなわち, $A \in \mathcal{F}$) あるいは $\mu(A) = 0$ (すなわち, $A^c \in \mathcal{F}$)

が成り立つことから分かる. したがって, $\mathcal{F}$ の free 性についてであるが, これは, 次のようにして得られる. それは, $\mathcal{F}$ を fixed とすれば, $\mathbf{N}$ の元 n がただ一つ存在して
$$\bigcap_{F \in \mathcal{F}} F = \{n\}$$

となり, $\mu = \delta_n$ が得られるので, μ が purely finitely additive な測度であることに矛盾することになるからである. さらに, $\mu = \mu_{\mathcal{F}}$ は明らかである.

以上の考察から, 次が得られた.

定理 1.4.38 (1) $\Phi(\mathcal{F}) = \mu_{\mathcal{F}}$ として定義される Φ は, $\mathbf{N}$ の ultrafilter $\mathcal{F}$ の全体から

$$\mathcal{P}(\mathbf{N}) \text{ から } \{0,1\} \text{ への有限加法的測度 } \mu \text{ の全体}$$

への全単射である

(2) 特に, Φ の定義域を二つの場合に制限することにより, 次の結果が得られる.

(i) $\Phi(\mathcal{F}) = \mu_{\mathcal{F}}$ として定義される Φ は, $\mathbf{N}$ の free ultrafilter $\mathcal{F}$ の全体から

$$\mathcal{P}(\mathbf{N}) \text{ から } \{0,1\} \text{ への purely finitely additive な測度 } \mu \text{ の全体}$$

への全単射である

(ii) $\Phi(\mathcal{F}) = \mu_{\mathcal{F}}$ として定義される Φ は, $\mathbf{N}$ の fixed ultrafilter $\mathcal{F}$ の全体から

$$\mathcal{P}(\mathbf{N}) \text{ から } \{0,1\} \text{ への可算加法的測度 } \mu_{\mathcal{F}} \text{ の全体}$$

への全単射である.

(なお, (ii) の場合には, $\mathbf{N}$ の元 n がただ一つ存在して

$$\bigcap_{F \in \mathcal{F}} F = \{n\}$$

であるから, 写像 $\phi(\mathcal{F}) = n$, すなわち

$$\bigcap_{F \in \mathcal{F}} F = \{\phi(\mathcal{F})\}$$

を導入すれば, $\mu_{\mathcal{F}} = \delta_{\phi(\mathcal{F})}$ となるので, Φ は

$$\mathbf{N} \text{ の fixed ultrafilter } \mathcal{F} \text{ の全体から,}$$

$\mathcal{P}(\mathbf{N})$ 上で定義された (すなわち, $\mathbf{N}$ 上のディラック測度) δ_n の全体への全単射を与える)

(II) $\mathcal{P}(\mathbf{N})$ 上で定義された $\{0,1\}$-値有限加法的測度と, $l_{\infty}(\mathbf{N})$ ($= l_{\infty}$ と表示) の乗法的有界正値線形汎関数の関係.

$\mathcal{P}(\mathbf{N})$ 上で定義された $\{0,1\}$-値有限加法的測度 μ が与えられたとき, μ に対応して $L_\mu \in l_\infty^*$ で, $L_\mu \geq 0$ および, L_μ は乗法的, すなわち

$$L_\mu(fg) = L_\mu(f)L_\mu(g) \ (f = (f(n))_{n\geq 1}, \ g = (g(n))_{n\geq 1} \in l_\infty)$$

が成り立つものが存在する. 実際, $L_\mu : l_\infty \to \mathbf{R}$ を (有限加法的測度 μ に対応して), 定理 1.3.27 で定義されたものとする. そのとき, L_μ は

$$L_\mu(1) = 1 = \|L_\mu\| \ (\text{したがって}, \ L_\mu \geq 0)$$

を満たしている. しかも

$$\mu(E \cup F) + \mu(E \cap F) = \mu(E) + \mu(F) \ (E, \ F \in \mathcal{P}(\mathbf{N}))$$

から, $\mu(E) = \mu(F) = 1$ ならば, $\mu(E \cup F) = 1$ より

$$\mu(E \cap F) = 1 = \mu(E)\mu(F)$$

が成り立つから (なお, その他の場合は明らか)

$$\mu(E \cap F) = \mu(E)\mu(F) \ (E, \ F \in \mathcal{P}(\mathbf{N}))$$

が得られる. したがって, $E, F \in \mathcal{P}(\mathbf{N})$ について

$$L_\mu(\chi_E \cdot \chi_F) = L_\mu(\chi_{E \cap F}) = \mu(E \cap F) = \mu(E)\mu(F) = L_\mu(\chi_E) \cdot L_\mu(\chi_F)$$

が成り立つ. これと, L_μ の定義から

$$L_\mu(f \cdot g) = L_\mu(f)L_\mu(g) \ (f, \ g \in l_\infty)$$

は容易に分かる.

逆に $L : l_\infty \to \mathbf{R}$ が, $L \in l_\infty^*$ で, $L \geq 0$ および, L は乗法的を満たせば, $\chi_E = (\chi_E(n))_{n\geq 1} \in l_\infty \ (E \in \mathcal{P}(\mathbf{N}))$ について, $\mu(E) = L(\chi_E)$ として定義される $\mu : \mathcal{P}(\mathbf{N}) \to \mathbf{R}$ は $\{0,1\}$-値有限加法的測度である. 実際, $\chi_E^2 = \chi_E$ と L の乗法性を用いれば

$$\mu(E) = L(\chi_E) = L(\chi_E^2) = L(\chi_E)L(\chi_E) = \mu(E)^2$$

であるから, $\mu(E) \in \{0,1\}$ が成り立つ. また, 有限加法性は

$$E, \ F \in \mathcal{P}(\mathbf{N}), \ E \cap F = \emptyset$$

について

$$\mu(E \cup F) = L(\chi_{E \cup F}) = L(\chi_E + \chi_F) = L(\chi_E) + L(\chi_F) = \mu(E) + \mu(F)$$

から得られる.

以上から, 次の結果を得る.

定理 1.4.39 写像 Ψ を, $\Psi(\mu) = L_\mu$ と定めれば, Ψ は
$\mathcal{P}(\mathbf{N})$ 上で定義された $\{0,1\}$-値有限加法的測度 μ の全体から
$l_\infty(\mathbf{N})$ の乗法的有界正値線形汎関数 $L\ (\neq 0)$ の全体の作る集合
(以後, $\mathcal{E}(l_\infty^*)$ と表示) への全単射である.

この定理への補足として以下を追加する. fixed ultrafilter $\mathcal{F}$ に対応して得られる $\{0,1\}$-可算加法的測度 $\delta_{\phi(\mathcal{F})}$ から作られる乗法的で正値な $L_{\mu_\mathcal{F}} \in l_\infty^*$ は
$$L_{\mu_\mathcal{F}}(f) = f(\phi(\mathcal{F}))\ (f \in l_\infty)$$
として定まるものである.

したがって, $\mathcal{E}(l_\infty^*) = \{L \in l_\infty^* : L(1) = 1 = \|L\|,\ L$ は乗法的 $\}$ (この集合の等式は容易, 各自で確かめること) について, $\mathbf{N}$ の ultrafilter $\mathcal{F}$ と $\mathcal{E}(l_\infty^*)$ の元との対応関係をみれば

$$\text{fixed filter } \mathcal{F} \Leftrightarrow L_{\phi(\mathcal{F})}\ (\in l_\infty^*)$$

が対応し (全単射である)

$$\text{free filter } \mathcal{F} \Leftrightarrow L \in \mathcal{E}(l_\infty^*) \backslash \{L_{\phi(\mathcal{F})} : \mathcal{F}\text{ は fixed}\}$$

が対応 (全単射である) している.

$\mathbf{N}$ の ultrafilter の集合全体と, $\mathcal{E}(l_\infty^*)$ との間に, このような全単射 (Θ と表示) が存在する (すなわち, $\mathcal{F} \to L_{\mu_\mathcal{F}}$ の対応 Θ が全単射である) ことを用いて, この二つの集合族およびそれらに属する元を同一視する. さて, $\mathcal{E}(l_\infty^*) \subset B(l_\infty^*)\ (= \{L \in l_\infty^* : \|L\| \leq 1\} : l_\infty^*$ の単位球) であるから, $\mathcal{E}(l_\infty^*)$ には, **弱*位相** $\sigma(B(l_\infty^*), l_\infty)$ からの相対位相が導入される. すなわち, 位相空間 $(\mathcal{E}(l_\infty^*), \sigma(\mathcal{E}(l_\infty^*), l_\infty))$ を考える. したがって

$$\text{ネット } \{L_d\}_{d \in D} \subset \mathcal{E}(l_\infty^*),\ L \in \mathcal{E}(l_\infty^*) \text{ について}$$

$$L_d \to L\ (\mathcal{E}(l_\infty^*) \text{ において}) \Leftrightarrow L_d(f) \to L(f)\ (\forall f \in l_\infty)$$

である. この位相空間 $(\mathcal{E}(l_\infty^*), \sigma(\mathcal{E}(l_\infty^*), l_\infty))$ と全単射 Θ を用いることで

$$\{\mathcal{F} : \mathcal{F} \text{ は } \mathbf{N} \text{ の ultrafilter}\}\ (= UF(\mathbf{N}) \text{ と表示})$$

上に, 以下のように位相が導入される. すなわち

$\mathbf{N}$ の ultrafilter のネット $\{\mathcal{F}_d\}_{d \in D}$ が, 或る ultrafilter $\mathcal{F}$ に収束

を
$$L_{\mu_{\mathcal{F}_d}} \to L_{\mu_\mathcal{F}} \ (位相空間 \ (\mathcal{E}(l_\infty^*), \sigma(\mathcal{E}(l_\infty^*), l_\infty)) \ において)$$
で定義すれば (すなわち, Θ を位相同形写像とする $UF(\mathbf{N})$ の位相を τ とすれば), 位相空間 $(UF(\mathbf{N}), \tau)$ が得られる.

(III) 位相空間 $(UF(\mathbf{N}), \tau)$ が $\mathbf{N}$ の Stone-Cech コンパクト化 $\beta\mathbf{N}$ と (位相同形の意味で) 同一のものであること.

この表題 (III) の事実を示すために, 次の結果を与えよう. すなわち

定理 1.4.40 $\beta\mathbf{N}$ から, $(\mathcal{E}(l_\infty^*), \sigma(\mathcal{E}(l_\infty^*), l_\infty))$ への位相同形写像 T が存在する.

証明 先ず, このような T の候補を見出す. そのために, 各 $p \in \beta\mathbf{N}$ について
$$L_p(f) = \overline{f}(p) \ (f \in l_\infty(\mathbf{N}))$$
として定義される $L_p \in l_\infty^* \ (= l_\infty(\mathbf{N})^*)$ を考える. ここで, $\overline{f}$ は, $f \ (\in l_\infty(\mathbf{N}) = C_b(\mathbf{N}))$ の $\beta\mathbf{N}$ への唯一の連続拡張を表す. したがって, $\overline{f} \in C(\beta\mathbf{N})$ である. このとき
$$f = (f(n))_{n \geq 1}, \ g = (g(n))_{n \geq 1} \in l_\infty(\mathbf{N})$$
について
$$\overline{fg} = \overline{f}\overline{g} \ (\beta\mathbf{N} \ 上で)$$
は容易に分かるから
$$L_p(fg) = \overline{fg}(p) = \overline{f}(p)\overline{g}(p) = L_p(f)L_p(g)$$
が成り立つので, L_p は乗法的であることが分かる. しかも
$$L_p(1) = \overline{1}(p) = 1, \ |L_p(f)| = |\overline{f}(p)| \leq \|f\|_\infty$$
であるから
$$L_p \in \mathcal{E}(l_\infty^*) \ (p \in \beta\mathbf{N})$$
が得られる. したがって, $T : \beta\mathbf{N} \to \mathcal{E}(l_\infty^*)$ を
$$T(p) = L_p \ (p \in \beta\mathbf{N})$$
として定義する. このとき, T が求めるもの (すなわち, 全単射で, 位相同形写像) であることを以下に示す.

(a) T の単射性について. $p_1 \neq p_2$ ($p_1, p_2 \in \beta\mathbf{N}$) について, $\beta\mathbf{N}$ のコンパクトハウスドルフ性より, $u \in C(\beta\mathbf{N})$ で, $u(p_1) \neq u(p_2)$ を満たすものが存在する. そのとき, $u|\mathbf{N} = f \in C_b(\mathbf{N}) = l_\infty(\mathbf{N})$ であり, $\overline{f} = u$ であるから

$$L_{p_1}(f) = \overline{f}(p_1) = u(p_1) \neq u(p_2) = \overline{f}(p_2) = L_{p_2}(f)$$

が得られる. よって

$$T(p_1) = L_{p_1} \neq L_{p_2} = T(p_2)$$

が得られる. すなわち, T は単射である.

(b) T の全射性について. これを示すためには, $L \in \mathcal{E}(l_\infty^*)$ を任意にとるとき, 適当な $p \in \beta\mathbf{N}$ について, $L_p = L$ が成り立つことをいう. このような L をとれ. そのとき, L の乗法性から, $A \in \mathcal{P}(\mathbf{N})$ について

$$L(\chi_A) = L(\chi_A^2) = L(\chi_A)L(\chi_A)$$

であるから

$$L(\chi_A) = 0, \text{ あるいは } L(\chi_A) = 1$$

が成り立つ. ここで

$$\mathcal{F} = \{A \in \mathcal{P}(\mathbf{N}) \ : \ L(\chi_A) = 0\}$$

とおけば, $\mathcal{F}$ は, $\mathbf{N}$ の ultrafilter であることが容易に示される. 実際, filter 性は良いので, 極大性について注意すれば, それは, 任意の $A \in \mathcal{P}(\mathbf{N})$ について

$$A \in \mathcal{F} \text{ あるいは } A^c \in \mathcal{F}$$

を示すことである. すなわち

$$L(\chi_A) = 1 \text{ あるいは } L(\chi_{A^c}) = 1$$

であるが, このことは

$$1 = L(1) = L(\chi_A + \chi_{A^c}) = L(\chi_A) + L(\chi_{A^c})$$

および, 最右辺の二項は 0 あるいは 1 であることから

$$L(\chi_A) = 1 \text{ あるいは } L(\chi_{A^c}) = 1$$

が分かるのである. さて, この ultrafilter $\mathcal{F}$ に対応して

$$\bigcap_{A \in \mathcal{F}} \overline{A} \ (\text{ただし}, \overline{A} \text{ は } \beta\mathbf{N} \text{ での閉包})$$

を考えれば, $\{\overline{A} \,:\, A \in \mathcal{F}\}$ が有限交叉性を持つ ($\mathcal{F}$ の filter 性の利用による), $\beta\mathbf{N}$ (コンパクト空間) の閉集合族であることは容易に分かるから

$$\bigcap_{A \in \mathcal{F}} \overline{A} \neq \emptyset$$

が得られる. しかも, この集合は一点集合, すなわち, $\beta\mathbf{N}$ の一点 p が存在して

$$\bigcap_{A \in \mathcal{F}} \overline{A} = \{p\} \;\cdots\; (*)$$

が得られる. 実際, 異なる二点 p, q を含むと仮定して矛盾を導こう. $\mathcal{U}(p)$ を, $\beta\mathbf{N}$ における p の近傍系とすれば, $p \in \overline{A}$ $(\forall A \in \mathcal{F})$ より

$$A \cap U \neq \emptyset \;(A \in \mathcal{F},\, U \in \mathcal{U}(p))$$

である. したがって

$$\mathcal{F}' = \{A \cap U \,:\, A \in \mathcal{F},\, U \in \mathcal{U}(p)\}$$

とおけば, $\mathcal{F}'$ が $\mathbf{N}$ の filter 基底となることが分かるので, $\mathcal{F}^* \supset \mathcal{F}'$ を満たす ultrafilter $\mathcal{F}^*$ が存在する. このとき

$$\mathcal{F} \subset \mathcal{F}' \subset \mathcal{F}^*$$

が成り立つので, $\mathcal{F}$ の極大性から, $\mathcal{F} = \mathcal{F}^*$ である. すなわち

$$\mathcal{F} = \{A \cap U \,:\, A \in \mathcal{F},\, U \in \mathcal{U}(p)\}$$

である. 同様にすれば

$$\mathcal{F} = \{A \cap V \,:\, A \in \mathcal{F},\, V \in \mathcal{U}(q)\}$$

が得られる. ここで, $\beta\mathbf{N}$ のハウスドルフ性を用いれば, $U_0 \cap V_0 = \emptyset$ を満たす $U_0 \in \mathcal{U}(p)$, $V_0 \in \mathcal{U}(q)$ が存在するので, これら U_0, V_0 について

$$(A \cap U_0) \cap (A \cap V_0) = A \cap (U_0 \cap V_0) = \emptyset$$

が得られ, $\emptyset \in \mathcal{F}$ となり, 矛盾が生じる. したがって, $(*)$ が成り立つ. このとき, $L = L_p$ が成り立つ. これを示すためには

$$L(\chi_B) = L_p(\chi_B) \;(B \in \mathcal{P}(\mathbf{N})) \;\cdots\; (**)$$

を示せば十分である. それは, このタイプの関数 (すなわち, 特性関数) の一次結合が, $l_\infty(\mathbf{N})$ で稠密であること, および, L, L_p の連続性を用いれば

$$(**) \;\Rightarrow\; L = L_p$$

243

が得られるからである. (**) を示そう. $B \in \mathcal{P}(\mathbf{N})$ を任意にとれ. そのとき
$$L_p(\chi_B) = \overline{\chi_B}(p) = \chi_{\overline{B}}(p) \cdots (***)$$
が成り立つ. ただし, $\overline{B}$ は $\beta\mathbf{N}$ における閉包である. 一つ目の等号は定義であるから, 二つ目の等号を注意する. そのためには, $\overline{\chi_B}(p) \in \{0,1\}$ であることから
$$\overline{\chi_B}(p) = 1 \Leftrightarrow p \in \overline{B}$$
を示せばよい. $p \in \overline{B}$ ならば, $\{p_d\}_{d \in D} \subset B$, $p_d \to p$ を満たすネット $\{p_d\}_{d \in D}$ が存在するので
$$\overline{\chi_B}(p) = \lim_{d \in D} \overline{\chi_B}(p_d) = \lim_{d \in D} \chi_B(p_d) = 1$$
が得られる. すなわち, $[p \in \overline{B} \Rightarrow \overline{\chi_B}(p) = 1]$ である. 逆向きは, $p \notin \overline{B}$ として, $\overline{\chi_B}(p) = 0$ をいう. $p \notin \overline{B}$ であるから, $U \in \mathcal{U}(p)$ で, $U \cap B = \emptyset$ を満たすものが存在する. $p \in \beta\mathbf{N}$ であるから, $\{p_d\}_{d \in D} \subset \mathbf{N}$ で, $p_d \to p$ を満たすネット $\{p_d\}_{d \in D}$ が存在する. このとき, $d_0 \in D$ が存在して, $d \geq d_0, d \in D$ について, $p_d \in U$, すなわち, $p_d \notin B$ である. したがって
$$\overline{\chi_B}(p) = \lim_{d \in D} \overline{\chi_B}(p_d) = \lim_{d \in D} \chi_B(p_d) = 0$$
が得られる. したがって, (***) が得られた. このことから, $B \in \mathcal{F}$ ならば
$$L_p(\chi_B) = \overline{\chi_B}(p) = \chi_{\overline{B}}(p) = 1 = L(\chi_B)$$
が得られる. 次に, $B \notin \mathcal{F}$ ならば ($\Rightarrow B^c \in \mathcal{F}$ より, $L_p(\chi_{B^c}) = 1$ に注意)
$$L_p(\chi_B) = L_p(1 - \chi_{B^c}) = 1 - L_p(\chi_{B^c}) = 1 - 1 = 0 = L(\chi_B)$$
が得られる. 以上により, (**) が示されたので, $\beta\mathbf{N}$ の元 p が存在して
$$T(p) \ (= L_p) = L$$
成り立つことが得られた. すなわち, T の全射性が得られた.

(c) 写像 T の位相写像性について. すなわち
$$\{p_d\}_{d \in D} \subset \beta\mathbf{N}, \ p \in \beta\mathbf{N} \ \text{について}$$
$$p_d \to p \ (\beta\mathbf{N} \ \text{において}) \Leftrightarrow T(p_d) \to T(p) \ (\mathcal{E}(l_\infty^*) \ \text{において})$$
を示す.
$$C(\beta\mathbf{N}) = \{\overline{u} \ : \ u \in C_b(\mathbf{N}) = l_\infty(\mathbf{N})\}$$

に注意すれば
$$p_d \to p \Leftrightarrow \overline{u}(p_d) \to \overline{u}(p) \ (u \in l_\infty(\mathbf{N}))$$
である. ところが, 第二の条件は
$$\overline{u}(p_d) \to \overline{u}(p) \ (u \in l_\infty(\mathbf{N})) \Leftrightarrow L_{p_d}(u) \to L_p(u) \ (u \in l_\infty(\mathbf{N}))$$
となるから, 結局
$$p_d \to p \Leftrightarrow L_{p_d} \to L_p \ (\mathcal{E}(l_\infty^*), \sigma(\mathcal{E}(l_\infty^*), l_\infty))$$
が得られ, $T(p) = L_p$ の位相写像性が示された.

以上で, 証明が完結した.

注意 6 1. 上に述べたことから, $\beta\mathbf{N}$ の濃度は, $UF(\mathbf{N})$ の濃度と等しいことが分かる. $UF(\mathbf{N})$ の濃度が $2^{\mathbf{c}}$ であることを示すことで, $\beta\mathbf{N}$ の濃度が $2^{\mathbf{c}}$ であることが示される (系 1.4.36 で用いた事実, これについては L. Gillman-M. Jerison[8] の 9 章を参照せよ).

2. 上の証明から, 任意の $B \in \mathcal{P}(\mathbf{N})$ について
$$\overline{\chi_B}(p) = \chi_{\overline{B}}(p) \ (\forall p \in \beta\mathbf{N})$$
が分かる. すなわち, $\overline{\chi_B} = \chi_{\overline{B}}$ である. したがって, $\overline{B}$ は $\beta\mathbf{N}$ の open-closed set (開かつ閉の集合) であることが分かる.

3. 一般に, 「コンパクトハウスドルフ空間 K で定義された実数値連続関数の作るバナッハ空間 $C(K)$ 上の乗法的な有界正値線形汎関数 L は, $k \in K$ についてのディラック測度に限る」という事実を $K = \beta\mathbf{N}$ の場合に応用する (すなわち, $\mathcal{E}(l_\infty^*)$ の元を $\beta\mathbf{N}$ の元でみる) ことにより, 上で与えた事柄をディラック測度との関係で表現すれば
$$T(\mathbf{N}) = \{\delta_n \ : \ n \in \mathbf{N}\}, \ T(\beta\mathbf{N}\setminus\mathbf{N}) = \{\delta_p \ : \ p \in \beta\mathbf{N}\setminus\mathbf{N}\}$$
である. すなわち, free ultrafilter $\mathcal{F}$ に対応した $L_{\mu_\mathcal{F}} \ (\in \mathcal{E}(l_\infty^*))$ は, $\beta\mathbf{N}\setminus\mathbf{N}$ の点 p から作られるディラック測度 δ_p として得られる. また, fixed ultrafilter $\mathcal{F}$ に対応した $L_{\mu_\mathcal{F}} \ (\in \mathcal{E}(l_\infty^*))$ は, $\mathbf{N}$ の点 $n \ (= \phi(\mathcal{F}))$ から作られるディラック測度 δ_n として得られる. 換言すれば, $\phi : UF(\mathbf{N}) \to \beta\mathbf{N}$ を
$$\{\phi(\mathcal{F})\} = \{\bigcap_{F \in \mathcal{F}} F\} \ (\mathbf{N} \text{ の一点集合}) \ (\mathcal{F} \text{ が fixed のとき})$$
$$\{\phi(\mathcal{F})\} = \{\bigcap_{F \in \mathcal{F}} \overline{F}\} \ (\beta\mathbf{N}\setminus\mathbf{N} \text{ の一点集合}) \ (\mathcal{F} \text{ が free のとき})$$

を満たすように定義 (先に与えた ϕ の定義域を $UF(\mathbf{N})$ まで拡張) すれば

$$T(\beta\mathbf{N}) = \{\delta_{\phi(\mathcal{F})} \; : \; F \in UF(\mathbf{N})\}$$

と表される.

以上で得た事柄を, Rademacher 関数列に応用してみれば, 興味ある事実に出会う. この事実は, 3 章において効果的に利用される.

例 1.4.41 (Rademacher 関数列) $\{r_n\}_{n\geq 1}$ は Rademacher (ラデマッハー) 関数列とする. すなわち, 各 n を与えたとき, $[0,1]$ の 2^n 等分分割により得られる半開区間の列

$$[0, 1/2^n), \; [1/2^n, 2/2^n), \cdots, [(2^n-1)/2^n, 1)$$

について, $r_n : [0,1] \to \mathbf{R}$ を, $r_n(1) = -1$ で,

$$r_n(t) = 1 \; (t \in [(2i)/2^n, (2i+1)/2^n), \; i = 0, 1, \ldots, 2^{n-1}-1)$$

$$r_n(t) = -1 \; (t \in [(2i+1)/2^n, (2i+2)/2^n), \; i = 0, 1, \ldots, 2^{n-1}-1)$$

と定義する. 換言すれば

$$r_n(t) = \text{sgn}(\sin 2^n \pi t) \; (n = 1, 2, \ldots, \; t \in [0,1])$$

である. このとき

$$\|r_m - r_n\|_1 = 1 \; (m \neq n) \; \cdots \; (*)$$

である (よって, $\{r_n \; : \; n = 1, 2, \ldots\}$ は, $L_1(I, \Lambda, \lambda)$ の相対コンパクト集合とはならない). したがって

$$[\{r_n\}_{n\geq 1} \text{ は } \lambda\text{-a.e. に各点収束する部分列を持たない}]$$

ことが分かる. 実際, そのような部分列 $\{r_{n(k)}\}_{k\geq 1}$ が存在し

$$r_{n(k)}(t) \to r(t) \; (\lambda \text{ a.c.})$$

とすれば, $|r_n(t)| \leq 1 \; (t \in [0,1])$ であることから, ルベーグの優越収束定理により

$$\|r_{n(k)} - r\|_1 = \int_{[0,1]} |r_{n(k)}(t) - r(t)| d\lambda(t) \to 0 \; (k \to \infty)$$

が得られるので, $(*)$ に矛盾する. さて, $(*)$ の確認をしておこう. $m < n$ とする. そのとき

$$r_m(t) = \sum_{i=0}^{2^m-1} (-1)^i \chi_{I(m,i)}(t)$$

と表現される. ただし, $I(m,i)$ は

$$I(m,i) = [i/2^m, (i+1)/2^m) \ (i = 0, \ldots, 2^m - 2),$$

$$I(m, 2^m - 1) = [(2^m - 1)/2^m, 1]$$

である. したがって, $m < n$ について

$$\int_{[0,1]} |r_m(t) - r_n(t)| d\lambda(t) = \sum_{i=0}^{2^m-1} \int_{I(m,i)} |(-1)^m - r_n(t)| d\lambda(t)$$

であり, 各 i について

$$\int_{I(m,i)} |(-1)^i - r_n(t)| d\lambda(t) = \sum_{I(n,j) \subset I(m,i)} \int_{I(n,j)} |(-1)^i - (-1)^j| d\lambda(t)$$
$$= 2/2^{m+1} = 1/2^m$$

であるから

$$\|r_m - r_n\|_1 = 2^m \cdot \frac{1}{2^m} = 1$$

が得られ, $(*)$ が確認された. また

[$\{r_n\}_{n \geq 1}$ の各点収束集積点の非可測性]

が分かる. 実際, r を $\{r_n\}_{n \geq 1}$ の各点収束集積点として, その非可測性を, 以下で示そう. そのとき, r^+ は $\{r_n^+\}_{n \geq 1}$ の各点収束集積点であり, r^- は $\{r_n^-\}_{n \geq 1}$ の各点収束集積点である. それは

$$|r_n^+(t) - r^+(t)| = \left| \frac{|r_n(t)| + r_n(t)}{2} - \frac{|r(t)| + r(t)}{2} \right| \leq |r_n(t) - r(t)|$$

等から分かる. そのとき

$$\lambda^*(\{t \ : \ r^+(t) = 1\}) = \lambda^*(\{t \ : \ r^-(t) = 1\}) = 1 \ \cdots \ (**)$$

を示せば, r の非可測性が得られる. 実際, $1 = |r(t)| = r^+(t) + r^-(t)$ であるから, もし r が可測ならば

$$\{t \ : \ r^+(t) = 1\} \cap \{t \ : \ r^-(t) = 1\} = \emptyset, \ 各々は可測集合$$

247

となり

$$1 = \lambda([0,1]) \geq \lambda(\{t \,:\, r^+(t) = 1\} \cup \{t \,:\, r^-(t) = 1\})$$

$$= \lambda(\{t \,:\, r^+(t) = 1\}) + \lambda(\{t \,:\, r^-(t) = 1\}) = 2$$

が得られ, 矛盾が生じるからである. 同様であるから

$$\lambda^*(\{t \,:\, r^-(t) = 1\}) = 1$$

という事実を注意しよう. そのために, $\phi : [0,1] \to \{0,1\}^{\mathbf{N}}$ を

$$\phi(t) = \{r_n^-(t)\}_{n \geq 1} \; (= \{\frac{|r_n(t)| - r_n(t)}{2}\}_{n \geq 1} \in \{0,1\}^{\mathbf{N}})$$

で定義する (命題 1.4.35 および, その前の箇所の内容を参考にせよ. $|r_n(t)| = 1$ であるから, そこで定義した ϕ と同じ写像である). そのとき, 命題 1.4.35 の結果から, $[\phi(\lambda) = \mu]$ であり, $[\lambda^*(\phi^{-1}(E)) = \mu^*(E) \; (E \in \mathcal{P}(\{0,1\}^{\mathbf{N}}))]$ であることに注意. さて, r^- は $\{r_n^-\}_{n \geq 1}$ の各点収束集積点であるから, $\mathbf{N}$ の適当な free ultrafilter $\mathcal{F}$ をとれば

$$r^- = \tau_p - \lim_{n \in \mathcal{F}} r_n^-$$

とできる (この証明については後述の注意 7 の 2. で述べる). このとき, r^- の任意の τ_p-近傍 $U(r^-)$ について

$$\{n \,:\, r_n^- \in U(r^-)\} \in \mathcal{F}$$

である. したがって, 各 t について

$$\{n \,:\, r_n^-(t) \in (r^-(t) - \frac{1}{2}, r^-(t) + \frac{1}{2})\} \in \mathcal{F}$$

が成り立つ. その結果, $r^-(t) = 1$ を満たす t については

$$\{n \,:\, r_n^-(t) \in (r^-(t) - \frac{1}{2}, r^-(t) + \frac{1}{2})\} = \{n \,:\, r_n^-(t) = 1\}$$

であること, および, $r^-(t) = 0$ を満たす t については

$$\{n \,:\, r_n^-(t) = 0\} \in \mathcal{F}$$

が得られる. したがって

$$r^-(t) = 1 \Leftrightarrow \{n \,:\, r_n^-(t) = 1\} \in \mathcal{F} \quad \cdots (\ast\ast\ast)$$

が得られる．実際, $(\Rightarrow)$ は, $r^-(t) = 1$ ならば, $\{n : r_n^-(t) = 1\} \in \mathcal{F}$ から生じる．また, $(\Leftarrow)$ は, $r^-(t) = 0$ と仮定すれば, (今示したことから) $\{n : r_n^-(t) = 0\} \in \mathcal{F}$ であるから

$$\{n : r_n^-(t) = 1\} = \{n : r_n^-(t) = 0\}^c \notin \mathcal{F}$$

となり, 矛盾が生じることから分かる．そして, この結果 $(***)$ は, ϕ で表せば

$$t \in \phi^{-1}(\mathcal{F}) \Leftrightarrow r^-(t) = 1$$

となる．すなわち

$$\phi^{-1}(\mathcal{F}) = \{t : r^-(t) = 1\}$$

である．したがって

$$\lambda^*(\{t : r^-(t) = 1\}) = \lambda^*(\phi^{-1}(\mathcal{F})) = \mu^*(\mathcal{F}) = 1$$

が得られ, 要求された事柄である．

注意 7 1. $\mathcal{F}$ を, $\mathbf{N}$ の filter としたとき, 関数列 $\{f_n\}_{n \geq 1}$ と f について

$$f = \tau_p - \lim_{n \in \mathcal{F}} f_n$$

であるとは, f の任意の τ_p-近傍 $U(f)$ について

$$\{n : f_n \in U(f)\} \in \mathcal{F}$$

が成り立つことをいう．

2. 関数列 $\{f_n\}_{n \geq 1}$ が f を各点収束集積点として持つ, すなわち

$$f \in \overline{\{f_n : n = 1, 2, \ldots\} \backslash \{f\}}^{\tau_p}$$

であるとき, $\mathbf{N}$ の適当な free ultrafilter $\mathcal{F}$ により

$$f = \tau_p - \lim_{n \in \mathcal{F}} f_n$$

となることを注意する．f の τ_p-近傍系を $\mathcal{U}(f)$ とするとき, f が τ_p-集積点であることから

$$(U(f)\backslash\{f\}) \cap \{f_n : n \in \mathbf{N}\} \neq \emptyset \ (\forall U(f) \in \mathcal{U}(f))$$

である．したがって, 各近傍 $U(f)$ について

$$\{n \in \mathbf{N} : f_n \in U(f)\backslash\{f\}\} \ (= \Phi^{-1}(U(f)\backslash\{f\}) \text{ と表記})$$

を考えれば
$$\{\Phi^{-1}(U(f)\backslash\{f\}) \ : \ U(f) \in \mathcal{U}(f)\}$$
は $\mathbf{N}$ の filter 基底となることが容易に分かる. したがって, それを含む $\mathbf{N}$ の ultrafilter $\mathcal{F}$ をとれば, これが求めるものになる. すなわち, $\mathcal{F}$ は free であり
$$f = \tau_p - \lim_{n \in \mathcal{F}} f_n$$
を満たす. 先ず, $\mathcal{F}$ の free 性をみる.
$$\bigcap_{F \in \mathcal{F}} F = \{m\}$$
とすれば
$$f_m \in U(f)\backslash\{f\} \ (\forall U(f) \in \mathcal{U}(f))$$
となり, $f = f_m$ が得られ, $f_m \neq f$ に矛盾する. 次に
$$f = \tau_p - \lim_{n \in \mathcal{F}} f_n$$
であることは, 任意の $U(f) \in \mathcal{U}(f)$ について, $A = \Phi^{-1}(U(f)\backslash\{f\})$ ととれば, $A \in \mathcal{F}$ で
$$\{f_n \ : \ n \in A\} \subset U(f)$$
であることから分かる.

3. 例 1.4.41 の (∗∗) で述べた $\lambda^*(\{t \ : \ r^+(t) = 1\}) = 1$ も容易に得られる. それは, 次のように考えればよい. すなわち
$$\{t \ : \ r^+(t) = 1\} = \phi^{-1}(\mathcal{F}^c)$$
が得られることを示す. t は $r^+(t) = 1$ を満たすとする. そのとき
$$\{n \ : \ r_n^-(t) = 1\} \in \mathcal{F}$$
ならば, 例 1.4.41 の結果から, $r^-(t) = 1$ となり, $r^+(t) = 0$ となるから矛盾する. したがって
$$\{n \ : \ r_n^-(t) = 1\} \in \mathcal{F}^c$$
である. すなわち
$$t \in \phi^{-1}(\mathcal{F}^c)$$
である. 逆に, $t \in \phi^{-1}(\mathcal{F}^c)$ とせよ. そのとき $r^+(t) = 0$ とすれば, $r^-(t) = 1$ となり
$$\{n \ : \ r_n^-(t) = 1\} \in \mathcal{F}$$

が得られる．すなわち, $t \in \phi^{-1}(\mathcal{F})$ となるので矛盾する．よって, $r^+(t) = 1$ である．したがって

$$\lambda^*(\{t : r^+(t) = 1\}) = \lambda^*(\phi^{-1}(\mathcal{F}^c)) = \mu^*(\mathcal{F}^c)$$

が成り立つ．ところが, $\mathcal{F}^c = \mathcal{F} + e$ であるから

$$\mu^*(\mathcal{F}^c) = \mu^*(\mathcal{F} + e) = \mu^*(\mathcal{F}) = 1$$

が得られる．

4. 先のように, $b_n : [0,1] \to \mathbf{R}$ を

$$b_n(t) = \frac{(1 - r_n(t))}{2} \ (t \in [0,1])$$

で定義する．すなわち, $\{b_n(t)\}_{n \geq 1}$ は, t の 2 進数展開

$$t = \sum_{n \geq 1} \frac{b_n(t)}{2^n} \ (\text{ただし}, \ \{n : b_n(t) \neq 0\} \ \text{が無限集合})$$

を与えている．そのとき, $b_n(t) = r_n^-(t) = \max(-r_n(t), 0)$ であるから, ここで述べた結果は, $\{b_n\}_{n \geq 1}$ の各点収束集積関数 r^- が非可測であることを意味している．

5. 前項 4. で得られた事実は, 上で定義された Sierpinski 関数 $\phi : [0,1] \to l_\infty$ が, **弱可測関数でない** (用語は, 2 章の定義 2.2.1 を参照) ことも示しているのである (このことを, 違う表現として与えたことになる).

実際, 以下のように分かる．各 $t \in [0,1]$ について

$$\phi(t) = \{b_n(t)\}_{n \geq 1} \ (\in l_\infty)$$

であった．もちろん, $\phi(t) \in \{0,1\}^{\mathbf{N}} \ (t \in [0,1])$ であるから, $\phi([0,1]) \subset B(l_\infty)$ (l_∞ の単位球) である．$\{e_n\}_{n \geq 1} \in B(l_1) \subset B(l_\infty^*)$ であり, $(B(l_\infty), w^*)$ はコンパクトであるから, $\{e_n\}_{n \geq 1}$ は弱 $*$ 集積点 $\eta \in B(l_\infty^*)$ を持つ．すなわち, $\mathbf{N}$ の或る free ultrafilter $\mathcal{F}$ が存在して

$$w^* - \lim_{n \in \mathcal{F}} e_n = \eta$$

が成り立つ (この注意 7 の 2. より, このような $\mathcal{F}$ がとれる)．そのとき, 各 $t \in [0,1]$ について, $\phi(t) \in l_\infty$ であるから

$$(\eta, \phi(t)) = \lim_{n \in \mathcal{F}}(e_n, \phi(t)) = \lim_{n \in \mathcal{F}} b_n(t)$$

が成り立つ．したがって

$$\{t : \{n : b_n(t) = 1\} \in \mathcal{F}\} \Leftrightarrow \{t : (\eta, \phi(t)) = 1\}$$

が得られる．すなわち

$$\{t \ : \ (\eta, \phi(t)) = 1\} = \phi^{-1}(\mathcal{F})$$

となる．また

$$\lambda^*(\phi^{-1}(\mathcal{F})) = \mu^*(\mathcal{F}) = 1 > 0 = \mu_*(\mathcal{F}) = \lambda_*(\phi^{-1}(\mathcal{F}))$$

であったから, $\phi^{-1}(\mathcal{F})$ はルベーグ非可測集合であるので

$$(\eta \circ \phi)(t) = (\eta, \phi(t)) \text{ は非可測関数}$$

であること (すなわち, ϕ の弱可測でないこと) が分かる (なお, ϕ の非弱可測性の, より基本的な別証明は, 章末問題の **53** 番で取り扱う).

もちろん, $a = \{a_n\}_{n \geq 1} \in l_1$ について

$$a = \sum_{n=1}^{\infty} a_n e_n$$

であるから

$$(a, \phi(t)) = \sum_{n=1}^{\infty} a_n b_n(t) \ (t \in [0,1])$$

となるので, $(a, \phi(t))$ は可測関数である．したがって, Sierpinski 関数 $\phi : [0,1] \to l_\infty$ は, 弱 * 可測であるが, 弱可測でない関数の例である．

問題 1

1. $\mathcal{F}, \mathcal{E}$ を S の部分集合の二つの集合族とする. 次の各問に答えよ.

    (a) $\mathcal{F} \subset \mathcal{E}$ ならば, $\mathcal{R}(\mathcal{F}) \subset \mathcal{R}(\mathcal{E})$ を示せ.

    (b) $\mathcal{F} \subset \mathcal{R}(\mathcal{E})$ ならば, $\mathcal{R}(\mathcal{F}) \subset \mathcal{R}(\mathcal{E})$ を示せ.

    (c) 同様の事柄を, algebra の場合, すなわち, $\mathcal{A}$ をとる操作についても示せ. また, σ-algebra の場合についても示せ.

2. $\mathcal{L}$ を S の部分集合の作る或る集合族で, 次の性質を持つとする.

    (l.1) $\emptyset, S \in \mathcal{L}$

    (l.2) $\forall A, B \in \mathcal{L} \Rightarrow A \cup B \in \mathcal{L}, A \cap B \in \mathcal{L}$

    このような集合族 $\mathcal{L}$ を **lattice (束)** という. そのとき, 次の各問に答えよ.

    (a) $\mathcal{H}(\mathcal{L}) = \{A \backslash B : A, B \in \mathcal{L}, B \subset A\}$ として定義される集合族 $\mathcal{H}(\mathcal{L})$ は, $\mathcal{L}$ を含む最小の semi-ring であることを示せ. また, $S \in \mathcal{H}(\mathcal{L})$ を示せ.

    (b) $\mathcal{L}$ を含む最小の algebra を求めよ.

3. (例 1.1.12 (II) に関連) S の二つの部分集合 A, B について, $\mathcal{F} = \{A, B\}$ とおく. また, $A_1 = A \backslash B$, $A_2 = B \backslash A$, $A_3 = A \cap B$ とするとき, $\mathcal{H} = \{\emptyset, A_1, A_2, A_3\}$ とおく. そのとき, 次の各問に答えよ.

    (a) $\mathcal{H}$ は semi-ring であることを示せ.

    (b) $\mathcal{R}(\mathcal{F}) = \mathcal{R}(\mathcal{H})$ を示せ.

    (c) (b) の結果を用いて, $\mathcal{R}(\mathcal{F})$ を求めよ.

    (d) (c) の ring を $\mathcal{R}^*$ と記すとき, $\mathcal{A}(\mathcal{F}) = \mathcal{A}(\mathcal{R}^*)$ を示せ.

4. (例 1.1.12 (II) に関連) S の部分集合の作る或る集合族 $\mathcal{R}$ が ring であるとする. そのとき, 次の各問に答えよ.

    (a) $\mathcal{A} = \{A : A$ あるいは A^c が $\mathcal{R}$ に属する $\}$ とすれば, $\mathcal{A}$: algebra $\supset \mathcal{R}$ を示せ.

    (b) $\mathcal{A}(\mathcal{R}) = \mathcal{A}$ を示せ.

    (c) (a), (b) の結果と 3 番 (d) の結果を参考にして, 3 番における $\mathcal{A}(\mathcal{F})$ を (全ての元を明示する形で) 求めよ.

5. (例 1.1.16 (I) に関連) S の部分集合の作る或る集合族 $\mathcal{F} = \{B_1, \ldots, B_m\}$ が与えられたとする. 1 と c (ただし, c は補集合を表す記号である) から成る m 項の列 $(b_1, \ldots, b_m)$ について, 集合

$$B_1^{b_1} \cap B_2^{b_2} \cap \cdots \cap B_m^{b_m}$$

を考える. 例えば, $(1, \ldots, 1)$ について対応する集合は

$$B_1^1 \cap \cdots \cap B_m^1 = B_1 \cap \cdots \cap B_n$$

である. また, $(c, 1, \ldots, 1)$ ならば

$$B_1^c \cap B_2^1 \cap \cdots \cap B_m^1 = B_1^c \cap B_2 \cap \cdots \cap B_m$$

である. このようにして得られる集合により作られる集合族を $\mathcal{F}^*$ とする. すなわち

$$\mathcal{F}^* = \{B_1^{b_1} \cap \cdots \cap B_m^{b_m} : (b_1, \ldots, b_m) \text{ は要素が } 1, c \text{ のみである列}\}$$

そのとき, 次の各問に答えよ.

(a) 集合族 $\mathcal{F}^*$ の元の個数は高々 2^m であることを示せ.

(b) $\mathcal{F}^*$ の空集合ではない, 異なる二元 A, B について, $A \cap B = \emptyset$ が成り立つことを示せ.

(c) $B_i = \bigcup \{B_1^{b_1} \cap \cdots \cap B_i \cap \cdots \cap B_m^{b_m} : (b_1, \ldots, 1, \ldots, b_m)\}$
(i 番目が 1, 他は 1 あるいは c である列全体でとられた和集合を表す) を示せ.

(d) $\mathcal{A}(\mathcal{F}) = \mathcal{A}(\mathcal{F}^*)$ を示せ.

(e) 例 1.1.12 (III) を参考にして, $\mathcal{A}(\mathcal{F})$ の元の個数は高々どれだけかを答えよ.

(f) $\sigma(\mathcal{F}) = \mathcal{A}(\mathcal{F})$ を示せ.

6. 次の各問に答えよ.

(a) $\mathcal{A}_1, \mathcal{A}_2$ が S の algebra ならば, その共通部分に含まれる集合全体により作られる集合族 $\mathcal{A}_1 \cap \mathcal{A}_2$ は algebra であることを示せ. また, $\mathcal{A}_1 \cup \mathcal{A}_2$ は algebra か. そうでないときは, S 等を適当にとって, その例を作れ.

(b) $\mathcal{A}_1 \subset \mathcal{A}_2 \subset \cdots \subset \mathcal{A}_i \subset \cdots$, で, 各 $\mathcal{A}_i$: algebra であるとき, $\bigcup_{i=1}^{\infty} \mathcal{A}_i$ も algebra であることを示せ.

(c) $\Sigma_1 \subset \Sigma_2 \subset \cdots \subset \Sigma_i \subset \cdots$, で, 各 Σ_i : σ-algebra であるとき, $\bigcup_{n=1}^{\infty} \Sigma_n$ は σ-algebra となるか.

7. $\mathcal{F}$ を S の部分集合の作る或る集合族で, $\emptyset \in \mathcal{F}$ を満たすとする. そして, 次のようにして, 集合族の列 $\{\mathcal{F}_i\}_{i \geq 1}$ を帰納的に定義する.

$$\mathcal{F}_1 = \mathcal{F}, \ \mathcal{F}_{i+1} = \{\bigcup_{j=1}^{k}(A_j \setminus B_j) :$$

$A_1, B_1, \cdots, A_k, B_k \in \mathcal{F}_i, \ k = 1, 2, \ldots\} \ (i = 1, 2, \ldots)$

そのとき, 次の各問に答えよ.

   (a) $\mathcal{R}(\mathcal{F}) = \bigcup_{i=1}^{\infty} \mathcal{F}_i$ を示せ.
   (b) $\mathcal{F}$ が可算集合ならば, $\mathcal{R}(\mathcal{F})$ も可算であることを示せ.
   (c) $\mathcal{A}(\mathcal{F})$ について同様の問題を考えよ.

8. 次の各問に答えよ.

   (a) $\mathbf{R}^k$ の任意の開集合は有限左半開区間の可算個の和集合として表されることを示せ.
   (b) $\mathcal{B}(\mathbf{R}^k) = \sigma(\boldsymbol{J}^{(k)}) = \sigma(\boldsymbol{J}_\infty^{(k)})$ が成り立つことを示せ.
   (c) $\boldsymbol{J}_r^{(k)} = \{\Pi_{i=1}^{k}(a_i, b_i] \in \boldsymbol{J}^{(k)} \ : \ a_i, b_i$ は全て有理数 $\}$ としたとき, $\mathcal{B}(\mathbf{R}^k) = \sigma(\boldsymbol{J}_r^{(k)})$ を示せ.

9. $\mathcal{F}$ を, S の部分集合の作る或る集合族で, $\emptyset \in \mathcal{F}$ を満たすものとする. また, $\mathcal{E}$ が S の部分集合の作る或る集合族であるとき, 記号 $\mathcal{E}^*$ によって, $\mathcal{E}$ から次のようにして得られる集合族を表すものとする.

$$\mathcal{E}^* = \{\bigcup_{n=1}^{\infty} A_n \ : \ A_n \in \mathcal{E} \text{ あるいは, } A_n^c \in \mathcal{E}, \forall n\}$$

そして, Ω を最初の非可算順序数とする. そのとき, $\alpha < \Omega$ に対して, (超限) 帰納的に, 集合族 $\mathcal{F}_\alpha$ を次のように定義する. $\mathcal{F}_0 = \mathcal{F}$ とし, 各 $\alpha \ (< \Omega)$ をとれ. $0 \leq \beta < \alpha$ を満たす各 β について $\mathcal{F}_\beta$ が定義されたとき

$$\mathcal{F}_\alpha = \left(\bigcup_{0 \leq \beta < \alpha} \mathcal{F}_\beta\right)^*$$

と定義する. このようにして定義された集合族の集合 :

$$\{\mathcal{F}_\alpha \ : \ 0 \leq \alpha < \Omega\}$$

について

$$\Sigma = \bigcup_{0 \leq \alpha < \Omega} \mathcal{F}_\alpha$$

とする. そのとき, 次の各問に答えよ.

(a) $\mathcal{F} \subset \Sigma$ を示せ.

(b) Σ は σ-algebra であることを示せ.

(c) $\Sigma = \sigma(\mathcal{F})$ を示せ.

(d) $\mathcal{F}$ の濃度: $\|\mathcal{F}\|$ (≥ 2) であるとき, $\|\sigma(\mathcal{F})\| \leq \|\mathcal{F}\|^{\aleph_0}$ を示せ.

(e) $\|\mathcal{B}(\mathbf{R}^k)\|$ は連続体濃度であることを示せ.

10. 次の各問いに答えよ.

(a) S の部分集合の作る一つの集合族: $\Sigma = \{A \in \mathcal{P}(S) : A$ または, A^c が可算集合 $\}$ は, σ-algebra であることを示せ.

(b) 全体集合 S は非可算集合とし, 前問の集合族 Σ を考える. そのとき
$$\mu(A) = \begin{cases} 0 & (A \text{ が可算集合のとき}) \\ 1 & (A^c \text{ が可算集合のとき}) \end{cases}$$
として定義される集合関数 $\mu : \Sigma \to \mathbf{R}^+$ は, 測度であることを示せ.

(c)
$$\nu(A) = \begin{cases} A \text{ の元の個数} & (A \text{ が有限集合のとき}) \\ +\infty & (A \text{ が無限集合のとき}) \end{cases}$$
として定義される集合関数 $\nu : \mathcal{P}(S) \to \mathbf{R}^+ \cup \{+\infty\}$ は, 測度であることを示せ (このような測度 ν を個数測度, counting measure, という).

11. $f : \mathbf{R} \to \mathbf{R}$, 単調増加関数が与えられている. そのとき, f に対応して, 次のように集合関数 $\mu_f : \boldsymbol{J}^{(1)} \to \mathbf{R}^+$ を定義する.
$$\mu_f((a, b]) = f(b) - f(a), \ ((a, b] \in \boldsymbol{J}^{(1)})$$
そのとき, 次の各問に答えよ.

(a) μ_f は有限加法的測度であることを示せ.

(b) μ_f が測度になるための必要十分条件は, f が右連続関数である. このことを示せ.

12. S の部分集合の作る或る集合族 $\mathcal{H}$ は, semi-algebra であるとする. そして, $\mu : \mathcal{H} \to \mathbf{R}^+ \cup \{+\infty\}$, 測度が与えられているとする. 次の各問に答えよ.

(a) μ から導かれる, 次の集合関数 $\Gamma_\mu : \mathcal{P}(S) \to \mathbf{R}^+ \cup \{+\infty\}$ は, 外測度であることを示せ.

$$\Gamma_\mu(E) = \inf\{\sum_{n=1}^\infty \mu(H_n) \; : \; E \subset \bigcup_{n=1}^\infty H_n, \; H_n \in \mathcal{H} \; (\forall n)\}$$

(b) $\Gamma_\mu(E) = \inf\{\sum_{n=1}^\infty \mu(K_n) \; : \; E \subset \sum_{n=1}^\infty K_n, \; K_n \in \mathcal{H} \; (\forall n)\}$ を示せ.

(c) μ の $\mathcal{A} \, (= \mathcal{R}(\mathcal{H}))$ への拡張を α とするとき, α から導かれる外測度 Γ_α について, $\Gamma_\alpha(E) = \Gamma_\mu(E) \, (E \in \mathcal{P}(S))$ が成り立つことを示せ.

(d) 特に, 測度 μ の値域が $[0, +\infty)$ であるとき, $\Sigma = \mathcal{M}_{\Gamma_\alpha}$-可測集合の作る σ-algebra について, 次の性質 $(*)$ が成り立つことを示せ. ただし, β は, 外測度 Γ_α を Σ に制限して得られる測度である.

各元 $E \in \Sigma$, 任意の正数 ε について, $\mathcal{A}$ の元 A で, $\beta(E \triangle A) < \varepsilon$ を満たすものが存在する $\cdots (*)$

13. S の部分集合の作る或る集合族 $\mathcal{A}$ は, algebra であるとする. そして, $\alpha : \mathcal{A} \to \mathbf{R}^+ \cup \{+\infty\}$, 測度が与えられているとする. 次の各問に答えよ.

(a) α から導かれる外測度 $\Gamma_\alpha : \mathcal{P}(S) \to \mathbf{R}^+ \cup \{+\infty\}$ を用いて定義される (定理 1.2.12 参照) σ-algebra Σ と測度 $\beta : \Sigma \to \mathbf{R}^+ \cup \{+\infty\}$ について, 任意の $E \in \mathcal{P}(S)$ に対して

$$\Gamma_\beta(E) = \inf\{\sum_{n=1}^\infty \beta(E_n) \; : \; E \subset \bigcup_{n=1}^\infty E_n, \; E_n \in \Sigma \; (\forall n)\}$$

と定義する. そのとき

$$\Gamma_\beta(E) = \inf\{\beta(F) \; : \; E \subset F \in \Sigma\}$$

であることを示せ.

(b) 任意の $E \in \mathcal{P}(S)$ について, $\Gamma_\alpha(E) = \Gamma_\beta(E)$ が成り立つことを示せ.

(c) $\Sigma = \mathcal{M}_{\Gamma_\beta}$ を示せ.
(この問題の意味することは, 定理 1.2.12 の論理展開を利用する限り, 測度 $\beta : \Sigma \to \mathbf{R}^+ \cup \{+\infty\}$ は, これ以上に拡張できないということである)

14. λ^* を 1 次元ルベーグ外測度とする. すなわち, 各 $E \in \mathcal{P}(\mathbf{R}^1)$ について
$$\lambda^*(E) = \inf\{\sum_{n=1}^{\infty} |J_n| \ : \ E \subset \bigcup_{n=1}^{\infty} J_n, \ J_n \in \boldsymbol{J}^{(1)} \ (\forall n)\}$$
と定義する. そのとき, 次の各問に答えよ.

(a) $\lambda^*(E) = \inf\{\sum_{n=1}^{\infty} |K_n| \ : \ E \subset \sum_{n=1}^{\infty} K_n, \ K_n \in \boldsymbol{J}^{(1)} \ \text{j} \ (\forall n)\}$ を示せ.

(b) $\{H_n\}_{n \geq 1}, \{K_m\}_{m \geq 1}$ を, $\boldsymbol{J}^{(1)}$ の元から成る集合列で
$$H_i \cap H_j = \emptyset \ (i \neq j), \ K_l \cap K_m = \emptyset \ (l \neq m)$$
および, $\bigcup_{n=1}^{\infty} H_n \subset \bigcup_{m=1}^{\infty} K_m$ を満たすものとするとき
$$\sum_{n=1}^{\infty} |H_n| \leq \sum_{m=1}^{\infty} |K_m|$$
であることを示せ.

(c) $\mathbf{R}$ の任意の開集合 O (すなわち, $O \in \mathcal{O}(\mathbf{R}^1)$) は $\boldsymbol{J}^{(1)}$ の互いに素な適当な集合列 $\{J_n\}_{n \geq 1}$ で, $O = \bigcup_{n=1}^{\infty} J_n$ と表されることを示せ.

(d) 前問 (c) で保証されるように, 開集合 O を, $O = \sum_{n=1}^{\infty} J_n$ と表すとき
$$\lambda^*(O) = \sum_{n=1}^{\infty} |J_n|$$
が成り立つことを示せ.

(e) $O_1 \subset O_2$ (ただし, $O_1, O_2 \in \mathcal{O}(\mathbf{R}^1), \lambda^*(O_1) < +\infty$) ならば
$$\lambda^*(O_2 \backslash O_1) = \lambda^*(O_2) - \lambda^*(O_1)$$
が成り立つことを示せ.

(f) 任意の二つの開集合 O_1, O_2 について
$$\lambda^*(O_1 \cup O_2) + \lambda^*(O_1 \cap O_2) = \lambda^*(O_1) + \lambda^*(O_2)$$
が成り立つことを示せ.

(g) $E, F \in \mathcal{P}(\mathbf{R}^1)$ について
$$\lambda^*(E \cup F) + \lambda^*(E \cap F) \leq \lambda^*(E) + \lambda^*(F)$$
が成り立つことを示せ.

(h) $d(E,F) = \inf\{|x-y| : x \in E, y \in F\}$ とするとき, $d(E,F) > 0$ を満たす集合 E, F について, $\lambda^*(E \cup F) = \lambda^*(E) + \lambda^*(F)$ が成り立つことを示せ.
(このように, 距離が正として離れた二つの集合に関する加法性を持つ外測度を, **距離的外測度** (metric outer measure) という)

15. ($\mathbf{R}^k$ の問題とする) $A \in \Lambda$ は $\lambda(A) > 0$ を満たすとする. そのとき, 次の順序で事実: 適当な正数 δ について $B(0,\delta) \subset A - A$ $(= \{a - b : a, b \in A\})$ が成り立つことを示す.

    (a) $B \in \Lambda, B \subset A$, かつ $0 < \lambda(B) < +\infty$ を満たす集合 B の存在を示せ.
    (b) 次の性質 $(*)$ を満たす K: コンパクト集合, G: 開集合の存在を示せ.
    $$K \subset B \subset G, \ \frac{3}{4}\lambda(B) < \lambda(K), \ \lambda(G) < \frac{4}{3}\lambda(B) \cdots (*)$$
    (c) $x \in \mathbf{R}^k$ について, $[x \in B - B \Leftrightarrow (x+B) \cap B \neq \emptyset]$ を示せ.
    (d) (b) の K, G について, $d(K, G^c) > 0$ を示せ.
    (e) δ を, $0 < \delta < d(K, G^c)$ を満たすようにとる. そのとき, $\|x\| < \delta$ を満たす x について, $(x+B) \cap B \neq \emptyset$, すなわち, $B(0,\delta) \subset B - B \ (\subset A - A)$ が次のように示される (ただし, $\|\cdot\|$ は, k 次元ユークリッドノルム). そのために, このような或る a で, $(a+B) \cap B = \emptyset$ として, 矛盾を導く. その証明を以下の手順でする.
        i. $(a+K) \cup K \subset G$ を示せ.
        ii. $(a+K) \cap K = \emptyset$ を示せ.
        iii. この二つの前問と, λ の平行移動不変性, および $(*)$ から矛盾を導け.

16. $f: \mathbf{R} \to \mathbf{R}$ は, リプシッツの条件を満たす関数とする. すなわち, 或る正数 L が存在して
    $$|f(x) - f(y)| \leq L|x - y| \ (\forall x, y \in \mathbf{R})$$
    を満たす. そのとき, 次の各問に答えよ.

    (a) 任意の $x \in (a, b]$ について
    $$f(x) \in \left[f\left(\frac{a+b}{2}\right) - \frac{(b-a)L}{2}, \ f\left(\frac{a+b}{2}\right) + \frac{(b-a)L}{2}\right]$$
    が成り立つことを示せ.

(b) $J = (a,b] \in \boldsymbol{J}^{(1)}$ について, $\lambda^*(f(J)) \leq L \cdot \lambda(J)$ が成り立つことを示せ.

(c) $A \in \Lambda$, $\lambda(A) = 0$ について, $\lambda(f(A)) = 0$ を示せ.

(d) $A \in \Lambda$, $\lambda(A) < +\infty$ について, 或るコンパクト集合の列 $\{K_n\}_{n\geq 1}$ と, $\lambda(N) = 0$ を満たす $N\ (\in \Lambda)$ を適当にとれば
$$A = \left(\bigcup_{n=1}^{\infty} K_n\right) \cup N$$
と表せることを示せ.

(e) (d) の A について, $f(A) \in \Lambda$ を示せ.

(f) $A \in \Lambda$ について, $f(A) \in \Lambda$ を示せ.

17. S の部分集合の作る或る集合族 $\mathcal{H}$ は, semi-algebra であるとし, $\Sigma = \sigma(\mathcal{H})$ とする. μ, ν は, 共に Σ 上で定義された測度で, $\mu(H) = \nu(H)\ (H \in \mathcal{H})$ を満たすとする. 次の各問に答えよ.

(a) $\mu(S) < +\infty$, $\nu(S) < +\infty$ を満たすとき, $\mu(E) = \nu(E)\ (E \in \Sigma)$ が成り立つことを示せ.

(b) S が次の性質 $(*)$ を満たす集合列 $\{H_n\}_{n\geq 1}\ (H_n \in \mathcal{H}, \forall n)$ を持つとき, $\mu(E) = \nu(E)\ (E \in \Sigma)$ が成り立つことを示せ.

$$(*)\ S = \bigcup_{n=1}^{\infty} H_n, H_1 \subset H_2 \subset \cdots \subset H_n \subset \cdots,$$
$$\mu(H_n) < +\infty,\ \nu(H_n) < +\infty\ (\forall n)$$

(c) S の部分集合の作る或る集合族 $\mathcal{L}$ を, lattice とする. $\mu(S) < +\infty$, $\nu(S) < +\infty$ を満たす, $\sigma(\mathcal{L})$ 上で定義された測度 μ, ν について, 次が成り立つことを示せ.

$$\mu(L) = \nu(L)\ (L \in \mathcal{L}) \Rightarrow \mu(E) = \nu(E)\ (E \in \sigma(\mathcal{L}))$$

18. (カントール集合) $I = [0,1]$ とする. I の中点を真ん中とする長さ $1/3$ の開区間 $J\ (=(1/3, 2/3))$ を I から除外する. その結果, 残った二つの閉区間を, 左から $I(0)\ (= [0, 1/3])$, $I(1)\ (= [1/3, 2/3])$ とする. 次に, $I(0)$ の中点を真ん中とする長さ $(1/3)^2$ の開区間 $J(0)$ を $I(0)$ から除外し, 残った二つの閉区間を, 左から $I(00), I(01)$ とする. $I(1)$ に対しても, 同様の作業を行い, 残った二つの閉区間を

$I(10), I(11)$ とする. 一般に n 段階における作業は次のようである. それまでに得られている 2^{n-1} 個の閉区間

$$I(a_1 a_2 \cdots a_{n-1}) \ (a_i = 0 \text{ または } 1, \ i = 1, \ldots, n-1)$$

について, これらの中点を真ん中とする長さ $(1/3)^n$ の開区間 $J(a_1 a_2 \cdots a_{n-1})$ を, $I(a_1 a_2 \cdots a_{n-1})$ から除外し, 残った閉区間を左から各々 $I(a_1 \cdots a_{n-1} 0), I(a_1 \cdots a_{n-1} 1)$ とすれば, n 段階目には

$$I(a_1 a_2 \cdots a_{n-1} a_n) \ (a_i = 0 \text{ または } 1, \ i = 1, \ldots, n)$$

という 2^n 個の閉区間が得られる. この作業を, 各 n について行えば, 次のような閉区間の列が得られる. ここで $\{a_n\}_{n \geq 1}$ は 0 または 1 から成る数列である.

$$I \supset I(a_1) \supset I(a_1 a_2) \supset \cdots \supset I(a_1 \cdots a_n) \supset \cdots$$

$$\delta(I(a_1 a_2 \cdots a_n)) \ (I(a_1 a_2 \cdots a_n) \text{ の直径}) = \frac{1}{3^n} \ (\forall n)$$

そのとき

$$F_n = \sum \{I(a_1 \cdots a_n) \ : \ a_i = 0 \text{ または } 1\}$$

(すなわち, n 段階目に得られる 2^n 個の閉区間の和集合として定義された閉集合) とすれば, $F_1 \supset F_2 \supset \cdots \supset F_n \supset \cdots$ より

$$C = \bigcap_{n=1}^{\infty} F_n$$

は, (空でない) 閉集合である. この集合を, **カントール集合** (Cantor set) と呼ぶ. そのとき, 次の各問に答えよ.

(a) I の各数 t は, 3 進数展開可能であること, すなわち, $0, 1, 2$ を要素とする数列 $\{a_n\}$ が存在して

$$t = \sum_{n=1}^{\infty} \frac{a_n}{3^n}$$

とできることを示せ.

(b) 各 n について

$$F_n = \{t = \sum_{i=1}^{\infty} \frac{a_i}{3^i} \ : \ a_1, \ldots, a_n \in \{0, 2\}\}$$

を示せ.

(c) 前問の結果を用いて [$t \in C \Leftrightarrow$ 0 あるいは 1 を項とする唯一の数列 $\{a_n\}_{n \geq 1}$ が存在して

$$t = \sum_{n=1}^{\infty} \frac{2a_n}{3^n}$$

と表される] ことを示せ.

(d) C の濃度は, 連続体濃度であることを示せ.

(e) $\lambda(C) = 0$ を示せ.

(f) C の部分集合には, ボレル集合ではないルベーグ可測集合が存在することを示せ (すなわち, $\mathbf{B}(\mathbf{R}) \subsetneq \Lambda$ である).

19. (測度空間の完備化) (S, Σ, μ) を測度空間とし, $\Sigma_0 = \{B \in \Sigma : \mu(B) = 0\}$ とするとき, 次の各問に答えよ.

   (a) $\overline{\Sigma} = \{E \cup N : E \in \Sigma, N \in \mathcal{N}\}$ は, Σ を含む σ-algebra であることを示せ. ただし, $\mathcal{N} = \{N : N$ は, Σ_0 に属する集合の部分集合 $\}$ とする.

   (b) $\overline{\Sigma}$ に属する集合 $E \cup N$ に対して, $\overline{\mu}(E \cup N) = \mu(E)$ で定義する. そのとき, これは定義として意味を持つことを示せ. さらに, $\overline{\mu} : \overline{\Sigma} \to [0, +\infty]$ は測度であり, $\overline{\mu}(E) = \mu(E)$ ($E \in \Sigma$) が成り立つことを示せ.

   (c) $(S, \overline{\Sigma}, \overline{\mu})$ は完備測度空間であり, かつ, 次の性質 $(*)$ を持つことを示せ.

   $(*)$ 任意の完備測度空間 (S, Σ', μ') で, $\Sigma' \supset \Sigma$, $\mu'(E) = \mu(E)$ ($E \in \Sigma$) を満たすものについて, $\Sigma' \supset \overline{\Sigma}$ かつ, $\mu'(F) = \overline{\mu}(F)$ ($F \in \overline{\Sigma}$) が成り立つ.

   (この測度空間 $(S, \overline{\Sigma}, \overline{\mu})$ を, 測度空間 (S, Σ, μ) の完備化という. すなわち, 最初の測度空間を拡張して得られる完備測度空間の内で, 最小のものの意である)

   (d) (S, Σ, μ) が有限測度空間であるとする. そして, $\alpha : \mathcal{P}(S) \to [0, +\infty)$ を, 次で定義する.

   $$\alpha(A) = \inf\{\mu(E) : A \subset E, E \in \Sigma\}$$

   そのとき, α は外測度であることを示せ. また, α-可測集合族を Σ_α とし, α の Σ_α への制限を (そのまま) α と表せば, $(S, \Sigma_\alpha, \alpha)$ は, (S, Σ, μ) の完備化であることを示せ.

20. $\mu : \mathcal{B}(\mathbf{R}) \to [0, +\infty]$ を測度とし, $\mu([0,1]) = 1$ かつ, $\mu(B) = \mu(x+B)$ $(\forall x \in \mathbf{R}, \forall B \in \mathcal{B}(\mathbf{R}))$ を満たすとする. また, λ は 1 次元ルベーグ測度とする. そのとき, 次の各問に答えよ.

　　(a) $\mu((0, 1/n]) = 1/n$ $(n = 1, 2, \ldots)$ を示せ.

　　(b) 整数 i, j $(i < j)$ について, $\mu((i, j]) = j - i$ を示せ.

　　(c) $\mu(J) = \lambda(J)$ $(J \in \boldsymbol{J}^{(1)})$ を示せ.

　　(d) $\mu(B) = \lambda(B)$ $(B \in \mathcal{B}(\mathbf{R}))$ を示せ.

21. (S, Σ) を可測空間とする. 次の各問に答えよ.

　　(a) $f : S \to \mathbf{R}^*$ が Σ-可測であるための必要十分条件は, 任意の $q \in \mathbf{Q}$ について, $\{s \in S : f(s) > q\} \in \Sigma$ であることを示せ. ただし, $\mathbf{Q}$ は有理数全体の作る集合.

　　(b) $f : S \to \mathbf{R}$, Σ-可測であるとき, $F(s) = \sqrt{|f(s)|}/(1 + \sqrt{|f(s)|})$ も, Σ-可測を示せ.

　　(c) V : ビタリ集合であるとき, $h(t) = \chi_V(t) - \chi_{V^c}(t)$ $(t \in \mathbf{R})$ は, Λ-可測か. また, $|h(t)|$ は, Λ-可測か.

22. 単調増加関数の $\mathcal{B}(\mathbf{R})$-可測性を次の順序で示そう.

　　(a) $\mathbf{R}$ の空でない部分集合 D が次の性質 $(*)$ を持つとする.

　　　$(*)$ 任意の二点 $a, b \in D$ について, $\{ta + (1-t)b : t \in [0,1]\}$ (a, b を両端とする閉区間) $\subset D$ が成り立つ
　　　そのとき, D は, 区間 (すなわち, 有限, あるいは, 無限の開区間, 閉区間, 半開区間のいずれか) であることを示せ (ヒント: $\inf\{a : a \in D\} = u$ $(\geq -\infty)$, $\sup\{a : a \in D\} = v$ $(\leq +\infty)$ として, u, v を両端として定まる区間に注目せよ).

　　(b) $f : \mathbf{R} \to \mathbf{R}$, 単調増加であるとき, (a) の結果を利用して, 任意の $r \in \mathbf{R}$ について, $\{t \in R : f(t) > r\}$ は区間となることを示せ.

　　(c) (b) の結果から, (b) の f は, $\mathcal{B}(\mathbf{R})$-可測であることを示せ.

23. 次の各問に答えよ. 定理 1.2.39 の証明を完結するための問題である. 記号は, 定理 1.2.39 と同一である.

　　(a) $E_{n,i}$ $(n = 1, 2, \ldots, i = 1, 2, \ldots, n \cdot 2^n)$, $E_n \in \Sigma$ を示せ.

　　(b) $S = \left(\sum_{i=1}^{n \cdot 2^n} E_{n,i}\right) \cup E_n$ を示せ.

　　(c) $E_{n,i} = E_{n+1, 2i-1} \cup E_{n+1, 2i}$ を示せ.

(d) (b), (c) を用いて, $\theta_n(s) \leq \theta_{n+1}(s) \leq f(s)$ $(\forall s \in S)$ を示せ.

   (e) $\lim_{n\to\infty} \theta_n(s) = f(s)$ $(\forall s \in S)$ を, $f(s) < +\infty$ を満たす点 s の場合と, $f(s) = +\infty$ を満たす点 s の場合に分けて, 示せ.

24. 次の各問に答えよ.

   (a) 1 次元ルベーグ可測集合全体の作る集合族 Λ の濃度は何か.

   (b) $\mathcal{B}(\mathbf{R})$-可測関数全体の作る集合の濃度は何か.

   (c) Λ-可測関数全体の作る集合の濃度は何か.

25. (S, Σ) を可測空間とする. 次の各問に答えよ.

   (a) $\{c_n\}_{n\geq 1}$ を実数列, $\{E_n\}_{n\geq 1}$ を Σ の元から成る, $S = \sum_{n=1}^{\infty} E_n$ を満たす集合列とするとき, $c(s) = \sum_{n=1}^{\infty} c_n \chi_{E_n}(s)$ として定義される関数 c は Σ-可測であることを示せ.

   (b) $f : S \to \mathbf{R}$, Σ-可測関数と, 任意の正数 ε を与える. そのとき, 「(a) の形の或る関数 c_ε が存在して
   $$|f(s) - c_\varepsilon(s)| < \varepsilon \ (\forall s \in S)$$
   とできる」ことを示せ (ヒント: $m = 0, \pm 1, \pm 2, \ldots,$ について, $F_m = \{s \in S : m\varepsilon \leq f(s) < (m+1)\varepsilon\}$ とおけ)

   (c) $f : S \to \mathbf{R}$ が, (b) で述べた性質「$\cdots$」を持つとき, Σ-可測であることを示せ.

26. $f : \mathbf{R} \to \mathbf{R}$ について, 次の各問に答えよ.

   (a) f が下半連続関数であるとき, $\mathcal{B}(\mathbf{R})$-可測を示せ. また, f が上半連続関数も, $\mathcal{B}(\mathbf{R})$-可測を示せ.

   (b) f が Λ-可測であるとき, 任意の集合 A (ただし, $\lambda(A) > 0$) と, 任意の正数 ε に対して, その適当な部分集合 B で, $\lambda(B) > 0$, および
   $$O(f|B) \ (= \sup\{f(t) : t \in B\} - \inf\{f(t) : t \in B\}) < \varepsilon$$
   を満たすものが存在することを示せ.

27. $f : \mathbf{R} \to \mathbf{R}$, Λ-可測で, 次の性質 $(*)$ を満たすとする.
   $$(*) \ f(x+y) = f(x) + f(y) \ (\forall x, y \in \mathbf{R})$$
   次の各問に答えよ.

(a) $f(q) = f(1)q$ $(\forall q \in \mathbf{Q})$ を示せ.

(b) $\mathbf{Q} = \{q_i : i = 1, 2, \ldots\}$ と表すとき, $I = [0,1]$ について, $\mathbf{R} = \bigcup_{i=1}^{\infty}(q_i + I)$ を示せ.

(c) (b) の結果から, $\lambda(f^{-1}(q_i + I)) > 0$ を満たす i が存在することを示せ.

(d) (c) の結果と, 問題 1 の 15 番を用いて, f は原点 0 の或る近傍 U で有界であることを示せ.

(e) (d) の結果を用いて, f は原点 0 で連続であることを示せ.

(f) (e) の結果を用いて, f は連続関数であることを示せ.

(g) $f(x) = f(1)x$ $(\forall x \in \mathbf{R})$ を示せ.

28. (R, Λ, λ) : 1 次元ルベーグ測度空間, $f(t) = t^2$ とする. 次の各問に答えよ.

(a) $\Theta^+(\Lambda)$ に属する関数列 $\{\theta_n\}_{n \geq 1}$ で, $\theta_n(t) \uparrow f(t)\chi_{[0,1]}(t)$ $(\forall t \in \mathbf{R})$ を満たすものを, 具体的に作れ.

(b) (a) で作った θ_n について, $\int_{\mathbf{R}} \theta_n(t)\chi_{[0,1]}(t)d\lambda(t)$ を求めよ.

(c) (b) の結果を利用して, $\int_R f(t)\chi_{[0,1]}(t)d\lambda(t) = 1/3$ を示せ.

29. 定理 1.2.47 (7) を, 次の順序で示せ.

(a) f_1, f_2, g_1, g_2 は全て非負実数値の積分可能関数で, $f_1 - f_2 = g_1 - g_2$ を満たすならば

$$\int_S f_1 d\mu - \int_S f_2 d\mu = \int_S g_1 d\mu - \int_S g_2 d\mu$$

が成り立つことを示せ.

(b) $f, g \in M^+(\Sigma)$, $f = g$ (μ-a.e.) とするとき, $\int_S f d\mu = \int_S g d\mu$ が成り立つことを示せ.

(c) 以上の結果を用いて, 定理 1.2.47 (7) を示せ.

30. 定理 1.2.47 (8) を, 次の順序で示せ.

(a) $A, B \in \Sigma$, $A \cap B = \emptyset$ のとき, $\chi_{A \cup B} = \chi_A + \chi_B$ が成り立つことを示せ.

(b) $f \in L_1(S, \Sigma, \mu)$ ならば, $f\chi_A \in L_1(S, \Sigma, \mu)$ を示せ. ただし, $A \in \Sigma$ である.

(c) (a), (b) と, 定理 1.2.47 (7) を用いて, 定理 1.2.47 (8) を示せ.

31. $f(t) = \sin t/t$ ($t \in [0, \infty)$, ただし, $f(0) = 1$ と定義) について, 次の各問に答えよ.

    (a) $F(s) = \displaystyle\int_0^s f(t)dt$ ($s \in [0, \infty)$) としたとき

    $\displaystyle\lim_{s \to \infty} F(s)$ が存在 (すなわち, f が $[0, \infty)$ で広義積分可能) $\Leftrightarrow$
    任意の正数 ε に対して, s^* が存在して, $q > p > s^*$ を満たす任意の p, q について $|F(p) - F(q)| < \varepsilon$ が成り立つことである.
    このことを示せ.

    (b) f が $[0, \infty)$ で広義積分可能を示せ.

    (c) 次の評価式:
    $$\int_{m\pi}^{(m+1)\pi} \left|\frac{\sin t}{t}\right| dt \geq \frac{2}{\pi(m+1)}$$
    を示せ ($m = 0, 1, \ldots$).

    (d) (c) を利用して
    $$\int_{[0,\infty)} \left|\frac{\sin t}{t}\right| d\lambda(t) \geq \frac{2}{\pi} \sum_{m=0}^{\infty} \frac{1}{m+1} = +\infty$$
    を示せ.

32. 次の各問に答えよ.

    (a) $f : \mathbf{R}^k \to \mathbf{R}^+$, Λ-可測関数について, $g(u) = f(u+a)$ ($u \in \mathbf{R}^k$) として定義される関数 $g : \mathbf{R}^k \to \mathbf{R}^+$ は, Λ-可測関数であることを示せ. ただし, $a \in \mathbf{R}^k$.

    (b) (a) の f, g について
    $$\int_{\mathbf{R}^k} f(u) d\lambda(u) = \int_{\mathbf{R}^k} g(u) d\lambda(u)$$
    が成り立つことを示せ (ヒント: $f = \chi_E$ ($E \in \Lambda$) の形の関数の場合から確かめよ).

    (c) これらの結果を利用して, f がルベーグ積分可能関数の場合, $a \in \mathbf{R}^k$ について, $g(u) = f(u+a)$ はルベーグ積分可能であり
    $$\int_{\mathbf{R}^k} f(u) d\lambda(u) = \int_{\mathbf{R}^k} g(u) d\lambda(u)$$
    が成り立つことを示せ.

33. 次の各問に答えよ.

   (a) 極限値:
   $$\lim_{n\to\infty}\int_a^b \frac{1}{(2-\sin nt)}dt$$
   を求めよ.

   (b) ルベーグ測度有限の可測集合 $E\ (\subset \mathbf{R})$ を与えたとき, 任意の正数 ε に対して, 互いに素な有限左半開区間の有限列 $\{I_j\}_{1\leq j\leq m}$ を適当にとれば
   $$\lambda\left(E\triangle\left(\bigcup_{j=1}^m I_j\right)\right) < \varepsilon$$
   が成り立つことを示せ.

   (c) 前問の E について
   $$\lim_{n\to\infty}\int_E \frac{1}{(2-\sin nt)}d\lambda(t) = \frac{\lambda(E)}{\sqrt{3}}$$
   が成り立つことを示せ.

34. (S,Σ,μ) を有限測度空間とするとき, 次の各問に答えよ.

   (a) $c:S\to\mathbf{R}$ を 25 番 (a) で与えた形の関数とする. すなわち, $\{c_n\}_{n\geq 1}$ を実数列, $\{E_n\}_{n\geq 1}$ を Σ の元から成る, $S=\sum_{n=1}^\infty E_n$ を満たす集合列 (これを, Σ の可算個の元による, S の分割といい, $\Delta = \{E_n\}_{n\geq 1}$ と記す) とするとき
   $$c(s) = \sum_{n=1}^\infty c_n \chi_{E_n}(s)$$
   である. そのとき, $c \in L_1(S,\Sigma,\mu)$ であるための必要十分条件は,
   $$\sum_{n=1}^\infty |c_n|\mu(E_n) < +\infty$$
   であることを示せ. また, そのとき, $\int_S c(s)d\mu(s)$ を求めよ.

   (b) 上記のような分割 $\Delta = \{E_n\}_{n\geq 1}$ で, 次の性質 (∗) を満たす分割の全体を Γ と表す.

   $f(E_n)$ は $\mu(E_n) > 0$ を満たす n については有界集合, および

$$\sum_{n=1}^{\infty} |\sup_{s \in E_n} f(s)| \mu(E_n) < +\infty, \ \sum_{n=1}^{\infty} |\inf_{s \in E_n} f(s)| \mu(E_n) < +\infty \cdots (*)$$

そして, 各 $\Delta \in \Gamma$ について

$$J_*(f, \Delta) = \sum_{n=1}^{\infty} (\inf_{s \in E_n} f(s)) \mu(E_n), \ J^*(f, \Delta) = \sum_{n=1}^{\infty} (\sup_{s \in E_n} f(s)) \mu(E_n)$$

とおく (明らかに, $J_*(f, \Delta) \leq J^*(f, \Delta), \forall \Delta \in \Gamma$). そのとき, $f \in L_1(S, \Sigma, \mu)$ ならば, 任意の正数 ε に対して, $\Delta \in \Gamma$ が存在して, $J^*(f, \Delta) - J_*(f, \Delta) \leq \varepsilon$ が成り立つことを示せ.

(c) $f \in L_1(S, \Sigma, \mu)$ であるとき, 次が成り立つことを示せ.

$$\left\{ \int_S f(s) d\mu(s) \right\} = \bigcap_{\Delta \in \Gamma} [J_*(f, \Delta), J^*(f, \Delta)]$$

35. 次の各問に答えよ.

(a) $\int_0^{\infty} e^{-x} \cos(\sqrt{x}) dx = \sum_{n=0}^{\infty} (-1)^n \cdot \dfrac{n!}{(2n)!}$ を示せ.

(b) $\int_0^{\infty} \dfrac{\sin t}{e^t - x} dt = \sum_{n=0}^{\infty} \dfrac{x^n}{(n+1)^2 + 1}$ (ただし, $|x| < 1$) を示せ.

36. $f(t, x) = e^{-tx}(\sin x / x)$ を $(0, +\infty) \times [0, +\infty)$ で考える (ただし, $f(t, 0) = 1$). 次の各問に答えよ.

(a) $f(t, x)$ は t を固定する毎に, x の関数として, λ-積分可能であることを示せ.

(b) $t \in (0, \infty)$ について, $0 < a < t < b$ を満たす a, b をとれば, (a, b) 上で $|f_t(t, x)| \leq \phi(x)$ ($\forall x \in [0, \infty)$) を満たす λ-積分可能関数 ϕ が存在することを示せ.

(c) $F(t) = \int_{[0, \infty)} f(t, x) d\lambda(x)$ とするとき

$$F'(t) = \int_{[0, \infty)} f_t(t, x) d\lambda(x) = \int_0^{\infty} f_t(t, x) dx$$

を示せ.

(d) $F'(t) = -\dfrac{1}{1+t^2}$ を示せ.

(e) $F(t) = c - \tan^{-1} t$ ($t > 0$) を示せ. ただし, c は定数.

(f) $\lim_{n \to \infty} F(n) = 0$ を示すことにより, $c = \dfrac{\pi}{2}$ を示せ.

(g) 部分積分法を利用して, 不等式:
$$\left|\int_N^\infty e^{-tx} \cdot \frac{\sin x}{x} dx\right| < \frac{2}{N} \ (\forall t > 0)$$
が成り立つことを示せ.

(h) 広義積分: $\int_0^\infty \frac{\sin x}{x} dx$ (31 番 (b) を参照) の値を求めよ.

37. $F(t) = \int_0^\infty e^{-x^2} \cos(2tx) dx$ について, 次の各問に答えよ.

(a) $F'(t) = -2tF(t)$ を示せ.

(b) $F(t) = \frac{\sqrt{\pi}}{2} e^{-t^2}$ を示せ.

(c) 次の等式を示せ.
$$\int_0^\infty e^{-bx^2} \cos(2ax) dx = \frac{1}{2}\sqrt{\frac{\pi}{b}} \, e^{\frac{-a^2}{b}} \ (a, b > 0)$$

38. ($L_\infty(S, \Sigma, \mu)$ の共役空間) 次の各問に答えよ.

(a) $\tau : \Sigma \to \mathbf{R}$ を有界な有限加法的測度で, 次の性質を満たすものとする.
$$\mu(E) = 0 \Rightarrow \tau(E) = 0 \cdots (*)$$
(このような, 有界な有限加法的測度の全体の作る線形空間に, 全変分ノルム $\|\cdot\|$ を導入したノルム空間を $\mathcal{M}_b(S, \Sigma, \mu)$ で表すことにする) そのとき, $g \in L_\infty(S, \Sigma, \mu)$ について, g の τ に関する積分 $\int_S g(s) d\tau(s)$ が定義できることを (l_∞ の場合を参考にして) 考えよ.

(b) 前問で定義された写像を T_τ とする. すなわち, $T_\tau(g) = \int_S g(s) d\tau(s)$ ($g \in L_\infty(S, \Sigma, \mu)$) と定義するとき, $T_\tau : L_\infty(S, \Sigma, \mu) \to \mathbf{R}$ は, 有界線形汎関数 (すなわち, $T_\tau \in L_\infty(S, \Sigma, \mu)^*$) であり, $\|T_\tau\| = \|\tau\|$ であることを示せ.

(c) $L_\infty(S, \Sigma, \mu)^*$ の各元 T について, $\tau(E) = T(\chi_E)$ ($E \in \Sigma$) として定義される $\tau : \Sigma \to \mathbf{R}$ は, $\mathcal{M}_b(S, \Sigma, \mu)$ に属することを示せ.

(d) 前問の T と τ について
$$T(g) = \int_S g(s) d\tau(s) \ (g \in L_\infty(S, \Sigma, \mu))$$
が成り立つことを示せ.

(e) $\Phi(\tau) = T_\tau$ により定義される $\Phi : \mathcal{M}_b(S, \Sigma, \mu) \to L_\infty(S, \Sigma, \mu)^*$ は等距離同型写像であることを示せ.

39. 二つの非負ルベーグ積分可能関数 $f, g : \mathbf{R} \to \mathbf{R}^+$ を

$$f(t) = \begin{cases} \sqrt{1-t} & (t \leq 1 \text{ のとき}) \\ 0 & (t > 1 \text{ のとき}) \end{cases}$$

と定義し

$$g(t) = \begin{cases} t^2 & (t \geq 0 \text{ のとき}) \\ 0 & (t < 0 \text{ のとき}) \end{cases}$$

と定義する. そして, 二つの測度 $\mu, \nu : \Lambda \to \mathbf{R}^+$ を

$$\mu(E) = \int_E f(t) d\lambda(t), \ \nu(E) = \int_E g(t) d\lambda(t) \ (E \in \Lambda)$$

で定義する. そのとき, 次の各問に答えよ.

(a) ν は μ-絶対連続ではないことを示せ.

(b) ν の μ に関するルベーグ分解を与えよ.

40. (ラドン・ニコディムの定理) 次の各問に答えよ.

(a) (S, Σ, μ) を測度空間とし, D を $\mathbf{R}^+$ の可算部分集合とする. Σ の部分集合族 $\{B(r) : \in D\}$ は, 次の性質を持つとする.

$$p < q \ (p, q \in D) \ \Rightarrow \ B(p) \subset B(q)$$

そのとき, 各 $s \in S$ について

$$f(s) = \inf\{r : s \in B(r)\} \ (\text{ただし}, \ \inf \emptyset = +\infty)$$

と定義される $f : S \to [0, +\infty]$ は

$$f(s) \leq r \ (s \in B(r)), \ f(s) \geq r \ (s \notin B(r))$$

を満たす Σ-可測関数であることを示せ.

(b) $g \in L_1(S, \Sigma, \mu)$ について

$$\nu(E) = \int_E g(s) d\mu(s) \ (E \in \Sigma)$$

と定義される実測度 ν について, $\{s \in S : g(s) \leq r\}$ は, $\nu - r\mu$ の負集合であることを示せ.

(c) 特に, (S, Σ, μ) を有限測度空間とし, ν を μ-絶対連続な有限測度とする. D を非負有理数全体の集合とし, $r \in D$ について, $\nu - r\mu$ のハーン分解を $(A(r), B(r))$ ($A(r)$ は正集合, $B(r)$ は負集合) とするとき, 次を示せ.

  i. $p < q \ (p, q \in D) \ \Rightarrow \ B(p) \subset B(q) \ (\mu\text{-a.e.})$ (すなわち, $\mu(B(p) \backslash B(q)) = 0$) が成り立つ.
  ii. 各 $r \in D$ について
  $$B^*(r) = \bigcup_{p \leq r, \ p \in D} B(p)$$
  として, $B^*(r)$ を定義すれば, $B^*(r) \in \Sigma$ であり
  $$p < q \ (p, q \in D) \ \rightarrow \ B^*(p) \subset B^*(q)$$
  が成り立つ.
  iii. $B(r) \subset B^*(r)$ かつ, $\mu(B^*(r) \backslash B(r)) = 0 \ (\forall r \in D)$ が成り立つ.
  iv. 各 $r \in D$ について, $B^*(r)$ も $\nu - r\mu$ の負集合である.
  v. $N = S \backslash \bigcup_{r \in D} B^*(r)$ とすれば, $\mu(N) = 0$ である.
  vi. 集合族 $\{B^*(r) : r \in D\}$ を用いて, 前問 (a) のように作られた Σ-可測関数を f^* とするとき
  $$\nu(E) = \int_E f^*(s) d\mu(s) \ (E \in \Sigma)$$
  が成り立つ (すなわち, f^* がラドン・ニコディム密度関数である).

41. (ラドン・ニコディムの定理が成り立たない例) S を非可算集合とし, Σ を
$$\Sigma = \{A \subset X \ : \ A \text{ または } A^c \text{ が可算集合}\}$$
とする. そして, Σ 上で定義される二つの測度 μ, ν を考える. 一つは個数測度 μ であり, 他の一つは, 次で定義される測度 ν である.
$$\nu(A) = \begin{cases} 0 & (A \text{ が可算集合のとき}) \\ 1 & (A^c \text{ が可算集合のとき}) \end{cases}$$
そのとき, 次の各問に答えよ.

  (a) (S, Σ, μ) は σ-有限測度空間ではないことを示せ.

(b) ν は μ-絶対連続であることを示せ.

(c) ν は μ に関するラドン・ニコディム密度関数を持たないことを示せ.

42. (S_i, Σ_i, μ_i) $(i = 1, 2, 3)$ を測度空間とするとき, 次の各問に答えよ.

(a) $\sigma(\sigma(\Sigma_1 \times \Sigma_2) \times \Sigma_3) = \sigma(\Sigma_1 \times \sigma(\Sigma_2 \times \Sigma_3)) = \sigma(\Sigma_1 \times \Sigma_2 \times \Sigma_3)$, すなわち, $(\Sigma_1 \otimes \Sigma_2) \otimes \Sigma_3 = \Sigma_1 \otimes (\Sigma_2 \otimes \Sigma_3) = \Sigma_1 \otimes \Sigma_2 \otimes \Sigma_3$ が成り立つことを示せ.

(b) 与えられた三つの測度空間が全て有限測度空間であるとき, 前問から次の三つの測度 $(\mu_1 \otimes \mu_2) \otimes \mu_3, \mu_1 \otimes (\mu_2 \otimes \mu_3), \mu_1 \otimes \mu_2 \otimes \mu_3$ は $\Sigma_1 \otimes \Sigma_2 \otimes \Sigma_3$ を定義域とする測度であることが保証される. このとき, この三つの測度は等しいことを示せ. すなわち, 各 $A \in \Sigma_1 \otimes \Sigma_2 \otimes \Sigma_3$ について

$$((\mu_1 \otimes \mu_2) \otimes \mu_3)(A) = (\mu_1 \otimes (\mu_2 \otimes \mu_3))(A) = (\mu_1 \otimes \mu_2 \otimes \mu_3)(A)$$

が成り立つことを示せ.

43. (S, Σ, μ) は σ-有限測度空間とし, $f : S \to [0, +\infty]$ とする. そして, $V(f) = \{(s, t) : 0 \leq t < f(s), s \in S\}$ とおく. そのとき, 次の各問に答えよ.

(a) $E \in \Sigma \otimes \mathcal{B}(\mathbf{R})$ であるとき, 任意の正数 a と実数 b について

$$\{(s, t) : (s, at + b) \in E\} \in \Sigma \otimes \mathcal{B}(\mathbf{R})$$

を示せ.

(b) $V(f) \in \Sigma \otimes \mathcal{B}(\mathbf{R})$ ならば, f は Σ-可測関数であることを示せ.

(c) 前問 (b) の逆命題を示せ.

(d) 次の等式を示せ. ただし, λ は 1 次元ルベーグ測度.

$$(\mu \otimes \lambda)(V(f)) = \int_S f(s) d\mu(s)$$

44. Ω を最初の非可算順序数とするとき, $S = \{\alpha : \alpha < \Omega\}$ (Ω より小さな順序数全体の作る集合) とする. そして

$$\Sigma = \{A \in \mathcal{P}(S) : A \text{ または } A^c \text{ が可算集合}\}$$

とするとき, $\mu : \Sigma \to \mathbf{R}^+$ を次のように定義する.

$$\mu(A) = \begin{cases} 1 & (A^c : \text{可算集合のとき}) \\ 0 & (A : \text{可算集合のとき}) \end{cases}$$

そのとき, 次の各問に答えよ.

(a) (S, Σ, μ) は有限測度空間であることを示せ.

(b) $E = \{(\alpha, \beta) \ : \ \alpha < \beta\} \ (\subset S \times S)$ について $E_\alpha \in \Sigma$, $E_\beta \in \Sigma$ $(\forall \alpha, \ \beta \in S)$ を示せ.

(c) $E \notin \Sigma \otimes \Sigma$ を示せ.

45. $S_1 = S_2 = [0,1]$ とし, $\Sigma_1 = \Sigma_2 = \mathcal{B}([0,1])$ とする. また, μ_1 は $[0,1]$ 上のルベーグ測度, μ_2 は $[0,1]$ 上の個数測度であるとする. そのとき, 次の各問に答えよ.

(a) (S_2, Σ_2, μ_2) は σ-有限測度空間か.

(b) $\Delta = \{(s,s) \ : \ s \in [0,1]\} \in \Sigma_1 \otimes \Sigma_2$ を示せ.

(c) 次の二つの逐次積分は一致するか.

$$\int_{S_1} \left(\int_{S_2} \chi_\Delta(s_1, s_2) d\mu_2(s_2) \right) d\mu_1(s_1),$$

$$\int_{S_2} \left(\int_{S_1} \chi_\Delta(s_1, s_2) d\mu_1(s_1) \right) d\mu_2(s_2)$$

46. $(\mathbf{R}, \Lambda, \lambda)$ は 1 次元ルベーグ測度空間で, $(\mathbf{R}^2, \Lambda_2, \lambda_2)$ は 2 次元ルベーグ測度空間とする. 次の各問に答えよ.

(a) $\Lambda \otimes \Lambda \subset \Lambda_2$ であることを示せ.

(b) V を $\mathbf{R}$ のビタリ集合 (Vitali set) とするとき

$$V \times V = \{(u,v) \ : \ u, v \in V\} \notin \Lambda_2$$

であることを示せ.

(c) $a \in V$ について, $E = \{a\} \times V \in \mathcal{P}(\mathbf{R}^2)$ を考えれば, $E \in \Lambda_2 \setminus (\Lambda \otimes \Lambda)$ であることを示せ (ヒント: $\lambda_2^*(\{a\} \times V)$ の計算).

(d) $(\mathbf{R}^2, \Lambda \otimes \Lambda, \lambda_2)$ は完備か (ヒント: $\{a\} \times V \subset \{a\} \times \mathbf{R} \in \Lambda_2$).

47. 次の各問に答えよ.

(a) 二つの可測空間 (S_1, Σ_1), (S_2, Σ_2) について, $f : S_1 \to \mathbf{R}^+$, $g : S_2 \to \mathbf{R}^+$ は, 各々 Σ_1-可測, Σ_2-可測関数とするとき, 二変数関数 $f(s_1)g(s_2)$ は $\Sigma_1 \otimes \Sigma_2$-可測であることを示せ.

(b) (S_1, Σ_1, μ_1), (S_2, Σ_2, μ_2) を σ-有限測度空間とし, $f : S_1 \to \mathbf{R}^+$, $g : S_2 \to \mathbf{R}^+$ は各々, Σ_1-可測, Σ_2-可測とするとき

$$\int_{S_1 \times S_2} f(s_1) g(s_2) d(\mu_1 \otimes \mu_2)(s_1, s_2)$$

$$= \int_{S_1} f(s_1) d\mu_1(s_1) \cdot \int_{S_2} g(s_2) d\mu_2(s_2)$$

が成り立つことを示せ (左辺の積分は, 前問により, 意味を持つことを注意せよ).

48. 次の各問に答えよ.

   (a) A をルベーグ測度有限のルベーグ可測集合とするとき
   $$f(x) = \lambda((x+A) \triangle A) \ (x \in \mathbf{R}^k)$$
   として定義される実数値関数 f は, $\lim_{x \to 0} f(x) = 0$ を満たすことを示せ.

   (b) A, B を共にルベーグ測度有限のルベーグ可測集合とするとき
   $$g(x) = \lambda((x+A) \cap B) \ (x \in \mathbf{R}^k)$$
   として定義される実数値関数 g は連続関数であることを示せ.

   (c) ルベーグ可測集合 E が次の性質を持つとする.
   $$\lambda((x+E) \triangle E) = 0 \ (x \in D)$$
   ただし, D は $\mathbf{R}^k$ の稠密な部分集合. そのとき, $\lambda(E) = 0$ あるいは $\lambda(E^c) = 0$ のいずれか一方が成り立つことを示せ.

   (d) D は $\mathbf{R}^k$ の稠密な部分集合とし, ルベーグ可測関数 $\phi : \mathbf{R}^k \to \mathbf{R}$ が次の性質を持つとする.
   $$\phi(x+d) = \phi(x) \ (x \in \mathbf{R}^k, \ d \in D)$$
   そのとき, ϕ は λ-a.e. に定数関数である (すなわち, 或る定数 c について, $\phi(x) = c$ (λ-a.e.) が成り立つ) ことを示せ.

49. $f : [0,1] \times [0,1] \to \mathbf{R}$ は, 次の二つの性質を持つ関数とする.

   (i) $x \in [0,1]$ を固定する毎に $[0,1]$ において, y の関数として連続.

   (ii) $y \in [0,1]$ を固定する毎に $[0,1]$ において, x の関数として連続.

   そのとき, 次の各問に答えよ.

   (a) $f_n(x,y)$ $(n=1,2,\ldots)$ を, 次のように定義する.
   $$f_n(x,y) = \begin{cases} f(x, i/n) & ((i-1)/n \le y < i/n, i=1,\ldots,n-1) \\ f(x,1) & ((n-1)/n \le y \le 1) \end{cases}$$
   そのとき, $f_n(x,y)$ は $[0,1] \times [0,1]$ において, ルベーグ可測関数であることを示せ.

(b) 各 $(x,y) \in [0,1] \times [0,1]$ について
$$f(x,y) = \lim_{n \to \infty} f_n(x,y)$$
を示せ.

(c) $f(x,y)$ は $[0,1] \times [0,1]$ において, ルベーグ可測関数であることを示せ.

50. (S, Σ_S, α), (T, Σ_T, β) を二つの確率測度空間とし, $A \subset S$, $B \subset T$ は $\alpha^*(A) = \beta^*(B) = 1$ を満たすとする. ただし
$$\alpha^*(A) = \inf\{\alpha(E) \,:\, A \subset E,\ E \in \Sigma_S\},$$
$$\beta^*(B) = \inf\{\beta(F) \,:\, B \subset F,\ F \in \Sigma_T\}$$
である. そのとき, 次の各問に答えよ.

(a) $\Sigma_A = \{A \cap E \,:\, E \in \Sigma_S\}$ として, 全体集合を A とする, A の部分集合族を定めるとき, Σ_A は σ-algebra であることを示せ.

(b) $\alpha_A : \Sigma_A \to \mathbf{R}^+$ を, $\alpha_A(A \cap E) = \alpha(E)$ $(E \in \Sigma_S)$ とすれば

 i. これは定義として意味を持つことを示せ.

 ii. 定義された α_A は A 上の確率測度であることを示せ.

 iii. $f : S \to \mathbf{R}^+$ が Σ_S 可測であるとき, f の A への制限関数 f_A は Σ_A 可測であり
$$\int_S f(s) d\alpha(s) = \int_A f_A(s) d\alpha_A(s)$$
が成り立つことを示せ.

(c) $(\alpha \otimes \beta)^*$ を, 各 $C \in \mathcal{P}(S \times T)$ について
$$(\alpha \otimes \beta)^*(C) = \inf\{(\alpha \otimes \beta)(D) \,:\, C \subset D,\ D \in \Sigma_S \otimes \Sigma_T\}$$
と定義するとき, $(\alpha \otimes \beta)^*(A \times B) = 1$ が成り立つことを示せ.

51. カントール空間 $\{0,1\}^{\mathbf{N}}$ に関する次の各問に答えよ.

(a) $f : C$ (カントール集合) $\to \{0,1\}^{\mathbf{N}}$ を次で定義するとき, f は カントール集合 と カントール空間の間の位相同形写像を与えること, すなわち f は, C から $\{0,1\}^{\mathbf{N}}$ への全単射, 両連続写像であることを示せ (18 番 (c) の結果を参照せよ).
$$f(t) = (a_i)_{i \geq 1}\ (t = \sum_{i=1}^{\infty} \frac{2a_i}{3^i} \in C)$$

(b) $\nu : \mathcal{P}(\mathbf{N}) \to \mathbf{R}^+$ を次で定義する.

$$\nu(A) = \sum_{i \in A} \frac{1}{2^i} \ (A \in \mathcal{P}(\mathbf{N}))$$

そのとき, ν は確率測度であることを示せ.

(c) 自然数全体の集合の冪集合 $\mathcal{P}(\mathbf{N})$ に, 次の二変数関数 ρ を考える.

$$\rho(A, B) = \nu(A \triangle B) \ (A, \ B \in \mathcal{P}(\mathbf{N}))$$

(ただし, ν は, 前問 (b) で与えられた確率測度). そのとき, ρ は距離関数であることを示せ.

(d) **カントール空間** $\{0,1\}^{\mathbf{N}}$ から, 距離空間 $(\mathcal{P}(\mathbf{N}), \rho)$ への写像 g を次で定義する.

$$g(a) = \{i \ : \ a_i = 1\} \in \mathcal{P}(\mathbf{N}) \ (a = (a_i)_{i \geq 1} \in \{0,1\}^{\mathbf{N}})$$

そのとき, g は位相同形写像であることを示せ.

(e) $\mathcal{P}(\mathbf{N})$ に, 次の形で和の演算を導入する. $A, \ B \in \mathcal{P}(\mathbf{N})$ について, $A + B = A \triangle B$ で定義する. また, **カントール空間の二元** $a = (a_i)_{i \geq 1}, \ b = (b_i)_{i \geq 1}$ には, 各成分毎の和により, 二元の和:

$a + b = (a_i + b_i)_{i \geq 1}$ (ただし, 成分和は, 2 進法で考える)

が定義されているとする. そのとき, 二つの加群 $(\{0,1\}^{\mathbf{N}}, +)$, $(\mathcal{P}(\mathbf{N}), +)$ は同形であることを示せ (この意味から, 位相的状況, 加群的状況を観る場合, $\{0,1\}^{\mathbf{N}}$ と $\mathcal{P}(\mathbf{N})$ を同一視して取り扱えることを注意せよ).

(f) 命題 1.4.29 (3) で与えた ($\{0,1\}^{\mathbf{N}}$ 上の) ボレル確率測度 μ は, **平行移動に関して不変**, すなわち, 任意の $B \in \mathcal{B}(\{0,1\}^{\mathbf{N}})$ と $a \in \{0,1\}^{\mathbf{N}}$ について, $a + B \in \mathcal{B}(\{0,1\}^{\mathbf{N}})$, $\mu(a + B) = \mu(B)$ が成り立つことを示せ.

52. **Sierpinski 関数** $\phi : [0,1] \to \{0,1\}^{\mathbf{N}}$ について, 次の各問に答えよ.

(a) $\Lambda_0 = \{\phi^{-1}(B) \ : \ B \in \mathcal{B}(\{0,1\}^{\mathbf{N}})\}$ とおけば, Λ_0 は, $\mathcal{B}([0,1]) = \Lambda_0$ を満たす σ-algebra であることを示せ.

(b) 任意の $E \in \Lambda$ について, 或る $B \in \mathcal{B}(\{0,1\}^{\mathbf{N}})$ が存在して, $\lambda(E \triangle \phi^{-1}(B)) = 0$ が成り立つことを示せ.

53. 注意 7 の 5. で述べた ϕ の非弱可測性の証明は, 以下の手順が (外測度, 内測度の概念や, 命題 1.4.35 の結果を用いないで, それより基本的な事実である, 問題 48 番の結果を用いるという意味において) 簡単である. そのために, $R_n : \mathbf{R} \to l_\infty$ を, $R_n(t) = \{\mathrm{sgn}(\sin(2^n \pi t))\}_{n \geq 1}$ とする (したがって, $r_n = R_n|_{[0,1]} : R_n$ の $[0,1]$ への制限である). また, $\mu_{\mathcal{F}} \in l_\infty^*$ を, free ultrafilter $\mathcal{F}$ に対応した $\{0,1\}$-値純粋有限加法的測度とする. そのとき, $f : [0,1] \to \mathbf{R}$, $F : \mathbf{R} \to \mathbf{R}$ を, $\phi(t) = \{(1 - r_n(t))/2\}_{n \geq 1}$, $\Phi(t) = \{(1 - R_n(t))/2\}_{n \geq 1}$ について

$$f(t) = \int_{\mathbf{N}} \phi(t)(n) d\mu_{\mathcal{F}}(n) = (\mu_{\mathcal{F}}, \phi(t)),$$

$$F(t) = \int_{\mathbf{N}} \Phi(t)(n) d\mu_{\mathcal{F}}(n) = (\mu_{\mathcal{F}}, \Phi(t))$$

で定義する (ただし, $\phi(t)(n)$, $\Phi(t)(n)$ は, 各々 $\phi(t)$, $\Phi(t)$ の第 n 成分を表す). 次の各問に答えよ.

   (a) $F(\mathbf{R}) \subset \{0,1\}$ を示せ.

   (b) $D = \{d \in \mathbf{R} :$ 適当な $a_1, \ldots, a_n \in \{0,1\}$ について $d - [d] = a_1/2 + \cdots + a_n/2^n$ と表現される $\}$ とする (すなわち, D を, 実数 d の少数部分が, 有限列 $a_1, \ldots, a_n$ で 2 進数展開可能な d の全体とする) とき, $F(t + d) = F(t)$ ($\forall t \in \mathbf{R}, d \in D$) を示せ. また, D は $\mathbf{R}$ の稠密な部分集合であることを示せ.

   (c) 各 $t \notin D$ について, $F(1-t) = 1 - F(t)$ を示せ.

   (d) f が Λ-可測 $\Leftrightarrow$ F が Λ-可測, を示せ.

   (e) F を Λ-可測関数とするとき, 問題 48 番の結果を用いて, 矛盾が生じることを示せ.

   (f) ϕ は弱可測でないことを示せ.

54. K をコンパクト距離空間とし, μ を K 上の**ボレル確率測度**とする. そのとき, 次の各問に答えよ.

   (a) 任意のボレル集合 E を与える. そのとき, 任意の正数 ε について, $F \subset E$ を満たす閉集合 F と, $O \supset E$ を満たす開集合 O を適当にとれば

$$\mu(O \backslash F) < \varepsilon$$

   が成り立つことを示せ.

   (b) μ はラドン確率測度であることを示せ.

第 2 章 バナッハ空間における測度論，バナッハ空間値関数の積分論

　ここでは，第一の主題として，(実数体上の) バナッハ空間 X に弱位相 $\sigma(X,X^*)$ を導入した位相空間 $(X,\sigma(X,X^*))$ (局所凸線形位相空間であり，以後，(X,w) と表記) での測度論を展開する．すなわち，一般位相空間における測度論の色彩を持つ内容である．ノルム空間としての位相空間 (したがって，完備距離空間) である本来のバナッハ空間は，以後 X と表して前者と区別し，(X,w) の測度論と X での測度論との関連も考察する．この理論の基本的結果として，エドガー (G. Edgar) の結果，トートラ (A. Tortrat) の結果を与える．このような結果は，そのものの面白さの故のみではなく，(後述する) X に値をとる関数 (X-値関数と表記される) f の測度論的性質の解析のためにも紹介されるのである．また，第二の主題として，X に値をとる関数の積分を考察する．**ボッホナー積分** (Bochner integral), **バーコフ積分** (Birkhoff integral), **ペッティス積分** (Pettis integral) と呼ばれる三種の積分に着目しており，バナッハ空間に値をとる関数の積分論の基礎を与える．特に，(邦書で従来取り扱われることの少なかった) ペッティス積分に焦点をあて，これを重視し，解説する．とりわけ，ペッティス積分可能関数の特徴付けを与えるガイツ・タラグラン (R. Geitz-M. Talagrand) の結果に言及している．すなわち，3 章において，ペッティス積分を手段としたバナッハ空間の構造解析を与えるべく，その序奏的意味合いを持つ内容を，ここで紹介したい．

　(なお，以後の 2 章，3 章の内容において頻出する，バナッハ空間における弱位相，弱 * 位相に関する基礎事項や，凸集合に関する分離定理等については，特に注意することなく利用されることが殆どであるから，それらの事項については，例えば，松田 [26] を参照のこと)．

2.1 バナッハ空間における測度

[弱ベール集合族について]

　ここでは，バナッハ空間 X に弱位相を導入した位相空間 (X,w) におけるベール集合族，ベール測度についての結果を述べる．(距離空間となる) ノルム位相ではなく，弱位相におけるベール測度論の基礎となるものである．これは，X-値関数の内で，測度論的に基本的な関数と考えられる弱可測関数 (定義は後述) と呼ばれる関数を，測度的観点から解析できる有効な方法を与えるという意味においても重要である．先ず，位相空間におけるベール集合族の定義を与える．

定義 2.1.1 位相空間 Y について，$C(Y) = \{f : Y \to \mathbf{R} \mid f\text{ は連続}\}$ とするとき，$Z = \mathrm{Ker}(f)$ ($f \in C(Y)$) を，Y の **零集合** (zero set) といい，$Z(f)$ と表すことにする．すなわち，Y の零集合 $Z(f)$ とは，実数値連続関数 f の零点集合のことである．そのとき，Y の **ベール集合族** ($\mathcal{B}a(Y)$ と表記) は

$$\mathcal{B}a(Y) = \sigma(\{Z(f) \,:\, f \in C(Y)\})$$

で定める．すなわち，ベール集合族とは，Y の零集合を含む最小の σ-algebra をいう．

このとき，次の結果はベール集合族について基本的なものである．

命題 2.1.2 (1) $\mathcal{B}(Y)$ を，Y のボレル集合族 ($= \sigma(\mathcal{O}(Y))$，ただし，$\mathcal{O}(Y)$ は，Y の開集合族) とすれば，$\mathcal{B}a(Y) \subset \mathcal{B}(Y)$ である．
 (2) $f \in C(Y)$, $r \in \mathbf{R}$ について，$S(f, r)$ を

$$S(f, r) = \{y \,:\, f(y) \geq r\}$$

と定義するとき

$$\mathcal{B}a(Y) = \sigma(\{S(f, r) \,:\, f \in C(Y),\ r \in \mathbf{R}\})\ (= \sigma(\mathcal{M})\text{ と以後表記する})$$

が成り立つ．ただし，$\mathcal{M} = \{S(f, r) \,:\, f \in C(Y),\ r \in \mathbf{R}\}$．
 すなわち，Y のベール集合族とは，$C(Y)$ の任意の元 f を可測とする最小の σ-algebra である．
 (3) 特に，Y が距離空間 (Y, d) ならば，$\mathcal{B}(Y) = \mathcal{B}a(Y)$ が成り立つ．

証明 (1) について．$f \in C(Y)$ について，f の連続性から，$Z(f)$ は閉集合であり，$\mathcal{B}(Y) = \sigma(\mathcal{F}(Y))$ (ただし，$\mathcal{F}(Y)$ は，Y の閉集合族) であることから

$$\mathcal{B}a(Y) = \sigma(\{Z(f) \,:\, f \in C(Y)\}) \subset \sigma(\mathcal{F}(Y)) = \mathcal{B}(Y)$$

が得られる．
 (2) について．$f \in C(Y)$ について

$$Z(f) = Z(|f|) = \bigcap_{n=1}^{\infty} \{y \,:\, |f(y)| < \frac{1}{n}\}$$

であるから，$Z(f) \in \sigma(\mathcal{M})$ が成り立つ．したがって

$$\mathcal{B}a(Y) \subset \sigma(\mathcal{M})$$

である．逆向きの包含関係について示すために，任意の，$S(f,r) \in \mathcal{M}$ をとれ．そのとき
$$g(y) = \min(f(y) - r, 0) \ (y \in Y)$$
により，$g \in C(Y)$ を定義すれば，$Z(g) = S(f, r)$ が得られる．よって
$$S(f, r) \in \mathcal{B}a(Y)$$
が得られ，その結果，逆向きの包含関係が得られる．

(3) について．包含関係：$\mathcal{B}(Y) \subset \mathcal{B}a(Y)$ を得るためには
$$\mathcal{F}(Y) \subset \{Z(f) \ : \ f \in C(Y)\}$$
を示せば十分である．そのために，$F \in \mathcal{F}(Y)$ を任意にとれ．F は距離空間の閉集合であるから
$$O_n = \{y \ : \ d(y, F) < \frac{1}{n}\} \ (n = 1, 2, \ldots)$$
とおくことにより，$h(y) = d(y, F)$ が y の連続関数であることを考慮すれば
$$F = \bigcap_{n=1}^{\infty} O_n, \ O_n \in \mathcal{O}(Y) \ (n = 1, 2, \ldots)$$
が分かる．このとき，各 $O_n \supset F$ について，$g_n \in C(Y)$ で
$$g_n(y) = 1 \ (y \in F), \ g_n(y) = 0 \ (y \notin O_n), \ 0 \leq g_n(y) \leq 1 \ (y \in Y)$$
が存在する (例えば，$g_n(y) = d(y, O_n^c)/(d(y, F) + d(y, O_n^c))$ と定める)．したがって
$$g(y) = \sum_{n=1}^{\infty} \frac{g_n(y)}{2^n} \ (y \in Y)$$
で，$g : Y \to \mathbf{R}$ を定義すれば，$g \in C(Y)$ であり，$F = \{y \ : \ g(y) = 1\}$ が分かる．そのとき，$f = 1 - g$ とすれば，$f \in C(Y)$ で，$F = Z(f)$ となり，要求された結果が得られた．

注意 1 $C_b(Y) = \{f : Y \to \mathbf{R} \mid f$ は有界連続 $\}$ とすれば
$$\{Z(f) \ : \ f \in C_b(Y)\} = \{Z(g) \ : \ g \in C(Y)\}$$
が成り立つ．実際，$(\subset)$ の包含は明らかであるから，$(\supset)$ の包含を注意すればよい．$g \in C(Y)$ をとれば，$Z(g) = Z(|g|)$ は明らかである．しかも
$$f(y) = \min(|g(y)|, 1) \ (y \in Y)$$

で, $f \in C_b(Y)$ を定義すれば, $Z(f) = Z(|g|)$ は容易に分かるから, $Z(g) = Z(f)$ が得られる. したがって, 包含 ($\supset$) が示された. この結果から

$$\mathcal{B}a(Y) = \sigma(\{Z(f) : f \in C_b(Y)\})$$

が分かる.

$Y = (X, w)$ の場合には, $x^* \in X^*$ について

$$x^* \in C(X, w)$$

であるから, $S(x^*, r) \in \mathcal{B}a(X, w)$ である. したがって

$$\sigma(\{S(x^*, r) : x^* \in X^*, r \in \mathbf{R}\}) \subset \mathcal{B}a(X, w)$$

が分かる. 実は, この両辺の集合族が等しいことが, 以下で示される. すなわち, (X, w) のベール集合族は, $\sigma(\mathcal{M})$ であることが分かる. ただし, この場合は

$$\mathcal{M} = \{S(x^*, r) : x^* \in X^*, r \in \mathbf{R}\}$$

で定める. 定理として述べれば次であり, この分野における基礎的結果として重要である.

定理 2.1.3 (Edgar) 集合族についての次の等式が成り立つ.

$$\mathcal{B}a(X, w) = \sigma(\mathcal{M})$$

この結果を示すためには幾つかの準備が必要である. その第一として, I を添え字の集合 (必ずしも有限集合ではない) としたとき, $\mathbf{R}$ の直積集合

$$\mathbf{R}^I = \Pi_{i \in I} \mathbf{R}_i = \{u = (u_i)_{i \in I} : u_i \in \mathbf{R}_i, \forall i\} \ (ただし, \mathbf{R}_i = \mathbf{R}, \forall i)$$

(すなわち, $\mathbf{R}^I$ は I を定義域とする実数値関数全体の集合) を考え, この集合を先ず線形空間化する. さらに, 適当なセミノルム系を用いることにより, $\mathbf{R}^I$ を局所凸線形位相空間として獲得しよう. そのために, 第一段階として, $\mathbf{R}^I$ に, 次のようにして, 和と実数倍を定義して, $\mathbf{R}^I$ を (実数体上の) 線形空間とする.

$$u + v = (u_i + v_i)_{i \in I} \ (u = (u_i)_{i \in I}, \ v = (v_i)_{i \in I} \in \mathbf{R}^I),$$

$$cu = (cu_i)_{i \in I} \ (u = (u_i)_{i \in I} \in \mathbf{R}^I, \ c \in \mathbf{R})$$

さらに, $\mathbf{R}^I$ には, 1 次元ユークリッド空間 $\mathbf{R}$ からの直積位相を導入する. すなわち, 各 $j \in I$ について, $\pi_j : \mathbf{R}^I \to \mathbf{R}$ を

$$\pi_j(u) = u_j \ (u = (u_i)_{i \in I} \in \mathbf{R}^I)$$

と定義される写像 (**射影写像**) としたとき, 全ての π_j $(j \in I)$ を連続にする最弱位相を $\mathbf{R}^I$ に導入する. そのとき, 次の形の集合が $\mathbf{R}^I$ の開基となることを注意しておこう. それは, $\mathcal{F}(I)$ を I の有限部分集合全体から構成される集合族とするとき, $F \in \mathcal{F}(I)$ と, $\mathcal{O}(\mathbf{R})$ ($\mathbf{R}$ の開集合族) の (空でない) 各元 A_i $(i \in F)$ を取って得られる有限集合族 $\{A_i\}_{i \in F}$ に対応して定まる集合 ($O(F, \{A_i\}_{i \in F})$ と記載):

$$O(F, \{A_i\}_{i \in F}) = \Pi_{i \in F} A_i \times \Pi_{i \notin F} \mathbf{R}$$

である. また, この直積位相が, 適当なセミノルム系から導かれた位相であることは

$$p_j(u) = |\pi_j(u)| \ (j \in I)$$

として定義される p_j $(j \in I)$ が, 各 j 毎に, 線形空間 $\mathbf{R}^I$ で定義されたセミノルムであることが容易に分かること, および, p_j の形から [全てのセミノルム p_j $(j \in I)$ を連続にする, $\mathbf{R}^I$ 上の最弱位相と, 全ての π_j $(j \in I)$ を連続にする $\mathbf{R}^I$ 上の最弱位相が同じ] であることが, 容易に分かるからである. したがって, $\mathbf{R}^I$ 上の直積位相は, このようなセミノルム系から導かれた位相, すなわち, 局所凸位相であることが分かり, 局所凸線形位相空間 $\mathbf{R}^I$ が獲得されたのである. 話の出発点として, このような一般的な事項を先ず注意してきたが, さて次に, 我々の目的のための具体化を図っていこう. その最初として, $\mathbf{R}^I$ の互いに素な開集合についての命題 2.1.5 を与える. そのために, $\mathbf{R}^I$ の開集合に関する記法を用意する.

定義 2.1.4 $\mathcal{H}_0 = \{O(F, \{A_i\}_{i \in F}) \ : \ F \in \mathcal{F}(I), A_i \in \mathcal{O}(\mathbf{R}), A_i \neq \emptyset, i \in F\}$, すなわち, $\mathcal{H}_0$ は, $\mathbf{R}^I$ の開基からなる集合族. また

$$\mathcal{H} = \{U : \mathcal{H}_0 \text{ に属する集合の列 } \{O_n\}_{n \geq 1} \text{ について, } U = \bigcup_{n=1}^{\infty} O_n \text{ と表される}\}$$

とする (すなわち, $\mathcal{H}$ は, 開基の可算個の和集合として得られる開集合の全体).

命題 2.1.5 (ボックシュタイン, M. Bockstein) V_1, V_2 を, $\mathbf{R}^I$ の互いに素な開集合とする. そのとき, $\mathcal{H}$ の互いに素な元 U_1, U_2 で

$$V_1 \subset U_1, \ V_2 \subset U_2$$

を満たすものが存在する.

この証明のために $\mathbf{R}^I$ の互いに素な開集合の族についての一つの結果

を注意する. すなわち

命題 2.1.6 $\mathbf{R}^I$ の空でない, 互いに素な開集合の族を $\{O_\gamma\}_{\gamma \in \Gamma}$ と表すとき, 添え字の集合 Γ は高々可算集合である.

証明 各 $i \in I$ について, $\mathbf{R}$ 上のボレル確率測度 μ_i を

$$\mu_i(E) = \frac{1}{\sqrt{2\pi}} \cdot \int_E \exp(-\frac{t^2}{2}) d\lambda(t) \ (E \in \mathcal{B}(\mathbf{R}))$$

で定義し (ただし, λ は 1 次元ルベーグ測度)

$$\mu = \bigotimes_{i \in I} \mu_i \ (\mu_i \ \text{の積測度})$$

とする (定理 1.4.23 を利用). そのとき

$$U = O(F, \{A_i\}_{i \in F}) \ \cdots \ (*)$$

について

$$\mu(U) = \Pi_{i \in F} \ \mu_i(A_i)$$

が成り立つことと, 各 A_i は空でないので, それらは $\mathbf{R}$ の空でない開区間を含むことにより

$$\mu(U) > 0$$

が分かる. このことを用いれば, 「Γ は可算集合である」ことが次のようにして得られる. 各 $\gamma \in \Gamma$ について, $O_\gamma \supset U_\gamma$ を満たす $(*)$ の形の空でない開集合 U_γ を一つずつとり, 各 n 毎に,

$$\Gamma_n = \{\gamma \in \Gamma \ : \ \mu(U_\gamma) > \frac{1}{n}\}$$

とおけば, 各 $\gamma \in \Gamma$ について $\mu(U_\gamma) > 0$ であるから

$$\Gamma = \bigcup_{n=1}^\infty \Gamma_n$$

が分かる. そのとき, 各 Γ_n は有限集合である. 実際, 或る n について, Γ_n の元の個数が可算無限個以上ならば

$$\Gamma_n \supset \{\gamma_1, \ldots, \gamma_i, \ldots\}$$

が成り立つので

$$1 = \mu(\mathbf{R}^I) \geq \mu\left(\bigcup_{i=1}^\infty U_{\gamma_i}\right)$$

$$= \sum_{i=1}^{\infty} \mu(U_{\gamma_i}) \geq \sum_{i=1}^{\infty} \frac{1}{n} = +\infty$$

となり矛盾が生じるからである．したがって，各 n について，Γ_n は有限集合となり，Γ の可算性が示された．

命題 2.1.5 の証明 次の集合族 $\mathcal{D}(\mathcal{H}_0)$ を考える．

$$\mathcal{D}(\mathcal{H}_0) = \{\{O_n\}_{n \geq 1} : O_m \cap O_n = \emptyset \ (m \neq n),$$

$$O_n \in \mathcal{H}_0, \ O_n \cap V_2 = \emptyset, \ n = 1, 2, \ldots\} \cdots (*)$$

そして，$\mathcal{D}(\mathcal{H}_0)$ に次で定義される順序を導入する．$\{O_n\}_{n \geq 1}, \{W_i\}_{i \geq 1} \in \mathcal{D}(\mathcal{H}_0)$ について

$$\{O_n\}_{n \geq 1} \leq \{W_i\}_{i \geq 1} \ \Leftrightarrow$$

$$\{O_n : n = 1, 2, \ldots\} \subset \{W_i : i = 1, 2, \ldots\}$$

そのとき，順序集合 $(\mathcal{D}(\mathcal{H}_0), \leq)$ は帰納的に順序付けられた集合であることは以下のようにして分かる．そのために，$\mathcal{F} \subset \mathcal{D}(\mathcal{H}_0)$ で，$\mathcal{F}$ が全順序集合であるものをとれ．そして

$$\mathcal{F} = \{\mathcal{O}_\gamma : \gamma \in \Gamma\}$$

と表し，集合族 $\mathcal{O}$ を

$$\mathcal{O} = \bigcup_{\gamma \in \Gamma} \mathcal{O}_\gamma$$

で定義する．そのとき，$\mathcal{O}$ は

$$\mathcal{O} \in \mathcal{D}(\mathcal{H}_0), \ \mathcal{O}_\gamma \leq \mathcal{O} \ (\forall \gamma \in \Gamma)$$

を満たすことは容易に分かる．この際，$\mathcal{O}$ が可算集合であること，その可算集合が $(*)$ で述べられている性質を満たすことを確認する必要があるが，これらは，前者については命題 2.1.6 から明らかであり，後者については $\mathcal{F}$ の全順序性を用いることで容易に得られる．したがって，ツォルンの補題より，$\mathcal{D}(\mathcal{H}_0)$ は極大元 $\{O_n\}_{n \geq 1}$ を持つ．このとき

$$U = \bigcup_{n=1}^{\infty} O_n$$

とすれば，$U \in \mathcal{H}$ であり，$\{O_n\}_{n \geq 1}$ の極大性から

$$V_1 \subset \overline{U}$$

が得られる．実際, $V_1 \backslash \overline{U} \neq \emptyset$ とすれば, $\mathbf{R}^I$ の位相の決め方から
$$O \in \mathcal{H}_0,\ O \subset V_1,\ O \cap \overline{U} = \emptyset$$
を満たす O が存在する．したがって
$$\{O_n : n = 1, 2, \ldots\} \lneq \{O, O_n : n = 1, 2, \ldots\} \in \mathcal{D}(\mathcal{H}_0)$$
であるから, $\{O_n\}_{n \geq 1}$ の $\mathcal{D}(\mathcal{H}_0)$ における極大性に矛盾する．このことから, $V_1 \subset \overline{U}$ が得られた．しかも, $\overline{U} \cap V_2 = \emptyset$ であることは, $U \cap V_2 = \emptyset$ と, V_2 の開集合性から生じる．したがって, $U_2 = \mathbf{R}^I \backslash \overline{U}$ とすれば
$$V_2 \subset U_2,\ U_2 \cap V_1 = \emptyset$$
が成り立つ．しかも $[U_2 \in \mathcal{H}]$ である．それを以下に示す．さて, $U = \bigcup_{n=1}^{\infty} O_n$ の各 O_n について, $O_n = O(F_n, \{A_i^{(n)}\}_{i \in F_n})$ と表せば
$$U = \bigcup_{n=1}^{\infty} (\Pi_{i \in F_n} A_i^{(n)} \times \Pi_{i \notin F_n} \mathbf{R})$$
と表せる．したがって, $F = \bigcup_{n=1}^{\infty} F_n$ とすれば, F は I の可算集合で
$$\Pi_{i \in F_n} A_i^{(n)} \times \Pi_{i \notin F_n} \mathbf{R}$$
$$= \Pi_{i \in F_n} A_i^{(n)} \times \Pi_{i \in F \backslash F_n} \mathbf{R} \times \Pi_{i \notin F} \mathbf{R}$$
と書き直せるから, 各 n について
$$E_n = \Pi_{i \in F_n} A_i^{(n)} \times \Pi_{i \in F \backslash F_n} \mathbf{R}$$
とすれば, $E_n \in \mathcal{O}(\mathbf{R}^F)$ ($\mathbf{R}^F$ の開集合族) で
$$U = \bigcup_{n=1}^{\infty} (E_n \times \Pi_{i \notin F} \mathbf{R}) = \left(\bigcup_{n=1}^{\infty} E_n\right) \times \Pi_{i \notin F} \mathbf{R}$$
すなわち, $E = \bigcup_{n=1}^{\infty} E_n\ (\in \mathcal{O}(\mathbf{R}^F))$ として
$$U = E \times \Pi_{i \notin F} \mathbf{R}$$
と表される．したがって, 容易に示されるように
$$\overline{U} = \overline{E} \times \Pi_{i \notin F} \mathbf{R} = \overline{E} \times \mathbf{R}^{I \backslash F}$$
である．これから
$$U_2 = \mathbf{R}^I \backslash \overline{U} = (\mathbf{R}^F \backslash \overline{E}) \times \mathbf{R}^{I \backslash F}$$

が得られる．ここで，$\mathbf{R}^F \backslash \overline{E} \in \mathcal{O}(\mathbf{R}^F)$ であるから $\mathbf{R}^F$ の可分性 (すなわち，第二可算公理性) を用いれば

$$\mathbf{R}^F \backslash \overline{E} = \bigcup_{n=1}^{\infty} \left(\Pi_{i \in G_n} B_i^{(n)} \times \Pi_{i \in F \backslash G_n} \mathbf{R} \right)$$

と表せる．ただし，G_n $(n=1,2,\ldots)$ は，F の有限集合である．したがって

$$U_2 = (\mathbf{R}^F \backslash \overline{E}) \times \mathbf{R}^{I \backslash F} \in \mathcal{H}$$

が成り立つ．以上から，$U_2 \in \mathcal{H}$ で

$$V_1 \cap U_2 = \emptyset, \ V_2 \subset U_2$$

を満たすものの存在が分かった．次に V_1 と交わらない或る開集合の族

$$\mathcal{D}_1(\mathcal{H}_0) = \{\{O_n\}_{n \geq 1} \ : \ O_m \cap O_n = \emptyset \ (m \neq n),$$

$$O_n \in \mathcal{H}_0, \ O_n \cap V_1 = \emptyset, \ n = 1,2,\ldots\}$$

を考える．そのとき，前段 ($\mathcal{D}(\mathcal{H}_0)$ での論理展開) と同様にすれば，$\mathcal{D}_1(\mathcal{H}_0)$ には極大元 $\{O'_n\}_{n \geq 1}$ が存在することが示される．そのとき，$W = \bigcup_{n=1}^{\infty} O'_n$ とおけば，前段と同様にして

$$U_2 \subset \overline{W}$$

が得られる．したがって，$U_1 = \mathbf{R}^I \backslash \overline{W}$ とおけば，これも前段と同様に

$$U_1 \in \mathcal{H}, \ U_1 \cap U_2 = \emptyset, \ W \cap V_1 = \emptyset$$

が得られる．$\overline{W} \cap V_1 = \emptyset$ であるから

$$V_1 \subset \mathbf{R}^I \backslash \overline{W} = U_1$$

が得られる．以上から $U_1, U_2 \in \mathcal{H}$ で

$$U_1 \cap U_2 = \emptyset, \ V_i \subset U_i \ (i=1,2)$$

を満たすものの存在が示され，証明が完結する．

この結果から，$\mathbf{R}^I$ におけるベール集合族 $\mathcal{B}a(\mathbf{R}^I)$ について，次の定理が得られる．ここで，$\pi_j : \mathbf{R}^I \to \mathbf{R}$ $(j \in I)$ は，上記で定めた射影写像であり，($\mathbf{R}^I$ の位相の定め方より) 連続写像であることを注意せよ．

定理 2.1.7 $\mathcal{B}a(\mathbf{R}^I) = \sigma(\{S(\pi_j, r) \ : \ j \in I, \ r \in \mathbf{R}\})$

証明 任意の $j \in I$ について, $\pi_j \in C(\mathbf{R}^I)$ であるから, $S(\pi_j, r) \in \mathcal{B}a(\mathbf{R}^I)$ が成り立つので

$$\sigma(\{S(\pi_j, r) \, : \, j \in I, r \in \mathbf{R}\}) \subset \mathcal{B}a(\mathbf{R}^I)$$

が成り立つ. 逆向きの包含関係を示すために, 命題 2.1.5 を用いる.

$$\mathcal{B}a(\mathbf{R}^I) = \sigma(\{S(f, r) \, : \, f \in C(\mathbf{R}^I), \, r \in \mathbf{R}\})$$

であるから, $f \in C(\mathbf{R}^I)$ と任意の $r \in \mathbf{R}$ をとり

$$S(f, r) \subset \sigma(\{S(\pi_j, r) \, : \, j \in I, \, r \in \mathbf{R}\})$$

を示そう. それには

$$T(f, r) = \{u \, : \, f(u) > r\} \in \sigma(\{S(\pi_j, r) \, : \, j \in I, \, r \in \mathbf{R}\})$$

を示せばよい. そのために, $V_1^{(n)}$, $V_2^{(n)}$ を次のように定義する.

$$V_1^{(n)} = \{u \, : \, f(u) > r + \frac{1}{n}\}, \, V_2^{(n)} = \{u \, : \, f(u) < r + \frac{1}{n}\}$$

そのとき, 各 n について, $V_1^{(n)}$, $V_2^{(n)}$ は $\mathbf{R}^I$ の互いに素な開集合であるから, 命題 2.1.5 から $U_1^{(n)}$, $U_2^{(n)} \in \mathcal{H}$ で

$$V_1^{(n)} \subset U_1^{(n)} \, V_2^{(n)} \subset U_2^{(n)}, \, U_1^{(n)} \cap U_2^{(n)} = \emptyset \, (n = 1, 2, \ldots)$$

を満たすものが存在する. このとき

$$\bigcup_{n=1}^{\infty} U_1^{(n)} \supset \bigcup_{n=1}^{\infty} V_1^{(n)} = T(f, r)$$

が成り立つ. 一方

$$\bigcap_{n=1}^{\infty} U_2^{(n)} \supset \bigcap_{n=1}^{\infty} V_2^{(n)} = T(f, r)^c$$

が成り立つ. したがって

$$\bigcup_{n=1}^{\infty} U_1^{(n)} = T(f, r) \, \cdots \, (*)$$

が得られる. 実際, $(*)$ における $(\supset)$ の包含は明らかであるから, $(\subset)$ の包含を注意する. u を左辺の集合の元とせよ. そのとき, $u \in U_1^{(N)}$ を満た

す番号 N が存在する. したがって, $u \notin U_2^{(N)}$ となり, $u \notin V_2^{(N)}$ が成り立つ. したがって
$$u \notin \bigcap_{n=1}^{\infty} V_2^{(n)} = T(f,r)^c$$
であるから, $f(u) > r$ が成り立ち, 包含 ($\subset$) が示された. したがって, $(*)$ が成り立つ. ところが
$$\mathcal{H}_0 \subset \sigma(\{S(\pi_j, r) \,:\, j \in I, \, r \in \mathbf{R}\})$$
が容易に分かるから, $\mathcal{H}$ の元である各 $U_1^{(n)}$ について
$$U_1^{(n)} \in \sigma(\{S(\pi_j, r) \,:\, j \in I, \, r \in \mathbf{R}\})$$
が分かる. したがって
$$T(f, r) \in \sigma(\{S(\pi_j, r) \,:\, j \in I, \, r \in \mathbf{R}\})$$
が得られ, 証明が完結する.

定理 2.1.7 は次の形で一般化される. この形と, それに続いて与えられる命題 2.1.9 とを併せることにより, $\mathcal{B}a(X, w)$ についての基本的結果 (定理 2.1.3) を示すことができる.

定理 2.1.8 Y を, $\mathbf{R}^I$ の稠密な部分集合とし, Y には, $\mathbf{R}^I$ からの相対位相が導入されているとする. そのとき
$$\mathcal{B}a(Y) = \sigma(\{S_Y(\pi_j, r) \,:\, j \in I, \, r \in \mathbf{R}\})$$
が成り立つ. ただし
$$S_Y(\pi_j, r) = \{y \in Y \,:\, \pi_j(y) \geq r\}$$
とする.

証明 任意の $f \in C(Y)$ と, 任意の $r \in \mathbf{R}$ をとれ. そのとき
$$T_Y(f, r) \,(= \{y \in Y \,:\, f(y) > r\}) \in \sigma(\{S_Y(\pi_j, r) \,:\, j \in I, \, r \in \mathbf{R}\})$$
を示せば十分である. 実際, これが得られれば
$$S_Y(f, r) \,(= \{y \in Y \,:\, f(y) \geq r\}) \in \sigma(\{S_Y(\pi_j, r) \,:\, j \in I, \, r \in \mathbf{R}\})$$
が得られるからである. さて
$$V_1^{(n)} = \{y \in Y \,:\, f(y) > r + \frac{1}{n}\}, \, V_2^{(n)} = \{y \in Y \,:\, f(y) < r + \frac{1}{n}\}$$

とおけば，これらは，Y の互いに素な開集合であるから，$\mathbf{R}^I$ の開集合 $W_1^{(n)}$, $W_2^{(n)}$ で
$$V_1^{(n)} = W_1^{(n)} \cap Y, \ V_2^{(n)} = W_2^{(n)} \cap Y$$
を満たすものが存在する．そのとき，Y の $\mathbf{R}^I$ での稠密性から
$$W_1^{(n)} \cap W_2^{(n)} = \emptyset$$
が得られる．それは，この集合が空でないならば，X の空でない開集合となるから，Y の稠密性を用いれば
$$V_1^{(n)} \cap V_2^{(n)} = W_1^{(n)} \cap W_2^{(n)} \cap Y \neq \emptyset$$
となり矛盾するからである．このとき，命題 2.1.5 から，各 n について $U_1^{(n)}, U_2^{(n)} \in \mathcal{H}$ で
$$W_1^{(n)} \subset U_1^{(n)}, \ W_2^{(n)} \subset U_2^{(n)}, \ U_1^{(n)} \cap U_2^{(n)} = \emptyset$$
を満たすものが存在する．したがって（定理 2.1.7 と同様にして）
$$\bigcup_{n=1}^{\infty}(U_1^{(n)} \cap Y) = T_Y(f, r)$$
が得られる．ところが，各 n について，$U_1^{(n)} \in \mathcal{H}$ であることを用いれば
$$U_1^{(n)} \cap Y \in \sigma(\{S_Y(\pi_j, r) \ : \ j \in I, \ r \in \mathbf{R}\})$$
が容易に分かるから
$$T_Y(f, r) \in \sigma(\{S_Y(\pi_j, r) \ : \ j \in I, \ r \in \mathbf{R}\})$$
が得られ，証明が完結する．

命題 2.1.9 I を X^* のハーメル基底とする．そのとき
$$\Phi(x) = ((z^*, x))_{z^* \in I} \ (x \in (X, w))$$
として定義される写像 $\Phi : (X, w) \to \mathbf{R}^I$ は，$\mathbf{R}^I$ の中への位相同形写像である．しかも，$\overline{\Phi(X)} = \mathbf{R}^I$ が成り立つ．すなわち，(X, w) は，$\mathbf{R}^I$ の稠密な部分集合として埋め込まれる．

証明 I が X^* のハーメル基底であるから，I は次の性質を持つ．
 (i) I の任意の有限部分集合は一次独立である．

(ii) X^* の任意の元 x^* は, I の或る有限個の元の一次結合として表せる.
さて, Φ が, 中への位相同形写像であること (すなわち, $(X,w) \simeq \Phi(X)$)
を示そう. そのために, Φ が一対一を, 先ず示す.

(I) Φ が一対一であること. すなわち

$$((z^*,x))_{z^* \in I} = ((z^*,y))_{z^* \in I} \Rightarrow x = y$$

を示す. 結論を得るためには, 任意の $x^* \in X^*$ について, $(x^*,x) = (x^*,y)$
を示せばよい. ところが, ハーメル基底の性質 (ii) から

$$x^* = c_1 z_1^* + \cdots + c_n z_n^* \ (c_j \in \mathbf{R}, z_j^* \in I,\ j=1,\ldots,n)$$

と表せるから, 仮定を用いれば

$$(x^*,x) = \sum_{j=1}^n c_j(x_j^*,x) = \sum_{j=1}^n c_j(x_j^*,y) = (x^*,y)$$

が得られ, (I) が証明された.

(II) Φ が両連続であること. そのために, $x \in X$ と, x に弱収束する任意のネット $\{x_\alpha\}_{\alpha \in D}$ をとる. そのとき

$$(x^*,x_\alpha) \to (x^*,x)\ (x^* \in X^*) \ \Rightarrow \ (z^*,x_\alpha) \to (z^*,x)\ (z^* \in I)$$

は明らかであり, 逆に, $(z^*,x_\alpha) \to (z^*,x)\ (z^* \in I)$ ならば, ハーメル基底の性質 (ii) より, $x^* \in X^*$ が I の有限個の元の一次結合 (上記の表示を用いる) であるから

$$(x^*,x_\alpha) = \sum_{j=1}^n c_j(z_j^*,x_\alpha) \to \sum_{j=1}^n c_j(z_j^*,x) = (x^*,x)$$

が得られ, Φ の両連続性が示された.

(III) $\overline{\Phi(X)} = \mathbf{R}^I$ であること. これを否定して矛盾を導く. $\overline{\Phi(X)} \subsetneq \mathbf{R}^I$
として, $a \in \mathbf{R}^I \setminus \overline{\Phi(X)}$ をとれ. 局所凸空間 $\mathbf{R}^I$ における分離定理から, $L \in (\mathbf{R}^I)^*$ が存在して

$$L(a) = 1,\ L(\Phi(x)) = 0\ (\forall x \in X)$$

が成り立つ (章末問題 5 番で扱う). ところで, $L \in (\mathbf{R}^I)^*$ は下記の注意 2 (証明の直後に与えられている) から, 適当な有限個の実数 $b_1,\ldots,b_n$ と, I の有限個の元 $z_1^*,\ldots,z_n^*$ により

$$L = \sum_{j=1}^n b_j \pi_{z_j^*}$$

と表せるから, 任意の $x \in X$ について

$$0 = L(\Phi(x)) = \sum_{j=1}^n b_j \pi_{z_j^*}(\Phi(x)) = \sum_{j=1}^n b_j(z_j^*, x) = (\sum_{j=1}^n b_j z_j^*, x)$$

が成り立つ. すなわち

$$\sum_{j=1}^n b_j z_j^* = 0$$

である. このことに, ハーメル基底の性質 (ii) を用いれば

$$b_1 = \cdots = b_n = 0$$

が得られ, $L = 0$ が生じ, $L(a) = 1$ に矛盾する. よって, （III）が示された.
以上で, 命題 2.1.9 の証明が完結する.

注意 2 $(\mathbf{R}^I)^*$ の元 L について. L の原点での連続性から, 或る正数 δ と, I の有限集合 $\{z_1^*, \ldots, z_n^*\}$ が存在して

$$\{u \in \mathbf{R}^I : \sup_{1 \le i \le n} |\pi_{z_i^*}(u)| \le \delta\} \subset \{u \in \mathbf{R}^I : |L(u)| \le 1\}$$

が成り立つ. これから, 或る正数 M が存在して

$$|L(u)| \le M \sup_{1 \le i \le n} |\pi_{z_i^*}^*(u)| \ (u \in \mathbf{R}^I)$$

が成り立つことが分かるから

$$\bigcap_{i=1}^n \mathrm{Ker}(\pi_{z_i^*}) \subset \mathrm{Ker}(L)$$

が成り立つ. したがって, L は, $\pi_{z_1^*}, \ldots, \pi_{z_n^*}$ の一次結合として表せる.

定理 2.1.3 の証明 定理 2.1.8 と命題 2.1.9 から

$$\mathcal{B}a(\Phi(X)) = \sigma(\{S_{\Phi(X)}(\pi_{z^*}, r) \ : \ z^* \in I, \ r \in \mathbf{R}\})$$

が得られる. ところで, $\pi_{z^*}(\Phi(x)) = (z^*, x)$ であるから

$$S_{\Phi(X)}(\pi_{z^*}, r) = \{\Phi(x) \ : \ \pi_{z^*}(\Phi(x)) \ge r\}$$

$$= \{\Phi(x) \ : \ (z^*, x) \ge r\} = \Phi(S(z^*, r))$$

が成り立つ. したがって

$$\mathcal{B}a(\Phi(X)) = \sigma(\{\Phi(S(z^*, r)) \ : \ z^* \in I, \ r \in \mathbf{R}\})$$

が得られる. ($\Phi : (X, w) \to \Phi(X)$ の位相同形性を用いれば) すなわち
$$\mathcal{B}a(X, w) = \sigma(\{S(z^*, r) \ : \ z^* \in I, \ r \in \mathbf{R}\})$$
が得られる. また
$$\sigma(\{S(z^*, r) \ : \ z^* \in I, \ r \in \mathbf{R}\})$$
$$\subset \sigma(\{S(x^*, r) \ : \ x^* \in X^*, \ r \in \mathbf{R}\}) \subset \mathcal{B}a(X, w)$$
は明らかであるから
$$\mathcal{B}a(X, w) = \sigma(\{S(x^*, r) \ : \ x^* \in X^*, \ r \in \mathbf{R}\}) = \sigma(\mathcal{M})$$
が得られ, 証明が完結する.

注意 3 X の共役空間 X^* に弱 $*$ 位相 $\sigma(X^*, X)$ を導入した (局所凸線形) 位相空間を (X^*, w^*) と表すとき, これまでに紹介してきた $\mathcal{B}a(X, w)$ の解析と同様の手順により, $\mathcal{B}a(X^*, w^*)$ の解析を行うことができる. そして
$$\mathcal{B}a(X^*, w^*) = \sigma(\{S(x, r) \ : x \in X, \ r \in \mathbf{R}\})$$
が得られる (章末問題 6 番で取り扱う).

定理 2.1.3 の系として

系 2.1.10 Y は X の線形部分空間とする. そのとき
$$\mathcal{B}a(Y, w) = \{Y \cap B \ : \ B \in \mathcal{B}a(X, w)\}$$
が成り立つ.

証明 定理 2.1.3 から
$$\mathcal{B}a(Y, w) = \sigma(\{S_Y(y^*, r) \ : \ y^* \in Y^*, \ r \in \mathbf{R}\})$$
である. また, ハーン・バナッハの定理から, $y^* \in Y^*$ について, $x^* \in X^*$ で, $(x^*, y) = (y^*, y)$ $(y \in Y)$ を満たすものが存在する. そのとき
$$S_Y(y^*, r) = S(x^*, r) \cap Y$$
が成り立つ. したがって
$$\begin{aligned}\mathcal{B}a(Y, w) &= \sigma(\{S(x^*, r) \cap Y \ : \ x^* \in X^*, \ r \in \mathbf{R}\}) \\ &= \{Y \cap B \ : \ B \in \sigma(\{S(x^*, r) \ : \ x^* \in I, \ r \in \mathbf{R}\})\} \\ &= \{Y \cap B \ : \ B \in \mathcal{B}a(X, w)\}\end{aligned}$$

が得られる.

[弱ベール集合族上の測度 (弱ベール測度)]

ここでは, $\mathcal{B}a(X,w)$ 上で定義された有限測度 (弱ベール測度ということにする) についての性質を調べる (当然ながら, 弱ベール集合族の場合と同様, 一般位相空間におけるベール測度論も踏まえていることを注意せよ). そのためにまず次の弱ベール測度を定義する.

定義 2.1.11 (スカラー的退化測度) X はバナッハ空間とする.
(1) $\mathcal{B}a(X,w)$ 上の有限測度 η が **スカラー的退化** (scalarly degenerate) とは, 或る真閉部分空間 Y で, $Y \in \mathcal{B}a(X,w)$ を満たし, $[\eta(Y) = \eta(X)]$ を満たすものが存在するときをいう. すなわち, **弱ベール集合** である真閉部分空間 Y が存在し, その外には測度が存在しない測度のことをいう.
(2) $\mathcal{B}a(X,w)$ 上の有限測度 η が **スカラー的非退化** (scalarly non-degenerate) であるとは, このような真閉部分空間が存在しないことをいう.

注意 4 定義 2.1.11 (1) で与えた弱ベール集合である閉部分空間との文言についての注意である. 閉部分空間は弱閉 (部分空間については, ノルム閉と弱閉は同値であるため) であるから, 弱ボレル集合, すなわち, $\mathcal{B}(X,w)$ に属していることは分かるが, 必ずしも (一般には, それより小さい集合族である) $\mathcal{B}a(X,w)$ に属しているか, 否かは分からない. 弱ボレル測度ではなく, 弱ベール測度で測り得るための条件として弱ベール集合性を仮定している.

このとき, 定義から次が明らかに成り立つ. むしろ, スカラー的退化性は, 定義 2.1.11 の表現よりも, 次の形で表現されている内容の方が的確な意味を提示するといえる. 実際, スカラー的退化測度とは, 空間全体に測度が存在するのではなく, 原点を通る, 余次元 1 の或る超平面の外には測度は存在しない (すなわち, 1 次元退化した閉部分空間にのみ測度がある) ということになるからである.

命題 2.1.12 η がスカラー的退化測度であるための必要十分条件は, X の原点を含む或る閉超平面 H が存在して, $\eta(H) = \eta(X)$ が成り立つことである.

ここで X の原点を含む超平面 H とは, 0 と異なる適当な $x^* \in X^*$ に

ついて
$$H = \{x \in X \ : \ (x^*, x) = 0\}$$
と表せる集合をいう.すなわち,真閉部分空間 $\operatorname{Ker}(x^*)$ ($\in \mathcal{B}a(X,w)$) のことである.

証明 十分性は明らかであるから,必要性を注意する.η をスカラー的退化測度とすれば,或る真閉部分空間 Y で,$\eta(Y) = \eta(X)$ を満たすものが存在する.そのとき,ハーン・バナッハの定理から,$Y \subset \operatorname{Ker}(x^*)$ を満たす 0 と異なる $x^* \in X^*$ が存在する.したがって,$H = \operatorname{Ker}(x^*)$ とすれば,$\eta(H) = \eta(X)$ が成り立つので,必要性が示された.

注意 5 この結果から η が,(X,w) 上のスカラー的非退化測度ならば,次が成り立つ.

$$(x*, x) = 0 \ (\eta\text{-a.e.}) \Rightarrow (x^*, x) = 0 \ (\forall x \in X), \text{すなわち}, x^* = 0$$

が得られる.実際,$x^* \neq 0$ ならば,$H = \operatorname{Ker}(x^*)$ は超平面である.しかも,$(x^*, x) = 0$ (η-a.e.) から,$\eta(H) = \eta(X)$ が成り立ち,η の非退化性に矛盾するので,結果が生じる.このことは,スカラー的非退化測度 η の場合,X^* の元 x^*, y^* について,$[x^* = y^*]$ と $[(x^*, x) = (y^*, x) \ (\eta\text{-a.e.})]$ が同値であることを示している.

このスカラー的非退化測度についての基本的かつ重要な性質として,次を注意する.

定理 2.1.13 X がバナッハ空間で,$\mathcal{B}a(X,w)$ 上にスカラー的非退化な測度 η が存在すると仮定する.そのとき,$(B(X^*), w^*)$ は**距離付け可能**である.ただし,$B(X^*)$ は X の共役空間 X^* の閉単位球(以後,同様)で,そこに弱 * 位相 $\sigma(X^*, X)$ を導入したコンパクトハウスドルフ空間を $(B(X^*), w^*)$ と表している.

これを示すための前段階として,次の事実を先ず与えることが重要なステップである.

補題 2.1.14 定理 2.1.13 と同じ仮定の下で,$(B(X^*), w^*)$ は**列コンパクト空間**である.

そのために,可測関数の集合族についての次の命題を用意する.

命題 2.1.15 (S, Σ, μ) は有限測度空間, $\mathcal{F}$ は実数値可測関数の或る集合族で
$$\sup_{f \in \mathcal{F}} |f(s)| < +\infty \ (s \in S)$$
を満たすものとする．そのとき，次の性質を満たす Σ-可測関数 $\phi_{\mathcal{F}} : S \to \mathbf{R}^+$ が存在する．

(i) 各 $f \in \mathcal{F}$ について
$$|f(s)| \le \phi_{\mathcal{F}}(s) \ (\mu\text{-a.e.})$$
が成り立つ．

(ii) 各 $s \in S$ について
$$|\phi_{\mathcal{F}}(s)| \le \sup_{f \in \mathcal{F}} |f(s)|$$
が成り立つ．

証明 α を次で定義される $\mathbf{R}$ 上の測度とする (ただし, λ は 1 次元ルベーグ測度).
$$\alpha(E) = \frac{1}{\sqrt{2\pi}} \int_E \exp\left(-\frac{t^2}{2}\right) d\lambda(t) \ (E \in \Lambda)$$
そのとき, 明らかに
$$\lambda(E) = 0 \Leftrightarrow \alpha(E) = 0$$
である．また, $\mu \otimes \alpha$ を, $\Sigma \otimes \Lambda$ を定義域とする, μ と α の積測度とする．そして, 各 $f \in \mathcal{F}$ 毎に
$$S(f) = \{(s, r) \ : \ |f(s)| \ge r\} \ (\in \Sigma \otimes \Lambda)$$
とおく．さらに, $\mathcal{F}$ の可算部分集合全体から成る集合族を $\mathcal{P}_C(\mathcal{F})$ とし, 各 $D \in \mathcal{P}_C(\mathcal{F})$ について
$$S(D) = \bigcup_{f \in D} S(f)$$
とおく. D の可算性から
$$S(D) \in \Sigma \otimes \Lambda \ (D \in \mathcal{P}_C(\mathcal{F}))$$
である．そして
$$a = \sup\{(\mu \otimes \alpha)(S(D)) \ : \ D \in \mathcal{P}_C(\mathcal{F})\} \ (\le \mu(S))$$
とおく．そのとき, 各 k 毎に $D_k \in \mathcal{P}_C(\mathcal{F})$ が存在して
$$a - \frac{1}{k} < (\mu \otimes \alpha)(S(D_k)) \le a$$

が成り立つ. したがって, $D^* = \bigcup_{k=1}^{\infty} D_k$ とおけば, $D^* \in \mathcal{P}_C(\mathcal{F})$ であり

$$D'_k = \bigcup_{i=1}^{k} D_i \nearrow D^*, \ S(D_k) \leq S(D'_k)$$

であるから

$$(\mu \otimes \alpha)(S(D^*)) = a$$

が得られる. したがって, $D^* = \{f_n : n = 1, 2, \ldots\}$ と表すとき

$$(\mu \otimes \alpha)\left(\bigcup_{n=1}^{\infty} S(f_n)\right) = a$$

である. そのとき, $\phi_\mathcal{F} : S \to \mathbf{R}^+$ を

$$\phi_\mathcal{F}(s) = \sup_{n \geq 1} |f_n(s)| \ (s \in S)$$

で定義すれば, $\phi_\mathcal{F}$ が要求された非負 Σ-可測関数である. $\phi_\mathcal{F}$ の作り方から, 性質 (ii) は明らかであるから, 性質 (i) が満たされることを示そう. そのために (i) を否定し, 矛盾を導こう. すなわち, 或る $g \in \mathcal{F}$ で

$$E = \{s \in S : |g(s)| > \phi_\mathcal{F}(s)\}$$

について, $\mu(E) > 0$ が成り立つとする. そのとき, 明らかに, $g \notin D^* = \{f_n : n = 1, 2, \ldots\}$ である. しかも

$$E = \bigcup_{j=1}^{\infty} \{s \in S : |g(s)| \geq \phi_\mathcal{F}(s) + \frac{1}{j}\}$$

であるから

$$E_j = \{s \in S : |g(s)| \geq \phi_\mathcal{F}(s) + \frac{1}{j}\}$$

とおけば, 或る j について, $\mu(E_j) > 0$ が成り立つ. そのとき

$$G = \{(s, r) : |g(s)| \geq r > \phi_\mathcal{F}(s)\}$$

とおけば, $G \in \Sigma \otimes \Lambda$ であるから, フビニの定理 (命題 1.4.11) を用いれば

$$(\mu \otimes \alpha)(G) = \int_S \alpha(G_s) d\mu(s) \geq \int_{E_j} \alpha(G_s) d\mu(s)$$

が成り立つ. ところで, $s \in S$ について, G の s による切り口 G_s は

$$G_s = (\phi_\mathcal{F}(s), |g(s)|]$$

となり, $s \in E_j$ について
$$\lambda(G_s) = |g(s)| - \phi_{\mathcal{F}}(s) \geq \frac{1}{j}$$
を得る. よって, $\alpha(G_s) > 0$ $(s \in E_j)$ が成り立つので, $\mu(E_j) > 0$ と併せれば
$$(\mu \otimes \alpha)(G) > 0$$
が得られる. ところが, この G について
$$(s,r) \in G \;\Rightarrow\; |g(s)| \geq r > \phi_{\mathcal{F}}(s) \;\Rightarrow\; (s,r) \in S(g),\; (s,r) \notin S(f_n)\;(\forall n)$$
が成り立つので
$$G \subset S(g) \backslash \bigcup_{n=1}^{\infty} S(f_n)$$
が得られるから
$$(\mu \otimes \alpha)\left(S(g) \backslash \bigcup_{n=1}^{\infty} S(f_n)\right) > 0$$
が分かる. したがって, $D' = D^* \cup \{g\}$ とおけば, $D' \in \mathcal{P}_C(\mathcal{F})$ で
$$S(D') = \bigcup_{n=1}^{\infty} S(f_n) \bigcup \left(S(g) \backslash \bigcup_{n=1}^{\infty} S(f_n)\right)$$
であることを用いれば
$$(\mu \otimes \alpha)(S(D')) = (\mu \otimes \alpha)\left(\bigcup_{n=1}^{\infty} S(f_n)\right)$$
$$+ (\mu \otimes \alpha)\left(S(g) \backslash \bigcup_{n=1}^{\infty} S(f_n)\right) > a$$
となり, a の性質に矛盾する. よって (i) が得られた.
したがって, 命題の証明が完結する.

補題 2.1.14 の証明 $\mathcal{F} = B(X^*)$ とする. そのとき, $\mathcal{F}$ は, 有限測度空間 $(X, \mathcal{B}a(X,w), \eta)$ に対して, 命題 2.1.15 の仮定を満たすから, $\phi: X \to \mathbf{R}^+$ で, 各 $x^* \in B(X^*)$ について η-a.e. に
$$|(x^*, x)| \leq \phi(x)$$
を満たす $\mathcal{B}a(X,w)$-可測関数 ϕ が存在する. このとき
$$\mathcal{H} = \{\frac{x^*}{1+\phi} \;:\; x^* \in B(X^*)\}$$

とおけば, $\mathcal{H}$ は同等積分可能な集合であるから, $L_1(X, \mathcal{B}a(X,w), \eta)$ の相対弱コンパクト集合であることが分かる (章末問題 1 番で取り扱う). さて, 任意に点列 $\{x_n^*\}_{n \geq 1} \subset B(X^*)$ をとれ. そのとき, $\mathcal{H}$ の相対弱コンパクト性から

$$\{\frac{x_n^*}{1+\phi} \ : \ n = 1, 2, \ldots\} \text{ も}$$

$L_1(X, \mathcal{B}a(X,w), \eta)$ の相対弱コンパクト部分集合

であるから, 適当に部分列 (簡単のために, それも, $\{x_n^*\}_{n \geq 1}$ と記す) と, 或る元 $f \in L_1(X, \mathcal{B}a(X,w), \eta)$ をとって

$$\frac{x_n^*}{1+\phi} \to f \text{ (弱収束)}$$

とできる (例えば, 松田 [26] を参照). したがって

$$f \in \overline{\text{co}}(\{\frac{x_n^*}{1+\phi} \ : \ n = 1, 2, \ldots\})$$

が成り立つので, 或る点列 $\{y_n^*\}_{n \geq 1} \subset \text{co}(\{x_n^* \ : \ n = 1, 2, \ldots\}) \ (\subset B(X^*))$ で

$$\left\| f - \frac{y_n^*}{1+\phi} \right\|_1 \to 0 \ (n \to \infty)$$

を満たすものが存在する. したがって, これから適当に部分列 (簡単のために, それも, $\{y_n^*\}_{n \geq 1}$ と記す) をとれば

$$\frac{(y_n^*, x)}{1+\phi(x)} \to f(x) \ (\eta\text{-a.e.})$$

すなわち, 或る $N \in \mathcal{B}a(X,w)$, $\eta(N) = 0$ が存在して, 各 $x \in X \backslash N$ について

$$\frac{(y_n^*, x)}{1+\phi(x)} \to f(x) \ \cdots \ (*)$$

が成り立つ. さて, $\{y_n^*\}_{n \geq 1} \subset B(X^*)$ であるから, $\{y_n^*\}_{n \geq 1}$ の弱*集積点を, $y^* \ (\in B(X^*))$ とせよ. そのとき, 点列 $\{y_n^*\}_{n \geq 1}$ の適当な部分ネット $\{y_\alpha^*\}_{\alpha \in D}$ をとることにより (章末問題 16 番を参照), $\{y_\alpha^*\}_{\alpha \in D} \to y^*$ (弱*収束) とできる. したがって, 各 $x \in X \backslash N$ について, $(*)$ を用いれば

$$f(x) = \lim_{\alpha \in D} \frac{(y_\alpha^*, x)}{1+\phi(x)} = \frac{(y^*, x)}{1+\phi(x)}$$

すなわち

$$f(x) = \frac{(y^*, x)}{1+\phi(x)} \ (\eta\text{-a.e.}) \ \cdots \ (**)$$

が得られる．そのとき，各 $x \in X$ について

$$(x_n^*, x) \to (y^*, x) \ (n \to \infty) \ (\text{すなわち}, x_n^* \to y^*, \text{弱}^*収束)$$

が成り立つことが以下のように示される．そのために，これを否定して矛盾を導く．これを否定すれば，或る点 $a \in X$ と或る正数 ε と $\{x_n^*\}_{n \geq 1}$ の部分列 $\{z_n^*\}_{n \geq 1}$ が存在して，次の少なくとも一方が成り立つ．
 (i) $(z_n^*, a) > (y^*, a) + \varepsilon \ (\forall n)$
 (ii) $(z_n^*, a) < (y^*, a) + \varepsilon \ (\forall n)$
以下の論法は (i), (ii) のいずれの場合も同様であるから，(i) が成り立つと仮定して展開しよう．そのとき

$$\frac{z_n^*}{1 + \phi} \to f \ (\text{弱収束})$$

であるから，点列 $\{x_n^*\}_{n \geq 1}$ に対して行った前段の論法を用いれば，或る点列 $\{v_n^*\}_{n \geq 1}$ で
 (iii) $v_n^* \in \text{co}(\{z_m^* : m = 1, 2, \ldots\}) \ (\forall n)$
 (iv) $(v_n^*, x)/(1 + \phi(x)) \to f(x) \ (\eta\text{-a.e.})$
を満たすものが存在することが分かる．すなわち，(iv) から，或る $N' \in \mathcal{B}a(X, w)$ で，$\eta(N') = 0$ が存在して，各 $x \in X \setminus N'$ について

$$\frac{(v_n^*, x)}{1 + \phi(x)} \to f(x)$$

が成り立つ．したがって，上述と同様の論理展開により，この点列 $\{v_n^*\}_{n \geq 1}$ の弱*集積点 v^* について

$$f(x) = \frac{(v^*, x)}{1 + \phi(x)} \ (\eta\text{-a.e.}) \ \cdots \ (***)$$

が得られる．したがって，$(**), (***)$ を併せれば

$$(v^*, x) = (y^*, x) \ (\eta\text{-a.e.})$$

が成り立つ．ここで，η がスカラー的非退化であることを用いれば (注意 4 を参照)

$$(v^*, x) = (y^*, x) \ (\forall x \in X)$$

が生じ，特に

$$(v^*, a) = (y^*, a) \ \cdots \ (\mathbf{E})$$

が成り立つ．ところが，z_n^* の性質 (i) と，v_n^* の性質 (iii) を用いれば

$$(v_n^*, a) > (y^*, a) + \varepsilon \ (\forall n)$$

が容易に得られるから, $\{v_n\}_{n\geq 1}$ の弱 $*$ 集積点 v^* は
$$(v^*, a) \geq (y^*, a) + \varepsilon$$
を満たすことが分かり, 先の等式 (**E**) と矛盾する. よって, $x_n^* \to y^*$ (弱 $*$ 収束) が得られたので, $(B(X^*), w^*)$ の列コンパクト性が示された.

以上により証明が完結する.

定理 2.1.13 の証明 $B(X^*)$ の任意の元 x_1^*, x_2^* に対して
$$d(x_1^*, x_2^*) = \int_X \frac{|(x_1^*, x) - (x_2^*, x)|}{1 + |(x_1^*, x) - (x_2^*, x)|} d\eta(x)$$
として, $d : B(X^*) \times B(X^*) \to \mathbf{R}^+$ を定義する. そのとき, η の非退化性から, d が $B(X^*)$ 上の (準距離のみならず) 距離 であることが示される. 距離性の内, 注意すべき点は
$$d(x_1^*, x_2^*) = 0 \Rightarrow x_1^* = x_2^*$$
である. これのみ示そう. d の定義から, $d(x_1^*, x_2^*) = 0$ は
$$(x_1^*, x) = (x_2^*, x) \ (\eta\text{-a.e.}) \ \cdots \ (*)$$
を意味する. したがって, 測度 η のスカラー的非退化性を用いて, 命題 2.1.12 の証明の後の注意 5 から, $x_1^* = x_2^*$ が得られる. また, 距離位相 d と弱 $*$ 位相 w^* の強弱について, 次が成り立つ.

(I) $d \geq w^*$ である. 実際, $x^* \in B(X^*)$, $\{x_n^*\}_{n\geq 1}$ で, $d(x_n^*, x^*) \to 0$ $(n \to \infty)$ を満たすものを与えたとき, 各 $x \in X$ について
$$(x_n^*, x) \to (x^*, x) \ (n \to \infty) \ \cdots \ (**)$$
が, 以下のように得られるからである. $(**)$ を否定すれば, 或る $a \in X$ と或る正数 ε と部分列 $\{x_{n(k)}^*\}_{k\geq 1}$ が存在して
$$|(x_{n(k)}^*, a) - (x^*, a)| \geq \varepsilon \ (k = 1, 2, \ldots)$$
が成り立つ. このとき, $d(x_{n(k)}^*, x^*) \to 0$ であるから, 適当に部分列 (表現の複雑さを避けるために同じものとする) $\{x_{n(k)}\}_{k\geq 1}$ をとることにより
$$(x_{n(k)}^*, x) \to (x^*, x) \ (\eta\text{-a.e.})$$
が成り立つ. したがって
$$Y = \{x \in X \ : \ \lim_{k \to \infty} (x_{n(k)}^*, x) = (x^*, x)\}$$

とおけば, Y の閉部分空間性は容易に分かり, また

$$Y = \bigcap_{j=1}^{\infty} \bigcup_{m=1}^{\infty} \bigcap_{k \geq m} \{x \in X \ : \ |(x_{n(k)}^*, x) - (x^*, x)| < \frac{1}{j}\}$$

であるから, Y は弱ベール集合であり, $\eta(Y) = \eta(X)$ を満たしている. よって, η の非退化性を用いれば, $Y = X$ が生じる. すなわち, 各 $x \in X$ について

$$(x_{n(k)}^*, x) \to (x^*, x) \ (k \to \infty)$$

が得られる. 特に

$$(x_{n(k)}^*, a) \to (x^*, a) \ (k \to \infty)$$

が得られ, $(**)$ に矛盾する. したがって, $(**)$, すなわち, $x_n^* \to x^* \ (w^*)$ が得られ, $d \geq w^*$ が示された.

(II) $(B(X^*), w^*)$ が列コンパクトであること. これは, 補題 2.1.14 で示されている.

その結果, 次の (III) が容易に得られる.

(III) $w^* = d$ である. そのために先ず, $(B(X^*), d)$ のコンパクト性を注意する. そのために, 任意の点列 $\{x_n^*\}_{n \geq 1} \subset B(X^*)$ をとれ. そのとき, $(B(X^*), w^*)$ の列コンパクト性から, $\{x_n^*\}_{n \geq 1}$ の部分列 $\{x_{n(k)}^*\}_{k \geq 1}$ と $x^* \in B(X^*)$ をとれば, 各 $x \in X$ について

$$(x_{n(k)}^*, x) \to (x^*, x) \ (k \to \infty)$$

とできる. そのとき, 積分の優越収束定理から

$$d(x_{n(k)}^*, x^*) \to 0 \ (k \to \infty)$$

が得られる. したがって, $(B(X^*), d)$ のコンパクト性が示された. 故に, (I) $(d \geq w^*)$ および, $(B(X^*), d)$ のコンパクト性と $(B(X^*), w^*)$ のハウスドルフ性から, $d = w^*$ が得られるので, $(B(X^*), w^*)$ の距離付け可能性が示された.

注意 6 章末問題 3 番の (S, Σ, μ) を $(X, \mathcal{B}a(X, w), \eta)$ の完備化とし, $\mathcal{M}$ を実数値 η-可測関数全体の作る線形空間, $\mathcal{H} = B(X^*)$ として対応づけよ. 上記の証明から分かるように, $\mathcal{M}$ の各点収束位相に関する列コンパクト性 (すなわち, $B(X^*)$ の弱*列コンパクト性) の証明部分 (すなわち, 補題 2.1.14 の証明) が重要であり, それが分かれば, 章末問題 3 番への帰着ができる. このように, バナッハ空間の構造解析の際には, 例えば, $B(X^*)$ の各元 x^* を, X 上の実数値関数全体の作る族 $\mathbf{R}^X$ の元と解釈し,

$[B(X^*) \subset \mathbf{R}^X]$ とした設定での解析が行われる. さらに, 目的, 場合に応じて, $\mathbf{R}^X$ よりは小さい空間を用いて, その空間内での解析がしばしば行われる. ここでは, η-可測関数全体の作る線形空間が, 新たに用いられた空間に該当している. 同様に, $B(X)$ の場合には, $[B(X) \subset \mathbf{R}^{X^*}]$ 等の設定での解析が行われる. この場合の端的な例は $[B(X) \subset C(B(X^*), w^*)]$ であろう. ただし, $(B(X^*), w^*)$ は, $B(X^*)$ に弱*位相 $\sigma(X^*, X)$ を導入したコンパクトハウスドルフ空間, $C(B(X^*), w^*)$ は, その空間上で定義された実数値連続関数の作る線形空間である. なお, 第 3 章において, このようなとらえ方を通したバナッハ空間の構造解析が, 具体的, 巧妙に行われていることを知ることになる.

系 2.1.16 $\mathcal{B}a(X, w)$ 上にスカラー的非退化な有限測度が存在すれば, X は可分である.

証明 定理 2.1.13 から, $(B(X^*), w^*)$ が距離付け可能空間である. したがって, バナッハ空間についての定理 [X が可分 $\Leftrightarrow$ $(B(X^*), w^*)$ が距離付け可能] (例えば, 松田 [26] を参照) から, X の可分性が得られる.

さらに, $\mathcal{B}a(X, w)$ 上の有限測度の性質を調べるために, 次の概念を与える. これにより, 非退化測度の場合よりも小さい集合にのみ測度があるような有限弱ベール測度 (ここでは, 線形的台を持つ測度と以下に表記) の場合に, (非退化の場合を考慮しながらの) 精密な解析を可能とする手順が与えられる.

定義 2.1.17 η を $\mathcal{B}a(X, w)$ 上の確率測度とするとき, 集合族 $\mathcal{L}$ を

$\mathcal{L} = \{L : L$ は $\mathcal{B}a(X, w)$ に属する閉部分空間で, $\eta(L) = 1$ を満たす $\}$

で定義する. そして

$$L_\eta = \bigcap_{L \in \mathcal{L}} L \text{ (閉部分空間である)}$$

とおき, $\eta^*(L_\eta)$ (ただし, η^* は η の外測度) $= 1$ (すなわち, $E \cap L_\eta = \emptyset$, $E \in \mathcal{B}a(X, w)$ について, $\eta(E) = 0$) が成り立つとき, η は **線形的台** (linear support) L_η を持つという.

そのとき, 測度論のよく知られた結果と, 系 2.1.10 から, 次が分かる.

命題 2.1.18 η を, $\mathcal{B}a(X, w)$ 上の確率測度で, 線形的台 L_η を持つとする.

そのとき, $\eta|L_\eta$ を
$$\eta|L_\eta(E \cap L_\eta) = \eta(E) \ (E \in \mathcal{B}a(X,w))$$
で定義すれば, $\eta|L_\eta$ は, $\mathcal{B}a(L_\eta,w)$ 上で定義された確率測度である (すなわち, $\eta|L_\eta$ は, (L_η, w) 上の確率ベール測度である).

証明 $\eta^*(L_\eta) = 1$ であることから, 定義式における右辺の値は, 左辺の集合の表示に依存しない, すなわち
$$E_1 \cap L_\eta = E_2 \cap L_\eta \Rightarrow \eta(E_1) = \eta(E_2)$$
が示される (問題 1 の 50 番 (b) の解答参照). しかも, $\eta|L_\eta$ の確率測度性は明らかである (問題 1 の 50 番 (b) の解答参照). そして, 系 2.1.10 の結果:
$$\mathcal{B}a(L_\eta, w) = \{E \cap L_\eta \ : \ E \in \mathcal{B}a(X,w)\}$$
を用いれば, $\eta|L_\eta$ は, $\mathcal{B}a(L_\eta, w)$ を定義域として持つことが分かる.

次に, L_η を調べるための簡単な性質を, 先ず二つ注意しておく.

命題 **2.1.19** $\mathcal{B}a(X,w)$ 上の確率測度 η について
$$Z(\eta) = \{x^* \in X^* \ : \ \eta(\mathrm{Ker}(x^*)) = 1\}$$
とおくとき, $Z(\eta)$ の任意の有限部分集合 F について
$$Z_F = \bigcap_{x^* \in F} \mathrm{Ker}(x^*)$$
と定義される集合 Z_F は, $\eta(Z_F) = 1$ を満たす (したがって, $Z_F \in \mathcal{L}$ である).

証明 F が 2 個の元から成る集合, すなわち, $F = \{x_1^*, x_2^*\}$ のとき
$$\eta(\mathrm{Ker}(x_1^*) \cup \mathrm{Ker}(x_2^*)) + \eta(\mathrm{Ker}(x_1^*) \cap \mathrm{Ker}(x_2^*))$$
$$= \eta(\mathrm{Ker}(x_1^*)) + \eta(\mathrm{Ker}(x_2^*)) = 2$$
であり
$$1 \geq \eta(\mathrm{Ker}(x_1^*) \cup \mathrm{Ker}(x_2^*)) \geq 1$$
であるから
$$\eta(\mathrm{Ker}(x_1^*) \cap \mathrm{Ker}(x_2^*)) = 1$$

が得られる. 次に, F が 3 個の元から成る集合, すなわち, $F = \{x_1^*, x_2^*, x_3^*\}$ の場合は

$$\eta((\mathrm{Ker}(x_1^*) \cap \mathrm{Ker}(x_2^*)) \cap \mathrm{Ker}(x_3^*)) + \eta((\mathrm{Ker}(x_1^*) \cap \mathrm{Ker}(x_2^*)) \cup \mathrm{Ker}(x_3^*))$$
$$= \eta(\mathrm{Ker}(x_1^*) \cap \mathrm{Ker}(x_2^*)) + \eta(\mathrm{Ker}(x_3^*)) = 1 + 1 = 2$$

であるから, 前段と同様にして

$$\eta(\mathrm{Ker}(x_1^*) \cap \mathrm{Ker}(x_2^*) \cap \mathrm{Ker}(x_3^*)) = 1$$

が得られる. これを続ければ任意の有限集合 $F \subset Z(\eta)$ について

$$\eta(Z_F) = 1$$

が成り立つことが分かる (正確には, 数学的帰納法による. 各自で確かめること).

命題 2.1.20 命題 2.1.19 と同じ設定の下で
(1) 任意の $L \in \mathcal{L}$ について

$$L = \bigcap \{\mathrm{Ker}(x^*) \,:\, \mathrm{Ker}(x^*) \supset L,\ x^* \in Z(\eta)\}$$

さらに, (1) の結果として
(2) L_η について

$$L_\eta = \bigcap_{x^* \in Z(\eta)} \mathrm{Ker}(x^*)\ \left(= \bigcap \{\mathrm{Ker}(x^*) \,:\, \eta(\mathrm{Ker}(x^*)) = 1\}\right)$$

が成り立つ.

証明 (1) について. 次の包含関係:

$$L \subset \bigcap \{\mathrm{Ker}(x^*) \,:\, \mathrm{Ker}(x^*) \supset L,\ x^* \in Z(\eta)\}$$

は明らかであるから, これが真に異なると仮定して矛盾を導く. そのとき

$$a \in \bigcap \{\mathrm{Ker}(x^*) \,:\, \mathrm{Ker}(x^*) \supset L,\ x^* \in Z(\eta)\} \setminus L$$

をとれ. ハーン・バナッハの定理から, $x^* \in X^*$ で

$$\mathrm{Ker}(x^*) \supset L,\ (x^*, a) = 1$$

を満たすものが存在する. そのとき

$$1 = \eta(L) \leq \eta(\mathrm{Ker}(x^*)) \leq 1$$

であるから, $x^* \in Z(\eta)$ となり, $a \in \mathrm{Ker}(x^*)$ から $(x^*, a) = 0$ が得られるので矛盾が生じる. したがって, (1) が示された.

(2) について. $x^* \in Z(\eta)$ について, $\mathrm{Ker}(x^*) \in \mathcal{L}$ を用いれば
$$\bigcap_{x^* \in Z(\eta)} \mathrm{Ker}(x^*) \supset \bigcap_{L \in \mathcal{L}} L = L_\eta$$
は明らかであるから, 右辺の集合 L_η が真に含まれると仮定して矛盾を導こう. そのとき, 両辺の集合の差集合に含まれる元を a とすれば, $L \in \mathcal{L}$ で, $a \notin L$ が存在する. ところが, ここで (1) の結果を用いれば, $x^* \in Z(\eta)$ で, $a \notin \mathrm{Ker}(x^*)$ を満たす x^* が存在することになり, 矛盾が生じる. したがって, (2) が示された.

注意 7 命題 2.1.19 と命題 2.1.20 (2) から
$$L_\eta = \bigcap_{F \in \mathcal{Z}_f(\eta)} Z_F$$
が成り立つことが分かる. ただし, $\mathcal{Z}_f(\eta)$ は, $Z(\eta)$ の有限部分集合全体から成る集合族を表す.

さて, 線形的台を持つ確率測度の解析を与えよう. そのための第一歩として

補題 2.1.21 η が $\mathcal{B}a(X, w)$ 上で定義された確率測度で, 線形的台 L_η を持つとすれば, 確率測度 $\eta|L_\eta : \mathcal{B}a(L_\eta, w) \to [0, 1]$ はスカラー的非退化測度である.

証明 $\eta|L_\eta$ がスカラー的退化測度と仮定する. そのとき, L_η の或る真閉部分空間 $L (\in \mathcal{B}a(L_\eta, w))$ で, $(\eta|L_\eta)(L) = 1$ を満たすものが存在する. したがって, ハーン・バナッハの定理から, $x_0^* \in (L_\eta)^*$ (L_η の共役) で, $x_0^* \neq 0$ かつ, $L \subset \mathrm{Ker}(x_0^*)$ を満たすものが存在する. そのとき, $(\eta|L_\eta)(\mathrm{Ker}(x_0^*)) = 1$ である. そして, x_0^* の, X^* へのハーン・バナッハの定理による拡張を a^* とすれば
$$\mathrm{Ker}(a^*) \cap L_\eta = \mathrm{Ker}(x_0^*)$$
であるから
$$\eta(\mathrm{Ker}(a^*)) = (\eta|L_\eta)(\mathrm{Ker}(a^*) \cap L_\eta) = (\eta|L_\eta)(\mathrm{Ker}(x_0^*)) = 1$$
が成り立つ. したがって, L_η の性質 (命題 2.1.20 (1)) から
$$L_\eta \subset \mathrm{Ker}(a^*)$$

が成り立つ. すなわち, $(a^*, x) = 0$ $(x \in L_\eta)$ であるから, $(x_0^*, x) = 0$ $(x \in L_\eta)$ が得られ, $x_0^* \neq 0$ に矛盾する. したがって, 補題 2.1.21 が証明された.

次に, バナッハ空間における弱ベール測度の基本的結果である Tortrat によるものを与えるために, 弱ベール集合族と (ノルム位相での) ボレル集合族の関係に関する一つの事実を注意する.

補題 2.1.22 X が可分であるとき, $\mathcal{B}a(X, w) = \mathcal{B}(X)$ が成り立つ. ここで, $\mathcal{B}(X)$ は, X のボレル σ-algebra (すなわち, X のボレル集合族) を表す.

証明 定義から, $\mathcal{B}a(X, w) \subset \mathcal{B}(X)$ は明らかであるから, X の任意の開集合 O について, $O \in \mathcal{B}a(X, w)$ を示せばよい. ところが, X の可分性から, O は $B(a, r) = \{x \in X : \|x - a\| < r\}$ の形の開球の可算個の和集合として得られるので, 結局

$$B(a, r) \in \mathcal{B}a(X, w) \ (a \in X, \ r \in \mathbf{R}^+)$$

を示せばよい. さて, X の可分性から, $\{x_n^*\}_{n \geq 1} \subset B(X^*)$ で

$$\|x\| = \sup_{n \geq 1} |(x_n^*, x)| \ (\forall x \in X)$$

を満たすものが存在する (例えば, 松田 [26] を参照). そのとき

$$X \backslash \overline{B}(a, r) \ (= \{x : \|x - a\| > r\}) = \bigcup_{n=1}^\infty \{x : |(x_n^*, x - a)| > r\}$$

(ただし, $\overline{B}(a, r) = \{x : \|x - a\| \leq r\}$) であり, 右辺の集合を

$$\bigcup_{n=1}^\infty (\{x : (x_n^*, x) > (x_n^*, a) + r\} \cup \{x : (x_n^*, x) < (x_n^*, a) - r\})$$

と表せば, 各 n について

$$\{x : (x_n^*, x) > (x_n^*, a) + r\}, \{x : (x_n^*, x) < (x_n^*, a) - r\} \in \mathcal{B}a(X, w)$$

であるから

$$X \backslash \overline{B}(a, r) \in \mathcal{B}a(X, w)$$

(すなわち, $\overline{B}(a, r) \in \mathcal{B}a(X, w)$) が分かり

$$B(a, r) = \bigcup_{n=1}^\infty \overline{B}(a, r - \frac{1}{n})$$

を用いれば
$$B(a,r) \in \mathcal{B}a(X,w)$$
が得られる．したがって
$$\mathcal{B}a(X,w) = \mathcal{B}(X)$$
が示された．

完全正則空間 Z のベール集合族 $\mathcal{B}a(Z)$ 上で定義された確率測度 η (このような測度 η を，以後，確率ベール測度と表記) の性質に関する用語，定義を与える．以後，Z 上の確率ベール測度全体の作る集合族を $\mathcal{P}_\sigma(Z)$ と表す．

定義 2.1.23 $\eta \in \mathcal{P}_\sigma(Z)$ について
 (1) η が τ-smooth であるとは，任意の零集合の単調減少ネット $\{Z_\alpha\}_{\alpha \in D}$ で
$$\bigcap_{\alpha \in D} Z_\alpha = \emptyset$$
を満たすものについて
$$\lim_{\alpha \in D} \eta(Z_\alpha) = 0$$
が成り立つことをいう．Z 上の τ-smooth な確率ベール測度全体の作る集合族を $\mathcal{P}_\tau(Z)$ で表すことにする．
 (2) 確率ベール測度 η が **ラドン** であるとは，任意の正数 ε について，或るコンパクト集合 K が存在して，$E \cap K = \emptyset$ を満たす任意の $E \in \mathcal{B}a(Z)$ について
$$\eta(E) < \varepsilon \ (\text{すなわち}, \ \eta^*(K) > 1 - \varepsilon)$$
が成り立つことをいう．Z 上のラドン確率ベール測度全体の作る集合族を $\mathcal{P}_t(Z)$ で表すことにする．
 (3) $\mathcal{P}_\sigma(Z) = \mathcal{P}_\tau(Z)$ が成り立つとき，Z は **測度コンパクト** (measure compact) であるという．また，$\mathcal{P}_\sigma(Z) = \mathcal{P}_t(Z)$ が成り立つとき，Z は **強測度コンパクト** (strongly measure compact) であるという．

注意 8 η が 確率ベール測度であるとき，ここで可算加法性を持つから，任意の零集合の単調減少列 $\{Z_n\}_{n \geq 1}$ で
$$\bigcap_{n=1}^{\infty} Z_n = \emptyset$$

を満たすものについて
$$\lim_{n\to\infty} \eta(Z_n) = 0$$
が分かる．すなわち，$\eta \in \mathcal{P}_\sigma(Z)$ の場合は，列に関する条件が満たされるのであり，ネットに関するものについては必ずしも明らかではないことを注意．

容易に分かるように次が成り立つ．

命題 2.1.24 $\mathcal{P}_t(Z) \subset \mathcal{P}_\tau(Z)$.

証明 任意の $\eta \in \mathcal{P}_t(Z)$ をとり，零集合の単調減少なネット $\{Z_\alpha\}_{\alpha \in D}$ で，$Z_\alpha \to \emptyset$ を満たすものと，任意の正数 ε を与える．そのとき，$\eta \in \mathcal{P}_t(Z)$ から，或るコンパクト集合 K が存在して，$E \cap K = \emptyset$, $E \in \mathcal{B}a(Z)$ について $\eta(E) < \varepsilon$ が成り立つ．さて，$U_\alpha = Z_\alpha^c$ ($\alpha \in D$) について
$$K \subset Z = \bigcup_{\alpha \in D} U_\alpha$$
であるから，K のコンパクト性を用いれば，或る α^* が存在して，$K \subset U_{\alpha^*}$ とできる．すなわち，$K \cap Z_{\alpha^*} = \emptyset$ が成り立つ．したがって
$$\eta(Z_{\alpha^*}) < \varepsilon$$
が成り立つので，$\alpha \geq \alpha^*$ について，$Z_\alpha \subset Z_{\alpha^*}$ を用いれば
$$\eta(Z_\alpha) \leq \eta(Z_{\alpha^*}) < \varepsilon$$
が成り立つ．すなわち，$\eta(Z_\alpha) \to 0$ が示された．

さらに，Z が可分完備距離空間の場合 (この場合は，$\mathcal{B}a(Z) = \mathcal{B}(Z)$ であるから，ベール測度はボレル測度である．命題 2.1.2 (3) を参照) の確率ボレル測度についての基本的結果を述べておく (章末問題 4 番として扱う)．

定理 2.1.25 可分完備距離空間 Z の確率ボレル測度 μ は，ラドン測度である．すなわち，次の性質 ($*$) を持つ．
($*$) 任意の正数 ε に対して，適当にコンパクト部分集合 K をとれば

$\mu(Z \backslash K) < \varepsilon$ が成り立つ．

定理 2.1.26 (Tortrat) バナッハ空間 X について，$\mathcal{P}_\sigma(X, w)$ の元 η が

線形的台 L_η を持つとする. そのとき, L_η は可分である. その結果, η は $\mathcal{B}(X)$ 上で定義されたラドン確率測度 $\overline{\eta}$ として, ただ一通りに拡張される.

証明 補題 2.1.21 を用いれば, $\eta|L_\eta$ は, $\mathcal{B}a(L_\eta, w)$ 上で定義された確率測度で, スカラー的に非退化であるから, 系 2.1.16 を $X = L_\eta$ の場合に用いることで, L_η の可分性が得られる. したがって, 補題 2.1.22 から

$$\mathcal{B}a(L_\eta, w) = \mathcal{B}(L_\eta)$$

である. すなわち, $\eta|L_\eta$ は, L_η における確率ボレル測度である. したがって

$$\mathcal{B}a(L_\eta, w) = \mathcal{B}(L_\eta) = \{B \cap L_\eta \ : \ B \in \mathcal{B}(X)\}$$

(各自で確かめること) に注意して, $\overline{\eta} : \mathcal{B}(X) \to [0,1]$ を

$$\overline{\eta}(B) = (\eta|L_\eta)(B \cap L_\eta) \ (B \in \mathcal{B}(X))$$

により定義できる. このとき, $\overline{\eta}$ は, η の拡張であり, しかも, $\overline{\eta}$ はラドンである. 先ず η の拡張であることは, 各 $E \in \mathcal{B}a(X, w)$ について

$$\overline{\eta}(E) = (\eta|L_\eta)(E \cap L_\eta) = \eta(E)$$

が成り立つことから分かる. 次に, $\overline{\eta}$ のラドン性については, 次のように示される. $\eta|L_\eta$ が可分完備距離空間 L_η のボレル測度であることを用いれば, 定理 2.1.25 から, これはラドンである. 任意の正数 ε を与えよ. そのとき, $\eta|L_\eta$ の, L_η でのラドン性から, コンパクト集合 $K \ (\subset L_\eta)$ が存在して

$$(\eta|L_\eta)(L_\eta \setminus K) < \varepsilon$$

が成り立つ. そのとき

$$\overline{\eta}(X \setminus K) = (\eta|L_\eta)((X \setminus K) \cap L_\eta) = (\eta|L_\eta)(L_\eta \setminus K) < \varepsilon$$

が得られる. すなわち, $\overline{\eta}$ のラドン性が示された.

最後に, η のラドン拡張がただ一通りであることを示そう. もう一つのラドン拡張として, $\overline{\eta_1}$ が存在すると仮定して,

$$\overline{\eta}(B) = \overline{\eta_1}(B) \ (B \in \mathcal{B}(X)) \ \cdots \ (*)$$

を示す. さて, $\mathcal{B}a(X, w)$ の上では, η に等しいから

$$\overline{\eta}(E) = \overline{\eta_1}(E) \ (E \in \mathcal{B}a(X, w))$$

が成り立つ. このことと, $\overline{\eta}, \overline{\eta_1}$ がラドンから, $(*)$ を示すために, 先ず

$$\overline{\eta}(L_\eta) = \overline{\eta_1}(L_\eta) = 1 \ \cdots \ (**)$$

を注意する．そのためには，測度のラドン性に注目すれば，$K \cap L_\eta = \emptyset$ を満たす任意のコンパクト集合 K としたとき

$$\overline{\eta}(K) = \overline{\eta_1}(K) = 0$$

を示せば十分である．L_η は弱閉集合であるから，L_η^c は弱開集合である．したがって

$$U(x; \varepsilon, x_1^*, \ldots, x_n^*) = \bigcap_{i=1}^n \{y \; : \; |(x_i^*, x) - (x_i^*, y)| < \varepsilon\}$$

の形の開集合の和として得られる．すなわち

$$K \subset L_\eta^c = \bigcup \{U(x; \varepsilon, x_1^*, \ldots, x_n^*) \; : \; U(x; \varepsilon, x_1^*, \ldots, x_n^*) \subset L_\eta^c\}$$

と表せる．しかも，$U(x; \varepsilon, x_1^*, \ldots, x_n^*) \in \mathcal{B}a(X, w)$ であり，$\eta^*(L_\eta) = 1$ から

$$\eta(U(x; \varepsilon, x_1^*, \ldots, x_n^*)) = 0$$

である．このことと，K のコンパクト性を用いれば，或る有限個の開集合の族 $\{U_i\}_{i=1}^m \subset \mathcal{B}a(X, w)$ で，$\eta(U_i) = 0$ $(i = 1, \ldots, m)$ が存在して

$$K \subset \bigcup_{i=1}^m U_i$$

とできる．したがって

$$0 \leq \overline{\eta}(K) \leq \sum_{i=1}^m \eta(U_i) = 0, \; \text{すなわち}, \; \overline{\eta}(K) = 0$$

であり，同様に $\overline{\eta_1}(K) = 0$ である．よって，$(**)$ が得られた．このことから，任意の $B \in \mathcal{B}(X)$ について

$$\overline{\eta}(B) = \overline{\eta}(B \cap L_\eta) = \overline{\eta_1}(B \cap L_\eta) = \overline{\eta_1}(B)$$

が得られ，$(*)$ が生じる．ただし，この等式の二つ目の等号は，次のようにして示される．系 2.1.10 を用いれば

$$B \cap L_\eta \in \mathcal{B}(L_\eta) = \mathcal{B}a(L_\eta, w) = \{E \cap L_\eta \; : \; E \in \mathcal{B}a(X, w)\}$$

であるから，或る $E \in \mathcal{B}a(X, w)$ が存在して，$B \cap L_\eta = E \cap L_\eta$ と表せる．このとき

$$\overline{\eta}(B \cap L_\eta) = \overline{\eta}(E \cap L_\eta) = \overline{\eta}(E) - \overline{\eta}(E \backslash L_\eta) = \overline{\eta}(E)$$

$$= \overline{\eta_1}(E) = \overline{\eta_1}(E) - \overline{\eta_1}(E\backslash L_\eta) = \overline{\eta_1}(E \cap L_\eta) = \overline{\eta_1}(B \cap L_\eta)$$

が成り立つ.

以上で定理 2.1.26 が証明された.

この定理の系として次が得られる.

系 2.1.27 $\mathcal{P}_\tau(X,w) = \mathcal{P}_t(X,w)$. そして, 各 $\eta \in \mathcal{P}_\tau(X,w)$ はただ一通りに $\mathcal{B}(X)$ 上のラドン確率測度として拡張できる.

証明 各 $\eta \in \mathcal{P}_\tau(X,w)$ について, 線形的台 L_η が存在することを先ず示そう. そのためには, $\eta^*(L_\eta) = 1$ を注意する. それは以下のようにして分かる. $Z \cap L_\eta = \emptyset$ を満たす零集合 Z をとれ. そして, $\eta(Z) = 0$ をいう. さて

$$Z_F = \bigcap_{x^* \in F} \mathrm{Ker}(x^*)$$

とする (ただし, $F \in \mathcal{Z}_f(\eta)$). そのとき

$$L_\eta = \bigcap_{F \in \mathcal{Z}_f(\eta)} Z_F$$

で

$$\emptyset = Z \cap L_\eta = \bigcap_{F \in \mathcal{Z}_f(\eta)} (Z \cap Z_F)$$

であることから, η の τ-smooth 性を用いれば

$$\eta(Z \cap Z_F) \to 0$$

が得られる. よって $\eta(Z_F) = 1$ (命題 2.1.19) を用いて

$$1 + \eta(Z \cap Z_F) = \eta(Z \cup Z_F) + \eta(Z \cap Z_F) = \eta(Z_F) + \eta(Z) = 1 + \eta(Z) \ (F \in \mathcal{Z}_f(\eta))$$

から

$$\eta(Z \cap Z_F) = \eta(Z) \ (F \in \mathcal{Z}_f(\eta))$$

が得られる. ここで, F についての極限をとれば

$$\eta(Z) = \eta(Z \cap Z_F) \to 0$$

が得られ, $\eta(Z) = 0$ を得る. Z は, $L_\eta \cap Z = \emptyset$ を満たす任意の零集合であるから

$$\eta^*(L_\eta) = 1$$

が分かる．したがって, 定理 2.1.26 から, 要求された結果が生じる．

系 2.1.28 位相空間 (X,w) が測度コンパクトであるための必要十分条件は, それが強測度コンパクトであることである．

証明 系 2.1.27 より, $\mathcal{P}_\tau(X,w) = \mathcal{P}_t(X,w)$ が得られるから, 測度コンパクト性の仮定を用いて

$$\mathcal{P}_\sigma(X,w) = \mathcal{P}_\tau(X,w) = \mathcal{P}_t(X,w)$$

(すなわち, 強測度コンパクト性) が得られる. また, 逆は明らかである.

どんな場合に位相空間 (X,w) が測度コンパクトになるかの基本的条件を与えたものとして, 次の定理がある．

定理 2.1.29 位相空間 (X,w) がリンデレーフの性質を持つならば, 位相空間 (X,w) は測度コンパクトである. 特に, 弱コンパクト集合により生成されるバナッハ空間 X について, 位相空間 (X,w) はリンデレーフの性質を持ち, その結果, 測度コンパクトである．

定理 2.1.29 で用いた概念について, その定義を述べる．

定義 2.1.30 (1) 位相空間 Y において, Y が **リンデレーフの性質** を持つとは, 任意の部分集合について, その任意の開被覆が必ず可算部分開被覆を持つことをいう. すなわち, $A \subset Y$ とその開被覆 $\{O_\gamma\}_{\gamma \in \Gamma}$ が与えられたとき, 適当に $\{\gamma_n\}_{n \geq 1} \subset \Gamma$ を選ぶことにより

$$A \subset \bigcup_{n=1}^{\infty} O_{\gamma_n}$$

とできる．

(2) バナッハ空間 X が, **弱コンパクト集合により生成される** (weakly compactly generated) とは, 或る弱コンパクト集合 K が存在して

$$X = \overline{\mathrm{sp}}(K) \ (K \text{ を含む最小の閉部分空間})$$

が満たされることをいう．

例 2.1.31 (I) Y が第二可算公理を満たすならば, Y はリンデレーフの性質を持つ. 特に, Y が可分な距離空間ならば, リンデレーフの性質を持つ.

(II) 可分なバナッハ空間 X は weakly compactly generated である. 有限測度空間 (S, Σ, μ) について, その L_1-空間: $L_1(S, \Sigma, \mu)$ は, weakly compactly generated である (各自で確かめること. ヒント: K として, $C = \{\chi_E : E \in \Sigma\}$ の弱閉包ととれ. K は弱コンパクトである. そのために, 章末問題 1 番 (c) を参照).

weakly compactly generated な空間についての解釈のために必要とされる, 簡単ではあるが, 基本的結果を一つ注意する.

命題 2.1.32 X が弱コンパクト集合 K^* により生成されるバナッハ空間とする. そのとき, 次が成り立つ.
 (1) $K = \mathrm{aco}(K^*)$ (K^* を含む最小の絶対凸包) とすれば

$$X = \overline{\bigcup_{n=1}^{\infty} nK}$$

が成り立つ.
 (2) 各 n について $K_n = \overline{nK \cap B(X)}^w$ とおけば, K_n は弱コンパクトで

$$B(X) = \overline{\left(\bigcup_{n=1}^{\infty} K_n\right)}$$

が成り立つ. ただし, $B(X)$ は X の閉単位球 (以後, 同様) である.

証明 (1) について. $X = \overline{\mathrm{sp}}(K^*)$ であるから

$$\mathrm{sp}(K^*) = \bigcup_{n=1}^{\infty} nK$$

を注意しよう. そのために, $x \in \mathrm{sp}(K^*)$ を任意にとれ. そのとき

$$x = \sum_{i=1}^{l} c_i x_i \ (c_i \in \mathbf{R}, \ x_i \in K^*)$$

と表すことができる. したがって

$$x = \sum_{i=1}^{l} |c_i| \left(\frac{c_1}{\sum_{i=1}^{l} |c_i|} x_1 + \cdots + \frac{c_l}{\sum_{i=1}^{l} |c_i|} x_l\right)$$

と表せば, この式の $(\cdots)$ の部分を k とおくことにより, $k \in \mathrm{aco}(K^*) = K$ であるから

$$x = \sum_{i=1}^{l} |c_i| k \in \left(\sum_{i=1}^{l} |c_i|\right) K \subset nK \ (ただし, \ n \ は, \ \sum_{i=1}^{l} |c_i| \leq n \ を満たす)$$

が成り立つ．よって，$x \in \bigcup_{n=1}^{\infty} nK$ が成り立つ．逆に，$x \in \bigcup_{n=1}^{\infty} nK$ を任意にとれ．そのとき，或る n について，$x = nk \ (k \in K)$ と書ける．$K = \mathrm{aco}(K^*)$ であるから

$$k = \sum_{i=1}^{j} r_i y_i \ \left(\sum_{i=1}^{j} |r_i| \leq 1, \ y_i \in K^*\right)$$

と表せば

$$x = nk = \sum_{i=1}^{l} nr_i y_i \in \mathrm{sp}(K^*)$$

が成り立つ．よって，(1) が示された．

(2) について．各 K_n の弱コンパクト性は，[K の弱コンパクト性] および [弱コンパクト集合の弱閉部分集合は弱コンパクト] という事実から，容易に分かる．次に，集合の等式を示そう．各 n について，$nK \cap B(X)$ は凸集合であるから (弱閉と強閉が一致することを用いれば)

$$K_n = \overline{nK \cap B(X)}^w = \overline{nK \cap B(X)} \subset \overline{B(X)} = B(X)$$

が成り立つ．したがって

$$\overline{\left(\bigcup_{n=1}^{\infty} K_n\right)} \subset B(X)$$

が得られる．逆向きの包含関係を得るために，先ず，$B(X)^\circ = \{x : \|x\| < 1\}$ について

$$B(X)^\circ \subset \overline{B(X) \cap \mathrm{sp}(K^*)}$$

を注意する．そのために，$x \in B(X)^\circ$ と，任意の正数 ε (ただし，$\varepsilon < 1 - \|x\|$ を満たす) をとれ．$X = \overline{\mathrm{sp}}(K^*)$ であるから，或る $x_\varepsilon \in \mathrm{sp}(K^*) \ (= \bigcup_{n=1}^{\infty} nK)$ が存在して，$\|x - x_\varepsilon\| < \varepsilon$ を満たす．このとき

$$\|x_\varepsilon\| < \|x\| + \varepsilon < 1$$

であるから

$$x_\varepsilon \in B(X) \cap \mathrm{sp}(K^*)$$

が得られる．したがって

$$x \in \overline{B(X) \cap \mathrm{sp}(K^*)}$$

が得られるので
$$B(X)^\circ \subset \overline{B(X) \cap \mathrm{sp}(K^*)}$$
が分かる．ここで，$B(X) = \overline{B(X)^\circ}$ を用いれば
$$B(X) \subset \overline{B(X) \cap \mathrm{sp}(K^*)} = \overline{\bigcup_{n=1}^{\infty}(B(X) \cap nK)} \subset \overline{\left(\bigcup_{n=1}^{\infty} K_n\right)}$$
が得られる．よって，(2) が示された．

定理 2.1.29 の証明 前半部分について．(X, w) がリンデレーフの性質を持つとして，$\mathcal{P}_\sigma(X, w) = \mathcal{P}_\tau(X, w)$ を示す．すなわち，$\mu \in \mathcal{P}_\sigma(X, w)$ について，$\{Z_\alpha\}_{\alpha \in D}$ を零集合の単調減少ネットで，$Z_\alpha \to \emptyset$ とするとき
$$\lim_{\alpha \in D} \mu(Z_\alpha) = 0$$
を示せばよい．そのような $\{Z_\alpha\}_{\alpha \in D}$ について
$$X = \bigcup_{\alpha \in D} Z_\alpha^c$$
であるから，$\{Z_\alpha^c : \alpha \in D\}$ は，X の開被覆である．したがって，(X, w) のリンデレーフ性により，或る可算部分集合 $\{\beta_n\}_{n \geq 1} (\subset D)$ が存在して
$$\bigcap_{n=1}^{\infty} Z_{\beta_n} = \emptyset$$
が成り立つ．そのとき，D の有向性から，$\{\alpha_n\}_{n \geq 1} (\subset D)$ で，$\beta_n \leq \alpha_n$，$\alpha_n \leq \alpha_{n+1}$ $(n = 1, 2, \ldots)$ を満たすものが存在する．よって
$$Z_{\alpha_1} \supset Z_{\alpha_2} \supset \cdots \supset Z_{\alpha_n} \supset \cdots, \quad \bigcap_{n=1}^{\infty} Z_{\alpha_n} = \emptyset$$
を満たす．ここで，μ の測度性から
$$\lim_{n \to \infty} \mu(Z_{\alpha_n}) = 0$$
が得られる．したがって，任意に正数 ε を与えたとき，或る番号 α_n が存在して，$\mu(\alpha_n) < \varepsilon$ となるから，任意の $\alpha \geq \alpha_n$ について
$$\mu(Z_\alpha) \leq \mu(Z_{\alpha_n}) < \varepsilon$$
が得られ，要求された結果である．

後半部分について. X を weakly compactly generated と仮定せよ. そのとき, 命題 2.1.32 の (2) より, 弱コンパクト集合の単調増加列 $\{K_n\}_{n\geq 1}$ で

$$B(X) = \overline{\left(\bigcup_{n=1}^{\infty} K_n\right)}$$

を満たすものが存在する. したがって, $x \in B(X)$ であるための必要十分条件は

各 $i \in \mathbf{N}$ について, 或る $y \in \bigcup_{n=1}^{\infty} K_n$ で

$$\|x - y\| \leq \frac{1}{2^i}$$ を満たすものが存在することである

ことが分かる. すなわち, $x \in B(X)$ であるための必要十分条件は

各 $i \in \mathbf{N}$ について, 或る $\sigma(i) \in \mathbf{N}$ と, 或る $y_i \in K_{\sigma(i)}$ で

$$x - y_i \in \frac{1}{2^i} B(X^{**})$$ を満たすものが存在することである

ことが分かる. よって, $x \in B(X)$ であるための必要十分条件は

或る写像 $\sigma : \mathbf{N} \to \mathbf{N}$ で, $x \in K_{\sigma(i)} + \frac{1}{2^i} B(X^{**})$

$(i = 1, 2, \ldots)$ を満たすものが存在することである

ことが分かる. この写像 $\sigma : \mathbf{N} \to \mathbf{N}$ (すなわち, $\sigma \in \mathbf{N}^{\mathbf{N}}$) と, $i = 1, 2, \ldots$ について

$$A_\sigma{}^i = \bigcap_{n \leq i} (K_{\sigma(n)} + \frac{1}{2^n} B(X^{**}))$$

で集合 $A_\sigma{}^i$ を定義すれば

$$A_\sigma{}^1 \supset A_\sigma{}^2 \supset \cdots \supset A_\sigma{}^i \searrow A_\sigma \ (= \bigcap_{i=1}^{\infty} (K_{\sigma(i)} + \frac{1}{2^i} B(X^{**})) \ \text{で定義})$$

が成り立つ. したがって

$$B(X) = \bigcup_{\sigma \in \mathbf{N}^{\mathbf{N}}} A_\sigma$$

が成り立つ. しかも, 各 i について, $A_\sigma{}^i$ は X^{**} の弱*コンパクト集合であるから A_σ も弱*コンパクト集合である. ところが, $A_\sigma \subset B(X) \ (\subset X)$ であるから, A_σ は弱コンパクトである.

さて, $\mathcal{U} = \{U_\gamma : \gamma \in \Gamma\}$ を, $B(X)$ の任意の弱開被覆としよう. そのとき, $\mathcal{U}$ が, 有限個の和で閉じている集合族 (すなわち, 任意の有限集合族

$\{U_i : i = 1, 2, \ldots, n\} \subset \mathcal{U}$ について, $\bigcup_{i=1}^n U_i \in \mathcal{U}$ が成り立つ) と仮定してもよい. 各 $\sigma \in \mathbf{N}^{\mathbf{N}}$ について

$$A_\sigma \subset \bigcup_{\gamma \in \Gamma} U_\gamma$$

であり, A_σ が弱コンパクトであるから, $\mathcal{U}$ が有限和で閉じた集合族であることを用いれば, 写像 $g : \mathbf{N}^{\mathbf{N}} \to \Gamma$ が存在して

$$A_\sigma \subset U_{g(\sigma)} \ (\sigma \in \mathbf{N}^{\mathbf{N}})$$

が成り立つ. ここで, 各 $\sigma \in \mathbf{N}^{\mathbf{N}}$ について, 集合列 $\{A_\sigma{}^i \backslash U_{g(\sigma)}\}_{i \geq 1}$ を考えれば, これは, 弱*コンパクト集合

$$K_{\sigma(1)} + \frac{1}{2} B(X^{**})$$

の弱*閉部分集合の単調減少列である. したがって, 任意の i について

$$A_\sigma{}^i \backslash U_{g(\sigma)} \neq \emptyset$$

を仮定すれば, $\{A_\sigma{}^i \backslash U_{g(\sigma)}\}_{i \geq 1}$ は有限交叉性を持つ弱*閉集合の族となるから

$$\emptyset \neq \bigcap_{i=1}^\infty (A_\sigma{}^i \backslash U_{g(\sigma)}) = A_\sigma \backslash U_{g(\sigma)}$$

となり, 矛盾が生じる. したがって, 各 $\sigma \in \mathbf{N}^{\mathbf{N}}$ について, $i \ (= i(\sigma)$ と表す) が存在して

$$A_\sigma{}^{i(\sigma)} \backslash U_{g(\sigma)} = \emptyset$$

が成り立つ. すなわち

$$A_\sigma{}^{i(\sigma)} \subset U_{g(\sigma)}$$

が成り立つ. さて, 各 $\sigma \in \mathbf{N}^{\mathbf{N}}$ について, このような性質を持つようにして定めた $A_\sigma{}^{i(\sigma)}$ の全体から成る集合族を

$$\{A_\sigma{}^{i(\sigma)} : \sigma \in \mathbf{N}^{\mathbf{N}}\} \ (= \mathcal{A} \ \text{と表す})$$

を考えれば, $\mathcal{A}$ は (高々) 可算集合である. そのことを以下で注意する. そのために

$$I_n = \{\sigma \in \mathbf{N}^{\mathbf{N}} : i(\sigma) = n\} \ (n = 1, 2, \ldots)$$

とすれば

$$\mathbf{N}^{\mathbf{N}} = \bigcup_{n=1}^\infty I_n$$

であるから
$$\mathcal{A} = \bigcup_{n=1}^{\infty} \{A_\sigma{}^{i(\sigma)} \,:\, \sigma \in I_n\}$$
と表せる. ところが, I_n の定義から
$$\{A_\sigma{}^{i(\sigma)} \,:\, \sigma \in I_n\} = \{A_\sigma{}^n \,:\, \sigma \in \mathbf{N}^{\mathbf{N}}\}$$
であり, 各 n について, $\mathcal{A}_n = \{A_\sigma{}^n \,:\, \sigma \in \mathbf{N}^{\mathbf{N}}\}$ とおけば, $\mathcal{A}_n$ は (高々) 可算集合である. 実際
$$A_\sigma{}^1 = W_{\sigma(1)} + \frac{1}{2} B(X^{**}),\ \sigma(1) \in \mathbf{N}$$
であるから, $\{A_\sigma{}^1 \,:\, \sigma \in \mathbf{N}^{\mathbf{N}}\}$ は (高々) 可算集合である. また
$$A_\sigma{}^2 = (W_{\sigma(1)} + \frac{1}{2} B(X^{**})) \cap (W_{\sigma(2)} + \frac{1}{2^2} B(X^{**})),\ \sigma(1), \sigma(2) \in \mathbf{N}$$
であるから, $\{A_\sigma{}^2 \,:\, \sigma \in \mathbf{N}^{\mathbf{N}}\}$ は (高々) 可算集合である. このようにして考えれば, 各 n について, $\{A_\sigma{}^n \,:\, \sigma \in \mathbf{N}^{\mathbf{N}}\}$ が (高々) 可算集合であることが分かる. その結果
$$\mathcal{A} = \bigcup_{n=1}^{\infty} \mathcal{A}_n \text{ は可算集合}$$
である. したがって
$$\{A_\sigma{}^{i(\sigma)} \,:\, \sigma \in \mathbf{N}^{\mathbf{N}}\} = \{A_n \,:\, n = 1, 2, \ldots\}$$
と表せば
$$B(X) \subset \bigcup_{\sigma \in \mathbf{N}^{\mathbf{N}}} A_\sigma \subset \bigcup_{\sigma \in \mathbf{N}^{\mathbf{N}}} A_\sigma{}^{i(\sigma)} = \bigcup_{n=1}^{\infty} A_n$$
が成り立つ. しかも, 各 n について, $A_n = A_{\sigma_n}{}^{i(\sigma_n)}$ ($\sigma_n \in \mathbf{N}^{\mathbf{N}}$) と表せるから
$$A_{\sigma_n}{}^{i(\sigma_n)} \subset U_{g(\sigma_n)}\ (n = 1, 2, \ldots)$$
を用いれば
$$B(X) \subset \bigcup_{n=1}^{\infty} U_{g(\sigma_n)}$$
が得られる. すなわち, $B(X)$ が可算部分開被覆を持つことが示され, 後半部分が得られた. よって, 定理 2.1.29 の証明が完結した.

[弱可測関数と弱ベール測度]

ここでは，完備有限測度空間 (S,Σ,μ) 上で定義された弱可測関数 f について，f から弱ベール測度が自然に得られるという事実と，前段までの結果の利用という立場から，少し述べる．そのために，**弱可測関数** と呼ばれる関数を定義する．この関数は，2.2 節以降では X-値関数として，基本的なものである．

定義 2.1.33 (S,Σ,μ) を有限測度空間とする．$f:S\to X$ が μ について，**弱可測** (μ-**弱可測**, 簡略化して，**弱可測**) であるとは，各 $x^*\in X^*$ に対して定義される実数値関数 $x^*\circ f$ が μ-可測であることをいう．ただし，$(x^*\circ f)(s)=(x^*,f(s))\ (s\in S)$ である．ここで，μ-可測とは $\overline{\Sigma}$-可測のことをいう．ただし，$(S,\overline{\Sigma},\overline{\mu})$ は，(S,Σ,μ) の完備化である (問題 1 の 19 番を参照)．また，二つの弱可測関数 $f:S\to X$, $g:S\to X$ について，f と g が**弱同値** (weakly equivalent) であるとは，各 $x^*\in X^*$ について，$(x^*,f(s))=(x^*,g(s))\ (\mu\text{-a.e.})$ に成り立つことをいう．

命題 2.1.34 (S,Σ,μ) を完備有限測度空間とする．$f:S\to X$, 弱可測関数が与えられたとき，(μ の f による) 像測度 $f(\mu)$ を $\mathcal{B}a(X,w)$ 上で定義できる (すなわち，次の測度 $f(\mu)$ が考えられる)．
$$f(\mu)(B)=\mu(f^{-1}(B))\ (B\in\mathcal{B}a(X,w))$$

証明 弱可測関数 $f:S\to X$ について
$$f^{-1}(B)\in\Sigma\ (B\in\mathcal{B}a(X,w))$$
を示せばよい．そのために
$$\mathcal{F}=\{B\in\mathcal{B}a(X,w)\ :\ f^{-1}(B)\in\Sigma\}$$
として，(X,w) の部分集合族 $\mathcal{F}$ を定義する．そのとき，$\mathcal{F}$ が，$\mathcal{M}$ を含む σ-algebra であることを示せば，$\mathcal{F}=\mathcal{B}a(X,w)$ が得られる．ただし，$\mathcal{M}=\{S(x^*,r)\ :\ x^*\in X^*,\ r\in\mathbf{R}\}$ である．$\mathcal{F}$ の σ-algebra 性は容易である．しかも，$S(x^*,r)=\{x\ :\ (x^*,x)\geq r\}$ であるから
$$f^{-1}(S(x^*,r))=\{s\in S\ :\ (x^*,f(s))\geq r\}$$
が成り立ち，右辺の集合は，f の弱可測性から，$\overline{\Sigma}=\Sigma$ (測度空間の完備性による) に属するので，要求された結果が得られる．

この事実が, f の解析のための手段として, 弱ベール測度 $f(\mu)$ と前段の弱ベール測度の理論の応用を可能にする. 先ず, 二つの弱可測関数の或る同値性が, それらの像測度の同等性を導くことを示す次の基本的命題を与える.

定理 2.1.35 (S, Σ, μ) を完備有限測度空間とする. 二つの弱可測関数 $f, g : S \to X$ が与えられたとき, 各 $x^* \in X^*$ について
$$(x^*, f(s)) = (x^*, g(s)) \ (\mu\text{-a.e.})$$
が成り立つ (すなわち, f と g が弱同値である) ための必要十分条件は
$$f(\mu) = g(\mu) \ (\text{すなわち}, \ f(\mu)(B) = g(\mu)(B), \ \forall B \in \mathcal{B}a(X, w))$$
が成り立つことである.

証明 (必要性) 次の集合族 $\mathcal{F}$ を考える.
$$\mathcal{F} = \{B \in \mathcal{B}a(X, w) \ : \ \mu(f^{-1}(B) \triangle g^{-1}(B)) = 0\}$$
そのとき, $\mathcal{F}$ が, $\mathcal{M}$ を含む σ-algebra であることを示そう. 先ず

(1) $\mathcal{M} \subset \mathcal{F}$ であること. $S(x^*, r) \in \mathcal{M}$ について
$$f^{-1}(S(x^*, r)) = \{s \ : \ (x^*, f(s)) \geq r\},$$
$$g^{-1}(S(x^*, r)) = \{s \ : \ (x^*, g(s)) \geq r\}$$
であり, $(x^*, f(s)) = (x^*, g(s))$ (μ-a.e.) であるから
$$\mu(f^{-1}(S(x^*, r)) \setminus g^{-1}(M(x^*, r))) = \mu(g^{-1}(S(x^*, r)) \setminus f^{-1}(S(x^*, r))) = 0$$
が成り立つ. したがって
$$\mu(f^{-1}(S(x^*, r)) \triangle g^{-1}(S(x^*, r))) = 0$$
が得られ, $S(x^*, r) \in \mathcal{F}$ が示された.

(2) $\mathcal{F}$ が, σ-algebra であること.

(σ.1) $X \subset \mathcal{F}$ であること. $f^{-1}(X) = S = g^{-1}(X)$ であるから, 明らかに成り立つ.

(σ.2) $A \in \mathcal{F}$ ならば, $A^c \in \mathcal{F}$ であること.
$$f^{-1}(A^c) \setminus g^{-1}(A^c) = (f^{-1}(A))^c \cap ((g^{-1}(A))^c)^c = g^{-1}(A) \setminus f^{-1}(A)$$
であり, $g^{-1}(A^c) \setminus f^{-1}(A^c) = f^{-1}(A) \setminus g^{-1}(A)$ であるから
$$\mu(f^{-1}(A^c) \setminus g^{-1}(A^c)) = \mu(g^{-1}(A) \setminus f^{-1}(A)) = 0,$$

$$\mu(g^{-1}(A^c)\setminus f^{-1}(A^c)) = \mu(f^{-1}(A)\setminus g^{-1}(A)) = 0$$

が得られ

$$\mu(f^{-1}(A^c)\triangle g^{-1}(A^c)) = 0$$

となるから, $A^c \in \mathcal{F}$ が示された.

(σ.3) $\{A_n\}_{n \geq 1} \subset \mathcal{F}$ ならば, $\bigcup_{n=1}^{\infty} A_n \in \mathcal{F}$ であること.

$$f^{-1}\left(\bigcup_{n=1}^{\infty} A_n\right) \setminus g^{-1}\left(\bigcup_{n=1}^{\infty} A_n\right) = \left(\bigcup_{n=1}^{\infty} f^{-1}(A_n)\right) \setminus \bigcup_{m=1}^{\infty} g^{-1}(A_m)$$

$$\subset \bigcup_{n=1}^{\infty} (f^{-1}(A_n) \setminus g^{-1}(A_n))$$

を用いれば

$$\mu\left(f^{-1}\left(\bigcup_{n=1}^{\infty} A_n\right) \setminus g^{-1}\left(\bigcup_{n=1}^{\infty} A_n\right)\right) \leq \sum_{n=1}^{\infty} \mu(f^{-1}(A_n) \setminus g^{-1}(A_n)) = 0$$

が成り立つ. もう一方も同様であるから

$$\mu\left(f^{-1}\left(\bigcup_{n=1}^{\infty} A_n\right) \triangle g^{-1}\left(\bigcup_{n=1}^{\infty} A_n\right)\right) = 0$$

が得られるので, (σ.3) が示された.

以上から, $\mathcal{F} = \sigma(\mathcal{M}) = \mathcal{B}a(X, w)$ が得られた. すなわち

$$\mu(f^{-1}(B) \triangle g^{-1}(B)) = 0 \ (B \in \mathcal{B}a(X, w))$$

が示された. したがって

$$\mu(f^{-1}(B)) = \mu(g^{-1}(B)) \ (B \in \mathcal{B}a(X, w))$$

が得られ, 要求された結果である.

(十分性) $f(\mu)(B) = g(\mu)(B) \ (\forall B \in \mathcal{B}a(X, w))$ が成り立つならば, $\mu(f^{-1}(B) \triangle g^{-1}(B)) = 0$ であるから, μ-a.e. に

$$\chi_B(f(s)) = \chi_B(g(s))$$

が成り立つ. したがって, 各 $\mathcal{B}a(X, w)$-可測な非負単関数

$$\theta(s) = \sum_{i=1}^{n} c_i \chi_{B_i}(s)$$

についても, μ-a.e. に

$$\theta(f(s)) = \theta(g(s))$$

が成り立つ. したがって, 各非負弱ベール可測関数 h について, μ-a.e. に
$$h(f(s)) = h(g(s))$$
が成り立つ. その結果, 各弱ベール可測関数 h について, μ-a.e. に
$$h(f(s)) = h(g(s))$$
が成り立ち, 特に, 弱連続関数 $x^* \in X^*$ について, μ-a.e. に
$$(x^*, f(s)) = (x^*, g(s))$$
が得られる.

注意 9 $f, g : S \to X$ は定理 2.1.35 と同じ仮定を満たすとする. そのとき, 定理 2.1.35 の証明内での結果から, 任意の弱ベール可測関数 $h : X \to \mathbf{R}^+$ について
$$\int_S h(f(s)) d\mu(s) = \int_S h(g(s)) d\mu(s)$$
が成り立つことが分かる.

2.2 バナッハ空間値関数の積分 (特に, ペッティス積分)

ここでは, バナッハ空間に値をとる関数の様々な可測性 (強可測性, 弱可測性, 弱*可測性) や, そのような関数の様々な積分 (ボッホナー積分, バーコフ積分, ペッティス積分等の**ベクトル値積分**) についての基礎事項を与える. 特に, (3 章の内容と密接な関連を持つので) その内容の大半をペッティス積分についての記述 (ペッティス積分とは何か, ペッティス積分可能関数の特徴付け, ペッティス積分可能関数を関数族の性質から探求, 等) に割くことにする. ペッティス積分の研究は, とりわけ, 70 年代末から 80 年代において目覚ましいしいものがある. 特筆すべきは, Geitz, Talagrand を始めとした, 概念: コア (core) の利用による [**ペッティス積分可能性の研究**], あるいは, Talagrand による [**ペッティス積分可能関数を関数族の性質から探求する研究**] である. ここでは, このような事項の基本部分を (3 章の準備の意味も込めながら) 紹介することを主目的としたい.

[X-値関数の可測性]

先ず, バナッハ空間値関数の可測性についての基礎事項を与える. すなわち, X, あるいは, X^* に値をとる関数についての様々な可測性を紹介し, その可測性の関係について, 例を交えながら, 2.1 節の内容との関係も考慮

しながら, 解説する. ただし, 一部の内容, 特に強可測性についての基本的事項は, 松田 [26] (バナッハ空間とラドン・ニコディム性) の記載内容との重複を極力避けるため, 本書で必要な結果を述べるに留め, 証明等を省略するという形式をとる. 詳細は, その 3 章や, その問題 3 を参照のこと). 先ず, 基本的な三種の可測性 (強可測性, 弱可測性, 弱 * 可測性) を纏めて列挙しておこう.

2 章においては, 以後, S 上の測度空間: (S, Σ, μ) は, 特に断らない限り, **完備有限測度空間** とする.

定義 2.2.1 (S, Σ, μ) を有限測度空間とする.

(1) $\theta : S \to X$ が Σ-**単関数** (simple function) であるとは, $\theta(S)$ が有限集合 $\{x_1, \ldots, x_n\}$ で, 各 i について, $E_i = \{s \in S : \theta(s) = x_i\} \in \Sigma$ が成り立つことをいう. すなわち, X の有限個の点 $x_1, \ldots, x_n$ と, Σ の互いに素な集合の有限列 $\{E_i\}_{1 \le i \le n}$ (ただし, $S = \bigcup_{i=1}^n E_i$) を適当にとれば

$$\theta(s) = \sum_{i=1}^n x_i \chi_{E_i}(s) \ (s \in S)$$

と表すことができる関数のことをいう.

(2) $f : S \to X$ が μ-**強可測** (strongly measurable) であるとは, 或る Σ-単関数列 $\{\theta_n\}_{n \ge 1}$ が存在して

$$\lim_{n \to \infty} \|\theta_n(s) - f(s)\| = 0 \ (\mu\text{-a.e.})$$

が成り立つことをいう.

以後, 測度 μ を省略して, 強可測ということにする.

(3) $f : S \to X$ が μ-**弱可測** (略して, **弱可測** (weakly measurable)) であるとは, 任意の $x^* \in X^*$ に対して, 実数値関数 $(x^*, f(s))$ が μ-可測であることをいう (定義 2.1.33 を参照).

(4) $f : S \to X^*$ が μ-**弱 * 可測** (略して, **弱 * 可測** (weak* measurable)) であるとは, 任意の $x \in X$ に対して, 実数値関数 $(x, f(s))$ が μ-可測であることをいう.

ここで, $(x, f(s))$ は, X^* の元 $f(s)$ の点 x での値を表している. (3) の表記 $(\cdot, \cdot)$ (前が X^* の元で, 後に X の元がある) に従えば, $(f(s), x)$ であるが, 今後, この表記を用いることにする.

また, (弱同値の場合と同様に) 二つの弱 * 可測関数 $f : S \to X^*$, $g : S \to X^*$ について, 各 $x \in X$ 毎に, $(x, f(s)) = (x, g(s))$ (μ-a.e.) が成り立つとき, f と g は **弱 * 同値** であるという.

そのとき, 可測性について [強 ⇒ 弱 ⇒ 弱 *] の関係は, 定義から容易に分かるが, これらの逆は, 下記の例 2.2.5 が示すように必ずしも成り立

たないことを注意せよ. そして, 弱と強という二つの可測性に関する命題の内, 次の二つは基本的で, 非常に重要なものであることも注意しておく. 特に, 定理 2.2.2 は, これらの関係をとらえた最初の結果であるという意味で, 最も基本的なものであり, 定理 2.2.3 は, バナッハ空間における測度という観点からの考察によって得られた最初の結果であるという意味で重要である.

定理 2.2.2 (Pettis) (S, Σ, μ) を有限測度空間とする. $f : S \to X$ について, 次が成り立つ. f が強可測関数であるための必要十分条件は, f が弱可測であり, かつ或る μ-測度 0 の集合 N について $f(S \backslash N)$ は可分 (すなわち, μ-測度 0 の集合を除けば, f の値域は可分) であることである (松田 [26] の定理 3.1.6, ペッティスの可測性定理を参照).

定理 2.2.3 (Edgar) $f : S \to X$ を弱可測関数とする. そのとき, f が或る強可測関数と弱同値になるための必要十分条件は, f から定まる弱ベール測度 $f(\mu)$ が, X 上のラドン測度となることである.

証明 (十分性) 弱ベール測度 $f(\mu)$ が X 上のラドンであるとき, f と弱同値な, 適当な強可測関数 g の存在を示そう. そのためには, 次のシコルスキー (R. Sikorski) の **点写像定理** (point mapping theorem) を (証明なしで) 利用する.

[シコルスキー] (なお, $Z = [0,1]$ という基本的場合を, 章末問題 9 番で扱っている. 記号: Σ/μ の定義等は, 章末問題 1 番 (d) の解答を参照し, 9 番の解答例も十分参照して, この定理に対応すること)

(S, Σ, μ) を有限測度空間とし, Z は可分完備距離空間とする. そのとき, 任意の σ-準同型写像 $\Phi : \mathcal{B}(Z) \to \Sigma/\mu$ について, 適当な Σ-$\mathcal{B}(Z)$ 可測な写像 $\phi : S \to Z$ をとれば

$$\Phi(B) = [\phi^{-1}(B)] \ (B \in \mathcal{B}(Z))$$

が成り立つ.

さて, $f(\mu)$ の X 上でのラドン拡張を η とするとき, X の或る可分閉部分空間 (したがって, 可分完備距離空間) Z が存在して $\eta(Z) = \mu(S)$ が成り立つ. そのとき, 系 2.1.10 と補題 2.1.22 から

$$\mathcal{B}(Z) = \{Z \cap B' \ : \ B' \in \mathcal{B}a(X, w)\}$$

が成り立つことに注意せよ. この事実を用いて, $\Phi : \mathcal{B}(Z) \to \Sigma/\mu$ を

$$\Phi(B) = [f^{-1}(B')] \ (B \in \mathcal{B}(Z))$$

で定義することができる．それは，B の二つの表現：$B = Z \cap B_1 = Z \cap B_2$ ($B_1, B_2 \in \mathcal{B}a(X, w)$) について

$$[f^{-1}(B_1)] = [f^{-1}(B_2)] \text{ (すなわち, } \mu(f^{-1}(B_1) \triangle f^{-1}(B_2)) = 0)$$

を示すことになるが，それは，$Z \cap (B_1 \triangle B_2) = \emptyset$ より

$$\mu(f^{-1}(B_1) \triangle f^{-1}(B_2)) = f(\mu)(B_1 \triangle B_2) = \eta(B_1 \triangle B_2) = 0$$

が得られることから分かる．しかも，Φ は σ-準同型であることは容易である．したがって，[シコルスキー] を用いれば，或る Σ-$\mathcal{B}(Z)$ 可測な写像 $g : S \to Z$ が存在して

$$\Phi(B) = [g^{-1}(B)] \ (B \in \mathcal{B}(Z))$$

が成り立つ．したがって，任意の $A \in \mathcal{B}a(X, w)$ について，$A \cap Z \in \mathcal{B}(Z)$ であることに注意すれば

$$[g^{-1}(A)] = [g^{-1}(A \cap Z)] = \Phi(A \cap Z) = [f^{-1}(A)]$$

が得られる．このことから，各 $\mathcal{B}a(X, w)$-可測関数 h について，μ-a.e. に

$$h(g(s)) = h(f(s))$$

が生じるので (定理 2.1.35 の十分性の証明を参照)，特に，任意の $x^* \in X^*$ について，μ-a.e. に

$$(x^*, g(s)) = (x^*, f(s))$$

が得られる．したがって，g は，値域が可分な弱可測関数 (よって，強可測関数) であり，f と弱同値であることが得られたので，要求された結果である．

(必要性) この証明は，章末問題 8 番において，問題形式で与えることにする (解答例も参照せよ).

この定理 2.2.3 と，系 2.1.28 の結合による，即座の系として，次が得られる．

系 2.2.4 任意の弱可測関数 $f : S \to X$ が，或る強可測関数 $g : S \to X$ と弱同値であるための必要十分条件は，(X, w) が測度コンパクトであることである．

例 2.2.5 (I) 弱 * 可測ではあるが，弱可側ではない関数．有限測度空間として，$([0, 1], \Lambda, \lambda)$ をとり，$\phi : [0, 1] \to l_\infty$ を，命題 1.4.35 (および，その直

前の記述内容), あるいは, 例 1.4.41 で定義した Sierpinski (シェルピンスキー) 関数とする. そのとき, ϕ は弱 * 可測であるが, 弱可測関数ではない (例 1.4.41 の後の注意 7 の 4. および 5. を参照).

(II) 弱可測ではあるが, 強可側ではない関数. $([0,1], \Lambda, \lambda)$ をとり, $f : [0,1] \to l_1([0,1])$ を, $f(t) = e_t$ により定義する. ただし $e_t : [0,1] \to \mathbf{R}$ は, $e_t(s) = 1$ ($s = t$ のとき), $e_t(s) = 0$ ($s \neq t$ のとき) として定義される, $l_1([0,1])$ の元である (この例については, 松田 [26] の問題 3 の 4 番, および, その解答を参照のこと).

(III) (ヘーグラー, J. Hagler) 弱可測であるが, 強可測関数とは弱同値ではない関数. $\{A_n\}_{n \geq 1}$ を次の性質を満たす, $[0,1]$ の空でない区間の列とする.

$$A_1 = [0,1], \ A_n = A_{2n} \cup A_{2n+1} \ (n = 1, 2, \ldots),$$

$$A_i \cap A_j = \emptyset \ (i \neq j, \ 2^n \leq i, j < 2^{n+1}), \ \lambda(A_n) \to 0 \ (n \to \infty)$$

例えば, $A_1 = [0,1]$ で

$$A_2 = [0, 1/2), \ A_3 = [1/2, 1]$$

$$A_4 = [0, 1/2^2), \ A_5 = [1/2^2, 1/2), \ A_6 = [1/2, 3/2^2), \ A_7 = [3/2^2, 1]$$

$$\cdots, \cdots, \cdots$$

一般に

$$A_{2^n} = [0, 1/2^n), \ A_{2^n+1} = [1/2^n, 2/2^n), \cdots, A_{2^{n+1}-1} = [(2^n - 1)/2^n, 1]$$

と定義すれば, これらの性質を満たす区間列 $\{A_n\}_{n \geq 1}$ が得られる.

このような区間列 $\{A_n\}_{n \geq 1}$ について, $f : [0,1] \to l_\infty$ を

$$f(t) = \{\chi_{A_n}(t)\}_{n \geq 1} \ (t \in [0,1])$$

で定義する. そのとき, 次が成り立つ.

(i) f は弱可測関数である.

(ii) f は強可測関数と弱同値ではない.

(i) を示すために, $x^* \in l_\infty^*$ をとれ. そのとき, 定理 1.3.17 (吉田・ヒュイット分解), 定理 1.3.29 と, それに続く記述から

$$(x^*, f(t)) = \int_{\mathbf{N}} \chi_{A_n}(t) d\mu_a(n) + \sum_{n=1}^{\infty} \chi_{A_n}(t) \mu_c(\{n\})$$

が成り立つ. この等式の右辺第二項の t の関数の λ-可測性は明らかであるから, 第一項の t の関数の λ-可測性を確認しよう. 先ず, 各 $t \in [0,1]$ について

$$E_t = \{n \ : \ t \in A_n\} \ (\in \mathcal{P}(\mathbf{N}))$$

とおけば
$$\chi_{A_n}(t) = \chi_{E_t}(n) \ (n \in \mathbf{N})$$
であるから
$$\int_{\mathbf{N}} \chi_{A_n}(t) d\mu_a(n) = \mu_a(E_t) \ (= \mu_a(\{n \ : \ t \in A_n\}))$$
が成り立つ．したがって，$h(t) = \mu_a(E_t) \ (t \in [0,1])$ の λ-可測性を確認すればよい．そのために
$$\sum_{t \in [0,1]} |\mu_a(E_t)| < +\infty$$
すなわち，或る $M > 0$ が存在して，$[0,1]$ の任意の有限集合 F について
$$\sum_{t \in F} |\mu_a(E_t)| \ (= \sum_{t \in F} |h(t)|) \leq M \quad \cdots \ (*)$$
が成り立つことを示そう．このとき，$(*)$ により
$$h = 0 \ (\lambda\text{-a.e.})$$
が得られることから，h の λ-可測性が分かるのである．さて，$(*)$ をみるために，任意の有限集合 $F = \{t_1, \ldots, t_q\}$ をとれ．そして
$$E_{t_i} = \{n \ : \ t_i \in A_n\} \ (= B_i, \ i = 1, \ldots, q \text{ と記す})$$
を考える．そのとき，区間列 $\{A_n\}_{n \geq 1}$ の性質から，或る番号 m が存在して
$$(B_i \cap \{m, m+1, \ldots\}) \cap (B_j \cap \{m, m+1, \ldots\}) = \emptyset \ (i \neq j, \ 1 \leq i, j \leq q)$$
が成り立つ．したがって
$$C_i = B_i \cap \{m, m+1, \ldots\}$$
とおけば，定理 1.3.29 に続く注意 6 を用いれば
$$\mu_a(\{1, 2, \ldots, m-1\}) = 0$$
であるから
$$\infty > |\mu|(\mathbf{N}) \geq |\mu_a|(\mathbf{N}) \geq \sum_{i=1}^{q} |\mu_a(C_i)|$$
$$= \sum_{i=1}^{q} |\mu_a(B_i)| = \sum_{i=1}^{q} |\mu_a(E_{t_i})| = \sum_{i=1}^{q} |h(t_i)|$$

が得られるので, $M = |\mu|(\mathbf{N})$ ととれば, $(*)$ が成り立つことが分かる.

以上で (i) が示された.

(ii) については, f が 強可測関数 g と弱同値であるとして矛盾を導く. そのとき, 各 $x^* \in l_\infty^*$ について

$$(x^*, f(t)) = (x^*, g(t)) \ (\lambda\text{-a.e.})$$

が成り立つから, 特に $x^* \in l_1$ について

$$(x^*, f(t)) = (x^*, g(t)) \ (\lambda\text{-a.e.})$$

が成り立つ. l_1 が可分であるから, $\{x_n^* : n = 1, 2, \ldots\}$ を, その稠密な可算部分集合とすれば, 各 n 毎に $N_n \in \Lambda$, $\lambda(N_n) = 0$ が存在して

$$(x_n^*, f(t)) = (x_n^*, g(t)) \ (t \notin N_n)$$

が成り立つ. したがって, $N = \bigcup_{n=1}^\infty N_n$ とすれば, $\lambda(N) = 0$ で, 任意の n について

$$(x_n^*, f(t)) = (x_n^*, g(t)) \ (t \notin N)$$

が成り立つ. このとき, $\{x_n^* : n = 1, 2, \ldots\}$ の稠密性から, $t \notin N$ について

$$(x^*, f(t)) = (x^*, g(t)) \ (x^* \in l_1)$$

が成り立つ. したがって

$$f(t) = g(t) \ (t \notin N)$$

が得られる. ここで, g の強可測性より, $M \in \Lambda$, $\lambda(M) = 0$ が存在して, $g([0,1]\backslash M)$ は可分となる. したがって

$$f([0,1]\backslash(M \cup N)) = g([0,1]\backslash(M \cup N)) \subset g([0,1]\backslash M)$$

が成り立つので

$$f([0,1]\backslash(M \cup N)) : \text{可分} \ \cdots \ (**)$$

が分かる. さて, $\lambda(E) > 0$ を満たす E をとれ. そして, $t, s \in E$, $t \neq s$ をとれ. そのとき, 或る n が存在して, $t \in A_n$, $s \notin A_n$ が成り立つから

$$\|f(t) - f(s)\|_\infty = \sup_{i \geq 1} |\chi_{A_i}(t) - \chi_{A_i}(s)| = 1$$

が得られる. したがって, $f([0,1]\backslash(M \cup N))$ は非可算個の点集合で, 異なる二点の距離が 1 であるものを含むから, 可分性 $(**)$ に矛盾する.

よって (ii) が示された.

注意 1 例 2.2.5 (III) の性質 (i) の証明で利用された区間列 $\{A_n\}_{n\geq 1}$ の持つ性質：$t_1,\ldots,t_q$ が $[0,1]$ の異なる q 個の点とするとき, 或る番号 m が存在して

$$(\{n\,:\,t_i \in A_n\}\cap\{m,m+1,\ldots\})\cap(\{n\,:\,t_j \in A_n\}\cap\{m,m+1,\ldots\}) = \emptyset$$

$$(i \neq j,\ 1 \leq i,j \leq n)$$

が成り立つ, について注意しよう.

(a) $q=2$ の場合. $s,t \in [0,1]$, $s \neq t$ ($s<t$ としてよい) をとれ. そのとき, 各 k について

$$s,t = [0,1] = \bigcup_{i=2^k}^{2^{k+1}-1} A_i$$

であるから

$$\{n\,:\,s \in A_n\} = \{i_1,i_2,\ldots,i_k,\ldots\}\ (\ 2^k \leq i_k \leq 2^{k+1}-1,\ k=1,2,\ldots)$$

$$\{n\,:\,t \in A_n\} = \{j_1,j_2,\ldots,j_k,\ldots\}\ (\ 2^k \leq j_k \leq 2^{k+1}-1,\ k=1,2,\ldots)$$

$$i_{k+1} \in \{2i_k, 2i_k+1\},\ j_{k+1} \in \{2j_k, 2j_k+1\}\ \ldots (*)$$

と表すことができる. 全ての k 段階目について, $i_k = j_k$ が成り立つならば, $s,t \in A_{i_k}$ が成り立つから

$$|s-t| \leq \lambda(A_{i_k})\ (\forall k),\ \lambda(A_{i_k}) \to 0\ (k \to \infty)$$

となり, $s=t$ が得られるので, 仮定に矛盾する. したがって, 或る k が存在して

$$i_1 = j_1,\ldots,i_k = j_k, i_{k+1} \neq j_{k+1}$$

が成り立つ. すなわち

$$s,t \in A_{i_1},\ldots,A_{i_k},$$

$$s \in A_{i_{k+1}},\ t \in A_{j_{k+1}}\ (= A_{i_{k+1}+1})$$

が成り立つ. このとき, $(*)$ から, $i_{k+1} = 2i_k$, $i_{k+1}+1 = 2i_k+1$ である. よって, $N = i_k$ とすれば

$$(\{n\,:\,s \in A_n\}\cap\{2N,2N+1,\ldots\})\cap(\{n\,:\,t \in A_n\}\cap\{2N,2N+1,\ldots\}) = \emptyset$$

が得られ, $m=2N$ として, (a) の場合が示された.

(b) 一般の q 個の場合. $t_1, t_2, \ldots, t_q$ の ${}_qC_2$ 個の任意の二つの組 (t_i, t_j) に対して (I) の場合を利用して定まる番号を $m(i,j)$ とする. すなわち, この番号 i, j について

$$\{n \,:\, t_i \in A_n\} \cap (\{m(i,j), m(i,j)+1, \ldots\})$$

$$\cap (\{n \,:\, t_j \in A_n\} \cap \{m(i,j), m(i,j)+1, \ldots\}) = \emptyset$$

が成り立つ. そして, $m = \max\{m(i,j) \,:\, i \neq j,\, 1 \leq i, j \leq q\}$ とする. そのとき, 任意の i, j $(i \neq j)$ について

$$(\{n \,:\, t_i \in A_n\} \cap \{m, m+1, \ldots\}) \cap (\{n \,:\, t_j \in A_n\} \cap \{m, m+1, \ldots\})$$

$$\subset (\{n \,:\, t_i \in A_n\} \cap \{m(i,j), m(i,j)+1, \ldots\})$$

$$\cap (\{n \,:\, t_j \in A_n\} \cap \{m(i,j), m(i,j)+1, \ldots\}) = \emptyset$$

が成り立つから, この番号 m が要求された番号 (の一つ) であることが分かる.

[ベクトル値積分]

我々は以後で, 強可測関数あるいは, 弱可測関数といった, バナッハ空間に値をとる関数 (ベクトル値関数) に対して, ボッホナー積分, バーコフ積分, ペッティス積分と呼ばれる**ベクトル値積分**の概念を与え, 各々の積分可能性や, 相互の積分可能性の関連等の基礎的事項を, 特に, ペッティス積分を重視しながら, 探求しよう. ボッホナー積分のみに関する事項については, 可測性の場合と同様に, 上記の松田 [26] を参照することとし, 証明の重複を避け, 事実を簡略に述べる.

(I) ボッホナー積分

(S, Σ, μ) を有限測度空間とするとき, 強可測関数 $f : S \to X$ に対して考察される積分概念であり, (第 1 章で与えた) 実数値関数の抽象積分概念を, X-値関数の場合に, 自然な形で拡張したものであるといえる. f が強可測であれば, 非負値関数 $\|f(s)\|$ は可測関数であるから, $\int_S \|f(s)\|\, d\mu(s)$ は $[0, +\infty]$ に含まれる値として存在する. 特に, $\int_S \|f(s)\|\, d\mu(s) \in [0, +\infty)$ が満たされる強可測関数 f を, **ボッホナー積分可能関数**という. そのとき, ボッホナー積分可能関数 f に対して, 次の性質を持った Σ-単関数列 $\{\theta_n\}_{n \geq 1}$ が存在することが分かる. すなわち, 性質 : μ-a.e. に

$$\lim_{n \to \infty} \theta_n(s) = f(s) \text{ かつ}$$

$$\left\|\int_S \theta_m(s)d\mu(s) - \int_S \theta_n(s)d\mu(s)\right\| \to 0 \ (m,\ n \to \infty)$$

である．そのとき，$\lim_{n\to\infty} \int_S \theta_n(s)d\mu(s)$ の値は X の点として存在し，しかも，このような単関数列のとり方に依存しない値であることが示される．その結果，積分 $\int_S f(s)d\mu(s)$ を，この値 $(\lim_{n\to\infty} \int_S \theta_n(s)d\mu(s))$ で与え，これを，ボッホナー積分可能関数 f の S 上でのボッホナー積分 (Bochner integral) と呼ぶことにする．以後，(B)$\int_S f(s)d\mu(s)$（または，簡略化して，(B)$\int_S f\,d\mu$）と表す．また，Σ に属する一般の集合 A 上でのボッホナー積分は (B)$\int_A f(s)d\mu(s)$ と表し，(B)$\int_A f(s)d\mu(s) =$ (B)$\int_S f(s)\chi_A(s)d\mu(s)$ で定義する．このようにして定義されたボッホナー積分は，実数値関数の抽象積分と同様な性質を持つ．また，有界な（すなわち，$f(S)$ が X の有界集合である）強可測関数 f はボッホナー積分可能関数であり，(B)$\int_S f(s)d\mu(s)$ が存在する．

(II) バーコフ積分

(S, Σ, μ) を有限測度空間とするとき，バーコフ積分 (Birkhoff integral) は，$f : S \to X$ に対して考察される積分概念であり，ボッホナー積分概念より弱い条件で定義される積分である．端的にいえば，ボッホナー積分が [**絶対収束**] の概念を用いて定義される（章末問題 10 番を参照）のに対して，バーコフ積分は，それより弱い収束概念である [**無条件収束**] を用いて定義されるものである．そのために，バナッハ空間 X の元から成る無限級数 $\sum_{n=1}^\infty x_n$ の収束性について確認しておこう（その他の詳細については，松田 [26] の問題 3 等も参照せよ）．X の無限級数 $\sum_{n=1}^\infty x_n$ が収束するとは，この第 n 部分和から作られる数列 $s_n = \sum_{i=1}^n x_i\ (n = 1, 2, \dots)$ について，それが X に極限値 x を持つ（すなわち，$\lim_{n\to\infty} s_n = x \in X$ である）ことで，そのとき，無限級数 $\sum_{n=1}^\infty x_n$ は収束し，その和は x であるという．これが通常の収束性であるが，それ以外の収束性として，ここでは，[**絶対収束性**] (absolute convergence) と [**無条件収束性**] (unconditinal convergence) の二つ，特に後者についての確認を行おう．すなわち

定義 2.2.6 X の無限級数 $\sum_{n=1}^\infty x_n$ について
 (1) 正項級数 $\sum_{n=1}^\infty \|x_n\|$ が収束，すなわち，$\sum_{n=1}^\infty \|x_n\| < +\infty$ であるとき，無限級数 $\sum_{n=1}^\infty x_n$ は **絶対収束** するという．
 (2) $\sum_{n=1}^\infty x_n$ の任意の部分無限級数，すなわち，自然数の任意の単調増

加列 $\{n(i)\}_{i\geq 1}$ に対応して得られる無限級数 $\sum_{i=1}^{\infty} x_{n(i)}$ が収束するとき, 無限級数 $\sum_{n=1}^{\infty} x_n$ は, **任意の部分級数が収束** する級数という.

そのとき, **無条件収束** と呼ばれる事柄は, 次の (いずれかの) 性質として捉える (すなわち, 命題 2.2.7 のいずれかの性質を持つ級数を, 無条件収束級数という). 以後, 命題 2.2.7 の (b) の性質で, 無条件収束性を確認することが多い.

命題 2.2.7 X の無限級数 $\sum_{n=1}^{\infty} x_n$ について, 次は同値である.
 (a) $\sum_{n=1}^{\infty} x_n$ は, 任意の部分級数が収束する.
 (b) 任意の正数 ε に対して, 或る番号 m が存在し, $F \cap \{1, 2, \ldots, m\} = \emptyset$ を満たす任意の有限集合 F について, $\|\sum_{n \in F} x_n\| < \varepsilon$ が成り立つ.
 (c) π を, 自然数の集合 $\mathbf{N}$ の任意の順列 (すなわち, $\mathbf{N}$ から $\mathbf{N}$ への全単射) とするとき, $\sum_{n=1}^{\infty} x_{\pi(n)}$ が同一の極限に収束する.

証明 条件 (b) を重視し, それを基礎とする証明を与える. (a) $\Rightarrow$ (b). (b) を否定する. そのとき, 或る正数 ε を適当にとれば, どんな番号 m についても, $F \cap \{1, 2, \ldots, m\} = \emptyset$ を満たす有限集合 F で, $\|\sum_{n \in F} x_n\| \geq \varepsilon$ を満たすものが存在することになる. $m = 1$ について, $F_1 \cap \{1\} = \emptyset$ で, $\|\sum_{n \in F_1} x_n\| \geq \varepsilon$ を満たす有限集合 F_1 が存在する. $n(1) = 1$ とし, $F_1 = \{n(2), \ldots, n(j)\}$ ($n(2) < \cdots < n(j)$) とする. そのとき, $\{1, \ldots, n(j)\}$ について, $F_2 \cap \{1, \ldots, n(j)\} = \emptyset$ で, $\|\sum_{n \in F_2} x_n\| \geq \varepsilon$ を満たす有限集合 F_2 が存在する. そのとき, $F_2 = \{n(j+1), \ldots, n(j+l)\}$ ($n(j+1) < \cdots < n(j+l)$) とする. このようなことを続けることで得られる, $\{n(i)\}_{i \geq 1}$ で定まる部分級数: $\sum_{i=1}^{\infty} x_{n(i)}$ について, これは収束しないことが分かる. すなわち, (a) の否定が示された.

(b) $\Rightarrow$ (a). 任意の部分級数 $\sum_{i=1}^{\infty} x_{n(i)}$ をとれ. $s'_j = \sum_{i=1}^{j} x_{n(i)}$ として, $\|s'_j - s'_{j'}\| \to 0$ ($j, j' \to \infty$) を示そう. そのために, 任意に正数 ε を与えよ. そのとき, 条件 (2) から, 或る番号 m が存在して, $F \cap \{1, \ldots, m\} = \emptyset$ を満たす任意の有限集合 F について $\|\sum_{n \in F} x_n\| < \varepsilon$ が成り立つ. したがって, j を $n(j) > m$ を満たすように選べば, $j' > j$ について, $(\{n(1), \ldots, n(j')\} \setminus \{n(1), \ldots, n(j)\}) \cap \{1, \ldots, m\} = \emptyset$ であるから, $\|s'_j - s'_{j'}\| < \varepsilon$ が得られ, (1) が示された.

(b) $\Rightarrow$ (c). $\sum_{n=1}^{\infty} x_{\pi(n)}$ の収束性は, $s^*_n = \sum_{i=1}^{n} x_{\pi(i)}$ のコーシー性を確認する. 任意の正数 ε を与えよ. そのとき, (b) から, 或る番号 m が存在して, $F \cap \{1, 2, \ldots, m\} = \emptyset$ を満たす任意の有限集合 F について $\|\sum_{n \in F} x_n\| < \varepsilon$ が成り立つ. したがって, $\pi(i_j) = j$ ($j = 1, 2, \ldots, m$) とすれば, $\max\{i_j : j = 1, \ldots, m\} = p$ として, $q > p$ ならば, $\pi(q) \notin$

$\{1, 2, \ldots, m\}$ となる. したがって, $r > q > p$ を満たす任意の r, q について, $\|s_r^* - s_q^*\| = \|\sum_{i=q+1}^r x_{\pi(i)}\| < \varepsilon$ が得られる. しかも, $x = \sum_{n=1}^\infty x_n$ ($= \lim_{n \to \infty} s_n$) について, $\lim_{n \to \infty} s_n^* = x$ が, 以下のようにして分かる. $j > m$ を満たす任意の j をとる. そのとき, 前段と同様に考えれば, 十分大きい全ての q について, $\{\pi(1), \ldots, \pi(q)\} \supset \{1, 2, \ldots, j\}$ ($\supset \{1, 2, \ldots, m\}$) であるから, $\|s_q^* - s_j\| < \varepsilon$ が成り立つ. したがって, $q \to \infty$ として, $\|\sum_{n=1}^\infty x_{\pi(n)} - s_j\| \leq \varepsilon$ が成り立つ. ここで, $j > m$ を保って, $j \to \infty$ とすれば

$$\left\|\sum_{n=1}^\infty x_{\pi(n)} - x\right\| \leq \varepsilon$$

が得られ, ε の任意性から, 要求された結果が生じる.

(c) $\Rightarrow$ (b). (a) $\Rightarrow$ (b) の証明と同様である. すなわち, (b) を否定すれば, 適当な順列 $\pi : \mathbf{N} \to \mathbf{N}$ について, $\sum_{n=1}^\infty x_{\pi(n)}$ が収束しないものを, 以下のようにして作ることができる. $\pi(1) = 1$ として, $m = 1$ について, 或る有限集合 F_1 で, $F_1 \cap \{1\} = \emptyset$ かつ, $\|\sum_{n \in F_1} x_n\| \geq \varepsilon$ を満たすものが存在する. そのとき, $\max F_1 = \max\{n : n \in F_1\}$ と表示すれば, $m = \max F_1$ について, 或る有限集合 F_2 で, $F_2 \cap \{1, \ldots, \max F_1\} = \emptyset$ かつ, $\|\sum_{n \in F_2} x_n\| \geq \varepsilon$ を満たすものが存在する. そして, $m = \max F_2$ について, 或る有限集合 F_3 で $F_3 \cap \{1, \ldots, \max F_2\} = \emptyset$ かつ, $\|\sum_{n \in F_3} x_n\| \geq \varepsilon$ を満たすものが存在する. このようなことを続ければ, 有限集合の列 $\{F_n\}_{n \geq 1}$ で, 各 n について, $\max F_n < \min F_{n+1}$ ($= \min\{i : i \in F_{n+1}\}$ を表す), かつ, $\|\sum_{i \in F_n} x_i\| \geq \varepsilon$ ($n = 1, 2, \ldots$) を満たすものが得られる. このとき, $F_0 = \{1\}$ として, $\mathbf{N} \setminus \bigcup_{n=0}^\infty F_n = \{l_1, l_2, \ldots, l_n, \ldots\}$ ($l_1 < l_2 < \cdots < l_n < \cdots$) と表して, 次のような $\mathbf{N}$ の順列を考える. 先ず, 1, 次に, l_1, その後, F_1 の元を大小順に並べる. 次に, l_2 とし, その後に F_3 の元を大小順に並べる. このようにして得られる順列で定まる $\mathbf{N} \to \mathbf{N}$ の全単射を, π とする. そのとき, $\pi^{-1}(F_n)$ は, $\min \pi^{-1}(F_n) > n$ ($n = 1, 2, \ldots$) を満たす $\{p_n, p_n + 1, \ldots, q_n\}$ ($p_n < q_n$) という形の有限集合であり, 任意の n について

$$\left\|\sum_{i \in \pi^{-1}(F_n)} x_{\pi(i)}\right\| = \left\|\sum_{i \in F_n} x_i\right\| \geq \varepsilon$$

となるから, $\sum_{n=1}^\infty x_{\pi(n)}$ は収束しないことが分かる.

注意 2 無限級数の収束性を, 命題 2.2.7 の性質 (b) の観点 (**非順序収束性**, unordered convergence との表記もあり) から捉えることは重要である. この観点から捉えれば, 無限二重級数 $\sum_{i,j} x_{i,j}$ の無条件収束性は, 次の形となることが分かる. すなわち, 無限級数の第 n 部分和から作られる数列の収束性として, 通常の級数の収束性 (条件収束性, この順序で和を考える場

合の収束性) が与えられ, それに対する無条件収束版として, 命題 2.2.7 の性質 (b) (あるいは (c)) が得られたことを踏まえれば, (この場合と同様に) 無限二重級数の場合にも, その第 (m,n) 部分和 $s_{m,n} = \sum_{1 \leq i \leq m, 1 \leq j \leq n} x_{i,j}$ から作られる二重数列の収束性として, この二重級数の収束性 (条件収束性, この順序で和を考える場合の収束性) が与えられていることから, それに対する無条件収束版は次となる (章末問題 12 番を参照).

任意の正数 ε に対して, 或る番号 m, n が存在して

$F \subset \mathbf{N} \times \mathbf{N} \setminus (\{1, 2, \ldots, m\} \times \{1, 2, \ldots, n\})$ を満たす

任意の有限集合 F について $\left\| \sum_{(i,j) \in F} x_{i,j} \right\| < \varepsilon$ が成り立つ.

バーコフ積分を定義するために, さらに, 次の事項を与える. B を X の部分集合とする. そして, $\|B\| = \sup\{\|b\| : b \in B\} (\in [0, +\infty])$ とする. $c \in \mathbf{R}$ について, $cB = \{cb : b \in B\}$ とし, 二つの集合 B_1, B_2 について, $B_1 + B_2 = \{b_1 + b_2 : b_1 \in B_1, b_2 \in B_2\}$ とする. また, $\mathrm{co}(B)$ を B の凸包 (B を含む最小の凸集合), その閉包を $\overline{\mathrm{co}}(B)$ (: B を含む最小の閉凸集合) とする. そのとき, 凸包と集合の演算の関係として, $\mathrm{co}(cB) = c \cdot \mathrm{co}(B), \mathrm{co}(B_1 + B_2) = \mathrm{co}(B_1) + \mathrm{co}(B_2)$ は容易に分かる. また, $\|cB\| = |c|\|B\|, \|B_1 + B_2\| \leq \|B_1\| + \|B_2\|, \|\overline{\mathrm{co}}(B)\| = \|\mathrm{co}(B)\| = \|B\|$, $\mathrm{diam}(\overline{\mathrm{co}}(B)) = \mathrm{diam}(B)$ は容易に分かり, $\|B_1 + B_2\| = \|\overline{\mathrm{co}}(B_1) + \overline{\mathrm{co}}(B_2)\|$ も容易である. したがって, この等式は, 有限個の $B_1, \ldots, B_n$ の場合にも (帰納法により) 成り立つことが分かる. すなわち, $\|B_1 + \cdots + B_n\| = \|\overline{\mathrm{co}}(B_1) + \cdots + \overline{\mathrm{co}}(B_n)\|$ が得られる (これら一連の事項については, 章末問題 11 番 (a), (c) も参照して, 各自で確かめること). 次に, このような関係を集合の列について観よう. 集合の列 $\{B_n\}_{n \geq 1}$ が与えられたとき, $\sum_{n=1}^{\infty} B_n$ は, 各 B_n から任意にとられた元 b_n の形式的和 $\sum_{n=1}^{\infty} b_n$ の全体から成る集合を表すことにする. そして, [$\sum_{n=1}^{\infty} B_n$ が無条件収束するとは, このような任意の形式的級数 $\sum_{n=1}^{\infty} b_n$ が無条件収束することである] と定める. そのとき, 次の命題が容易に得られる.

命題 2.2.8 X の部分集合の列 $\{B_n\}_{n \geq 1}$ が無条件収束するための必要十分条件は, 次の性質 $(*)$ が成り立つことである.

任意の正数 ε に対して或る番号 m が存在して, $F \cap \{1, \ldots, m\} = \emptyset$

を満たす任意の有限集合 F について $\left\|\sum_{n\in F} B_n\right\| < \varepsilon$ が成り立つ $\cdots (*)$

証明 (十分性)：$(*)$ から，$\sum_{n=1}^{\infty} B_n$ の無条件収束性を示す．そのために，各 B_n から任意にとった元 b_n で作られた無限級数 $\sum_{n=1}^{\infty} b_n$ を考え，その無条件収束性，すなわち，命題 2.2.7 の性質 (b) を確かめよう．それは

$$\left\|\sum_{n\in F} b_n\right\| \leq \left\|\sum_{n\in F} B_n\right\|$$

が，$\mathbf{N}$ の任意の有限部分集合 F について成り立つことから，容易に分かる．次に，(必要性) を示すために，$(*)$ を否定せよ．そのとき，或る正数 ε をとれば，任意の番号 m について，或る有限集合 F'_m で，$F'_m \cap \{1,\ldots,m\} = \emptyset$ かつ

$$\left\|\sum_{n\in F'_m} B_n\right\| \geq \varepsilon$$

を満たすものが存在する．したがって，次の性質を持つ有限部分集合の列 $\{F_m\}_{m\geq 1}$ が得られる．

$$\min F_m > m \ (m=1,2,\ldots), \ \max F_m < \min F_{m+1} \ (m=1,2,\ldots),$$

$$\text{および,} \ \left\|\sum_{n\in F_m} B_n\right\| \geq \varepsilon$$

そのとき，$\|$ 有界集合 $\|$ の定義から，各 F_m 毎に $b_n \in B_n \ (n \in F_m)$ を適当にとれば

$$\left\|\sum_{n\in F_m} b_n\right\| \geq \frac{\varepsilon}{2} \ \cdots (**)$$

とできる．したがって，$n \notin \bigcup_{m=1}^{\infty} F_m$ を満たす番号 n については，B_n から，勝手な元 b_n をとり，或る F_m に含まれる番号 n については，$(**)$ を満たすような前述の $b_n \in B_n$ をとって，無限級数 $\sum_{n=1}^{\infty} b_n$ を考えれば，集合列 $\{F_m\}_{m\geq 1}$ の性質から，無条件収束級数でないことが分かる．すなわち，$\sum_{n=1}^{\infty} B_n$ は無条件収束しないことが分かり，必要性が示された．

注意 3 集合の列 $\{B_n\}_{n\geq 1}$ で，$\sum_{n=1}^{\infty} B_n$ が無条件収束するものについて，$\sum_{n=1}^{\infty} B_n = B$ であるとは

$$B = \{\sum_{n=1}^{\infty} b_n \ : \ b_n \in B_n, n = 1,2,\ldots\}$$

であることをいう. すなわち, B は, 各 B_n から任意にとった元 b_n による無条件収束級数 $\sum_{n=1}^{\infty} b_n$ の和全体から作られる集合である. このとき, $\sum_{n=1}^{\infty} \overline{\mathrm{co}}(B_n)$ は無条件収束し

$$\overline{\left(\sum_{n=1}^{\infty} \overline{\mathrm{co}}(B_n)\right)} = \overline{\mathrm{co}}(B)$$

が成り立つ (章末問題 11 番で取り扱う).

さて, バーコフ積分を定義しよう.

定義 2.2.9 (バーコフ積分可能性) (S, Σ, μ) を有限測度空間, $f : S \to X$ について, Σ に属する可算個の集合の列から作られる S の分割: $\Delta = \{E_n\}_{n \geq 1}$ で, 次の性質 $(*)$ を満たす分割の全体を Γ とする.

$f(E_n)$ は $\mu(E_n) > 0$ を満たす n については有界集合, および

$$\sum_{n=1}^{\infty} f(E_n)\mu(E_n) \text{ は無条件収束する } \cdots (*)$$

(f が, 分割 Δ について, 性質 $(*)$ を満たすとき, f は Δ に関して **総和可能** であるという). そして, 各 $\Delta \in \Gamma$ について

$$J(f, \Delta) = \{\sum_{n=1}^{\infty} f(t_n)\mu(E_n) \ : \ t_n \in E_n, \ \forall n\}$$

とおく (もちろん, $\sum_{n=1}^{\infty} f(t_n)\mu(E_n)$ は, 無条件収束級数としての極限を表している). そのとき, f が **バーコフ積分可能** であるとは, 任意の正数 ε に対して $\Delta \in \Gamma$ が存在して, $\mathrm{diam}(J(f, \Delta)) < \varepsilon$ が成り立つことをいう.

そのとき, バーコフ積分可能関数に関する次の事実は重要である.

命題 2.2.10 $f : S \to X$, $\Delta_1 = \{E_i\}_{i \geq 1} \in \Gamma$ を与えたとき, 他の任意の分割 $\Delta_2 = \{F_j\}_{j \geq 1}$ について, Δ_1 と Δ_2 によって得られる (両者の細分となる) 分割 $\Delta_3 = \{E_i \cap F_j\}_{i,j}$ を考えれば, $\Delta_3 \in \Gamma$ であり, かつ $\overline{\mathrm{co}}(J(f, \Delta_3)) \subset \overline{\mathrm{co}}(J(f, \Delta_1))$ が成り立つ.

証明 $\Delta_3 \in \Gamma$ を示すために, 任意の正数 ε を与えよ. そのとき, 或る (m, n) が存在して, $G \subset \mathbf{N} \times \mathbf{N} \backslash (\{1, \ldots, m\} \times \{1, \ldots, n\})$ を満たす有限集合 G について

$$\left\| \sum_{(i,j) \in G} f(E_i \cap F_j)\mu(E_i \cap F_j) \right\| < \varepsilon \cdots (*)$$

が成り立つことを示そう (二重級数の無条件収束性を参照).

$\sum_{n=1}^{\infty} f(E_i)\mu(E_i)$ の無条件収束性から, 或る番号 m が存在して, $F \subset \mathbf{N}\backslash\{1,\ldots,m\}$ を満たす任意の有限集合 F について $\|\sum_{i \in F} f(E_i)\mu(E_i)\| < \varepsilon$ が成り立つ. このとき, M を $M > \max\{\|f(E_i)\| \ : \ \mu(E_i) > 0, \ i = 1,\ldots,m\}$ を満たすようにとれ. そして, $n \in \mathbf{N}$ を

$$\sum_{i=1}^{m}\sum_{j>n} \mu(E_i \cap F_j) < \frac{\varepsilon}{2M}$$

を満たすようにとれ. これは, $\sum_{j=1}^{\infty} \mu(E_i \cap F_j) = \mu(E_i) < +\infty \ (i = 1,\ldots,m)$ であることから可能である. そのとき, 任意の有限集合 G で, $G \subset \mathbf{N} \times \mathbf{N}\backslash(\{1,\ldots,m\} \times \{1,\ldots,n\})$ を満たすものについて $(*)$ が成り立つことを示そう. そのために

$$G' = \{(i,j) \in G: \ i = 1,\ldots,m\}, \ G'' = \{(i,j) \in G \ : \ i = m+1,\ldots\}$$

とおく. そのとき

$$\left\| \sum_{(i,j) \in G'} f(E_i \cap F_j)\mu(E_i \cap F_j) \right\| \leq \sum_{(i,j) \in G'} \|f(E_i \cap F_j)\|\mu(E_i \cap F_j)$$

$$\leq \sum_{(i,j) \in G'} \|f(E_i)\|\mu(E_i \cap F_j) < M \cdot \frac{\varepsilon}{2M} = \frac{\varepsilon}{2}$$

が得られる. また, $\max\{i > m \ : \ (G)_i \neq \emptyset\} = m'$ (ただし, $(G)_i$ は G の i による切り口) とおき, $\mathbf{N}(m+1,m') = \{i \ : \ m < i \leq m'\}$ とおけば

$$\left\| \sum_{(i,j) \in G''} f(E_i \cap F_j)\mu(E_i \cap F_j) \right\| \leq \left\| \sum_{(i,j) \in G''} \frac{\mu(E_i \cap F_j)}{\mu(E_i)} f(E_i)\mu(E_i) \right\|$$

$$\leq \left\| \sum_{m < i \leq m'} \mathrm{co}(f(E_i) \cup \{0\}) \right\|$$

$$= \left\| \mathrm{co}(\sum_{m < i \leq m'} (f(E_i \cup \{0\}))) \right\|$$

$$= \left\| \sum_{m < i \leq m'} f(E_i \cup \{0\}) \right\|$$

$$= \sup\left\{ \left\| \sum_{i \in F} f(E_i) \right\| : F \subset \mathbf{N}(m+1,m') \right\}$$

$$< \frac{\varepsilon}{2}$$

が得られる (ここで, 最後の等号については, 章末問題 11 番 (d) を参照).
したがって

$$
\begin{aligned}
\left\| \sum_{(i,j) \in G} f(E_i \cap F_j) \mu(E_i \cap F_j) \right\| &\leq \left\| \sum_{(i,j) \in G'} f(E_i \cap F_j) \mu(E_i \cap F_j) \right\| \\
&\quad + \left\| \sum_{(i,j) \in G''} f(E_i \cap F_j) \mu(E_i \cap F_j) \right\| \\
&< \frac{\varepsilon}{2} + \frac{\varepsilon}{2} = \varepsilon
\end{aligned}
$$

すなわち, 上述の $(*)$ が得られ, 前半部分が示された. 後半部分の集合の包含については

$$J(f, \Delta_3) \subset \overline{\mathrm{co}}(J(f, \Delta_1))$$

を示せば, 結果が生じるので, この包含を示そう. そのために

$$J(f, \Delta_3) \setminus \overline{\mathrm{co}}(J(f, \Delta_1)) \neq \emptyset$$

と仮定して, 矛盾を導こう. この集合に含まれる元 b をとれ. そのとき, 分離定理から, $x^* \in X^*$ で

$$(x^*, b) > \sup\{(x^*, x) \,:\, x \in \overline{\mathrm{co}}(J(f, \Delta_1))\} \quad \cdots (**)$$

を満たすものが存在する. また, $b \in J(f, \Delta_3)$ であるから, 各 (i,j) 毎に, $E_i \cap F_j$ の元 $t_{i,j}$ を適当にとれば

$$b = \sum_{i,j} f(t_{i,j}) \mu(E_i \cap F_j)$$

と表される. したがって, $(x^*, b) = \sum_{i,j} (x^*, f(t_{i,j})) \mu(E_i \cap F_j)$ で

$$
\begin{aligned}
\sum_{i,j} (x^*, f(t_{i,j})) \mu(E_i \cap F_j) &\leq \sum_{i,j} \sup\{(x^*, f(t)) \,:\, t \in E_i\} \mu(E_i \cap F_j) \\
&= \sum_{i=1}^{\infty} \sup\{(x^*, f(t)) \,:\, t \in E_i\} \mu(E_i) \\
&= \sup\{(x^*, x) \,:\, x \in J(f, \Delta_1)\} \\
&= \sup\{(x^*, x) \,:\, x \in \overline{\mathrm{co}}(J(f, \Delta_1))\}
\end{aligned}
$$

が得られ, 前述の不等式 $(**)$ と矛盾する. よって, 証明が完結する.

この結果から, f がバーコフ積分可能であるとき

$$\bigcap_{\Delta \in \Gamma} \overline{\mathrm{co}}(J(f, \Delta)) \text{ は一点集合}$$

であることが分かる．実際, バーコフ積分可能性から, 各 n について, 分割 $\Delta_n \in \Gamma$ で, $\mathrm{diam}(J(f,\Delta_n)) < 1/n$ を満たすものがあるが, 命題 2.2.10 を用いれば, さらに

$$\overline{\mathrm{co}}(J(f,\Delta_{n+1})) \subset \overline{\mathrm{co}}(J(f,\Delta_n)) \ (n=1,2,\ldots)$$

を満たすとしてよいことが分かる．したがって

$$\bigcap_{n=1}^{\infty} \overline{\mathrm{co}}(J(f,\Delta_n)) = \{\ \text{一点集合}\ \} (=\{a\}\ \text{と表示})$$

となる．しかも, 任意の $\Delta \in \Gamma$ について, Δ と Δ_n から得られる両者の細分を Δ_n' とすれば,

$$\overline{\mathrm{co}}(J(f,\Delta)) \supset \overline{\mathrm{co}}(J(f,\Delta_n')),\ \overline{\mathrm{co}}(J(f,\Delta_n)) \supset \overline{\mathrm{co}}(J(f,\Delta_n'))$$

であるから, 各 n 毎に, $x_n \in \overline{\mathrm{co}}(J(f,\Delta_n'))$ をとれば

$$\|x_n - a\| \leq \mathrm{diam}(\overline{\mathrm{co}}(J(f,\Delta_n))) = \mathrm{diam}(J(f,\Delta_n)) < \frac{1}{n}$$

であるから, $x_n \to a\ (n \to \infty)$ が分かる．ここで, $x_n \in \overline{\mathrm{co}}(J(f,\Delta_n')) \subset \overline{\mathrm{co}}(J(f,\Delta))$ であるから, 結局

$$a \in \overline{\mathrm{co}}(J(f,\Delta))$$

が得られる．すなわち

$$\{a\} \subset \bigcap_{\Delta \in \Gamma} \overline{\mathrm{co}}(J(f,\Delta)) \subset \bigcap_{n=1}^{\infty} \overline{\mathrm{co}}(J(f,\Delta_n)) = \{a\}$$

が得られ

$$\bigcap_{\Delta \in \Gamma} \overline{\mathrm{co}}(J(f,\Delta)) = \{a\}$$

が成り立つことが分かる．

以上を踏まえれば, バーコフ積分可能関数に対するバーコフ積分の概念が次のように定義できる．

定義 2.2.11 (バーコフ積分) $f : S \to X$ がバーコフ積分可能関数であるとき, f の S 上での **バーコフ積分** $((\mathrm{Bk})\int_S f(s)d\mu(s)$ と表記$)$ は

$$\{(\mathrm{Bk})\int_S f(s)d\mu(s)\} = \bigcap_{\Delta \in \Gamma} \overline{\mathrm{co}}(J(f,\Delta))$$

を満たす X のただ一つの点である.

このようにして, S 上で定義されたバーコフ積分可能性, およびバーコフ積分は, (ボッホナー積分の場合と同様に), [$f: S \to X$ がバーコフ積分可能関数ならば, 各 $A \in \Sigma$ に対しても $(\mathrm{Bk})\int_A f(s)\, d\mu(s)$ が定義され得ること], かつ (その結果として考察され, 得られる積分の重要な性質である) [次で定義される Σ 上の X-値集合関数 α:

$$\alpha(A) = (\mathrm{Bk})\int_A f(s)\, d\mu(s)\ (A \in \Sigma)$$

が可算加法性を持つ] ことが分かる (共に, 章末問題 13 番で取り扱う).
　なお, バーコフ積分についての基礎事項の紹介は, この程度としよう.

さて, 以下で, 本書の主要な目的である**ペッティス積分** (Pettis integral) について述べよう. この積分の, 上述の二つの積分 (ボッホナー積分, バーコフ積分) との端的な違いは, 積分の定義や, 存在が, X のノルム位相に依存したものではなく, (以下の展開で明らかになるように) 弱位相に関連している点である. そのため, (ベクトル値関数の積分としては) **弱積分** (weak integral) と呼ばれる積分に属している.

(III) ペッティス積分

ペッティス積分を解析するために必要とされる基礎的事項を準備しよう. 先ず, それ自身としても重要で面白い, 次の二つの定理: **オーリッツ・ペッティスの定理** (W. Orlicz-B.J. Pettis), **クレイン・シュムリヤンの定理** (M. Krein-V. Smulian) の紹介である.

[オーリッツ・ペッティスの定理]

これは, (バーコフ積分のところで取り扱った) バナッハ空間 X における無条件収束級数の重要な性質を提示している. すなわち, 次である.

定理 2.2.12 (Orlicz-Pettis) バナッハ空間 X において, 無限級数 $\sum_{n=1}^{\infty} x_n$ が, 弱位相についての無条件収束級数, すなわち, $\sum_{n=1}^{\infty} x_n$ の任意の部分級数 $\sum_{i=1}^{\infty} x_{n(i)}$ が弱位相に関して収束する (短縮して, 弱収束する) ならば, $\sum_{n=1}^{\infty} x_n$ は (ノルム位相についての) 無条件収束級数である (すなわち, $\sum_{n=1}^{\infty} x_n$ の任意の部分級数 $\sum_{i=1}^{\infty} x_{n(i)}$ は収束する).

さて, 弱位相に関する無条件収束級数 $\sum_{n=1}^{\infty} x_n$ について, 各 $x^* \in X^*$

に対して考えられる, 無限 (実) 級数 $\sum_{n=1}^{\infty}(x^*, x_n)$ は, 任意の部分級数が収束級数となるから, 絶対収束級数, すなわち

$$\sum_{n=1}^{\infty}|(x^*, x_n)| < +\infty \ (x^* \in X^*)$$

が成り立つことが分かる. したがって, 線形写像 $T: X^* \to l_1$ (絶対収束級数の作るバナッハ空間) を

$$T(x^*) = \{(x^*, x_n)\}_{n \geq 1} \ (x^* \in X^*)$$

で定義することができ, しかも, T が閉写像であることが容易に示される (各自で確かめること). すなわち, T は有界線形写像である. したがって, 或る正数 M が存在して

$$\sum_{n=1}^{\infty}|(x^*, x_n)| \leq M \ (x^* \in B(X^*))$$

が得られる. このことを先ず注意しておく. 次に, 定理 2.2.12 の証明のために, 二つの命題を用意する. 一つは, l_1 において, 点列の弱収束性と強収束性 (ノルム収束性) は同値であることを示したシュアー (I. Shur) の, 次の結果である. なお, 定理 2.2.13 で l_∞ は有界数列全体の作るバナッハ空間を表し, l_1^* (l_1 の共役空間) $= l_\infty$ である.

定理 2.2.13 (Shur) l_1 の点列 $\{a_m\}_{m \geq 1}$ (ただし, $a_m = \{a_n^{(m)}\}_{n \geq 1}$) について, $a_m \to 0$ (弱収束), すなわち, 任意の $b = \{b_n\}_{n \geq 1} \in l_\infty$ について

$$(a_m, b) = \sum_{n=1}^{\infty} a_n^{(m)} b_n \to 0 \ (m \to \infty)$$

ならば, $\|a_m\|_1$ (a_m の l_1-ノルム) $\to 0 \ (m \to \infty)$ が成り立つ.

証明 $a_m \to 0$ (弱収束) であるから, 特に, 各 n 毎に, $b = e_n \in l_\infty$ の場合を考えれば, $a_n^{(m)} \to 0 \ (m \to \infty)$ が得られることを注意せよ. そして, $\|a_m\|_1 \to 0$ が成り立たないと仮定して, 矛盾を導こう. そのとき, 次が成り立つ. [或る正数 ε を適当にとれば, どんな i についても $i < j$ を満たす或る j について, $\|a_j\|_1 > \varepsilon$ $\cdots (*)$] さて, $m(0) = 1$ とし, $i = m(0)$ の場合を考えれば, この条件 $(*)$ を用いて, $m(0) < m(1)$ を満たす $m(1)$ で, $\|a_{m(1)}\|_1 > \varepsilon$ を満たすものが得られる. このとき, $a_{m(1)} \in l_1$ を用いれば, 適当な $r(1)$ が存在して

$$\sum_{n > r(1)} |a_n^{(m(1))}| < \frac{\varepsilon}{2}$$

が成り立つ. ところが

$$\varepsilon < \|a_{m(1)}\|_1 = \sum_{n=1}^\infty |a_n^{(m(1))}|$$

であるから

$$\sum_{n \leq r(1)} |a_n^{(m(1))}| > \frac{\varepsilon}{2}$$

が成り立つ. 次に, $m(2)$ を, $m(2) > m(1)$ かつ

$$\|a^{(m(2))}\|_1 > \varepsilon, \quad \sum_{1 \leq n \leq r(1)} |a_n^{(m(2))}| < \frac{\varepsilon}{2^2}$$

を満たすようにとれ. これは, 条件 $(*)$ と, 各 n について, $a_n^{(m)} \to 0$ ($m \to \infty$) から可能である. そして, $a^{(m(2))} \in l_1$ を用いて, $r(2)$ を, $r(2) > r(1)$ かつ

$$\sum_{n > r(2)} |a_n^{(m(2))}| < \frac{\varepsilon}{2^2}$$

を満たすようにとれ. そのとき

$$\sum_{r(1) < n \leq r(2)} |a_n^{(m(2))}| > \varepsilon - 2 \cdot \frac{\varepsilon}{2^2} = \frac{\varepsilon}{2}$$

が成り立つ. 次に, $m(3)$ を, $m(3) > m(2)$ かつ

$$\|a^{(m(3))}\|_1 > \varepsilon, \quad \sum_{1 \leq n \leq r(2)} |a_n^{(m(3))}| < \frac{\varepsilon}{2^3}$$

を満たすようにとれ. これも前段と同様の理由で可能である. そして, $a^{(m(3))} \in l_1$ を用いて, $r(3)$ を, $r(3) > r(2)$ かつ

$$\sum_{n > r(3)} |a_n^{(m(3))}| < \frac{\varepsilon}{2^3}$$

を満たすようにとれ. そのとき

$$\sum_{r(2) < n \leq r(3)} |a_n^{(m(3))}| > \varepsilon - 2 \cdot \frac{\varepsilon}{2^3} > \frac{\varepsilon}{2}$$

が成り立つ. このような作業を続けよ (厳密には, 帰納的表現が必要であるが, 分かり易さのため, この程度の表現とする. 帰納的なものは各自で記してみよ). そのとき, 次の性質を持つ真に単調増加な二つの自然数列 $\{m(i)\}_{i \geq 1}$, $\{r(i)\}_{i \geq 1}$ が得られる.

$$\sum_{1 \leq n \leq r(i-1)} |a_n^{(m(i))}| < \frac{\varepsilon}{2^i}, \quad \sum_{n > r(i)} |a_n^{(m(i))}| < \frac{\varepsilon}{2^i}$$

および
$$\sum_{r(i-1)<n\leq r(i)} |a_n^{(m(i))}| > \frac{\varepsilon}{2} \ (i=2,\ldots)$$

である. このとき, $b = \{b_n\}_{n\geq 1} \in l_\infty$ を, 各 n について

$$b_n = \mathrm{sign}(a_n^{(m(i))}) \ (\text{ただし, } a_n^{(m(i))} = 0 \text{ のときは, } b_n = 0)$$

で与えよ (ただし, sign は符号関数を表す). そのとき, $b_n \in \{-1, 0, 1\}$ ($n = 1, 2, \ldots$) であり, 各 $i = 3, 4, \ldots$ について

$$|(b, a^{(m(i))})| = \left|\sum_{n=1}^\infty b_n a_n^{(m(i))}\right| = \sum_{n=1}^\infty |a_n^{(m(i))}| \geq$$

$$\sum_{r(i-1)<n\leq r(i)} |a_n^{(m(i))}| - \sum_{1\leq n\leq r(i-1)} |a_n^{(m(i))}| - \sum_{n>r(i)} |a_n^{(m(i))}| > \frac{\varepsilon}{2} - 2\cdot\frac{\varepsilon}{2^i} > \frac{\varepsilon}{4}$$

が成り立つ. これは, $(b, a^{(m)}) \to 0 \ (m\to\infty)$ に矛盾する. したがって, 証明が完結する.

この証明から分かることとして, 次を注意する.

注意 4 l_1 の点列 $\{a^{(m)}\}_{m\geq 1}$ を与えたとき, 各 $b = \{b_n\}_{n\geq 1} \in l_\infty$ (ただし, $b_n \in \{-1, 0, 1\}, n = 1, 2, \ldots$) について,

$$(b, a^{(m)}) \to 0 \ (m \to \infty)$$

が得られれば, $\|a^{(m)}\|_1 \to 0 \ (m \to \infty)$ が成り立つ.

もう一つは, 弱位相についての無条件収束級数が, ノルムに関して持つ次の性質である.

補題 2.2.14 無限級数 $\sum_{n=1}^\infty x_n$ が, 弱位相についての無条件収束級数 nn ならば, 各 m について

$$t_m = \sup_{x^*\in B(X^*)} \left(\sum_{n\geq m} |(x^*, x_n)|\right)$$

として定義される (有界) 数列 $\{t_m\}_{m\geq 1}$ の極限値は 0 である.

証明 Y を $\{x_n\}_{n\geq 1}$ によって生成される閉部分空間, すなわち $Y =$

$\overline{\mathrm{sp}}(\{x_n \;:\; n=1,2,\ldots\})$ とする. そのとき, Y は可分なバナッハ空間である. また
$$t_m = \sup_{y^* \in B(Y^*)} \left(\sum_{n \geq m} |(y^*, x_n)| \right)$$
であることも, ハーン・バナッハの定理から容易に分かる. そして, $t_m \to 0$ $(m \to \infty)$ が成り立たないと仮定して, 矛盾を導こう. その仮定の下では [或る正数 ε を適当にとれば, どんな i についても $i < N$ を満たす或る N について, $t_N > \varepsilon$ が成り立つ]. この条件 [$\cdots$] を用いれば, 或る $N(1)$ が存在して, $t_{N(1)} > \varepsilon$ が成り立つので, $t_{N(1)}$ の定義を用いれば, $y^*_{N(1)} \in B(Y^*)$ で
$$\sum_{n \geq N(1)} |(y^*_{N(1)}, x_n)| > \varepsilon$$
を満たすものが存在する. この $N(1)$ について, 条件 [$\cdots$] を用いれば, 或る $N(2)$ $(> N(1))$ で, $t_{N(2)} > \varepsilon$ を満たすものが存在するから, 前段と同様に, $y^*_{N(2)} \in B(Y^*)$ で
$$\sum_{n \geq N(2)} |(y^*_{N(2)}, x_n)| > \varepsilon$$
を満たすものが存在する. このような作業を続ければ, 真に単調増加な自然数列 $\{N(i)\}_{i \geq 1}$ と, $B(Y^*)$ の点列 $\{y^*_{N(i)}\}_{i \geq 1}$ が存在して
$$\sum_{n \geq N(i)} |(y^*_{N(i)}, x_n)| > \varepsilon \;(i=1,2,\ldots)$$
が成り立つ (この場合も, 厳密な表記は帰納的表記である). このとき, 対角線論法を用いれば, $\{y^*_{N(i)}\}_{i \geq 1}$ の適当な部分列 $\{y^*_{N(i(j))}\}_{j \geq 1}$ をとることにより, 各 $y \in Y$ について, 極限値:
$$\lim_{j \to \infty} (y^*_{N(i(j))}, y) \; (\in \mathbf{R})$$
が存在するようにできる (その際, $Y = \overline{\mathrm{sp}}(\{x_n \;:\; n=1,2,\ldots\})$ も有効に用いよ). したがって, y^*_0 を
$$(y^*_0, y) = \lim_{j \to \infty} (y^*_{N(i(j))}, y) \; (y \in Y)$$
により定義すれば, $y^* \in Y^*$ であり, $j \to \infty$ のとき
$$y^*_{N(i(j))} \to y^*_0 \; (\sigma(Y^*, Y)\text{-位相について})$$

が分かる．記号の複雑さを避けるために, $i \to \infty$ のとき

$$y_{N(i)}^* \to y_0^* \ (\sigma(Y^*, Y)\text{-位相について})$$

として，以後，話を展開する．そのとき，次の $(*)$ を示そう．

$$\sum_{n=1}^{\infty} |(y_{N(i)}^* - y_0^*, x_n)| \to 0 \ (i \to \infty) \ \cdots \ (*)$$

すなわち, $(*)$ は

$$a^{(i)} = \{(y_{N(i)}^* - y_0^*, x_n)\}_{n \geq 1} \in l_1 \ (i = 1, 2, \ldots)$$

について, $\|a^{(i)}\|_1 \to 0 \ (i \to \infty)$ を示すことである．そのためには，シュアーの定理 (定理 2.2.13 あるいは，その注意 4) から, $b = \{b_n\}_{n \geq 1}$ (ただし, $b_n \in \{-1, 0, 1\}, \ n = 1, 2, \ldots$) について

$$(b, a^{(i)}) = \sum_{n=1}^{\infty} (y_{N(i)}^* - y_0^*, x_n) b_n \to 0 \ (i \to \infty) \ \cdots \ (**)$$

を示せばよい．そのため，先ず無限級数:

$$\sum_{n=1}^{\infty} b_n x_n$$

の収束性を調べよう．

$$\mathbf{N}_1 = \{n \ : \ b_n = 1\}, \ \mathbf{N}_2 = \{n \ : \ b_n = -1\}, \ \mathbf{N}_3 = \{n \ : \ b_n = 0\}$$

とおけば，弱収束 ($\sigma(X, X^*)$-位相) の意味で

$$\sum_{n=1}^{\infty} b_n x_n = \sum_{n \in \mathbf{N}_1} x_n - \sum_{n \in \mathbf{N}_2} x_n$$

となる．実際，右辺の第一項，第二項とも，弱収束についての無条件収束級数: $\sum_{n=1}^{\infty} x_n$ の部分級数であるから，仮定により，共に弱収束する．その (弱) 極限を，各々 x^+, x^- とする．すなわち，任意の $x^* \in X^*$ について

$$(x^*, \sum_{n \in \mathbf{N}_1} x_n) = (x^*, x^+), \ (x^*, \sum_{n \in \mathbf{N}_2} x_n) = (x^*, x^-)$$

が成り立つ．そのとき, $x_0 = x^+ - x^-$ とすれば, $x^+, x^- \in \overline{Y}^w$ (Y の弱閉包) $= Y$ であるから, $x_0 \in Y$ である．よって，任意の $y^* \in Y^*$ について

$$(y^*, \sum_{n \in \mathbf{N}_1} x_n) = (y^*, x^+), \ (y^*, \sum_{n \in \mathbf{N}_2} x_n) = (y^*, x^-)$$

が成り立つので, 各 $N(i)$ について

$$(y^*_{N(i)}, \sum_{n \in \mathbf{N}_1} x_n) = (y^*_{N(i)}, x^+), \ (y^*_0, \sum_{n \in \mathbf{N}_1} x_n) = (y^*_0, x^+)$$

および

$$(y^*_{N(i)}, \sum_{n \in \mathbf{N}_2} x_n) = (y^*_{N(i)}, x^-), \ (y^*_0, \sum_{n \in \mathbf{N}_2} x_n) = (y^*_0, x^-)$$

が得られる. したがって

$$\sum_{n=1}^{\infty} (y^*_{N(i)} - y^*_0, x_n) b_n = (y^*_{N(i)} - y^*_0, x_0)$$

が成り立つ. ここで, $i \to \infty$ のとき, $y^*_{N(i)} \to y^*_0$ ($\sigma(Y^*, Y)$-位相) を用いれば

$$(y^*_{N(i)}, x_0) \to (y^*_0, x_0) \ (i \to \infty)$$

であるから, $(**)$ が示され, その結果, $(*)$ が得られる. ここで, 任意の i について

$$\varepsilon < \sum_{n \geq N(i)} |(y^*_{N(i)}, x_n)| \leq \sum_{n=1}^{\infty} |(y^*_{N(i)} - y^*_0, x_n)| + \sum_{n \geq N(i)} |(y^*_0, x_n)|$$

が成り立つことから, $i \to \infty$ とすれば, $(*)$ を用いて, (右辺) $\to 0$ となるので, 矛盾が生じる. よって, 証明が完結する.

補題 2.2.14 により, 定理 2.2.12 の証明は容易である.

定理 2.2.12 の証明 $\sum_{n=1}^{\infty} x_n$ が無条件収束級数ではないと仮定して, 矛盾を導こう. このとき, 命題 2.2.7 の無条件収束級数の特徴付けから, 或る正数 ε を適当にとれば, 自然数の有限部分集合の列 $\{F_n\}_{n \geq 1}$ で, 次の性質を持つものが存在する.

$$\max F_n < \min F_n, \ \|x_{F_n}\| \geq \varepsilon \ (n=1,2,\ldots), \ \text{ただし}, \ x_{F_n} = \sum_{i \in F_n} x_i$$

そのとき, 各 F_n に属する元を大小順に書き並べることにより

$$\mathbf{N}_0 = \bigcup_{n=1}^{\infty} F_n = \{n(1), n(2), \ldots, n(i), \ldots\}$$

と表せば, 最初の級数の部分級数: $\sum_{i=1}^{\infty} x_{n(i)}$ も弱収束についての無条件収束級数である. したがって, 補題 2.2.14 から

$$t_m = \sup_{x^* \in B(X^*)} \left(\sum_{i \geq m} |(x^*, x_{n(i)})| \right)$$

について, $t_m \to 0 \ (m \to \infty)$ が成り立つ. しかし, 各 m について, $F_{p(m)} \subset \{n(i) : i \geq m\}$ を満たす $F_{p(m)}$ がとれるから, 適当な $a^* \in B(X^*)$ について
$$(a^*, x_{F_{p(m)}}) = \|x_{F_{p(m)}}\|$$
とすれば (ハーン・バナッハの定理により可能)
$$\varepsilon \leq |(a^*, x_{F_{p(m)}})| \leq \sum_{i \in F_{p(m)}} |(a^*, x_i)| \leq t_m \ (m = 1, 2, \ldots)$$
が得られ, $t_m \to 0 \ (m \to \infty)$ に矛盾するので, 証明が完結する.

[クレイン・シュムリヤンの定理]

ここでは, X^* 上の線形汎関数 ϕ が, 弱 $*$ 位相 $\sigma(X^*, X)$ で連続 (**弱 $*$ 連続** という) であるための非常に有効な条件を導く Krein-Smulian による定理を述べる. X^* 上の線形汎関数全体の作るベクトル空間を $(X^*)'$ と表すことにする. さて, 明らかに, $x \in X$ について
$$(\chi(x), x^*) = (x^*, x) \ (x^* \in X^*)$$
で定義される関数 $\chi : X \to (X^*)'$ の各像 $\chi(x)$ は, $(X^*)'$ の元であり, 弱 $*$ 連続である. 逆に, $(X^*)'$ の元 ϕ で弱 $*$ 連続なものは, この形に限る, すなわち, 或る $x \in X$ が存在して, $\phi = \chi(x)$ が成り立つことが知られている. 先ず, この事実を, 命題として注意しておく.

命題 2.2.15 $(X^*)'$ の元 ϕ が弱 $*$ 連続ならば, 適当に $x \in X$ を選ぶことで, $\phi = \chi(x)$ と表示できる.

証明 ϕ が弱 $*$ 連続であるから, 原点での弱 $*$ 連続性を用いることで, X の或る有限個の元の集合 $\{x_1, \ldots, x_n\}$ と正定数 M が存在して
$$|\phi(x^*)| \leq M \cdot \sup_{1 \leq i \leq n} |(x^*, x_i)| \ (x^* \in X^*)$$
が成り立つ. このとき
$$x^* \in \bigcap_{i=1}^n \mathrm{Ker}(\chi(x_i)) \Rightarrow \phi(x^*) = 0 \ (\text{すなわち}, x^* \in \mathrm{Ker}(\phi))$$
が成り立つから, 線形汎関数の結果から, $c_1, \ldots, c_n \in \mathbf{R}$ を適当に選んで
$$\phi = \sum_{i=1}^n c_i \chi(x_i)$$

とできる (松田 [26] を参照). すなわち

$$x = \sum_{i=1}^{n} c_i x_i \ (\in X)$$

とすれば, $\phi = \chi(x)$ となり, 要求された結果である.

　もう一つ弱*連続な線形汎関数の基本的結果を注意する.

命題 2.2.16 $\phi \in (X^*)'$ が弱*連続であるための必要十分条件は, $\mathrm{Ker}(\phi)$ が弱*閉集合であることである.

証明 必要性は明らかである. それは, $\{0\}$ は閉集合であり

$$\mathrm{Ker}(\phi) = \phi^{-1}(\{0\})$$

であるから, ϕ の弱*連続性より, $\mathrm{Ker}(\phi)$ は弱*閉集合である. 十分性を示そう. $\mathrm{Ker}(\phi) = X^*$ の場合は $\phi \equiv 0$ となり, 弱*連続性は明らかであるから, $X^* \backslash \mathrm{Ker}(\phi) \neq \emptyset$ の場合に, ϕ の弱*連続性を示そう. この仮定から, $\phi(a^*) = 1$ を満たす $a^* \in X^*$ がとれる. 明らかに $a^* \notin \mathrm{Ker}(\phi)$ で, $\mathrm{Ker}(\phi)$ は弱*閉集合であるから, 原点の或る絶対凸な弱*開近傍 V が存在して

$$(a^* + V) \cap \mathrm{Ker}(\phi) = \emptyset \ \cdots \ (*)$$

とできる. このとき

$$\sup_{x^* \in V} |\phi(x^*)| \leq 1 \ \cdots \ (**)$$

が成り立つ. 実際, $(**)$ を否定すれば, 或る $b^* \in V$ で

$$|\phi(b^*)| > 1$$

が存在する. そして, $\phi(b^*) = r$ とおく ($r > 1$ としてよい). V の絶対凸性から, $-b^* \in V$ より, 結局

$$[-1, 1] \subset [-r, r] \subset \phi(V)$$

が得られる. したがって, $\phi(c^*) = -1$ を満たす $c^* \in V$ が存在する. しかし, このとき, $a^* + c^* \in a^* + V$ かつ

$$\phi(a^* + c^*) = \phi(a^*) + \phi(c^*) = 1 + (-1) = 0$$

すなわち

$$a^* + c^* \in (a^* + V) \cap \mathrm{Ker}(\phi)$$

となり, (∗) に矛盾する. したがって, (∗∗) が成り立つ. これは, ϕ が原点で弱 ∗ 連続であることを意味するから, 結局, ϕ は弱 ∗ 連続である.

命題 2.2.16 から, $\phi \in (X^*)'$ の弱 ∗ 連続性は, その核 $\mathrm{Ker}(\phi)$ の弱 ∗ 閉性であることが分かった. すなわち, X^* の部分集合の弱 ∗ 閉性についての情報から, 線形汎関数の弱 ∗ 連続性の情報が得られるのである. このような, X^* の或る種の部分集合の弱 ∗ 閉性の情報について Krein-Smulian による次の結果が重要である.

定理 2.2.17 (Krein-Smulian) X^* の凸部分集合 A が, 弱 ∗ 閉集合であるための必要十分条件は, 任意の正数 r について

$A \cap B_r(X^*)$ (ただし, $B_r(X^*) = \{x^* \in X^* : \|x^*\| \leq r\}$, 以後, 同様の表示)

が弱 ∗ 閉集合であることである.

この証明を与える前に二点注意しておく. 一つは, このような性質を持つ集合 A は, (ノルム) 閉集合となることである. 実際, 任意の $x^* \in \overline{A}$ をとれ. そのとき, A に属する点列 $\{x_n^*\}_{n \geq 1}$ で, $\|x_n^* - x^*\| \to 0$ $(n \to \infty)$ を満たすものが存在する. 収束点列は有界より, 或る r が存在して, 任意の n について, $x_n^* \in B_r(X^*)$ が成り立つ. したがって, $x_n^* \in A \cap B_r(X^*)$ $(\forall n)$ であり, $x_n^* \to x^*$ (弱 ∗ 位相) であるから, $A \cap B_r(X^*)$ の弱 ∗ 閉性より, $x^* \in A \cap B_r(X^*) \subset A$ が得られる. したがって, A の閉性が得られた (この事実を, 後述する定理 2.2.17 の証明において用いる). 二つ目は, 今まで述べてきた弱 ∗ 位相についての $\phi \in (X^*)'$ の結果は, 弱位相 $\sigma(X, X^*)$ についての $\psi \in X'$ (X 上の線形汎関数の作るベクトル空間) の結果に言い換えられることである. 例えば

命題 2.2.18 $\psi \in X'$ が $\sigma(X, X^*)$-連続 (**弱連続**) であるための必要十分条件は, $\mathrm{Ker}(\psi)$ が弱閉集合であることである.

証明 証明は, 命題 2.2.16 のそれと全く同様である. 各自で確かめること.

しかも, Krein-Smulian の弱位相版は, 以下に述べるように, 容易にその [成立] が示される. すなわち

命題 2.2.19 X の凸部分集合 A が, 弱閉集合であるための必要十分条件は, 任意の正数 r について $A \cap B_r(X)$ が弱閉集合になることである. ただし, $B_r(X) = \{x \in X : \|x\| \leq r\}$ (以後, 同様の表示).

証明 必要性について. $B_r(X)$ は凸な (強) 閉集合であるから, 凸集合について強閉と弱閉は同値であることに注意すれば, 弱閉集合である. したがって, $A \cap B_r(X)$ は弱閉集合である. 次に, 十分性について. $x \in \overline{A}^w$ とする. $\overline{A}^w = \overline{A}$ (A のノルム閉包) であるから, 或る点列 $\{x_n\}_{n \geq 1} \subset A$ で

$$\|x_n - x\| \to 0 \ (n \to \infty)$$

が存在する. そのとき, $\{x_n : n = 1, 2, \ldots\}$ は有界集合であるから, 或る正数 r が存在して

$$\{x_n : n = 1, 2, \ldots\} \subset B_r(X)$$

が成り立つ. したがって

$$x_n \in A \cap B_r(X) \ (n = 1, 2, \ldots)$$

であるから, $x_n \to x$ (弱位相) と $A \cap B_r(X)$ の弱閉性を用いれば

$$x \in A \cap B_r(X) \ (\subset A)$$

が得られ, 証明が完結する.

弱位相版については, このように容易に示されたが, Krein-Smulian の定理 (すなわち, 弱*位相版) の証明 (もちろん, 十分性の証明) は, これ程容易ではない. そのために補題を用意する.

定義 2.2.20 $F = \{x_1, \ldots, x_n\}$ を X の有限集合とするとき

$$F^\circ = \{x^* : |(x^*, x_i)| \leq 1, \ i = 1, \ldots, n\}$$

とする (F° : F の極集合と呼ばれる). そして, 正数 r について, $B_{1/r}(X)$ の有限集合全体からなる集合族を $\mathcal{F}_r$ で表すことにする.

補題 2.2.21 次の等式が成り立つ.

$$\bigcap_{F \in \mathcal{F}_r} F^\circ = B_r(X^*)$$

証明 左辺の集合を E とおくとき, $B_r(X^*) \subset E$ は容易である. 実際, $x^* \in B_r(X^*)$ をとれば, 任意の $F = \{x_1, \ldots, x_n\} \in \mathcal{F}_r$ について

$$|(x^*, x_i)| \leq \|x^*\| \|x_i\| \leq (r) \cdot \frac{1}{r} = 1$$

から分かる. したがって, $x^* \in E \setminus B_r(X^*)$ を満たす x^* が存在するとして, 矛盾を導く. このとき, $B_r(X^*)$ は絶対凸な弱 $*$ コンパクト集合であるから, 分離定理 (松田 [26] を参照) を用いれば, 或る $x \in X$ が存在して

$$(x^*, x) > \sup_{y^* \in B_r(X^*)} |(y^*, x)|$$

が成り立つ. ところで, この不等式の右辺の値は, $r\|x\|$ であるから, 両辺を $r\|x\|$ で割れば

$$\left(x^*, \frac{x}{r\|x\|}\right) > 1 \; \left(= \sup_{y^* \in B_r(X^*)} \left|\left(y^*, \frac{x}{r\|x\|}\right)\right|\right)$$

が得られる. ところが

$$F^* = \left\{\frac{x}{r\|x\|}\right\} \in \mathcal{F}_r$$

であるから, これは

$$x^* \in E = \bigcap_{F \in \mathcal{F}_r} F^\circ$$

に矛盾する. よって補題は示された.

次の補題が重要である.

補題 2.2.22 X はバナッハ空間で, A は X^* の凸部分集合とし, 任意の正数 r について, $A \cap B_r(X^*)$ は弱 $*$ 閉集合であるとする. そして, $A \cap B(X^*) = \emptyset$ が成り立つと仮定する. そのとき, 或る $x \in X$ で

$$(x^*, x) \geq 1 \; (x^* \in A)$$

を満たすものが存在する.

証明 次の性質を持つ X の有限集合の列 $\{F_n\}_{n \geq 0}$ を帰納的に作ろう.
(a) $nF_n \subset B(X)$ $(n = 0, 1, \ldots)$
(b) $nB(X^*) \cap \bigcap_{k=0}^{n-1} F_k^\circ \cap A = \emptyset$ $(n = 1, 2, \ldots)$

$F_0 = \{0\}$ と定める. F_0 は (a) ($n = 0$ のとき), (b) ($n = 1$ のとき) を満たす. 次に (a) ($n = 1$ のとき), (b) ($n = 2$ のとき) を満たす F_1 を定義するために, $B(X)$ の任意の有限集合 F について

$$2B(X^*) \cap F_0^\circ \cap F^\circ \cap A \neq \emptyset \; \cdots \; (*)$$

が成り立つ (すなわち, 性質 (a) ($n = 1$ のとき), (b) ($n = 2$ のとき) を同時に満たす有限集合が存在しない) として, 矛盾を導こう. 仮定から $2B(X^*) (= B_2(X^*)) \cap A$ は弱$*$閉集合, したがって, 弱$*$コンパクト集合

であるから, 仮定 $(*)$ の下では (弱 $*$ コンパクト性から)
$$\bigcap_{F \in \mathcal{F}_1} F^\circ \cap B_2(X^*) \cap A \neq \emptyset$$
が成り立つ. ところが, 補題 2.2.21 より
$$\bigcap_{F \in \mathcal{F}_1} F^\circ = B_1(X^*) \ (= B(X^*))$$
であるから, このことは
$$B(X^*) \cap A \neq \emptyset$$
を意味するので, A の性質に矛盾する. したがって, $B(X)$ の或る有限集合 F をとれば, $(*)$ が成り立たない. この F を用いて, $F_1 = F$ と定義する. そのとき, F_0, $\{F_0, F_1\}$ は, 各々, 性質 [(a) ($n = 0$ のとき), (b) ($n = 1$ のとき)], 性質 [(a) ($n = 0, 1$ のとき), (b) ($n = 1, 2$ のとき)] を満たすものである. 次に (今の論法を用いて) F_2 を定義しよう. $2F \subset B(X)$ (すなわち, $F \subset B_{1/2}(X)$) を満たす任意の有限集合 F について
$$3B(X^*) \cap \bigcap_{k=0}^{1} F_k^\circ \cap F^\circ \cap A \neq \emptyset \quad \cdots (**)$$
が成り立つとすれば, 前段と同様にして, 補題 2.2.21 を用いることにより
$$2B(X^*) \cap \bigcap_{k=0}^{1} F_k^\circ \cap A \neq \emptyset$$
が得られる. これは, $\{F_0, F_1\}$ の性質 (b) ($n = 2$ のとき) に矛盾する. したがって, $B_{1/2}(X)$ の或る有限集合 F' について $(**)$ が成り立たない. この F' を用いて, $F_2 = F'$ と定義すれば, $\{F_0, F_1, F_2\}$ は, 性質 (a) ($n = 0, 1, 2$ のとき), 性質 (b) ($n = 1, 2, 3$ のとき) を満たすものである. このような論法を続ければ (正確には, $\{F_0, \ldots, F_{n-1}\}$ が, 性質 (a) ($i = 0, \ldots, n-1$ のとき), 性質 (b) ($i = 1, \ldots, n$ のとき) を満たすように定義されたことを仮定して, F_n を今の論法を用いて定義する), このようにすれば, 性質 (a), (b) を満たす有限集合の列 $\{F_n\}_{n \geq 0}$ が得られる. このとき
$$A \cap \bigcap_{n=0}^{\infty} F_n^\circ = \emptyset \quad \cdots (\alpha)$$
が成り立つ. 実際, 左辺の集合に或る元 x^* が存在すれば, 十分大きい n について, $x^* \in nB(X^*)$ であるから
$$x^* \in nB(X^*) \cap \bigcap_{k=0}^{n-1} F_k^\circ \cap A = \emptyset$$

となり (b) に矛盾するからである．さて, 各 F_n は有限集合であるから

$$F_n = \{x_1^{(n)}, \ldots, x_{p(n)}^{(n)}\} \ (n = 1, 2, \ldots)$$

と表せば

$$\bigcup_{n=0}^{\infty} F_n = \{x_1^{(1)}, \ldots, x_{p(1)}^{(1)}, \ldots, x_1^{(n)}, \ldots, x_{p(n)}^{(n)}, \ldots\}$$

となるから，順に番号付けすることで

$$\bigcup_{n=0}^{\infty} F_n = \{x_1, x_2, \ldots, x_m, \ldots\}$$

とできる．このとき, F_n の持つ性質 (a) から, $\lim_{m \to \infty} \|x_m\| = 0$ が成り立つ．したがって，各 $x^* \in X^*$ について, $\{(x^*, x_m)\}_{m \geq 1} \in c_0$ が成り立つ．そのとき, $T : X^* \to c_0$ を

$$T(x^*) = \{(x^*, x_m)\}_{n \geq 1} \ (x^* \in X^*)$$

で定義する．そのとき, 性質 (α) より

$$x^* \in A \Rightarrow x^* \notin \bigcap_{n=0}^{\infty} F_n^\circ$$

であるから

$$\sup_{m \geq 1} |(x^*, x_m)| > 1$$

が成り立つ．すなわち

$$T(A) \cap B(c_0) = \emptyset$$

である．したがって, $T(A) \cap \text{int}(B(c_0)) = \emptyset$ であるから, 分離定理 (松田 [26] を参照) により, 或る $f \in l_1$ $(f \neq 0)$ について

$$\inf_{x^* \in A} (f, T(x^*)) \geq \sup_{\phi \in \text{int}(B(c_0))} (f, \phi) \ (= \sup_{\phi \in B(c_0)} (f, \phi) = \|f\|_1)$$

が成り立つ．$f \neq 0$ であるから, この不等式において, 改めて $f/\|f\|_1$ を f と置き換えれば, $\|f\|_1 = 1$ を満たす $f = \{f(m)\}_{m \geq 1} \in l_1$ について

$$\sum_{m=1}^{\infty} f(m)(x^*, x_m) \geq 1 \ (x^* \in A))$$

が成り立つことが分かる．ところが, $f = \{f(m)\}_{m \geq 1} \in l_1$ であるから

$$y_m = \sum_{i=1}^{m} f(i) x_i \ (m = 1, 2, \ldots)$$

で定義される点列 $\{y_m\}_{m\geq 1}$ は X のコーシー列となり, X の完備性より

$$\sum_{m=1}^{\infty} f(m)x_m$$

は収束する. その級数和を $x\,(\in X)$ とすれば, この x について

$$(x^*, x) \geq 1 \ (x^* \in A)$$

が得られ, 要求された結果である.

定理 2.2.17 の証明のために, もう一つ, 簡単な事実を注意する.

補題 2.2.23 X^* の凸集合 A が, 次の性質 $(*)$

任意の正数 r について $A \cap B_r(X^*)$ が弱 $*$ 閉集合 $\cdots\ (*)$

を持つならば, 任意の $a^* \in X^*$ と任意の正数 t について, 凸集合 $(A-a^*)/t$ も性質 $(*)$ を持つ.

証明 (I) 凸集合 $A - a^*$ が性質 $(*)$ を持つことの証明. そのために, 任意の正数 s を与える. そのとき

$$x^* \in \overline{(A - a^*) \cap B_s(X^*)}^{w^*} \Rightarrow x^* \in (A - a^*) \cap B_s(X^*)$$

を示す. x^* の性質から, 或るネット $\{x_\alpha^*\}_{\alpha \in D} \subset (A - a^*) \cap B_s(X^*)$ で, $x_\alpha^* \to x^*$ (弱 $*$ 位相) が存在する. このとき, $B_s(X^*)$ の弱 $*$ コンパクト性 (したがって, 弱 $*$ 閉集合) から, $x^* \in B_s(X^*)$ は明らかより

$$x^* \in (A - a^*)$$

を示せばよい. さて, $x_\alpha^* \in (A - a^*)$ より, $x_\alpha^* = a_\alpha^* - a^*\ (a_\alpha^* \in A)$ と表せるから, $a_\alpha^* = x_\alpha^* + a^*$ であり

$$\|a_\alpha^*\| \leq \|x_\alpha\| + \|a^*\| \leq s + \|a^*\|$$

であるから

$$\{a_\alpha^*\}_{\alpha \in D} \subset A \cap ((r + \|a^*\|)B(X^*))$$

を満たす. しかも, $a_\alpha^* \to x^* + a^*$ (弱 $*$ 位相) であるから, A についての性質 $(*)$ (すなわち, $A \cap ((r + \|a^*\|)B(X^*))$ が弱 $*$ 閉集合) を用いて

$$x^* + a^* \in A \cap ((r + \|a^*\|)B(X^*))$$

が成り立つ. したがって, $x^* \in (A - a^*)$ が得られ, 要求された結果である.

(II) 凸集合 $(A - a^*)/t$ が性質 $(*)$ を持つことの証明. それは, 集合についての次の等式に注意する. 任意の正数 s について

$$\frac{(A - a^*)}{t} \cap B_s(X^*) = \frac{(A - a^*) \cap B_{ts}(X^*)}{t}$$

が成り立つ. ところが, (I) の場合から, $(A - a^*) \cap B_{ts}(X^*)$ が弱 $*$ 閉集合である. したがって

$$\frac{(A - a^*) \cap B_{ts}(X^*)}{t}$$

は弱 $*$ 閉集合である. すなわち, 任意の正数 s について

$$\frac{(A - a^*)}{t} \cap B_s(X^*)$$

は弱 $*$ 閉集合となり, 要求された結果が得られた.

定理 2.2.17 の証明 必要性の証明は, 命題 2.2.19 の必要性の証明と同様であるから, 十分性の証明のみ以下に注意する. $a^* \in X^* \setminus A$ をとれ. そして, $a^* \notin \overline{A}^{w^*}$ を示そう. 先に述べたように, このような性質を持つ A は (ノルム) 閉集合であるから, 十分小さい正数 r について

$$\{x^* : \|x^* - a^*\| \leq r\} \cap A = \emptyset$$

が成り立つ. すなわち

$$B(X^*) \cap \{(A - a^*)/r\} = \emptyset$$

である. そのとき, 凸集合

$$\frac{(A - a^*)}{r}$$

は, 補題 2.2.22 の仮定を満たす凸集合であることが, 補題 2.2.23 から分かる. したがって, 或る $x \in X$ で

$$(x^*, x) \geq 1 \ \left(x^* \in \frac{(A - a^*)}{r}\right)$$

を満たすものが存在する. そのとき, $(0, x) = 0$ を用いれば

$$0 \notin \overline{\frac{(A - a^*)}{r}}^{w^*}$$

が得られるから

$$a^* \notin \overline{A}^{w^*}$$

が示された.

このようにして, Krein-Smulian の定理が得られた. この結果から生じる有用な系を述べる. これは, $\phi \in (X^*)'$ の X^* 上での**弱 * 連続性** が, $B(X^*)$ 上での**弱 * 連続性**で十分であることを指摘している点で興味深い.

系 2.2.24 $\phi \in (X^*)'$ について, ϕ が 弱 * 連続であるための必要十分条件は, ϕ が $B(X^*)$ 上の関数として, 弱 * 連続であることである.

証明 必要性は明らかであるから, 十分性を注意する. そのためには, 命題 2.2.18 により, 部分空間 $A = \mathrm{Ker}(\phi)$ が弱 * 閉集合であることを注意すればよい. ところが, そのためには, Krein-Smulian の定理から, 任意の正数 r について

$$A \cap B_r(X^*) \text{ が弱*閉集合}$$

を注意すればよいことになる. さらに, A は部分空間であるから

$$A \cap B_r(X^*) = r(A \cap B(X^*))$$

が成り立つので, 結局

$$A \cap B(X^*) \text{ が弱*閉集合}$$

を示すことになる. そのために, 任意の $x^* \in \overline{A \cap B(X^*)}^{w^*}$ をとれ. そのとき, 或るネット $\{x_\alpha^*\}_{\alpha \in D} \subset A \cap B(X^*)$ で, $x_\alpha^* \to x^*$ (弱 * 位相) がとれる. ところが, $B(X^*)$ の弱 * コンパクト性 (アラオグルーの定理, 松田 [26] を参照) から, $x^* \in B(X^*)$ であるから, ϕ が $B(X^*)$ 上で弱 * 連続であることを用いれば

$$\phi(x^*) = \lim_\alpha \phi(x_\alpha^*) = 0$$

すなわち

$$x^* \in \mathrm{Ker}(\phi) = A$$

が得られ

$$x^* \in A \cap B(X^*)$$

が示された. これは要求された結果である.

注意 5 この系から, $\phi \in (X^*)'$ の弱 * 連続性は

$$\{x_\alpha^*\}_{\alpha \in D} \subset B(X^*) \text{ で, } x_\alpha^* \to 0 \text{ (弱*位相) について, } \phi(x_\alpha^*) \to 0$$

を示せばよいことになる．実際，このことが示されたと仮定しよう．そのとき

$$\{y_\alpha^*\}_{\alpha \in D} \subset B(X^*),\ y^* \in B(X^*)\ \text{で}\ y_\alpha^* \to y^*\ (弱^*位相)$$

とせよ．そのとき，$x_\alpha^* = (y_\alpha^* - y^*)/2 \in B(X^*)$ であり，$x_\alpha^* \to 0$（弱 * 位相）であるから，最初の結果から

$$\phi(x_\alpha^*) \to 0$$

が得られる．すなわち

$$\phi(y_\alpha^*) \to \phi(y^*)$$

である．

さて，以上の考察を踏まえ，本論である **ペッティス積分** について紹介しよう．最初に，ペッティス積分の定義を与える．ここで取り扱う関数は，弱可測関数 $f : S \to X$ であることを注意しておく．このような X-値関数について，弱積分の代表と考えられるペッティス積分の概念を与えよう．

定義 2.2.25 (S, Σ, μ) を有限測度空間とし，$f : S \to X$ を弱可測関数とする．そのとき

(1) 各 $x^* \in X^*$ について，実数値関数 $(x^*, f(s))\ (= (x^* \circ f)(s))$ が μ-積分可能（すなわち，$x^* \circ f \in L_1(S, \Sigma, \mu)$）であるとき，$f$ は（μ について）**弱積分可能**（あるいは，**ダンフォード積分可能**，以後は，こちらの表記を用いることにする）であるという．

(2) $f : S \to X$ がダンフォード積分可能であり，しかも，各 $E \in \Sigma$ について或る $x_E \in X$ が存在して

$$(x^*, x_E) = \int_E (x^*, f(s))d\mu(s)\ (x^* \in X^*)$$

が成り立つとき，f は（μ について）**ペッティス積分可能** (Pettis integrable) であるという．

このとき

$$x_E = (\mathrm{P})\int_E f(s)d\mu(s)$$

と表し，x_E を f の E におけるペッティス積分（値）という．

特に，f の値域空間が共役空間 X^* の場合には，次の概念が導入される．

定義 2.2.26 (S, Σ, μ) を有限測度空間とし，$f : S \to X^*$ を弱 * 可測関数

とする. そのとき, 各 $x \in X$ について, 実数値関数 $(x, f(s))$ $(= (x \circ f)(s))$ が μ-積分可能 (すなわち, $x \circ f \in L_1(S, \Sigma, \mu)$) であるとき, f は (μ について) 弱*積分可能 (あるいは, ゲルファント積分可能, 以後, こちらの表記を用いることにする) であるという.

また, $f : S \to X^*$ がペッティス積分可能関数であるとは, 定義 2.2.25 によれば, 次のこととなる. すなわち, 各 $x^{**} \in X^{**}$ (X^* の共役, すなわち, X の二次共役) について, $x^{**} \circ f \in L_1(S, \Sigma, \mu)$ であり, かつ, 各 $E \in \Sigma$ について或る $x_E^* \in X^*$ が存在して

$$(x^{**}, x_E^*) = \int_E (x^{**}, f(s)) d\mu(s) \ (x^{**} \in X^{**})$$

が成り立つことである. さて, 先ず第一に, ゲルファント積分可能関数についての基本定理を与えよう.

定理 2.2.27 (ゲルファント, I. Gelfand)　ゲルファント積分可能関数 $f : S \to X^*$ が与えられたとき

$$T_f(x) = x \circ f \ (x \in X)$$

として定義される写像 $T_f : X \to L_1(S, \Sigma, \mu)$ は有界線形写像である. その結果, 各 $E \in \Sigma$ について或る $x_E^* \in X^*$ が存在して

$$(x, x_E^*) = \int_E (x, f(s)) d\mu(s) \ (x \in X)$$

が成り立つ.

(このとき, x_E^* を, f の E におけるゲルファント積分 (値) という).

証明　T_f の有界性を得るためには, バナッハの閉グラフ定理から, T_f が閉写像であることを示せばよい. そのために, $x_n \to x$, $T_f(x_n) \to g$ $(n \to \infty)$ として, $T_f(x) = g$ ($L_1(S, \Sigma, \mu)$ の元として) を示そう. $x_n \to x$ であるから

$$|(x_n, f(s)) - (x, f(s))| \leq \|x_n - x\| \cdot \|f(s)\| \to 0$$

が成り立つ. また, $T_f(x_n) \to g$ ($L_1(S, \Sigma, \mu)$ において) である, すなわち

$$\int_S |(x_n \circ f)(s) - g(s)| d\mu(s) \to 0 \ (n \to \infty)$$

であるから, $\{(x_n \circ f)\}_{n \geq 1}$ から, 適当に部分列 $\{(x_{n(i)} \circ f)\}_{i \geq 1}$ をとることで, $i \to \infty$ のとき, $(x_{n(i)}, f(s)) \to g(s)$ (μ-a.e.) が成り立つ. したがって, $(x, f(s)) = g(s)$ (μ-a.e.) が得られる. すなわち, $T_f(x) = g$ ($L_1(S, \Sigma, \mu)$

の元として) が得られ, 要求された結果である. したがって, 有界線形写像 $T_f : X \to L_1(S, \Sigma, \mu)$ の共役写像 $T_f^* : L_\infty(S, \Sigma, \mu) \to X^*$ を考えることができる. そのとき, 各 $E \in \Sigma$ について $\chi_E \in L_\infty(S, \Sigma, \mu)$ であるから, $x_E^* = T^*(\chi_E) (\in X^*)$ とすれば, 各 $h \in L_\infty(S, \Sigma, \mu)$ に対して

$$\int_S (x, f(s))h(s)d\mu(s) = (T_f(x), h) = (x, T_f^*(h)) \ (x \in X)$$

が成り立つことから, 特に $h = \chi_E \ (E \in \Sigma)$ について

$$\int_E (x, f(s))d\mu(s) = (x, T_f^*(\chi_E)) = (x, x_E^*) \ (x \in X)$$

が得られる. よって, 証明が完結する.

ここで, X を X^{**} の部分空間と考えれば, ダンフォード積分可能関数 $f : S \to X$ は, ゲルファント積分可能関数 $f : S \to X^{**}$ と考えられるので, $T_f(x^*) = x^* \circ f$ として定義される $T_f : X^* \to L_1(S, \Sigma, \mu)$ を考えれば, 各 $E \in \Sigma$ について, 次の性質を満たす元 $x_E^{**} (\in X^{**})$ の存在することが分かる (ダンフォード, N. Dunford の結果).

$$(x^*, x_E^{**}) = \int_E (x^*, f(s))d\mu(s) \ (x^* \in X^*)$$

(このとき, x_E^{**} を, f の E におけるダンフォード積分 (値) という)

上の定義から分かるように, ダンフォード積分可能関数 f のダンフォード積分値 $T_f^*(\chi_E) \ (E \in \Sigma)$ は, X^{**} に属するのであって, 必ずしも f の値域空間である X に属するとは限らない. 特に

$$T_f^*(L_\infty(S, \Sigma, \mu)) \subset X \ (\text{すなわち}, T_f^*(\chi_E) \in X, \forall E \in \Sigma)$$

が成り立つダンフォード積分可能関数を, ペッティス積分可能関数というのである. したがって, $X^{**} = X$ (すなわち, X が回帰空間) の場合には, これらは同値な積分となるが, 一般の空間が値域空間となる場合には, [ダンフォード $\Rightarrow$ ペッティス] は生じない. その一例を挙げよう. また, 例 2.2.5 (III) で与えられた弱可測関数がペッティス積分可能であることも観よう.

例 2.2.28 (I) (ダンフォード積分可能 であるが, ペッティス積分可能ではない関数) 有限測度空間 $((0, 1], \Lambda, \lambda)$ において, $f : (0, 1] \to c_0$ を

$$f(t) = \{2^n \chi_{(1/2^n, 1/2^{n-1}]}(t)\}_{n \geq 1} \ (t \in (0, 1])$$

で定義する．ここで，c_0 は零列全体の作るバナッハ空間である．そのとき，f はダンフォード積分可能であるが，ペッティス積分可能ではない．実際，f がダンフォード積分可能であることは，各 $x^* \in c_0^* = l_1$ (絶対収束級数の作るバナッハ空間) について，$x^* = \{a_n\}_{n \geq 1} \, (\in l_1)$ と表せば

$$(x^*, f(t)) = \sum_{n=1}^{\infty} 2^n \cdot a_n \chi_{(1/2^n, 1/2^{n-1}]}(t)$$

であるから，λ-可測であり，項別積分可能定理を用いて

$$\int_{(0,1]} |(x^*, f(t))| d\lambda(t) = \sum_{n=1}^{\infty} |a_n| < +\infty$$

であることが分かるからである．また，$E \in \Lambda$ におけるダンフォード積分については

$$\int_E (x^*, f(t)) d\lambda(t) = \sum_{n=1}^{\infty} 2^n \cdot a_n \lambda(E \cap (1/2^n, 1/2^{n-1}])$$

であり，$2^n \lambda(E \cap (1/2^n, 1/2^{n-1}]) \leq 1 \, (\forall n)$ であることから

$$a^{**} = \{2^n \lambda(E \cap (1/2^n, 1/2^{n-1}])\}_{n \geq 1} \in l_\infty$$

であり

$$(x^*, a^{**}) = \int_E (x^*, f(t)) d\lambda(t) \, (x^* \in l_1)$$

が成り立つので，ダンフォード積分 $x_E^{**} = a^{**}$ であることが分かる．最後に，f がペッティス積分不可能であることは，特に，$E = (0,1]$ について考えれば

$$T_f^*(\chi_E) = x_E^{**} = a^{**} = \{2^n \lambda((1/2^n, 1/2^{n-1}])\}_{n \geq 1} = (1, \ldots, 1, \ldots) \notin c_0$$

となるからである．

(II) (強可測関数ではない，ペッティス積分可能関数) f を例 2.2.5 (III) の関数とする．そのとき，そこで観たように，f は弱可測であり，各 $x^* \in l_\infty^*$ について

$$|(x^*, f(t))| \leq \|x^*\| \cdot \|f(t)\|_\infty \leq \|x^*\|$$

であるから，$(x^*, f(t))$ は有界な λ-可測関数である．したがって，λ-積分可能となるので，f はダンフォード積分可能関数である．しかも

$$(x^*, f(t)) = \int_{\mathbf{N}} \chi_{A_n}(t) d\mu_a(n) + \sum_{n=1}^{\infty} \chi_{A_n}(t) \mu_c(\{n\})$$

であり，右辺の第一項: $h(t)$ について，$h = 0$ (λ-a.e.) であることが，例 2.2.5 (III) で示されているので

$$\int_E (x^*, f(t))d\lambda(t) = \int_E \left(\sum_{n=1}^{\infty} \chi_{A_n}(t)\mu_c(\{n\}) \right) d\lambda(t)$$

が得られる．ここで，項別積分定理を用いれば

$$\int_E (x^*, f(t))d\lambda(t) = \sum_{n=1}^{\infty} \mu_c(\{n\})\lambda(E \cap A_n)$$

が成り立つ．$\lambda(E \cap A_n) \leq \lambda(A_n) \to 0$ ($n \to \infty$) であるから，$x_E = \{\lambda(E \cap A_n)\}_{n \geq 1}$ とすれば，$x_E \in c_0$ である．したがって

$$\sum_{n=1}^{\infty} \mu_c(\{n\})\lambda(E \cap A_n) = (\mu_c, x_E)$$

が成り立つ．ところで，$(\mu_a, x) = 0$ ($x \in c_0$) (これは，定理 1.3.29 の後の注意 6 から容易に生じる) であるから

$$\int_E (x^*, f(t))d\lambda(t) = (\mu_c, x_E) = (\mu_a + \mu_c, x_E) = (x^*, x_E)$$

が得られる．すなわち，f はペッティス積分可能で

$$(\mathrm{P})\int_E f(t)d\lambda(t) = x_E = \{\lambda(E \cap A_n)\}_{n \geq 1}$$

であることが示された．

$f : S \to X$ がペッティス積分可能関数であるとき

$$\nu_f(E) = T_f^*(\chi_E) = (\mathrm{P})\int_E f(s)d\mu(s) \ (E \in \Sigma)$$

により，集合関数 $\nu_f : \Sigma \to X$ が定義される．すなわち，$\nu_f(E)$ は

$$(x^*, \nu_f(E)) = \int_E (x^*, f(s))d\mu(s) \ (x^* \in X^*)$$

を満たしている．この ν_f について，その全変分 $|\nu_f|$ を (通常のように) 次で定義する (ただし，$|\nu_f|$ は $+\infty$ も許す)．

$$|\nu_f|(E) = \sup\{\sum_{i=1}^{n} \|\nu_f(E_i)\| \ : \ E = \sum_{i=1}^{n} E_i, \ \{E_i\}_{1 \leq i \leq n} \subset \Sigma\} \ (E \in \Sigma)$$

ペッティス積分可能関数 f から, このようにして導かれる X-値の集合関数 ν_f が有限加法性を持つことは容易に分かるが (実数値関数の積分の加法性から生じる. 各自で確かめること), 実は, (ボッホナー積分, バーコフ積分の場合と同様に) 可算加法性を持つことが示される.

命題 2.2.29 $f : S \to X$ がペッティス積分可能ならば, $\nu_f : \Sigma \to X$ は可算加法性を持つ (すなわち, X-値の測度である). しかも, その全変分 $|\nu_f|$ は, σ-有限測度である.

証明 ν_f の可算加法性について示そう. すなわち, $E = \sum_{n=1}^{\infty} E_n$ としたとき
$$\nu_f(E) = \sum_{n=1}^{\infty} \nu_f(E_n) \ \cdots \ (*)$$
を示す. そのために, 無限級数 $\sum_{n=1}^{\infty} \nu_f(E_n)$ が無条件収束級数であることを注意しよう. 任意の部分級数 $\sum_{i=1}^{\infty} \nu_f(E_{n(i)})$ をとれ. そのとき
$$F = \sum_{i=1}^{\infty} E_{n(i)}$$
とおけば, $F \in \Sigma$ であり, 各 $x^* \in X^*$ について
$$(x^*, \nu_f(F)) = \int_F (x^*, f(s)) d\mu(s) = \int_{\sum_{i=1}^{\infty} E_{n(i)}} (x^*, f(s)) d\mu(s)$$
である. ここで, f のダンフォード積分可能性により, 項別積分できるから
$$(x^*, \nu_f(F)) = \int_{\sum_{i=1}^{\infty} E_{n(i)}} (x^*, f(s)) d\mu(s) = \sum_{i=1}^{\infty} \int_{E_{n(i)}} (x^*, f(s)) d\mu(s)$$
$$= \sum_{n=1}^{\infty} (x^*, \nu_f(E_{n(i)})) = \lim_{m \to \infty} \left(x^*, \sum_{i=1}^{m} \nu_f(E_{n(i)}) \right)$$
が得られる. したがって, 部分級数 : $\sum_{i=1}^{\infty} \nu_f(E_{n(i)})$ は弱収束の意味で, $\nu_f(F)$ に収束することが示された. よって, 定理 2.2.12 (Orlicz-Pettis) により, 無限級数 $\sum_{n=1}^{\infty} \nu_f(E_n)$ は無条件収束級数である. しかも, 同様の論理展開, 式変形で, 各 $x^* \in X^*$ について
$$(x^*, \nu_f(E)) = \sum_{n=1}^{\infty} (x^*, \nu_f(E_n)) = \left(x^*, \sum_{n=1}^{\infty} \nu_f(E_n) \right)$$

(ここで, 二つ目の等号は, $\sum_{n=1}^{\infty} \nu_f(E_n)$ の収束性から生じる)

が得られる.すなわち, (∗) が示された.したがって,その全変分 $|\nu_f|$ も測度であることが分かる (全変分の定義から容易である.各自で確かめること).さらに,その σ-有限性を以下で示そう.そのために,命題 2.1.15 を,可測関数族 $\mathcal{F} = \{x^* \circ f \,:\, x^* \in B(X^*)\}$ の場合に用いれば,次の性質を持つ可測関数 $\phi_\mathcal{F} : S \to \mathbf{R}^+$ が存在する.各 $x^* \in B(X^*)$ について,μ-a.e. に

$$|(x^*, f(s))| \leq \phi_\mathcal{F}(s)$$

が成り立ち,かつ

$$|\phi_\mathcal{F}(s)| \leq \|f(s)\| \ (s \in S)$$

が成り立つ.そのとき,各 $x^* \in B(X^*)$ について

$$|(x^*, \nu_f(E))| \leq \int_E |(x^*, f(s))| d\mu(s) \leq \int_E \phi_\mathcal{F}(s) d\mu(s) \ (E \in \Sigma)$$

が成り立つから

$$\|\nu_f(E)\| \leq \int_E \phi_\mathcal{F}(s) d\mu(s)$$

が得られる.したがって,E の任意の有限分割 $E = \sum_{i=1}^n F_i$ について

$$\sum_{i=1}^n \|\nu_f(F_i))\| \leq \sum_{i=1}^n \int_{F_i} \phi_\mathcal{F}(s) d\mu(s) = \int_E \phi_\mathcal{F}(s) d\mu(s)$$

が得られる.したがって

$$|\nu_f|(E) \leq \int_E \phi_\mathcal{F}(s) d\mu(s) \ (E \in \Sigma)$$

が得られる.ここで,$S_n = \{s \in S \,:\, \phi_\mathcal{F}(s) \leq n\} \ (n = 1, 2, \ldots)$ ととれば,$S = \bigcup_{n=1}^\infty S_n$, $S_n \in \Sigma \ (n = 1, 2, \ldots)$ であり,しかも,この不等式から

$$|\nu_f|(S_n) \leq n \cdot \mu(S_n) \leq n \cdot \mu(S) < +\infty \ (n = 1, 2, \ldots)$$

が分かるので,$|\nu_f|$ の σ-有限性が示された.

注意 6 1. 命題 2.2.29 の証明部分から,$|\nu_f|$ は μ-絶対連続な,σ-有限な測度であることが分かるので,実測度のラドン・ニコディムの定理から,或る Σ-可測関数 $h : S \to \mathbf{R}^+$ が存在して

$$|\nu_f|(E) = \int_E h(s) d\mu(s) \ (E \in \Sigma)$$

が成り立つ.したがって

$$\int_E h(s) \, d\mu(s) \leq \int_E \phi_\mathcal{F}(s) d\mu(s) \ (E \in \Sigma)$$

であるから, $h(s) \leq \phi_{\mathcal{F}}(s)$ (μ-a.e.) が成り立つ. 一方 $x^* \in B(X^*)$ について, 実数値関数の積分理論を用いて

$$|(x^* \circ \nu_f)|(E) = \int_E |(x^*, f(s))| d\mu(s)$$

であるから, $x^* \in B(X^*)$ について

$$\int_E |(x^*, f(s))| d\mu(s) = |(x^* \circ \nu_f)|(E) \leq |\nu_f|(E) = \int_E h(s) d\mu(s) \ (E \in \Sigma)$$

が得られる. したがって, 各 $x^* \in B(X^*)$ について, $|(x^*, f(s))| \leq h(s)$ (μ-a.e.) が成り立つ. ここで, $\phi_{\mathcal{F}}$ の作り方 (命題 2.1.15, 命題 2.2.29 の各証明参照) から, $B(X^*)$ の或る点列 $\{x_n^*\}_{n \geq 1}$ が存在して

$$\phi_{\mathcal{F}}(s) = \sup_{n \geq 1} |(x_n^*, f(s))| \ (s \in S)$$

であるから, $|(x_n^*, f(s))| \leq h(s)$ (μ-a.e.) $(n = 1, 2, \ldots)$ を用いれば, $\phi_{\mathcal{F}}(s) \leq h(s)$, μ-a.e. が得られる. すなわち, (前段の結果と併せて) μ-a.e. に $h(s) = \phi_{\mathcal{F}}(s)$ が成り立つので

$$\nu_f(E) = \int_E \phi_f(s) d\mu(s) \ (E \in \Sigma)$$

が得られる.

さらに, f が強可測であれば, $\|f(s)\| = \phi_{\mathcal{F}}(s)$ $(= h(s))$ (μ-a.e.) が成り立つことが, 以下のようにして分かる. f の強可測性から, $B(X^*)$ の可算部分集合 $\{a_n^* : n = 1, 2, \ldots\}$ が存在して

$$\|f(s)\| = \sup_{n \geq 1} |(a_n^*, f(s))| \ (s \in S)$$

が成り立つから, (前段と同様に) $|(a_n^*, f(s))| \leq h(s)$ (μ-a.e.) を用いれば $\|f(s)\| \leq h(s) = \phi_{\mathcal{F}}(s)$ (μ-a.e.) が得られる. 一方, $\phi_{\mathcal{F}}$ の性質から, $\phi_{\mathcal{F}}(s) \leq \|f(s)\|$ $(s \in S)$ であるから, 結局, $\phi_{\mathcal{F}}(s) = \|f(s)\|$ (μ-a.e.) が得られる.

以上の結果は, f がボッホナー積分可能関数の場合, f に対応して, ボッホナー積分を用いて定義される X-値測度 ν_f:

$$\nu_f(E) = (\mathrm{B}) \int_E f(s) d\mu(s) \ (E \in \Sigma)$$

について $||\nu_f|$ は, 等式:

$$|\nu_f|(E) = \int_E \|f(s)\| d\mu(s) \ (E \in \Sigma)$$

を満たす, μ-絶対連続な, 有限測度であるという事実] の一般化である.

2. 集合関数 $\nu : \Sigma \to X$ が測度である (すなわち, 可算加法性を持つ) ことを示すために, (Orlicz-Pettis の定理の利用で) [ν の **弱測度性**], すなわち, 各 $x^* \in X^*$ について考えられる実数値集合関数 $x^* \circ \nu$ が実測度であることを示せば十分であることは, 命題 2.2.29 の証明で観たように有効である. ただし, 集合関数 $\nu : \Sigma \to X^*$ の場合には, 二つのタイプの実測度 $x \circ \nu$ ($x \in X$), あるいは, $x^{**} \circ \nu$ ($x^{**} \in X^{**}$) が考えられるが, 弱 $*$ 測度性, すなわち, 各 $x \in X$ について, 実数値集合関数 $x \circ \nu$ が実測度であることを示したとしても, ν の測度性は得られないことを注意しておく. その端的な例 (ディーステル・フェールズ, J. Diestel-B. Faires による) は, 次である. $S = \mathbf{N}, \Sigma = \mathcal{P}(\mathbf{N})$, そして, $\mu : \mathcal{P}(\mathbf{N}) \to [0,1]$ を

$$\mu(E) = \sum_{n \in E} \frac{1}{2^n} \ (E \in \mathcal{P}(\mathbf{N}))$$

で定義する. また, $X^* = l_\infty$ とし, $\nu : \mathcal{P}(\mathbf{N}) \to l_\infty$ を

$$\nu(A) = \chi_A \ (A \in \mathcal{P}(\mathbf{N}))$$

で定義する. そのとき, ν の有限加法性は明らかである. しかも, $X = l_1$ の各元 $a = \{a_n\}_{n \geq 1}$ と $E \in \mathcal{P}(\mathbf{N})$ について

$$(a \circ \nu)(E) = \sum_{n \in E} a_n \ (E \in \mathcal{P}(\mathbf{N}))$$

であるから, $(a \circ \nu)$ は実測度となる. しかし, $E_n = \{n, n+1, \ldots\}$ とすれば, $E_n \downarrow \emptyset$ であるが, 任意の n について,

$$\|\nu(E_n)\|_\infty = \|\chi_{E_n}\|_\infty = 1$$

であるから, 有限加法的測度 ν は可算加法性を持たない. また, 各 $a \in l_1$ について, 実測度 $(a \circ \nu)$ は μ-絶対連続であることは容易に分かるが, 今の例から, ν は μ-絶対連続 ($\Leftrightarrow$ 任意の正数 ε について, 或る正数 δ をとれば, $\mu(E) < \delta$ を満たす任意の E について, $\|\nu(E)\|_\infty < \varepsilon$ が成り立つ) ではないことも分かる.

(Diestel-Faires の例からも窺い知れるように, [弱 $*$ 測度 $\Rightarrow$ 測度] であるためには, 空間 l_∞ の空間 X^* 内での動向が関連すると思われるが, 実は, [X^* が l_∞ を含まないとき, X^*-値の弱 $*$ 測度は, 測度である] という事実があることも, 証明なしで併せて注意しておきたい)

さて, 次に「どのような性質を持つ関数がペッティス積分可能であるのか」を見出す際の基本的結果を注意しよう. この結果はダンフォード積分

可能関数のペッティス積分可能性を保証する古典的結果である.

定理 2.2.30 $f : S \to X$ をダンフォード積分可能関数とする. そのとき, f がペッティス積分可能であるための必要十分条件は, (定理 2.2.27 で定義された有界線形写像) $T_f : X^* \to L_1(S, \Sigma, \mu)$ が, 弱*-弱連続 (簡略化して w^*-w 連続) であること, すなわち $[x^* \in X^*$ と, x^* に $\sigma(X^*, X)$-位相 (弱* 位相) で収束するネット $\{x_\alpha^*\}_{\alpha \in D}$ について, $T_f(x_\alpha^*) \to T_f(x^*)$ ($\sigma(L_1(S, \Sigma, \mu), L_\infty(S, \Sigma, \mu))$-位相, すなわち, w-位相で収束), すなわち

$$\int_S (x_\alpha^*, f(s))g(s)d\mu(s) \to \int_S (x^*, f(s))g(s)d\mu(s) \ (g \in L_\infty(S, \Sigma, \mu))$$

が成り立つ] ことである.

証明 (必要性) f をペッティス積分可能とする. そして, T_f の w^*-w 連続性を示すためには, 各 $g \in L_\infty(S, \Sigma, \mu)$ について

$$\phi_g(x^*) = (T_f(x^*), g) = \int_S (x^*, f(s))g(s)d\mu(s) \ (x^* \in X^*)$$

として定義される $\phi_g \in (X^*)'$ が弱* 連続であること, すなわち, 系 2.2.24 によれば, $x^* \in B(X^*)$ と, $B(X^*)$ に含まれるネット $\{x_\alpha^*\}_{\alpha \in D}$ で, $x_\alpha^* \to x^* \ (w^*)$ を満たすものを与えたとき

$$\phi_g(x_\alpha^*) \ (= (T_f(x_\alpha^*), g)) \to \phi_g(x^*) \ (= (T_f(x^*), g))$$

を示せばよい. そのために, 先ず $g = \chi_E \ (E \in \Sigma)$ の場合について

$$(T_f(x_\alpha^*), \chi_E) \to (T_f(x^*), \chi_E) \quad \cdots \quad (*)$$

を示す. さて, f のペッティス積分可能性から

$$(T_f(x_\alpha^*), \chi_E) = \int_E (x_\alpha^*, f(s))d\mu(s) = (x_\alpha^*, (P)\int_E f(s)d\mu(s))$$

および

$$(T_f(x^*), \chi_E) = \int_E (x^*, f(s))d\mu(s) = (x^*, (P)\int_E f(s)d\mu(s))$$

であることに注意すれば, $x_\alpha^* \to x^* \ (w)$ から

$$(x_\alpha^*, (P)\int_E f(s)d\mu(s)) \to (x^*, (P)\int_E f(s)d\mu(s))$$

が得られる. すなわち, $(*)$ が示された. この結果と積分の線形性から, g が Σ-単関数 u の場合, すなわち

$$u(s) = \sum_{i=1}^{n} c_i \chi_{E_i}(s)$$

のとき

$$(T_f(x_\alpha^*), u) \to (T_f(x^*), u)$$

は容易に得られる. 最後に, 一般の $g \in L_\infty(S, \Sigma, \mu)$ の場合に

$$(T_f(x_\alpha^*), g) \to (T_f(x^*), g) \cdots (**)$$

を示そう. そのために, 任意に正数 ε を与えよ. そのとき, 或る Σ-単関数 u が存在して

$$\|g - u\|_\infty < \frac{\varepsilon}{3\|T_f\|}$$

が成り立つ. そのとき, 前段の結果から, 或る $\alpha_0 \, (\in D)$ が存在して

$$|(T_f(x_\alpha^*), u) - (T_f(x^*), u)| < \frac{\varepsilon}{3} \; (\forall \alpha \geq \alpha_0)$$

が成り立つ. よって, 任意の $\alpha \geq \alpha_0$ について

$$\begin{aligned}
|(T_f(x_\alpha^*), g) - (T_f(x^*), g)| &\leq |(T_f(x_\alpha^*), g - u)| + |(T_f(x_\alpha^*), u) - (T_f(x^*), u)| \\
&\quad + |(T_f(x^*), u - g)| \\
&\leq \|g - u\|_\infty \|T_f\| \|x_\alpha^*\| \\
&\quad + \frac{\varepsilon}{3} + \|g - u\|_\infty \|T_f\| \|x^*\| \\
&< 3\left(\frac{\varepsilon}{3}\right) = \varepsilon
\end{aligned}$$

が得られる. すなわち, $(**)$ が示されたので, (必要性) が得られた.

(十分性). 任意の $E \in \Sigma$ を与えよ. そのとき, f のペッティス積分可能性のために

$$T_f^*(\chi_E) \in X$$

を示そう. そのために, X^* のネット $\{x_\alpha^*\}_{\alpha \in D}$ で, $x_\alpha^* \to x^* \, (w^*)$ について

$$(T_f^*(\chi_E), x_\alpha^*) \to (T_f^*(\chi_E), x^*)$$

を示せばよい (命題 2.2.15 を参照). ところが

$$(T_f^*(\chi_E), x_\alpha^*) = (\chi_E, T_f(x_\alpha^*)), \; (T_f^*(\chi_E), x^*) = (\chi_E, T_f(x^*))$$

であり, また仮定より, $T_f(x_\alpha^*) \to T_f(x^*) \, (w)$ が得られるから

$$(\chi_E, T_f(x_\alpha^*)) \to (\chi_E, T_f(x^*))$$

が分かる．したがって，要求された収束性であり，(十分性) が得られた．

注意 7 この定理 2.2.30 から得られる, 次の形の事実を注意しよう. $f : S \to X$ がダンフォード積分可能関数であるとき, [f がペッティス積分可能 $\Leftrightarrow$ 任意の $E \in \Sigma$ について, $f\chi_E$ がペッティス積分可能] であることは, ペッティス積分可能性の定義より明らかであるから, f がペッティス積分可能であるための必要十分条件は, 各 $E \in \Sigma$ について, $T_{f\chi_E}(x^*) = x^* \circ (f\chi_E) = (x^* \circ f)\chi_E$ で定義される $T_{f\chi_E} : X^* \to L_1(S, \Sigma, \mu)$ が, 弱*-弱連続であることである.

定理 2.2.30 から, 次は明らかである.

系 2.2.31 $f : S \to X$ がペッティス積分可能ならば, $T_f : X^* \to L_1(S, \Sigma, \mu)$ は弱コンパクト写像 (すなわち, $T_f(B(X^*))$ は相対弱コンパクト集合) である.

証明 アラオグルーの定理より, $B(X^*)$ は 弱* コンパクト集合である. また, T_f は 弱*-弱連続より, 弱* コンパクト集合の像 $T_f(B(X^*))$ は弱コンパクト集合である.

さて, この定理 2.2.30, 系 2.2.31 を含む内容を, 以下 (定理 2.2.33) に与える形のように一般的設定において考察することで, それらが持つ内容の本質を捉え易くすると同時に, 後に与える Geitz-Talagrand の結果 (コアという概念によるペッティス積分可能関数の特徴付け) にも直結する試みを述べよう. これは, ベーター・ルイス・レース (E.M. Bator-P. Lewis-D. Race) によるものであり, Geitz-Talagrand の結果の証明の簡明化を行ったハッフ (R.E. Huff) のアイデアに示唆されて, 与えられたものである. そのことにより, Geitz-Talagrand の結果が, 一層理解し易いものとなり得ると考える. なお, この Geitz-Talagrand の結果の証明については, (私にとっては, 少し複雑と感じられる) Talagrand 自身のアイデアによるものも, その結果の興味深さ, 論理展開の卓抜さの故に紹介したい. それは, 後述する [ペッティス積分可能関数の**幾何的特徴付け**] (コアによるもの以外の一特徴付け) の証明に関連した形で言及されている. さて, ハッフの方法を述べるために, 先ずハッフに従って, X^* の弱* 収束の記述のために必要な記号を注意しておく. F を X の任意の有限部分集合, ε を任意の正数とするとき

$$K(F, \varepsilon) = \{x^* \in B(X^*) \ : \ |(x^*, x)| \leq \varepsilon, \ \forall x \in F\}$$

とおく. 明らかに, $K(F, \varepsilon)$ は, 弱* コンパクトな凸集合である. しかも,

このような対 (F,ε) の全体から成る集合 $\mathcal{D} = \{(F,\varepsilon) : F は X の有限集合, \varepsilon は正数\}$ に

$$(F,\varepsilon) \leq (F',\varepsilon') \Leftrightarrow F \subset F', \varepsilon \geq \varepsilon'$$

で与えられる順序 $\leq$ を導入すれば, $(\mathcal{D},\leq)$ は, 上に有向な順序集合となることが分かる. しかも, 各 $(F,\varepsilon) \in \mathcal{D}$ について, $K(F,\varepsilon)$ に属する元 $x^*_{(F,\varepsilon)}$ を取って得られるネット $\{x^*_{(F,\varepsilon)}\}_{(F,\varepsilon)\in\mathcal{D}}$ について, 次が得られることも注意しておく.

命題 2.2.32 ネット $\{x^*_{(F,\varepsilon)}\}_{(F,\varepsilon)\in\mathcal{D}}$ は 0 に弱 $*$ 収束する. すなわち, 各 $x \in X$ について

$$\lim_{(F,\varepsilon)\in\mathcal{D}} (x^*_{(F,\varepsilon)}, x) = 0$$

が成り立つ.

証明 容易である. 各自で確かめること.

定理 2.2.33 X, Y をバナッハ空間とし, $T : X^* \to Y$ を有界線形写像とする. そのとき, T に関する次の条件 (1), (2), (3), (4) は同値である.
  (1) T は弱 $*$-弱連続である.
  (2) 各 $y^* \in Y^*$ について, $y^* \circ T : X^* \to \mathbf{R}$ は, 弱 $*$ 連続である.
  (3) $T^*(Y^*) \subset X$ が成り立つ.
  (4) T は弱コンパクト写像であり, 任意の $(F,\varepsilon) \in D$ について, $T(K(F,\varepsilon))$ は閉集合であり, かつ, 次が成り立つ.

$$\bigcap_{(F,\varepsilon)\in\mathcal{D}} T(K(F,\varepsilon)) = \{0\}$$

証明 (1) $\Rightarrow$ (2) について. $y^* \in Y^*$ は弱連続であるから, 合成関数 $y^* \circ T$ は弱 $*$ 連続である.

(2) $\Rightarrow$ (3) について. $y^* \in Y^*$ をとれ. そのとき, $T^*(y^*) \in X$ を得るためには, $T^*(y^*)$ が弱 $*$ 連続であることを示せばよい (命題 2.2.15 を参照). すなわち, X^* の任意のネット $\{x^*_\alpha\}_{\alpha \in D}$ で, $x^*_\alpha \to 0$ (弱 $*$ 位相) について, $(T^*(y^*), x^*_\alpha) \to 0$ を示そう. ところで

$$(T^*(y^*), x^*_\alpha) = (y^*, T(x^*_\alpha)) = (y^* \circ T)(x^*_\alpha)$$

であり, $y^* \circ T$ は弱 $*$ 連続であるから

$$(y^* \circ T)(x^*_\alpha) \to (y^* \circ T)(0) = 0$$

が得られ, (3) が成り立つ.

(3) ⇒ (1) について. (1) を示すためには, X^* の任意のネット $\{x_\alpha^*\}_{\alpha \in D}$ で, $x_\alpha^* \to 0$ (弱 * 位相) について

$$T(x_\alpha^*) \to 0 \text{ (弱位相)}$$

すなわち, 任意の $y^* \in Y^*$ について

$$(y^*, T(x_\alpha^*)) \to (y^*, 0) = 0$$

を示せばよい. それは

$$(y^*, T(x_\alpha^*)) = (T^*(y^*), x_\alpha^*)$$

であり, $T^*(y^*) \in X$ であるから, ネット $\{x_\alpha^*\}_{\alpha \in D}$ の 0 への弱収束性を用いれば

$$(T^*(y^*), x_\alpha^*) \to 0$$

が得られることから分かる. 以上で (1), (2), (3) の同値性が得られた.

(1) ⇒ (4) について. $B(X^*)$ は弱 * コンパクトであり, T が弱 *-弱連続であるから, $T(B(X^*))$ は弱コンパクト集合である. したがって, T は弱コンパクト写像である. 同様に, $T(K(F,\varepsilon))$ も弱コンパクトであるから, 弱閉集合である. しかも, $T(K(F,\varepsilon))$ は凸集合であるから, 閉集合であることが分かる. 最後に

$$y \in \bigcap_{(F,\varepsilon) \in \mathcal{D}} T(K(F,\varepsilon))$$

を満たす任意の y をとれ. そのとき, 各 $(F,\varepsilon) \in \mathcal{D}$ について, $K(F,\varepsilon)$ に属する元 $x_{(F,\varepsilon)}^*$ を取って, $T(x_{(F,\varepsilon)}^*) = y$ とできる. ここで, 前命題 2.2.32 と T の弱 *-弱連続性から, 各 $y^* \in Y^*$ について

$$(y^*, y) = \lim_{(F,\varepsilon) \in \mathcal{D}} (y^*, T(x_{(F,\varepsilon)}^*)) = 0$$

が得られる. よって $y = 0$ が得られ, (4) が示された.

(4) ⇒ (2) について. 各 $y^* \in Y^*$ について, $y^* \circ T$ の弱 * 連続性を得るためには次を示せばよい (注意 5 を参照). $B(X^*)$ の任意のネット $\{x_\alpha^*\}_{\alpha \in D}$ で, 0 に弱 * 収束するものについて

$$\lim_{\alpha \in D}(y^* \circ T)(x_\alpha^*) = 0 \quad \cdots \quad (*)$$

である. さて, T の弱コンパクト写像性を用いれば, $T(B(X^*))$ は弱コンパクトで, $T(x_\alpha^*) \subset T(B(X^*))$ であるから, y をネット $\{T(x_\alpha^*)\}_{\alpha \in D}$ の任

意の弱集積点としたとき, $y = 0$ を示せばよい. そのとき, 0 が, ネット $\{T(x_\alpha^*)\}_{\alpha \in D}$ のただ一つの弱集積点, すなわち, 弱極限点となり, $(*)$ が分かるからである (章末問題 16 番を参照せよ). $y = 0$ を示すために

$$y \in \bigcap_{(F,\varepsilon) \in \mathcal{D}} T(K(F,\varepsilon))$$

を確認しよう. そのために, 任意の $(F, \varepsilon) \in \mathcal{D}$ をとれ. さて, y の弱集積点性から, 適当な部分ネット $\{T(x_\beta^*)\}_{\beta \in D'}$ をとれば, $T(x_\beta^*) \to y$ (弱収束) であり, しかも, $x_\beta^* \to 0$ (弱*収束) が成り立つから

$$y \in \overline{T(K(F,\varepsilon))}^w \text{ (弱閉包)}$$

が得られる. ところが $T(K(F, \varepsilon))$ の凸性と閉性を用いれば

$$\overline{T(K(F,\varepsilon))}^w = \overline{T(K(F,\varepsilon))} = T(K(F,\varepsilon))$$

であるから, $y \in T(K(F, \varepsilon))$ が分かり, その結果, 条件

$$\bigcap_{(F,\varepsilon) \in \mathcal{D}} T(K(F,\varepsilon)) = \{0\}$$

を用いて, $y = 0$ が得られる.

以上で証明が完結した.

定理 2.2.33 を $Y = L_1(S, \Sigma, \mu)$ で $T(x^*) = T_f(x^*) = x^* \circ f$ (ただし, f がダンフォード積分可能) の場合に利用すれば, 定理 2.2.33 の条件 (3) は f のペッティス積分可能性を意味する. また, 定理 2.2.33 の (1), (3) の同値性が, 定理 2.2.30 に相当し, (3) (= (1) = (2)) が, T の弱コンパクト写像性の十分条件であるという事実は, 系 2.2.31 に相当することが分かる.

しかも, Geitz-Talagrand の定理を導くためには, 定理 2.2.33 の (3), (4) の同値性が重要となってくる. すなわち, ダンフォード積分可能関数 f を与えたとき, f のペッティス積分可能性は, $T_f : X^* \to L_1(S, \Sigma, \mu)$ について, 定理 2.2.33 の条件 (4) で述べられている三つの条件:

(a) T_f が弱コンパクト写像である,
(b) $T_f(K(F,\varepsilon))$ が閉集合である,
(c) $\bigcap_{(F,\varepsilon) \in \mathcal{D}} T_f(K(F,\varepsilon)) = \{0\}$ が成り立つ

の確認が必要である. ところが, 以下に述べるように (b) は常に成り立つことが分かり, また, f が有界な関数である場合には, (a) も成り立つことが分かるので, 条件 (c) の確認が可能か否かが, ペッティス積分可能性の

確認のための重要な条件となってくる.

命題 2.2.34 $f : S \to X$ をダンフォード積分可能関数とするとき, $T_f(K(F,\varepsilon))$ は閉集合である.

証明 $\overline{T_f(K(F,\varepsilon))} = \overline{\{x^* \circ f \,:\, x^* \in K(F,\varepsilon)\}}$ であるから, これに属する元 g について, $g \in \{x^* \circ f \,:\, x^* \in K(F,\varepsilon)\}$ を示そう. このとき, 点列 $\{x_n^*\}_{n\geq 1} \subset K(F,\varepsilon)$ で

$$\|x_n^* \circ f - g\|_1 \to 0 \;(n \to \infty)$$

を満たすものが存在する. したがって, 適当に部分列 $\{x_{n(m)}^* \circ f\}$ をとれば, $m \to \infty$ のとき, $x_{n(m)}^* \circ f(s) \to g(s)$ (μ-a.e.) が成り立つ. すなわち, 或る $N \in \Sigma, \mu(N) = 0$ を満たす N が存在して, 各 $s \in S\setminus N$ において

$$\lim_{m \to \infty}(x_{n(m)}^*, f(s)) = g(s)$$

が成り立つ. ここで, $K(F,\varepsilon)$ の弱 $*$ コンパクト性を用いて, $\{x_{n(m)}^*\}_{m\geq 1}$ の弱 $*$ 集積点の一つ $x^* (\in K(F,\varepsilon))$ をとれば, $\{x_{n(m)}^*\}_{m\geq 1}$ の適当な部分ネット $\{x_\beta^*\}_{\beta \in D}$ について, $x_\beta^* \to x^*$ (弱 $*$ 収束) が成り立つ. したがって, 各 $s \in S\setminus N$ について

$$g(s) = \lim_{b \in D}(x_\beta^*, f(s)) = (x^*, f(s))$$

すなわち, $x^* \circ f(s) = g(s)$ ($s \in S\setminus N$) が得られるので, $g = x^* \circ f$ ($L_1(S,\Sigma,\mu)$ の元として) が分かる. これは, 要求された結果である.

さらに, [有界な弱可測関数は, 有界なダンフォード積分可能関数である] ことから, 次が得られる.

命題 2.2.35 $f : S \to X$ が有界な弱可測関数とする. そのとき, $T_f : X \to L_1(S,\Sigma,\mu)$ は弱コンパクト写像である.

証明 $T_f(B(X^*))$ の相対弱コンパクト性, すなわち

$\mathcal{H} = \{x^* \circ f \,:\, x^* \in B(X^*)\}$ が $L_1(S,\Sigma,\mu)$ の相対弱コンパクト集合

であることを示そう. そのためには, 集合 $\mathcal{H}$ の同等積分可能性を示せばよいが (章末問題 1 番 (c) を参照), このことは, f の有界性から容易に分かる (章末問題 1 番 (a) を参照).

定理 2.2.33 と命題 2.2.34 から，ダンフォード積分可能関数 f がペッティス積分可能であるための必要十分条件として，次の結果が得られることが分かる．

命題 2.2.36 $f : S \to X$ をダンフォード積分可能関数とする．そのとき，f がペッティス積分可能であるための必要十分条件は，f から導かれる写像 $T_f : X^* \to L_1(S, \Sigma, \mu)$ が，次の二つの条件を満たすことである．
  (a) T_f が弱コンパクト写像である．
  (b) $\bigcap_{(F,\varepsilon) \in \mathcal{D}} T_f(K(F, \varepsilon)) = \{0\}$

また，命題 2.2.35 と命題 2.2.36 から，有界な弱可測関数 f がペッティス積分可能であるための必要十分条件を与える次の結果が得られる．

系 2.2.37 $f : S \to X$ が有界な弱可測関数とする．そのとき，f がペッティス積分可能であるための必要十分条件は
$$\bigcap_{(F,\varepsilon) \in \mathcal{D}} T_f(K(F, \varepsilon)) = \{0\}$$
が成り立つことである．

以上の考察より，ダンフォード積分可能関数のペッティス積分可能性については，命題 2.2.36 の条件 (a), (b) の確認が重要となる．条件 (a) については，$T_f(B(X^*))$ が，$L_1(S, \Sigma, \mu)$ の同等積分可能な部分集合族 $\mathcal{H}$ であることの確認であるが (章末問題 1 番 (c) を参照)，f が有界である場合には，条件 (a) の成立は証明されている (命題 2.2.35)．したがって，f の有界，非有界にかかわらず，その確認が必要である条件 (b) の確認に有効な性質が切に求められることになる．これが，Geitz により導入された関数 $f : S \to X$ のコア (core) の概念である (ただし，条件 (b) に対しての，その有効性の提示は，Talagrand による)．この概念は，強可測関数の場合の本質的値域に関連したものであり，次のように定義される．

定義 2.2.38 (Geitz) 関数 $f : S \to X$ と $E \in \Sigma$ について，E 上における f の **コア** (core) ($cor_f(E)$ と記述) を，次で定義する．
$$cor_f(E) = \bigcap \{\overline{co}\, f(E \backslash N) \; : \; N \in \mathcal{N}(\mu)\}$$
ただし，$\mathcal{N}(\mu) = \{N \in \Sigma \; : \; \mu(N) = 0\}$．

そのとき，ペッティス積分可能関数 f の場合には，$cor_f(E)$ は，f から導

かれるベクトル値測度 ν_f (すなわち, $\nu_f(E) = (\mathrm{P})\int_E f d\mu$) の E における μ に関する **平均値域** (average range) に関係した集合となる (後述の定理 2.2.41). そのことについて述べるために, 弱可測関数 f の $cor_f(E)$ に関する, 次の基本的解釈を与えることは重要である.

補題 2.2.39 $f : S \to X$ を弱可測関数とし, $E \in \Sigma$ とするとき, $x^* \in X^*$ と $c \in \mathbf{R}$ で, 性質: $(x^*, f(s)) \le c$ (E 上 μ-a.e.) を満たす x^* と c の対 (x^*, c) 全体の集合を $\mathcal{F}_{f,E}$ とする. そのとき

$$cor_f(E) = \bigcap_{(x^*,c) \in \mathcal{F}_{f,E}} H(x^*, c)$$

が成り立つ. ただし, $H(x^*, c) = \{x \in X : (x^*, x) \le c\}$ である (以後, この表示を用いる).

証明 (左辺の集合) $\subset$ (右辺の集合) について. $a \in cor_f(E)$ とし

$$a \notin \bigcap_{(x^*,c) \in \mathcal{F}_{f,E}} H(x^*, c)$$

とせよ. そのとき, 或る $(x^*, c) \in \mathcal{F}_{f,E}$ が存在して, $(x^*, a) > c$ が成り立つ. ここで, $(x^*, c) \in \mathcal{F}_{f,E}$ であるから, 或る N で, $N \in \mathcal{N}(\mu)$, $N \subset E$ を満たすものが存在して

$$(x^*, f(s)) \le c \ (s \in E \setminus N)$$

すなわち

$$(x^*, x) \le c \ (x \in f(E \setminus N))$$

が成り立つ. したがって, x^* の連続性と線形性から

$$(x^*, x) \le c \ (x \in \overline{\mathrm{co}}\, f(E \setminus N))$$

が得られる. ここで, $a \in cor_f(E) \subset \overline{\mathrm{co}}\, f(E \setminus N)$ を用いれば, $(x^*, a) \le c$ となり, 上述の a の性質と矛盾するので, 要求された包含関係は示された. 次に, 逆向きの包含について. $a \notin cor_f(E)$ とし, $a \in$ (右辺の集合) とせよ. $a \notin cor_f(E)$ より, 或る $N \in \mathcal{N}(\mu)$ で, $N \subset E$ を満たすものが存在して

$$a \notin \overline{\mathrm{co}}\, f(E \setminus N)$$

が成り立つ. このとき, 分離定理から, $x^* \in X^*$ が存在して

$$(x^*, a) > \sup\{(x^*, f(s)) \ : \ s \in E \setminus N\} \ (= c \text{ とおく})$$

が成り立つ. したがって
$$(x^*, c) \in \mathcal{F}_{f,E}, \ (x^*, a) > c$$
が得られる. ここで $a \in$ (右辺の集合) から, $(x^*, a) \leq c$ が得られ, 矛盾が生じる.

以上により, 集合の等式が示された.

この結果を用いれば, 次を得る.

命題 2.2.40 $f, g : S \to X$ を二つの弱可測関数とする. そのとき, f, g が弱同値 (すなわち, 各 $x^* \in X^*$ について, $(x^*, f(s)) = (x^*, g(s))$ (μ-a.e.) に成り立つ) ならば, 各 $E \in \Sigma$ について, $cor_f(E) = cor_g(E)$ が成り立つ. 逆に, 各 $E \in \Sigma_\mu^+$ について, $cor_f(E) = cor_g(E) \neq \emptyset$ が成り立つならば, f, g は弱同値である.

証明 f, g を弱同値とせよ. そのとき, 各 $E \in \Sigma$ について, 明らかに $\mathcal{F}_{f,E} = \mathcal{F}_{g,E}$ が成り立つので, 補題 2.2.39 から, $cor_f(E) = cor_g(E)$ が得られる. 逆に, 各 $E \in \Sigma_\mu^+$ について, $cor_f(E) = cor_g(E) \neq \emptyset$ が成り立つことを仮定し, f, g が弱同値でないとせよ. そのとき, 或る $x^* \in X^*$ が存在して
$$\mu(\{s \in S \ : \ (x^*, f(s)) > (x^*, g(s))\}) > 0$$
が成り立つ. したがって
$$\{s \in S \ : \ (x^*, f(s)) > (x^*, g(s))\} = \bigcup_{n=1}^{\infty} \{s \in S \ : \ (x^*, f(s)) \geq (x^*, g(s)) + \frac{1}{n}\}$$
を用いれば, 或る $E \in \Sigma_\mu^+$ で
$$\sup_{s \in E}(x^*, g(s)) < \inf_{s \in E}(x^*, f(s))$$
を満たすものが存在する. このことは, 左辺の値 $= c_1$, 右辺の値 $= c_2$ とすれば
$$(x^*, x) \leq c_1 \ (x \in \overline{co} \ g(E)), \ (x^*, x) \geq c_2 \ (x \in \overline{co} \ f(E))$$
を導く. したがって
$$\overline{co} \ f(E) \cap \overline{co} \ g(E) = \emptyset$$
となり
$$cor_f(E) = cor_f(E) \cap cor_g(E) \subset \overline{co} \ f(E) \cap \overline{co} \ g(E) = \emptyset$$

が得られる. これは, 仮定に矛盾する. よって, 要求された結果が示された.

定理 2.2.41 (Geitz) $f : S \to X$ がペッティス積分可能関数とする. そのとき, 各 $E \in \Sigma_\mu^+$ について
$$cor_f(E) = \overline{co}\left\{\frac{\nu_f(F)}{\mu(F)} \ : \ F \in \Sigma_\mu^+, \ F \subset E\right\}$$
が成り立つ. ただし, $\Sigma_\mu^+ = \{E \in \Sigma \ : \ \mu(E) > 0\}$.

したがって, 特に, f がペッティス積分可能ならば, 任意の $E \in \Sigma_\mu^+$ について, $cor_f(E) \neq \emptyset$ が成り立つ.

証明 f がペッティス積分可能であるから, 各 $E \in \Sigma$ について
$$(x^*, \nu_f(E)) = \int_E (x^*, f(s))d\mu(s) \ (x^* \in X^*)$$
が成り立つ. したがって, 各 $E \in \Sigma_\mu^+$ について
$$\left(x^*, \frac{\nu_f(E)}{\mu(E)}\right) = \frac{\int_E (x^*, f(s))d\mu(s)}{\mu(E)} \ (x^* \in X^*)$$
が得られる. そのとき, $F \subset E$, $F \in \Sigma_\mu^+$ を満たす各 F について
$$\frac{\nu_f(F)}{\mu(F)} \in \bigcap_{(x^*, c) \in \mathcal{F}_{f,E}} H(x^*, c)$$
が成り立つ. それは, 各 $(x^*, c) \in \mathcal{F}_{f,E}$ について, 不等式
$$\left(x^*, \frac{\nu_f(F)}{\mu(F)}\right) = \frac{\int_F (x^*, f(s))d\mu(s)}{\mu(F)} \leq c$$
の成り立つことが, $(x^*, f(s)) \leq c$, $(E$ 上で μ-a.e.$)$ ということを用いれば, 容易に分かるからである. しかも, 閉凸集合 $H(x^*, c) = \{x \ : \ (x^*, x) \leq c\}$ の交わりとして得られる集合は閉凸集合であるから, 結局
$$\overline{co}\left\{\frac{\nu_f(F)}{\mu(F)} \ : \ F \in \Sigma_\mu^+, \ F \subset E\right\} \subset \bigcap_{(x^*, c) \in \mathcal{F}_{f,E}} H(x^*, c) \ (= cor_f(E))$$
が得られる. この左右両辺の集合が, 真に異なるとして, 矛盾を導こう. すなわち
$$\left(\bigcap_{(x^*, c) \in \mathcal{F}_{f,E}} H(x^*, c)\right) \backslash \overline{co}\left\{\frac{\nu_f(F)}{\mu(F)} \ : \ F \in \Sigma_\mu^+, \ F \subset E\right\} \neq \emptyset$$

とし, この集合に属する元 a をとれ. そのとき, 分離定理から, 或る $z^* \in X^*$ が存在して

$$(z^*, a) > \sup\left\{ \frac{\int_F (z*, f(s))d\mu(s)}{\mu(F)} \;:\; F \in \Sigma_\mu^+,\; F \subset E \right\}$$

が成り立つ. このとき, この右辺の値を c とおけば, $(z^*, a) > c$ である. また

$$\frac{\int_F (z^*, f(s))d\mu(s)}{\mu(F)} \le c \; (F \in \Sigma_\mu^+,\; F \subset E)$$

すなわち, $F \subset E$, $F \in \Sigma_\mu^+$ を満たす各 F について

$$\int_F ((z^*, f(s)) - c)d\mu(s) \le 0$$

であるから, $(z^*, f(s)) \le c$, (E 上で μ-a.e.) が得られる (測度論の演習問題であり, 容易であるから, 各自で確かめること). したがって, $(z^*, c) \in \mathcal{F}_{f,E}$ となり, $(z^*, a) \le c$ が得られ, 上述の a についての不等式と矛盾する.

以上により, $\mathrm{cor}_f(E)$ についての等式が示された. また, [特に] からの後半の事柄については

$$\frac{\nu_f(E)}{\mu(E)} \in \mathrm{cor}_f(E)$$

が成り立つことから分かる.

注意 8 命題 2.2.40 および, 定理 2.2.41 から, [$f, g : S \to X$ が共にペッティス積分可能関数である場合には, f, g が弱同値であるための必要十分条件は, 任意の $E \in \Sigma_\mu^+$ について, $\mathrm{cor}_f(E) = \mathrm{cor}_g(E)$ が成り立つことである] という事実が得られる.

このようにして, ペッティス積分可能関数 f については, f からペッティス積分値を用いて定義される X-値測度 ν_f の, 測度 μ に関する, 集合 E 上での **平均値域** $\{\nu_f(F)/\mu(F) \;:\; F \in \Sigma_\mu^+,\; F \subset E\}$ の閉凸包であるところの集合: $\mathrm{cor}_f(E)$ の重要性, 役割が推察される. 実は, ダンフォード積分可能関数 f についての, 命題 2.2.36 の条件 (b) の確認 (その結果として, f のペッティス積分可能性の確認) のための [コアの有効性] が, 以下のようにして分かる. 先ず, Huff の証明方法における, コアに関する次の基本結果を注意する.

補題 2.2.42 $f : S \to X$ を, 任意の $E \in \Sigma_\mu^+$ について, $\mathrm{cor}_f(E) \neq \emptyset$ を

満たす弱可測関数とする. そのとき, 各 $x^* \in X^*$ について, $(x^*, f(s)) = 0$ (μ-a.e.) であるための必要十分条件は

$$(x^*, x) = 0 \ (x \in cor_f(S))$$

が成り立つことである.

証明 (必要性) について. 或る $N \in \mathcal{N}(\mu)$ が存在して, $(x^*, f(s)) = 0$ ($s \in S \setminus N$) である. そのとき, $(x^*, x) = 0$ ($x \in \overline{co} f(S \setminus N)$) が容易に分かる. したがって, コアの定義より生じる $cor_f(S) \subset \overline{co} f(S \setminus N)$ を用いれば

$$(x^*, x) = 0 \ (x \in cor_f(S))$$

が得られる.

(十分性) について. μ-a.e. に $(x^*, f(s)) = 0$ が成り立たないとして, 矛盾を導こう. そのとき

$$\mu(\{s \in S \ : \ (x^*, f(s)) > 0\}) > 0 \ \cdots \ (*)$$

あるいは

$$\mu(\{s \in S \ : \ (x^*, f(s)) < 0\}) > 0 \ \cdots \ (**)$$

である. $(*)$ が成り立つとせよ. そのとき, 或る正数 c が存在して

$$E = \{s \in S \ : \ (x^*, f(s)) \geq c\} \in \Sigma_\mu^+$$

が成り立つ. したがって, $(-x^*, -c) \in \mathcal{F}_{f,E}$ であるから

$$cor_f(E) \subset H(-x^*, -c) = \{x \ : \ (-x^*, x) \leq -c\} = \{x \ : \ (x^*, x) \geq c\}$$

が得られ, $(x^*, x) = 0$ ($x \in cor_f(E)$) に矛盾する. $(**)$ が成り立つとした場合も同様にして, 矛盾が生じる.

以上により, 要求された結果が示された.

以上の準備の下で, ここでの主要考察対象であった [ペッティス積分可能関数のコアを用いた特徴付け] に関する基本的結果を示そう.

定理 2.2.43 (Geitz-Talagrand) ダンフォード積分可能関数 $f : S \to X$ がペッティス積分可能であるための必要十分条件は, 次の二つの条件 (a), (b) が成り立つことである.

(a) T_f が弱コンパクト写像である.
(b) 各 $E \in \Sigma_\mu^+$ について, $cor_f(E) \neq \emptyset$ である.

証明 (必要性) について. 条件 (a) は, 命題 2.2.36 から生じ, 条件 (b) は, 定理 2.2.41 から生じる.

(十分性) について. 命題 2.2.36 を用いれば, f のペッティス積分可能性を得るためには, 条件 (b) が, 命題 2.2.36 の条件 (b):

$$\bigcap_{(F,\varepsilon)\in\mathcal{D}} T_f(K(F,\varepsilon)) = \{0\}$$

を意味することを示せばよい. そのために, $g \in \bigcap_{(F,\varepsilon)\in\mathcal{D}} T_f(K(F,\varepsilon))$ をとり, μ-a.e. に $g = 0$ が成り立たないとして, 矛盾を導こう. さて g は $T_f(X^*)$ の元であるから, 或る $x^* \in X^*$ を適当にとれば, $g = x^* \circ f$ と表される. そのとき, μ-a.e. に, $x^* \circ f = 0$ ではないから, 条件 (b) の下では, 補題 2.2.42 により, $cor_f(S)$ の元 a で, $(x^*, a) \neq 0$ を満たすものが存在する. そのとき, 各 n について, $(\{a\}, 1/n) \in \mathcal{D}$ であるから, g の性質から, 各 n 毎に $x_n^* \in K(\{a\}, 1/n)$ が存在して, $g = x_n^* \circ f$ ($L_1(S, \Sigma, \mu)$ の元としての等号である, すなわち, $g = x_n^* \circ f$ (μ-a.e.) の意味である) と表される. したがって, 或る $N \in \mathcal{N}(\mu)$ が存在して, $s \in S \backslash N$ について

$$g(s) = (x_n^*, f(s)) \ (n = 1, 2, \ldots)$$

が成り立つ. そして y^* を $\{x_n^*\}_{n \geq 1}$ の弱 * 集積点とせよ. そのとき

$$(y^*, f(s)) = g(s) \ (s \in S \backslash N)$$

が成り立つ. しかも, $(y^*, a) = 0$ が得られる. したがって, $(x^* - y^*, f(s)) = 0$ (μ-a.e.) であるから, 補題 2.2.42 より

$$(x^* - y^*, x) = 0 \ (x \in cor_f(S))$$

が成り立つ. しかし, $(x^* - y^*, a) = (x^*, a) \neq 0$ であるから, 矛盾が生じる.

この結果から, f が有界である場合には, (先に注意したように, T_f の弱コンパクト写像性は成り立つから) 次が得られることが分かる.

系 2.2.44 $f : S \to X$ が有界な弱可測関数であるとする. そのとき, f がペッティス積分可能であるための必要十分条件は, 各 $E \in \Sigma_\mu^+$ について, $cor_f(E) \neq \emptyset$ が成り立つことである.

強可測性を仮定せず, **弱可測性** の条件下の関数についてのペッティス積分の解説の最後として, もう一つの重要な特徴付け定理 (ペッティス積分可能関数の幾何的特徴付け) を与えよう. それは, 次の形で与えれらるものである. これは, ドレフノフスキー (L. Drewnowski) によって与えられ

たものであるが, ここでは, Talagrand のアイデアを主要な基礎とする証明を試みることにしたい (それは, 各点収束位相でコンパクトな関数の集合族についての興味ある結果を含むもので, 後に, 章末問題の 19 番として言及したい).

定理 2.2.45 (Drewnowski)　ダンフォード積分可能関数 $f : S \to X$ がペティス積分可能であるための必要十分条件は, 次の二つの条件 (a), (b) が成り立つことである.

(a) T_f が弱コンパクト写像である.

(b) X の或る weakly compactly generated な (定義 2.1.30 (2)) 閉部分空間 Y が存在して, 次が成り立つ.

$x^* \in Y^\perp$ (すなわち, $(x^*, y) = 0,\ y \in Y$) $\Rightarrow$ $(x^*, f(s)) = 0$ (μ-a.e.)

この証明 (十分性) のために, 必要な事項を用意しよう. 定理 2.1.29 で示したように, weakly compactly generated なバナッハ空間 X について, (X, w) はリンデレーフの性質を持っている. このような, 弱位相に関して [リンデレーフの性質] を持つ空間を一つの例として含む, 重要なバナッハ空間の範疇が, コーソン (H. H. Corson) により与えられ, **コーソン空間** (Corson space) と呼ばれている. それを紹介し, 必要な基礎的性質を与えよう.

定義 2.2.46 (コーソン空間)　バナッハ空間 X がコーソン空間である　(あるいは, 性質 (C) を持つ) とは, 次の性質が成り立つことをいう. X の各閉凸集合の族 $\{C_\gamma\}_{\gamma \in \Gamma}$ で, 可算交叉性を持つもの, すなわち, 各 C_γ ($\gamma \in \Gamma$) は, X の閉凸集合で, 任意の可算集合 $\{\gamma_i : i = 1, 2, \ldots\} \subset \Gamma$ について

$$\bigcap_{i=1}^{\infty} C_{\gamma_i} \neq \emptyset$$

を満たすものが与えられたとき, この集合族は交叉性を持つ, すなわち

$$\bigcap_{\gamma \in \Gamma} C_\gamma \neq \emptyset$$

が成り立つ.

そのとき, 前述したように, (X, w) が [リンデレーフの性質] を持つバナッハ空間 X はコーソン空間である. それは, X の或る閉凸集合族 $\{C_\gamma\}_{\gamma \in \Gamma}$ で可算交叉性を持つものについて

$$\bigcap_{\gamma \in \Gamma} C_\gamma = \emptyset$$

が成り立つと仮定せよ．そのとき (凸集合については, 閉と弱閉が同値であることに注意して)
$$X = \bigcup_{\gamma \in \Gamma} C_\gamma^c, \text{ (各 } C_\gamma^c \text{ は弱開集合)}$$
となるので, (X, w) のリンデレーフ性を用いれば, 或る可算集合 $\{\gamma_i : i = 1, 2, \ldots\} \subset \Gamma$ が存在して
$$X = \bigcup_{i=1}^\infty C_{\gamma_i}^c$$
すなわち
$$\bigcap_{i=1}^\infty C_{\gamma_i} = \emptyset$$
が成り立つことになり, 可算交叉性に矛盾するからである．したがって, X はコーソン空間である．

さらに, 次の基本的結果が得られる．

命題 2.2.47 コーソン空間に関する次の性質が成り立つ．

(1) X がコーソン空間とし, A を, $0 \in \overline{A}^{w^*}$ (A の弱 $*$ 閉包) を満たす, X^* の部分集合とするとき, A の或る可算部分集合 D_0 が存在して
$$0 \in \overline{\mathrm{co}}^{w^*}(D_0)$$
が成り立つ．

したがって, a^* を $\overline{A}^{w^*}$ に属する点とすれば, A の或る可算部分集合 A_0 が存在して
$$a^* \in \overline{\mathrm{co}}^{w^*}(A_0)$$
が成り立つ．

(2) X をコーソン空間とするとき, X^* の任意の弱 $*$ 可算閉の凸集合 C は, 弱 $*$ 閉である．

ただし, C が **弱 $*$ 可算閉** であるとは, C の任意の可算部分集合の弱 $*$ 閉包が, C に含まれることをいう．

(3) X をバナッハ空間, Y はコーソン空間とし, $T : Y \to X$ は連続線形写像とする．そのとき, H が, X^* の相対弱 $*$ コンパクトで, 弱 $*$ 可算閉の凸集合であるとき, $T^* : X^* \to Y^*$ について, $T^*(H)$ は弱 $*$ 閉集合である．したがって, $T^*(H) = T^*(\overline{H}^{w^*})$ が成り立つ．

証明 (1) について．A の各可算部分集合 D について
$$C_D = \bigcap_{x^* \in D} \{x \in X : (x^*, x) \geq 1\}$$

とすれば, C_D は閉凸集合である. しかも, $0 \in \overline{A}^{w^*}$ であるから

$$\bigcap_{D \subset A,\ D \text{ は可算}} C_D = \emptyset$$

が得られる. 実際, これが空でないならば, そこに属する元 a について

$$(x^*, a) \geq 1 \ (x^* \in A)$$

となり, $0 \in \overline{A}^{w^*}$ を用いれば, $0 = (0, a) \geq 1$ が得られ, 矛盾が生じるからである. したがって, X のコーソン性を用いれば, 或る可算集合 D_0 が存在して, $C_{D_0} = \emptyset$ が成り立つことが分かる. すなわち, $D_0 = \{x_1^*, x_2^*, \ldots\} (\subset A)$ とすれば

$$\bigcap_{i=1}^{\infty} \{x \in :\ (x_i^*, x) \geq 1\} = \emptyset$$

が得られる. このことから

$$0 \in \overline{\text{co}}^{w^*}(\{x_1^*, x_2^*, \ldots\})$$

が得られる. 実際, このことを否定すれば, 分離定理より $b \in X$ が存在して

$$0 < \inf_{i \geq 1}(x_i^*, b)\ (= r \text{ とおく})$$

の成り立つことが得られ

$$\frac{b}{r} \in \bigcap_{i=1}^{\infty} \{x \in :\ (x_i^*, x) \geq 1\}$$

となり, 矛盾が生じるからである. したがって, (1) の前半部分が得られた.

(1) の後半部分については, $A_{a^*} = A - a^* = \{x^* - a^* :\ x^* \in A\}$ とすれば

$$a^* \in \overline{A}^{w^*} \Leftrightarrow 0 \in \overline{A_{a^*}}^{w^*}$$

である. したがって, 前半の結果から, A_{a^*} の或る可算部分集合 $\{y_1^* - a^*, y_2^* - a^*, \ldots\}$ ($y_i^* \in A$, $i = 1, 2, \ldots$) が存在して

$$0 \in \overline{\text{co}}^{w^*}(\{y_1^* - a^*, y_2^* - a^*, \ldots\}) = \overline{\text{co}}^{w^*}(\{y_1^*, y_2^*, \ldots\}) - a^*$$

すなわち, $A_0 = \{y_1^*, y_2^*, \ldots\} \subset A$ について

$$a^* \in \overline{\text{co}}^{w^*}(A_0)$$

が成り立つ.

(2) について. 弱 $*$ 可算閉な凸集合 C を与えよ. そのとき, $\overline{C}^{w^*} \subset C$ を示す. そのために, 任意の $a^* \in \overline{C}^{w^*}$ をとれ. そして, (1) の後半部分を用いれば, C の或る可算部分集合 $C_0 = \{y_1^*, y_2^*, \ldots\}$ が存在して

$$a^* \in \overline{\mathrm{co}}^{w^*}(C_0)$$

が成り立つ. ところが, 有理数の稠密性から

$$\mathrm{co}(C_0) \subset \overline{\bigcup_{m=1}^{\infty} C_m} = \overline{B}$$

が得られる. ただし

$$C_m = \left\{ \sum_{i=1}^m q_i y_i^* : \sum_{i=1}^m q_i = 1,\ q_i \geq 0,\ \text{各 } q_i \text{ は有理数} \right\} \ (m = 1, 2, \ldots)$$

であり

$$B = \bigcup_{m=1}^{\infty} C_m$$

である. そのとき, 各 C_m の可算性と C の凸性から, B は C の可算部分集合となる. したがって

$$a^* \in \overline{(\overline{B})}^{w^*} \subset \overline{(\overline{B}^{w^*})}^{w^*} = \overline{B}^{w^*} \subset C$$

が得られる (ただし, 最後の包含関係は, C の弱 $*$ 可算閉性から生じる).

(3) について. $T^* : X^* \to Y^*$ は弱 $*$-弱 $*$ 連続であることを注意. したがって, $T^*(\overline{H}^{w^*})$ は弱 $*$ コンパクトである. その結果

$$T^*(\overline{H}^{w^*}) = \overline{T^*(H)}^{w^*}$$

が得られる. また, Y がコーソン空間であるから, (2) の結果により, $T^*(H)$ が弱 $*$ 可算閉集合であることを示せば, $T^*(H)$ の弱 $*$ 閉性が生じ, その結果

$$T^*(\overline{H}^{w^*}) = T^*(H)$$

が得られる. さて, $T^*(H)$ が弱 $*$ 可算閉集合であることを示すために, $T^*(H)$ の任意の可算部分集合 G をとれ. そのとき, H の或る可算部分集合 L で, $T^*(L) = G$ を満たすものが存在する. H の弱 $*$ 可算閉性を用いれば, $\overline{L}^{w^*} \subset H$ であるから, $T^*(\overline{L}^{w^*}) \subset T^*(H)$ であり, $\overline{L}^{w^*}$ の弱 $*$ コンパクト性から, $T^*(\overline{L}^{w^*}) = \overline{T^*(L)}^{w^*} = \overline{G}^{w^*}$ が得られるので

$$\overline{G}^{w^*} \subset T^*(H)$$

が分かり, $T^*(H)$ の弱 $*$ 可算閉性が示され, 証明が完結した.

定理 2.2.45 の証明 (必要性) について. (b) のみ注意すればよい. f のペッティス積分可能性から $T_f^* : L_\infty(S, \Sigma, \mu) \to X$ も弱コンパクト写像であるから, $K = \overline{T_f^*(B(L_\infty(S, \Sigma, \mu)))}^w$ (弱閉包) とおけば, K は弱コンパクト集合である. そのとき, $Y = \overline{\mathrm{sp}}(K)$ は weakly compactly generated な閉部分空間で, しかも (b) を満たすことが分かる. そのために $x^* \in Y^\perp$ について $(x^*, f(s)) = 0$ (μ-a.e.), すなわち

$$\int_E (x^*, f(s)) d\mu(s) = 0 \ (E \in \Sigma)$$

を示そう. それは, 各 $E \in \Sigma$ について $T_f^*(\chi_E) \in Y$ であることを用いれば

$$\int_E (x^*, f(s)) d\mu(s) = (x^*, T_f^*(\chi_E)) = 0 \ (E \in \Sigma)$$

が得られることから分かる.

(十分性) について. この証明を, Talagrand のアイデアを用いて与えよう. さて, 定理 2.2.30 によれば, $T_f : X^* \to L_1(S, \Sigma, \mu)$ が弱 $*$-弱連続であることを示せばよい. そのために, これを否定し, 矛盾を導こう. すなわち, T_f が弱 $*$-弱連続でないとせよ. そのとき, 或る $h \in L_\infty(S, \Sigma, \mu)$ が存在して, 次で定義される線形関数 $\phi_h : X^* \to \mathbf{R}$ が弱 $*$ 連続ではない.

$$\phi_h(x^*) = \int_S h(s)(x^*, f(s)) d\mu(s) \ (x^* \in X^*)$$

したがって, 系 2.2.24 と注意 5 によれば, ϕ_h は $B(X^*)$ 上の関数として原点で不連続となる. すなわち (命題 2.2.32 の直前で定義した記号による表記をすれば)

$$\inf \left\{ \sup_{x^* \in K(F, \varepsilon)} |\phi_h(x^*)| \ : \ (F, \varepsilon) \in \mathcal{D} \right\} > 0$$

が成り立つ. したがって, 或る正数 β が存在して, 各 $(F, \varepsilon) \in \mathcal{D}$ について

$$\sup_{x^* \in K(F, \varepsilon)} |\phi_h(x^*)| > \beta$$

が成り立つ. このことから, 各 $(F, \varepsilon) \in \mathcal{D}$ について, $a^*_{(F, \varepsilon)} \in K(F, \varepsilon)$ が存在して

$$|\phi_h(a^*_{(F, \varepsilon)})| = \left| \int_S h(s)(a^*_{(F, \varepsilon)}, f(s)) d\mu(s) \right| \geq \beta$$

が成り立つ. さて, 各 $(F, \varepsilon) \in \mathcal{D}$ について, X^* の凸部分集合 $C(F, \varepsilon)$ を

$$C(F, \varepsilon) = \left\{ x^* \in B(X^*) \ : \ \left| \int_S h(s)(x^*, f(s)) d\mu(s) \right| \geq \beta, \ x^* \in K(F, \varepsilon) \right\}$$

で定義すれば, $a^*_{(F,\varepsilon)} \in C(F,\varepsilon)$ より, 各 $(F,\varepsilon) \in \mathcal{D}$ について $C(F,\varepsilon) \neq \emptyset$ であり, $C(F,\varepsilon)$ に対応して得られる $L_1(S,\Sigma,\mu)$ の (空でない) 凸部分集合 $C_f(F,\varepsilon)$ を

$$C_f(F,\varepsilon) = \{x^* \circ f \,:\, x^* \in C(F,\varepsilon)\}$$

とすれば, $C_f(F,\varepsilon) \subset T_f(B(X^*))$ と, T_f の弱コンパクト写像性から, $C_f(F,\varepsilon)$ は相対弱コンパクトであることが分かる. したがって, 各 $(F,\varepsilon) \in \mathcal{D}$ について,

$$H_f(F,\varepsilon) = \overline{C_f(F,\varepsilon)}$$

とすれば

$$\overline{C_f(F,\varepsilon)} = \overline{C_f(F,\varepsilon)}^w$$

であることから, $H_f(F,\varepsilon)$ は, $L_1(S,\Sigma,\mu)$ の (空でない) 弱コンパクト集合であることが分かる. しかも, $(F,\varepsilon) \leq (F',\varepsilon')$ について, $H_f(F',\varepsilon') \subset H_f(F,\varepsilon)$ であるから $\{H_f(F,\varepsilon) : (F,\varepsilon) \in \mathcal{D}\}$ は有限交叉性を持つ弱コンパクト集合族となる. したがって

$$\bigcap_{(F,\varepsilon) \in \mathcal{D}} H_f(F,\varepsilon) \neq \emptyset$$

であるから, これに属する元を一つ取り, g とする. そして, 各 $(F,\varepsilon) \in \mathcal{D}$ をとれ. そのとき, $g \in H_f(F,\varepsilon) = \overline{C_f(F,\varepsilon)}$ であるから, 或る関数列 $\{x_n^*\}_{n \geq 1} \subset C_f(F,\varepsilon)$ が存在して, $\|x_n^* \circ f - g\|_1 \to 0 \; (n \to \infty)$ が成り立つ. したがって, $n \to \infty$ とすれば

$$\left|\left|\int_S h(s)g(s)d\mu(s)\right| - \left|\int_S h(s)(x_n^*, f(s))d\mu(s)\right|\right| \leq \|h\|_\infty \cdot \|g - x_n^* \circ f\|_1 \to 0$$

が得られるので, $x_n^* \circ f \in C_f(F,\varepsilon) \; (\forall n)$ と併せれば

$$\left|\int_S h(s)g(s)d\mu(s)\right| \geq \beta$$

が成り立つ. また, 適当な部分列 $\{x_{n(m)}^*\}_{m \geq 1}$ をとれば, $(x_{n(m)}^*, f(s)) \to g(s) \; (\mu\text{-a.e.})$ が成り立つので, $\{x_{n(m)}^*\}_{m \geq 1} \subset K(F,\varepsilon)$ (弱* コンパクト) に注意すれば, この弱* 集積点 $x_{(F,\varepsilon)}^*$ について

$$(x_{(F,\varepsilon)}^*, f(s)) = g(s) \; (\mu\text{-a.e.})$$

が得られる (例えば, 命題 2.2.34 の証明中の論理展開と同様である. 参考にせよ. 同様のものが, それ以外にも随所に見られる). このようにして,

各 $(F,\varepsilon) \in \mathcal{D}$ について得られる $K(F,\varepsilon)$ の元 $x^*_{(F,\varepsilon)}$ の全体に着目しよう. そのとき, 任意の $(F,\varepsilon), (F',\varepsilon') \in \mathcal{D}$ について, μ-a.e. に

$$(x^*_{(F,\varepsilon)}, f(s)) = g(s) = (x^*_{(F',\varepsilon')}, f(s))$$

が成り立つ. したがって, 或る一つの元 $x^*_{(F_0,\varepsilon_0)}$ を勝手にとり固定し, X^* の次の集合 H を考えよう.

$$H = \{z^* \in B(X^*) : (z^*, f(s)) = (x^*_{(F_0,\varepsilon_0)}, f(s)) \ (\mu\text{-a.e.})\}$$

そのとき, 先に得られたように各 $(F,\varepsilon) \in \mathcal{D}$ について, $x^*_{(F,\varepsilon)} \in H$ であり, $x^*_{(F,\varepsilon)} \to 0 \ (w^*)$ であることから, $[0 \in \overline{H}^{w^*}]$ が成り立つ. しかも, H は, 弱$*$可算閉の凸集合で, 相対弱$*$コンパクト (すなわち, $\overline{H}^{w^*}$ が弱$*$コンパクト) であることを注意せよ. H のこれらの性質の内, 弱$*$可算閉集合であることのみが確認されるべきことであるが (それ以外は明らかであるから), これも, $B(X^*)$ の弱$*$コンパクト性を用いれば, 上で注意した同様の論理展開で得られることが分かる. さて, 仮定で与えられた weakly compactly generated な閉部分空間を Y とし, $j: Y \to X$ を, 自然な単射 (すなわち, $j(y) = y, y \in Y$) とせよ. そのとき, Y はコーソン空間であるから, 命題 2.2.47 (3) を $T = j$ の場合に用いれば

$$j^*(H) = j^*(\overline{H}^{w^*})$$

が得られ, $0 \in \overline{H}^{w^*}$ と併せて

$$j^*(0) \in j^*(\overline{H}^{w^*}) = j^*(H)$$

すなわち, 或る $z_0^* \in H$ が存在して, $j^*(0) = j^*(z_0^*)$ が成り立つ. このとき, 任意の $y \in Y$ について

$$0 = (j*(0), y) = (j^*(z_0^*), y) = (z_0^*, j(y)) = (z_0^*, y)$$

であるから, $z_0^* \in Y^\perp$ となり, 仮定 (b) を用いれば

$$(z_0^*, f(s)) = 0 \ (\mu\text{-a.e.})$$

が得られる. したがって, $z_0^* \in H$ を用いれば

$$g(s) = (x^*_{(F_0,\varepsilon_0)}, f(s)) = (z_0^*, f(s)) = 0 \ (\mu\text{-a.e.})$$

となり

$$0 = \left| \int_S h(s) g(s) d\mu(s) \right| \geq \beta$$

が得られ, 矛盾が導かれた. すなわち, 十分性が示された.

以上により, 証明が完結した.

注意 9 1. 例 2.2.28 (I) で, ペッティス積分不可能関数として与えた, ダンフォード積分可能関数 $f : (0,1] \to c_0$ について, その不可能性の状況をみれば, この関数 f は, コア条件: $cor_f(E) \neq \emptyset$ $(E \in \Sigma_\lambda^+)$ を満たすが, T_f は弱コンパクト写像ではないことが分かる (章末問題 17 番として扱う).

2. 定理 2.2.43 (Geitz-Talagrand) の十分性の証明を, 定理 2.2.45 の, この十分性の証明で用いた論法, すなわち, T_f が 弱*-弱連続でない場合には, 或る元 $x_0^* \in B(X^*)$ で, $\mu(\{s \in S : (x_0^*, f(s)) \neq 0\}) > 0$ が成り立ち, かつ

$$H = \{z^* \in B(X^*) : (z^*, f(s)) = (x_0^*, f(s)) \ (\mu\text{-a.e.})\}$$

について, $0 \in \overline{H}^{w^*}$ を満たすものが存在する (このような x_0^* としては, $x^*_{(F_0, \varepsilon_0)}$ をとればよい) ことを用いても示される (章末問題 18 番として扱う).

3. 弱可測関数 $f : S \to X$ が与えられたとき, (X, w) のベール σ-algebra (弱ベール集合族) $\mathcal{B}a(X, w)$ 上に, 弱ベール測度 $f(\mu)$ が定義されることを, 命題 2.1.34 で示した. すなわち, $B \in \mathcal{B}a(X, w)$ について, $f(\mu)(B) = \mu(f^{-1}(B))$ として与えられたものである. そのとき, 有限測度空間 $((X, w), \mathcal{B}a(X, w), f(\mu))$ を得る. したがって, ダンフォード積分可能関数 $f : S \to X$ が与えられたとき, 次の二つの線形写像 $T_f : X^* \to L_1(S, \Sigma, \mu)$, $T_j : X^* \to L_1(X, \mathcal{B}a(X, w), f(\mu))$ が考えられる (ここで, $j : (X, w) \to X$ は, $j(x) = x$ $(x \in X)$ として定義される). すなわち, 一つは, 従来の $T_f(x^*) = x^* \circ f$ であり, 他は, $T_j(x^*) = x^* \circ j$ である. このとき, f のペッティス積分可能性と j のペッティス積分可能性についての関係を考察すれば

$$T_f^*(L_\infty(S, \Sigma, \mu)) = T_j^*(L_\infty(X, \mathcal{B}a(X, w), f(\mu)))$$

が得られることが分かる. したがって, (S, Σ, μ) における f のペッティス積分可能性と, 像測度空間 $(X, \mathcal{B}a(X, w), f(\mu))$ における j のペッティス積分可能性は同値であり, しかも, $\nu_f(\Sigma) = \nu_j(\mathcal{B}a(X, w))$ が分かる (章末問題 21 番として扱う).

[強可測関数のペッティス積分可能性]

ペッティス積分の項の最後として, 特に, (弱可測性より強い条件の) 強可測を持った関数の, ペッティス積分可能であるための条件について言及

しておきたい．強可測性は，ベクトル値積分の項の最初の積分 [ボッホナー積分] を与える際に基礎となった関数の条件であるが，それより弱い積分概念である [ペッティス積分] の場合に，関数の条件の強さの故に，(前段の弱可測性のみの場合とは異なった) どのようなことが得られるのか，その基本的事実を調べようというのである．先ず，次の簡単な補題を注意する．

補題 2.2.48 $f : S \to X$ が強可測関数とするとき，有界 (以後，本質的有界を，この表現とする) 強可測関数 $g : S \to X$ と，$\sum_{n=1}^{\infty} x_n \chi_{E_n}$ $(E_m \cap E_n = \emptyset, m \neq n)$ と表現される **可算値強可測関数** $h : S \to X$ が存在して，$f = g + h$ と表される．

証明 f が強可測であるから，$k : S \to X$, 強可測関数で，$k(S)$ が可分，かつ，$f(s) = k(s)$ (μ-a.e.) が存在する．さて，$\{x_n : n = 1, 2, \ldots\}$ を $k(S)$ の稠密な可算集合とする．k の強可測性から，任意の n について $\|k(s) - x_n\|$ は可測関数であることを用いれば，$E_1 = \{s \in S : \|k(s) - x_1\| \leq 1\}$ で，$n = 2, 3, \ldots$ については

$$E_n = \{s \in S : \|k(s) - x_n\| \leq 1\} \setminus \bigcup_{i=1}^{n-1} \{s \in S : \|k(s) - x_i\| \leq 1\}$$

として，集合列 $\{E_n\}_{n \geq 1}$ を定義すれば，$\{E_n\}_{n \geq 1} \subset \Sigma$, $E_m \cap E_n = \emptyset$ ($m \neq n$) かつ

$$\|k(s) - x_n\| \leq 1 \ (s \in E_n, \ n = 1, 2, \ldots), \ S = \bigcup_{n=1}^{\infty} E_n$$

が成り立つ．したがって

$$\left\| k(s) - \sum_{n=1}^{\infty} x_n \chi_{E_n}(s) \right\| \leq 1 \ (s \in S)$$

が成り立つ．そのとき

$$h(s) = \sum_{n=1}^{\infty} x_n \chi_{E_n}(s), \ g_1(s) = k(s) - h(s), \ g_2(s) = f(s) - k(s)$$

とおけば，$g(s) = g_1(s) + g_2(s)$ $(s \in S)$ について，g は強可測であり

$$f(s) = g(s) + h(s), \ \|g(s)\| \leq 1 \ (\mu\text{-a.e.})$$

が成り立つから，要求された結果である．

強可測関数がペッティス積分可能である一つの十分条件として，次を得る (章末問題 15 番 (a) も参照せよ．すなわち，この命題は，ボッホナー積分可能関数ならば，ペッティス積分可能であることを 述べている)．ただし，ここでの証明はボッホナー積分についての情報を利用しない方法で与えられていることが重要である．

命題 2.2.49 $f : S \to X$ が強可測関数で $\int_S \|f(s)\| d\mu(s) < +\infty$ が成り立つとき，f はペッティス積分可能である．

証明 (1) 或る Σ-単関数列 $\{\theta_n\}_{n \geq 1}$ が存在して，$n \to \infty$ であるとき

$$\|f(s) - \theta_n(s)\| \to 0 \text{ (一様収束)}$$

が成り立つ場合．このとき，各 $E \in \Sigma$ について

$$\left\| \int_E \theta_m(s) d\mu(s) - \int_E \theta_n(s) d\mu(s) \right\| \leq$$

$$\int_S \|\theta_m(s) - \theta_n(s)\| d\mu(s) \leq \|\theta_m - \theta_n\|_\infty \cdot \mu(S) \to 0 \ (m, n \to \infty)$$

であるから，$\{\int_E \theta_n(s) d\mu(s)\}_{n \geq 1}$ はコーシー列である．したがって

$$x_E = \lim_{n \to \infty} \int_E \theta_n(s) d\mu(s)$$

とおけば，各 $x^* \in X^*$ について，$n \to \infty$ であるとき

$$\left| \int_E (x^*, \theta_n(s)) d\mu(s) - \int_E (x^*, f(s)) d\mu(s) \right| \leq \|x^*\| \cdot \|\theta_n - f\|_\infty \cdot \mu(S) \to 0$$

が成り立つ．ここで

$$\int_E (x^*, \theta_n(s)) d\mu(s) = (x^*, \int_E \theta_n(s) d\mu(s)) \to (x^*, x_E) \ (n \to \infty)$$

であるから

$$\int_E (x^*, f(s)) d\mu(s) = (x^*, x_E)$$

が得られる．すなわち，f はペッティス積分可能である．

(2) f が一般の場合．$\{\theta_n\}_{n \geq 1}$ を，f に μ-a.e. に収束する Σ-単関数列とする．そのとき，エゴロフの定理により，各自然数 m 毎に，$S_m \in \Sigma$ で，$S_m \subset S_{m+1}$ $(m = 1, 2, \ldots)$ を満たし

$$\mu(S \backslash S_m) < \frac{1}{m}, \ \theta_n \to f \ (S_m \text{ 上で一様収束})$$

を満たすものが存在する. このことから, $n \to \infty$ であるとき

$$\|f(s)\chi_{S_m}(s) - \theta_n(s)\chi_{S_m}(s)\| \to 0 \ (\text{一様収束})$$

となり, $f\chi_{S_m}$ は (1) の場合の性質を持つ関数であることが分かるから, (1) の場合の結果を用いれば, 各 $E \in \Sigma$ について

$$(\text{P})\int_E f(s)\chi_{S_m}(s)d\mu(s) \ (\text{関数 } f\chi_{S_m} \text{ の } E \text{ 上でのペッティス積分})$$

が存在する. したがって, 各 m について

$$x_m(E) = (\text{P})\int_E f(s)\chi_{S_m}d\mu(s) \ (\in X)$$

とおけば, 各 $x^* \in B(X^*)$ について, $i < j$ のとき

$$\begin{aligned}
|(x^*, x_i(E)) - (x^*, x_j(E))| &= \Big|\int_E (x^*, f(s)\chi_{S_i}(s))d\mu(s) \\
&\quad - \int_E (x^*, f(s)\chi_{S_j}(s))d\mu(s)\Big| \\
&\leq \int_E |(x^*, f(s))|\chi_{S_j \setminus S_i}(s)d\mu(s) \\
&\leq \int_{S_j \setminus S_i} |(x^*, f(s))|d\mu(s) \\
&\leq \int_{S_j \setminus S_i} \|f(s)\|d\mu(s)
\end{aligned}$$

が得られるから, 仮定で与えた関数 $\|f(s)\|$ の積分可能性により得られる結果:

$$\int_{S_j \setminus S_i} \|f(s)\|d\mu(s) \to 0 \ (i, j \to \infty)$$

と併せれば, $\{x_m(E)\}_{m \geq 1}$ がコーシー列であることが分かる. したがって

$$x_E = \lim_{m \to \infty} x_m(E)$$

とすれば, 各 $x^* \in X^*$ について

$$(x^*, x_E) = \lim_{m \to \infty} (x^*, x_m(E))$$

$$= \lim_{m \to \infty} \int_E (x^*, f(s))\chi_{S_m}(s)d\mu(s) = \int_E (x^*, f(s))d\mu(s)$$

が得られる. すなわち, f はペッティス積分可能である.

次に強可測関数がペッティス積分可能であるための基本的な必要十分条件, ボッホナー積分可能であるための必要十分条件を注意する. その差異 (可算値関数の積分から生じる**無限級数の振る舞い**) に注目せよ.

定理 2.2.50 $f : S \to X$ は強可測関数とする. そのとき

(1) f がペッティス積分可能であるための必要十分条件は、或る有界な強可測関数 g と Σ の互いに素な集合列 $\{E_n\}_{n \geq 1}$ と X の点列 $\{x_n\}_{n \geq 1}$ で

$$\sum_{n=1}^{\infty} x_n \mu(E_n) \text{ が無条件収束する}$$

を満たすものが存在して

$$f(s) = g(s) + \sum_{n=1}^{\infty} x_n \chi_{E_n}(s) \ (s \in S) \ \cdots \ (*)$$

が成り立つことである.
この場合

$$(\text{P}) \int_E f(s) d\mu(s) = \sum_{n=1}^{\infty} x_n \mu(E \cap E_n) + (\text{P}) \int_E g(s) d\mu(s)$$

が成り立つ.

(2) f がボッホナー積分可能であるための必要十分条件は, 或る有界な強可測関数 g と Σ の互いに素な集合列 $\{E_n\}_{n \geq 1}$ と X の点列 $\{x_n\}_{n \geq 1}$ で

$$\sum_{n=1}^{\infty} \|x_n\| \mu(E_n) < +\infty \ (\text{すなわち}, \sum_{n=1}^{\infty} x_n \mu(E_n) \text{ が絶対収束})$$

を満たすものが存在して

$$f(s) = g(s) + \sum_{n=1}^{\infty} x_n \chi_{E_n}(s) \ (s \in S)$$

が成り立つことである.
この場合

$$(\text{B}) \int_E f(s) d\mu(s) = \sum_{n=1}^{\infty} x_n \mu(E \cap E_n) + (\text{B}) \int_E g(s) d\mu(s)$$

が成り立つ.

証明 (1) f が強可測関数であるから, 補題 2.2.48 より, f の表現 $(*)$ が得られる. このとき, f のペッティス積分可能性から, 上述の級数の無条件収束性を注意する. そのためには, 任意の順列 $\pi: \mathbf{N} \to \mathbf{N}$ について

$$\sum_{n=1}^{\infty} x_n \mu(E_n) = \sum_{n=1}^{\infty} x_{\pi(n)} \mu(E_{\pi(n)}) \cdots (**)$$

を確かめればよい (命題 2.2.7 を参照). ここで, g もペッティス積分可能であるから, $f-g$ もペッティス積分可能, すなわち

$$h(s) = \sum_{n=1}^{\infty} x_n \chi_{E_n}(s)$$

はペッティス積分可能関数である. このペッティス積分可能関数 h によって定義される X-値測度を ν_h とする. すなわち

$$\nu_h(E) = (\mathrm{P}) \int_E h(s) d\mu(s) \ (E \in \Sigma)$$

と定義される X-値測度である (命題 2.2.29). そのとき, 各 n について

$$(x^*, \nu_h(E_n)) = \int_{E_n} (x^*, h(s)) d\mu(s) = (x^*, x_n \mu(E_n)) \ (\forall x^* \in X^*)$$

であるから

$$\nu_h(E_n) = x_n \mu(E_n) \ (n=1,2,\ldots)$$

が得られる. したがって, ν_h が測度であることを用いれば

$$\sum_{n=1}^{\infty} x_n \mu(E_n) = \sum_{n=1}^{\infty} \nu_h(E_n) = \nu_h\left(\bigcup_{n=1}^{\infty} E_n\right)$$
$$= \nu_h\left(\bigcup_{n=1}^{\infty} E_{\pi(n)}\right) = \sum_{n=1}^{\infty} \nu_h(E_{\pi(n)}) = \sum_{n=1}^{\infty} x_{\pi(n)} \mu(E_{\pi(n)})$$

が得られる. したがって, 等式 $(**)$ が示された. 逆に, 上述の級数の無条件収束性を仮定したとき, h がペッティス積分可能であることを示そう. その結果, g の (ボッホナー積分可能性から生じる, すなわち, 命題 2.2.49 から得られる) ペッティス積分可能性と併せれば, f のペッティス積分可能性が得られる. 先ず, 任意の $E \in \Sigma$ について

$$\sum_{n=1}^{\infty} x_n \mu(E \cap E_n) \cdots (A)$$

が無条件収束することを注意する.それは次のように示される.$\mu(E_n) > 0$ ($\forall n$) としてよい.そのとき

$$\sum_{n=1}^{\infty} x_n \mu(E_n) \frac{\mu(E \cap E_n)}{\mu(E_n)}$$

で,$0 \leq \mu(E \cap E_n)/\mu(E_n) \leq 1$ であるから,仮定の無条件収束性を用いて,級数 (A) の無条件収束性が得られる.それは,無条件収束級数の性質:$\sum_{n=1}^{\infty} z_n$ が無条件収束 $\Leftrightarrow$ 任意の有界数列 $\{t_n\}_{n\geq 1}$ について $\sum_{n=1}^{\infty} t_n z_n$ が収束 $\Leftrightarrow$ 任意の有界数列 $\{t_n\}_{n\geq 1}$ について $\sum_{n=1}^{\infty} t_n z_n$ が無条件収束,が分かるからである (前二つの同値性は,例えば,松田 [26] の,問題 3 の 2 番 (d) を参照せよ.この同値性から,残りの同値性も明らかである).次に,任意の $x^* \in X^*$ と $E \in \Sigma$ について

$$\sum_{n=1}^{\infty} \int_E |(x^*, x_n)| \chi_{E_n}(s) d\mu(s) < +\infty \cdots (B)$$

が示されれば,項別積分定理 (系 1.2.52) から

$$\int_E (x^*, h(s)) d\mu(s) = \int_E \sum_{n=1}^{\infty} (x^*, x_n) \chi_{E_n}(s) d\mu(s)$$

$$= \sum_{n=1}^{\infty} (x^*, x_n) \mu(E \cap E_n) = \left(x^*, \sum_{n=1}^{\infty} x_n \mu(E \cap E_n) \right)$$

が得られ,h はペッティス積分可能で

$$(P) \int_E h(s) d\mu(s) = \sum_{n=1}^{\infty} x_n \mu(E \cap E_n)$$

が分かる.さて,(B) の証明であるが,(B) の無限級数は

$$\sum_{n=1}^{\infty} |(x^*, x_n)| \mu(E \cap E_n)$$

であり

$$\sum_{n=1}^{\infty} |(x^*, x_n)| \mu(E \cap E_n) = \sum_{n \in \mathbf{N}_1} (x^*, x_n) \mu(E \cap E_n) - \sum_{n \in \mathbf{N}_2} (x^*, x_n) \mu(E \cap E_n)$$

と表せば,級数 (A) の無条件収束性から

$$\sum_{n \in \mathbf{N}_1} x_n \mu(E \cap E_n) \text{ および } \sum_{n \in \mathbf{N}_2} x_n \mu(E \cap E_n)$$

が収束するので (この場合も, 松田 [26] の問題 3 の 2 番 (d) を参照せよ)

$$\sum_{n\in\mathbf{N}_1}(x^*,x_n)\mu(E\cap E_n)=\left(x^*,\sum_{n\in\mathbf{N}_1}x_n\mu(E\cap E_n)\right)$$

$$\sum_{n\in\mathbf{N}_2}(x^*,x_n)\mu(E\cap E_n)=\left(x^*,\sum_{n\in\mathbf{N}_2}x_n\mu(E\cap E_n)\right)$$

が得られる. よって, (B) が示された. ただし

$$\mathbf{N}_1=\{n\in\mathbf{N}\ :\ (x^*,x_n)\geq 0\},\ \mathbf{N}_2=\{n\in\mathbf{N}\ :\ (x^*,x_n)<0\}$$

である（なお, (B) の証明は, 級数 (A) が無条件収束級数であるということと, リーマンの定理：実数級数について, 無条件収束性と絶対収束性は同値である, という二つの事実からも得られる. 各自で確かめよ）以上で (1) が示された.

(2) f がボッホナー積分可能と仮定する. また, g は有界な強可測関数よりボッホナー積分可能である. したがって, $h=f-g$ はボッホナー積分可能となり

$$\int_S\|h(s)\|d\mu(s)<+\infty$$

が成り立つ. ここで

$$\|h(s)\|=\sum_{n=1}^{\infty}\|x_n\|\chi_{E_n}(s)$$

であるから項別積分可能定理 (系 1.2.51) より

$$+\infty>\int_S\|h(s)\|d\mu(s)=\sum_{n=1}^{\infty}\|x_n\|\mu(E_n)$$

が得られる. そのとき, $E\in\Sigma$ について

$$\sum_{n=1}^{\infty}\|x_n\|\mu(E\cap E_n)\leq\sum_{n=1}^{\infty}\|x_n\|\mu(E_n)<+\infty$$

であるから

$$\sum_{n=1}^{\infty}x_n\mu(E\cap E_n)\ \text{が絶対収束}$$

が得られる. そして, 各 m について

$$h_m(s)=\sum_{n=1}^{m}x_n\chi_{E_n}(s)$$

とすれば, ボッホナー積分についての優越収束定理を用いて

$$(\mathrm{B})\int_E h(s)d\mu(s) = \lim_{m\to\infty}(\mathrm{B})\int_E h_m(s)d\mu(s) = \sum_{n=1}^{\infty}x_n\mu(E\cap E_n)$$

が得られるから

$$(\mathrm{B})\int_E f(s)d\mu(s) = \sum_{n=1}^{\infty}x_n\mu(E\cap E_n) + (\mathrm{B})\int_E g(s)d\mu(s)$$

が成り立つ. 逆は, 以下のように示される. それは

$$\sum_{n=1}^{\infty}\|x_n\|\mu(E_n) < +\infty$$

ならば, 強可測関数 h が

$$\int_S \|h(s)\|d\mu(s) < +\infty$$

を満たすから, h はボッホナー積分可能である. また, g は有界な強可測関数よりボッホナー積分可能である. したがって, f はボッホナー積分可能である. 以上で (2) が示された.

定理 2.2.50 から次の系が得られる. $g = 0$ (μ-a.e.) の場合として考えればよい.

系 2.2.51 $f(s) = \sum_{n=1}^{\infty}x_n\chi_{E_n}(s)$ (すなわち, **可算値強可測関数**) であるとき, 次の (1), (2) が成り立つ.
 (1) f がペッティス積分可能であるための必要十分条件は, $\sum_{n=1}^{\infty}x_n\mu(E_n)$ が無条件収束することである.
 (2) f がボッホナー積分可能であるための必要十分条件は, $\sum_{n=1}^{\infty}x_n\mu(E_n)$ 絶対収束することである.
 (1), (2) の各場合に応じて

$$(\mathrm{P})\int_E f(s)d\mu(s) = \sum_{n=1}^{\infty}x_n\mu(E\cap E_n),\ (\mathrm{B})\int_E f(s)d\mu(s) = \sum_{n=1}^{\infty}x_n\mu(E\cap E_n)$$

が成り立つ.

無限次元バナッハ空間 X の場合には, 二つの積分概念 (ボッホナー積分、ペッティス積分) は異なる (すなわち, ペッティス積分可能であるが, ボッホナー積分可能ではない X-値関数が存在する) ことが, 次の例から

分かる.

例 2.2.52 X が無限次元ならば, ドボレツキー・ロジャーズ (A. Dvoretsky-C.A. Rogers) の定理から, X の或る級数 $\sum_{n=1}^{\infty} x_n$ で, 無条件収束するが, 絶対収束しないものが存在する. そのとき, $S = \mathbf{N}$, $\Sigma = \mathcal{P}(\mathbf{N})$ とし, $\mu : \Sigma \to \mathbf{R}^+$ を次で定義する.

$$\mu(E) = \sum_{n \in E} \frac{1}{2^n} \ (E \in \Sigma = \mathcal{P}(\mathbf{N}))$$

そのとき, $f(n) = 2^n x_n \ (n \in S = \mathbf{N})$ で定義される関数 $f : S \to X$ はペッティス積分可能であるが, ボッホナー積分可能ではないことが, 系 2.2.51 から分かる (章末問題 22 番として扱う).

最後として, 強可測なダンフォード積分可能関数のペッティス積分可能性の必要十分条件を与える.

定理 2.2.53 $f : S \to X$ が強可測で, ダンフォード積分可能関数とする. そのとき, f がペッティス積分可能であるための必要十分条件は, T_f が弱コンパクト写像であることである.

証明 章末問題 23 番として扱う.

問題 2

1. (S, Σ, μ) を有限測度空間とするとき, μ-積分可能関数全体から得られるバナッハ空間 $L_1(S, \Sigma, \mu)$ の部分集合 $\mathcal{H}$ について, 次の各問に答えよ.

    (a) $\mathcal{H}$ が次の型の集合:

    $$\mathcal{H}_g = \{f \in L_1(S, \Sigma, \mu) : |f| \leq g\} \text{ (ただし, } g \geq 0, \, g \in L_1(S, \Sigma, \mu))$$

    であるとする. そのとき, 次の性質が成り立つことを示せ.

    $$\lim_{a \to \infty} \left(\sup_{f \in \mathcal{H}} \int_{\{s \, : \, |f(s)| \geq a\}} |f(s)| d\mu(s) \right) = 0 \quad \cdots \, (*)$$

    すなわち, 任意の正数 ε に対して, 十分大きい正数 a_0 をとれば, 任意の $a \geq a_0$ と任意の $f \in \mathcal{H}$ について

    $$\int_{\{s \, : \, |f(s)| \geq a\}} |f(s)| d\mu(s) < \varepsilon$$

    が成り立つ.

    (b) $\mathcal{H}$ が, 前問 (a) の性質 $(*)$ を満たすとき, $\mathcal{H}$ は **同等積分可能** という. そのとき, $\mathcal{H}$ が同等積分可能であるための必要十分条件は, 次の二つの性質を満たすことであることを示せ.
    (i) $\sup\{\|f\|_1 \, : \, f \in \mathcal{H}\} < +\infty$
    (ii) $\mathcal{H}$ は同等連続, すなわち, 次の性質を満たす.

    $$\lim_{\mu(A) \to 0} \left(\sup_{f \in \mathcal{H}} \int_A |f(s)| d\mu(s) \right) = 0$$

    (c) 同等積分可能な部分集合 $\mathcal{H}$ は相対弱コンパクトであることを示せ.

    (d) 逆に, 相対弱コンパクトな部分集合 $\mathcal{H}$ は同等積分可能であることを示せ.

2. (S, Σ, μ) を完備有限測度空間とし, $\mathcal{M}^\infty$ を, 実数値有界 Σ-可測関数全体の作る一様ノルムを備えたバナッハ空間とする. $\mathcal{M}^\infty$ の有界部分集合 $\mathcal{H}$ が次の二つの性質 (i), (ii) を持つとするとき, 以下の各問に答えよ.

    (i) $h_1, h_2 \in \mathcal{H}, \, h_1(s) = h_2(s) \, (\mu\text{-a.e.}) \Rightarrow h_1(s) = h_2(s) \, (s \in S)$

(ii) $\mathcal{H}$ は S 上での各点収束位相 (τ_p と表記) に関して**列コンパクト**である, すなわち, 任意の点列 $\{h_n\}_{n\geq 1} \subset \mathcal{H}$ について, 適当な部分列 $\{h_{n(m)}\}_{m\geq 1}$ と $h \in \mathcal{H}$ が存在して, 次が成り立つ.

$$\lim_{m\to\infty} h_{n(m)}(s) = h(s) \ (s \in S)$$

(a) $\mathcal{H} \times \mathcal{H}$ に, 次のように定義された関数 d :

$$d(h,g) = \int_S |h(s) - g(s)| d\mu(s) \ (h, \, g \in \mathcal{H})$$

は, $\mathcal{H}$ 上の距離であることを示せ.

(b) 距離空間 $(\mathcal{H}, d)$ はコンパクトであることを示せ.

(c) 位相空間 $(\mathcal{H}, \tau_p)$ はコンパクト, **距離付け可能**空間であることを示せ (ヒント: $d = \tau_p$ を示せ).

3. (S, Σ, μ) を完備有限測度空間とし, $\mathcal{M}$ を, 実数値 Σ-可測関数全体の作る線形空間とする. $\mathcal{M}$ の部分集合 $\mathcal{H}$ が, 次の二つの性質 (i), (ii) を持つとするとき, 以下の各問に答えよ.

(i) $h_1, h_2 \in \mathcal{H}, \ h_1(s) = h_2(s) \ (\mu\text{-a.e.}) \ \Rightarrow \ h_1(s) = h_2(s) \ (s \in S)$

(ii) $\mathcal{H}$ は S 上での各点収束位相 (τ_p と表記) に関して**列コンパクト**である, すなわち, 任意の点列 $\{h_n\}_{n\geq 1} \subset \mathcal{H}$ について, 適当な部分列 $\{h_{n(m)}\}_{m\geq 1}$ と $h \in \mathcal{H}$ が存在して, 次が成り立つ.

$$\lim_{m\to\infty} h_{n(m)}(s) = h(s) \ (s \in S)$$

(a) $\mathcal{H} \times \mathcal{H}$ に, 次のように定義された関数 d :

$$d(h,g) = \int_S \frac{|h(s) - g(s)|}{1 + |h(s) - g(s)|} d\mu(s) \ (h, \, g \in \mathcal{H})$$

は, $\mathcal{H}$ 上の距離であることを示せ.

(b) 距離空間 $(\mathcal{H}, d)$ はコンパクトであることを示せ.

(c) 位相空間 $(\mathcal{H}, \tau_p)$ はコンパクト, **距離付け可能**空間であることを示せ (ヒント: $d = \tau_p$ を示せ).

4. (Z, d) を可分完備距離空間とするとき, Z 上の**ボレル確率測度** μ はラドンであることを次の順序で示す.

(a) A が Z の全有界閉部分集合ならばコンパクトであることを示せ.

(b) 任意の正数 δ について, 互いに素なボレル集合から成る集合列 $\{B_i\}_{i \geq 1}$ で, 次を満たすものが存在することを示せ. ただし, diam は集合の直径を表す.
$$Z = \bigcup_{i=1}^{\infty} B_i,\ \mathrm{diam}(B_i) \leq \delta\ (\forall i)$$

(c) 任意の正数 ε について, 全有界なボレル集合 A が存在して
$$\mu(Z \backslash A) < \varepsilon$$
が成り立つことを示せ.

(d) μ はラドン確率測度であることを示せ.

(e) X が可分なバナッハ空間とするとき, (X, w) 上のベール確率測度 μ (すなわち, $\mathcal{P}_\sigma(X, w)$ の元 μ) は, ラドン確率測度であることを示せ.

5. (**局所凸空間 $\mathbf{R}^I$ における或る分離定理**) $\mathbf{R}^I$ の閉真部分空間 Y と, それに含まれない点 u_0 を与える. そのとき, 連続線形汎関数 $L : \mathbf{R}^I \to \mathbf{R}$ で, 次の性質
$$L(y) = 0\ (y \in Y),\ L(u_0) = 1$$
を満たすものが存在する. このことを (ハーン・バナッハの拡張定理を利用して) 以下の順序で示せ.

(a) $Y_0 = Y - u_0\ (= \{y - u_0\ :\ y \in Y\})$ とするとき, Y_0 は, 原点 0 を含まない閉集合であることを示せ.

(b) 或る正数 δ と, 或る $F \in \mathcal{P}_f(I)$ をとれば
$$\Pi_{i \in F}(-\delta, \delta) \times \Pi_{i \notin F} \mathbf{R}\ (= U\ とおく)$$
について
$$U \cap Y_0 = \emptyset$$
とできることを示せ.

(c) U は $\mathbf{R}^I$ の円形集合 (すなわち, $c \in [-1, 1]$, $u \in U$ について, $cu \in U$), 凸集合 (すなわち, $c \in [0, 1]$, u_1, $u_2 \in U$ について, $cu_1 + (1-c)u_2 \in U$), かつ, 吸収集合 (すなわち, $\mathbf{R}^I$ の各元 u について, $u \in cU$ を満たす正数 c が存在) であることを示せ. ただし, $cU = \{cu\ :\ u \in U\}$ である.

(d) U を用いて, 次のように定義される (ものさし と呼ばれる) 関数 $p_U : \mathbf{R}^I \to [0, +\infty)$ を考える.

$$p_U(u) = \inf\{c > 0 \,:\, u \in cU\} \ (u \in \mathbf{R}^I)$$

(前問の U の吸収性から, 定義可能であることを注意せよ). そのとき, p_U は連続なセミノルムであり, かつ

$$p_U(y - u_0) \geq 1 \ (y \in Y)$$

を満たすことを示せ.

(e) $Y_1 = \{y + c \cdot u_0 \,:\, c \in \mathbf{R}\}$ (Y と u_0 で生成される部分空間) とおき, $f : Y_1 \to \mathbf{R}$ を次で定義する.

$$L(y + c \cdot u_0) = c \ (y \in Y, c \in \mathbf{R})$$

そのとき,

$$|L(y + c \cdot u_0)| \leq p_U(y + c \cdot u_0) \ (y \in Y, c \in \mathbf{R})$$

を満たすことを示せ.

(f) ハーン・バナッハの拡張定理を利用して, 要求された連続線形汎関数 L が存在することを示せ.

6. $\mathcal{B}a(X^*, w^*) = \sigma(\{S(x, r) \,:\, x \in X, r \in \mathbf{R}\})$ が成り立つことを, 次の順序で示せ. ただし, $S(x, r) = \{x^* \in X^* \,:\, (x^*, x) \geq r\}$.

(a) J を X のハーメル基底とする. そのとき

$$\Psi(x^*) = ((x^*, z))_{z \in J} \ (x^* \in (X^*, w^*))$$

として定義される $\Psi : (X^*, w^*) \to \mathbf{R}^J$ は, $\mathbf{R}^J$ の中への位相同形写像であることを示せ.

(b) $\overline{\Psi(X^*)} = \mathbf{R}^J$ であることを示せ.

(c) 定理 2.1.3 の証明を参考に

$$\mathcal{B}a(X^*, w^*) = \sigma(\{S(x, r) \,:\, x \in X, \ r \in \mathbf{R}\})$$

が成り立つことを示せ.

7. 次の各問に答えよ.

(a) (S, Σ) を可測空間とするとき, $f : S \to X$ について $f^{-1}(B) \in \Sigma \ (\forall B \in \mathcal{B}a(X, w))$ が成り立つための必要十分条件は, 任意の $x^* \in X^*$ について, $x^* \circ f$ が Σ-可測であることを示せ. ただし, $x^* \circ f$ は, $(x^* \circ f)(s) = (x^*, f(s))\ (s \in S)$ で定義された実数値関数である.

(b) $\mathcal{B}a(X, w) = \{X \cap B \ :\ B \in \mathcal{B}a(X^{**}, w^*)\}$ が成り立つことを示せ.

8. (定理 2.2.3 の必要性の証明) (S, Σ, μ) を完備有限測度空間, $f : S \to X$ を弱可測関数とするとき, 次の各問に答えよ.

(a) f が強可測関数であるならば, 或る強可測関数 $g : S \to X$ と X の可分閉部分空間 Y を適当にとれば, $g(S) \subset Y$, かつ, $f = g$ (μ-a.e.) とできることを示せ.

(b) 前問の g から得られる (X, w) 上のベール測度 $g(\mu)$ は, X 上のラドン測度となることを示せ.

(c) 前問 (a) の強可測関数 f から得られる (X, w) 上のベール測度 $f(\mu)$ は, X 上のラドン測度となることを示せ.

(d) f が或る強可測関数と弱同値であるならば, f から得られる (X, w) 上のベール測度が X 上のラドンとなることを示せ.

9. (S, Σ, μ) を有限測度空間とし, Σ/μ を, 前問 1 番の (d) の解答中, 補題 1 の直後に定義されたものとする. そのとき, 次の各問に答えよ.

(a) $[A] \vee [B] = [A \cup B],\ [A] \wedge [B] = [A \cap B]$ として, Σ/μ の二元について与えられた作用: $\vee, \wedge$ および $[A]' = [A^c]$ として Σ/μ の元に対して与えられた作用: $'$ は, 良く定義されていること, そして $(\Sigma/\mu, \vee, \wedge, ')$ は, ブール代数 (Boolean algebra) となることを示せ (ここでの, 零元は $[\emptyset]$ である). しかも, これは, ブール σ-代数 (Boolean σ-algebra) にもなること (すなわち, $\{[A_n]\}_{n \geq 1} \subset \Sigma/\mu$ について, $[A_n] \leq [B]\ (\forall n)$ を満たす最小の元 $[B] \in \Sigma/\mu$ が存在すること) を示せ. この元 $[B]$ を $\bigvee_{n=1}^{\infty}[A_n]$ と表す. ただし, 順序 $\leq$ を「$[A] \leq [B] \Leftrightarrow [A] \wedge [B] = [A]$」で定義する.

(b) 写像 $\psi : S \to [0, 1]$ は, Σ-$\mathcal{B}([0, 1])$ 可測とする. そのとき

$$\Psi(B) = [\psi^{-1}(B)]\ (B \in \mathcal{B}([0, 1]))$$

として定義される写像 $\Psi : \mathcal{B}([0, 1]) \to \Sigma/\mu$ は σ-準同型 (σ-homomorphism) であること (すなわち, $\Psi([0, 1]) = [S]$,

$\Psi(B^c) = \Psi(B)'$, かつ

$$\Psi(\bigcup_{n=1}^{\infty} B_n) = \bigvee_{n=1}^{\infty} \Psi(B_n) \ (\{B_n\}_{n \geq 1} \in \mathcal{B}([0,1]))$$

が成り立つ) ことを示せ.

(c) 前問 (b) の逆が成り立つこと (シコルスキーの点写像定理の特別であるが, 本質的な場合): すなわち, σ-準同型写像 $\Psi : \mathcal{B}([0,1]) \to \Sigma/\mu$ (ただし, $\Psi([0,1]) = [S]$) が与えられたとき, 適当な Σ-$\mathcal{B}([0,1])$ 可測な写像 $\psi : S \to [0,1]$ が存在して

$$\Psi(B) = [\psi^{-1}(B)] \ (B \in \mathcal{B}([0,1]))$$

が成り立つことを, 次の順序で示せ.

  i. $\mathbf{Q} = \{r \in [0,1] \ : \ r\text{ は有理数}\}$ とおくとき, 各 $r \in \mathbf{Q}$ について, $A_r \in \Sigma$ は, $\Psi([0,r]) \ (\in \Sigma/\mu)$ の一つの代表元とする. そのとき, $A_1 = S$ ととることができることを示せ.

  ii. $q < r$, $q, r \in \mathbf{Q}$ であるとき, $\mu(A_q \setminus A_r) = 0$ が成り立つこと, したがって, $E(q,r) = A_q \setminus A_r$ とおくとき

  $$E = \bigcup_{q<r,\ q,\ r \in \mathbf{Q}} E(q,r)$$

  について, $\mu(E) = 0$ を示せ.

  iii. 各 $r \in \mathbf{Q}$ について, $B_r = A_r \cup E$ とおけば, $[B_r] = \Psi([0,r])$ で, $B_1 = S$, $B_q \subset B_r \ (q < r)$ が成り立つことを示せ.

  iv. $\psi : S \to \mathbf{R}$ を, 次で定義する.

  $$\psi(s) = \inf\{r \in \mathbf{Q} \ : \ s \in B_r\}$$

  そのとき, $\psi(S) \subset [0,1]$ であり, 各 $t \in [0,1]$ について

  $$\{s \in S \ : \ \psi(s) < t\} = \bigcup_{r<t} B_r$$

  が成り立つことを示し, その結果, ψ は Σ-$\mathcal{B}([0,1])$ 可測であることを注意せよ. また, $[\psi^{-1}([0,r])] = [B_r] \ (r \in \mathbf{Q})$ が成り立つことを示せ.

  v. $\Phi : \mathcal{B}([0,1]) \to \Sigma/\mu$ を, 前問で得られた関数 ψ を用いて (前問 (b) と同様に)

  $$\Phi(B) = [\psi^{-1}(B)] \ (B \in \mathcal{B}([0,1]))$$

により定義される σ-準同型とする．そのとき

$$\Psi(B) = \Phi(B) \ (B \in \mathcal{B}([0,1]))$$

が成り立つことを示せ．

10. (問題 **1** の **34** 番のボッホナー積分版) (S, Σ, μ) を有限測度空間, $f : S \to X$ を強可測関数とするとき, 次の各問に答えよ.

    (a) S の分割: $\Delta = \{E_n\}_{n \geq 1}$ で, 次の性質 $(*)$ を満たす分割の全体を Γ とする (ただし, $(+\infty) \cdot 0 = 0$ とする).

    $$\sum_{n=1}^{\infty} \|f(E_n)\| \mu(E_n) < +\infty$$

    そして, 各 $\Delta \in \Gamma$ について $J(f, \Delta)$ を

    $$\sum_{n=1}^{\infty} f(E_n) \mu(E_n) \ \left(= \left\{ \sum_{n=1}^{\infty} f(t_n) \mu(E_n) \ : \ t_n \in E_n, \ \forall n \right\} \right)$$

    とする. そのとき, f がボッホナー積分可能ならば, $\Gamma \neq \emptyset$ であり, かつ, 任意の正数 ε に対して, $\Delta \in \Gamma$ が存在して, $\mathrm{diam}(J(f, \Delta)) < \varepsilon$ が成り立つことを示せ. ただし, $\mathrm{diam}(J(f, \Delta))$ は, 集合 $J(f, \Delta)$ の直径を表す.

    (b) Γ に属する分割 $\Delta_1 = \{E_i\}_{i \geq 1}$ と, 任意の分割 $\Delta_2 = \{F_j\}_{j \geq 1}$ から定義される分割 : $\Delta_3 = \{E_i \cap F_j\}_{i,j}$ について, $\Delta_3 \in \Gamma$ が成り立つことを示せ. また, $\overline{\mathrm{co}}(J(f, \Delta_3)) \subset \overline{\mathrm{co}}(J(f, \Delta_1))$ が成り立つことを示せ.

    (c) X の部分集合 A について, $\mathrm{diam}(A) = \mathrm{diam}(\overline{\mathrm{co}}(A))$ が成り立つことを示せ.

    (d) 前問 (a) の逆を示せ.

    (e) f がボッホナー積分可能であるとき, 次が成り立つことを示せ.

    $$\left\{ (\mathrm{B}) \int_S f(s) \, d\mu(s) \right\} = \bigcap_{\Delta \in \Gamma} \overline{\mathrm{co}}(J(f, \Delta))$$

11. 次の各問に答えよ.

    (a) B_1, B_2 を X の部分集合とするとき

    $$\mathrm{co}(B_1 + B_2) = \mathrm{co}(B_1) + \mathrm{co}(B_2), \ \overline{\mathrm{co}}(B_1 + B_2) \supset \overline{\mathrm{co}}(B_1) + \overline{\mathrm{co}}(B_2)$$

    を示せ．

(b) $[0,1]$ に属する c_i $(i = 1, 2, \ldots, n)$ と, X の部分集合 B_i $(i = 1, 2, \ldots, n)$ について

$$\sum_{i=1}^{n} c_i B_i \subset \sum_{i=1}^{n} \mathrm{co}(B_i \cup \{0\}) = \mathrm{co}(\sum_{i=1}^{n}(B_i \cup \{0\}))$$

が成り立つことを示せ.

(c) X の部分集合 B について

$$\|B\| = \|\mathrm{co}(B)\| = \|\overline{\mathrm{co}}(B)\|$$

が成り立つことを示せ.

(d) $[0,1]$ に属する c_i $(i = 1, 2, \ldots, n)$ と, X の部分集合 B_i $(i = 1, 2, \ldots, n)$ について

$$\left\|\sum_{i=1}^{n} c_i B_i\right\| \le \left\|\sum_{i=1}^{n}(B_i \cup \{0\})\right\| = \sup_{F \subset \{1,\ldots,n\}} \left\|\sum_{i \in F} B_i\right\|$$

が成り立つことを示せ.

(e) $\sum_{n=1}^{\infty} B_n$ が無条件収束するとき, $\sum_{n=1}^{\infty} \overline{\mathrm{co}}(B_n)$ も無条件収束することを示せ. さらに, $B = \sum_{n=1}^{\infty} B_n$ とすれば

$$\sum_{n=1}^{\infty} \overline{\mathrm{co}}(B_n) \subset \overline{\mathrm{co}}(B)$$

が成り立つことを示せ.

(f) (e) と同じ仮定の下で

$$\overline{\sum_{n=1}^{\infty} \overline{\mathrm{co}}(B_n)} = \overline{\mathrm{co}}(B)$$

が成り立つことを示せ.

12. $\sum_{i,j} x_{i,j}$ を X の点から成る無限二重級数とするとき, 次の各問に答えよ.

(a) 各 $(m,n) \in \mathbf{N} \times \mathbf{N}$ に対して, $s_{m,n} = \sum_{i=1}^{m} \sum_{j=1}^{n} x_{i,j}$ とおくとき, $\lim_{m \to \infty, n \to \infty} s_{m,n} = x$ (二重数列 $\{s_{m,n}\}_{m \ge 1, n \ge 1}$ は収束し, その極限が x である) を次で定義する.

任意の正数 ε について, 或る元 $(m,n) \in \mathbf{N} \times \mathbf{N}$ が存在して

$p > m$, $q > n$ を満たす任意の $(p,q) \in \mathbf{N} \times \mathbf{N}$ について

$$\|s_{p,q}-x\|<\varepsilon \text{ が成り立つ}.$$

そのとき, 二重数列 $\{s_{m,n}\}_{m\geq 1,n\geq 1}$ が収束するための必要十分条件は

任意の正数 ε について, 或る番号 $m\in \mathbf{N}$ が存在して

$p>m,\ q>m$ を満たす任意の $(p,q)\in \mathbf{N}\times \mathbf{N}$ について

$$\|s_{p,q}-x\|<\varepsilon \text{ が成り立つことである}.$$

このことを示せ.

(このとき, 二重級数 $\sum_{i,j}x_{i,j}$ は x に収束するといい, $\sum_{i,j}x_{i,j}=x$ と記す)

(b) 二重数列 $\{s_{m,n}\}_{m\geq 1,n\geq 1}$ が収束するための必要十分条件は

任意の正数 ε について, 或る番号 $m\in \mathbf{N}$ が存在して

$p>p'>m,\ q>q'>m$ を満たす任意の $(p,q),(p',q')$

$\in \mathbf{N}\times \mathbf{N}$ について, $\|s_{p,q}-s_{p',q'}\|<\varepsilon$ が成り立つことである.

このことを示せ.

(c) π を $\mathbf{N}\times \mathbf{N}$ から $\mathbf{N}\times \mathbf{N}$ への任意全単射としたとき, $\sum_{i,j}x_{\pi(i,j)}$ が収束し, (π に依存しない) 同一の極限を持つ (すなわち, $\sum_{i,j}x_{i,j}$ が無条件収束する) ための必要十分条件は

任意の正数 ε について, 或る元 $(m,n)\in \mathbf{N}\times \mathbf{N}$ が存在して

$F\subset \mathbf{N}\times \mathbf{N}\backslash(\{1,2,\ldots,m\}\times\{1,2,\ldots,n\})$ を満たす任意の

有限集合 F について, $\left\|\sum_{(i,j)\in F}x_{i,j}\right\|<\varepsilon$ が成り立つことである.

このことを示せ.

13. $f:S\to X$ がバーコフ積分可能であるとき, 次の各問に答えよ.

(a) f は $A\ (\in \Sigma)$ 上でもバーコフ積分可能であること, すなわち, 任意の正数 ε に対して, A を全体集合とする分割 $\Delta_A=\{A_n\}$ で, $\sum_{n=1}^{\infty}f(A_n)\mu(A_n)$ が無条件収束するものが存在して, $\mathrm{diam}(J(f,\Delta_A))<\varepsilon$ が成り立つことを示せ (このバーコフ積分を $(\mathrm{Bk})\int_A f(s)d\mu(s)$ と表す).

(b) $A = \sum_{n=1}^{\infty} A_n$ であるとき

$$(\text{Bk}) \int_A f(s) d\mu(s) = \sum_{n=1}^{\infty} (\text{Bk}) \int_{A_n} f(s) d\mu(s)$$

が成り立つことを示せ (バーコフ積分の可算加法性).

14. (S, Σ, μ) を有限測度空間とするとき, 次の各問に答えよ.

    (a) $f: S \to X$ が, Σ の元による, S の可算分割 $\{E_n\}_{n \geq 1}$ と X の点列 $\{x_n\}_{n \geq 1}$ に対応して定義される可算値 Σ-可測関数, すなわち
    $$f(s) = \sum_{n=1}^{\infty} x_n \chi_{E_n}(s)$$
    であるとき, f がバーコフ積分可能であるための必要十分条件は, 無限級数:
    $$\sum_{n=1}^{\infty} x_n \mu(E_n)$$
    が無条件収束することであることを示せ. そのとき
    $$(\text{Bk}) \int_S f(s) d\mu(s) = \sum_{n=1}^{\infty} x_n \mu(E_n)$$
    であることを示せ.

    (b) $f: S \to X$ が強可測関数であるとき, f がバーコフ積分可能であるための必要十分条件は, f がペッティス積分可能であることである. このことを示せ.

    (c) X が可分であるとき, 弱可測関数 $f: S \to X$ がペッティス積分可能ならば, バーコフ積分可能であることを示せ.

    (d) $f: S \to X$ が有界関数であるとき, f がバーコフ積分可能であるための必要十分条件は, 任意の正数 ε に対して, S の有限分割 $\Delta = \{E_i\}_{1 \leq i \leq n}$ が存在して, $\text{diam}(J(f, \Delta)) < \varepsilon$ が成り立つことである. このことを示せ. ただし
    $$J(f, \Delta) = \left\{ \sum_{i=1}^{n} f(t_i) \mu(E_i) \ : \ t_i \in E_i, \ i = 1, \ldots, n \right\}$$
    である.

15. (S, Σ, μ) を有限測度空間とするとき, 次の各問に答えよ.

(a) $f: S \to X$ をボッホナー積分可能関数とするとき, 任意の $x^* \in X^*$ と, $E \in \Sigma$ について
$$(x^*, (\text{B}) \int_E f(s) \, d\mu(s)) = \int_E (x^*, f(s)) \, d\mu(s)$$
が成り立つことを示せ.

(b) $f: S \to X$ がバーコフ積分可能関数とするとき, f はダンフォード積分可能であり, 任意の $x^* \in X^*$ と, $E \in \Sigma$ について
$$(x^*, (\text{Bk}) \int_E f(s) \, d\mu(s)) = \int_E (x^*, f(s)) \, d\mu(s)$$
が成り立つことを示せ. その結果, f はペッティス積分可能で
$$(\text{Bk}) \int_E f(s) \, d\mu(s) = (\text{P}) \int_E f(s) \, d\mu(s)$$
が成り立つことを示せ.

(c) $f: S \to X$ について, 命題: [f がボッホナー積分可能 $\Rightarrow$ f がバーコフ積分可能] を示せ.

(d) $f: S \to X$ がボッホナー積分可能ならば, 各 $E \in \Sigma$ について
$$(\text{B}) \int_E f(s) \, d\mu(s) = (\text{Bk}) \int_E f(s) \, d\mu(s)$$
が成り立つことを示せ.

16. Z をコンパクトハウスドルフ空間とし, $\{z_\alpha\}_{\alpha \in D}$ を Z 上のネットとするとき, 次の各問に答えよ.

(a) 各 $\alpha \in D$ について, $F_\alpha = \{z_\beta : \beta \geq \alpha, \beta \in D\}$ とおくとき
$$\bigcap_{\alpha \in D} \overline{F_\alpha} \neq \emptyset$$
が成り立つことを示せ.

(b) $a \in Z$ が次の性質 $(*)$ を満たすとき, a をネット $\{z_\alpha\}_{\alpha \in D}$ の集積点であるという.

$(*)$ 任意の $\alpha \in D$, a の任意の近傍 $U(a)$ について
$\beta \geq \alpha$ で, $z_\beta \in U(a)$ を満たすものが存在する.

このとき, a がネット $\{z_\alpha\}_{\alpha \in D}$ の集積点であるための必要十分条件は
$$a \in \bigcap_{\alpha \in D} \overline{F_\alpha}$$
が成り立つことを示せ.

(c) a がネット $\{z_\alpha\}_{\alpha \in D}$ の集積点であるとき, 適当な部分ネット $\{z_\gamma\}_{\gamma \in D'}$ をとれば
$$\lim_{\gamma \in D'} z_\gamma = a$$
が成り立つことを示せ.

(d) ネット $\{z_\alpha\}_{\alpha \in D}$ が唯一の集積点 a を持つとき
$$\lim_{\alpha \in D} z_\alpha = a$$
が成り立つことを示せ.

17. (注意 9 の 1. で記載の件について) 例 2.2.28 (I) で与えたダンフォード積分可能関数 $f : (0,1] \to c_0$ について, 次の各問に答えよ.

    (a) $g : S \to X$ が, Σ の元による, S の可算分割 $\{E_n\}_{n \geq 1}$ と X の点列 $\{x_n\}_{n \geq 1}$ に対応して定義される可算値 Σ-可測関数, すなわち
    $$g(s) = \sum_{n=1}^{\infty} x_n \chi_{E_n}(s)$$
    であるとき, 任意の $E \in \Sigma_\mu^+$ について, $cor_g(E) \neq \emptyset$ が成り立つことを示せ.

    (b) 任意の $E \in \Sigma_\lambda^+$ について, $cor_f(E) \neq \emptyset$ が成り立つことを示せ.

    (c) $L_1((0,1], \Lambda, \lambda)$ の次の部分集合:
    $$\mathcal{H} = \{a \circ f \ : \ a = \{a_n\}_{n \geq 1} \in B(l_1)\}$$
    は同等連続集合ではないことを示せ. ただし, $B(l_1)$ は, l_1 の単位閉球である.

    (d) T_f は弱コンパクト写像ではないことを示せ.

18. (注意 9 の 2. で記載の件: 定理 2.2.43 の十分性の証明について) 次の各問に答えよ.

    (a) ダンフォード積分可能関数 f から導かれる有界線形写像 $T_f : X^* \to L_1(S, \Sigma, \mu)$ が, 弱コンパクト写像ではあるが, 弱 *-弱連続ではないとき, 定理 2.2.45 の十分性の証明を参考にして, 次の性質を満たす元 $x_0^* \in B(X^*)$ が存在することを示せ.
    $\mu(\{s \in S \ : \ (x_0^*, f(s)) \neq 0\}) > 0$ であり, かつ
    $$H = \{z^* \in B(X^*) : (z^*, f(s)) = (x_0^*, f(s)) \ (\mu\text{-a.e.})\}$$
    について, $0 \in \overline{H}^{w^*}$ が成り立つ.

(b) 任意の $E \in \Sigma_\lambda^+$ について, $cor_f(E) \neq \emptyset$ が成り立つと仮定する. そのとき, 前問の結果を用いることで, 矛盾が導かれることを示せ.

19. (Talagrand の結果) (S, Σ, μ) を有限測度空間とし, Z は $L_1(S, \Sigma, \mu)$ の相対弱コンパクトな凸部分集合で, しかも, 各点収束位相 τ でコンパクトとする. そして, 二つの位相空間 (Z, τ), $(L_1(S, \Sigma, \mu), w)$ の間の自然な写像 $j : (Z, \tau) \to (L_1(S, \Sigma, \mu), w)$ (すなわち, $j(z) = z$, $z \in Z$) を考える. [j が不連続点 g^* を持つ] と仮定したとき, 次の性質 (1), (2) を満たす関数 ψ ($\in Z$) が存在することを, 以下の問の順序で示す.

(1) $\mu(\{s : \psi(s) \neq g^*(s)\}) > 0$
(2) g^* は, $\{h \in Z : h = \psi \ (\mu\text{-a.e})\}$ の τ-閉包に属することを示せ.

ただし, w は弱位相 $\sigma(L_1(S, \Sigma, \mu), L_\infty(S, \Sigma, \mu))$ を表す.

(a) 各 $h \in L_\infty(S, \Sigma, \mu)$ について
$$\phi_h(g) = \int_S g(s) h(s) d\mu(s) \ (g \in Z)$$
として定義される関数 $\phi_h : (Z, \tau) \to \mathbf{R}$ を考える. そのとき, j が点 g^* で不連続であるための必要十分条件は, 或る h について, $\phi_h : (Z, \tau) \to \mathbf{R}$ が点 g^* で不連続であることを示せ.

(b) 各 $g \in Z$ について, g の τ-近傍を $\mathcal{U}_\tau(g)$ で表すとき, 二つの関数 $\overline{\phi}_h$, $\underline{\phi}_h$ を, 次で定義する.
$$\overline{\phi}_h(g) = \inf_{U \in \mathcal{U}_\tau(g)} \left(\sup_{f \in U} \phi_h(f) \right),$$
$$\underline{\phi}_h(g) = \sup_{U \in \mathcal{U}_\tau(g)} \left(\inf_{f \in U} \phi_h(f) \right),$$
このとき, [ϕ_h が g^* で不連続 $\Leftrightarrow \overline{\phi}_h(g^*) > \phi_h(g^*)$, あるいは, $\phi_h(g^*) > \underline{\phi}_h(g^*)$] であることを注意せよ. そして, この事実から, ϕ_h の不連続点 g^* において, 或る実数 p, q ($p < q$) を適当にとれば
$$\int_S g^*(s) h(s) d\mu(s) \leq p, \ \text{および} \ g^* \in \overline{Y}^\tau$$
とできることを示せ. ただし
$$Y = \{f \in Z : \int_S f(s) h(s) d\mu(s) \geq q\}$$
である.

(c) S の有限集合 F と正数 ε の対 (F,ε) に対して, (各点収束位相に関する) 点 g^* の一つの閉近傍 $V(F,\varepsilon)$ を
$$V(F,\varepsilon) = \{h \in Z \ : \ |h(s) - g^*(s)| \le \varepsilon, \ s \in F\}$$
とする. そして, $C(F,\varepsilon) = Y \cap V(F,\varepsilon)$ とおけ. そのとき, $C(F,\varepsilon) \ne \emptyset \ (\forall (F,\varepsilon))$ を示せ. また, $C(F,\varepsilon)$ の $L_1(S,\Sigma,\mu)$ における閉包 $\overline{C(F,\varepsilon)} = H(F,\varepsilon)$ とすれば, これは, $L_1(S,\Sigma,\mu)$ の弱閉凸集合 (したがって, 弱コンパクト凸集合) であり
$$\bigcap_{(F,\varepsilon)} H(F,\varepsilon) \ne \emptyset$$
が成り立つことを示せ.

(d) 前問の共通部分に属する元を f' とする. そのとき, 各 (F,ε) について $f' \in H(F,\varepsilon) = \overline{C(F,\varepsilon)}$ であるから, $C(F,\varepsilon)$ に属する或る点列 $\{f_n\}_{n\ge 1}$ が存在して, $\|f_n - f'\|_1 \to 0 \ (n \to \infty)$ が成り立つ. このことに着目して, 各 (F,ε) 毎に, $f_{(F,\varepsilon)} = f' \ (\mu\text{-a.e.})$ を満たす元 $f_{(F,\varepsilon)} \in V(F,\varepsilon)$ が存在することを示せ.

(e) 以上の考察から, 要求された関数 ψ の存在を示せ.
(全問題について, 定理 2.2.45 の十分性の証明を参考にして, 考察せよ)

20. ダンフォード積分可能関数 $f : S \to X$ がペッティス積分可能で, かつ, f から導かれる X-値測度 ν_f の値域 $\nu_f(\Sigma)$ が可分であるための必要十分条件は, 次の条件 (a), (b) が成り立つことであることを示せ.

(a) T_f が弱コンパクト写像である.

(b) X の或る可分な閉部分空間 Y が存在して, 各 $x^* \in Y^\perp$ について, $(x^*, f(s)) = 0 \ (\mu\text{-a.e.})$ が成り立つ.

(ヒント: 可分閉部分空間は, weakly compactly generated であることと, 定理 2.2.45 を用いよ. その際, $Y = \overline{\mathrm{sp}}(\nu_f(\Sigma))$ とおけ)

21. (注意 9 の 3. に記載の件について) 完備有限測度空間 (S,Σ,μ) と, ダンフォード積分可能関数 $f : S \to X$ が与えられたとき, (X,w) 上に得られる像測度 $f(\mu)$ と弱ベール集合族 $\mathcal{B}a(X,w)$ を併せて得られる有限測度空間 $(X, \mathcal{B}a(X,w), f(\mu))$ を考える. そして, $L_1(X, \mathcal{B}a(X,w), f(\mu))$ 上の線形写像 V を, 次で定義する.
$$V(h) = h \circ f \ (h \in L_1(X, \mathcal{B}a(X,w), f(\mu)))$$
そのとき, 次の各問に答えよ.

(a) 線形写像 V は, $L_1(X, \mathcal{B}a(X, w), f(\mu))$ から, $L_1(S, \Sigma, \mu)$ への等距離写像であること, すなわち

$$\|V(h)\|_1 = \|h\|_1 \ (h \in L_1(X, \mathcal{B}a(X, w), f(\mu)))$$

が成り立つことを示せ.

(b) V の共役写像 $V^* : L_\infty(S, \Sigma, \mu) \to L_\infty(X, \mathcal{B}a(X, w), f(\mu))$ は, 任意の $h \in L_1(X, \mathcal{B}a(X, w), f(\mu))$ と, 任意の $\phi \in L_\infty(S, \Sigma, \mu)$ について

$$\int_S h(f(s))\phi(s)d\mu(s) = \int_X h(x)V^*(\phi)(x)df(\mu)(x)$$

を満たす全射であることを示せ.

(c) $j : (X, w) \to X$ を自然な単射, すなわち, $j(x) = x$ とするとき, j はダンフォード積分可能であることを示せ.

(d) 各 $\phi \in L_\infty(S, \Sigma, \mu)$ について

$$V^*(\phi) = g \ (\in L_\infty(X, \mathcal{B}a(X, w), f(\mu)))$$

とするとき, 各 $x^* \in X^*$ について

$$(x^*, T_j^*(g)) = (x^*, T_f^*(\phi))$$

が成り立つことを示せ.

(e) T_f^* と, T_j^* の値域が等しい, すなわち

$$T_f^*(L_\infty(S, \Sigma, \mu)) = T_j^*(L_\infty(X, \mathcal{B}a(X, w), f(\mu)))$$

が成り立つことを示せ.

(f) f のペッティス積分可能性と j のペッティス積分可能性は同値であることを示せ.

22. (例 2.2.52 について) 無限級数 $\sum_{n=1}^\infty x_n$ は, 無条件収束するが, 絶対収束しないものとするとき, 次の各問に答えよ.

(a) 例 2.2.52 で与えられた確率測度空間 $(\mathbf{N}, \mathcal{P}(\mathbf{N}), \mu)$ 上で, $f(n) = 2^n x_n \ (n \in \mathbf{N})$ として定義された関数 f は

$$f(n) = \sum_{i=1}^\infty 2^i x_i \chi_{\{i\}}(n)$$

と表されること (⇒ 可算値可測関数であること) を示せ.

(b) f はペッティス積分可能であり, かつ, 各 $E \in \mathcal{P}(\mathbf{N})$ について

$$(\mathrm{P})\int_E f(n)d\mu(n) = \sum_{i \in E} x_i$$

が成り立つことを示せ.

(c) f について

$$\int_{\mathbf{N}} \|f(n)\| d\mu(n) = +\infty$$

が成り立つ (したがって, f はボッホナー積分不可能である) ことを示せ.

23. (定理 2.2.53 について) f が強可測なダンフォード積分可能関数であるとき, T_f が弱コンパクト写像ならば, f がペッティス積分可能であることを, 以下の順序で示せ.

(a) $f = g + h$ を, 定理 2.2.50 で得られる有界強可測関数 g と可算値可測関数 h の分解とするとき, T_h も弱コンパクト写像であることを示せ.

(b) 可算値可測関数 h について, $cor_h(E) \neq \emptyset$ ($E \in \Sigma_\mu^+$) が成り立つことを示せ.

(c) f がペッティス積分可能であることを示せ.

第 3 章　バナッハ空間と弱ラドン・ニコディム性

ここでは, 良く知られたバナッハ空間の測度論的性質であり, 非常に多くの先人により研究された「ラドン・ニコディム性 (**RNP**)」(詳細な解説は, 例えば, 松田 [26] を参照) よりも **真に弱い概念** として, ムシアル (K. Musial) が導入かつ先導的な研究を行い, それを契機として, ムシアル, タラグラン, サーブ (E. Saab), リドル (L. Riddle), 松田 (M. Matsuda) 等により, 多くの研究成果が生み出された, X (あるいは 共役空間 X^*) の**弱ラドン・ニコディム性, WRNP** (weak Radon-Nikodym property) について, その基本的内容を紹介したい. すなわち, X の RNP (Radon-Nikodym property) の探求とは, ある種の任意 X-値測度が, 常に **ボッホナー密度関数**を持つような X の特性を問題としたのに対し, X の弱ラドン・ニコディム性の探求とは, ある種の任意 X-値測度が, 常に **ペッティス密度関数** を持つような X の特性を問題とすることである. その分野では特に, X^* の WRNP が盛んに研究され, X^* の RNP の場合と並行的な興味深い, 重要な研究成果が得られているので, そのことに主眼をおいて述べたい. それを, 先人 (特に, タラグランや, ムシアル等) の知恵を十分利用しながらも, 私の考察も少し加え, なるべく自己完結的な形で紹介したい. ただし, 紙面の都合上, 重要な事実, 証明にも触れず終いであり, その自己完結のあり方も独善的な感もし, 冗長に過ぎる箇所があるとも思うが, それは, このような分野の基礎的内容に初めて接する諸君にとっての読みやすさを心がけた結果と考えている.

3.1 バナッハ空間の弱ラドン・ニコディム性

ここでは, バナッハ空間の弱ラドン・ニコディム性 (WRNP) の概念を与えた後, このような問題の, 発端, 基礎となる具体例を挙げよう. さて, 命題 2.2.29 で示したように, ペッティス積分可能関数 f から導かれた X-値測度 ν_f は, μ-絶対連続な σ-有限測度である. したがって, X のラドン・ニコディム性の概念を導入した際と同様に, [この逆命題が成り立つ] ということで, X の弱ラドン・ニコディム性を与えることが自然であろう. すなわち, 次の形である. なお, 3 章で取り扱う測度空間 (S, Σ, μ) は全て, **完備有限測度空間** とする.

定義 3.1.1 X が **弱ラドン・ニコディム性 (WRNP)** を持つとは, 任意の (S, Σ, μ) と, 任意の μ-絶対連続で, その全変分が σ-有限な測度 $\alpha : \Sigma \to X$ を与えたとき, 或るペッティス積分可能関数 $f : S \to X$ が存在して, 任意

の $E \in \Sigma$ について
$$\alpha(E) = (\mathrm{P})\int_E f(s)d\mu(s)$$
すなわち, 任意の $x^* \in X^*$ について
$$(x^*, \alpha(E)) = \int_E (x^*, f(s))d\mu(s)$$
が成り立つことをいう (このとき, α は, **ペッティス密度関数** f を持つという).

すなわち, **弱ラドン・ニコディム性 (WRNP)** を持つ空間 X とは, X-値 μ-絶対連続で, その全変分が σ-有限な測度が, ペッティス積分可能関数 f から導かれる測度 ν_f に限る空間である.

そのとき, ラドン・ニコディム性の場合と同様に, この定義の内容は, 次のような表現に変更可能であることが分かる.

命題 3.1.2 X が弱ラドン・ニコディム性 (以後, WRNP と表記) を持つための必要十分条件は, 任意の (S, Σ, μ) と, 任意の測度 $\alpha : \Sigma \to X$ で, 任意の $E \in \Sigma$ について
$$\|\alpha(E)\| \leq \mu(E)$$
を満たすものを与えたとき, 或るペッティス積分可能関数 $f : S \to B(X)$ が存在して, 任意の $E \in \Sigma$ と任意の $x^* \in X^*$ について
$$(x^*, \alpha(E)) = \int_E (x^*, f(s))d\mu(s)$$
が成り立つことである.

証明 必要性は明らかであるから, 十分性, すなわち, このような特殊な X-値測度が, ν_f (ただし, f はペッティス積分可能) の形に限られることを仮定として, 一般の μ-絶対連続で, その全変分が σ-有限な測度 α もまた, このような表現が可能であることを示そう. そのために, 基本的な α の場合に示し, その結果を利用して, 一般の α の場合に示す.

(i) 或る正数 M が存在して, $\|\alpha(E)\| \leq M \cdot \mu(E)$ $(E \in \Sigma)$ が成り立つ場合. このとき, (S, Σ, μ) と α/M に対して, 仮定を用いれば, 或るペッティス積分可能関数 $g : S \to B(X)$ が存在して, 任意の $x^* \in X^*$, $E \in \Sigma$ について
$$\left(x^*, \frac{\alpha(E)}{M}\right) = \int_E (x^*, g(s))d\mu(s)$$
が成り立つ. したがって, ペッティス積分可能関数 $f(s) = M \cdot g(s) : S \to M \cdot B(X)$ が存在して, $\alpha = \nu_f$ が得られる.

(ii) 一般の α の場合. $|\alpha|$ の σ-有限性と μ-絶対連続性から, (通常の) ラドン・ニコディムの定理を用いれば, 或る Σ-可測関数 $h : S \to [0, +\infty)$ が存在して
$$|\alpha|(E) = \int_E h(s) d\mu(s) \; (E \in \Sigma)$$
が成り立つ. したがって, $S_n = \{s \in S \, : \, n-1 \leq h(s) < n\} \, (n = 1, 2, \ldots)$, $\Sigma_n = \{E \in \Sigma \, : \, E \subset S_n\}$ とすれば, $\{S_n\}_{n \geq 1}$ は Σ の元からなる互いに素な集合の列で
$$S = \bigcup_{n=1}^{\infty} S_n, \; |\alpha|(E) \leq n\mu(E) \; (E \in \Sigma_n, \, n = 1, 2, \ldots)$$
が成り立つ. したがって, 各 n について, $\alpha_n(E) = \alpha(E) \, (E \in \Sigma_n)$, $\mu_n(E) = \mu(E) \, (E \in \Sigma_n)$ により, ベクトル値測度 $\alpha_n : \Sigma_n \to X$ と, 測度 $\mu_n : \Sigma_n \to [0, \infty)$ を定義すれば
$$\|\alpha_n(E)\| \leq |\alpha_n|(E) \leq n\mu_n(E) \; (E \in \Sigma_n)$$
が得られるから, (i) の場合の結果により, 或るペッティス積分可能関数 $f_n : S_n \to n \cdot B(X)$ が存在して, 任意の $x^* \in X^*, E \in \Sigma_n$ について
$$(x^*, \alpha_n(E)) = \int_E (x^*, f_n(s)) d\mu_n(s) \; \cdots \; (*)$$
が成り立つ. したがって, $f : S \to X$ を
$$f(s) = f_n(s) \; (s \in S_n)$$
で定義すれば (すなわち, f の S_n への制限 $f|_{S_n} = f_n$ である), f はペッティス積分可能で, 任意の $x^* \in X^*, E \in \Sigma$ について
$$(x^*, \alpha(E)) = \int_E (x^*, f(s)) d\mu(s) \; \cdots \; (\mathbf{E})$$
を満たすことが, 以下のようにして得られる. f の弱可測性は $f_n : S_n \to X$ の弱可測性と, f の定義から明らかである. また, 項別積分可能定理 (系 1.2.51) と実測度の有界性より
$$\int_S |(x^*, f(s))| d\mu(s) = \sum_{n=1}^{\infty} \int_{S_n} |(x^*, f(s))| d\mu(s) = \sum_{n=1}^{\infty} \int_{S_n} |(x^*, f_n(s))| d\mu_n(s)$$
$$= \sum_{n=1}^{\infty} |(x^*, \alpha_n)|(S_n) = \sum_{n=1}^{\infty} |(x^*, \alpha)|(S_n) = |(x^*, \alpha)|(S) < +\infty \; \cdots \; (**)$$

が得られるので, ダンフォード積分可能性が分かる. そして, 各 $E \in \Sigma$ について $E \cap S_n \in \Sigma_n$ であるから, $(*)$ により

$$\int_{E \cap S_n}(x^*, f_n(s))d\mu_n(s) = (x^*, \alpha_n(E \cap S_n)) \ (x^* \in X^*, \ n = 1, 2, \ldots)$$

が成り立つことに注意すれば, 等式 (**E**) は

$$\alpha(E) = \sum_{n=1}^{\infty} \alpha(E \cap S_n) = \sum_{n=1}^{\infty} \alpha_n(E \cap S_n)$$

と, $(**)$ の結果より次の式変形で項別積分可能定理 (系 1.2.52) が利用できることから分かる. 実際

$$(x^*, \alpha(E)) = \sum_{n=1}^{\infty}(x^*, \alpha_n(E \cap S_n)) = \sum_{n=1}^{\infty} \int_{E \cap S_n}(x^*, f_n(s))d\mu_n(s)$$

$$= \sum_{n=1}^{\infty} \int_{E \cap S_n}(x^*, f(s))d\mu(s) = \int_E (x^*, f(s))d\mu(s)$$

が得られ, 証明が完結する.

命題 3.1.2 から, X の WRNP は

[任意の (S, Σ, μ) と, ベクトル値測度 $\alpha : \Sigma \to X$ で

$$\|\alpha(E)\| \leq \mu(E) \ (E \in \Sigma)$$

を満たすものについて, これがペッティス密度関数を持つこと]

と表現される. 以後は, WRNP を, この形で捉えることにする. そのとき, X がシャウダー基底を持つバナッハ空間 (更に一般に, X が可分バナッハ空間) である場合には, X の RNP (ラドン・ニコディム性) と同値であることが分かる.

定理 3.1.3 可分バナッハ空間 X について, X が RNP を持つための必要十分条件は X が WRNP を持つことである.

証明 ボッホナー密度関数はペッティス密度関数であるから, 必要性は明らかである. 一方, 十分性については, ベクトル値測度 $\alpha : \Sigma \to X$ で

$$\|\alpha(E)\| \leq \mu(E) \ (E \in \Sigma)$$

を満たすものについて, これが, ペッティス密度関数 $f: S \to B(X)$ を持つとせよ. そのとき, X の可分性より, ペッティスの可測性定理を用いれば, f は強可測である. したがって, f は有界な強可測関数で, ボッホナー積分可能関数となる. したがって, $x^* \in X^*$, $E \in \Sigma$ について

$$(x^*, \alpha(E)) = \int_E (x^*, f(s))d\mu(s) = (x^*, (\text{B})\int_E f(s)d\mu(s))$$

が得られる. すなわち, 任意の $E \in \Sigma$ について

$$\alpha(E) = (\text{B})\int_E f(s)d\mu(s)$$

が得られるので, α はボッホナー密度関数 f を持つ. したがって, X は RNP を持つ.

注意 1 1. ボッホナー積分可能関数 $f: S \to B(X)$ は, ペッティス積分可能関数であるから, [X が RNP を持つ $\Rightarrow$ X が WRNP を持つ] は明らかである.

2. 上で述べたように, 可分バナッハ空間については, [RNP = WRNP] であった. したがって, 例えば, 基本的数列空間 (しかも可分バナッハ空間) である c_0 は RNP を持たないから, WRNP も持たない. また, c_0 の共役空間: l_1 は RNP を持つから WRNP も持つことが分かる. さらに, これより一般な, weakly compactly generated なバナッハ空間 X (例えば, $L_1(S, \Sigma, \mu)$) についても, [X が RNP を持つ $\Leftrightarrow$ X が WRNP を持つ] (すなわち, weakly compactly generated 空間 X での [RNP = WRNP]) が得られる. それは, $f: S \to B(X)$, ペッティス積分可能関数が与えられたとき, 或るボッホナー積分可能関数 g で, g が f と弱同値であるものが存在することが, 定理 2.1.29, 定理 2.2.3 から得られるからである (詳細については, 章末問題 1 番で取り扱うことにする).

3. 一般には, **WRNP は, RNP より, 真に弱い概念** である. 実際, WRNP を持つが, RNP を持たないバナッハ空間の存在が示されるのである. それは, 例えば, James tree space (JT と表示) と呼ばれるバナッハ空間の共役空間 JT^* が代表的なものである. ここでは, 紙面の都合で, James' space (ジェームス空間) J の一般化である, JT の紹介や, JT^* についての, RNP, WRNP の内容を割愛するので, 興味のある読者は, これらの事項について丁寧な解説を与えている, D. Van Dulst[21] を参照されることを勧める. なお, J については, 基本的バナッハ空間であり, その学習経験も重要と考え, 章末問題 3 番として取り扱うことにしたい.

次に, WRNP を持たない基本的バナッハ空間の例を挙げる. この例は,

3.2 節の共役バナッハ空間の WRNP の探求に重要な役割を演ずる例である．それは，第 1 章の例 1.4.41 と，それに続く注意 7 の 5.，あるいは，第 1 章の章末問題 53 番に基づく結果である（なお，この例に関連した例を，章末問題 2 番で取り扱う）．

例 3.1.4 バナッハ空間 l_∞ は WRNP を持たない．

完備有限測度空間として，$[0,1]$ 上のルベーグ測度空間 $([0,1], \Lambda, \lambda)$ をとり，$\alpha : \Lambda \to l_\infty$ を，各 $E \in \Lambda$ について

$$\alpha(E) = \left\{ \int_E b_n(t) d\lambda(t) \right\}_{n \geq 1} \; (\in l_\infty)$$

で定義される l_∞-値ベクトル測度とする．そのとき，任意の $E \in \Lambda$ について

$$\|\alpha(E)\|_\infty = \sup_{n \geq 1} \left| \int_E b_n(t) d\lambda(t) \right| \leq \lambda(E)$$

が得られる．したがって，l_∞ が WRNP を持つとすれば，或るペッティス積分可能関数 $f : [0,1] \to B(l_\infty)$ が存在して，$\alpha = \nu_f$ となるから，特に，$l_1(\subset l_\infty^*)$ の標準基底 $\{e_n\}_{n \geq 1}$ を構成する各元 e_n $(n = 1, 2, \ldots)$ と，$E \in \Lambda$ について

$$\int_E b_n(t) d\lambda(t) = (e_n, \alpha(E)) = \int_E (e_n, f(t)) d\lambda(t)$$

が成り立つ．したがって，各 n について，$[0,1]$ 上 λ-a.e. に

$$b_n(t) = (e_n, f(t))$$

が成り立つ．すなわち，各 n 毎に，或る $N_n \in \mathcal{N}_\lambda$ が存在して，$t \notin N_n$ について，$b_n(t) = (e_n, f(t))$ が成り立つから

$$t \notin \bigcup_{n=1}^\infty N_n \; (= N \text{ とする}) \; \Rightarrow \; b_n(t) = (e_n, f(t)) \; (\forall n)$$

が得られる．したがって，シェルピンスキー関数 $\phi(t) = \{b_n(t)\}_{n \geq 1}$ は，任意の n について

$$(e_n, \phi(t)) = (e_n, f(t)) \; (t \notin N)$$

を満たす．よって，$t \notin N$（ただし $\lambda(N) = 0$）を満たす t について，$\phi(t) = f(t)$ が得られる．このことから，任意の $x^* \in l_\infty^*$ について，λ-a.e. に

$$(x^*, \phi(t)) = (x^*, f(t))$$

が得られる.ここで,f のペッティス積分可能性,したがって,f の弱可測性を用いれば,各 $x^* \in l_\infty^*$ について,$(x^*, \phi(t))$ も Λ-可測となり,例 1.4.41 に続く注意 7 の 5. の結果 (あるいは,1 章の章末問題 53 番の結果) に矛盾する.

バナッハ空間 X の WRNP についての紹介は,(紙面の都合上) この程度に留める.実際,WRNP の研究については,X の場合の結果は,(RNP の場合と比較して) 余り多くはない.ボッホナー積分に比較して,ペッティス積分の取り扱い悪さ,条件の弱さに起因するものである.ただし,共役バナッハ空間 X^* の場合には,実りある結果が,(RNP の場合と同様に) 生み出されている.その様子を,次節で観よう.

3.2 共役バナッハ空間の弱ラドン・ニコディム性

本節では,本書の主要目的の一つでもある $[X^*$ の WRNP$]$ に関する探求を与えよう.WRNP とは,[ペッティス密度関数の存在] を問題視する研究であるが,何故,X^* の場合は (X の場合と比較して) 取り扱いが容易,可能となるのであろうか.それは,RNP の場合での内容として,松田 [26] でも述べたように,この WRNP の場合についても,(ペッティス密度関数の前段階としての) [弱 * 密度関数の存在] が保証されるからである.

[弱 * 密度関数]

X^* の **WRNP** は,任意の (S, Σ, μ) について,測度 $\alpha : \Sigma \to X^*$ で

$$\|\alpha(E)\| \leq \mu(E) \ (E \in \Sigma)$$

を満たすものを与えたとき,α がペッティス密度関数 $f : S \to B(X^*)$ を持つか,否かを問う問題であったことを,改めて思い起こそう.そして,共役バナッハ空間 X^* の場合には,RNP の解析の場合と同様に,このような密度関数の存在を探るための有効な手段を与えるものとして,直ちに次の形の密度関数 (弱 * **密度関数**) の存在定理 (以下で与えられる定理 3.2.3) が得られること,そのことが基本的かつ重要となることを確認しよう.それを述べるために,次の定義を先ず与える.

定義 3.2.1 完備有限測度空間 (S, Σ, μ) について,**ベクトル値測度** $\alpha :$ $\Sigma \to X^*$ と,ゲルファント積分可能関数 $f : S \to X^*$ について,α が f を **弱 * 密度関数** として持つとは,任意の $x \in X$ について

$$(x, \alpha(E)) = \int_E (x, f(s)) d\mu(s) \ (E \in \Sigma)$$

が成り立つことをいう.

ベクトル値測度 α が, ペッティス密度関数 f を持てば, 明らかに f は α の弱 $*$ 密度関数である. したがって, 弱 $*$ 密度関数の存在証明は, ペッティス密度関数の存在を知るための前段階といえる. さて, X^* の **WRNP** の解析のための第一歩として, 性質のよい弱 $*$ 密度関数が必ず存在することを保証している以下の定理 3.2.3 を述べておく. この定理が, X^* における WRNP に関する様々の結果を支える基礎定理であるといえる. その証明には, 完備有限測度空間 (S, Σ, μ) に関する**リフティング定理** (以下の, 定理 3.2.2) が用いられる. そのリフティング定理を証明なしで挙げる. なお, 松田 [26] では, 特に $(S, \Sigma, \mu) = ([0,1], \Lambda, \lambda)$ ($[0,1]$ 上のルベーグ測度空間) の場合に, その特性を生かすことで, 一般の完備有限測度空間の場合のリフティング定理の証明に比べ [下方密度 (lower density)] の存在証明が容易となり, その結果, リフティング定理の証明が, 全体として簡潔になるものを与えている. しかし, 一般の場合は, 下方密度の存在証明について, このような単純化は無理であり, 難解で長くなる (例えば, 確率論のマルチンゲール理論の利用等が含まれる) ので証明を省く. これについて, 比較的簡潔で分かりやすい解説として, D. Van Dulst[21] を挙げておく. 参照せよ.

定理 3.2.2 (lifting theorem) (S, Σ, μ) を完備有限測度空間とするとき, 次の性質を満たす写像 $l : M_b(S, \Sigma, \mu) \to M_b(S, \Sigma, \mu)$ が存在する.

(1) $l(f) \equiv f$ $(f \in M_b(S, \Sigma, \mu))$

(2) $f \equiv g \Rightarrow l(f) = l(g)$ $(f, g \in M_b(S, \Sigma, \mu))$

(3) l は線形で乗法的である. すなわち, $a, b \in \mathbf{R}, f, g \in M_b(S, \Sigma, \mu)$ について
$$l(af + bg) = a \cdot l(f) + b \cdot l(g), \ l(fg) = l(f)l(g)$$
が成り立つ.

(4) $l(1) = 1$

これを利用すれば, 次の定理 3.2.3 が得られる (松田 [26] で与えたのと同じ展開である. 測度空間を (S, Σ, μ) に変更するのみである. 参照せよ).

定理 3.2.3 完備有限測度空間 (S, Σ, μ) と, 測度 $\alpha : \Sigma \to X^*$ で
$$\|\alpha(E)\| \leq \mu(E) \ (E \in \Sigma)$$
を満たすものが与えられたとき, 次の性質を満たす弱 $*$ 可測関数 $f : S \to B(X^*)$ が存在する.

(i) 任意の $B \in \mathcal{B}(B(X^*), w^*)$ について, $f^{-1}(B) \in \Sigma$ (すなわち, f は $\Sigma - \mathcal{B}(B(X^*), w^*)$ 可測) である.

(ii) μ の f による像 (ボレル) 測度 $f(\mu)$ は, $(B(X^*), w^*)$ 上のラドン測度である.

(iii) α は, f を弱*密度関数として持つ, すなわち, 任意の $x \in X$ について
$$(x, \alpha(E)) = \int_E (x, f(s))d\mu(s) \ (E \in \Sigma)$$
が成り立つ.

さて, X^* が **WRNP** を持つか否かを調べるためには, 上で注意したようにベクトル値測度 $\alpha : \Sigma \to X^*$ で
$$\|\alpha(E)\| \leq \mu(E) \ (E \in \Sigma)$$
を満たすものを与えたとき, この α が, $B(X^*)$-値のペッティス密度関数を持つか, 否かを調べる問題である. ところが, 定理 3.2.3 で与えたように, α は, $B(X^*)$-値の性質のよい (すなわち, 定理 3.2.3 の 条件 (ii) を満たす) 弱*密度関数 f を持つのであるから, さらにどのような条件が加味されれば, この f を基礎にして, (α を表現する) 新たなペッティス密度関数を生み出すことができるのかを探る問題となる (この論理展開は, まさに X^* の RNP の探求の場合と同様であることが, 松田 [26] を観れば分かるであろう). このような測度論的性質の解明のために, 新たな位相的性質を考慮し, それを探求の基礎としたのが, 以下で与える我々の展開である.

[ペッティス集合]

ここでは, X^* の **WRNP** を解析するために我々が出発点としたいと考える概念であるペッティス集合 (Pettis set) を, 先ず定義する. ここで与えられる定義は, 通常, ペッティス集合として呼ばれる集合の定義 (Talagrand によるもの, 以下の定義 3.2.23 であり, 測度論的性質で与えられたもの) と異なるが, 結局は同値になることが示されるので, 本書では, この位相的性質を持つ集合を, ペッティス集合と呼ぶことにする. 我々は, この位相的性質を起点として, WRNP と呼ばれる測度論的性質が如何にして明らかにされていくのかを, 順次解説していこう.

定義 3.2.4 K を X^* の弱*コンパクト集合とする. そのとき, K が **ペッティス集合** (Pettis set) であるとは, K の任意の弱*コンパクト部分集合 D が次の性質 $(*)$ を満たすことをいう.

(∗) X^{**} の任意の元 x^{**} を与えたとき, 任意の正数 ε について, 或る弱*開集合 U で

$$U \cap D \neq \emptyset, \ O(x^{**}|U \cap D) < \varepsilon$$

を満たすものが存在する.

そのとき, 定義 3.2.4 で述べられている, このような位相的性質を, コンパクトハウスドルフ空間 Z 上で定義された連続関数族 $C(Z)$ の部分集合族の性質として, 一般的観点から捉え, 考察する展開 (主に, Talagrand によるもの) を (測度論的考察の前に) 以下で, 先ず解説しよう. その準備段階の内容として, 次を思い起こそう.

[関数の連続性, 不連続性]

ここでは, 位相空間 (特に, コンパクトハウスドルフ空間) Z で定義された関数の連続性あるいは不連続性, および関数の連続点, 不連続点の状況, 様子について, 基本的事実を集約して述べておく.

Z: 位相空間, $f: Z \to \mathbf{R}$ について, f の不連続性を調べるための基本的道具として, $z \in Z$ における f の振幅 (以後, $O(f,z)$ と表示) の概念を導入する.

定義 3.2.5 $f: Z \to \mathbf{R}$, $z \in Z$ について, f の点 z における **振幅** $O(f,z)$ を次の量で定義する.

$$O(f,z) = \inf_{U \in \mathcal{U}(z)} (\sup_{u \in U} f(u) - \inf_{u \in U} f(u))$$

ただし, $\mathcal{U}(z)$ は z の近傍系を表す. なお, $U \in \mathcal{U}(z)$ について

$$O(f|U) = \sup_{u \in U} f(u) - \inf_{u \in U} f(u)$$

として, $O(f|U)$ (f の U における **振幅**) を定義すれば

$$O(f,z) = \inf_{U \in \mathcal{U}(z)} O(f|U)$$

である. $O(f,z)$ ($z \in Z$) を **振幅関数** という.

このとき, 関数 $f: Z \to \mathbf{R}$ の連続点, 不連続点について, 次は明らかである.

命題 3.2.6 (1) $z \in Z$ が f の連続点 $\Leftrightarrow$ $O(f,z) = 0$ $\Leftrightarrow$

$$\inf_{U \in \mathcal{U}(z)} (\sup_{u \in U} f(u)) = f(z) = \sup_{U \in \mathcal{U}(z)} (\inf_{u \in U} f(u))$$

(2) $z \in Z$ が f の不連続点 $\Leftrightarrow$ $O(f,z) > 0$ (すなわち, $O(f,z) \neq 0$)

この結果, 次が得られる.

命題 3.2.7 $f : Z \to \mathbf{R}$ について, f の不連続点の集合 $D(f)$, f の連続点の集合 $C(f)$ とすれば, $D(F)$ は F_σ 集合, $C(f)$ は G_δ 集合である.

証明 $D(f)$ の F_σ 性を示せば

$$D(f) = \bigcup_{n=1}^{\infty} F_n \ (\forall F_n \text{ は閉集合}), \ C(F) = D(f)^c = \bigcap_{n=1}^{\infty} F_n^c \ (\forall F_n^c \text{ は開集合})$$

から $C(f)$ についての結果も得られる. したがって, $D(f)$ の F_σ 性をみよう. そのために

$$D(f) = \{z \in Z \ : \ O(f,z) > 0\} = \bigcup_{n=1}^{\infty} \{z \in Z \ : \ O(f,z) \geq \frac{1}{n}\}$$

と表す. そのとき, 各 n について

$$F_n = \{z \in Z \ : \ O(f,z) \geq \frac{1}{n}\}$$

とすれば, F_n が閉集合であること, すなわち, $c > 0$ について, $F_c = \{z \in T \ : \ O(f,z) \geq c\}$ が閉集合であることを示そう. そのために, 任意のネット $\{z_d\}_{d \in D} \subset F_c$, $z_d \to z$ について, $z \in F_c$ を示す. 任意に $U \in \mathcal{U}(z)$ をとれ. そのとき, $z_d \to z$ を用いれば, 或る $d \in D$ が存在して, $z_d \in U$ である. したがって, 或る $V \in \mathcal{U}(z_d)$ が存在して, $V \subset U$ を満たす. よって, $z_d \in F_c$ とあわせれば

$$c \leq O(f|V) \leq O(f|U)$$

が成り立つ. $U \in \mathcal{U}(z)$ は任意であるから, U で inf をとれば

$$c \leq \inf_{U \in \mathcal{U}(z)} O(f|U) = O(f,z)$$

が得られる. すなわち, $z \in F_c$ であり, F_c は閉集合である.

また, 不連続点 z の性質として次を得る.

補題 3.2.8 $z \in D(f)$ であるとき, 或る実数の対 (α, β) $(\alpha < \beta)$ を適当にとれば, 次の性質 $(*)$ が成り立つ.

$\mathcal{U}(z)$ の各元 U について, U の元 u, v が存在して $f(u) > \beta$, $f(v) < \alpha \cdots (*)$

証明 $O(f,z) \neq 0$ であるから

$$\inf_{U \in \mathcal{U}(z)} (\sup_{u \in U} f(u)) > \sup_{U \in \mathcal{U}(z)} (\inf_{u \in U} f(u))$$

である．ここで

$$a_z = \inf_{U \in \mathcal{U}(z)} (\sup_{u \in U} f(u)) \; (= \limsup_{u \to z} f(u)),$$

$$b_z = \sup_{U \in \mathcal{U}(z)} (\inf_{u \in U} f(u)) \; (= \liminf_{u \to z} f(u))$$

とおけば，$b_z < a_z$ であるから，或る実数の対 (α, β) $(\alpha < \beta)$ が存在して

$$b_z < \alpha < \beta < a_z$$

を満たす．このとき，a_z, b_z の定義から，任意の $U \in \mathcal{U}(z)$ について

$$\inf_{u \in U} f(u) < \alpha, \; \sup_{u \in U} f(u) > \beta$$

が得られる．したがって，各 $U \in \mathcal{U}(z)$ について，$u, v \in U$ が存在して

$$f(u) > \beta, \; f(v) < \alpha$$

が成り立つ．すなわち，$(*)$ が得られる．

注意 2 もちろん，有理数の稠密性より，この実数の対 (α, β) を $(\alpha, \beta) \in \mathbf{Q} \times \mathbf{Q}$ を満たすようにとれる．

定理 3.2.9 Z：コンパクトハウスドルフ空間，$f : Z \to \mathbf{R}$ について $D(f) = Z$ $(C(f) = \emptyset$，すなわち，f は連続点を持たない$)$ とする．そのとき，或る空でない閉集合 L と実数の対 (α, β) $(\alpha < \beta)$ が存在して，次の性質 $(**)$ が成り立つ．

$U \cap L \neq \emptyset$ を満たす開集合 U について

$u, v \in U \cap L$ で $f(u) > \beta, \; f(v) < \alpha$ を満たすものが存在する $\cdots (**)$

証明 次の有理数の対の集合を考える．

$$\{(\alpha, \beta) \in \mathbf{Q} \times \mathbf{Q} \; : \; \alpha < \beta\}$$

そのとき, この集合は可算個の元から成るので $\{(\alpha_n, \beta_n) : n = 1, 2, \ldots\}$ と表すことができる. また, 各 n 毎に, 集合 A_n を

$$A_n = \{z \in Z : \mathcal{U}(z) \text{ の各元 } U \text{ について}$$

$$f(u) > \beta_n, \, f(v) < \alpha_n \text{ を満たす } u, v \in U \text{ が存在}\,\}$$

と定義すれば, $Z = D(f)$ と補題 3.2.8, およびそれに続く注意 2 より

$$Z = \bigcup_{n=1}^{\infty} A_n$$

が得られる. ここで, 各 n について, A_n が閉集合であることを注意する. そのために, 任意のネット $\{z_d\}_{d \in D} \subset A_n$, $z_d \to z$ について, $z \in A_n$ を示す. 任意の $U \in \mathcal{U}(z)$ をとれ. そのとき, $z_d \to z$ より, 或る $d \in D$ が存在して, $z_d \in U$ であるから, 或る $V \in \mathcal{U}(z_d)$ が存在して, $V \subset U$ が成り立つ. そのとき, $z_d \in A_n$ であるから, 或る $u, v \in V$ が存在して, $f(u) > \beta_n, f(v) < \alpha_n$ が成り立つ. $u, v \in V \subset U$ であるから, $z \in A_n$ が得られる. 各 A_n が閉集合であるから, ベールのカテゴリー定理を用いれば, 或る m が存在して, $A_m^\circ \neq \emptyset$ が成り立つ. このとき, $L = \overline{A_m^\circ}$ とおけば, この閉集合 L と (α_m, β_m) について, $(**)$ が成り立つことが示される. これを示すために, $U \cap L \neq \emptyset$ を満たす任意の開集合 U をとれ. そのとき, $U \cap A_m^\circ \neq \emptyset$ であるから, $a \in U \cap A_m^\circ$ がとれる. そのとき, $A_m^\circ \cap U \in \mathcal{U}(a)$ であるから, $a \in A_m$ を用いれば, $u, v \in U \cap A_m^\circ \, (\subset U \cap L)$ が存在して, $f(u) > \beta_m, f(v) < \alpha_m$ が成り立つ. したがって, $(**)$ が示された.

注意 3 $f : Z \to \mathbf{R}$ が, 空でない閉集合 L と実数の対 (α, β) $(\alpha < \beta)$ に対して上述, 定理 3.2.9 の $(**)$ を満たす $\Leftrightarrow$

$$\overline{L \cap \{z : f(z) < \alpha\}} = L, \quad \overline{L \cap \{z : f(z) > \beta\}} = L$$

が成り立つ. すなわち

二つの集合 $L \cap \{z : f(z) < \alpha\}$, $L \cap \{z : f(z) > \beta\}$ が, L で稠密

である.

[**第一級ベール関数 (Baire-1 関数)**]

この結果を利用すれば次の結果：定理 3.2.10 が得られる. ここで述べられた性質 (a) は連続関数列の各点収束極限関数として得られる関数, すなわち, Baire-1 関数の持つ性質としてよく知られたものである (後述, 定理 3.2.11).

定理 3.2.10 Z: コンパクトハウスドルフ空間, $f : Z \to \mathbf{R}$ について次の二つの条件は同値である.

(a) Z の任意の空でない閉集合 L について, $f|_L$ (f の L への制限関数) は, 連続点をもつ.

(b) Z の任意の空でない閉集合 L と任意の実数の対 (α, β) $(\alpha < \beta)$ について

$$L \cap \{z \,:\, f(z) < \alpha\}, \ L \cap \{z \,:\, f(z) > \beta\}$$

のどちらかは L で稠密でない. すなわち

$$\overline{L \cap \{z \,:\, f(z) < \alpha\}} \subsetneq L, \text{ あるいは, } \overline{L \cap \{z \,:\, f(z) > \beta\}} \subsetneq L$$

が成り立つ.

証明 (a) $\Rightarrow$ (b). (b) の否定を仮定する. すなわち, 或る閉集合 L と実数の組 (α, β) $(\alpha < \beta)$ が存在して, 上述の二つの集合が L で稠密とする. そして, 正数 ε を, $\varepsilon < \beta - \alpha$ を満たすようにとれ. そのとき, (a) から, $f|L$ は連続点 $a \in L$ を持つ. したがって, この ε について, 或る開集合 $U \ (\in \mathcal{U}(a))$ が存在して, $U \cap L$ の元 y, z に対して

$$|f(y) - f(z)| < \varepsilon < \beta - \alpha$$

が成り立つ. ところが, この U について, $f(u) < \alpha$, $f(v) > \beta$ を満たす $u, v \in U \cap L$ が存在する. したがって

$$f(v) - f(u) > \beta - \alpha > \varepsilon > |f(v) - f(u)| = f(v) - f(u)$$

が得られるので, 矛盾である.

(b) $\Rightarrow$ (a). (a) を否定しよう. そのとき, 閉集合 L が存在して, $f|L$ は (L 上で) 連続点を持たない. したがって, $S = L$ として定理 3.2.9 を用いれば, $L^* : L$ の閉集合 (したがって, Z の閉集合), (α, β) $(\alpha < \beta)$ が存在して

$$L^* \cap \{z \,:\, f(z) < \alpha\}, \ L^* \cap \{z \,:\, f(z) > \beta\} \text{ が } L^* \text{ で稠密である}$$

が得られる. このことは, 仮定 (b) に矛盾する.

ここで述べられた性質 (a) が Baire-1 関数の持つ性質であることを示しておく. すなわち

定理 3.2.11 Z：コンパクトハウスドルフ空間，$\{f_n\}_{n\geq 1}$ を Z 上で定義された連続関数の列で，各点収束するとする．そのとき
$$f(z) = \lim_{n\to\infty} f_n(z) \ (z \in Z)$$
として定義される関数 f（このような関数 f を **Baire-1 関数**という）は，定理 3.2.10 の性質 (a) を持つ．

証明 任意の閉集合 L で $f|_L$ が連続点を持つことを示す．ところで，L はコンパクトハウスドルフであり，$\{f_n|_L\}_{n\geq 1}$ は L 上の連続関数列であり
$$f|_L(z) = \lim_{n\to\infty} f_n|_L(z) \ (z \in L)$$
であるから，この証明は，$L = Z$ として，f が Z で連続点を持つことを示すのと同じである．そのため，$L = Z$ の場合として示そう．f の連続点 a の存在を示すためには，$\{f_n\}_{n\geq 1}$ が同程度連続である点 a を見出せばよい．そのために，任意に正数 ε を与えよ．そして，$\eta = \varepsilon/3$ として，各 n について
$$A_n = \bigcap_{m \geq n} \{z \ : \ |f_m(z) - f_n(z)| \leq \eta\}$$
とおく．そのとき，f_m，f_n が連続関数より
$$\{z \ : \ |f_m(z) - f_n(z)| \leq \eta\}$$
は閉集合であるから，その共通部分集合として，各 A_n は閉集合である．しかも，任意の $z \in Z$ について，極限：$\lim_{n\to\infty} f_n(z)$ が存在するから
$$Z = \bigcup_{n=1}^{\infty} A_n$$
が得られる．したがって，ベールのカテゴリー定理より，或る p が存在して
$$A_p^\circ \neq \emptyset$$
が成り立つ．このとき，$a \in A_p^\circ$ をとれ．$f_1, \ldots, f_p$ は点 a で連続より，a の或る $V \in \mathcal{U}(a)$ をとれば
$$|f_i(v) - f_i(a)| < \eta \ (v \in V, \ i = 1, 2, \ldots, p)$$
が成り立つ．また，或る $W \in \mathcal{U}(a)$ で，$W \subset A_p^\circ$ を満たすものをとれ．そして，$U = V \cap W \ (\in \mathcal{U}(a))$ とせよ．そのとき，任意の $u \in U$，任意の n について
$$|f_n(u) - f_n(a)| < \varepsilon \ \cdots \ (*)$$

が成り立つ. それを以下で注意する. $n = 1, \ldots, p$ の場合は明らかであるから, $n \geq p+1$ の場合に $(*)$ を示そう. さて, $U \subset W \subset A_p$ であるから, U の各元 u と, $m \geq p$ を満たす各 m について

$$|f_m(u) - f_p(u)| \leq \eta$$

が成り立つ. 特に, $|f_m(a) - f_p(a)| \leq \eta$ $(m = p, p+1, \ldots)$ が成り立つ. したがって, 任意の m $(\geq p+1)$ と, 任意の $u \in U$ について

$$|f_m(u) - f_m(a)| \leq |f_m(u) - f_p(u)| + |f_p(u) - f_p(a)|$$
$$+ |f_p(a) - f_m(a)| \leq \eta + \eta + \eta < \varepsilon$$

が得られる. 以上から, $\{f_n\}_{n \geq 1}$ は点 a で同程度連続であることが示された. したがって, その極限関数 f は点 a で連続である.

この結果と, 命題 3.2.7 を結合すれば, 次の定理を得る.

定理 3.2.12 Z はコンパクトハウスドルフ空間, $f : Z \to \mathbf{R}$ は, 定理 3.2.10 の条件 (a) を満たす関数とする. そのとき, $C(f)$ は, Z の稠密な G_δ 集合である. したがって, 特に f が Baire-1 関数ならば, $C(f)$ は, Z の稠密な G_δ 集合である.

証明 ($C(f)$ の G_δ 性は証明済みであるが, 以下でも, この事柄が同時に示されている). 主要部分は $C(f)$ の稠密性の証明である. そのために, 各 n について集合 G_n を, 次で定義する.

$$G_n = \{z \in Z \ : \ \mathcal{U}(z) \text{ の或る元 } U \text{ が } O(f|U) < \frac{1}{n} \text{ を満たす}\}$$

そのとき

$$C(f) = \{z \in Z \ : \ O(f, z) = 0\} = \bigcap_{n=1}^{\infty} G_n$$

である. しかも, 各 G_n は開集合である. すなわち, 各 $z \in G_n$ が内点であることをみよう. $z \in G_n$ であるから, 或る $U \in \mathcal{U}(z)$ が存在して

$$O(f|U) < \frac{1}{n}$$

が成り立つ. このとき, 任意の $u \in U$ について, 或る $V \in \mathcal{U}(u)$ で, $V \subset U$ を満たす V をとれば

$$O(f|V) \leq O(f|U) < \frac{1}{n}$$

が得られる．したがって，$U \subset G_n$ が得られるので，z は G_n の内点である．しかも，各 G_n は，Z の稠密集合である．すなわち，任意の空でない開集合 U について

$$G_n \cap U \neq \emptyset$$

が成り立つことが分かる．これを示すために，$L = \overline{U}$ とおく．性質 (a) から，$f|L$ が連続点 $a \ (\in L)$ を持つから，$\varepsilon = 1/n$ として連続性を用いれば或る開集合 $V \ (\in \mathcal{U}(a))$ で，$V \cap L \neq \emptyset$ を満たす V が存在して

$$O(f|V \cap L) < \frac{1}{n}$$

が成り立つ．このとき，$W = V \cap U$ とすれば，$W \neq \emptyset$ であるから，$b \in W$ をとれば，$W \in \mathcal{U}(b)$ で

$$O(f|W) = O(f|V \cap U) \leq O(f|V \cap L) < \frac{1}{n}$$

が得られる．すなわち，$b \in G_n \cap U$ が得られたので，$G_n \cap U \neq \emptyset$ である．各 G_n が稠密な開集合であることが分かったから，コンパクトハウスドルフ空間におけるベールの定理により，その可算個の共通集合 $C(f)$ も稠密であることが得られる．

注意 4 1. $G_n = F_n^c$ (ただし，F_n は命題 3.2.7 で定義され，その閉集合性が示されたた集合である) が容易に示されることからも，G_n の開集合性は得られる．

2. 定理 3.2.12 の証明で用いた f の性質は，定理 3.2.10 の条件 (a) をそのまま用いたというよりは，その前段階の少しく弱い f の性質 (すなわち，条件 (a) の必要条件) である次の性質 (*) が用いられていることを注意せよ．

(*) 任意の閉集合 L と任意の正数 ε について，或る開集合 U で

$$U \cap L \neq \emptyset \text{ かつ } O(f|U \cap L) \leq \varepsilon$$

を満たすものが存在する．

定理 3.2.10 および定理 3.2.12 の証明 (あるいは，その注意 4 の 2.) を考慮すれば，次の結果が得られる．

定理 3.2.13 Z : コンパクトハウスドルフ空間，$f : Z \to \mathbf{R}$ について次の三つの条件は同値である．
  (a) Z の任意の空でない閉集合 L について，$f|_L$ (f の L への制限関数) は，連続点を持つ．

(b) Z の任意の空でない閉集合 L と任意の実数の対 (α, β) $(\alpha < \beta)$ について

$$L \cap \{z \ : \ f(z) < \alpha\}, \ L \cap \{z \ : \ f(z) > \beta\}$$

のどちらかは L 稠密でない. すなわち

$$\overline{L \cap \{z \ : \ f(z) < \alpha\}} \subsetneq L, \ \text{あるいは}, \ \overline{L \cap \{z \ : \ f(z) > \beta\}} \subsetneq L$$

が成り立つ.

(c) Z の任意の空でない閉集合 L と任意の正数 ε について, 或る開集合 U で

$$U \cap L \neq \emptyset, \ O(f|U \cap L) \leq \varepsilon$$

を満たすものが存在する.

証明 (a) $\Leftrightarrow$ (b) は, 定理 3.2.10 であり, (a) $\Rightarrow$ (c) は容易である (定理 3.2.12 の証明内で示されている). (c) $\Rightarrow$ (a) について注意する. L はコンパクトハウスドルフであるから, L を定理 3.2.12 の Z と考え, 仮定 (c) を任意の L の閉部分集合 L' について, このような性質が成り立つという条件に読むことで, 定理 3.2.12 から, $f|_L$ は L の稠密な集合で連続点を持つことが分かる. したがって, 当然 $C(f|_L) \neq \emptyset$ である. すなわち, (a) が成り立つ.

以後, Z がハウスドルフ位相空間の場合に, 定理 3.2.13 の条件 (a) を満たす関数 f の全体を $\mathcal{B}_r(Z)$ と表すことにする. すなわち

$$\mathcal{B}_r(Z) = \{f : Z \to \mathbf{R} \mid Z \text{ の各閉集合 } L \text{ について,} \ f|_L \text{ は連続点を持つ}\}$$

である.

注意 5 定理 3.2.13 における同値性 : (b) $\Leftrightarrow$ (c) について注意したい. この同値性において, (c) $\Rightarrow$ (b) については容易である (定理 3.2.10 の (a) $\Rightarrow$ (b) の証明と同様である) が, (b) $\Rightarrow$ (c) という命題は, コンパクトハウスドルフ性の場合に保証されるベールの定理に依存して得られている. しかし, 一般のハウスドルフ空間 Z 上で定義された関数 $f : Z \to \mathbf{R}$ の場合にも, f が有界関数である場合には, (b) $\Rightarrow$ (c) が (上の手順とは無関係な単純な方法で) 示される. 以下で, その証明の概略を与えよう. f が有界であるから $|f(z)| \leq M/2$ $(z \in Z)$ とする. $g = f + M/2$ とせよ. そのとき $O(g|U \cap L) = O(f|U \cap L)$ であるから, $0 \leq g \leq M$ について

(c) Z の任意の空でない閉集合 L と任意の正数 ε について, 或る開集合 U で

$$U \cap L \neq \emptyset, \ O(g|U \cap L) \leq \varepsilon$$

を満たすものが存在することを示せばよい. このような L と正数 ε を与えよ. そして
$$[0, M] \subset \bigcup_{i=1}^{n} [(i-1)\varepsilon, i\varepsilon)$$
と表す. $\alpha = \varepsilon/2,\ \beta = \varepsilon$ として, (b) を用いよ. そのとき
$$\overline{L \cap \{g < \tfrac{\varepsilon}{2}\}} \subsetneq L,\ \text{あるいは,}\ \overline{L \cap \{g > \varepsilon\}} \subsetneq L$$
が成り立つ. もし, 後者の $\overline{L \cap \{g > \varepsilon\}} \subsetneq L$ が成り立つならば, 或る開集合 U で
$$U \cap L \neq \emptyset,\ U \cap L \cap \{g > \varepsilon\} = \emptyset$$
を満たすものが存在する. このとき $0 \leq g(z) \leq \varepsilon\ (z \in U \cap L)$ であるから, $O(g|U \cap L) \leq \varepsilon$ となり, (c) が成り立つ. 後者でないとき, 前者の
$$\overline{L \cap \{g < \tfrac{\varepsilon}{2}\}} \subsetneq L$$
が成り立つから, 或る開集合 V_0 で
$$V_0 \cap L \neq \emptyset,\ V_0 \cap L \cap \{g < \tfrac{\varepsilon}{2}\} = \emptyset$$
を満たすものが存在する. すなわち
$$g(z) \geq \tfrac{\varepsilon}{2}\ (z \in V_0 \cap L)$$
が成り立つ. このとき, $L_1 = \overline{V_0 \cap L}$ とせよ. そして, $\alpha = \varepsilon,\ \beta = 3\varepsilon/2$ とし, このような L, α, β について考えれば, (b) から
$$\overline{L_1 \cap \{g < \varepsilon\}} \subsetneq L_1,\ \text{あるいは,}\ \overline{L_1 \cap \{g > \tfrac{3\varepsilon}{2}\}} \subsetneq L_1$$
が成り立つ. 第 1 段階と同様にして, もし, 後者の
$$\overline{L_1 \cap \{g > \tfrac{3\varepsilon}{2}\}} \subsetneq L_1$$
が成り立つならば, 或る開集合 U_0 で
$$U_0 \cap L_1 \neq \emptyset\ (\Rightarrow\ U_0 \cap V_0 \cap L \neq \emptyset),\ U_0 \cap L_1 \cap \{g > \tfrac{3\varepsilon}{2}\} = \emptyset$$
を満たすものが存在する. このとき
$$g(z) \leq \tfrac{3\varepsilon}{2}\ (z \in U_0 \cap L_1 = U_0 \cap \overline{V_0 \cap L})$$

であるから，特に
$$g(z) \leq \frac{3\varepsilon}{2} \ (z \in U_0 \cap V_0 \cap L)$$
が成り立つ．したがって
$$\frac{\varepsilon}{2} \leq g(z) \leq \frac{3\varepsilon}{2} \ (z \in U_0 \cap V_0 \cap L)$$
が得られるので，$O(g|_{U_0 \cap V_0 \cap L}) \leq \varepsilon$ となり，$U = U_0 \cap V_0$ について，(c) が成り立つ．次に後者が成り立たないならば，前者の
$$\overline{L_1 \cap \{g < \varepsilon\}} \subsetneq L_1$$
が成り立つので，或る開集合 V_1 で
$$V_1 \cap L_1 \neq \emptyset \ (\Rightarrow \ V_1 \cap V_0 \cap L \neq \emptyset), \ V_1 \cap L_1 \cap \{g < \varepsilon\} = \emptyset$$
を満たすものが存在する．このとき
$$g(z) \geq \varepsilon \ (z \in V_1 \cap L_1)$$
である．そして，$L_2 = \overline{V_1 \cap L_1}$ とし，$\alpha = 3\varepsilon/2$, $\alpha = 2\varepsilon$ として，(b) を用いれば
$$\overline{L_2 \cap \{g < \frac{3\varepsilon}{2}\}} \subsetneq L_2, \ \text{あるいは,} \ \overline{L_2 \cap \{g > 2\varepsilon\}} \subsetneq L_2$$
が成り立つ．第 2 段階と同様にして，この後者の
$$\overline{L_2 \cap \{g > 2\varepsilon\}} \subsetneq L_2$$
が成り立つならば，或る開集合 U_1 で
$$U_1 \cap L_2 \neq \emptyset \ (\Rightarrow \ U_1 \cap V_1 \cap L_1 \neq \emptyset), \ U_1 \cap L_2 \cap \{g > 2\varepsilon\} = \emptyset$$
を満たすものが存在する．$U_1 \cap V_1 \cap L_1 \neq \emptyset$ より，$\emptyset \neq U_1 \cap V_1 \cap V_0 \cap L \subset U_1 \cap L_2$ であるから
$$\varepsilon \leq g(z) \leq 2\varepsilon \ (z \in U_1 \cap V_1 \cap V_0 \cap L)$$
が得られる．よって，$O(g|_{U_1 \cap V_1 \cap V_0 \cap L}) \leq \varepsilon$ であるから，$U = U_1 \cap V_1 \cap V_0$ について，(c) が成り立つ．このようにして上述の同様の論法を続けることにより，或る段階で (c) が成り立つことが分かる．

[バナッハ空間 $C(Z)$ の有界部分集合 $\mathcal{H}$ の各点収束極限関数の動向から観た，$\mathcal{H}$ の性質]

前項までの結果 (特に, 定理 3.2.13) を利用することで, コンパクトハウスドルフ空間 Z 上で定義された実数値連続関数の作るバナッハ空間 $C(Z)$ の有界な部分集合族 $\mathcal{H}$ の振る舞いに関しての次の重要な結果を与えよう.

定理 3.2.14 Z をコンパクトハウスドルフ空間, $\mathcal{H}$ を $C(Z)$ の有界な部分集合とする. そのとき, 次の条件 (a), (b) は同値である.

(a) $\mathcal{H}$ の任意の点列 $\{f_n\}_{n\geq 1}$ は Z で各点収束する部分列 $\{f_{n(m)}\}_{m\geq 1}$ を持つ. すなわち, $\mathcal{H}$ の各点列 $\{f_n\}_{n\geq 1}$ について, 適当な部分列 $\{f_{n(m)}\}_{m\geq 1}$ をとれば, 各 $z \in Z$ について有限極限値
$$\lim_{m\to\infty} f_{n(m)}(z)$$
が存在する.

(b) 任意の $f \in \overline{\mathcal{H}}^{\tau_p}$ について, f は定理 3.2.13 のいずれかの条件を満たす (すなわち, $f \in \mathcal{B}_r(Z)$ である).

注意 6 1. $\mathcal{H}$ が有界であるから, $f \in \overline{\mathcal{H}}^{\tau_p}$ について, $f \in \mathbf{R}^Z$ であること (すなわち, 各 f は実数値関数であること) を注意せよ.

2. 定理 3.2.14 の条件 (b) で与えた内容は, 先にペッティス集合の定義として挙げた定義 3.2.4 の状況を一般化したものになっている (定義 3.2.4 の直後に述べた内容に相当していることを注意せよ). 実際, コンパクトハウスドルフ空間 $Z = (K, w^*)$ とし, $\mathcal{H} = \{x|_K : x \in B(X)\}$ とすれば, $\mathcal{H}$ は $C(Z)$ の有界部分集合であり, $B(X^{**}) = \overline{B(X)}^{w^*}$ ($B(X)$ の弱 $*$ 閉包) であることと, $B(X^{**})$ の弱 $*$ コンパクト性から
$$\{x^{**}|_K : x^{**} \in B(X^{**})\} = \overline{\mathcal{H}}^{\tau_p}$$
の成り立つことが分かるからである.

3. 今まで諸君が学習した範囲では, 連続関数の集合についての性質といえば, 各点収束位相に関するものに出会う機会は殆ど無く, 一様位相 (ノルム位相) に関するもののみに接してきたと言っても過言ではないと思う. 例えば, その事例の基礎的なものとしては「連続関数列の一様収束極限関数は連続」あるいは, 少し高度になれば「アスコリ・アルツェラの定理」といったもの等であろう. また, 各点収束位相に関して唯一学習した事例は, ベールのカテゴリー定理の応用としての, 連続関数列の各点収束極限関数の動向であったかもしれない. このように, 今まで接する内容が少なかったのは, (以下に展開される内容からも推測されるように) 各点収束に関する解析は, 多数の基礎的事項の積み重ねによる非常に厳密な論理展開が要求されるからであり, しかも, それが或る種の難解さを伴う故であるとも思うが, 実に興味深い結果が得られることも事実であり (ここでは, 定理

3.2.14 に代表される, その一部の内容紹介に留まるが) 好奇心を持って臨み, その妙味も鑑賞して欲しい.

この定理 3.2.14 の証明に重要な役割を演ずるローゼンタール (H. Rosenthal) の補題を用意する (以後, Rosenthal の結果は, [23] を参照).

補題 3.2.15 定理 3.2.14 と同じ設定 (ただし, Z はコンパクト距離空間) とする. そして, $\mathcal{H}$ に属する関数の列 $\{f_n\}_{n \geq 1}$ について, そのどんな部分列も各点収束しないと仮定する. そのとき, Z の空でない集合 L と実数の対 (α, β) $(\alpha < \beta)$ と, $\{f_n\}_{n \geq 1}$ の部分列 $\{f_{n(i)}\}_{i \geq 1}$ が存在して

$$\overline{\{f_{n(i)} : i = 1, 2, \ldots\}}^{\tau_p}$$ に属する任意の元 g と

$U \cap L \neq \emptyset$ を満たす任意の開集合 U について

$$\inf g(U \cap L) < \alpha < \beta < \sup g(U \cap L)$$

が成り立つ.

この事柄の証明 (難解で長い) は後述することとし, これを利用して定理 3.2.14 の証明を, 先に述べておこう.

定理 3.2.14 の証明 (I) Z がコンパクト距離空間の場合. (a), (b) の同値性を示そう.

(a) $\Rightarrow$ (b). (この包含の証明については, Z はコンパクトハウスドルフのみでよい) (b) の否定を仮定して, (a) の否定を証明する. (b) を否定すれば, $f \in \overline{\mathcal{H}}^{\tau_p}$ で, 定理 3.2.13 の条件 (b) を満たさないものが存在する. すなわち, Z の空でない閉集合 L と, 或る実数の対 (α, β) $(\alpha < \beta)$ が存在して

$$\overline{L \cap \{f < \alpha\}} = L, \quad \overline{L \cap \{f > \beta\}} = L$$

が成り立つ. したがって, 「任意の開集合 U で, $U \cap L \neq \emptyset$ を満たす U について

$$\inf f(U \cap L) < \alpha < \beta < \sup f(U \cap L)$$

が成り立つ」. このとき, $\mathcal{H}$ から適当に関数列 $\{f_n\}_{n \geq 1}$ を選び, その任意の部分列 $\{f_{n(m)}\}_{m \geq 1}$ が各点収束しないことを示せば, (a) が否定され証明が完結する. したがって, このような性質を持つ関数列 $\{f_n\}_{n \geq 1}$ を, 前文「…」を有効利用することで, $\mathcal{H}$ から構成することを考えよう. そのために, 「…」を, $U = Z$ ($= U(0, 0)$ と表記) の場合から利用する. そのとき, $z_{1,0}, z_{1,1} \in L$ が存在して

$$f(z_{1,0}) < \alpha < \beta < f(z_{1,1})$$

が成り立つ. ここで, $f \in \overline{\mathcal{H}}^{\tau_p}$ から, f の 一つの τ_p-近傍として

$$U(f; z_{1,0}, z_{1,1}, \alpha, \beta) = \{g \in \mathbf{R}^Z \ : \ g(z_{1,0}) < \alpha, \ g(z_{1,1}) > \beta\}$$

を考えれば

$$U(f; z_{1,0}, z_{1,1}, \alpha, \beta) \cap \mathcal{H} \neq \emptyset$$

であるから, $f_1 \in \mathcal{H}$ で

$$f_1(z_{1,0}) < \alpha, \ f_1(z_{1,1}) > \beta$$

を満たすものが存在する. このとき, Z の開集合 $U(1,0)$, $U(1,1)$ を

$$U(1,0) = \{z \in Z \ : \ f_1(z) < \alpha\}, \ U(1,1) = \{z \in Z \ : \ f_1(z) > \beta\}$$

とすれば

$$U(1,0) \cup U(1,1) \subset U(0,0), \ U(1,0) \cap U(1,1) = \emptyset$$

である. しかも

$$z_{1,0} \in U(1,0) \cap L, \ z_{1,1} \in U(1,1) \cap L$$

である. したがって

$$U(1,0) \cap L \neq \emptyset, \ U(1,1) \cap L \neq \emptyset$$

より, $U = U(1,0)$ として, 「$\cdots$」を利用すれば, $z_{2,0}, z_{2,1} \in L$ が存在して

$$f(z_{2,0}) < \alpha < \beta < f(z_{2,1})$$

が成り立つ. また, $U = U(1,1)$ として「$\cdots$」を利用すれば, $z_{2,2}, z_{2,3} \in L$ が存在して

$$f(z_{2,2}) < \alpha < \beta < f(z_{2,3})$$

が成り立つ. ここで, $f \in \overline{\mathcal{H}}^{\tau_p}$ から, f の 一つの τ_p-近傍として

$$U(f; z_{2,0}, z_{2,1}, z_{2,2}, z_{2,3}, \alpha, \beta) =$$

$$\{g \in \mathbf{R}^Z \ : \ g(z_{2,0}) < \alpha, \ g(z_{2,2}) < \alpha, \ g(z_{2,1}) > \beta, \ g(z_{2,3}) > \beta\}$$

を考えれば

$$U(f; z_{2,0}, z_{2,1}, z_{2,2}, z_{2,3}, \alpha, \beta) \cap \mathcal{H} \neq \emptyset$$

であるから, $f_2 \in \mathcal{H}$ で

$$f_2(z_{2,0}) < \alpha, \ f_2(z_{2,2}) < \alpha, \ f_2(z_{2,1}) > \beta, \ f_2(z_{2,3}) > \beta$$

を満たすものが存在する．このとき，Z の開集合 $U(2,0), U(2,1), U(2,2),$ $U(2,3)$ を
$$U(2,0) = \{z \in U(1,0) \ : \ f_2(z) < \alpha\},$$
$$U(2,1) = \{z \in U(1,0) \ : \ f_2(z) > \beta\},$$
$$U(2,2) = \{z \in U(1,1) \ : \ f_2(z) < \alpha\},$$
$$U(2,3) = \{z \in U(1,1) \ : \ f_2(z) > \beta\}$$
と定義する．すなわち
$$U(2,0) = \{z \in Z \ : \ f_1(z) < \alpha, f_2(z) < \alpha\},$$
$$U(2,1) = \{z \in Z \ : \ f_1(z) < \alpha, f_2(z) > \beta\}$$
$$U(2,2) = \{z \in Z \ : \ f_1(z) > \beta, f_2(z) < \alpha\},$$
$$U(2,3) = \{z \in Z \ : \ f_1(z) > \beta, f_2(z) > \beta\}$$
で定義する．そのとき
$$U(2,0) \cup U(2,1) \subset U(1,0), \ U(2,0) \cap U(2,1) = \emptyset,$$
$$U(2,2) \cup U(2,3) \subset U(1,1), \ U(2,2) \cap U(2,3) = \emptyset$$
である．しかも
$$z_{2,0} \in U(2,0) \cap L, \ z_{2,1} \in U(2,1) \cap L,$$
$$z_{2,2} \in U(2,2) \cap L, \ z_{2,3} \in U(2,3) \cap L$$
であるから，前段と同様にして，$U = U(2,0), U(2,1), U(2,2), U(2,3)$ の各場合に「$\cdots$」を利用することにより，L の点列 $\{z_{3,0}, z_{3,1}, \ldots, z_{3,8}\}$ と，Z の開集合の列 $\{U(3,0), U(3,1), \ldots, U(3,8)\}$ と $\mathcal{H}$ に属する関数 f_3 を
$$U(3,2i) = \{z \in U(2,i) \ : \ f_3(z) < \alpha\},$$
$$U(3,2i+1) = \{z \in U(2,i) \ : \ f_3(z) > \beta\} \ (i = 0,1,2,3)$$
$$z_{3,i} \in U(3,i) \cap L \ (i = 0, 1, \ldots, 8)$$
となるように構成できる．例えば
$$U(3,0) = \{z \in Z \ : \ f_i(z) < \alpha, \ i = 1,2,3\}, \cdots,$$
$$U(3,8) = \{z \in T \ : \ f_i(z) > \beta, \ i = 1,2,3\}$$
である．したがって，このような手順を続ければ，以下に述べる性質 $(*)$ を持つ L の点列 $\{z_{n,i} \ : \ n = 1, \ldots; i = 0, \ldots, 2^n - 1\}$，$Z$ の開集合の列

$\{U(n,i) : n = 1,\ldots; i = 0,\ldots,2^n - 1\}$, $\mathcal{H}$ の関数列 $\{f_n\}_{n\geq 1}$ が得られる. すなわち, 性質 $(*)$:

$$U(n+1, 2i) = \{z \in U(n,i) : f_{n+1}(z) < \alpha\},$$

$$U(n+1, 2i+1) = \{z \in U(n,i) : f_{n+1}(z) > \beta\} \ (i = 0, 1, \ldots, 2^n - 1),$$

$$z_{n,i} \in U(n,i) \cap L \ (n = 1, \ldots; i = 0, \ldots, 2^n - 1)$$

である. そのとき

$$C(n,i) = \overline{U(n,i)} \cap L$$

と定義すれば, $z_{n,i} \in C(n,i)$ であるから, $C(n,i)$ は空でない閉集合で, $n = 0, 1, \ldots, i = 0, 1, \ldots, 2^n - 1$ について

$$C(n, 2i) \subset \{z \in L : f_n(z) \leq \alpha\},$$

$$C(n, 2i+1) \subset \{z \in L : f_n(z) \geq \beta\}$$

および

$$C(n+1, 2i) \cup C(n+1, 2i+1) \subset C(n,i) \ (n = 1, \ldots; i = 0, 1, \ldots, 2^n - 1)$$

$$C(n+1, 2i) \cap C(n, 2i+1) = \emptyset$$

が成り立つから, 各 $n = 1, 2, \ldots$ について

$$A_n = \bigcup_{i=0}^{2^n-1} C(n, 2i), \quad B_n = \bigcup_{i=0}^{2^n-1} C(n, 2i+1)$$

とおけば, これらは, $A_n \cap B_n = \emptyset \ (n = 1, 2, \ldots)$ を満たし, しかも, Z の閉集合で, 任意の $\{\varepsilon_n\}_{n\geq 1} \ (\varepsilon_n \in \{1, -1\})$ について

$$\bigcap_{i=1}^n \varepsilon_i A_i \neq \emptyset$$

を満たすことが, $C(n,i) \neq \emptyset \ (\forall n, i)$ であることから分かる. ここで

$$\varepsilon_i A_i = A_i \ (\varepsilon_i = 1 \text{ のとき}),$$

$$\varepsilon_i A_i = B_i \ (\varepsilon_i = -1 \text{ のとき})$$

と定義している. したがって, Z のコンパクト性から, 任意のこのような数列 $\{\varepsilon_n\}_{n\geq 1}$ について

$$\bigcap_{n=1}^\infty \varepsilon_n A_n \neq \emptyset$$

が得られる.このことは,$\{f_n\}_{n\geq 1}$ のどんな部分列 $\{f_{n(m)}\}_{m\geq 1}$ も L 上 (したがって,Z 上) で各点収束しないことを示している.実際,或る部分列 $\{f_{n(m)}\}_{m\geq 1}$ が L 上で各点収束すると仮定して,矛盾を導こう.そのとき,$\{\varepsilon_n\}_{n\geq 1}$ を次のように定義する.

$$\varepsilon_n = 1 \ (n \in \{n(2l-1) \ : \ l = 1, 2, \ldots\}),$$

$\varepsilon_n = -1 \ (n \notin \{n(2l) \ : \ l = 1, 2, \ldots\})$, それ以外の ε_n は任意

そのとき,このような $\{\varepsilon_n\}_{n\geq 1}$ について

$$\bigcap_{n=1}^{\infty} \varepsilon_n A_n \neq \emptyset$$

であるから,これに属する点 $a \in L$ をとれ.そのとき

$$a \in \bigcap_{l=1}^{\infty} A_{n(2l-1)}, \ a \in \bigcap_{l=1}^{\infty} B_{n(2l)}$$

であるから

$$f_{n(2l-1)}(a) \leq \alpha \ (l = 1, 2, \ldots), \ f_{n(2l)}(a) \geq \beta \ (l = 1, 2, \ldots)$$

となり

$$\lim_{m \to \infty} f_{n(m)}(a)$$

は存在しないことが分かる.すなわち,矛盾が導かれた.以上で (a) $\Rightarrow$ (b) が示された.

(b) $\Rightarrow$ (a). 補題 3.2.15 を利用すればよい.実際,(a) の否定により,そのどんな部分列も各点収束しない関数列 $\{f_n\}_{n\geq 1}$ を $\mathcal{H}$ が含むから,補題 3.2.15 の条件が満たされる.したがって,この補題を用いれば,Z の空でない集合 L と実数の対 (α, β) $(\alpha < \beta)$ と,$g \in \overline{\mathcal{H}}^{\tau_p}$ が存在して

$U \cap L \neq \emptyset$ を満たす任意の開集合 U について

$$\inf g(U \cap L) < \alpha < \beta < \sup g(U \cap L)$$

が成り立つことが分かる.したがって,$K = \overline{L}$ とすれば,閉集合 K について,$U \cap K \neq \emptyset$ を満たす開集合 U は,$U \cap L \neq \emptyset$ を満たすから

$\inf g(U \cap K) \leq \inf g(U \cap L) < \alpha < \beta < \sup g(U \cap L) \leq \sup g(U \cap K)$

が得られる.このことは,(b) の否定を意味する.すなわち,(b) $\Rightarrow$ (a) が得られる.

(II) Z がコンパクトハウスドルフ空間の場合. (b) $\Rightarrow$ (a) を注意しよう. $\mathcal{H}$ が (b) を満たすとする. そして, $\mathcal{H}$ に属する任意の関数列 $\{f_n\}_{n\geq 1}$ をとれ. そのとき, $\{f_n\}_{n\geq 1}$ が各点収束する部分列 $\{f_{n(m)}\}_{m\geq 1}$ を持つことを示そう. そのために $F: Z \to \mathbf{R}^{\mathbf{N}}$ を

$$F(z) = \{f_n(z)\}_{n\in \mathbf{N}} \in \mathbf{R}^{\mathbf{N}} \ (z \in Z)$$

で定義する. そのとき, F は連続であり, $T = F(Z)$ はコンパクト距離付け可能空間である. しかも, 各 $n \in \mathbf{N}$ について, $\pi_n : T \to \mathbf{R}$ を

$$\pi_n(t) = t_n \ (t = \{t_n\}_{n\geq 1} \in T)$$

(すなわち, 射影写像) と定義すれば, $\mathcal{F} = \{\pi_n\ :\ n \geq 1\} \subset C(T)$ であり

$$\pi_n \circ F(z) = f_n(z) \ (z \in Z)$$

である. すなわち, $\pi_n \circ F = f_n \ (\forall n)$ が成り立つ. しかも

$$\mathcal{H}_1 = \{f_n\ :\ n \geq 1\}$$

としたとき

$$\{g \circ F\ :\ g \in \overline{\mathcal{F}}^{\tau_p}\} \subset \overline{\mathcal{H}_1}^{\tau_p}$$

が成り立つ. 実際, $g \in \overline{\mathcal{F}}^{\tau_p}$ をとれ. そのとき, ネット $\{g_d\}_{d\in D}$ で, $g_d(t) \to g(t) \ (t \in T)$ および

$$\{g_d\ :\ d \in D\} \subset \mathcal{F}\ (= \{\pi_n\ :\ n \geq 1\})$$

を満たすものが存在する. そのとき, $g_d(t) = g_d(F(z)) = (g_d \circ F)(z)$ および

$$g_d \circ F \in \{\pi_n \circ F\ :\ n \geq 1\} = \{f_n\ :\ n \geq 1\}$$

であるから, $(g_d \circ F)(z) \to (g \circ F)(z) \ (z \in Z)$ と併せれば $g \circ F \in \overline{\mathcal{H}_1}^{\tau_p}$ が得られる. すなわち

$$\{g \circ F\ :\ g \in \overline{\mathcal{F}}^{\tau_p}\} \subset \overline{\mathcal{H}_1}^{\tau_p}$$

が得られる. さて

$$g \in \overline{\mathcal{F}}^{\tau_p} \Rightarrow g \in \mathcal{B}_r(T) \ \cdots (*)$$

を示そう. この $(*)$ が得られれば, コンパクト距離付け可能空間 T を (I) の場合の Z とし, $\mathcal{H} = \mathcal{F}$ と考えることにより, (I) の場合における同値性

を利用できるので, $\{\pi_n\}_{n\geq 1}$ から T 上で各点収束する部分列 $\{\pi_{n(m)}\}_{m\geq 1}$ を選ぶことができる. したがって

$$\exists \lim_{m\to\infty} \pi_{n(m)}(t) \ (t\in T)$$

すなわち

$$\exists \lim_{m\to\infty} \pi_{n(m)}(F(z)) \ (z\in Z)$$

すなわち

$$\exists \lim_{m\to\infty} f_{n(m)}(z) \ (z\in Z)$$

が得られ, (a) が証明される. よって, 示すべきは (∗) である. そのために, 或る $g \in \overline{\mathcal{F}}^{\tau_p}$ について, $g \notin \mathcal{B}_r(T)$ が成り立つと仮定して, 矛盾を導こう. さて, 上で与えた事柄より, $f = g \circ F \in \overline{\mathcal{H}_1}^{\tau_p} \subset \overline{\mathcal{H}}^{\tau_p}$ であるから, 仮定 (b) により, $f \in \mathcal{B}_r(Z)$ であることを注意しておく. また, $g \notin \mathcal{B}_r(T)$ であるから, $T = F(Z)$ の或る閉集合 L と二実数 α, β ($\alpha < \beta$) が存在して, $U \cap L \neq \emptyset$ を満たす任意の開集合 U について

$$\inf g(U \cap L) < \alpha < \beta < \sup g(U \cap L) \ \cdots \ (P)$$

が成り立つ. この L について

$$\mathcal{M} = \{M \text{ は } Z \text{ の閉集合} : F(M) = L\}$$

とすれば, $\mathcal{M}$ は空でないことは明らかであり (例えば, $M = F^{-1}(L) \in \mathcal{M}$ である), この $\mathcal{M}$ に

$$M_1 \geq M_2 \ \Leftrightarrow \ M_1 \subset M_2$$

で順序 $\geq$ を定義することにより, 順序集合 $(\mathcal{M}, \geq)$ は帰納的に順序付けられた集合であることが容易に分かる. したがって, ツォルンの補題を用いることにより $\mathcal{H}$ の極大元 M が存在する. このとき, $f \in \mathcal{B}_r(Z)$ を用いれば, 先の二数 α, β について, Z の或る開集合 V で, $V \cap M \neq \emptyset$ を満たし

$$(M \cap \{z \ : \ f(z) < \alpha\}) \cap (V \cap M) = \emptyset$$

あるいは

$$(M \cap \{z \ : \ f(z) > \beta\}) \cap (V \cap M) = \emptyset$$

を満たすものが存在する. (いずれを仮定しても, 同様であるから)

$$(M \cap \{z \ : \ f(z) < \alpha\}) \cap (V \cap M) = \emptyset \ \cdots \ (**)$$

が満たされているとしよう. そして, これらのことから矛盾を導こう. そのために

$$W = T \backslash F(M \backslash V)$$

とおく. このとき, $M\backslash V$ のコンパクト性と, F の連続性から, W は T の開集合である. しかも

$$W \cap L \neq \emptyset, \ W \cap L \subset F(V \cap M) \ \cdots \ (***)$$

が成り立つ. 実際, $W \cap L = \emptyset$ ならば

$$L \subset T\backslash W = F(M\backslash V) \subset F(M) = L$$

となり $L = F(M\backslash V)$ が得られる (すなわち, $M\backslash V \in \mathcal{M}$). したがって, M の極大性から

$$M\backslash V = M, \ すなわち, V \cap M = \emptyset$$

が得られ, $V \cap M \neq \emptyset$ に反する. したがって, $W \cap L \neq \emptyset$ である. 次に, $W \cap L \subset F(V \cap M)$ を示そう. そのために, $z \in W \cap L$ をとれ. そのとき, $z \in L = F(M)$ であるから, $z = F(m)$ $(m \in M)$ を満たす m が存在する. このとき, $m \in M\backslash V$ ならば, $z = F(m) \in F(M\backslash V) = T\backslash W$ となり, $z \in W$ に反する. したがって, $m \in V$ となるから, $m \in V \cap M$ が得られ, $z = F(m) \in F(V \cap M)$ となる. すなわち, $(***)$ が示された. したがって, g について上で与えた性質 (P) より

$$\inf g(W \cap L) < \alpha < \beta < \sup g(W \cap L)$$

が得られる. ところが $W \cap L \subset F(V \cap M)$ であるから

$$g(W \cap L) \subset g \circ F(V \cap M) = f(V \cap M) \subset [\alpha, +\infty)$$

(最後の集合の包含は $(**)$ による) となるので

$$\inf g(W \cap L) < \alpha$$

に矛盾する.

以上で証明が完結する.

さて, 保留していた, 補題 3.2.15 の証明を述べよう.

補題 3.2.15 の証明 そのために, 二つの準備命題 (命題 3.2.16, 命題 3.2.17) を注意する (ここで提示される, Rosenthal による巧妙な論理展開を鑑賞せよ). 以後, $\mathbf{N}$ の部分集合は, 断らない限り, 無限集合とする.

命題 3.2.16 S は空でない集合, $\{f_n\}_{n\geq 1}$ は, S 上で定義された有界関数列で, そのどんな部分列も S 上で各点収束しないとする. そのとき, $\mathbf{N}' \subset \mathbf{N}$

と実数の対 (α, β) $(\alpha < \beta)$ を適当にとれば, 任意の $\mathbf{M} \subset \mathbf{N}'$ について或る $s \in S$ が存在して

$$\{n \in \mathbf{M} \ : \ f_n(s) > \beta\} \text{ が無限集合}, \ \{n \in \mathbf{M} \ : \ f_n(s) < \alpha\} \text{ が無限集合}$$

が成り立つ.

証明 $\{f_n(s)\}_{n \geq 1}$ は各 $s \in S$ 毎に有界数列であるから, 任意の $\mathbf{L} \subset \mathbf{N}$ について, 各 s 毎に

$$\limsup_{n \in \mathbf{L}} f_n(s) \in \mathbf{R}, \ \liminf_{n \in \mathbf{L}} f_n(s) \in \mathbf{R}$$

である. よって, $\mathbf{N}$ の任意の無限部分集合 $\mathbf{L} = \{n_1, n_2, \ldots\}$ (ただし, i, j のとき, $n_i < n_j$) と, $s \in S$ について

$$O(\mathbf{L}, s) = \limsup_{n \in \mathbf{L}} f_n(s) - \liminf_{n \in \mathbf{L}} f_n(s) = \limsup_{i \to \infty} f_{n_i}(s) - \liminf_{i \to \infty} f_{n_i}(s)$$

と定義される量を導入すれば

$$\{f_n\}_{n \in \mathbf{L}} \text{ が各点収束列} \ \Leftrightarrow \ O(\mathbf{L}, s) = 0 \ (s \in S)$$

である. さて, 以下では結論を否定したとき, 或る $\mathbf{M} \subset \mathbf{N}$ で

$$O(\mathbf{M}, s) = 0 \ (s \in S)$$

が得られることを示し, 最初の仮定に矛盾することを導こう. そのために

$$\{(\alpha, \beta) \in \mathbf{Q} \times \mathbf{Q} \ : \ \alpha < \beta\} = \{(\alpha_n, \beta_n) \ : \ n = 1, 2, \ldots\}$$

と表すことにする. そして, このような性質 (すなわち, 命題の結論にある性質) を持つ組 $(\mathbf{N}', \alpha, \beta)$ が, 全然存在しないと仮定する. そのとき, $(\mathbf{N}, \alpha_1, \beta_1)$ は, この性質を満たさないことから, 或る $\mathbf{M_1} \subset \mathbf{N}$ について, 任意の $s \in S$ に対し

$$\{n \in \mathbf{M_1} \ : \ f_n(s) > \beta_1\} \text{ が有限集合},$$

$$\text{あるいは } \{n \in \mathbf{M_1} \ : \ f_n(s) < \alpha_1\} \text{ が有限集合}$$

が成り立つ. 次に, $(\mathbf{M_1}, \alpha_2, \beta_2)$ も, この性質を満たさないことから, 或る $\mathbf{M_2} \subset \mathbf{M_1}$ について, 任意の $s \in S$ に対し

$$\{n \in \mathbf{M_2} \ : \ f_n(s) > \beta_1\} \text{ が有限集合},$$

$$\text{あるいは } \{n \in \mathbf{M_2} \ : \ f_n(s) < \alpha_1\} \text{ が有限集合}$$

が成り立つ．これを続ければ，$\mathbf{N}$ の無限部分集合の列 $\{\mathbf{M}_m\}_{m\geq 1}$ が存在し

$$\mathbf{N} \supset \mathbf{M_1} \supset \mathbf{M_2} \supset \cdots \supset \mathbf{M_m} \supset \cdots$$

を満たし，任意の m と任意の $s \in S$ について

$$\{n \in \mathbf{M_{m+1}} : f_n(s) > \beta_m\} \text{ が有限集合},$$

$$\text{あるいは} \{n \in \mathbf{M_{m+1}} : f_n(s) < \alpha_m\} \text{ が有限集合}$$

が成り立つ．したがって，対角線論法により，$\mathbf{M} \subset \mathbf{N}$ で，$\mathbf{M}_m \setminus \mathbf{M}$ が有限集合を満たすものをとれば，「任意の m と任意の $s \in S$ について

$$\{n \in \mathbf{M} : f_n(s) > \beta_m\} \text{ が有限集合},$$

$$\text{あるいは} \{n \in \mathbf{M} : f_n(s) < \alpha_m\} \text{ が有限集合}$$

が成り立つ」ことが分かる．このとき

$$O(\mathbf{M}, s) = 0 \ (s \in S) \ \cdots \ (*)$$

が得られる．実際，或る $s^* \in S$ で，$O(\mathbf{M}, s^*) > 0$ とすれば

$$\limsup_{n \in \mathbf{M}} f_n(s^*) > \liminf_{n \in \mathbf{M}} f_n(s^*)$$

が成り立つ．したがって，或る m が存在して

$$\limsup_{n \in \mathbf{M}} f_n(s^*) > \beta_m > \alpha_m > \liminf_{n \in \mathbf{M}} f_n(s^*)$$

が成り立つ．このとき

$\{n \in \mathbf{M} : f_n(s^*) > \beta_m\}$ が無限集合，$\{n \in \mathbf{M} : f_n(s^*) < \alpha_m\}$ が無限集合

であるから，上述の「$\cdots$」に矛盾する．したがって，$(*)$ が得られるので，$\{f_n\}_{n\geq 1}$ は各点収束する部分列 $\{f_n\}_{n\in\mathbf{M}}$ を持つことになるから，仮定に矛盾する．したがって，証明が終わる．

命題 3.2.17 Ω を最初の非可算順序数とする．T が可分距離空間ならば，次の性質を持つ開集合族 $\{O_\gamma\}_{\gamma<\Omega}$ は存在しない．

$$\gamma_1 < \gamma_2 < \Omega \ \Rightarrow \ O_{\gamma_1} \subsetneq O_{\gamma_2}$$

証明 実際，このような開集合族が存在したと仮定する．そのとき，T のリンデレーフ性から，適当に可算個の $\{\gamma_n : n = 1, 2, \ldots\}$ を選ぶことにより

$$\bigcup_{\gamma<\Omega} O_\gamma = \bigcup_{n=1}^\infty O_{\gamma_n}$$

が成り立つ. ところが, 或る $\omega < \Omega$ で,
$$\gamma_n < \omega \ (n=1,2,\ldots)$$
を満たすものが存在するから
$$\bigcup_{n=1}^{\infty} O_{\gamma_n} \subset O_\omega \subsetneq O_{\omega+1} \subset \bigcup_{\gamma < \Omega} O_\gamma = \bigcup_{n=1}^{\infty} O_{\gamma_n}$$
で矛盾が生じる.

以上の準備の下, 補題 3.2.15 の証明を与えよう. さて, $\{f_n\}_{n\geq 1}$ はそのどんな部分列も各点収束しないとする. そのとき, 命題 3.2.16 より, $\mathbf{N}' \subset \mathbf{N}$ と実数の組 (α, β) $(\alpha < \beta)$ が存在して, 任意の $\mathbf{M} \subset \mathbf{N}'$ について或る $z \in Z$ が存在して

$\{n \in \mathbf{M} : f_n(z) > \beta\}$ は無限集合, $\{n \in \mathbf{M} : f_n(z) < \alpha\}$ は無限集合

が成り立つ. そのとき, 各 $\mathbf{M} \subset \mathbf{N}'$ について
$$K(\mathbf{M}) = \overline{\{z \in Z : \{n \in \mathbf{M} : f_n(z) > \beta\}, \{n \in \mathbf{M} : f_n(z) < \alpha\} : 無限集合\}}$$
と定義すれば, $\mathbf{M}$ の性質から, $K(\mathbf{M})$ は空でない閉集合である. しかも, $\mathbf{M} \backslash \mathbf{M}'$ が有限集合ならば, $K(\mathbf{M})$ の定義から
$$K(\mathbf{M}) \subset K(\mathbf{M}')$$
であることが容易に分かる. そのとき, 「或る $\mathbf{M}^* \subset \mathbf{N}'$ が存在して, $\mathbf{M} \backslash \mathbf{M}^*$ が有限集合である任意の $\mathbf{M} \subset \mathbf{N}'$ について
$$K(\mathbf{M}) = K(\mathbf{M}^*)$$
が成り立つ」ことを示そう. そのために, このような $\mathbf{M}^*$ が存在しないと仮定して矛盾を導こう. $\mathbf{M}_1 = \mathbf{N}'$ ととれ. そのとき, $\mathbf{M}_1$ は「$\cdots$」を満たさないから, $\mathbf{M}_2 \backslash \mathbf{M}_1$ が有限集合で
$$K(\mathbf{M}_2) \subsetneq K(\mathbf{M}_1)$$
を満たす $\mathbf{M}_2$ が存在する. 次に $\mathbf{M}_2$ は, 「$\cdots$」を満たさないから $\mathbf{M}_3 \backslash \mathbf{M}_2$ が有限集合で
$$K(\mathbf{M}_3) \subsetneq K(\mathbf{M}_2)$$

を満たす $\mathbf{M}_3$ が存在する．これを $\gamma < \Omega$ の各 γ において繰り返すことにより (厳密にいえば, 超限帰納的に定義することにより), $\{\mathbf{M}_\gamma\}$ ($\gamma < \Omega$) と, $K(\mathbf{M}_\gamma)$ を

$$\gamma_1 < \gamma_2 \Rightarrow \mathbf{M}_{\gamma_2} \backslash \mathbf{M}_{\gamma_1} \text{ は有限集合}$$

$$\gamma_1 < \gamma_2 \Rightarrow K(\mathbf{M}_{\gamma_2}) \subsetneq K(\mathbf{M}_{\gamma_1})$$

を満たすように定義できる．このとき, $O_\gamma = K(\mathbf{M}_\gamma)^c$ とすれば

$$\gamma_1 < \gamma_2 \Rightarrow O_{\gamma_1} \subsetneq O_{\gamma_2}$$

であるから, T において, このような開集合族 $\{O_\gamma\}$ ($\gamma < \Omega$) が存在することになり，命題 3.2.17 に矛盾する．したがって，上述の内容「$\cdots$」の成り立つことが分かる．すなわち, $\mathbf{M}^* \subset \mathbf{N}'$ が存在して, $\mathbf{M} \backslash \mathbf{M}^*$ が有限集合である任意の $\mathbf{M}$ について

$$K(\mathbf{M}) = K(\mathbf{M}^*)$$

が成り立つ．このとき, $K = K(\mathbf{M}^*)$ とおく．そのとき, [$U \cap K \neq \emptyset$ を満たす任意の開集合 U と任意の $\mathbf{M}' \subset \mathbf{M}^*$ について, 或る $\mathbf{M}'' \subset \mathbf{M}'$ と, $u, v \in U \cap K$ が存在して

$$\exists \lim_{n \in \mathbf{M}''} f_n(u) \geq \beta, \ \exists \lim_{n \in \mathbf{M}''} f_n(v) \leq \alpha$$

が成り立つ]．実際, この性質 [$\cdots$] が成り立つことを次で注意しよう．このような U と $\mathbf{M}'$ をとれ．そのとき, $K(\mathbf{M}') = K(\mathbf{M}^*) = K$ であるから, U は次の集合と交わる．

$\{z \in Z : \{n \in \mathbf{M}' : f_n(z) > \beta\}, \{n \in \mathbf{M}' : f_n(z) < \alpha\}$ が共に無限集合 $\}$

である．したがって, 或る $u \in U$ で

$$\{n \in \mathbf{M}' : f_n(u) > \beta\} \ (= \mathbf{M}'_1 \text{ とおく}) \text{ が無限集合}$$

$$\text{および } \{n \in \mathbf{M}' : f_n(u) < \alpha\} \ (= \mathbf{M}'_2 \text{ とおく}) \text{ が無限集合}$$

を満たすものが存在する．そのとき, $\{f_n(u) : n \in \mathbf{M}'_1\}$ の有界性から, 適当な $\mathbf{M}'_2 \subset \mathbf{M}'_1$ ($\subset \mathbf{M}'$) について

$$\exists \lim_{n \in \mathbf{M}'_2} f_n(u) \geq \beta$$

が成り立つ．このとき, $\mathbf{M}^*$ の性質から

$$K(\mathbf{M}'_2) = K(\mathbf{M}^*) = K$$

でもあるから, 上と同じ展開を $\mathbf{M}'_2$ について行えば, 或る $v \in U$ と或る $\mathbf{M}'' \subset \mathbf{M}'_2 \; (\subset \mathbf{M}')$ で
$$\exists \lim_{n \in \mathbf{M}''} f_n(v) \leq \alpha$$
が成り立つ. したがって, $u, v \in U$ と $\mathbf{M}'' \; (\subset \mathbf{M}')$ で
$$\exists \lim_{n \in \mathbf{M}''} f_n(u) \geq \beta, \; \exists \lim_{n \in \mathbf{M}''} f_n(v) \leq \alpha$$
が成り立つ. すなわち, 性質 $[\cdots]$ が得られた. ここで, $\{O_n : n = 1, 2, \ldots\}$ を Z の可算開基底とし, $\{O_n \cap K : O_n \cap K \neq \emptyset\} = \{U_m \cap K : m = 1, 2, \ldots\}$ とし, 性質 $[\cdots]$ を, 各 U_m に繰り返し用いれば, 各 m について
$$u_m, v_m \in U_m \text{ と } \mathbf{M_{m+1}} \subset \mathbf{M}_m \subset \mathbf{M}'$$
を満たすものが存在して
$$\exists \lim_{n \in \mathbf{M}_m} f_n(u_m) \geq \beta, \; \exists \lim_{n \in \mathbf{M}_m} f_n(v_m) \leq \alpha$$
が成り立つ. このとき, 対角線論法により, $\mathbf{M}_0 \subset \mathbf{N}$ で, $\mathbf{M}_0 \backslash \mathbf{M}_m \; (m = 1, 2, \ldots)$ が有限集合を満たす $\mathbf{M}_0$ をとれば, 各 m について
$$\exists \lim_{n \in \mathbf{M}_0} f_n(u_m) \geq \beta, \; \exists \lim_{n \in \mathbf{M}_0} f_n(v_m) \leq \alpha$$
が成り立つ. このとき, $\{f_n : n \in \mathbf{M}_0\} = \{f_{n(i)} : i = 1, 2, \ldots\}$, $L = \{u_m, v_m : m = 1, 2, \ldots\}$ とおけば, これらが要求された性質を持つことが分かる. それを示すために
$$\overline{\{f_{n(i)} : i = 1, 2, \ldots\}}^{\tau_p} \text{ の各元 } g \text{ と } U \cap L \neq \emptyset \text{ を満たす各開集合 } U$$
をとれ. そのとき, $U \cap K \neq \emptyset$ であるから, 或る U_m で, $U_m \cap K \neq \emptyset$, $U_m \subset U$ を満たすものがとれる. そして, $u_m, v_m \in U_m$ について, $g \in \overline{\{f_{n(i)} : i = 1, 2, \ldots\}}^{\tau_p}$ であるから
$$g(u_m) = \lim_{i \to \infty} f_{n(i)}(u_m) \geq \beta, \; g(v_m) = \lim_{i \to \infty} f_{n(i)}(v_m) \leq \alpha$$
が成り立つ. したがって
$$\inf g(U \cap L) \leq \inf g(U_m \cap L) \leq g(v_m) \leq \alpha$$
$$< \beta \leq g(u_m) \leq \sup g(U_m \cap L) \leq \sup g(U \cap L)$$
が得られるので, 補題 3.2.15 の証明が完結する.

注意 7 ここでは, 最後の不等式が
$$\inf g(U \cap L) \leq \alpha < \beta \leq \sup g(U \cap L)$$

となって証明が終了しているが, α, β を

$$\alpha < \alpha' < \beta' < \beta$$

を満たす α', β' で置き換えることにより, 要求された形になるのは明らかであるから, この形で十分である.

以上で, $C(Z)$ の有界部分集合 $\mathcal{H}$ の各点収束極限関数の動向と, $\mathcal{H}$ の任意の点列が持つ条件との関係を提示する基本的事項の定理 3.2.14 が得られた. この結果を基礎にして, さらに, 定理 3.2.14 の条件と同値な様々な条件から構成される, 次の定理 3.2.18 を示そう. この結果を, 注意 6 の 2. で述べたように, その特別な場合としてのペッティス集合に応用すれば, ペッティス集合の様々な特徴付けが得られることになる.

定理 3.2.18 の中で使われている新しい概念については, 後述の定義 3.2.19 で与えられる.

定理 3.2.18 Z をコンパクトハウスドルフ空間とし, Z で定義された連続関数全体の作るバナッハ空間を $C(Z)$ とするとき, $C(Z)$ の有界部分集合 $\mathcal{H}$ について, 次の各陳述は同値である.

(a) $\mathcal{H}$ は l_1-sequence を含まない.
(b) $\mathcal{H}$ は独立な関数列を含まない.
(c) $\mathcal{H}$ の任意の点列 $\{f_n\}_{n\geq 1}$ は Z で各点収束する部分列 $\{f_{n(m)}\}_{m\geq 1}$ を持つ. すなわち, $\mathcal{H}$ の各点列 $\{f_n\}_{n\geq 1}$ について, 適当な部分列 $\{f_{n(m)}\}_{m\geq 1}$ をとれば, 各 $z \in Z$ について有限極限値:

$$\lim_{m\to\infty} f_{n(m)}(z)$$

が存在する.
(d) 任意の $f \in \overline{\mathcal{H}}^{\tau_p}$ について, $f \in \mathcal{B}_r(Z)$ が成り立つ (すなわち, $\mathcal{H}$ は $\mathcal{B}_r(Z)$ の相対 τ_p-コンパクト集合である).
(e) $\mathcal{H}$ は位相的安定集合である.

定義 3.2.19 (1) $C(Z)$ の有界部分集合 $\mathcal{H}$ が与えられたとき, Z の閉集合 L が $\mathcal{H}$ に対する **位相的臨界集合** (topologically critical set, 不的確な訳か, 以後, t-critical 集合, の表記を使用) であるとは, 或る実数の対 (α, β) $(\alpha < \beta)$ を適当にとれば, 任意の自然数 k, l について

$$\bigcup_{f\in\mathcal{H}}(\{f < \alpha\}^k \times \{f > \beta\}^l) \cap (L^{k+l}) \text{ が } L^{k+l} \text{ で稠密}$$

が成り立つことである. ただし $L^{k+l} = L \times \cdots \times L$ (L の $(k+l)$ 個の直積に直積位相を導入した空間).

(2) $\mathcal{H}$ が **位相的安定** (topologically stable, t-stable, 以後, この表記を使用) であるとは, $\mathcal{H}$ が, このような t-critical 集合を持たないことをいう.

(3) (i) 或る集合 S の部分集合の対の列 $(A_n, B_n)_{n \geq 1}$ が独立であるとは, $\mathbf{N}$ の任意の空でない有限部分集合 $\mathcal{P}, \mathcal{Q}$ で $\mathcal{P} \cap \mathcal{Q} = \emptyset$ を満たすものについて

$$\left(\bigcap_{n \in \mathcal{P}} A_n \right) \cap \left(\bigcap_{n \in \mathcal{Q}} B_n \right) \neq \emptyset$$

が成り立つことをいう. すなわち, $1, -1$ の二数から成る任意の有限数列 $\{\varepsilon_i\}_{1 \leq i \leq n}$ について

$$\bigcap_{i=1}^{n} \varepsilon_i A_i \neq \emptyset$$

が成り立つ. ただし, $\varepsilon_i A_i = A_i$ ($\varepsilon_i = 1$), $\varepsilon_i A_i = B_i$ ($\varepsilon_i = -1$) と定義する.

(ii) S 上で定義された関数の列 $\{f_n\}_{n \geq 1}$ が **独立** であるとは, 適当な実数の対 (α, β) $(\alpha < \beta)$ をとれば

$$A_n = \{s \ : \ f_n(s) < \alpha\}, \ B_n = \{s \ : \ f_n(s) > \beta\} \ (n = 1, 2, \ldots)$$

と定義される集合の対の列 $(A_n, B_n)_{n \geq 1}$ が独立であることをいう. このように, 実数の対 (α, β) に対して独立になるとき, α-β 独立という.

(4) $C(Z)$ の有界関数の列 $\{f_n\}_{n \geq 1}$ が l_1-**関数列** (l_1-sequence) であるとは, それが, l_1 の標準基底 $\{e_n\}_{n \geq 1}$ と同値であることをいう. すなわち, 或る正数 m, M が存在して, 任意の有限数列 $\{a_i\}_{1 \leq i \leq n}$ について

$$m \cdot \left\| \sum_{i=1}^{n} a_i e_i \right\|_1 \leq \left\| \sum_{i=1}^{n} a_i f_i \right\|_\infty \leq M \cdot \left\| \sum_{i=1}^{n} a_i e_i \right\|_1$$

すなわち

$$m \cdot \sum_{i=1}^{n} |a_i| \leq \left\| \sum_{i=1}^{n} a_i f_i \right\|_\infty \leq M \cdot \sum_{i=1}^{n} |a_i|$$

が成り立つことをいう.

注意 8 定義 3.2.19 (4) を, $Z = (B(X^*), w^*)$ とし, $\mathcal{H} = \{x|_{B(X^*)} \ : \ x \in B(X)\}$ の場合に考える. そのとき, $\mathcal{H}$ が l_1-sequence $\{x_n|_{B(X^*)}\}_{n \geq 1}$ を含むとは, 或る正数 m, M が存在して, 任意の有限数列 $\{a_i\}_{1 \leq i \leq n}$ について

$$m \cdot \sum_{i=1}^{n} |a_i| \leq \left\| \sum_{i=1}^{n} a_i x_i|_{B(X^*)} \right\|_\infty \leq M \cdot \sum_{i=1}^{n} |a_i|$$

が成り立つことになる. ところが, $\|x|_{B(X^*)}\|_\infty = \|x\|$ $(x \in X)$ であることを用いれば, 或る正数 m, M が存在して, 任意の有限数列 $\{a_i\}_{1 \leq i \leq n}$ について

$$m \cdot \sum_{i=1}^n |a_i| \leq \left\| \sum_{i=1}^n a_i x_i \right\| \leq M \cdot \sum_{i=1}^n |a_i|$$

が成り立つことと同値になる. したがって, X の点列 $\{x_n\}_{n \geq 1}$ は基底点列 (basic sequence) で, これにより生成される X の閉部分空間 $\overline{\mathrm{sp}(\{x_n : n \geq 1\})}$ は l_1 と距離同型な空間となる (その際の, X の中への距離同型写像 $T : l_1 \to X$ は, もちろん $T(\sum_{n=1}^\infty a_n e_n) = \sum_{n=1}^\infty a_n x_n$ $(a = \{a_n\}_{n \geq 1} \in l_1)$ として, 定義されるもので, $\{e_n\}_{n \geq 1}$ は l_1 の標準基底である. 以後, 同様の表記). このとき, X は l_1 を含むといい, 以後, $l_1 \subset X$ と表すことにする.

さて, 定理 3.2.18 の証明を逐次与えよう.

定理 3.2.18 の証明 (c) $\Leftrightarrow$ (d) は定理 3.2.14 として証明されている.

(c) $\Rightarrow$ (a) について. $\mathcal{H}$ が l_1-sequence $\{f_n\}_{n \geq 1}$ を含むとする. そのとき, $\overline{\mathrm{sp}(\{f_n : n \geq 1\})} \cong l_1$ であるから, $T(e_n) = f_n$ $(\forall n)$ を満たす距離同形写像 $T : l_1 \to C(Z)$ が存在する. さて, $\{f_n\}_{n \geq 1}$ は各点収束部分列 $\{f_{n(m)}\}_{m \geq 1}$ を持ち, $\{f_{n(m)}\}_{m \geq 1}$ は有界集合であるから, 優越収束定理 (定理 1.2.49) を用いれば, Z 上の任意のラドン確率測度 μ について

$$\exists \lim_{m \to \infty} \int_Z f_{n(m)}(z) d\mu(z)$$

が成り立つ. したがって, 各 $\mu \in C(Z)^*$ について, 有限極限値 $\lim_{m \to \infty} (\mu, f_{n(m)})$ が存在する. ここで, $T^* : C(Z)^* \to l_\infty$ について

$$\int_Z f_{n(m)}(z) d\mu(z) = (\mu, T(e_{n(m)})) = (T^*(\mu), e_{n(m)}), \; T^*(C(Z)^*) = l_\infty$$

であるから, 各 $a \in l_\infty$ について 有限極限値 $\lim_{m \to \infty} (a, e_{n(m)})$ が存在することになる. しかし, この事柄が成り立たないことは (l_∞ の性質として) 容易に分かる (各自で確かめること) から, 矛盾が生じる.

(a) $\Rightarrow$ (b) について. (b) を否定すれば, $\mathcal{H}$ は, 或る α-β 独立な関数列 $\{f_n\}_{n \geq 1}$ を含む. そのとき, この関数列 $\{f_n\}_{n \geq 1}$ が l_1-sequence となることを示そう (すなわち, (a) の否定が得られる). さて, $\mathcal{H}$ の有界性から, 正数 M が存在して $\|f_n\|_\infty \leq M$ $(n = 1, 2, \ldots)$ が成り立つ. 任意の有限列 $\{a_i\}_{1 \leq i \leq n}$ を与えよ. そのとき, 今の有界性より

$$\left\| \sum_{i=1}^n a_i f_i \right\|_\infty \leq \sum_{i=1}^n |a_i| \|f_i\|_\infty \leq M \cdot \sum_{i=1}^n |a_i|$$

が得られるから, $[\{f_n\}_{n\geq 1}$ が l_1-sequence$]$ が示されるためには, 或る正数 m をとれば
$$m \cdot \sum_{i=1}^n |a_i| \leq \left\|\sum_{i=1}^n a_i f_i\right\|_\infty$$
が, 任意の有限列 $\{a_i\}_{1\leq i\leq n}$ について成り立つことを示せばよい. 実は, $m = (\beta - \alpha)/2$ とすればよいこと, すなわち
$$\left\|\sum_{i=1}^n a_i f_i\right\|_\infty \geq \frac{1}{2}(\beta - \alpha)\sum_{i=1}^n |a_i| \quad \cdots \, (*)$$
が以下で示される. 場合に分けて示そう.

(i) $(\alpha + \beta)\sum_{i=1}^n a_i \geq 0$ の場合.
$$\mathbf{P} = \{i \,:\, a_i \geq 0\}, \ \mathbf{Q} = \{i \,:\, a_i < 0\}$$
としたとき, $\{f_n\}_{n\geq 1}$ の α-β 独立性から
$$\bigcap_{i\in\mathbf{P}}\{z \in Z \,:\, f_i(z) < \alpha\} \cap \bigcap_{i\in\mathbf{Q}}\{z \in Z \,:\, f_i(z) > \beta\} \neq \emptyset$$
である. したがって, この集合に含まれる点 z をとれ. そのとき, 次の一連の評価式が得られることが容易に分かる.

$$\begin{aligned}
\left\|\sum_{i=1}^n a_i f_i\right\|_\infty &\geq \sum_{i=1}^n a_i f_i(z) \\
&\geq \alpha \sum_{i\in\mathbf{Q}} a_i + \beta \sum_{i\in\mathbf{P}} a_i \\
&= \frac{\alpha}{2}\left(\sum_{i=1}^n a_i - \sum_{i=1}^n |a_i|\right) \\
&\quad + \frac{\beta}{2}\left(\sum_{i=1}^n a_i + \sum_{i=1}^n |a_i|\right) \\
&= \frac{(\alpha+\beta)}{2}\sum_{i=1}^n a_i + \frac{(\beta-\alpha)}{2}\sum_{i=1}^n |a_i| \\
&\geq \frac{(\beta-\alpha)}{2}\sum_{i=1}^n |a_i|
\end{aligned}$$

したがって, この場合, $(*)$ が成り立つことが得られた. 次に

(ii) $(\alpha + \beta)\sum_{i=1}^n a_i < 0$ の場合. $b_i = -a_i$ とすれば
$$(\alpha + \beta)\sum_{i=1}^n b_i > 0$$

であるから, (a) の場合の結果を用いれば
$$\left\|\sum_{i=1}^n b_i f_i\right\|_\infty \geq \frac{(\beta-\alpha)}{2}\sum_{i=1}^n |b_i|$$
が成り立つ. したがって, これに $b_i = -a_i$ を代入すれば, $(*)$ が成り立つことが分かる.

以上で, 正数 M と $m = (\beta-\alpha)/2$ をとれば, 任意の有限列 $\{a_i\}_{1\leq i\leq n}$ について
$$m\cdot\sum_{i=1}^n |a_i| \leq \left\|\sum_{i=1}^n a_i f_i\right\|_\infty \leq M\cdot\sum_{i=1}^n |a_i|$$
が成り立つことが得られた. したがって, $\mathcal{H}$ は l_1-sequence を含むので (a) が成り立たない.

(b) $\Rightarrow$ (e) について. (e) の否定を仮定し, (b) の否定を示す. (e) を否定すれば, $\mathcal{H}$ が t-critical set L (閉集合) を含むので, 或る実数の対 (α, β) $(\alpha < \beta)$ について, 次が成り立つ. 任意の自然数 k, l について
$$\bigcup_{f\in\mathcal{H}}(\{f<\alpha\}^k \times \{f>\beta\}^l)\cap(L^{k+l}) \text{ が } L^{k+l} \text{ で稠密} \cdots (*)$$

この性質 $(*)$ を用いて, $\mathcal{H}$ が独立な関数列 $\{f_n\}_{n\geq 1}$ を含むことを示す. すなわち, 独立な関数列を帰納的に構成できることをいう (定理 3.2.14 の (a) $\Rightarrow$ (b) の証明参照).

$(*)$ を $k = l = 1$ の場合に適用すれば
$$\bigcup_{f\in\mathcal{H}}(\{f<\alpha\} \times \{f>\beta\})\cap(L^2) \text{ が } L^2 \text{ で稠密} \cdots (*)_1$$
であるから, $U\cap L \neq \emptyset$ を満たす U として $U = S$ とすれば, 或る $f_1 \in \mathcal{H}$ が存在して
$$(\{f_1<\alpha\} \times \{f_1>\beta\})\cap(L^2) \neq \emptyset$$
が成り立つ. すなわち, $z_{1,0}, z_{1,1} \in L$ で
$$f_1(z_{1,0}) < \alpha,\ f_1(z_{1,1}) > \beta$$
を満たすものが存在する. 次に, $(*)$ を $k = l = 2$ の場合に適用する. すなわち, $(*)$ は
$$\bigcup_{f\in\mathcal{H}}(\{f<\alpha\}^2 \times \{f>\beta\}^2)\cap(L^2 \times L^2) \text{ が } L^2\times L^2 \text{ で稠密} \cdots (*)_2$$
である. このとき, $(U(1,0) \times U(1,1))\cap L^2 \neq \emptyset$ を満たす開集合 $U(1,0)$, $U(1,1)$ として
$$U(1,0) = \{z\in Z\ :\ f_1(z)<\alpha\},\ U(1,1) = \{z\in Z\ :\ f_1(z)>\beta\}$$

とる (実際, このとき

$$(z_{1,0}, z_{1,1}) \in (U(1,0) \cap L) \times (U(1,1) \cap L) = (U(1,0) \times U(1,1)) \cap L^2$$

が成り立っているからである). 前段と同様に, 条件 $(*)_2$ から, 或る $f_2 \in \mathcal{H}$ が存在して

$$(\{f_2 < \alpha\}^2 \times \{f_2 > \beta\}^2) \cap ((U(1,0) \times U(1,1)) \cap L^2)$$
$$\times ((U(1,0) \times U(1,1)) \cap L^2) \neq \emptyset$$

が成り立つ. すなわち

$$\{f_2 < \alpha\}^2 \cap ((U(1,0) \times U(1,1)) \cap L^2) \neq \emptyset,$$

$$\{f_2 > \beta\}^2 \cap ((U(1,0) \times U(1,1)) \cap L^2) \neq \emptyset$$

であるから, $(z_{2,0}, z_{2,2}) \in (U(1,0) \cap L) \times (U(1,1) \cap L)$, $(z_{2,1}, z_{2,3}) \in (U(1,0) \cap L) \times (U(1,1) \cap L)$ で

$$f_2(z_{2,0}) < \alpha, \ f_2(z_{2,2}) < \alpha, \ f_2(z_{2,1}) > \beta, \ f_2(z_{2,3}) > \beta$$

を満たすものがとれる. 次に, $(*)$ を $k = l = 4 = 2^2$ の場合に適用する. すなわち, $(*)$ は

$$\bigcup_{f \in \mathcal{H}} (\{f < \alpha\}^4 \times \{f > \beta\}^4) \cap (L^4 \times L^4) \text{ が } L^4 \times L^4 \text{ で稠密 } \cdots (*)_4$$

である. このとき

$$(U(2,0) \times U(2,1) \times U(2,2) \times U(2,3)) \cap L^4 \neq \emptyset$$

を満たす開集合, $U(2,0), U(2,1), U(2,2), U(2,3)$ として

$$U(2,0) = \{z \in Z : f_2(z) < \alpha\}, \ U(2,1) = \{z \in Z : f_2(z) > \beta\}$$

$$U(2,2) = \{z \in Z : f_2(z) < \alpha\}, \ U(2,3) = \{z \in Z : f_2(z) > \beta\}$$

をとる (実際, このとき

$$(z_{2,0}, z_{2,1}, z_{2,2}, z_{2,3}) \in (U(2,0) \cap L) \times (U(2,1) \cap L) \times (U(2,2) \cap L) \times (U(2,3) \cap L)$$
$$= (U(2,0) \times U(2,1) \times U(2,2) \times U(2,3)) \cap L^4$$

が成り立っているからである). したがって, また, 前段と同様にして, 条件 $(*)_4$ から, 或る $f_3 \in \mathcal{H}$ が存在して

$$(\{f_3 < \alpha\}^4 \times \{f_3 > \beta\}^4) \cap ((U(2,0) \times U(2,1) \times U(2,2) \times U(2,3)) \cap L^4)$$

$$\times ((U(2,0) \times U(2,1) \times U(2,2) \times U(2,3)) \cap L^4) \neq \emptyset$$

が成り立つ. すなわち

$$\{f_3 < \alpha\}^4 \cap ((U(2,0) \times U(2,1) \times U(2,2) \times U(2,3)) \cap L^4) \neq \emptyset,$$

$$\{f_3 > \beta\}^4 \cap ((U(2,0) \times U(2,1) \times U(2,2) \times U(2,3)) \cap L^4) \neq \emptyset$$

であるから

$$(z_{3,0}, z_{3,2}, z_{3,4}, z_{3,6}) \in (U(2,0) \cap L)$$
$$\times (U(2,1) \cap L) \times (U(2,2) \cap L) \times (U(2,3) \cap L),$$

および

$$(z_{3,1}, z_{3,3}, z_{3,5}, z_{3,7}) \in (U(2,0) \cap L)$$
$$\times (U(2,1) \cap L) \times (U(2,2) \cap L) \times (U(2,3) \cap L),$$

で

$$f_3(z_{3,0}) < \alpha, \ f_3(z_{3,2}) < \alpha, \ f_3(z_{3,4}) < \alpha, \ f_3(z_{3,6}) < \alpha$$
$$f_3(z_{3,1}) > \beta, \ f_3(z_{3,3}) > \beta, \ f_3(z_{3,5}) > \beta, \ f_3(z_{3,7}) > \beta$$

を満たすものがとれる. このような手順を順次続ければ, 我々は次のような性質を持つ L の点集合の系 $\{z_{n,i} : n = 1, 2, \ldots; i = 0, \ldots, 2^n - 1\}$, Z の開集合の系 $\{U(n,1) : n = 1, 2, \ldots; i = 0, \ldots, 2^n - 1\}$, および $\mathcal{H}$ の関数列 $\{f_n\}_{n \geq 1}$ を構成できる.

$$U(n,i) = \{z \in Z : f_n(z) < \alpha\} \ (n = 1, 2, \ldots; i = 0, 2, \ldots, 2^n - 2),$$

$$U(n,i) = \{z \in Z : f_n(z) > \beta\} \ (n = 1, 2, \ldots; i = 1, 3, \ldots, 2^n - 1)$$

$$U(n+1, 2i) \cup U(n+1, 2i+1) \subset U(n,i)$$

$$z_{n,i} \in U(n,i) \cap L \ (n = 1, 2, \ldots; i = 0, 1, \ldots, 2^n - 1)$$

そのとき, $C(n,i) = U(n,i) \cap L \ (n = 1, 2, \ldots; i = 0, 1, \ldots, 2^n - 1)$ とおき

$$A_n = \bigcup_{i=0}^{2^n-1} C(n, 2i), \ B_n = \bigcup_{i=0}^{2^n-1} C(n, 2i+1)$$

とすれば, $1, -1$ から成る任意の有限数列 $\{\varepsilon_i\}_{1 \leq i \leq n}$ について

$$\bigcap_{i=1}^{n} \varepsilon_i A_i \neq \emptyset$$

であることが, $U(n,i) \cap L \neq \emptyset \ (\forall (n,i))$ を用いれば容易に分かる. したがって, $\{f_n\}_{n \geq 1}$ が L 上で独立であるから, $\{f_n\}_{n \geq 1}$ は独立である. すな

わち, $\mathcal{H}$ が独立な関数列 $\{f_n\}_{n\geq 1}$ を含むことが示され, (b) の否定が得られた.

(e) ⇒ (d) について. (d) を否定する. そのとき
$$h \in \overline{\mathcal{H}}^{T_p} \backslash \mathcal{B}_r(Z)$$
が存在する. したがって, 定理 3.2.13 を用いれば, 或る閉集合 L と, 二数 α, β ($\alpha < \beta$) が存在して

$L \cap \{z : h(z) < \alpha\}$, および $L \cap \{z : h(z) > \beta\}$ が共に L で稠密 $\cdots$ (*)

が成り立つ. このことと, $h \in \overline{\mathcal{H}}^{T_p}$ により, 任意の自然数 k, l について
$$\bigcup_{f \in \mathcal{H}} (\{f < \alpha\}^k \times \{f > \beta\}^l) \cap (L^{k+l}) \text{ が } L^{k+l} \text{ で稠密 } \cdots (**)$$
となることが容易に分かる. 実際, 次のように考えればよい. Z^{k+l} の任意の開集合 V について $V \cap L^{k+l} \neq \emptyset$ を満たすものをとれ. そのとき, Z の開集合 W_i ($i = 1, \ldots, k+l$) を適当にとれば
$$(W_1 \times \cdots \times W_{k+l}) \cap L^{k+l} \neq \emptyset,\ W_1 \times \cdots \times W_{k+l} \subset V$$
が成り立つ. $W_i \cap L \neq \emptyset$ ($i = 1, \ldots, k+l$) であるから, (*) より
$$u_i \in W_i \cap L \cap \{z : h(z) < \alpha\}\ (i = 1, \ldots k),$$
および
$$v_i \in W_i \cap L \cap \{z : h(z) > \beta\}\ (i = k+1, \ldots, k+l)$$
を満たす u_i, v_i がとれる. ここで, $h \in \overline{\mathcal{H}}^{T_p}$ を用いれば, $\mathcal{H}$ の元 g で
$$g(u_i) < \alpha\ (i = 1, \ldots, k),\ g(v_i) > \beta\ (i = k+1, \ldots, k+l)$$
を満たすものがとれる. すなわち
$$(u_1, \ldots, u_k, v_{k+1}, \ldots, v_{k+l}) \in \bigcup_{f \in \mathcal{H}} (\{f < \alpha\}^k \times \{f > \beta\}^l) \cap (L^{k+l}) \cap V$$
が分かるので, (**) が得られる. したがって, L は Z の t-critical 集合となるから, Z は位相的安定集合ではない. よって (e) が否定された.

以上で, 証明が完結する.

注意 9 結局, 定理 3.2.18 の [証明: (b) ⇒ (e)] で与えた集合列 $\{A_n\}_{n\geq 1}$, $\{B_n\}_{n\geq 1}$ は
$$A_n = \{z \in Z\ :\ f_n(z) < \alpha\} \cap L,\ B_n = \{z \in Z\ :\ f_n(z) > \beta\} \cap L$$

として定義されているのである. また各 n について, 次の 2^n 個の性質 (辞書式順序表示):

$$\{z \in Z : f_1(z) < \alpha, f_2(z) < \alpha, \cdots, \cdots, f_n(z) < \alpha\} \cap L \neq \emptyset$$

$$\{z \in Z : f_1(z) < \alpha, f_2(z) < \alpha, \cdots, f_{n-1}(z) < \alpha, \cdots, f_n(z) > \beta\} \cap L \neq \emptyset$$

$$\vdots \quad \vdots \quad \vdots \quad \vdots$$

$$\{z \in Z : f_1(z) > \beta, f_2(z) > \beta, \cdots, f_{n-1}(z) > \beta, f_n(z) < \alpha\} \cap L \neq \emptyset$$

$$\{z \in Z : f_1(z) > \beta, f_2(z) > \beta, \cdots, \cdots, f_n(z) > \beta\} \cap L \neq \emptyset$$

が成り立っていることが分かる. したがって, (簡潔にいえば) これらのことから, $1, -1$ から成る任意の有限数列 $\{\varepsilon_i\}_{1 \leq i \leq n}$ について

$$\bigcap_{i=1}^{n} \varepsilon_i A_i \neq \emptyset$$

が得られ, $\{f_n\}_{n \geq 1}$ の独立性が示されるのである.

定理 3.2.18 を, ペッティス集合の場合に応用すれば, ペッティス集合についての特徴付け (主に位相的なもの) に関する次の定理が得られる.

定理 3.2.20 K を X^* の弱 * コンパクト集合とするとき, 次の各陳述は同値である.
  (a) $C(K, w^*)$ の有界部分集合 $\mathcal{H} = \{x|_K : x \in B(X)\}$ は l_1-sequence を含まない.
  (b) $B(X)$ の任意の点列 $\{x_n\}_{n \geq 1}$ は, K 上で各点収束する部分列 $\{x_{n(m)}\}_{m \geq 1}$ を持つ.
  (c) K はペッティス集合である (すなわち, K は, 定義 3.2.4 の性質を満たす).

証明 定理 3.2.18 の陳述 (a), (c), (d) の同値性と, 注意 6 の 2. の内容から生じる.

特に, 定理 3.2.20 を $K = B(X^*)$ の場合に考えれば, l_1 を含まないバナッハ空間の特徴付けを与えた, 次の重要な定理 (特に, (a), (b) の同値性は, Rosentahl による, この分野における特筆すべき結果) が得られる.

系 3.2.21 バナッハ空間 X について, 次の各陳述は同値である.
  (a) X は, l_1 を含まない.

(b) X の任意の有界点列 $\{x_n\}_{n\geq 1}$ は, X^* 上で各点収束する部分列 $\{x_{n(m)}\}_{m\geq 1}$ を持つ.
(c) $B(X^*)$ はペッティス集合である.

証明 注意 8 と定理 3.2.20 から生じる.

[ペッティス集合と, 共役空間 X^* の **WRNP**]

位相的観点からのペッティス集合の考察はこれまでに留め, 以下では, このような位相的性質で与えられたペッティス集合の性質を媒介として, [X の構造理論と X^* の WRNP との関連] の状況を解説しよう. 紙面の都合上, その状況の一部 (特に興味深く重要な結果と考えるもの) の紹介に留まることは残念であるが, この内容 (定理 3.2.24) も本書の主要目的の一つである. さて, その考察の出発点として, 一つの測度論的性質を定義する.

定義 3.2.22 K を X^* の弱* コンパクト集合とし, $x^{**} \in X^{**}$ とする. そのとき, 写像 $x^{**} : (K, w^*) \to \mathbf{R}$ が **普遍的可測** (universally measurable) であるとは, (K, w^*) 上の任意のラドン確率測度 μ について, (x^{**}, x^*) が μ-可測であることをいう.

以上のペッティス集合を記述するための測度論的概念を踏まえて, Talagrand によるペッティス集合の定義を述べよう.

定義 3.2.23 K を X^* の弱* コンパクト集合とする. そのとき, K が**タラグランの意味で, ペッティス集合** であるとは, 各 $x^{**} \in X^{**}$ について, $x^{**} : (K, w^*) \to \mathbf{R}$ が普遍的可測であることをいう.

さて, 以上の定義を踏まえて, X^* の **WRNP** を, ペッティス集合を利用して特徴付けよう. この定理 3.2.24 における各陳述の同値性は, X^* の **WRNP** を, 様々な性質で特徴付けたもので, 本書の主要定理である (特に, X の構造理論との関係, (a) と (c) の同値性に注意). それらは, Musial, Janicka, Talagrand, Saab 等に負うものであるが, ここでの証明は松田によるもの (参考文献 [24], [25]) も加味して展開している.

定理 3.2.24 バナッハ空間 X について, 次の (a) ∼ (d) は同値である.
(a) X は l_1 を含まない.
(b) $B(X^*)$ は ペッティス集合である.
(c) X^* は **WRNP** を持つ.

(d) 任意の $x^{**} \in X^{**}$ について, $x^{**} : (B(X^*), w^*) \to \mathbf{R}$ は普遍的可測である (すなわち, $B(X^*)$ がタラグランの意味でペッティス集合である).

この証明のためにいくつかの補題を準備する. この定理の一つの主要部分である [(b) ⇒ (c)] を与えるための補題 (補題 3.2.25 〜 補題 3.2.27) を先ず注意する. なお, 補題 3.2.25 (2) は, ブルガン (J. Bourgain) が, 局所凸ハウスドルフ位相空間のコンパクト凸集合について与えた結果 (ブルガンの補題と呼ばれるもの) を, この場合に必要とされる, X^* の弱 * コンパクト凸集合の場合に言い換えたものである.

補題 3.2.25 (1) K を X^* の弱 * コンパクト凸集合とし, その端点集合を $\mathrm{ext}(K)$ とする. $\mathrm{ext}(K)$ の任意の元 a^* と, a^* の任意の弱 * 近傍 V を与えたとき, 或る $x \in X$ と正数 ε が存在して

$$a^* \in \{x^* \in K : (x^*, x) > \sup_{x^* \in K}(x^*, x) - \varepsilon\} \subset K \cap V$$

が成り立つ.

(このような集合 $\{x^* \in K : (x^*, x) > \sup_{x^* \in K}(x^*, x) - \varepsilon\}$ を $S(x, \varepsilon, K)$ と表し, x と ε により定まる K の **弱 * スライス**という)

(2) K を X^* の弱 * コンパクト凸集合とし, U は, $U \cap K \neq \emptyset$ を満たす弱 * 開集合とする. そのとき, 非負数の有限列 $\{\alpha_i\}_{1 \leq i \leq n}$ ($\sum_{i=1}^n \alpha_i = 1$) と, K の有限個の **弱 * スライス列** $\{S(x_i, \varepsilon_i, K)\}_{1 \leq i \leq n}$ が存在して

$$\sum_{i=1}^n \alpha_i S(x_i, \varepsilon_i, K) \subset U \cap K$$

が成り立つ.

証明 (1) (松田 [26] の定理 4.2.6 の証明の弱 * コンパクト凸集合版であり, その証明と同様. 参照せよ) a^* の弱 * 基本近傍 U で, $a^* \in U \subset V$ を満たすものをとれ. そのとき, X の適当な有限集合 $\{x_1, \ldots, x_n\}$ と, 実数の有限集合 $\{c_1, \ldots, c_n\}$ が存在して

$$U = \bigcap_{i=1}^n \{x^* \in K \ : (x^*, x_i) > c_i\}$$

と表される. 各 i について $A_i = \{x^* \in K : (x^*, x_i) \leq c_i\}$ とおけば, A_i は弱 * コンパクト凸集合であり

$$\mathrm{co}\left(\bigcup_{i=1}^n A_i\right) = \left\{\sum_{i=1}^n t_i a_i^* : a_i^* \in A_i, \sum_{i=1}^n t_i = 1, t_i \geq 0\right\}$$

が成り立つ．しかも，この集合は弱 * コンパクトである．その上，$a^* \in \text{ext}(K)$ を用いれば

$$a^* \notin \text{co}\left(\bigcup_{i=1}^n A_i\right) \ (= A \text{ とおく})$$

が得られる．したがって，分離定理 (松田 [26] の定理 1.3.8 の (4)) により，或る $x \in X$ が存在して

$$(a^*, x) > \sup\{(x^*, x) \ : \ x^* \in A\}$$

が成り立つ．したがって，正数 ε を

$$\sup\{(x^*, x) \ : \ x^* \in K\} - \varepsilon \geq (a^*, x) - \varepsilon > \sup\{(x^*, x) \ : \ x^* \in A\}$$

となるようにとれば

$$a^* \in S(x, \varepsilon, K) \subset K \backslash A \subset K \backslash \left(\bigcup_{i=1}^n A_i\right) \subset K \cap U \subset K \cap V$$

が得られる．

(2) $a^* \in K \cap U$ をとれ．X^* の元 0 の弱 * 開凸近傍 V で，$a^* + V + V \subset U$ を満たすものを選べ．そのとき，$a^* \in K = \overline{\text{co}}^*(\text{ext}(K))$ (クレイン・ミルマンの定理) であるから，或る非負数の有限集合 $\{\alpha_1, \ldots, \alpha_n\}$ (ただし，$\sum_{i=1}^n \alpha_i = 1$) と，$\text{ext}(K)$ の有限個の元 $a_1^*, \ldots, a_n^*$ が存在して

$$\sum_{i=1}^n \alpha_i a_i^* \in a^* + V$$

が成り立つ．各 i について，$a_i^* \in \text{ext}(K)$ であるから，(1) の結果から，K の弱 * スライス $S(x_i, \varepsilon_i, K)$ ($= S_i$ と表記) が存在して

$$a_i^* \in S_i \subset (a_i^* + V) \cap K$$

が成り立つ．したがって

$$\sum_{i=1}^n \alpha_i S_i \subset \left(\sum_{i=1}^n \alpha_i a_i^* + V\right) \cap K \subset (a^* + V + V) \cap K \subset U \cap K$$

が得られ，要求された結果が生じる．

補題 3.2.26 X^* の弱 * コンパクト凸集合 K はペッティス集合とし，$\gamma \in \mathcal{P}(K, w^*)$，$x^{**} \in X^{**}$ とする．そのとき，$\mathcal{B}(K, w^*)$ の任意の元 A で，$\gamma(A) > 0$ を満たす A は，次の性質 (*) を持つ．

(∗) 任意の正数 ε に対して, $B \subset A$, $\gamma(B) > 0$ を満たす B で

$$O(x^{**}|\overline{\mathrm{co}}^*(B)) < \varepsilon$$

を満たすものが存在する.

証明 このような $A \in \mathcal{B}(K, w^*)$ と, 任意の正数 ε を与えよ. そして, F を A に含まれる γ の自己支持弱 * コンパクト集合とし (ラドン測度の **自己支持集合** (self-supported set) については, 章末問題の 4 番 (b) を参照せよ. あるいは, 松田 [26] の命題 5.2.5 でも言及), $L = \overline{\mathrm{co}}^*(F)$ とする. そのとき, L は K の弱 * コンパクト部分集合であるから, K のペッティス集合性を用いれば, 或る弱 * 開集合 U で

$$U \cap L \neq \emptyset,\ O(x^{**}|U \cap L) < \varepsilon$$

を満たすものが存在する. このとき, 補題 3.2.25 (2) を用いれば, 有限個の或る非負数の集合 $\{\alpha_1, \ldots, \alpha_n\}$ (ただし, $\sum_{i=1}^n \alpha_i = 1$) と, L の有限個の弱 * スライスの集合 $\{S_1, \ldots, S_n\}$ が存在して

$$\sum_{i=1}^n \alpha_i S_i \subset U \cap L$$

が成り立つ. このとき

$$\varepsilon > O(x^{**}|U \cap L) \geq O(x^{**}|\sum_{i=1}^n \alpha_i S_i) = \sum_{i=1}^n \alpha_i O(x^{**}|S_i)$$

が得られる (等号は, x^{**} の線形性より生じる). したがって, 或る i が存在して

$$O(x^{**}|S_i) < \varepsilon$$

が成り立つ. この S_i を S とし, $S = S(x, \varepsilon, L)$ と表し, $S_0 = S(x, \varepsilon/2, L)$ とおけば, $S_0 \cap F \neq \emptyset$ が成り立つ. 実際, $S_0 \cap F = \emptyset$ とすれば, F の各点 x^* で

$$(x^*, x) \leq \sup_{x^* \in L}(x^*, x) - \frac{\varepsilon}{2}$$

が成り立つので, x の弱 * 連続性を用いれば, $L = \overline{\mathrm{co}}^*(F)$ の各点でも, この不等式が成り立つことになり, 矛盾が生じる. したがって, $S_0 \cap F \neq \emptyset$ が成り立つ. ここで F が γ についての自己支持集合であることから, $B = S_0 \cap F$ について, $B \in \mathcal{B}(K, w^*)$, $\gamma(B) > 0$ が得られる. したがって, $B \subset A$ かつ

$$O(x^{**}|\overline{\mathrm{co}}^*(B)) \leq O(x^{**}|\overline{\mathrm{co}}^*(S_0)) \leq O(x^{**}|S) < \varepsilon$$

が得られ, B が要求された集合であることが分かる.

補題 3.2.27 補題 3.2.26 と同じ設定とする. そのとき, $\gamma(A) > 0$ を満たす任意の $A \in \mathcal{B}(K, w^*)$ と, 任意の正数 ε に対して, $\mathcal{B}(K, w^*)$ に属する互いに素な高々可算個の集合から成る列 $\{B_n\}_{n \geq 1}$ で, 各 n について
$$B_n \subset A, \ \gamma(B_n) > 0, \ O(x^{**}|\overline{\mathrm{co}}^*(B_n)) < \varepsilon$$
を満たすものと, A の部分集合 N で $\gamma(N) = 0$ および, 各 n について $N \cap B_n = \emptyset$ を満たすものが存在して
$$A = \left(\bigcup_{n=1}^{\infty} B_n\right) \cup N$$
が成り立つ (ただし, 右辺の集合の無限和部分は, 有限和の場合も含むとする).

証明 補題 3.2.26 と **エグゾーションアーギュメント** (松田 [26], 定理 1.4.4 を参照, **枯渇論理** とでも訳すべきか) を用いることにより生じる (各自で確かめること).

以上の準備の下で, X^* の WRNP に関しての重要な結果 (すなわち, 定理 3.2.24 の (b) $\Rightarrow$ (c)) である, 次が得られる.

定理 3.2.28 (ペッティス密度関数の存在) 定理 3.2.3 と同じ設定とする. もし, $B(X^*)$ がペッティス集合であるならば, 定理 3.2.3 で得られる弱*密度関数 f はペッティス積分可能であり
$$\alpha(E) = (\mathrm{P}) \int_E f(s) d\mu(s) \ (E \in \Sigma)$$
が成り立つ (すなわち α は, ペッティス密度関数 f を持つ).

証明 先ず, 各 $x^{**} \in X^{**}$ について, $x^{**} \circ f \in L_1(S, \Sigma, \mu)$ を示す. そのためには, $x^{**} \circ f$ は有界関数であるから, $x^{**} \circ f$ の μ-可測性で十分である. 任意に正数 ε を与えよ. そのとき, 補題 3.2.27 を $\gamma = f(\mu)$, $A = K$ の場合に用いれば, $\mathcal{B}(K, w^*)$ に属する互いに素な集合から成る列 $\{B_n\}_{n \geq 1}$ で, 各 n について
$$\gamma(B_n) > 0 \ \text{かつ} \ O(x^{**}|\overline{\mathrm{co}}^*(B_n)) < \varepsilon$$
を満たすものと, $\gamma(N) = 0$ で, 各 n について $N \cap B_n = \emptyset$ を満たすものが存在して
$$K = \left(\bigcup_{n=1}^{\infty} B_n\right) \cup N$$

が成り立つ. したがって, 各 n について $E_n = f^{-1}(B_n)$ とおけば, $\{E_n\}_{n \geq 1} \subset \Sigma_\mu^+$ で

$$\mu\left(S \setminus \bigcup_{n \geq 1} E_n\right) = 0, \ O(x^{**}|\overline{\mathrm{co}}^*(f(E_n))) < \varepsilon$$

が成り立つ. したがって, $h(s) = \sum_{n=1}^\infty (x^{**}, x_n^*)\chi_{E_n}(s)$ (ただし, $x_n^* \in f(E_n), \forall n$) について, $|x^{**} \circ f(s) - h(s)| < \varepsilon$ (μ-a.e.) が得られる. このことから, $x^{**} \circ f$ の μ-可測性が分かる. 次に, f のペッティス積分可能性を示すために, $T_f(x) = x \circ f$ と定義される $T_f : X \to L_1(S, \Sigma, \mu)$ の共役写像 $T_f^* : L_\infty(S, \Sigma, \mu) \to X^*$ について, 等式:

$$(x^{**}, T_f(\chi_E)) = \int_E (x^{**}, f(s))d\mu(s)$$

が, 任意の $x^{**} \in X^{**}$, $E \in \Sigma$ に対して成り立つことを注意しよう. このような x^{**}, E をとれ. $\mu(E) = 0$ であるときは, この等式は明らかに成り立つ (両辺 $= 0$ である) ので, $\mu(E) > 0$ の場合に等式を示そう. 前段と同様に, 補題 3.2.27 を用い, $E_n = f^{-1}(B_n)$ とし, 各 n について, $E \cap E_n = F_n$ とする. そして, これらの F_n について, $\mu(F_n) > 0$ ならば, $F_n = G_n$ とおき, $\mu(F_n) = 0$ ならば, このような n についての F_n の和が, μ-測度 0 の集合になることに注意すれば, E の互いに素な, 高々可算個の部分集合から成る列 $\{G_n\}_{n \geq 1}$ で, 次の性質を満たすものが得られる.

$$\mu\left(E \setminus \bigcup_{n=1}^\infty G_n\right) = 0, \ \mu(G_n) > 0, \ O(x^{**}|\overline{\mathrm{co}}^*(f(G_n))) < \varepsilon \ (\forall n)$$

したがって, 各 n について, $a_n^* = T_f^*(\chi_{G_n})/\mu(G_n)$ とおけば, 分離定理により, $a_n^* \in \overline{\mathrm{co}}^*(f(G_n))$ が分かる. さらに, 各 $x \in X$ と, 各 j につき

$$\left|\left(x, \sum_{n=1}^j \mu(G_n)a_n^* - T_f^*(\chi_E)\right)\right|$$

$$= \left|\sum_{n=1}^j \int_{G_n} (x, f(s))d\mu(s) - \int_E (x, f(s))d\mu(s)\right| \leq \|x\|\mu\left(E \setminus \bigcup_{n=1}^j G_n\right)$$

が成り立つから, $j \to \infty$ として

$$T_f^*(\chi_E) = \sum_{n=1}^\infty \mu(G_n)a_n^*$$

が得られる. したがって, x^{**} の連続性から

$$(x^{**}, T_f^*(\chi_E)) - \left(x^{**}, \sum_{n=1}^\infty \mu(G_n)a_n^*\right) = \sum_{n=1}^\infty \mu(G_n)(x^{**}, a_n^*)$$

が成り立つ. 一方, 項別積分定理 (系 1.2.52) から

$$\int_E (x^{**}, f(s))d\mu(s) = \sum_{n=1}^{\infty} \int_{G_n} (x^{**}, f(s))d\mu(s)$$

が得られる. よって $I = (x^{**}, T_f^*(\chi_E)) - \int_E (x^{**}, f(s))d\mu(s)$ について

$$\begin{aligned}
|I| &\leq \sum_{n=1}^{\infty} \left| \mu(G_n) \cdot (x^{**}, a_n^*) - \int_{G_n} (x^{**}, f(s))d\mu(s) \right| \\
&\leq \sum_{n=1}^{\infty} \int_{G_n} |(x^{**}, a_n^*) - (x^{**}, f(s))| d\mu(s) \\
&\leq \sum_{n=1}^{\infty} \int_{G_n} O(x^{**}|\overline{\mathrm{co}}^*(f(G_n))) d\mu(s) \\
&\leq \varepsilon \cdot \sum_{n=1}^{\infty} \mu(G_n) = \varepsilon \cdot \mu(E)
\end{aligned}$$

が得られる. ここで, ε の任意性から, $I = 0$, すなわち

$$(x^{**}, T_f^*(\chi_E)) = \int_E (x^{**}, f(s))d\mu(s)$$

が得られる. すなわち, 任意の $x^{**} \in X^{**}$, $E \in \Sigma$ について

$$(x^{**}, T_f^*(\chi_E)) = \int_E (x^{**}, f(s))d\mu(s)$$

が得られた. したがって, f はペッティス積分可能で

$$T_f^*(\chi_E) = (\mathrm{P})\int_E f(s)d\mu(s)$$

が得られる. 特に, 各 $x \in X$ として

$$(x, T_f^*(\chi_E)) = \int_E (x, f(s))d\mu(s) = (x, \alpha(E))$$

が成り立つから

$$\alpha(E) = T_f^*(\chi_E) = (\mathrm{P})\int_E f(s)d\mu(s)$$

が得られる.

以上で, 証明が完結する.

また, 定理 3.2.24 の [(d) → (a)] の証明のための次の簡単な補題も, 注

意しておく.

補題 3.2.29 (1) X^{**} の元 x^{**} について, $x^{**} : (B(X^*), w^*) \to \mathbf{R}$ が普遍的可測ならば, $x^{**} : (B_r(X^*), w^*) \to \mathbf{R}$ も普遍的可測である (ただし, $r > 0$).

(2) X^{**} の元 x^{**} について, $x^{**} : (B(X^*), w^*) \to \mathbf{R}$ が普遍的可測ならば, X^* の任意の弱$*$ コンパクト部分集合 K について, $x^{**} : (K, w^*) \to \mathbf{R}$ も普遍的可測である.

証明 (1) について. $(B_r(X^*), w^*)$ 上のラドン確率測度 β を任意にとれ. そして, $\beta(E) > 0$ を満たす $E \in \mathcal{B}(B_r(X^*), w^*)$ と, 任意の正数 ε をとれ. 次に, $(B(X^*), w^*)$ 上のラドン確率測度 γ を

$$\gamma(B) = \beta(r \cdot B) \ (B \in \mathcal{B}(B(X^*), w^*))$$

で定義する. その際, ボレル集合族の関係として

$$\mathcal{B}(B_r(X^*), w^*) = \{r \cdot B \ : \ B \in \mathcal{B}(B(X^*), w^*)\}$$

が成り立っていることを用いている (この事柄は, 写像 $f : x^* \to rx^*$ が, $(B(X^*), w^*)$ から, $(B_r(X^*), w^*)$ への位相同型写像であることから容易に得られることを注意せよ). そのとき, $E = r \cdot B$ を満たす $B \in \mathcal{B}(B(X^*), w^*)$ をとれば, $\gamma(B) = \beta(r \cdot B) = \beta(E) > 0$ であるから, x^{**} の γ-可測性から

$$B_0 \subset B, \ \gamma(B_0) > 0, \ O(x^{**}|B_0) \leq \varepsilon/r$$

を満たす, $B_0 \in \mathcal{B}(B(X^*), w^*)$ が存在する. このとき, $F = r \cdot B_0$ とおけば

$$F \in \mathcal{B}(B_r(X^*), w^*), \ F \subset E, \ \beta(F) > 0, \ O(x^{**}|F) \leq \varepsilon$$

を満たすことが分かる. したがって, x^{**} は, β-可測となる. β の任意性から, $x^{**} : (B_r(X^*), w^*) \to \mathbf{R}$ の普遍的可測性が得られる.

(2) 任意の弱$*$ コンパクト部分集合 K について, 適当な正数 r をとれば, $K \subset B_r(X^*)$ とできる. したがって, (K, w^*) 上の確率ラドン測度は, $(B_r(X^*), w^*)$ 上の確率ラドン測度と考えられるので, (2) は, (1) の結果から生じる.

注意 10 有限測度空間 (S, Σ, μ) と, 実数値関数 $f : S \to \mathbf{R}$ が与えられたとき, f の μ-可測性は, 次の条件 $(*)$ と同値であることが示されている (例えば, 松田 [26] の命題 3.1.1 と, それに続く, 注意 1 を参照).

($*$) 任意の $E \in \Sigma_\mu^+$ と, 任意の正数 ε について, 或る $F \in \Sigma_\mu^+$ で, $F \subset E$ を満たし, かつ $O(f|F) \leq \varepsilon$ を満たすものが存在する.

補題 3.2.29 (1) の x^{**} の β-可測性は, この結果を用いている. 以後も, 可測性に関する, この結果により随所で [可測性の証明] を与えるので, 注意すること.

補題 3.2.30 (1) (X, Σ, μ) を有限測度空間, $(Y, \mathcal{M})$ を可測空間とし, $f: X \to Y$ は, Σ-$\mathcal{M}$ 可測関数とする. そのとき

$$f(\mu)(M) = \mu(f^{-1}(M)) \ (M \in \mathcal{M})$$

で定義される測度 $f(\mu) : \mathcal{M} \to \mathbf{R}^+$ と, $g : Y \to \mathbf{R}$ について, g が, $f(\mu)$-可測ならば, $g \circ f$ は, μ-可測である.

(2) K, C はコンパクトハウスドルフ空間で, μ は K 上の有限ラドン測度とし, 写像 $k : K \to C$ は連続とする. そのとき

$$k(\mu)(B) = \mu(k^{-1}(B)) \ (B \in \mathcal{B}(C))$$

で定義される有限ラドン測度 $k(\mu) : \mathcal{B}(C) \to \mathbf{R}^+$ と, 写像 $h : C \to \mathbf{R}$ について, $h \circ k$ が μ-可測ならば, h は $k(\mu)$-可測である.

証明 (1) について. 任意の実数 r をとれ. そのとき, $g \circ f$ の μ-可測性のためには, Σ の元 E_1, E_2 を適当にとることにより

$$E_1 \subset \{x \in X \ : \ g(f(x)) > r\} \subset E_2, \ \mu(E_2 \backslash E_1) = 0$$

が成り立つことを示せばよい. そのために, $F = \{y \ : \ g(y) > r\}$ とおけば

$$\{x \in X \ : \ g(f(x)) > r\} = f^{-1}(F)$$

である. また, g の $f(\mu)$-可測性を用いれば, $\mathcal{M}$ の元 M_1, M_2 が存在して

$$M_1 \subset F \subset M_2, \ f(\mu)(M_2 \backslash M_1) = 0$$

が成り立つ. したがって, $E_1 = f^{-1}(M_1)$, $E_2 = f^{-1}(M_2)$ とおけば, これが要求されたものであることが分かる.

(2) について. $k(\mu)(B) > 0$ を満たす任意の $B \in \mathcal{B}(C)$ と, 任意の正数 ε を与えよ. そのとき, $\mu(k^{-1}(B)) > 0$ であるから, $h \circ k$ の μ-可測性と, μ のラドン性から, K の或るコンパクト部分集合 K_0 で

$$\mu(K_0) > 0, \ K_0 \subset k^{-1}(B), \ O(h \circ k|K_0) \leq \varepsilon$$

を満たすものが存在する. そのとき, k の連続性から, $B_0 = k(K_0) \;(\subset B)$ はコンパクト集合 (したがって, $B_0 \in \mathcal{B}(C)$) であり

$$k(\mu)(B_0) = \mu(k^{-1}(B_0)) \geq \mu(K_0) > 0, \; O(h|B_0) = O(h \circ k|K_0) \leq \varepsilon$$

が成り立つ. したがって, h が $k(\mu)$-可測が得られる.

さらに, 補題の最後として, 定理 3.2.24 の主要部分の一つ $[(c) \Rightarrow (a)]$ を得るために必要なものを与える.

補題 3.2.31 (1) カントール空間 $\{0,1\}^{\mathbf{N}}$ は, 位相空間 $(B(l_\infty), w^*)$ の (位相空間としての) 部分空間である. すなわち, $\{0,1\}^{\mathbf{N}}$ の任意のネット $\{a_d\}_{d \in D}$ と点 a について

$$a_d \to a \; (\{0,1\}^{\mathbf{N}} \text{ における積位相について}) \Leftrightarrow$$

$$a_d \to a \; (B(l_\infty) \text{ における弱}^*\text{位相について})$$

が成り立つ.
(2) Sierpinski 関数 $\phi : [0,1] \to \{0,1\}^{\mathbf{N}}$ を, $\phi : [0,1] \to (B(l_\infty), w^*)$ とみるとき

$$\Lambda_1 = \{\phi^{-1}(B) \; : \; B \in \mathcal{B}(B(l_\infty), w^*)\}$$

とおく. そのとき, 各 $E \in \Lambda$ について, $F \in \Lambda_1$ が存在して, $\lambda(E \triangle F) = 0$ が成り立つ.

証明 (1) について. それは, 収束に関する次の一連の関係から得られる.

$$a_d \to a \; (\{0,1\}^{\mathbf{N}} \text{ における積位相について}) \Leftrightarrow$$

$$a_d \text{ の各 } n \text{ 成分が } a \text{ の各 } n \text{ 成分に収束}$$

が成り立つ. また, $\{e_n\}_{n \geq 1}$ を l_1 の自然な単位ベクトル基底としたとき

$$(a_d, e_n) \to (a, e_n) \; (\forall e_n) \Leftrightarrow$$

$$a_d \text{ の各 } n \text{ 成分が } a \text{ の各 } n \text{ 成分に収束}$$

が成り立つ. さらに, $B(l_\infty)$ の有界性から

$$(a_d, e_n) \to (a, e_n) \; (\forall e_n) \Leftrightarrow (a_d, b) \to (a, b) \; (\forall b \in l_1)$$

が分かる.
(2) について. (1) の結果から

$$\mathcal{B}(\{0,1\}^{\mathbf{N}}) = \{\{0,1\}^{\mathbf{N}} \cap B \; : \; B \in \mathcal{B}(B(l_\infty), w^*)\}$$

が得られる．ここで，$\{0,1\}^{\mathbf{N}}$ は，$(B(l_\infty), w^*)$ の閉集合であるから，$\{0,1\}^{\mathbf{N}} \in \mathcal{B}(B(l_\infty), w^*)$ である．したがって

$$\mathcal{B}(\{0,1\}^{\mathbf{N}}) = \{B \subset \{0,1\}^{\mathbf{N}} \,:\, B \in \mathcal{B}(B(l_\infty), w^*)\}$$

が得られる．よって，$\Lambda_1 = \Lambda_0$ (ただし，Λ_0 は，章末問題 1 の 52 番 (a) で定義されたもの) が分かり，章末問題 1 の 52 番 (b) の結果を用いれば，(2) が得られる．

定理 3.2.24 の証明 (a) $\Leftrightarrow$ (b)．系 3.2.21 で得られている．

(b) $\Rightarrow$ (c)．定理 3.2.28 から得られる．

(b) $\Rightarrow$ (d)．X^{**} の元 x^{**} を任意にとり，$x^{**} : (B(X^*), w^*) \to \mathbf{R}$ の普遍的可測性を示す．すなわち，任意の $\gamma \in \mathcal{P}(B(X^*), w^*)$ をとり，x^{**} の γ-可測性を示す．そのために，$\gamma(B) > 0$ を満たす $B \in \mathcal{B}(B(X^*), w^*)$ と任意の正数 ε を与えよ．そのとき，γ のラドン性から，弱 * コンパクト集合 C で，$C \subset B$，C は γ の自己支持集合であるものが存在する．したがって，条件 (b) から，或る弱 * 開集合 U で

$$C \cap U \neq \emptyset,\ O(x^{**}|C \cap U) < \varepsilon$$

を満たすものが存在する．ここで，C の自己支持集合性から，$\gamma(C \cap U) > 0$ であることに注意すれば，$D = C \cap U$ について

$$D \subset B,\ \gamma(D) > 0,\ O(x^{**}|D) < \varepsilon$$

が得られるので，x^{**} の γ-可測性が生じる．

(d) $\Rightarrow$ (a)．(a) を否定し，(d) の否定を示そう．(a) を否定すれば，$l_1 \subset X$ であるから，l_1 から X の中への距離同型写像 T が存在する．このとき，ハーン・バナッハの定理から，$T^* : X^* \to l_\infty$ は全射であることが分かるので，バナッハの開写像定理により，或る正数 r をとれば，$B(l_\infty) \subset T^*(B_r(X^*))$ が成り立つ．しかも，T^* は弱 *-弱 * 連続であることから，$K = (T^*)^{-1}(B(l_\infty)) \cap B_r(X^*)$ について，K は弱 * コンパクト凸集合で，$T^*(K) = B(l_\infty)$ を満たすことが分かる．すなわち，$T^*|_K : (K, w^*) \to (B(l_\infty), w^*)$ は，連続全射である (ただし，$T^*|_K$ は T^* の K への制限写像)．さて，カントール空間 $\{0,1\}^{\mathbf{N}}$ は，$(B(l_\infty), w^*)$ のコンパクト部分集合と解釈されるので (補題 3.2.31 (1))，$\{0,1\}^{\mathbf{N}}$ 上に定義された，正規化されたハール測度 $\nu = \phi(\lambda)$ (ϕ は Sierpinski 関数) は，$(B(l_\infty), w^*)$ 上の確率ラドン測度となる．したがって，(K, w^*) 上の，或る確率ラドン測度 γ が存在して，$(T^*|_K)(\gamma) = \phi(\lambda)$ が成り立つ．ここで η を例 1.4.41 の後の注意 5 の 5. で得られた $B(l_\infty^*)$ に属する元とすれば，$x^{**} = T^{**}(\eta) \in X^{**}$

について, $x^{**}: (K, w^*) \to \mathbf{R}$ が, γ-可測ではないことが, 以下のようにして得られる. 実際, K 上で

$$(x^{**}, x^*) = (T^{**}(\eta), x^*) = (\eta, T^*(x^*)) = (\eta, (T^*|_K)(x^*))$$

が γ-可測とせよ. そのとき, 補題 3.2.30 (2) から, η が, $(T^*|_K)(\gamma)$-可測, すなわち, η が $\phi(\lambda)$-可測となり, 補題 3.2.30 (1) から, $\eta \circ \phi$ は λ-可測となる. しかし, これは, 注意 5 の 5. で得られた結果に矛盾する. よって, $x^{**}: (K, w^*) \to \mathbf{R}$ は γ-可測ではないので, (d) の否定が示された.

(c) $\Rightarrow$ (a). そのために, (a) を否定せよ. すなわち, l_1 から X の中への, 距離同型写像 T が存在するとせよ. そして, Sierpinski 関数 $\phi: [0, 1] \to B(l_\infty)$ のゲルファント積分可能性を用いて, 各 $E \in \Lambda$ につき, ϕ の E 上でのゲルファント積分値として得られる l_∞ の元を $\alpha(E)$ とする. すなわち, $\alpha: \Lambda \to l_\infty$ は, 各 $E \in \Lambda$ について

$$(a, \alpha(E)) = \int_E (a, \phi(t)) d\lambda(t) \ (a \in l_1)$$

を満たしている. この式で, 任意の $t \in [0, 1]$ について, $|(a, \phi(t))| \leq \|a\|_1$ が成り立つことに注意すれば

$$\|\alpha(E)\|_\infty \leq \lambda(E) \ (E \in \Lambda)$$

が得られる. したがって, α は l_∞-値測度であることが容易に分かる (この α は, 例 3.1.4 で与えた l_∞-値測度と同じもので, ここでは, 別の表現で与えたに過ぎないことを注意せよ). また, 前述の [(d) $\Rightarrow$ (a)] において, (a) の否定の下に展開した論理により, そこと同一の表記を用いるならば, 次が得られている. $T^*(K) = B(l_\infty)$ を満たす, X^* の弱*コンパクト凸集合 K と, (K, w^*) 上の, 或る確率ラドン測度 γ が存在して, $(T^*|_K)(\gamma) = \phi(\lambda)$ が成り立つ. このとき, この γ を利用して $\beta: \Lambda \to X^*$ で

$$T^*(\beta(E)) = \alpha(E), \ \|\beta(E)\| \leq M \cdot \lambda(E) \ (E \in \Lambda) \ \cdots \ (*)$$

を満たすベクトル値測度を構成しよう (ただし, $M = \sup\{\|x^*\| : x \in K\}$). そのために, $i: K \to X^*$ を

$$i(x^*) = x^* \ (x^* \in K)$$

で定義すれば, i は, (K, w^*) 上で γ についてゲルファント積分可能であるから (それは, $(x, i(x^*)) = (x, x^*)$ の弱*連続性による), 補題 3.2.31 で定義した (Λ の) 部分 σ-algebra Λ_1 に属する集合 $\phi^{-1}(B)$ ($B \in \mathcal{B}(B(l_\infty), w^*)$) について, i の, $(T^*|_K)^{-1}(B)$ 上でのゲルファント積分値として得られる

X^* の元を $\beta_1(\phi^{-1}(B))$ とする. すなわち, $\beta_1 : \Lambda_1 \to X^*$ は, 各 $\phi^{-1}(B)$ について

$$(x, \beta_1(\phi^{-1}(B))) = \int_{(T^*|_K)^{-1}(B)} (x, x^*) d\gamma(x^*) \ (x \in X)$$

を満たす有限加法的ベクトル値測度である. しかも

$$|(x, \beta_1(\phi^{-1}(B)))| \leq M\|x\| \cdot \gamma((T^*|_K)^{-1}(B)) = M\|x\| \cdot T^*|_K(\gamma)(B)$$
$$= M\|x\| \cdot \phi(\lambda)(B) = M\|x\| \cdot \lambda(\phi^{-1}(B))$$

から

$$\|\beta_1(\phi^{-1}(B))\| \leq M \cdot \lambda(\phi^{-1}(B)) \ (B \in \mathcal{B}(B(l_\infty), w^*))$$

が得られるので, $\beta_1 : \Lambda_1 \to X^*$ はベクトル値測度となる. よって, 補題 3.2.31 (2) を用いれば, ベクトル値測度 $\beta : \Lambda \to X^*$ で

$$\|\beta(E)\| \leq M \cdot \lambda(E), \ \beta(F) = \beta_1(F) \ (F \in \Lambda_1)$$

を満たすものが存在する. このとき, $\beta : \Lambda \to X^*$ は, 各 $a \in l_1$ について

$$(a, T^*(\beta(\phi^{-1}(B)))) = (T(a), \beta_1(\phi^{-1}(B))) = \int_{(T^*|_K)^{-1}(B)} (T(a), x^*) d\gamma(x^*)$$
$$= \int_{(T^*|_K)^{-1}(B)} (a, T^*(x^*)) d\gamma(x^*) = \int_{(T^*|_K)^{-1}(B)} (a, T^*|_K(x^*)) d\gamma(x^*)$$

が得られる. ここで, 積分の変数変換公式を用いれば

$$\int_{(T^*|_K)^{-1}(B)} (a, T^*|_K(x^*)) d\gamma(x^*) = \int_B (a, b) dT^*|_K(\gamma)(b)$$
$$= \int_B (a, b) d\phi(\lambda)(b) = \int_{\phi^{-1}(B)} (a, \phi(t)) d\lambda(t)$$

が成り立つので, 各 $a \in l_1$ について

$$(a, T^*(\beta(\phi^{-1}(B)))) = (a, \alpha(\phi^{-1}(B)))$$

が得られる. したがって, $\beta : \Lambda \to X^*$ は

$$T^*(\beta(F)) = \alpha(F) \ (F \in \Lambda_1)$$

を満たすベクトル値測度であることが分かる. その上, 補題 3.2.31 (2) より, 各 $E \in \Lambda$ について, $F \in \Lambda_1$ で, $\lambda(E \triangle F) = 0$ を満たすものをとれば

$$T^*(\beta(E)) = T^*(\beta_1(F)) = \alpha(F) = \alpha(E)$$

が得られる. 以上で, この β が, 先に要求されたベクトル値測度であることが分かる. このようなベクトル値測度 $\beta : \Lambda \to X^*$ の存在と, 仮定 (c) (X^* の WRNP) から, 矛盾が導かれることを, 以下で示そう. さて, β の上記 ($*$) の第二の性質から, これは, λ-絶対連続の, X^*-値有界変分測度であることが分かる. したがって, X^* の WRNP を用いれば, β は, ペッティス密度関数 f を持つ. すなわち, 或るペッティス積分可能関数 $f : [0,1] \to X^*$ が存在して, 各 $x^{**} \in X^{**}$ について

$$(x^{**}, \beta(E)) = \int_E (x^{**}, f(t))d\lambda(t) \ (E \in \Lambda)$$

が成り立つ. よって, 各 $a \in l_1$ について, $T(a) \in X \ (\subset X^{**})$ であることに着目すれば

$$(T(a), \beta(E)) = \int_E (T(a), f(t))d\lambda(t) \ (E \in \Lambda)$$

が成り立つ. すなわち, 各 $E \in \Lambda$ について

$$(a, \alpha(E)) = (a, T^*(\beta(E))) = \int_E (a, T^*(f(t)))d\lambda(t)$$

が成り立つ. ところが, 各 $E \in \Lambda$ について

$$(a, \alpha(E)) = \int_E (a, \phi(t))d\lambda(t)$$

であるから, 結局, 各 $E \in \Lambda$ について

$$\int_E (a, T^*(f(t)))d\lambda(t) = \int_E (a, \phi(t))d\lambda(t)$$

が得られる. したがって, 各 $a \in l_1$ に対して, (a に依存した) λ-測度 0 の集合を除いて

$$(a, T^*(f(t))) = (a, \phi(t))$$

が成り立つことが分かる. よって, l_1 の可分性を用いれば, λ-a.e. に

$$T^*(f(t)) = \phi(t)$$

が成り立つ. ここで $(\eta, \phi(t))$ が λ-可測でないことから, $(\eta, T^*(f(t))) = (T^{**}(\eta), f(t))$ が λ-可測でないことが得られた. すなわち, $x^{**} = T^{**}(\eta) \in X^{**}$ について $(x^{**}, f(t))$ が λ-可測でないことが分かり, これは, f の弱可測性に矛盾し, 証明が完結する.

以上で, 本書の最重要目的である定理 3.2.24 の成立が示された. 本書の

最後として, この定理 3.2.24 は, 松田 [26] で紹介されている, X^* の RNP についての特徴付けを与える次の定理 3.2.32 に相当するものとして得られた (X^* の WRNP についての) 定理であることを注意しておく (もちろん, 各条件の対応に着目して, 要確認).

定理 3.2.32 バナッハ空間 X について, 次の (a) 〜 (d) は同値である.
 (a) X の任意の可分閉部分空間 Y について, Y^* も可分である.
 (b) $B(X^*)$ は RN 集合 (ラドン・ニコディム集合) である.
 (c) X^* は **RNP** を持つ.
 (d) 恒等写像 $i: (B(X^*), w^*) \to (B(X^*), \|\cdot\|)$ は, 普遍的強可測である.

問題 3

1. (注意 1 の 2. について) weakly compactly generated なバナッハ空間 X について, [RNP = WRNP] であることを示せ. すなわち, (S, Σ, μ) を完備有限測度空間, $\alpha : \Sigma \to X$ を

$$\|\alpha(E)\| \leq \mu(E) \ (E \in \Sigma)$$

を満たすベクトル値測度とするとき, X の WRNP を仮定して, α がボッホナー密度関数 $g : S \to B(X)$ を持つこと, すなわち

$$\alpha(E) = (\mathrm{B}) \int_E g(s) d\mu(s) \ (E \in \Sigma)$$

が成り立つことを, 以下の順序で示せ.

   (a) $f : S \to B(X)$ を, X の WRNP から得られる, α に対するペッティス密度関数とする. すなわち

$$\alpha(E) = (\mathrm{P}) \int_E f(s) d\mu(s) \ (E \in \Sigma)$$

   とする. そのとき, 或る強可測関数 $k : S \to X$ で, f と弱同値かつ, $k(S)$ は可分であるものが存在することを示せ (定理 2.1.29, 定理 2.2.3 を用いよ).

   (b) μ-a.e. に, $\|k(s)\| \leq 1$ が成り立つことを示せ.

   (c) 前問 (a), (b) の結果を利用して, 或るボッホナー密度関数 $g : S \to B(X)$ が存在して

$$\alpha(E) = (\mathrm{B}) \int_E g(s) d\mu(s) \ (E \in \Sigma)$$

   が成り立つことを示せ.

2. (例 3.1.4 に関連して) カントール空間 $K = \{0, 1\}^{\mathbf{N}}$ と, その上の正規化されたハール測度を μ とし, 完備確率測度空間 (K, Σ_μ, μ) を考える. ただし, Σ_μ は μ の完備化で得られた σ-algebra. そのとき, 次の各問に答えよ.

   (a) $E \in \Sigma_\mu$ について $f(x) = \mu((E + x) \cap E^c)$ は x の連続関数であることを示せ.

   (b) 次の等式を示せ.

$$\int_K f(x) d\mu(x) = \mu(E) \mu(E^c)$$

(c) $E \in \Sigma_\mu$ が, 次の性質を満たすとする.

$$\mu((E+x) \triangle E) = 0 \ (x \in K_0) \ (ただし, K_0 は, K の稠密な部分集合)$$

そのとき, $\mu(E) = 0$ あるいは, $\mu(E) = 1$ が成り立つことを示せ.

(d) (章末問題 1 の 51 番 (e) を参照) $\mathcal{F}$ を K の free ultrafilter とする. そのとき, $\mathcal{F}$ は μ-可測ではないことを示せ.

(e) $\psi : K \to l_\infty$ を, 次で定義する. $x = \{x_n\}_{n \geq 1} \in K$ について

$$\psi(x) = \{x_n\}_{n \geq 1} \ (\in B(l_\infty))$$

そのとき, ψ は, 弱*可測であるが, 弱可測ではないことを示せ.

(f) $\pi_n(x) = x_n \ (x = \{x_n\}_{n \geq 1} \in K)$ により, $\pi_n : K \to \mathbf{R}$ を定義する. そのとき, $\alpha : \Sigma_\mu \to l_\infty$ を

$$\alpha(E) = \{\int_E \pi_n(x) d\mu(x)\}_{n \geq 1} \ (E \in \Sigma_\mu)$$

で定義すれば

$$\|\alpha(E)\| \leq \mu(E) \ (E \in \Sigma_\mu)$$

が成り立つことを示せ.

(g) α はペッティス密度関数を持たないことを示せ.

3. (ジェームス空間, James' space J) J は, 実数列 $x = \{x(n)\}_{n \geq 1}$ で, 次の性質を満たすもの全体の作る集合とする.

$$\|x\|_J^2 = \sup\{\left(\sum_{j=1}^n \left(\sum_{i=m(j)}^{m(j+1)-1} x(i)\right)^2\right)^{1/2} :$$

$$n \geq 1, \ m(1) < m(2) < \cdots < m(n+1)\} < +\infty$$

そのとき, 次の各問に答えよ (B. Beauzamy [15] の Part 2 の 2 章 練習問題 7 番を参照).

(a) J に, 通常の形で, 各元の実数倍 $\lambda x \ (\lambda \in \mathbf{R}, x \in J)$, 二元の和 $x+y \ (x, y \in J)$ を定義できることを示せ (これにより, J は線形空間となる). すなわち, 後者の二元の和について述べれば

$$\|x\|_J < +\infty, \ \|y\|_J < +\infty \ \Rightarrow \ \|x+y\|_J < +\infty$$

が成り立つことを示せ.

(b) $x = \{x(n)\}_{n \geq 1} \in J$ について, $\|x\|_J \geq |x(n)|\ (\forall n)$ が成り立つことを示せ.

(c) $\|x\|_J$ は, J 上のノルムであることを示せ.

(d) ノルム空間 $(J, \|\cdot\|_J)$ はバナッハ空間であることを示せ (このバナッハ空間を**ジェームス空間** という. 以後の J はジェームス空間とする).

(e) $x = \{x(n)\}_{n \geq 1} \in J$ について, $\sum_{n=1}^{\infty} x(n)$ が収束することを示せ. また
$$\|x\|_J \geq \left|\sum_{n=1}^{\infty} x(n)\right|$$
が成り立つことを示せ.

(f) i について, $e_i = \{\delta_i(n)\}_{n \geq 1}$ で定義される J の元 e_i について, $\{e_n\}_{n \geq 1}$ は, J の単調有界完備基底であることを示せ. ただし, $\delta_i(n) = 1\ (n = i)$, $\delta_i(n) = 0\ (n \neq i)$ である.

(g) $e^* : J \to \mathbf{R}$ を, 次で定義する (前問 (e) の結果から定義可能である).
$$(e^*, x) = \sum_{n=1}^{\infty} x(n)\ (x = \{x(n)\}_{n \geq 1} \in J)$$
そのとき, $e^* \in J^*$ (J の共役空間) であり, $\|e^*\| = 1$ であることを示せ.

(h) J は回帰的 (reflexive) か.

4. コンパクトハウスドルフ空間 Z 上のラドン測度 μ は, $\mu(Z) \in (0, +\infty)$ を満たすとする. このとき, 次の各問に答えよ.

(a) (台の存在) 次の性質を持つ (空でない) 閉集合 F が存在することを示せ.
$O \cap F \neq \emptyset$ を満たす任意の開集合 O について, $\mu(O \cap F) > 0$ が成り立つ.

(b) $A \in \mathcal{B}(Z)$ が, $\mu(A) > 0$ を満たすならば, A は, 次の性質を持つ (空でない) 閉集合 C を含むことを示せ.
$U \cap C \neq \emptyset$ を満たす任意の開集合 U について, $\mu(U \cap C) > 0$ が成り立つ.
(このような集合 C を, 自己支持集合という)

5. (松田 [26] の問題 5 の 3 番の弱ラドン・ニコディム版に相当) $B(X^*)$ がタラグランの意味でペッティス集合であるとき, X の任意の部分

空間 Y について，$B(Y^*)$ もタラグランの意味でペッティス集合であることを次の順序で示せ．

(a) $j: Y \to X$ を，Y から X への自然な単射，すなわち，$j(y) = y$ ($y \in Y$) で定めるとき，共役写像 $j^*: X^* \to Y^*$ は弱*-弱* 連続で，$j^*(B(X^*)) = B(Y^*)$ を満たすことを示せ．

(b) 各 $\nu \in \mathcal{P}(B(Y^*), w^*)$ について，$j^*(\mu) = \nu$ を満たす $\mu \in \mathcal{P}(B(X^*), w^*)$ が存在することを示せ．

(c) 定義 3.2.23 に着目して，$B(X^*)$ のタラグランの意味でのペッティス性から，$B(Y^*)$ のタラグランの意味でのペッティス性を確かめよ．

6. (前問のペッティス集合版に相当) $B(X^*)$ がペッティス集合であるとき，X の任意の部分空間 Y について，$B(Y^*)$ もペッティス集合であることを次の順序で示せ．ただし，$j: Y \to X$ は前問と同様，Y から X への自然な単射とする．

(a) $B(Y^*)$ がペッティス集合でないとするとき，或る弱*コンパクト集合 D ($\subset B(Y^*)$) が存在して，或る $y^{**} \in Y^{**}$ について

$$\inf\{O(y^{**}|W \cap D) : W \text{ は弱}^*\text{開集合}, W \cap D \neq \emptyset\} > 0$$

が成り立つことを示せ (左辺の値を 2ε とおく)．

(b) $\mathcal{F} = \{F$ は X^* の弱*コンパクト集合 $: j^*(F) = D, D \subset B(X^*)\}$ を考えれば，$\mathcal{F} \neq \emptyset$ であり，順序集合 $(\mathcal{F}, \leq)$ は帰納的順序集合であることを示せ．
ただし，順序 $F_1 \leq F_2 \Leftrightarrow F_1 \supset F_2$ で定める．

(c) $\mathcal{F}$ の極大元 (前問 (b) と，ツォルンの補題から保証される) を F_0 とする．そのとき，X^* の或る弱*開集合 U で

$$U \cap F_0 \neq \emptyset, \; O(j^{**}(y^{**})|F_0 \cap U) \leq \varepsilon$$

を満たすものが存在することを示せ．

(d) $W_0 = Y^* \setminus (j^*(F_0 \setminus U))$ ととれば，$W_0 \cap D \neq \emptyset$ かつ，$W_0 \cap D \subset j^*(F_0 \cap U)$ が成り立つことを示せ．

(e) $O(y^{**}|W_0 \cap D) \leq \varepsilon$ を示し，矛盾を導け．
(定理 3.2.14 の証明: (b) $\Rightarrow$ (a) の (II) の後半部分を参照．論理展開の類似性あり)

問題の解答

問題 1

1. (a) $\mathcal{F} \subset \mathcal{E} \subset \mathcal{R}(\mathcal{E})$ であるから, $\mathcal{R}(\mathcal{E})$ は $\mathcal{F}$ を含む一つの ring である. したがって, $\mathcal{R}(\mathcal{F}) \subset \mathcal{R}(\mathcal{E})$ が成り立つ.
   (b) 仮定から, $\mathcal{R}(\mathcal{E})$ は $\mathcal{F}$ を含む一つの ring であるから, $\mathcal{R}(\mathcal{F}) \subset \mathcal{R}(\mathcal{E})$ が成り立つ.
   (c) $\mathcal{R}$ を $\mathcal{A}$ あるいは, σ に変えること, および, 文言: ring を, algebra あるいは, σ-algebra に変えることで達成される.

2. (a) $\mathcal{H}(\mathcal{L})$ が, $\mathcal{L}$ を含むことは, $\emptyset \in \mathcal{L}$ および, $A = A \setminus \emptyset$ から生じる. semi-ring であることは, (s.1), (s.2), (s.3) を確かめる. (s.1) は明らか. (s.2), (s.3) について. $H_1 = A_1 \setminus B_1$, $H_2 = A_2 \setminus B_2$ ($B_i \subset A_i$, $i = 1, 2$) とおけ. そのとき, $H_1 \cap H_2 = (A_1 \cap A_2) \setminus (B_1 \cup B_2) = (A_1 \cap A_2) \cup (B_1 \cup B_2) \setminus (B_1 \cup B_2) \in \mathcal{H}(\mathcal{L})$ が得られ, (s.2) が分かる. また, $H_1 \setminus H_2 = (A_1 \cap B_1^c) \cap (A_2^c \cup B_2)$ であるから, これを $\mathcal{H}(\mathcal{L})$ の素な二元の和として表すべく (例えば, 以下のように) 変形する (その際, $A_2^c \cap B_2 = \emptyset$ を用いる). $H_1 \setminus H_2 = (A_1 \cap B_1^c \cap A_2^c \cap B_2) \cup (A_1 \cap B_1^c \cap A_2^c \cap B_2^c) \cup (A_1 \cap B_1^c \cap B_2) = (A_1 \cap B_1^c \cap A_2^c \cap B_2^c) \cup (A_1 \cap B_1^c \cap B_2) = \{(A_1 \cup (A_2 \cup B_1 \cup B_2)) \setminus (A_2 \cup B_1 \cup B_2)\} \cup \{((A_1 \cap B_2) \cup B_1) \setminus B_1\}$ であり, この最後の二つの集合 $\{\cdots\}$ は, 各々 $\mathcal{H}(\mathcal{L})$ に属し, 素であるから, (s.3) が得られた. さらに, $S = S \setminus \emptyset \in \mathcal{H}(\mathcal{L})$ が分かる.
   (b) (a) から, $\mathcal{H}(\mathcal{L})$ は semi-algebra. よって, $\mathcal{L}$ を含む最小の algebra $\mathcal{A}(\mathcal{L})$ は, $\mathcal{H}(\mathcal{L})$ に属する有限個の集合の和集合として得られる集合の全体で作られる集合族である.

3. (a) $\mathcal{H}$ の元は互いに素であるから, (s.1), (s.2), (s.3) の確認は容易.
   (b) $\mathcal{F} \subset \mathcal{R}(\mathcal{H})$ および, $\mathcal{H} \subset \mathcal{R}(\mathcal{F})$ を確かめよ (ring 性を用いれば共に容易である). この結果と 1 番を用いれば要求された結果が得られる.
   (c) $\mathcal{R}(\mathcal{H})$ を求めればよい. $\mathcal{R}(\mathcal{H}) = \{\sum_{i \in F} A_i : F \subset \{0, 1, 2, 3\}\}$ (ただし, $A_0 = \emptyset$) であるから, 右辺の集合族の元を全て記して, $\mathcal{R}(\mathcal{F}) = \{\emptyset, A \setminus B, B \setminus A, A \cap B, (A \setminus B) \cup (B \setminus A), A, B, A \cup B\}$ となる.
   (d) $\mathcal{F} \subset \mathcal{R}^*$ であるから, $\mathcal{A}(\mathcal{F}) \subset \mathcal{A}(\mathcal{R}^*)$ は明らか. 一方, $\mathcal{A}(\mathcal{F})$ は, $\mathcal{F}$ を含む一つの ring でもあるから, $\mathcal{R}^* = \mathcal{R}(\mathcal{F}) \subset \mathcal{A}(\mathcal{F})$ である. したがって, 要求された結果が得られる.

4. (a) $\mathcal{R} \subset \mathcal{A}$ は, $\mathcal{A}$ の定義から明らか. 次に, $\mathcal{A}$ の algebra 性, すなわち, (a.1), (a.2), (a.3) を確認する. (a.1) は, $S^c = \emptyset \in \mathcal{R}$ から生じる. (a.2) について. $A, B \in \mathcal{A}$ をとれ. 次の三つの場合: (i) $A, B \in \mathcal{R}$ である場合, (ii) A, B のいずれか一方が $\mathcal{R}$ に属し, 他方は, その補集合が $\mathcal{R}$ に属する場合, (iii) A, B の両方について, その補集合が $\mathcal{R}$ に属する場合, である. (i) の場合. $A \cup B \in \mathcal{R} \subset \mathcal{A}$ が成り立つ. (ii) の場合. $(A \cup B)^c = B^c \setminus A \in \mathcal{R}$, あるいは, $(A \cup B)^c = A^c \setminus B \in \mathcal{R}$ から, $A \cup B \in \mathcal{A}$ が分かる. (iii) の場合. $(A \cup B)^c = A^c \cap B^c \in \mathcal{R}$ から, $A \cup B \in \mathcal{A}$ が得られる. (a.3) も (a.2) の確認と同様である. 例えば, (i) の場合. $A \setminus B \in \mathcal{R} \subset \mathcal{A}$ である. その他の場合は略. 各自で.
   (b) $\mathcal{R}$ を含む任意の algebra $\mathcal{A}'$ を与えよ. そのとき, $A \in \mathcal{A}$ をとれ. $A \in \mathcal{R}$ の場合は, $A \in \mathcal{R} \subset \mathcal{A}'$ である. また, $A^c \in \mathcal{R}$ の場合は, $A^c \in \mathcal{A}'$ となり, $A = (A^c)^c \in \mathcal{A}'$ が得られる. したがって, $\mathcal{A} \subset \mathcal{A}'$ が得られ, $\mathcal{A}$ の最小性が生じる. すなわち, 要求された結果である.

(c) 前問 3 番 (d) より, $\mathcal{A}(\mathcal{R}(\mathcal{F})) = \mathcal{A}(\mathcal{F})$ であるから, この左辺の集合族を求める. ところが, $\mathcal{R}(\mathcal{F})$ は, 3 番 (c) で得られており, それに, 前問の結果と併せれば, $\mathcal{A}(\mathcal{F}) = \{\emptyset, S, A\backslash B, A^c \cup B, B\backslash A, A \cup B^c, A \cap B, A^c \cup B^c, (A\backslash B) \cup (B\backslash A), (A^c \cup B) \cap (A \cup B^c), A, A^c, B, B^c, A \cup B, A^c \cap B^c\}$ が得られる.

5. (a) m 個の場所に, 1 あるいは c を入れる場合の順列 $(b_1, \ldots, b_m)$ の個数が, 2^m であり, それに対応して集合 $B_1^{b_1} \cap \cdots \cap B_m^{b_m}$ が定まるから, 高々 2^m 個である.

(b) $A \neq B$ ならば, $A = B_1^{b_1} \cap \cdots \cap B_m^{b_m}$, $B = B_1^{c_1} \cap \cdots \cap B_m^{c_m}$ としたとき, $(b_1, \ldots, b_m) \neq (c_1, \ldots, c_m)$ である. したがって, 或る j について, $b_j \neq c_j$ (例えば, $b_j = 1, c_j = c$ とする) より, $A \cap B \subset B_j \cap B_j^c = \emptyset$ が分かる.

(c) 右辺の各々の集合は, 全て B_i の部分集合であるから, その和集合は B_i に含まれる. 逆に, B_i の元 s について, $B_1, \ldots, B_{i-1}, B_{i+1}, \ldots, B_m$ の各集合に含まれるか, 含まれないかのいずれかであるから, 含まれる場合は 1 を対応させ, 含まれない場合は c を対応させる列 $(b_1, \ldots, b_{i-1}, 1, b_{i+1}, \ldots, b_m)$ を考えれば, $s \in B_1^{b_1} \cap \cdots \cap B_{i-1}^{b_{i-1}} \cap B_i \cap B_{i+1}^{b_{i+1}} \cap \cdots B_m^{b_m}$ が得られる. すなわち, 逆の包含が得られた.

(d) 前問 (c) と algebra 性から, $\mathcal{F} \subset \mathcal{A}(\mathcal{F}^*)$ が得られる. また, $\mathcal{F}^* \subset \mathcal{A}(\mathcal{F})$ も algebra 性から容易に分かるので, 1 番の結果から, $\mathcal{A}(\mathcal{F}^*) = \mathcal{A}(\mathcal{F})$ が生じる.

(e) 2^{2^m}. 実際, $\mathcal{A}(\mathcal{F}^*) = \mathcal{R}(\mathcal{F}^*)$ であり, $\mathcal{R}(\mathcal{F}^*)$ に属する集合の個数は, (高々) 2^m 個の元から作られている集合族 $\mathcal{F}^*$ の部分集合の個数を超えないからである.

(f) $\mathcal{A}(\mathcal{F})$ は有限個の集合から作られている集合族である. したがって, 集合の可算和は, 結局, 集合の有限和となるので, 要求された結果が生じる.

6. (a) $\mathcal{A}_1 \cap \mathcal{A}_2$ について (a.1), (a.2), (a.3) を確認する. (a.1) は, $S \in \mathcal{A}_1$ および, $S \in \mathcal{A}_2$ から生じる. (a.2) について. $A \in \mathcal{A}_1 \cap \mathcal{A}_2$ ならば, $A \in \mathcal{A}_i$ $(i = 1, 2)$ であり, 各々の集合族の algebra 性から, $A^c \in \mathcal{A}_i$ $(i = 1, 2)$ が得られるので, $A^c \in \mathcal{A}_1 \cap \mathcal{A}_2$ が分かる. (a.3) について. $A, B \in \mathcal{A}_1 \cap \mathcal{A}_2$ ならば, $A, B \in \mathcal{A}_i (i = 1, 2)$ であり, 各々の集合族の algebra 性から, $A \cup B \in \mathcal{A}_i$ $(i = 1, 2)$ が得られるので, $A \cup B \in \mathcal{A}_1 \cap \mathcal{A}_2$ が生じる. また, $\mathcal{A}_1 \cup \mathcal{A}_2$ が, 必ずしも algebra とはならないことは, 次の例による. $S = \{1, 2, 3\}$ とし, $\mathcal{A}_1 = \{\{1, 2, 3\}, \{1, 2\}, \{3\}, \emptyset\}$, $\mathcal{A}_2 = \{\{1, 2, 3\}, \{1, 3\}, \{2\}, \emptyset\}$ とすれば, $\mathcal{A}_i$ $(i = 1, 2)$ は S の部分集合から作られた二つの algebra である. しかし, $\mathcal{A}_1 \cup \mathcal{A}_2 = \{\{1, 2, 3\}, \{1, 2\}, \{1, 3\}, \{2\}, \{3\}, \emptyset\}$ は algebra ではない. 実際, $\{2\} \cup \{3\} = \{2, 3\} \notin \mathcal{A}_1 \cup \mathcal{A}_2$ となり, 和集合をとる操作で閉じていない.

(b) これも, (a.1), (a.2), (a.3) を確認する. (a.1) は明らか. (a.2) について. $A \in \bigcup_{i=1}^{\infty} \mathcal{A}_i$ とせよ. そのとき, $A \in \mathcal{A}_j$ を満たす j が存在. したがって, $A^c \in \mathcal{A}_j \subset \bigcup_{i=1}^{\infty} \mathcal{A}_i$ となり, (a.2) が得られた. (a.3) について. $A, B \in \bigcup_{i=1}^{\infty} \mathcal{A}_i$ とせよ. そのとき, $A \in \mathcal{A}_m, B \in \mathcal{A}_n$ を満たす m, n が存在. したがって, $l = \max(m, n)$ とすれば $A, B \in \mathcal{A}_l$ となり, $A \cup B \in \mathcal{A}_l \subset \bigcup_{i=1}^{\infty} \mathcal{A}_i$ が得られる. すなわち, (a.3) が得られた.

(c) 必ずしも, σ-algebra とはならない. それは, $S = [0, 1]$, $\Pi_i = \{I_1, \ldots, I_{2^i}\}$ ($[0, 1]$ の 2^i 等分分割) とし, $\Sigma_i = o(\Pi_i)$ $(i = 1, 2, \ldots)$ とする. そのとき, $\Sigma_1 \subset \cdots \subset \Sigma_i \subset \cdots$ は容易に分かる. それは, Π_{i+1} は Π_i の細分であるからである. しかし, $\bigcup_{i=1}^{\infty} \Sigma_i$ は σ-algebra ではない. 実際, これが σ-algebra であれば, これを Σ とおくとき, $\sigma(\{\Pi_i : i = 1, 2, \ldots\}) \subset \Sigma$ となる. ところが, $\sigma(\{\Pi_i : i = 1, 2, \ldots\}) = \mathcal{B}([0, 1])$ であるから, $[0, 1]$ における任意のボレル集合が Σ に属することになる. したがって, 例えば, $[0, 1]$ の一つの閉集合 (よって, ボレル集合) である $\{0\}$ に対して, $\{0\} \in \Sigma_i$ を満たす i が存在する. すなわち, 一点集合 $\{0\}$ が, 区間の有限和と一致することになり, 矛盾が生じる. よって, 問

われている集合族は，必ずしも σ-algebra とは限らないことが分かる．

7. (a) $A \in \mathcal{F}$ について，$A = A \backslash \emptyset \in \mathcal{F}_1 \subset \bigcup_{i=1}^{\infty} \mathcal{F}_i$ であるから，$\mathcal{F} \subset \bigcup_{i=1}^{\infty} \mathcal{F}_i$ が成り立つ．また，$\mathcal{F}_i$ の作り方から $\emptyset \in \mathcal{F}_i$ $(\forall i)$ は容易に分かるから，$\mathcal{F}_i \subset \mathcal{F}_{i+1}$ $(\forall i)$ (集合族 $\mathcal{F}_i$ の単調増加性) が成り立つことを注意せよ．次に，この集合族が ring であることを示す．(r.1), (r.2), (r.3) の確認である．$\emptyset \in \mathcal{F}$ より，(r.1) は明らか．(r.2), (r.3) について．$A, B \in \bigcup_{i=1}^{\infty} \mathcal{F}_i$ をとれ．そのとき，集合族 $\mathcal{F}_i$ の単調増加性から，$A, B \in \mathcal{F}_j$ を満たす j が存在する．そのとき，$A \cup B = (A \backslash \emptyset) \cup (B \backslash \emptyset) \in \mathcal{F}_{j+1} \subset \bigcup_{i=1}^{\infty} \mathcal{F}_i$ であるから，(r.2) が成り立つ．また，$A \backslash B \in \mathcal{F}_{j+1} \subset \bigcup_{i=1}^{\infty} \mathcal{F}_i$ であるから，(r.3) が成り立つ．最後に，この集合族の ring としての最小性について．そのために，$\mathcal{F}'$: ring $\supset \mathcal{F}$ をとれ．そのとき，$\mathcal{F}'$ の ring 性により，任意の i について，$\mathcal{F}_i \subset \mathcal{F}'$ が成り立つことは容易に分かる (帰納法を用いよ)．したがって，$\bigcup_{i=1}^{\infty} \mathcal{F}_i \subset \mathcal{F}'$ が得られ，最小性が分かる．よって，$\mathcal{R}(\mathcal{F}) = \bigcup_{i=1}^{\infty} \mathcal{F}_i$ が成り立つ．

(b) $\mathcal{F}_i$ の作り方から，任意の i について，$\mathcal{F}_i$ が可算集合であることが分かる (帰納法による)．よって，$\bigcup_{i=1}^{\infty} \mathcal{F}_i$ も可算集合，すなわち，$\mathcal{R}(\mathcal{F})$ が可算集合である．

(c) この場合は，$\mathcal{F}_{i+1}$ を $\mathcal{F}_i$ から，次のように作る．$\mathcal{F}_{i+1} = \{\bigcup_{j=1}^{k} A_j : A_j \in \mathcal{F}_i$ あるいは，$A_j^c \in \mathcal{F}_i$ $(j = 1, \ldots, k), k = 1, 2, \ldots\}$ そのとき，$\mathcal{A}(\mathcal{F}) = \bigcup_{i=1}^{\infty} \mathcal{F}_i$ が得られる．また，$\mathcal{F}$ が可算集合ならば，$\mathcal{A}(\mathcal{F})$ も可算集合である．ring の場合を参考に，各自で確かめよ．

8. (a) O を開集合とする．各 $x \in O$ について，x は内点であるから，x を中心とする有限左半開区間 I_x で，$I_x \subset O$ を満たすものが存在する．そのとき，I_x の内点集合で作る開区間を I_x° とすれば，$x \in I_x^\circ \subset I_x \subset O$ が得られる．したがって，$O = \bigcup_{x \in O} I_x^\circ$ が成り立つから，リンデレーフの性質を用いれば，適当な $\{I_{x_i}\}_{i \geq 1}$ をとって，$O = \bigcup_{i=1}^{\infty} I_{x_i}^\circ$ とできる．このとき，$O = \bigcup_{i=1}^{\infty} I_{x_i}$ が成り立つので，要求された結果が得られる．

(b) (a) の結果から $\mathcal{O}(\mathbf{R}^k) \subset \sigma(\boldsymbol{J}^{(k)})$ が分かる．よって，$\mathcal{B}(\mathbf{R}^k) = \sigma(\mathcal{O}(\mathbf{R}^k)) \subset \sigma(\boldsymbol{J}^{(k)})$ が得られる．一方，逆の包含は，任意の有限左半開区間は，有限開区間 (よって，開集合) の可算個の共通集合として得られるので，$\boldsymbol{J}^{(k)} \subset \sigma(\mathcal{O}(\mathbf{R}^k)) = \mathcal{B}(\mathbf{R}^k)$ が得られる．よって，$\sigma(\boldsymbol{J}^{(k)}) \subset \mathcal{B}(\mathbf{R}^k)$ が分かる．したがって，$\mathcal{B}(\mathbf{R}^k) = \sigma(\boldsymbol{J}^{(k)})$ が得られる．二つ目の等号について．$\boldsymbol{J}_\infty^{(k)}$ の各元 J は，有限左半開区間の可算個の和集合として得られるので，$\boldsymbol{J}_\infty^{(k)} \subset \sigma(\boldsymbol{J}^{(k)})$ が分かる．したがって，$\sigma(\boldsymbol{J}_\infty^{(k)}) \subset \sigma(\boldsymbol{J}^{(k)})$ が成り立つ．逆の包含は明らかより，要求された結果が得られる．

(c) $\sigma(\boldsymbol{J}_r^{(k)}) \subset \sigma(\boldsymbol{J}^{(k)})$ は明らか．逆の包含を示そう．そのために，開区間の全体の作る集合族: $\boldsymbol{J}_O$ について，$\boldsymbol{J}_O \subset \sigma(\boldsymbol{J}_r^{(k)})$ を，先ず注意する．それは，有理数の稠密性を用いれば，$\boldsymbol{J}_O$ の各元が，$\boldsymbol{J}_r^{(k)}$ に属する元の可算個の和集合として得られることから分かる．次に，$\boldsymbol{J}^{(k)}$ の各元が，$\boldsymbol{J}_O$ に属する元の可算個の共通集合として表されるから，結局，$\boldsymbol{J}^{(k)} \subset \sigma(\boldsymbol{J}_O) \subset \sigma(\boldsymbol{J}_r^{(k)})$ が得られる．よって，逆向きの包含: $\sigma(\boldsymbol{J}^{(k)}) \subset \sigma(\boldsymbol{J}_r^{(k)})$ が得られ，前問 (b) の結果と合わせれば，要求された結果が生じる．

9. (a) $\mathcal{F} = \mathcal{F}_0 \subset \bigcup_{0 \leq \alpha < \Omega} \mathcal{F}_\alpha = \Sigma$.

(b) $(\sigma.1), (\sigma.2), (\sigma.3)$ を確認する．$S = \emptyset^c \cup \emptyset \cup \cdots$ で，$\emptyset \in \mathcal{F} = \mathcal{F}_0$ であるから，$S \in \mathcal{F}_1 \subset \Sigma$ が成り立つ．$(\sigma.2)$ について．$A \in \Sigma$ をとれ．そのとき，$0 \leq \alpha < \Omega$ を満たす α で，$A \in \mathcal{F}_\alpha$ を満たすものが存在する．したがって，$A^c = A^c \cup A^c \cup \cdots \in \mathcal{F}_\alpha^* \subset \mathcal{F}_{\alpha+1} \subset \Sigma$ が得られる．すなわち，$(\sigma.2)$ が成り立つ．$(\sigma.3)$ について．$A_i \in \Sigma (i = 1, 2, \ldots)$ とせよ．そのとき，各 i 毎に α_i $(0 \leq \alpha_i < \Omega)$ が存在して，$A_i \in \mathcal{F}_{\alpha_i}$ が成り立つ．ここで，Ω の性質から，$\gamma < \Omega$, かつ $\alpha_i < \gamma$ $(\forall i)$ を満たす順序数 γ がとれる．したがって，

$\bigcup_{i=1}^{\infty} A_i \in \left(\bigcup_{i=1}^{\infty} \mathcal{F}_{\alpha_i}\right)^* \subset \left(\bigcup_{0 \leq \alpha < \gamma} \mathcal{F}_\alpha\right)^* = \mathcal{F}_\gamma \subset \Sigma$ が得られ, $(\sigma.3)$ が成り立つ.

(c) $\bigcup_{0 \leq \alpha < \Omega} \mathcal{F}_\alpha$ の最小性をみる. そのために, 超限帰納法を用いる. $\mathcal{S}$ を, $\mathcal{F}$ を含む任意の σ-algebra とする. そのとき, $\mathcal{F}_0 = \mathcal{F} \subset \mathcal{S}$ が成り立つ. 次に, $\beta < \alpha$ を満たす任意の順序数 β について, $\mathcal{F}_\beta \subset \mathcal{S}$ を仮定する. そして, $\mathcal{F}_\alpha \subset \mathcal{S}$ を示そう. そのために, $A \in \mathcal{F}_\alpha$ をとれ. そのとき, $\mathcal{F}_\alpha = \left(\bigcup_{0 \leq \beta < \alpha} \mathcal{F}_\beta\right)^*$ から, $A = \bigcup_{i=1}^{\infty} A_i$, ($A_i$ あるいは A_i^c が $\bigcup_{0 \leq \beta < \alpha} \mathcal{F}_\beta$ の元) と表される. ところが, $\beta < \alpha$ を満たす β について $\mathcal{F}_\beta \subset \mathcal{S}$ であるから, A_i, あるいは $A_i^c \in \mathcal{S}$ ($\forall i$) となり, $\mathcal{S}$ が補集合をとる操作で閉じていることから, $A_i \in \mathcal{S}$ ($\forall i$) が得られる. したがって, $A = \bigcup_{i=1}^{\infty} A_i \in \mathcal{S}$ が得られるので, 上記集合の最小性が示された. よって, $\Sigma = \sigma(\mathcal{F})$ が成り立つ.

(d) 超限帰納法による. $\|\mathcal{F}_1\| \leq (2\|\mathcal{F}\|)^{\aleph_0} = \|\mathcal{F}\|^{\aleph_0}$ である. $\beta < \alpha$ を満たす任意の順序数 β について, $\|\mathcal{F}_\beta\| \leq \|\mathcal{F}\|^{\aleph_0}$ が成り立つと仮定する. その時, $\left\|\bigcup_{0 \leq \beta < \alpha} \mathcal{F}_\beta\right\| \leq \|\mathcal{F}\|^{\aleph_0} \cdot \aleph_0 = \|\mathcal{F}\|^{\aleph_0}$ であるから, $\|\mathcal{F}_\alpha\| = \left\|\left(\bigcup_{0 \leq \beta < \alpha} \mathcal{F}_\beta\right)^*\right\| \leq (\|\mathcal{F}\|^{\aleph_0})^{\aleph_0} = \|\mathcal{F}\|^{\aleph_0}$ より分かる. したがって, 任意の α について, $\|\mathcal{F}_\alpha\| \leq \|\mathcal{F}\|^{\aleph_0}$ が成り立つ. よって, $\|\sigma(\mathcal{F})\| = \|\Sigma\| = \left\|\bigcup_{0 \leq \alpha < \Omega} \mathcal{F}_\alpha\right\| \leq \|\mathcal{F}\|^{\aleph_0} \cdot \aleph_1 = \|\mathcal{F}\|^{\aleph_0}$ が得られる. 要求された結果である.

(e) $\mathcal{B}(\mathbf{R}^k) = \sigma(\boldsymbol{J}_r^{(k)})$ であり, $\|\boldsymbol{J}_r^{(k)}\| = \aleph_0$ から, $\mathcal{F} = \boldsymbol{J}_r^{(k)}$ として, 前問の結果を用いれば, $\|\mathcal{B}(\mathbf{R}^k)\| \leq \aleph_0^{\aleph_0} = c$ (連続体濃度) が分かる. 一点集合は全てボレル集合であるから, $c = \|\mathbf{R}^k\| \leq \|\mathcal{B}(\mathbf{R}^k)\|$ である. したがって, 要求された結果が得られる.

10. (a) $(\sigma.1)$, $(\sigma.2)$, $(\sigma.3)$ の確認をする. $S^c = \emptyset$ であるから, $S \in \Sigma$ が得られ, $(\sigma.1)$ が成り立つ. $(\sigma.2)$ について. $A \in \Sigma$ をとれ. $A^c \in \Sigma$ を示す. A が可算集合の場合. $(A^c)^c = A$: 可算より, $A^c \in \Sigma$ が得られる. また, A^c が可算の場合, $A^c \in \Sigma$ である. よって $(\sigma.2)$ が成り立つ. $(\sigma.3)$ について. $A_i \in \Sigma$ ($i = 1, 2, \ldots$) をとれ. そのとき, 次の二つの場合が起こり得る. (i) 任意の i について, A_i が可算集合である場合. (ii) 或る j について A_j^c が可算集合である場合. (i) の場合は, $\bigcup_{i=1}^{\infty} A_i$ が可算集合であるから, $\bigcup_{i=1}^{\infty} A_i \in \Sigma$ が得られる. (ii) の場合は, $\left(\bigcup_{i=1}^{\infty} A_i\right)^c \subset A_j^c$: 可算集合であるから, $\bigcup_{i=1}^{\infty} A_i \in \Sigma$ が得られる. したがって, $(\sigma.3)$ が成り立つ.

(b) μ の可算加法性 : $A = \sum_{i=1}^{\infty} A_i$ ($A, A_i \in \Sigma, i = 1, 2, \ldots$) であるとき, $\mu(A) = \sum_{i=1}^{\infty} \mu(A_i)$ を示す. (a) の場合と同様に, 二つの場合が起こり得る. (i) 任意の i について, A_i が可算集合である場合. (ii) 或る j について A_j^c が可算集合である場合. (i) の場合は, A も可算集合であるから, μ の定義より, 左辺 $= \mu(A) = 0$, 右辺 $= \sum_{i=1}^{\infty} \mu(A_i) = \sum_{i=1}^{\infty} 0 = 0$ で, 両辺が一致する. (ii) の場合. このような j は一つである. 実際, 或る異なる j, l で, A_j^c, A_l^c が共に可算集合ならば, $A_j \subset A_l^c$ を用いれば, A_j も可算集合となり, $S = A_j \cup A_j^c$ も可算集合となる. これは S が非可算集合であることに反する. よって, このような j はただ一つである. しかも, $A^c \subset A_j^c$ より, A^c は可算集合. したがって, 左辺 $= \mu(A) = 1$, 右辺 $= \sum_{i=1}^{\infty} \mu(A_i) = 0 + \cdots + 0 + 1 + 0 + \cdots = 1$ となり, 両辺が一致する.

(c) ν の可算加法性 : $A = \sum_{i=1}^{\infty} A_i$ ($A, A_i \in \mathcal{P}(S), i = 1, 2, \ldots$) であるとき, $\nu(A) = \sum_{i=1}^{\infty} \nu(A_i)$ を示す. 次の二つの場合が起こり得る. (i) $\{i : \nu(A_i) \geq 1\}$ が無限集合の場合. (ii) $\{i : \nu(A_i) \geq 1\}$ が有限集合の場合. (i) の場合. A は無限集合となるので, 左辺 $= +\infty$, 右辺 $\geq n$ ($\forall n$) より, 右辺 $= +\infty$ となり, 両辺が一致する. (ii) の場合. $\mathbf{M} = \{i : \nu(A_i) \geq 1\}$ とすれば, $i \notin \mathbf{M}$ については, $\nu(A_i) = 0$ である. (ii) の場合を, 次の二つの場合に分ける. (1) 任意の $i \in \mathbf{M}$

について，A_i が有限集合の場合．A も有限集合で，左辺 $= \nu(A) = A$ の元の個数 $= (\sum_{i\in\mathbf{M}} A_i)$ の元の個数 $= \sum_{i\in\mathbf{M}} \nu(A_i) = \sum_{i=1}^\infty \nu(A_i) =$ 右辺である．(2) 或る $j \in \mathbf{M}$ について，A_j が無限集合の場合．A も無限集合であるから，左辺 $= \nu(A) = +\infty$ である．また，$\nu(A_j) = +\infty$ であるから，右辺 $= \sum_{i=1}^\infty \nu(A_i) = +\infty$ となる．よって，左辺 $=$ 右辺，が分かる．したがって，ν の可算加法性が示された．

11. (a) 命題 1.2.1 の証明において，$|(a_i, b_i)| = b_i - a_i$ を $\mu_f((a_i, b_i]) = f(b_i) - f(a_i)$ に置き換えれば良い．

(b) f の右連続性を仮定して，可算加法性を示す．前問の有限加法性より，$\mu_f((a, b]) \geq \sum_{i=1}^\infty \mu_f((a_i, b_i])$ が生じるから，$\mu_f((a, b]) \leq \sum_{i=1}^\infty \mu_f((a_i, b_i])$ を示せば良い．任意に正数 ε を与えよ．a での右連続性，b_i での右連続性より，或る正数 δ，或る正数列 $\{\delta_i\}_{i \geq 1}$ が存在して，$f(a + \delta) - f(a) < \varepsilon$，$f(b_i + \delta_i) - f(b_i) < \varepsilon/2^i$ $(i = 1, 2, \ldots)$ が成り立つ．そのとき，$[a+\delta, b] \subset (a, b] = \sum_{i=1}^\infty (a_i, b_i] \subset \bigcup_{i=1}^\infty (a_i, b_i + \delta_i)$ が成り立つので，$[a+\delta, b]$ のコンパクト性から，$[a+\delta, b] \subset \bigcup_{i=1}^m (a_i, b_i + \delta_i)$ とできる．したがって，$(a+\delta, b] \subset \bigcup_{i=1}^m (a_i, b_i + \delta_i]$ が成り立つ．ここで，μ_f の有限劣加法性を用いれば，$\mu_f((a+\delta, b]) \leq \sum_{i=1}^m \mu_f((a_i, b_i + \delta_i])$ が得られる．したがって，$f(b) - f(a+\delta) \leq \sum_{i=1}^\infty (f(b_i + \delta_i) - f(a_i))$ が得られる．よって，$f(b) - f(a) - \varepsilon < f(b) - f(a+\delta) \leq \sum_{i=1}^\infty (f(b_i + \delta_i) - f(a_i)) < \sum_{i=1}^\infty (f(b_i) + \varepsilon/2^i - f(a_i))$ が得られる．すなわち，$f(b) - f(a) - \varepsilon < \sum_{i=1}^\infty (f(b_i) - f(a_i)) + \varepsilon$ が得られる．ここで，ε は任意であるから，$f(b) - f(a) \leq \sum_{i=1}^\infty (f(b_i) - f(a_i))$ を得る．すなわち，$\mu_f((a, b]) \leq \sum_{i=1}^\infty \mu_f((a_i, b_i])$ が得られた．次に，可算加法性を仮定して，f の各点 b での右連続性を示す．f は単調増加より，次のことを示せば良い．$b_i \downarrow b$ について，$f(b) = \lim_{i\to\infty} f(b_i)$ である．$(b, b_1] = \sum_{i=1}^\infty (b_{i+1}, b_i]$ であるから，μ_f の可算加法性を用いれば，$f(b_1) - f(b) = \sum_{i=1}^\infty (f(b_i) - f(b_{i+1}))$ が得られる．すなわち，$f(b_1) - f(b) = f(b_1) - \lim_{i\to\infty} f(b_i)$ であるから，$f(b) = \lim_{i\to\infty} f(b_i)$ が示された．

12. (a) 例 1.2.14 (II) の algebra 上で定義された測度から導かれる外測度の場合と同じ証明である．同じ例の (I) のルベーグ外測度の場合を参考に記述せよ．

(b) $\mathcal{H}$ の任意の集合列 $\{H_n\}_{n\geq 1}$ を与えたときに，$\mathcal{H}$ の互いに素な元から成る集合列 $\{K_m\}_{m\geq 1}$ で，$\bigcup_{n=1}^\infty H_n = \sum_{m=1}^\infty K_m$ を満たすものの存在を示せば良い．そのために，$\{H_n\}_{n\geq 1}$ に対して，K_m $(m = 1, 2, \ldots)$ の定め方を与える．$K_1 = H_1$，そして，$H_2 \setminus H_1$ は，$\mathcal{H}$ に属する互いに素な有限個の集合の和より，この和を $K_2 \cup \cdots \cup K_{m(1)}$ として表せる（ただし，各 K_j は $\mathcal{H}$ の元）．明らかに，$H_1 \cup H_2 = \sum_{j=1}^{m(1)} K_j$ が成り立つ．次に，$H_3 \setminus (H_2 \cup H_1) = H_3 \setminus \left(\bigcup_{j=1}^{m(1)} K_j\right)$ を，$\mathcal{H}$ に属する，互いに素な有限個の集合の和として獲得し，それを，$K_{m(1)+1} \cup \cdots \cup K_{m(2)}$ と表す．明らかに，$\bigcup_{i=1}^3 H_i = \sum_{j=1}^{m(2)} K_j$ が成り立つ．これを順次続けることにより，要求された集合列 $\{K_m\}_{m\geq 1}$ が得られることが分かる．

(c) これは，$A \in \mathcal{A}$ について $\alpha(A) = \sum_{i=1}^n \mu(H_i)$ （ただし，$A = \sum_{i=1}^n H_i$) であることに注意すれば，E の被覆を定める $\mathcal{A}$ の可算個の集合列 $\{A_i\}_{i\geq 1}$ で定まる量：$\sum_{i=1}^\infty \alpha(A_i)$ は，$A_i = \sum_{j=1}^{m(i)} H_j^{m(i)}$ $(i = 1, 2, \ldots)$ と表すことにより，結局，E の被覆を定める $\mathcal{H}$ の集合列 $\{H_j^{m(i)}\}_{1 \leq j \leq m(i), i \geq 1}$ で定まる量：$\sum_{i=1}^\infty \sum_{j=1}^{m(i)} \mu(H_j^{(m(i))})$ に置き換えることができる．したがって，$\Gamma_\alpha(E) = \Gamma_\mu(E)$ が成り立つことが分かる．

(d) $E \in \Sigma$ をとり，任意の正数 ε を与えよ．$\beta(E) = \Gamma_\alpha(E) = \inf\{\sum_{n=1}^\infty \alpha(A_n) : E \subset \bigcup_{n=1}^\infty A_n, A_n \in \mathcal{A} \ (\forall n)\}$ であるから，$\mathcal{A}$ の集合列 $\{A_n\}_{n\geq 1}$ で，$E \subset \bigcup_{n=1}^\infty A_n$，$\beta(E) + \varepsilon/2 > \sum_{n=1}^\infty \alpha(A_n)$ を満たすものが存在する．そのとき，或る N をとれば，$\sum_{n=1}^\infty \alpha(A_n) - \varepsilon/2 < \sum_{n=1}^N \alpha(A_n)$ が成り立つ．したがっ

て, $A = \bigcup_{n=1}^{N} A_n$ とおけば, $\mathcal{A}$ の algebra 性から, $A \in \mathcal{A}$ である. しかも, $\bigcup_{n=1}^{\infty} A_n = B$ とおけば, $E \subset B, B \in \Sigma$ であり, $\beta(A \backslash E) \leq \beta(B \backslash E) = \beta(B) - \beta(E) \leq \sum_{n=1}^{\infty} \beta(A_n) - \beta(E) = \sum_{n=1}^{\infty} \alpha(A_n) - \beta(E) < \varepsilon/2$ が成り立つ. また, $\beta(E \backslash A) \leq \beta(B \backslash A) = \beta(\sum_{n \geq N+1} A_n) \leq \sum_{n \geq N+1} \beta(A_n) = \sum_{n \geq N+1} \alpha(A_n) < \varepsilon/2$ が成り立つ. したがって, $\beta(E \triangle A) = \beta(E \backslash A) + \beta(A \backslash E) < \varepsilon/2 + \varepsilon/2 = \varepsilon$ が得られる.

13. (a) 先ず, $\inf\{\sum_{n=1}^{\infty} \beta(E_n) : E \subset \bigcup_{n=1}^{\infty} E_n, E_n \in \Sigma, \forall n\} \leq \inf\{\beta(F) : E \subset F \in \Sigma\}$ は明らか. 次に, $E \subset \bigcup_{n=1}^{\infty} E_n$ を満たす, Σ の集合列: $\{E_n\}_{n \geq 1}$ について $F = \bigcup_{n=1}^{\infty} E_n$ とおけば, Σ の σ-algebra 性から, $F \in \Sigma$ かつ, $E \subset F$ であり, $\beta(F) \leq \sum_{n=1}^{\infty} \beta(E_n)$ であるから, 逆向きの不等号が得られる.

(b) $\beta(F) = \Gamma_\alpha(F)$ $(F \in \Sigma)$ であるから, $\Gamma_\beta(E) = \inf\{\beta(F) : E \subset F, F \in \Sigma\} = \inf\{\Gamma_\alpha(F) : E \subset F, F \in \Sigma\} \geq \Gamma_\alpha(E)$ が得られる. また, $\mathcal{A} \subset \Sigma$ かつ, $\alpha(A) = \beta(A)$ $(A \in \mathcal{A})$ であるから, $\Gamma_\beta(E) = \inf\{\sum_{n=1}^{\infty} \beta(E_n) : E \subset \bigcup_{n=1}^{\infty} E_n, E_n \in \Sigma, \forall n\} \leq \inf\{\sum_{n=1}^{\infty} \alpha(A_n) : E \subset \bigcup_{n=1}^{\infty} A_n, A_n \in \mathcal{A}, \forall n\} = \Gamma_\alpha(E)$ が得られる. よって, $\Gamma_\beta(E) = \Gamma_\alpha(E)$ が成り立つ.

(c) 前問 (b) より, Γ_α-可測集合族と Γ_β-可測集合族が一致することが分かる. したがって, $\mathcal{M}_{\Gamma_\beta} = \mathcal{M}_{\Gamma_\alpha} = \Sigma$ が成り立つ.

14. (a) 12 番 (b) と同様に考えれば, $\boldsymbol{J}^{(1)}$ の可算列 $\{J_n\}_{n \geq 1}$ による E の被覆から, $\boldsymbol{J}^{(1)}$ の互いに素な元の可算列 $\{K_m\}_{m \geq 1}$ で, E の被覆になり, かつ, $\sum_{n=1}^{\infty} |J_n| \geq \sum_{m=1}^{\infty} |K_m|$ を満たすものを作ることができるから, 等式が成り立つことが分かる.

(b) $L_{n,m} = H_n \cap K_m$ とおけば, $L_{n,m} \in \boldsymbol{J}^{(1)}, H_n = \sum_{m=1}^{\infty} L_{n,m}$ であるから, 区間の測度の可算加法性を用いて, $|H_n| = \sum_{m=1}^{\infty} |L_{n,m}|$ である. したがって, $\sum_{n=1}^{\infty} |H_n| = \sum_{n=1}^{\infty} (\sum_{m=1}^{\infty} |L_{n,m}|) = \sum_{m=1}^{\infty} (\sum_{n=1}^{\infty} |L_{n,m}|)$ が得られる. ここで, 各 m について, $\sum_{n=1}^{\infty} L_{n,m} \subset K_m$ を用いれば, $\sum_{n=1}^{\infty} |L_{n,m}| \leq |K_m|$ $(\forall m)$ であるから, $\sum_{n=1}^{\infty} |H_n| \leq \sum_{m=1}^{\infty} |K_m|$ が得られる.

(c) 8 番 (a) から, 左半開区間の或る集合列 $\{I_i\}_{i \geq 1}$ により, $O = \bigcup_{i=1}^{\infty} I_i$ と表される. ここで, 12 番 (b) で与えた論法を用いれば, 左半開区間の互いに素な適当な集合列 $\{J_n\}_{n \geq 1}$ をとって, $\bigcup_{i=1}^{\infty} I_i = \sum_{n=1}^{\infty} J_n$ とできる. したがって, 要求された結果が得られる.

(d) O が, $O = \sum_{n=1}^{\infty} J_n$ と表されている. したがって, 前問 (a) より, $\lambda^*(O) \leq \sum_{n=1}^{\infty} |J_n|$ が得られる. 一方, $O (= \sum_{n=1}^{\infty} J_n) \subset \sum_{m=1}^{\infty} K_m$ ならば, 前問 (b) より, $\sum_{n=1}^{\infty} |J_n| \leq \sum_{m=1}^{\infty} |K_m|$ であるから, $\sum_{n=1}^{\infty} |J_n| \leq \lambda^*(O)$ が得られる. したがって, 要求された等式が得られる.

(e) $\lambda^*(O_2) = \lambda^*((O_2 \backslash O_1) \cup O_1) \leq \lambda^*(O_2 \backslash O_1) + \lambda^*(O_1)$ であるから, $\lambda^*(O_2) - \lambda^*(O_1) \leq \lambda^*(O_2 \backslash O_1)$ が得られる. 逆向きの不等号については, 以下のようにして分かる. 任意の正数 ε を与えよ. $O_1 = \sum_{n=1}^{\infty} J_n$ と表すとき, $+\infty > \lambda^*(O_1) = \sum_{n=1}^{\infty} |J_n|$ であるから, 或る番号 N が存在して, $\lambda^*(O_1) - \varepsilon < \sum_{n=1}^{N} |J_n|$ とできる. そして, 各 J_n を左半開区間として少し縮めたものを J'_n としても, $\lambda^*(O_1) - \varepsilon < \sum_{n=1}^{N} |J'_n|$ が成り立つ. このとき, $F = \sum_{n=1}^{N} \overline{J'_n}$ は O_1 に含まれる閉集合である. したがって, $O_2 \backslash F$ は開集合であるから, (前問 (c) の結果から) $O_2 \backslash F = \sum_{m=1}^{\infty} I_m$ と表すとき, $O_2 \backslash O_1 \subset O_2 \backslash F = \sum_{m=1}^{\infty} I_m$ であるから, 前問 (a) の結果を用いて, $\lambda^*(O_2 \backslash O_1) \leq \sum_{m=1}^{\infty} |I_m|$ が得られる. また,

$O_2 = (\sum_{m=1}^{\infty} I_m) \cup F \supset \sum_{m=1}^{\infty} I_m \cup \sum_{n=1}^{N} J'_n$ で，この式の各左半開区間は，互いに素であるから，$\lambda^*(O_2) \geq \sum_{m=1}^{\infty} |I_m| + \sum_{n=1}^{N} |J'_n| > \sum_{m=1}^{\infty} |I_m| + \lambda^*(O_1) - \varepsilon \geq \lambda^*(O_2 \setminus O_1) + \lambda^*(O_1) - \varepsilon$ が得られる．ε は任意であるから，$\lambda^*(O_2) \geq \lambda^*(O_2 \setminus O_1) + \lambda^*(O_1)$ が得られる．したがって，逆向きの不等号が示されたので，等式が成り立つ．

(f) $\lambda^*(O_1), \lambda^*(O_2) < +\infty$ の場合に，等式が成り立つことを示せば良い (それ以外の場合は，両辺とも $+\infty$ となるので，等式が成り立つ)．前問 (e) の結果を用いれば，$\lambda^*((O_1 \cup O_2) \setminus O_1) = \lambda^*(O_1 \cup O_2) - \lambda^*(O_1)$，および，$\lambda^*(O_2 \setminus (O_1 \cap O_2)) = \lambda^*(O_2) - \lambda^*(O_1 \cap O_2)$ が得られる．ところが，この二式の左辺は，共に $\lambda^*(O_2 \setminus O_1)$ であるから，$\lambda^*(O_1 \cup O_2) - \lambda^*(O_1) = \lambda^*(O_2) - \lambda^*(O_1 \cap O_2)$ が得られる．すなわち，要求された等式である．

(g) 任意の正数 ε を与えよ．そのとき，λ^* の性質：$\lambda^*(E) = \inf\{\lambda^*(O) : E \subset O, O \in \mathcal{O}(\mathbf{R}^1)\}$，を用いれば，$O_E, O_F$：開集合で，$E \subset O_E, F \subset O_F$ を満たし，$\lambda^*(E) + \varepsilon > \lambda^*(O_E), \lambda^*(F) + \varepsilon > \lambda^*(O_F)$ を満たすものが存在することが分かる．したがって，$\lambda^*(E \cup F) + \lambda^*(E \cap F) \leq \lambda^*(O_E \cup O_F) + \lambda^*(O_E \cap O_F) = \lambda^*(O_E) + \lambda^*(O_F)$ (この等号は，前問 (f) による) $< \lambda^*(E) + \lambda^*(F) + 2\varepsilon$ が成り立つ．ε は任意であるから，要求された不等式が得られる．

(h) $d(E, F) > 2\delta > 0$ を満たす正数 δ をとれ．そして，$O_E = \bigcup_{x \in E} B(x, \delta)$，$O_F = \bigcup_{y \in F} B(y, \delta)$ とすれば，O_E, O_F は開集合であり，$O_E \cap O_F = \emptyset$ を満たす．実際，空で無いならば，$z \in O_E \cap O_F$ をとれば，$z \in B(x, \delta), z \in B(y, \delta)$ を満たす $x \in E, y \in F$ が存在し，$2\delta < d(E, F) \leq |x - y| \leq |x - z| + |z - y| < \delta + \delta = 2\delta$ となり，矛盾が生じるからである．さて，任意の正数 ε を与えよ．そのとき，開集合 O で，$E \cup F \subset O$，かつ $\lambda^*(E \cup F) + \varepsilon > \lambda^*(O)$ を満たすものが存在する．$U_E = O \cap O_E, U_F = O \cap O_F$ とおけば，これらは開集合で，$E \subset U_E, F \subset U_F, U_E \cap U_F = \emptyset$ を満たす．したがって，$\lambda^*(E) + \lambda^*(F) \leq \lambda^*(U_E) + \lambda^*(U_F) = \lambda^*(U_E \cup U_F)$ (この等号は，前問 (f) による) $\leq \lambda^*(O) < \lambda^*(E \cup F) + \varepsilon$ が得られる．ここで，ε は任意であるから，$\lambda^*(E) + \lambda^*(F) \leq \lambda^*(E \cup F)$ が得られ，逆向きの不等号は外測度の性質から明らかより，要求された等式が生じる．

15. (a) $A_n = A \cap \Pi_{i=1}^{k}(-n, n]$ とおけば，$A_n \uparrow A$ $(n \to \infty)$，$\lambda(A_n) < +\infty$ $(\forall n)$ である．ここで $0 < \lambda(A) = \lim_{n \to \infty} \lambda(A_n)$ より，或る N について，$\lambda(A_N) > 0$ である．したがって，$B = A_N$ ととれば要求された集合となる．

(b) $\lambda(B) < +\infty$ より，$\varepsilon = (1/4)\lambda(B)$ (> 0) に対して，K：コンパクト集合 $\subset B$ で，$\lambda(B) - \varepsilon$ $(= (3/4)\lambda(B)) < \lambda(K)$ を満たすものが存在する．また，$\varepsilon = (1/3)\lambda(B)$ に対して，G：開集合 $\supset B$ で，$\lambda(B) + \varepsilon$ $((4/3)\lambda(B)) > \lambda(G)$ を満たすものが存在する．

(c) $x \in B - B$ ならば，$x = y - z$ $(y, z \in B)$ を満たす y, z が存在する．そのとき，$y = x + z \in (x + B)$ であるから $y \in (x + B) \cap B$ が分かる．よって，$(x + B) \cap B \neq \emptyset$ である．逆に，$(x + B) \cap B \neq \emptyset$ として，これに属する元 y をとれ．そのとき，$y = x + z$ となる $z \in B$ が存在するから，$x = y - z \in B - B$ が得られる．

(d) $d(K, G^c) = 0$ として，矛盾を導く．K：コンパクト，G^c：閉集合より，$d(K, G^c) = 0$ ならば，$a \in K \cap G^c$ を満たす点 a が存在することが分かる．実際，$0 = d(K, G^c) = \inf\{d(x, y) : x \in K, y \in G^c\}$ であるから，$d(x_n, y_n) \to 0$ $(n \to \infty)$ を満たす二つの点列 $\{x_n\}_{n \geq 1}$ $(\subset K)$，$\{y_n\}_{n \geq 1}$ $(\subset G^c)$ が存在する．そのとき，K のコンパクト性から，適当に部分列 $\{x_{n(i)}\}_{i \geq 1}$ と $a \in K$ について，$d(x_{n(i)}, a) \to 0$ $(i \to \infty)$ とできる．そのとき，$d(y_{n(i)}, a) \leq d(y_{n(i)}, x_{n(i)}) + d(x_{n(i)}, a) \to 0$ $(i \to \infty)$ であり，G^c は閉集合であるから，$a \in G^c$ が分かる．よって，$a \in K \cap G^c$ となる．ところが，$K \subset B \subset G$ より，$K \cap G^c = \emptyset$ であるから，

矛盾する.

(e) (i) $a : \|a\| < \delta$ とする. そのとき, $a + K \subset G$ が分かる. 実際, $(a + K)\backslash G \neq \emptyset$ とし, これに属する点 b をとれ. $b = a + u$ $(u \in K)$, $b \in G^c$ であるから, $\|a\| = \|b - u\| = d(b, u) \geq d(K, G^c) > \delta$ となり, 矛盾が生じる. よって, $(a + K) \cup K \subset G$ が得られる. (ii) 仮定 $(a + B) \cap B = \emptyset$ から, 直ちに, $(a + K) \cap K \subset (a + B) \cap B = \emptyset$ が得られる. (iii) (i) (ii) を用いて, $\lambda(a+K) + \lambda(K) = \lambda((a+K) \cup K) \leq \lambda(G)$ が得られる. ここで, λ の平行移動不変性から, $\lambda(a+K) = \lambda(K)$ より, $2\lambda(K) \leq \lambda(G)$, すなわち, $\lambda(K) \leq (\lambda(G))/2$ が得られる. したがって, $\lambda(B) < (4/3)\lambda(K) \leq (2/3)\lambda(G) < (8/9)\lambda(B)$ が生じる. これは矛盾である.

16. (a) $|f(x) - f((a+b)/2)| \leq L|x - (a+b)/2| \leq \{(b-a)L\}/2$ $(x \in (a,b])$ であるから, $f((a+b)/2) - \{(b-a)L\}/2 \leq f(x) \leq f((a+b)/2) + \{(b-a)L\}/2$ $(x \in (a,b])$, すなわち, 要求されたものである.

(b) $J = (a,b]$ について, 前問 (a) の結果から $\lambda^*(f(J)) \leq \lambda([f((a+b)/2) - \{(b-a)L\}/2, f((a+b)/2) + \{(b-a)L\}/2]) = L(b-a) = L \cdot \lambda(J)$ が得られる.

(c) 任意の正数 ε を与えよ. $\lambda(A) (= \lambda^*(A)) = 0$ より, $\boldsymbol{J}^{(1)}$ の集合列 $\{J_n\}_{n\geq 1}$ で, $A \subset \bigcup_{n=1}^{\infty} J_n$, $\sum_{n=1}^{\infty} |J_n| < \varepsilon$ を満たすものが存在する. そのとき, $f(A) \subset f(\bigcup_{n=1}^{\infty} J_n) = \bigcup_{n=1}^{\infty} f(J_n)$ であるから, $\lambda^*(f(A)) \leq \sum_{n=1}^{\infty} \lambda^*(f(J_n)) \leq L \cdot \sum_{n=1}^{\infty} |J_n|$ (前問 (b) の結果による) $< L \cdot \varepsilon$ が得られる. ここで, ε は任意より, $\lambda^*(f(A)) = 0$, すなわち, $\lambda(f(A)) = 0$ を得る.

(d) $\lambda(A) < +\infty$ であるから, 任意の自然数 n に対して, K_n : コンパクト集合で, $K_n \subset A$, $\lambda(A\backslash K_n) < 1/n$ を満たすものが存在する. このとき, $N = A\backslash (\bigcup_{n=1}^{\infty} K_n)$ とおけば, $\lambda(N) \leq \lambda(A\backslash K_n) < 1/n$ $(\forall n)$ より, $\lambda(N) = 0$ である. よって, 要求された結果が生じる.

(e) 前問 (d) の A の表現から, $f(A) = \bigcup_{n=1}^{\infty} f(K_n) \cup f(N)$ が得られる. ここで, f の連続性から, $f(K)$ はコンパクト集合 ($\Rightarrow$ 閉集合) である. よって, $f(K) \in \Lambda$ である. また, 前問 (c) より, $f(N) \in \Lambda$ であるから, 結局, $f(A) \in \Lambda$ が得られる.

(f) $A \in \Lambda$ について, $A_n = A \cap (-n, n]$ とすれば, $A = \bigcup_{n=1}^{\infty} A_n$ であり, $\lambda(A_n) < +\infty$ である. また, $f(A) = \bigcup_{n=1}^{\infty} f(A_n)$ であるから, 前問 (e) の結果を用いれば, $f(A) \in \Lambda$ が得られる.

17. (a) $\mathcal{F} = \{E \in \Sigma : \mu(E) = \nu(E)\}$ とおけば, 仮定から $\mathcal{F}$ は, $\mathcal{H}$ を含む集合族である. したがって, $\mathcal{A}(\mathcal{H})$ を含むことも容易に分かる. しかも, $\mathcal{F}$ は単調族であることも容易に分かる. よって, $\mathcal{F} \supset \mathcal{M}(\mathcal{A}(\mathcal{H})) = \sigma(\mathcal{H}) = \Sigma$ が得られる. 逆の包含は明らかより, $\mathcal{F} = \Sigma$ が得られる. すなわち, 要求されたものである.

(b) $\mu_n(E) = \mu(E \cap H_n)$, $\nu_n(E) = \nu(E \cap H_n)$ $(E \in \Sigma)$ により, 各 n 毎に, $\mu_n(S) = \mu(H_n) < +\infty$, $\nu_n(S) = \nu(H_n) < +\infty$ $(\forall n)$ を満たす, Σ 上で定義された測度 μ_n, ν_n を考える. そのとき, 前問 (a) の結果を用いることで, 各 n 毎に $\mu_n(E) = \nu_n(E)$ $(E \in \Sigma)$ が成り立つことが分かる. したがって, $\mu(E \cap H_n) = \nu(E \cap H_n)$ $(E \in \Sigma, \forall n)$ が得られるので, $n \to \infty$ として $\mu(E) = \nu(E)$ $(E \in \Sigma)$ が得られる. すなわち, 要求された結果である.

(c) $\mathcal{F} = \{E \in \Sigma : \mu(E) = \nu(E)\}$ とおけば, 仮定から $\mathcal{F}$ は, $\mathcal{L}$ を含む集合族である. したがって, $\mathcal{H}(\mathcal{L})$ を含む (問題 2 番参照). よって, algebra $\mathcal{A}(\mathcal{H}(\mathcal{L})) = \mathcal{A}(\mathcal{L})$ を含むことが分かる. しかも, $\sigma(\mathcal{L}) = \sigma(\mathcal{A}(\mathcal{L})) = \mathcal{M}(\mathcal{A}(\mathcal{L}))$ であるから, 前問 (a) と同様にして, 結果が得られる.

18. (a) $t \in [0, 1]$ をとれ. $3t \in [0, 3]$ より, $a_1 \in \{0, 1, 2\}$ をとって, $0 \leq 3t - a_1 \leq 1$, すなわち, $0 \leq t - a_1/3 \leq (1/3)$ とできる. 次に, $3t - a_1 \in [0, 1]$ より, 前段のことから, $a_2 \in \{0, 1, 2\}$ をとって, $0 \leq 3t - a_1 - a_2/3 \leq (1/3)$, すなわち,

$0 \leq t - a_1/3 - a_2/3^2 \leq (1/3)^2$ とできる. これを繰り返せば, $a_n \in \{0,1,2\}$ をとって, $0 \leq t - a_1/3 - a_2/3^2 - \cdots - a_n/3^n \leq (1/3)^n$ $(n=1,2,\ldots)$ とできることが分かる (厳密には, 帰納的定義となるが, 各自で完成させよ). したがって, 適当な $a_n \in \{0,1,2\}$ をとって, $t = \sum_{n=1}^{\infty} a_n/3^n$ とできる.

(b) 前問 (a) で得られた t の表現の内, $a_1 = 1$ となる値 t は, J に属する値となるから, F_1 に属する t については $a_1 \in \{0,2\}$ である. 同様に, $a_2 = 1$ となる値 t は, $a_1 = 0$, $a_1 = 2$ の各々に対応して, $I(0)$, あるいは, $I(1)$ に属する値である. したがって, F_2 に属する t については, $a_1, a_2 \in \{0,2\}$ となる. また, F_3 について考えれば次のようである. $a_3 = 1$ となる値 t は, $[a_1 = 0, a_2 = 0]$, $[a_1 = 0, a_2 = 2]$, $[a_1 = 2, a_2 = 0]$, $[a_1 = 2, a_2 = 2]$ の各々に対応して, $I(0,0)$, $I(0,1)$, $I(1,0)$, $I(1,1)$ に属する値である. したがって, F_3 に属する t については $a_1, a_2, a_3 \in \{0,2\}$ である. このような論法を続ければ, F_n に属する t については, $a_1, \ldots, a_n \in \{0,2\}$ が分かる.

(c) $C = \bigcap_{n=1}^{\infty} F_n$ であるから, $t \in C \Leftrightarrow t \in F_n\ (\forall n) \Leftrightarrow a_n \in \{0,2\}\ (\forall n)$ が分かる (前問 (b) の結果による). したがって, 問題で要求された結果が得られる. このような表示がただ一通りであることは, $t = \sum_{n=1}^{\infty} 2a_n/3^n = \sum_{n=1}^{\infty} 2b_n/3^n \Rightarrow a_n = b_n\ (\forall n)$ が生じる. 実際, $\{i : a_i \neq b_i\} \neq \emptyset$ として矛盾を導こう. この集合に属する最小数 m とせよ. そのとき, $a_m = 0$, $b_m = 1$ (あるいは, $a_m = 1$, $b_m = 0$) となる. 前者の場合で記そう (後者の場合も同様).

$$0 = \sum_{n=1}^{\infty} \frac{2b_n}{3^n} - \sum_{n=1}^{\infty} \frac{2a_n}{3^n} \geq \frac{2}{3^m} - \sum_{n=m+1}^{\infty} \frac{2}{3^n} = \frac{1}{3^m} > 0$$

で矛盾が得られた.

(d) $a = \{a_n\}_{n \geq 1} \in \{0,1\}^{\mathbf{N}}$ について, $f(a) = \sum_{n=1}^{\infty} (2a_n)/3^n$ で定義される関数 $f : \{0,1\}^{\mathbf{N}} \to C$ は, 一対一, 上への写像である (前問 (c) の解答参照). したがって, $\|C\| = \|\{0,1\}^{\mathbf{N}}\| = 2^{\aleph_0} = \mathbf{c}$ (連続体濃度) が得られる.

(e) $\lambda(F_n) = (2/3)^n$ であるから, $\lambda(C) = \lim_{n \to \infty} \lambda(F_n) = 0$ である.

(f) $\|C\| = \mathbf{c}$ (連続体濃度) より, $\|\mathcal{P}(C)\| = 2^{\mathbf{c}}$ である. $\lambda(C) = 0$ であるから, ルベーグ測度の完備性を用いれば, $\mathcal{P}(C) \subset \Lambda$ である. したがって, $\|\Lambda\| \geq 2^{\mathbf{c}}$ (実は, $\|\Lambda\| = 2^{\mathbf{c}}$ である. それは, $\|\mathcal{P}(\mathbf{R})\| = 2^{\mathbf{c}}$ であるからである). 一方, 問題 9 番 (e) より, $\|\mathcal{B}(\mathbf{R})\| = \mathbf{c}$ である. したがって, $\Lambda \backslash \mathcal{B}(\mathbf{R}) \neq \emptyset$ である.

19. (a) $(\sigma.1), (\sigma.2), (\sigma.3)$ を確認する. $(\sigma.1)$ は, $S = S \cup \emptyset$, $\mu(\emptyset) = 0$ であるから, 成り立つ. $(\sigma.2)$ について. $E \cup N \in \overline{\Sigma}$ をとれ. そのとき, $B \in \Sigma_0$ で, $B \supset N$ を満たすものが存在する. したがって, $(E \cup N)^c = E^c \cap N^c \cap (B \cup B^c) = (E^c \cap B^c) \cup (E^c \cap (B \backslash N))$ が得られる. ここで, $E^c \cap B^c = (E \cup B)^c \in \Sigma$, $E^c \cap (B \backslash N) \subset B\ (\in \Sigma_0)$ であるから, $E^c \cap (B \backslash N) \in \mathcal{N}$ となり, $(E \cup N)^c \in \overline{\Sigma}$ が分かる. $(\sigma.3)$ について. $\{E_n \cup N_n\}_{n \geq 1} \subset \overline{\Sigma}$ をとれ. そのとき, 各 n 毎に, $B_n \in \Sigma_0$ で, $B_n \supset N_n$ を満たすものが存在する. したがって, $B = \bigcup_{n=1}^{\infty} B_n$ とおけば, $B \in \Sigma_0$ で, $\bigcup_{n=1}^{\infty} N_n \subset B$ である. しかも, $\bigcup_{n=1}^{\infty} (E_n \cup N_n) = (\bigcup_{n=1}^{\infty} E_n) \cup (\bigcup_{n=1}^{\infty} N_n)$ であるから, $\bigcup_{n=1}^{\infty} E_n \in \Sigma$, $\bigcup_{n=1}^{\infty} N_n \in \mathcal{N}$ に注意すれば, $\bigcup_{n=1}^{\infty} (E_n \cup N_n) \in \overline{\Sigma}$ が得られる.

(b) $\overline{\mu}$ の定義の正当性については, $E_1 \cup N_1 = E_2 \cup N_2$ であるとき, $\mu(E_1) = \mu(E_2)$ を示せば良い. B_1, B_2 を各々, N_1, N_2 に対応する, μ-測度 0 の集合とすれば, $E_1 \backslash E_2 \subset N_2 \subset B_2$, $E_2 \backslash E_1 \subset N_1 \subset B_1$ であるから, $\mu(E_1 \backslash E_2) = \mu(E_2 \backslash E_1) = 0$ が得られる. よって, $\mu(E_1) = \mu(E_2)$ が分かる. 次に, $\overline{\mu}$ の測度性については, 可算加法性のみ注意する. すなわち, $\{E_n \cup A_n\}_{n \geq 1}$ を, $\overline{\Sigma}$ の元から成る, 互いに素な集合の列とすれば, (当然, $E_i \cap E_j = \emptyset\ (i \neq j)$ であ

るから) $\overline{\mu}(\sum_{n=1}^\infty (E_n \cup A_n)) = \overline{\mu}((\bigcup_{n=1}^\infty E_n) \cup (\bigcup_{n=1}^\infty A_n)) = \mu(\sum_{n=1}^\infty E_n) = \sum_{n=1}^\infty \mu(E_n) = \sum_{n=1}^\infty \overline{\mu}(E_n \cup A_n)$ が得られる. また, $\overline{\mu}(E) = \overline{\mu}(E \cup \emptyset) = \mu(E)$ ($E \in \Sigma$) である.

(c) 測度空間の完備性については, $\overline{\mu}(E \cup N) = 0$, $C \subset E \cup N$ のとき, $C \in \overline{\Sigma}$ を示す. B を N に対応する μ-測度 0 の集合とすれば, $C \subset E \cup N \subset E \cup B$ であり, $\mu(E) = \overline{\mu}(E \cup N) = 0$ であるから, $E \cup B \in \Sigma_0$, したがって, $C \in \mathcal{N}$ が得られる. ここで, $\mathcal{N} \subset \overline{\Sigma}$ に注意すれば, $C \in \overline{\Sigma}$ が得られる. また, 表記のような σ-algebra Σ' と μ' が与えられたとせよ. そのとき, $F = E \cup N \in \overline{\Sigma}$ について, B を N に対応する μ-測度 0 の集合とすれば, $F \subset E \cup B$, $\mu'(E \cup B) \leq \mu'(E) + \mu'(B) = \mu(E) + \mu(B) = 0$ から, (S, Σ', μ') の完備性を用いて, $F \in \Sigma'$ が得られる. すなわち, $\overline{\Sigma} \subset \Sigma'$ が成り立つ. さらに, $0 \leq \mu'(N) \leq \mu'(B) = \mu(B) = 0$ を用いれば $\overline{\mu}(F) = \mu(E) = \mu'(E) = \mu'(F)$ が得られる.

(d) α の外測度性は, 容易である. 可算劣加法性のみ注意する. 集合列 $\{A_n\}_{n \geq 1}$ をとり, $A = \bigcup_{n=1}^\infty A_n$ とおく. そして, 任意の正数 ε を与えよ. そのとき, 各 n 毎に, $E_n \supset A_n$ で, $\alpha(A_n) + \varepsilon/2^n > \mu(E_n)$ を満たすものが存在する. $E = \bigcup_{n=1}^\infty E_n$ とすれば, $E \in \Sigma$, $A \subset E$ で, $\mu(E) \leq \sum_{n=1}^\infty \mu(E_n) < \sum_{n=1}^\infty \alpha(A_n) + \varepsilon$ を満たす. したがって, $\alpha(A) \leq \mu(E) < \sum_{n=1}^\infty \alpha(A_n) + \varepsilon$ が得られ, ε の任意性から, $\alpha(A) \leq \sum_{n=1}^\infty \alpha(A_n)$ が得られる. 次に, $(S, \Sigma_\alpha, \alpha)$ は, (測度 μ から導かれた) 外測度を基礎にして得られた測度空間であるから, $\Sigma \subset \Sigma_\alpha$ を満たし, $\alpha(E) = \mu(E)$ ($E \in \Sigma$) を満たしている完備測度空間である. そして, α-可測集合族: $\Sigma_\alpha = \{E \cup N : E \in \Sigma, \alpha(N) = 0\}$ が成り立つ. 実際, $\alpha(N) = 0$ を満たす N の α-可測性が容易に分かるから, $\Sigma_\alpha \supset$ (右辺の集合族) は明らかである. 逆に, $\Sigma_\alpha \subset$ (右辺の集合族) について. $A \in \Sigma_\alpha$ をとれ. そのとき, $A^c \in \Sigma_\alpha$ であるから, α の定義を用いれば, 各 n 毎に, $E_n \in \Sigma$, $E_n \supset A^c$ で, $\alpha(A^c) + 1/n > \mu(E_n)$ を満たすものが存在する. すなわち, $\alpha(S \backslash A) + 1/n > \mu(S \backslash E_n^c)$ であり, また, $\alpha(S) = \mu(S)$ であるから, $\alpha(A) - 1/n < \mu(E_n^c)$ が得られる. ここで, $E = \bigcup_{n=1}^\infty E_n^c$ ととれば, $E \in \Sigma$, $E \subset A$ であり, $\alpha(A) \leq \mu(E) = \alpha(E)$ が成り立つ. $\alpha(E) \leq \alpha(A)$ は明らかより, $\alpha(A) = \alpha(E)$ が得られる. したがって, $N = A \backslash E$ とすれば, $\alpha(N) = 0$ であり, $A = E \cup N \in$ (右辺の集合族) となる. よって, 逆向きの包含も示された. したがって, $\Sigma_\alpha = \overline{\Sigma}$ を示すためには, $\mathcal{N} = \{A \in \mathcal{P}(S) : \alpha(A) = 0\}$ を示すことになる. $A \in \mathcal{N}$ をとれ. そして, A に対応する μ-測度 0 の集合を B とすれば, $A \subset B (\in \Sigma)$, $\mu(B) = 0$ より, $\alpha(B) = 0$ であるから, $\alpha(A) = 0$ が得られる. 逆に, $\alpha(A) = 0$ ならば, α の定義から, $B \in \Sigma$ で, $A \subset B$ かつ $\mu(B) = 0$ を満たす B の存在が容易に分かる (前段の論法を真似て, 各自で確かめよ). すなわち, $A \in \mathcal{N}$ である. 以上で, 要求された結果が示された.

20. (a) 先ず, $\mu(\{0\}) = 0$ である. 実際, $\mu(\{0\}) > 0$ とすれば, 任意の $x \in \mathbf{R}$ について, $\mu(\{x\}) = \mu(x + \{0\}) = \mu(\{0\}) > 0$ となり, $\mu([0,1]) = +\infty$ が得られ, 仮定に矛盾するからである. これより, $\mu(\{x\}) = 0$ ($\forall x \in \mathbf{R}$) も得られることを注意. 次に, $\mu((0, 1/n]) = \mu((1/n) + (0, 1/n]) = \mu((1/n, 2/n])$ 等の平行移動による操作を繰り返せば, $\mu((0, 1/n]) = \mu((1/n, 2/n]) = \cdots = \mu(((n-1)/n, 1])$ が得られる. ここで, $[0, 1] = \{0\} \cup (0, 1/n] \cup \cdots \cup ((n-1)/n, 1]$ であるから, $1 = \mu([0,1]) = n \cdot \mu((0, 1/n])$ が得られる. したがって, $\mu((0, 1/n]) = 1/n$ が成り立つ.

(b) $(i, j] = (i, i+1] \cup (i+1, i+2] \cup \cdots \cup (j-1, j]$ であり, 任意の $(p, p+1]$ の形の半開区間は $p + (0, 1]$ と表せるので, $\mu((p, p+1]) = \mu((0,1]) = \mu([0,1]) = 1$ であるから, $\mu((i, j]) = (j - i)\mu((0, 1]) = j - i$ が得られる.

(c) (a) の考え方を繰り返せば, $\mu((0, m/n]) = m/n$ ($m = 1, 2, \ldots, n$) が分かり, 結局, 極限操作 (無理数の場合, 単調増加な有理数列の極限値としての処理を考えること) により, $\mu((0, x]) = x = \lambda((0, x])$ ($x \in [0, 1]$) が分かる. これから,

或る整数 m について, u,v が $m \leq u \leq v \leq m+1$ を満たす場合も, $\mu((u,v]) = \mu((m,v]\setminus(m,u]) = \mu((m,v]) - \mu((m,u]) = \mu(m+(0,v-m]) - \mu(m+(0,u-m]) = \mu((0,v-m]) - \mu((0,u-m]) = v-m-(u-m) = v-u$ が分かる. したがって, 任意の有限左半開区間 $J = (a,b]$ について, $(a,b] = (a,[a]+1] \cup ([a]+1,[b]-1] \cup ([b]-1,b]$ と表せば (他の場合, 例えば, $(a,b] = (a,[a]+1] \cup ([a]+1,b]$ と表せる場合等も同様である) $\mu((a,b]) = \mu((a,[a]+1]) + \mu(([a]+1,[b]-1]) + \mu(([b]-1,b]) = ([a]+1)-a+[b]-1-([a]+1)+b-([b]-1) = b-a = \lambda((a,b])$ が得られる (前問 (b) の結果や, ここでの前段での考察による). ただし, $[a], [b]$ は, 各々, a, b を超えない最大の整数を表す.

(d) $\mu(J) = \lambda(J)$ $(J \in \boldsymbol{J}^{(1)})$ であり, 各 n について, $J_n = (-n, n]$ $(\in \boldsymbol{J}^{(1)})$ とすれば, $\mathbf{R} = \bigcup_{n=1}^{\infty} J_n$, $J_n \uparrow$, $\mu((-n,n]) = \lambda((-n,n]) = 2n < +\infty$ であるから, 問題 17 番 (b) を, $\mathcal{H} = \boldsymbol{J}^{(1)}$ で, $H_n = J_n$ $(n=1,2,\ldots)$, 二つの測度が μ, λ の場合として用いれば, $\mu(E) = \lambda(E)$ $(E \in \sigma(\boldsymbol{J}^{(1)}))$ が分かる. ところが, 問題 8 番 (b) より, $\sigma(\boldsymbol{J}^{(1)}) = \mathcal{B}(\mathbf{R})$ であるから, $\mu(B) = \lambda(B)$ $(B \in \mathcal{B}(\mathbf{R}))$ が得られる.

21. (a) $\{s \in S : f(s) > q\} \in \Sigma$ $(\forall q \in \mathbf{Q}) \Rightarrow \{s \in S : f(s) > r\} \in \Sigma$ $(\forall r \in \mathbf{R})$ を示せば良い. 有理数の稠密性から, $\{s \in S : f(s) > r\} = \bigcup_{q > r, q \in \mathbf{Q}} \{s \in S : f(s) > q\}$ であることに注意せよ. そのとき, 右辺の集合は, 仮定から, Σ に属する集合の可算個の和集合である. したがって, Σ に属するから, 左辺の集合も Σ に属する.

(b) $g(t) = \sqrt{t}/(1+\sqrt{t})$ とすれば, これは t の連続関数であるから, ボレル可測関数, したがって, $F(s) = g(f(s))$ は, Σ-可測である.

(c) $\{t \in \mathbf{R} : h(t) > 0\} = V \notin \Lambda$ であるから, h は, Λ-可測ではない. 一方, $|h(t)| = \chi_V(t) + \chi_{V^c}(t) = \chi_{\mathbf{R}}(t) = 1$ $(\forall t)$ であるから, $|h(t)|$ は Λ-可測である.

22. (a) D: 区間ならば, $(*)$ を満たすことは明らかであるから, 逆, すなわち, $(*)$ を満たす集合 D が区間になることを示す. $u = \inf\{a : a \in D\}$, $v = \sup\{a : a \in D\}$ として, 例えば $-\infty < u \leq v < +\infty$ の場合に, $D = [u,v]$, $(u,v]$, $[u,v)$, (u,v) のいずれかになることを示そう ($u = -\infty$, あるいは, $v + \infty$ である場合も, 同様に考えれば, 証明できる. 各自で確かめよ). 特に, $u \in D$, $v \notin D$ の場合は, $D = [u,v)$ となることを示そう (それ以外の場合も同様で, u, v が D に属するか, 属さないかに依存して, $[u,v]$, $[u,v)$, (u,v) のタイプが得られる. 各自で確かめよ). $u \leq w < v$ を満たす任意の w をとれ. v の定義から, $w < d < v$, $d \in D$ を満たす d が存在する. ここで, $u, d \in D$ であるから, 性質 $(*)$ を用いて, $w \in [u,d] \subset D$ が得られる. よって, $w \in D$ が分かり, $[u,v) \subset D$ が得られる. 逆に, $d \in D$ をとれば, u, v の定義と, $v \notin D$ から, $u \leq d < v$ が成り立つ. すなわち, $d \in [u,v)$ である. したがって, $D \subset [u,v)$ が得られ, 結局, $D = [u,v)$ が示された.

(b) $D(r) = \{t \in \mathbf{R} : f(t) > r\}$ が区間であることを示すために, 前問 (a) の結果を用いる. すなわち, $D(r)$ について, (a) の性質 $(*)$ を確かめる. $a, b \in D(r)$, $a < b$ を任意にとれ. そのとき, 任意の $c \in [a,b]$ が $f(c) > t$ を満たすことをいう. さて, f は単調増加関数より, $f(a) \leq f(c) \leq f(b)$ である. よって, $f(c) \geq f(a) > r$ が成り立つ.

(c) 全ての区間は (閉区間, 開区間, 半開区間あるいは, 有限, 無限を問わず) ボレル集合であるから, f は $\mathcal{B}(\mathbf{R})$-可測である.

23. (a) $E_{n,i} = \{s \in S : f(s) \geq (i-1)/2^n\} \cap \{s \in S : f(s) < i/2^n\}$ であり, 右辺の二つの集合は (f の Σ-可測性から) Σ に属する. よって, その交わりの $E_{n,i}$ も Σ に属する. また, $E_n = \{s \in S : f(s) \geq n\}$ は, f の Σ-可測性から, Σ に属する.

(b) $[0,+\infty] = [0,n) \cup [n,+\infty] = \bigcup_{i=1}^{n \cdot 2^n} [(i-1)/2^n, i/2^n) \cup [n,+\infty]$ で, $f(s) \geq 0$ $(s \in S)$ より, $S = f^{-1}([0,+\infty]) = \bigcup_{i=1}^{n \cdot 2^n} f^{-1}([(i-1)/2^n, i/2^n)) \cup f^{-1}([n,+\infty])$

$= \left(\bigcup_{i=1}^{n\cdot 2^n} E_{n,i}\right) \cup E_n$ が成り立つ.

(c) $[(i-1)/2^n, i/2^n) = [(2i-2)/2^{n+1}, (2i-1)/2^{n+1}) \cup [(2i-1)/2^{n+1}, (2i)/2^{n+1})$ より, $E_{n,i} = f^{-1}([(i-1)/2^n, i/2^n)) = f^{-1}([(2i-2)/2^{n+1}, (2i-1)/2^{n+1}) \cup [(2i-1)/2^{n+1}, (2i)/2^{n+1})) = f^{-1}([(2i-2)/2^{n+1}, (2i-1)/2^{n+1})) \cup f^{-1}([(2i-1)/2^{n+1}, (2i)/2^{n+1})) = E_{n+1,2i-1} \cup E_{n+1,2i}$ が得られる.

(b) $s \in S = \left(\bigcup_{i=1}^{n\cdot 2^n} E_{n,i}\right) \cup E_n$ であるから, 或る i が存在して $s \in E_{n,i}$ あるいは, $s \in E_n$ である. $s \in E_{n,i}$ の場合. $E_{n,i} = E_{n+1,2i-1} \cup E_{n+1,2i}$ より, $s \in E_{n+1,2i-1} \Rightarrow \theta_n(s) = (i-1)/2^n = (2i-2)/2^{n+1} = \theta_{n+1}(s) \le f(s)$ であり, $s \in E_{n+1,2i} \Rightarrow \theta_n(s) = (i-1)/2^n \le (2i-1)/2^{n+1} = \theta_{n+1}(s) \le f(s)$ が成り立つ. $s \in E_n$ である場合. $\theta_n(s) = n$. 一方, $S = \bigcup_{i=1}^{(n+1)2^{n+1}} E_{n+1,i} \cup E_{n+1}$ であるから, この場合, $s \in E_{n+1,n\cdot 2^{n+1}} \cup \cdots \cup E_{n+1,(n+1)2^{n+1}} \cup E_{n+1}$ が分かる. したがって, $\theta_{n+1}(s) \ge n$ が得られる. よって, $\theta_n(s) \le \theta_{n+1}(s) \le f(s)$ が成り立つ.

(e) $f(s) < +\infty$ のとき. $n > f(s)$ を満たす全ての n について, $s \in \bigcup_{i=1}^{n\cdot 2^n} E_{n,i}$ であるから, 或る i_n ($1 \le i_n \le n\cdot 2^n$) が存在して, $s \in E_{n,i_n}$ が成り立つ. したがって, このような全ての n で, $\theta_n(s) = (i_n - 1)/2^n$, $(i_n - 1)/2^n \le f(s) < i_n/2^n$ であるから, $0 \le f(s) - \theta_n(s) < 1/2^n$ が成り立つ. よって, $n \to \infty$ として, $\theta_n(s) \to f(s)$ が分かる. $f(s) = +\infty$ のとき. 任意の n について, $s \in E_n$ であるから, $\theta_n(s) = n$ である. よって, $n \to \infty$ として, $\theta_n(s) \to +\infty = f(s)$ が分かる.

24. (a) $\Lambda \supset \{A : A \subset C\}$ (ただし, C はカントール集合) であるから, $\|\Lambda\| \ge \|\mathcal{P}(C)\| = 2^c$ である. 一方, $\Lambda \subset \mathcal{P}(\mathbf{R})$ であるから, $\|\Lambda\| \le \|\mathcal{P}(\mathbf{R})\|$ より, $\|\Lambda\| \le c^c = (2^{\aleph_0})^c = 2^{\aleph_0 \cdot c} = 2^c$ である. 以上から, $\|\Lambda\| = 2^c$ である.

(b) 問題 9 番 (e) より, $\|\mathcal{B}(\mathbf{R})\| = c$ である. したがって, $\{\chi_B : B \in \mathcal{B}(\mathbf{R})\}$ の濃度は c である. したがって, 非負 $\mathcal{B}(\mathbf{R})$-単関数全体の作る集合族 $\{\theta = \sum_{i=1}^n c_i \chi_{B_i} : c_i \in \mathbf{R}^+, B_i \in \mathcal{B}(\mathbf{R})\}$ の濃度も c である. 各非負 $\mathcal{B}(\mathbf{R})$-可測関数は, このような集合族に属する関数列の極限として得られるから, 非負 $\mathcal{B}(\mathbf{R})$-可測関数全体の作る集合族の濃度は, c である. よって, $\mathcal{B}(\mathbf{R})$-可測関数全体の作る集合族の濃度は, c である.

(c) $\|\Lambda\| = 2^c$ であるから, 前問 (b) と同様のステップで考えれば, 求める濃度は 2^c である.

25. (a) $\{s \in S : c(s) > r\} = \sum_{c_n > r} E_n \in \Sigma$ であることから分かる.

(b) $F_m = \{s \in S : m\varepsilon \le f(s) < (m+1)\varepsilon\}$ ($m = 0, \pm 1, \pm 2, \ldots$) とおけば, $S = \bigcup_{m=0,\pm 1,\pm 2,\ldots} F_m$ となる. したがって, $c_\varepsilon(s) = \sum_{m=0,\pm 1,\pm 2,\ldots} (m\varepsilon)\chi_{F_m}(s)$ とおけば, $|f(s) - c_\varepsilon(s)| < \varepsilon$ ($s \in S$) が成り立つ. それは, $s \in F_m$ のとき, $c_\varepsilon(s) = m\varepsilon$, $m\varepsilon \le f(s) < (m+1)\varepsilon$ であるからである.

(c) 前問 (a) より, c_ε は, 任意の正数 ε の場合に Σ-可測関数である. したがって, $\varepsilon = 1/n$ ($n = 1, 2, \ldots$) の場合に得られる c_ε を c_n と記せば, 各 n 毎に, c_n は Σ-可測関数で, $|c_n(s) - f(s)| < 1/n$ ($s \in S$) が成り立つ. よって, $n \to \infty$ として, $c_n(s) \to f(s)$ ($s \in S$) が得られるから, f は Σ-可測である.

26. (a) [f が下半連続 $\Leftrightarrow$ 任意の $r \in \mathbf{R}$ について, $\{t \in \mathbf{R} : f(t) > r\}$ が開集合] である (各自で確かめること) から, 開集合がボレル集合であることを用いれば, 下半連続関数 f の $\mathcal{B}(\mathbf{R})$-可測性が分かる. 同様に, [f が上半連続 $\Leftrightarrow$ 任意の $r \in \mathbf{R}$ について, $\{t \in \mathbf{R} : f(t) < r\}$ が開集合] である (各自で確かめること) から, 開集合がボレル集合であることを用いれば, 上半連続関数 f の $\mathcal{B}(\mathbf{R})$-可測性が分かる.

(b) ルベーグ測度正の集合 A と, 正数 ε を与えよ. そして, $m = 0, \pm 1, \pm 2, \ldots$ について, $E_m = \{t \in \mathbf{R} : m \cdot (\varepsilon/2) \le f(t) < (m+1)(\varepsilon/2)\}$ とおけば,

$\mathbf{R} = \sum_{m=0,\pm 1,\pm 2,\ldots} E_m$ が成り立つ. したがって, $A = \sum_{m=0,\pm 1,\pm 2,\ldots}(A \cap E_m)$ であるから, $\lambda(A) > 0$ を用いれば, 或る m_0 について, $\lambda(A \cap E_{m_0}) > 0$ が成り立つ. このとき, $B = A \cap E_{m_0}$ とおけば, $B \subset A$, $\lambda(B) > 0$, かつ, $O(f|B) \leq (m+1)(\varepsilon/2) - m \cdot (\varepsilon/2) = (\varepsilon/2) < \varepsilon$ が得られる.

27. (a) これは, 良く知られたコーシーの関数方程式についての問題であり, f が連続関数である場合に, $f(x) = f(1)x$ $(x \in \mathbf{R})$ が成り立つことは, 関数の連続性のところで出会った事項である. この問題を, f のルベーグ可測性という (見かけ上) もっと弱い条件である可測性の仮定でも, [$f(x) = f(1)x$ $(x \in \mathbf{R})$ が成り立つ] ということを示そうというのである. n が自然数のとき, $f(n) = f(1)n$ を示し, その後, m が整数のとき, $f(m) = f(1)m$ を示し, 最後に q が有理数 (すなわち, 分数) のときに, $f(q) = f(1)q$ を示す (詳細は各自).

(b) これは, $\mathbf{Q}$ の稠密性から, 生じる. 実際, 任意の実数 $r \in \mathbf{R}$ をとれ. そのとき, 有理数の稠密性から, $q \in \mathbf{Q}$ で, $r-1 < q < r$ を満たすものが存在する. すなわち, $r - q \in I$ であるから, $r \in (q+I)$ である. したがって, $\mathbf{R} = \bigcup_{q \in \mathbf{Q}}(q+I) = \bigcup_{i=1}^{\infty}(q_i + I)$ が成り立つ.

(c) $+\infty = \lambda(\mathbf{R}) = \lambda(f^{-1}(\mathbf{R})) \leq \sum_{i=1}^{\infty} \lambda(f^{-1}(q_i + I))$ であるから, 或る i について, $\lambda(f^{-1}(q_i + I)) > 0$ が成り立つ.

(d) 問題 15 番の結果を $A = f^{-1}(q_i + I)$ の場合に用いれば, 或る正数 δ が存在して, $(-\delta, \delta) \subset f^{-1}(q_i + I) - f^{-1}(q_i + I)$ が成り立つ. したがって, $U = (-\delta, \delta)$ ととれば, $t \in U$ について, $t = u - v$ $(u, v \in f^{-1}(q_i + I))$ と表されるから, $f(t) = f(u-v) = f(u) - f(v)$ (性質 $(*)$ による) が成り立つ. ここで, $f(u), f(v) \in (q_i + I)$ であるから, $f(u) - f(v) \in I - I \subset [-1, 1]$ となり, $|f(u) - f(v)| \leq 1$ が得られる. よって, $|f(t)| \leq 1$ $(t \in U)$ が得られ, f の U での有界性が示された.

(e) f の, 原点での連続性が, 前問 (d) より得られる. 実際, 任意の正数 ε を与えたとき, $\eta = q\delta$ (ただし, q は, $0 < q < \varepsilon$ を満たす有理数) ととれば, $t \in (-\eta, \eta)$ について, $s \in (-\delta, \delta)$ で, $t = qs$ を満たすものがあるから, $f(t) = f(qs) = qf(s)$ (性質 $(*)$ による) となり, $|f(t)| \leq q|f(s)| \leq q < \varepsilon$ が成り立つ. よって, f は原点で連続である (すなわち, $\lim_{t \to 0} f(t) = 0 = f(0)$ が得られる).

(f) 点 a での連続性は, $\lim_{x \to a}(f(x) - f(a)) = \lim_{x \to a} f(x-a) = \lim_{t \to 0} f(t) = 0$ (前問 (e) の結果による) から分かる.

(g) f の連続性が得られたから, $t \in \mathbf{R}$ について, 有理数列 $\{q_n\}_{n \geq 1}$ で, $q_n \to t$ $(n \to \infty)$ を満たすものをとれば, $f(t) = \lim_{n \to \infty} f(q_n) = \lim_{n \to \infty} q_n f(1) = f(1)t$ が得られる.

28. (a) $[0,1]$ の 2^n 等分分割による区間: $[0, 1/2^n], (1/2^n, 2/2^n], \cdots, ((2^n-2)/2^n, (2^n-1)/2^n], ((2^n-1)/2^n, 1]$ を, 各々 $I(n,i)$ $(i = 0, 1, \ldots, 2^n - 1)$ と表すとき, $\theta_n(t) = 0 \chi_{I(n,0)}(t) + (1/2^n)^2 \chi_{I(n,1)}(t) + (2/2^n)^2 \chi_{I(n,3)}(t) + \cdots + ((2^n-1)/2^n)^2 \chi_{I(n,2^n-1)}(t)$ とおけば, 関数列 $\{\theta_n\}_{n \geq 1}$ が要求された一つの例となることは容易に分かる.

(b) $\int_{\mathbf{R}} \theta_n(t) \chi_{[0,1]}(t) d\lambda(t) = \sum_{i=0}^{2^n-1} (i/2^n)^2 (1/2^n)$ である.

(c) 前問 (b) の和: $\sum_{i=0}^{2^n-1}(i/2^n)^2(1/2^n) = (1/2^n)((1^2 + 2^2 + \cdots + (2^n-1)^2)/2^{2n}) = (1/6)((2^n-1)(2^{n+1}-1)/2^{2n})$ であるから, $\int_{\mathbf{R}} f(t) \chi_{[0,1]}(t) d\lambda(t) = \lim_{n \to \infty} \int_{\mathbf{R}} \theta_n(t) \chi_{[0,1]}(t) d\lambda(t) = 1/3$ が得られる.

29. (a) $f_1 + g_2 = g_1 + f_2$ であるから, $\int_S (f_1 + g_2)d\mu = \int_S (g_1 + f_2)d\mu$ が成り立つ. ここで, 各関数が全て非負であることを用いて, $\int_S (f_1 + g_2)d\mu = \int_S f_1 d\mu + \int_S g_2 d\mu$, $\int_S (g_1 + f_2)d\mu = \int_S g_1 d\mu + \int_S f_2 d\mu$ が得られるから, 各積分が有限値であることから移項して, $\int_S f_1 d\mu - \int_S f_2 d\mu = \int_S g_1 d\mu - \int_S g_2 d\mu$ が得られる.

(b) $N = \{s \in S : f(s) \neq g(s)\}$ とおくとき, $\mu(N) = 0$ である. よって, $f\chi_N = 0$ (μ-a.e.), $g\chi_N = 0$ (μ-a.e.) であるから, $\int_S f\chi_N d\mu = \int_S g\chi_N d\mu = 0$ が成り立つ. また, $f(s)\chi_{N^c}(s) = g(s)\chi_{N^c}(s)$ であるから, $\int_S f\chi_{N^c} d\mu = \int_S g\chi_{N^c} d\mu$ が成り立つ. したがって, $\int_S f d\mu = \int_S (f\chi_N + f\chi_{N^c})d\mu = \int_S f\chi_{N^c} d\mu = \int_S g\chi_{N^c} d\mu = \int_S (g\chi_N + g\chi_{N^c})d\mu = \int_S g d\mu$ が成り立つ.

(c) $f \in L_1(S, \Sigma, \mu)$ であるとき, $\mu(\{s \in S : |f(s)| = +\infty\}) = 0$ であるから, 或る実数値の積分可能関数 f_1 が存在して, $f = f_1$ (μ-a.e.) が成り立つ. したがって, $f^+ = f_1^+$ (μ-a.e.) であり, $f^- = f_1^-$ (μ-a.e.) である. 同様に, $g \in L_1(S, \Sigma, \mu)$ についても, 或る実数値の積分可能関数 g_1 が存在して, $f = f_1$ (μ-a.e.) が成り立つ. したがって, $g^+ = g_1^+$ (μ-a.e.) であり, $g^- = g_1^-$ (μ-a.e.) である. また, $f + g = f_1 + g_1$ (μ-a.e.) であるから, $(f+g)^+ = (f_1+g_1)^+$ (μ-a.e.) であり, $(f+g)^- = (f_1+g_1)^-$ (μ-a.e.) である. したがって, 前問 (b) の結果を用いて, $\int_S f^+ d\mu = \int_S f_1^+ d\mu$, $\int_S f^- d\mu = \int_S f_1^{-1} d\mu$, $\int_S g^+ d\mu = \int_S g_1^+ d\mu$, $\int_S g^- d\mu = \int_S g_1^- d\mu$ が成り立つ. また, $\int_S (f+g)d\mu = \int_S (f+g)^+ d\mu - \int_S (f+g)^- d\mu = \int_S (f_1+g_1)^+ d\mu - \int_S (f_1+g_1)^- d\mu$ が成り立つ. ところが, $(f_1+g_1)^+ - (f_1+g_1)^- = f_1 + g_1 = (f_1^+ - f_1^-) + (g_1^+ - g_1^-) = (f_1^+ + g_1^+) - (f_1^- + g_1^-)$ であるから, 前問 (a) の結果を用いて $\int_S (f_1+g_1)^+ d\mu - \int_S (f_1+g_1)^- d\mu = \int_S (f_1^+ + g_1^+)d\mu - \int_S (f_1^- + g_1^-)d\mu = \int_S f_1^+ d\mu + \int_S g_1^+ d\mu - \int_S f_1^- d\mu - \int_S g_1^- d\mu = \int_S f^+ d\mu + \int_S g^+ d\mu - \int_S f^- d\mu - \int_S g^- d\mu = \int_S (f^+ - f^-)d\mu + \int_S (g^+ - g^-)d\mu = \int_S f d\mu + \int_S g d\mu$ が得られる. すなわち, 要求された等式である.

30. (a) $s \in A \cup B$ のとき, $\chi_{A \cup B}(s) = 1$ である. また, $A \cap B = \emptyset$ より, s は A, B の一方にのみ属するから, $\chi_A(s) + \chi_B(s) = 1$ であり, 等号が成り立つ. $s \notin A \cup B$ ならば, $\chi_{A \cup B}(s) = 0$, $\chi_A(s) = \chi_B(s) = 0$ より, 両辺 $= 0$ で等号が成り立つ.

(b) $|f(s)\chi_A(s)| \leq |f(s)|$ $(s \in S)$ $\Rightarrow$ $f\chi_A \in L_1(S, \Sigma, \mu)$.

(c) $\int_{A \cup B} f d\mu = \int_S f\chi_{A \cup B} d\mu = \int_S (f\chi_A + f\chi_B)d\mu = \int_S f\chi_A d\mu + \int_S f\chi_B d\mu = \int_A f d\mu + \int_B f d\mu$ が成り立つ.

31. (a) ($f(0) = 1$ として定義されている). ($\Rightarrow$) は明らかである. それは, $\lim_{s \to \infty} F(s) = r$ とすれば, 任意の正数 ε に対して, s^* が存在して, $s > s^*$ を満たす

任意の s について $|F(s)-r|<\varepsilon/2$ が成り立つので, $q>p>s^*$ を満たす q,p について, $|F(p)-F(q)| \leq |F(p)-r|+|r-F(q)| < \varepsilon/2+\varepsilon/2 = \varepsilon$ が得られるからである. ($\Leftarrow$) について. [任意の $\{s_n\}_{n\geq 1}$ で, $s_n \to +\infty$ $(n\to\infty)$ を満たすものについて, $\lim_{n\to\infty} F(s_n)$ が ($\{s_n\}_{n\geq 1}$ に依存しない実数値として) 存在する $\Rightarrow \lim_{s\to\infty} F(s)$ が存在] であるから, この条件を確認する. 与えられた条件の下では, $\{F(s_n)\}_{n\geq 1}$ がコーシー列であることが容易に分かるから, $\lim_{n\to\infty} F(s_n)$ は存在する. しかも, この値が $\{s_n\}_{n\geq 1}$ に依存しないことは, もう一つの同様な数列 $\{t_n\}_{n\geq 1}$ をとれば, $\lim_{n\to\infty} F(s_n) = \lim_{n\to\infty} F(t_n)$ が分かるからである. それは, これらの数列 $\{s_n\}_{n\geq 1}$, $\{t_n\}_{n\geq 1}$ から, 新たな数列 $\{u_n\}_{n\geq 1}$ を, $u_{2n-1}=s_n$, $u_{2n}=t_n$ $(n=1,2,\ldots)$ として定義すれば, $\lim_{n\to\infty} F(s_n) = \lim_{n\to\infty} F(u_n) = \lim_{n\to\infty} F(t_n)$ が得られるからである.

(b) $|F(p)-F(q)| = \left|\int_p^q \sin t/t\, dt\right| = \left|[-\cos t/t]_p^q - \int_p^q \cos t/t^2\, dt\right| \leq 1/q + 1/p + \int_p^q 1/t^2\, dt = 2/p \to 0$ $(p\to\infty)$ が得られるので, (a) の後半の条件が確認された.

(c) $\int_{m\pi}^{(m+1)\pi} |\sin t|/t\, dt = \int_0^\pi |\sin(u+m\pi)|/(u+m\pi)\, du = \int_0^\pi |\sin u|/(u+m\pi)\, du \geq \int_0^\pi \sin u/(m+1)\pi\, du = (1/\pi(m+1))\int_0^\pi \sin u\, du = 2/\{\pi(m+1)\}$ が得られる (最初の等号は 変数変換 $t=u+m\pi$ による).

(d) $\int_{[0,+\infty)} |\sin t/t|\, d\lambda(t) = \int_0^{+\infty} |\sin t|/t\, dt \geq \int_0^{(m+1)\pi} |\sin t|/t\, dt$ $(\forall m)$ であり, 前問 (c) の結果を用いれば $\int_0^{(m+1)\pi} |\sin t|/t\, dt \geq (2/\pi)\sum_{i=0}^m 1/(i+1)$ であるから, $\int_0^{+\infty} |\sin t|/t\, dt \geq (2/\pi)\sum_{i=0}^{+\infty} 1/(i+1) = +\infty$ が得られる. したがって, $\int_{[0,+\infty)} |\sin t/t|\, d\lambda(t) = +\infty$ となり, f はルベーグ積分可能ではないことが分かる.

32. (a) $F = \{u \in \mathbf{R}^k : f(u) > r\}$ とおくとき, $u \in F - a \Leftrightarrow u + a \in F \Leftrightarrow f(u+a) > r \Leftrightarrow g(u) > r$ であるから, $F - a = \{u \in \mathbf{R}^k : g(u) > r\}$ が得られる. ところが, $F - a \in \Lambda$ であるから, g は Λ-可測であることが示された.

(b) $f = \chi_E$ $(E \in \Lambda)$ のとき. 左辺 $= \lambda(E)$, 右辺 $= \lambda(E-a) = \lambda(E)$ であるから, 等式が成り立つ. したがって, θ が 非負 Λ-単関数の場合も, $\int_{\mathbf{R}^k} \theta(u)d\lambda(u) = \int_{\mathbf{R}^k} \theta(u+a)d\lambda(u)$ が分かる. 一般の非負 Λ-可測の場合は, このような単関数列の増加極限として得られるから, 単調収束定理より, (b) の等式が成り立つことが分かる.

(c) $f(u+a) = f^+(u+a) - f^-(u+a)$ で, 右辺の二つの非負関数は, 前問 (a), (b) の結果を用いれば, ルベーグ積分可能で, $\int_{\mathbf{R}^k} f^+(u+a)d\lambda(u) = \int_{\mathbf{R}^k} f^+(u)d\lambda(u)$, $\int_{\mathbf{R}^k} f^-(u+a)d\lambda(u) = \int_{\mathbf{R}^k} f^-(u)d\lambda(u)$ より, $g(u)$ は, ルベーグ積分可能で, $\int_{\mathbf{R}^k} g(u)d\lambda(u) = \int_{\mathbf{R}^k} f(u+a)d\lambda(u) = \int_{\mathbf{R}^k} f^+(u+a)d\lambda(u) - \int_{\mathbf{R}^k} f^-(u+a)d\lambda(u)$

$$= \int_{\mathbf{R}^k} f^+(u)d\lambda(u) - \int_{\mathbf{R}^k} f^-(u)d\lambda(u) = \int_{\mathbf{R}^k} f(u)d\lambda(u) \text{ が得られる}.$$

33. (a) $\int_a^b \frac{1}{2-\sin nt}dt = \frac{1}{n}\int_{na}^{nb}\frac{1}{2-\sin u}du$ ($s = \tan(u/2)$ と変数変換)
$= (1/n)\int_{\tan(na/2)}^{\tan(nb/2)}\frac{1}{1-s+s^2}ds = (1/n)\int_{\tan(na/2)}^{\tan(nb/2)} 1/\{(s-1/2)^2+(\sqrt{3}/2)^2\}ds$
($v = s - (1/2)$ と変数変換) $= (1/n)\int_{\tan(na/2)-(1/2)}^{\tan(nb/2)-(1/2)} 1/(v^2+(\sqrt{3}/2)^2)dv =$
$(1/n)\int_{\alpha_n}^{\beta_n} 1/(v^2+(\sqrt{3}/2)^2)dv = (2/\sqrt{3})(1/n)(\tan^{-1}(\beta_n) - \tan^{-1}(\alpha_n))$ である. ただし, $\alpha_n = \tan(na/2) - (1/2)$, $\beta_n = \tan(nb/2) - (1/2)$ である. そのとき, $(nb/2) - (na/2) = \tan^{-1}(\beta_n + 1/2) - \tan^{-1}(\alpha_n + 1/2) = (\beta_n - \alpha_n)(1/(1 + p_n^2))$ ($p_n \in (\alpha_n + 1/2, \beta_n + 1/2)$, 平均値の定理より) であり, $\tan^{-1}(\beta_n) - \tan^{-1}(\alpha_n) = (\beta_n - \alpha_n)(1/(1 + q_n^2))$ ($q_n \in (\alpha_n, \beta_n)$, 平均値の定理より) であり, $(1 + q_n^2)/(1 + p_n^2) \to 1$ ($n \to \infty$) であるから, $\lim_{n\to\infty}\int_a^b 1/(2-\sin nt)dt = \lim_{n\to\infty}(2/\sqrt{3})(1/n)(\tan^{-1}(\beta_n) - \tan^{-1}(\alpha_n)) = (2/\sqrt{3})((b/2) - (a/2)) = (b-a)/\sqrt{3}$ が得られる. 要求された結果である.

(b) 問題 12 番 (b) の証明と同様である. すなわち, $\lambda(E) = \inf\{\sum_{n=1}^\infty |I_n| : E \subset \sum_{n=1}^\infty I_n, I_n \in \mathbf{J}^{(1)}\ (\forall n)\}$ で, $\lambda(E) < +\infty$ の場合を用いれば良い.

(c) 任意の正数 ε を与えよ. そして, E について, この ε に対して, 前問 (b) で得られる互いに素な有限左半開区間の列を $\{I_j\}_{1 \leq j \leq m}$ とする. そのとき, 各 $I_j = (a_j, b_j]$ と表せば, $\int_{I_j} 1/(2-\sin nt)d\lambda(t) = \int_{a_j}^{b_j} 1/(2-\sin nt)dt\ (\forall j)$ である. $F = \sum_{j=1}^m I_j$ とおけば $\left|\int_E 1/(2-\sin nt)d\lambda(t) - (1/\sqrt{3})\lambda(E)\right|$
$\leq \left|\int_E \frac{1}{2-\sin nt}d\lambda(t) - \int_F \frac{1}{2-\sin nt}d\lambda(t)\right| + \left|\int_F \frac{1}{2-\sin nt}d\lambda(t) - \frac{\lambda(F)}{\sqrt{3}}\right| + \left|\frac{\lambda(F)}{\sqrt{3}} - \frac{\lambda(E)}{\sqrt{3}}\right| \leq (1+(1/\sqrt{3}))\lambda(E \triangle F) + \left|\int_F 1/(2-\sin nt)d\lambda(t) - (1/\sqrt{3})\lambda(F)\right|$
$\leq (1 + (1/\sqrt{3}))\varepsilon + \left|\int_F 1/(2-\sin nt)d\lambda(t) - (1/\sqrt{3})\lambda(F)\right|$ が成り立つ. 前問
(a) の結果より $\lim_{n\to\infty}\int_F 1/(2-\sin nt)d\lambda(t) = \lim_{n\to\infty}\sum_{j=1}^m \int_{a_j}^{b_j} 1/(2-\sin nt)dt = (1/\sqrt{3})\sum_{j=1}^m (b_j - a_j) = (1/\sqrt{3})\sum_j^m |I_j| = (1/\sqrt{3})\lambda(F)$ であるから
$\lim_{n\to\infty}\left|\int_E 1/(2-\sin nt)d\lambda(t) - (1/\sqrt{3})\lambda(E)\right| \leq (1 + (1/\sqrt{3}))\varepsilon$ が得られ, 結局, ε の任意性から, $\lim_{n\to\infty}\int_E 1/(2-\sin nt)d\lambda(t) = (1/\sqrt{3})\lambda(E)$ が得られる. 要求された結果である.

34. (a) $|c(s)| = \sum_{n=1}^\infty |c_n|\chi_{E_n}(s)$ であるから, 非負値 Σ- 可測関数の項別積分可能定理を用いれば, $\int_S |c(s)|d\mu(s) < +\infty \Leftrightarrow \sum_{n=1}^\infty |c_n|\mu(E_n) < +\infty$ が得られる.

また，積分可能関数についての項別積分定理から，$\int_S c(s)d\mu(s) = \sum_{n=1}^{\infty} c_n\mu(E_n)$ が得られる．

(b) $f \in L_1(S,\Sigma,\mu)$ について，$N = \{s \in S\ :\ |f(s)| = +\infty\}$ とおけば，$\mu(N) = 0$ である．$\mu(S) = M$ とする．任意に正数 ε を与えよ．そして

$$F_m = \{s \in S\ :\ m(\varepsilon/2M) \leq f(s) < (m+1)(\varepsilon/2M)\}\ (m = 0, \pm1, \pm2, \ldots)$$

とおき，$\Delta = \{N, F_m\ :\ m = 0, \pm1, \pm2, \ldots\} = \{E_n\ :\ n = 1, 2, \ldots\}$ とせよ．そのとき，各 n について

$$|\sup_{s \in E_n} f(s)| \leq |f(t)| + (\varepsilon/M)\ (\forall t \in E_n)$$

を用いれば

$$\sum_{n=1}^{\infty} |\sup_{s \in E_n} f(s)|\mu(E_n) \leq \int_S |f(s)|d\mu(s) + \varepsilon < +\infty$$

が分かる．同様に，inf の場合も示され，$\Delta \in \Gamma$ である．そして

$$J^*(f,\Delta) - J_*(f,\Delta) = \sum_{n=1}^{\infty}(\sup_{s \in E_n} f(s) - \inf_{s \in E_n} f(s))\mu(E_n) \leq (\varepsilon/M)\sum_{n=1}^{\infty}\mu(E_n) = \varepsilon$$

が得られる．

(c) $J_*(f,\Delta) \leq \int_S f(s)d\mu(s) \leq J^*(f,\Delta)\ (\forall \Delta \in \Gamma)$ は，積分可能関数 f についての項別積分可能定理を用いれば容易であり，しかも，(b) の結果より，与式の右辺の集合の直径は 0, したがって，右辺は一点集合であることが分かるから，要求された結果が生じる．

35. (a) $\cos(\sqrt{x}) = \sum_{n=0}^{\infty}(-1)^n x^n/(2n)!$. $\sum_{n=0}^{\infty}\int_{[0,\infty)} e^{-x}x^n/(2n)!\,d\lambda(x)$ (被積分関数が非負) $= \sum_{n=0}^{\infty}\int_0^{\infty} e^{-x}x^n/(2n)!\,dx = \sum_{n=0}^{\infty} n!/(2n)! < +\infty$ であるから，与積分の被積分関数の関数項級数は項別積分可能である．また，$\int_0^{\infty}|e^{-x}\cos(\sqrt{x})|\,dx \leq \int_0^{\infty} e^{-x}\,dx = 1 < +\infty$ である．したがって，広義積分をルベーグ積分とみて，$\int_0^{\infty} e^{-x}\cos(\sqrt{x})\,dx = \int_{[0,\infty)} e^{-x}\cos(\sqrt{x})\,d\lambda(x)$ (項別積分可能) $= \sum_{n=0}^{\infty}(-1)^n\int_{[0,\infty)} e^{-x}x^n/(2n)!\,d\lambda(x)$ (被積分関数が非負) $= \sum_{n=0}^{\infty}(-1)^n\int_0^{\infty} e^{-x}x^n/(2n)!\,dx = \sum_{n=0}^{\infty}(-1)^n\Gamma(n+1)/(2n)! = \sum_{n=0}^{\infty}(-1)^n n!/(2n)!$ が得られる．

(b) $|xe^{-t}| < 1\ (|x| < 1, t \in [0,+\infty))$ であるから，$1/(1-xe^{-t}) = \sum_{n=0}^{\infty} x^n e^{-tn}$ である．したがって，$\sin t/(e^t - x) = \sum_{n=0}^{\infty} x^n \sin t\, e^{-(n+1)t}$ である．ここで，$\sum_{n=0}^{\infty}\int_0^{\infty}|\sin t||x|^n e^{-(n+1)t}\,dt \leq \sum_{n=0}^{\infty}|x|^n\int_0^{\infty} e^{-(n+1)t}\,dt = \sum_{n=0}^{\infty}\frac{|x|^n}{n+1} < +\infty$

であるから, 項別積分可能で, 被積分関数の絶対値関数は広義積分可能である (なお, 以下の式変形の理由は (a) の場合と同様). したがって

$$\int_0^\infty \frac{\sin t}{e^t - x}\, dt = \int_{[0,\infty)} \frac{\sin t}{e^t - x}\, d\lambda(t) = \sum_{n=0}^\infty \int_{[0,\infty)} x^n \sin t\, e^{-(n+1)t}\, d\lambda(t) =$$

$$\sum_{n=0}^\infty \int_0^\infty x^n \sin t\, e^{-(n+1)t}\, dt = \sum_{n=0}^\infty x^n \int_0^\infty \sin t\, e^{-(n+1)t}\, dt \text{ である. ところが,}$$

$\int_0^\infty \sin t\, e^{-(n+1)t}\, dt = 1/((n+1)^2 + 1)$ であるから $\int_0^\infty \sin t/(e^t - x)\, dt = \sum_{n=0}^\infty x^n/((n+1)^2 + 1)$ が得られる.

36. (a) $f(t,x)$ は x の連続関数だから, x の関数として, $\mathcal{B}(\mathbf{R})$-可測 ($\Rightarrow$ Λ-可測) である. しかも, $\lim_{x \to 0} f(t,x) = 1$ で, $|f(t,x)| \leq 1/(xe^{tx}) \leq 1/tx^2$ ($x \in [1, \infty)$) であり, $g(x) = 1/x^2$ は, $[1, \infty)$ でルベーグ積分可能であることから, f の λ-積分可能性が生じる.

(b) $f_t(t,x) = -xe^{-tx}(\sin x/x) = -e^{-tx} \sin x$ である. したがって, $a < t < b$ では $|f_t(t,x)| \leq e^{-tx} \leq e^{-ax}$ であり, $\phi(x) = e^{-ax}$ は, $[0, \infty)$ 上でルベーグ積分可能である.

(c) 前問 (a) より, $F(t)$ が定義され, 前問 (b) より (微分と積分の順序交換定理を用いることができるので) $F(t)$ の t についての導関数 $F'(t) = \int_{[0,\infty)} f_t(t,x)\, d\lambda(x)$ が成り立つ. ここで, $f_t(t,x)$ の広義積分の絶対収束性から, $\int_{[0,\infty)} f_t(t,x)\, d\lambda(x) = \int_0^\infty f_t(t,x)\, dx$ が成り立つ. すなわち, 結果である.

(d) 前問 (c) より, $F'(t) = \int_0^\infty f_t(t,x)\, dx = -\int_0^\infty e^{-tx} \sin x\, dx = -1/(1+t^2)$ ($t > 0$) である.

(e) 前問 (d) の微分方程式を解いて, $F(t) = c - \tan^{-1}(t)$ ($t > 0$) が得られる.

(f) $|F(n)| \leq \int_{[0,\infty)} \frac{e^{-nx}|\sin x|}{x}\, d\lambda(x)$ ($|\sin x| \leq x, \forall x \geq 0$ より) $\leq \int_0^\infty e^{-nx}\, dx = 1/n \to 0$ ($n \to \infty$) であるから, $F(n) = c - \tan^{-1}(n) \to 0$ ($n \to \infty$), すなわち, $c = \lim_{n \to \infty} \tan^{-1}(n) = \pi/2$ が得られる.

(g) 被積分関数の広義積分可能性から, $F(t) = \int_0^\infty e^{-tx}(\sin x/x)\, dx$ と表されることに注意せよ. そして, 部分積分法により等式:

$$\int e^{-tx} \cdot \frac{\sin x}{x} dx = (-\cos x) \cdot \frac{e^{-tx}}{x} + \int \frac{\cos x(1+tx)e^{-tx}}{x^2} dx$$

が得られる. 左辺の積分式の区間 $[N, +\infty)$ での積分値の評価について考えよう. この右辺の第一項の絶対値: $|[\cos x/xe^{tx}]_N^\infty| = |\cos N/Ne^{tN}|$ ($|\cos N| \leq 1$, $e^{tN} \geq 1$ より) $\leq 1/N$ ($\forall t \in (0, +\infty)$) である. また, 右辺の第二項の絶対値: $\left|\int_N^\infty \cos x(1+tx)/x^2 e^{tx}\, dx\right|$ ($|\cos x| \leq 1$, $e^{tx} \geq 1 + tx$ から) $\leq \int_N^\infty 1/x^2\, dx = 1/N$ ($t \in (0,\infty)$) である. したがって, 要求された結果が生じる.

(h) 任意の N を与えよ. 31 番 (b) の解答より $\left|\int_N^\infty \sin x/x\, dx\right| < 2/N$ を得

るから, 前問 (g) の結果を用いて $\left|\int_0^\infty e^{-x/n}(\sin x/x)\,dx - \int_0^\infty \sin x/x\,dx\right|$
$\leq \left|\int_0^N e^{-x/n}(\sin x/x)\,dx - \int_0^N \sin x/x\,dx\right| + 4/N$ が, 任意の n で成り立つ.
よって, 前問 (e), (f) の結果から $\left|\pi/2 - \tan^{-1}(1/n) - \int_0^\infty \sin x/x\,dx\right|$
$\leq \left|\int_0^N e^{-x/n}(\sin x/x)\,dx - \int_0^N \sin x/x\,dx\right| + 4/N$ が, 任意の n で成り立つことが分かる. よって, $n \to \infty$ とすれば $\pi/2 - \tan^{-1}(1/n) \to \pi/2$, および
$\left|\int_0^N e^{-x/n}(\sin x/x)\,dx - \int_0^N \sin x/x\,dx\right| \to 0$ であるから
$\left|\pi/2 - \int_0^\infty \sin x/x\,dx\right| \leq 4/N$ が得られる. ここで, N は任意であるから
$\int_0^\infty \sin x/x\,dx = \pi/2$ が示された.

37. (a) $f(t,x) = e^{-x^2}\cos(2tx)$ とおくとき, $f_t(t,x) = -2xe^{-x^2}\sin(2tx)$ であるから, $\phi(x) = 2x/e^{x^2}$ とすれば, $|f_t(t,x)| \leq \phi(x)$ $(x \in [0,\infty))$ であり, ϕ はルベーグ積分可能であることが分かる. また, $|e^{-x^2}\cos(2tx)| \leq e^{-x^2}$ であるから, $f(t,x)$ も x の関数として $[0,\infty)$ 上で広義積分可能である. よって $F(t) = \int_0^\infty e^{-x^2}\cos(2tx)\,dx = \int_{[0,\infty)} e^{-x^2}\cos(2tx)\,d\lambda(x)$ であるから, 微分と積分の順序交換定理を用いて, $F'(t) = -\int_{[0,\infty)} 2xe^{-x^2}\sin(2tx)\,d\lambda(x) = -\int_0^\infty 2xe^{-x^2}\sin(2tx)\,dx = [e^{-x^2}\sin(2tx)]_0^\infty - 2t\int_0^\infty e^{-x^2}\cos(2tx)\,dx = -2tF(t)$ が得られる.

(b) 前問 (a) の微分方程式を解いて, $F(t) = ce^{-t^2}$ (c は定数) が得られる. ここで, $F(0) = \int_0^\infty e^{-x^2}\,dx = \sqrt{\pi}/2$ を用いて, $c = \sqrt{\pi}/2$ が分かり, $F(t) = (\sqrt{\pi}/2)e^{-t^2}$ が得られる.

(c) $x = \sqrt{b}y$ と変数変換すれば, $F(t) = \sqrt{b}\int_0^\infty e^{-by^2}\cos(2\sqrt{b}ty)\,dy$ であるから, $F(a/\sqrt{b}) = \sqrt{b}\int_0^\infty e^{-by^2}\cos(2ay)\,dy$ が成り立つ. したがって, 与えられた積分式 $= F(a/\sqrt{b})/\sqrt{b}$ となるから, この式の右辺を, 前問 (b) の結果を用いて計算すれば, 等式の左辺の値 $(1/2)(\sqrt{\pi/b})e^{-a^2/b}$ となる.

38. (a) $g \in L_\infty(S,\Sigma,\mu)$ について, $\int_S g\,d\tau$ を, 以下の手順で定義する. 先ず, $g = \sum_{i=1}^m c_i\chi_{A_i}(s)$ である場合 (すなわち, g が Σ-単関数の場合). $\int_S g\,d\tau = \sum_{i=1}^m c_i\tau(A_i)$ と定める. これが, g の表示に依存しないことは, τ の有限加法性を用いれば (測度の場合の積分の定義におけるのと同様に) 示される. 次に, g が, 有界な Σ-可測関数の場合. $\|\cdot\|_u$ を, 有界関数についての一様ノルムとすれば, g の有界性を用いれば, $\|g - \theta_n\|_u \to 0$ $(n \to \infty)$ を満たす Σ-単関数列 $\{\theta\}_{n\geq 1}$ が存在することは

容易に分かるから, $\int_S g\,d\tau = \lim_{n\to\infty}\int_S \theta_n\,d\tau$ で定義する. この際, 右辺の極限値が存在することは $\left|\int_S \theta_i\,d\tau - \int_S \theta_j\,d\tau\right| \leq \|\tau\|\|\theta_i-\theta_j\|_u$ (各自で確かめること) から分かる. また, この極限値が, このような Σ-単関数列 $\{\theta_n\}_{n\geq 1}$ の選び方に依存しないことも容易に分かる (例えば, $\{\theta_n\}_{n\geq 1}, \{\theta'_n\}_{n\geq 1}$ の二つをとった場合, これらを合わせた, 新たな Σ-単関数列 $\{\theta^*_n\}_{n\geq 1}$ を, $\theta^*_{2n} = \theta_n, \theta^*_{2n-1} = \theta'_n$ と定義して, この Σ-単関数列 $\{\theta^*_n\}_{n\geq 1}$ について考えれば良い). このようにして g が有界 Σ-可測関数の場合に, τ に関する積分が定義される. そのとき, この積分について, 通常の性質や, 特に次の不等式: $\left|\int_S g\,d\tau\right| \leq \int_S |g|\,d|\tau|$ が成り立つことは容易に分かる. ただし, $|\tau|$ は $|\tau|(A) = \tau^+(A) + \tau^-(A)$ $(A \in \Sigma)$ で定義される有限加法的測度である. しかも, このことから, h: 有界 Σ-可測関数で, $h = 0$ (μ-a.e.) ならば, $\int_S h\,d\tau = 0$ が分かる. それは, $A = \{s \in S : h(s) \neq 0\}$ とおくとき, $\mu(A) = 0$ (したがって, $\mu(E) = 0, \forall E \subset A, E \in \Sigma \Rightarrow \tau(E) = 0, \forall E \subset A, E \in \Sigma$, よって, $|\tau|(A) = 0$) である. したがって, $\left|\int_S h\,d\tau\right| \leq \int_S |h|\,d|\tau| = \int_S \chi_A |h|\,d|\tau| + \int_S \chi_{A^c}|h|\,d|\tau| \leq \|h\|_u|\tau|(A) + 0 = 0$ が得られるからである. 最後に, $g \in L_\infty(S,\Sigma,\mu)$ の場合. $g = g'$ (μ-a.e.) を満たす有界 Σ-可測関数 g' が存在するから, $\int_S g\,d\tau = \int_S g'\,d\tau$ で定義する. そのとき, この右辺が g' の選び方に依存しないことは, 直前で確認した事実から示される. 以上で, $g \in L_\infty(S,\Sigma,\mu)$ について, $\int_S g\,d\tau$ が定義された.

(b) T_τ の線形性は τ についての積分の性質である. しかも, $|T_\tau(g)| = \left|\int_S g'\,d\tau\right| \leq \int_S |g'|\,d|\tau| \leq \|g'\|_u|\tau|(S) = \|g\|_\infty|\tau|(S) = \|g\|_\infty\|\tau\|$ であるから, $\|T_\tau\| \leq \|\tau\|$ が得られる. 逆向きの不等号について. 任意の正数 ε を与えよ. そのとき, $|\tau|(S) - \varepsilon < \sum_{i=1}^m |\tau(E_i)|$ を満たす, Σ の元による有限分割 $\{E_i\}_{1\leq i\leq m}$ が存在する. したがって, $A = \sum\{E_i : \tau(E_i) \geq 0\}, B = \sum\{E_i : \tau(E_i) < 0\}$ とおけば, $|\tau|(S) - \varepsilon < \tau(A) - \tau(B) = \int_S (\chi_A - \chi_B)\,d\tau$ が成り立つ. ここで, $g = \chi_A - \chi_B$ は, $\|g\|_u(= \|g\|_\infty) = 1$ を満たす有界 Σ-可測関数 g (したがって, $g \in L_\infty(S,\Sigma,\mu)$) であるから, $\|T_\tau\| \geq |T_\tau(g)| = \int_S (\chi_A - \chi_B)\,d\tau = \tau(A) - \tau(B) > |\tau|(S) - \varepsilon$ $(= \|\tau\| - \varepsilon)$ である. ε は任意であるから, $\|\tau\| \leq \|T_\tau\|$ が得られる. したがって, $\|T_\tau\| = \|\tau\|$ が成り立つ.

(c) $\mu(E) = 0$ ならば $\chi_E = 0$(μ-a.e.) であるから, $\chi_E = 0$ ($L_\infty(S,\Sigma,\mu)$ の元として) である. したがって, $\tau(E) = T(\chi_E) = 0$ が得られる. 次に, $|\tau(E)| = |T(\chi_E)| \leq \|T\|\|\chi_E\|_\infty = \|T\|$ であるから, τ は有界である. 有限加法性については, $\chi_{A\cup B} = \chi_A + \chi_B$ $(A \cap B = \emptyset)$ を用いれば, $\tau(A \cup B) = T(\chi_{A\cup B}) = T(\chi_A) + T(\chi_B) = \tau(A) + \tau(B)$ が得られることから分かる. よって, $\tau \in \mathcal{M}_b(S,\Sigma,\mu)$ である.

(d) $T(\chi_A) = \tau(A) = \int_S \chi_A\,d\tau$ $(A \in \Sigma)$ であるから, T の線形性と τ に関する積分の線形性より, Σ-単関数 θ についても, $T(\theta) = \int_S \theta\,d\tau$ が得られる. 最後に $g \in L_\infty(S,\Sigma,\mu)$ については, 有界 Σ-可測関数で $g = g'$(μ-a.e.)

をとれば，$T(g) = T(g')$ である．また，g' について，Σ-単関数列 $\{\theta_n\}_{n \geq 1}$ で，$\|g' - \theta_n\|_u \to 0$ をとれば，$\|g' - \theta_n\|_\infty \to 0 \ (n \to \infty)$ でもあるから，T の連続性から，$T(g') = \lim_{n \to \infty} T(\theta_n) = \lim_{n \to \infty} \int_S \theta_n \, d\tau = \int_S g' \, d\tau \ (= \int_S g \, d\tau)$ が得られる．実際，$\lim_{n \to \infty} \int_S \theta_n \, d\tau = \int_S g' \, d\tau$ であることは $\left| \int_S g' \, d\tau - \int_S \theta_n \, d\tau \right| \leq \|g' - \theta_n\|_u \|\tau\|$ から分かる．したがって，$T(g) = \int_S g \, d\tau$ が得られる．

(e) 前問 (a), (b) より，$\Phi : \mathcal{M}_b(S, \Sigma, \mu) \to L_\infty(S, \Sigma, \mu)$ が線形写像として定義されることが分かり，前問 (b), (c), (d) より，一対一の，上への (線形) 写像であり，また，(b) より，等距離同型であることが分かる．

39. (a) $E = (1, 2] \ (\subset (1, \infty))$ をとれば，$\mu(E) = \int_E f \, d\lambda = \int_E 0 \, d\lambda = 0$ であるが，$\nu(E) = \int_E t^2 \, d\lambda(t) \geq \lambda(E) = 1$ である．

(b) $\nu_1(E) = \nu(E \cap [0, 1])$，$\nu_2(E) = \nu(E \cap [0, 1]^c)$ で定義される測度 ν_1, ν_2 を考える．そのとき，ν_1 は μ-絶対連続である．実際，$\mu(E) = 0$ とせよ．そのとき，f の形より，$\lambda(E \cap (-\infty, 1]) = 0$ が成り立つ．実際，$\lambda(E \cap (-\infty, 1]) > 0$ ならば，$\mu(E \cap (-\infty, 1]) = \int_{E \cap (-\infty, 1]} \sqrt{1-t} \, d\lambda(t) > 0$ となるからである．したがって，$\lambda(E \cap [0, 1]) = 0$ であるから，$\nu_1(E) = \nu(E \cap [0, 1]) = \int_{E \cap [0, 1]} t^2 \, d\lambda(t) = 0$ が得られる．次に，ν_2 が μ-特異であることを示そう．それは，$F = (1, +\infty)$ ととれば，$\mu(F) = \int_F f(t) \, d\lambda(t) = \int_F 0 \, d\lambda(t) = 0$ であり，$\nu_2(F^c) = \nu_2((-\infty, 1]) = \nu((-\infty, 1] \cap [0, 1]^c) = \nu((-\infty, 0)) = \int_{(-\infty, 0)} g(t) \, d\lambda(t) = \int_{(-\infty, 0)} 0 \, d\lambda(t) = 0$ となるからである．

40. (a) f の定義から，$s \in B(r) \Rightarrow f(s) \leq r$ は明らか．次に，$s \notin B(r)$ のとき，$f(s) < r$ とすれば，f の定義から，$p < r$，$s \in B(p)$ を満たす $p \in D$ が存在する．したがって，$s \in B(p) \subset B(r)$ となり，$s \notin B(r)$ に矛盾する．よって，$f(s) \geq r$ である．そして，任意の $c \in \mathbf{R}$ について，$\{s \in S : f(s) < c\} = \bigcup_{r < c, \, r \in D} B(r)$ が成り立つ．実際，$f(s) < c$ ならば，$q < c$ で，$s \in B(q)$ を満たす $q \in D$ が存在するから，s は，右辺の集合に含まれる．一方，s が，右辺の集合に含まれるならば，$s \in B(r)$，$r < c$ を満たす $r \in D$ が存在するから，前段の結果を用いて，$f(s) \leq r$ が分かる．したがって，$f(s) \leq r < c$ が成り立つ．右辺の集合は，Σ の集合の可算和の集合であるから，Σ に属する．よって，f は Σ-可測．

(b) $E \subset \{s \in S : g(s) \leq r\} \ (E \in \Sigma)$ について，$(\nu - r\mu)(E) = \int_E g \, d\mu - r\mu(E) = \int_E (g - r) \, d\mu \leq 0$ が得られる．したがって，$\{s \in S : g(s) \leq r\}$ は負集合である．

(c) i. $p < q \ (p, q \in D) \Rightarrow \mu(B(p) \setminus B(q)) = 0$ を示す．$B(p) \setminus B(q) = B(p) \cap A(q)$ であるから，この集合は，$\nu - p\mu$ の負集合かつ $\nu - q\mu$ の正集合である．したがって，$(\nu - p\mu)(B(p) \setminus B(q)) \leq 0$，$(\nu - q\mu)(B(p) \setminus B(q)) \geq 0$ が成り立つ．このとき，$q\mu(B(p) \setminus B(q)) \leq \nu(B(p) \setminus B(q)) \leq p\mu(B(p) \setminus B(q))$ すなわち，$(q - p)\mu(B(p) \setminus B(q)) \leq 0$ が得られる．$q - p > 0$ であるから，$\mu(B(p) \setminus B(q)) = 0$ が得られる．

ii. $p < q$ について，$\{B(r) : r \leq p, r \in D\} \subset \{B(r) : r \leq q, r \in D\}$ である

から, $B^*(p) \subset B^*(q)$ が得られる. また, $B^*(r) \in \Sigma$ であることは, この集合が, Σ に属する集合の可算個の和集合であることから分かる.

iii. $B(r) \subset B^*(r)$ は, $B^*(r)$ の定義から明らか. また, $\mu(B^*(r)\backslash B(r)) = \mu((\bigcup_{p \leq r,\ p \in D} B(p))\backslash B(r)) \leq \sum_{p \leq r,\ p \in D} \mu(B(p)\backslash B(r)) = 0$ である (前問 (c) (i) の結果による).

iv. 各 $B(p)$ ($p \leq r, p \in D$) は, $\nu - r\mu$ の負集合である. 実際, $E \subset B(p)$ をとれば, $(\nu - r\mu)(E) = \nu(E) - r\mu(E) \leq \nu(E) - p\mu(E) = (\nu - p\mu)(E) \leq 0$ であるからである. したがって, $(\nu - r\mu)$ の負集合 $B(p)$ ($p \leq r, p \in D$) の可算個の和集合である $B^*(r)$ も Σ に属し, 負集合である.

v. $N \subset S \backslash B^*(r) \subset S \backslash B(r) = A(r)$ ($\forall r$). したがって, $\nu(N) - r\mu(N) \geq 0$ ($\forall r$) であるから, $\mu(N) \leq \nu(N)/r \leq \nu(S)/r$ ($\forall r$) が成り立ち, $r \to \infty$ として, $\mu(N) = 0$ が得られる (その結果, ν の μ-絶対連続性から, $\nu(N) = 0$ が生じる).

vi. 前問 (a) の結果から, $f^*(s) \leq r$ ($s \in B^*(r)$), $f^*(s) \geq r$ ($s \notin B^*(r)$) であること, f^* は Σ-可測であることに注意せよ. したがって, $p < q$ ($p, q \in D$) について, $f^*(B^*(q) \backslash B^*(p)) \subset [p, q]$ が成り立つ. また, $\{\nu(E)/\mu(E) : E \subset B^*(q) \backslash B^*(p), E \in \Sigma, \mu(E) > 0\} \subset [p, q]$ が成り立つ. 実際, $E \subset B^*(q) \backslash B^*(p)$, $\mu(E) > 0$ を満たす E をとれ. そのとき, $E \subset B^*(q)$ から, $(\nu - q\mu)(E) \leq 0$ (前問 (c) の (iv) による). したがって, $\nu(E)/\mu(E) \leq q$ が得られる. また, $E \cap B(p) \subset E \cap B^*(p) = \emptyset$ であるから, $E \subset A(p)$ である. したがって, $(\nu - p\mu)(E) \geq 0$, すなわち, $\nu(E)/\mu(E) \geq p$ が得られ, $\{\nu(E)/\mu(E) : E \subset B^*(q) \backslash B^*(p), E \in \Sigma, \mu(E) > 0\} \subset [p, q]$ が分かった. さて, 任意の自然数 n をとり, i/n ($i = 0, 1, 2, \ldots$) に対して定まる $B^*(i/n)$ を考える. そのとき, 前段の事実から, $f(B^*((i+1)/n) \backslash B^*(i/n)) \subset [i/n, (i+1)/n]$, $\{\nu(E)/\mu(E) : E \subset B^*((i+1)/n) \backslash B^*(i/n), E \in \Sigma, \mu(E) > 0\} \subset [i/n, (i+1)/n]$ が成り立つ. また, 集合族 $\{B^*(r) : r \in D\}$ の性質 (前問 (c) の (ii)) から $N = S \backslash \bigcup_{i=0}^{\infty} B^*(i/n)$ が成り立つ. したがって $\left| \int_E f^* \, d\mu - \nu(E) \right|$
$\leq \sum_{i=0}^{\infty} | \int_{E \cap B^*((i+1)/n) \backslash B^*(i/n))} (f^* - \nu(E \cap (B^*((i+1)/n) \backslash B^*(i/n)))/\mu(E \cap (B^*((i+1)/n) \backslash B^*(i/n)))| \, d\mu \leq \mu(E)/n$ が分かる (最初の不等号の際に, $\mu(N) = \nu(N) = 0$ を用いた). n は任意であるから, $\int_E f^* \, d\mu = \nu(E)$ が示された.

41. (a) (S, Σ, μ) が σ-有限測度空間とせよ. そのとき, $\{S_n\}_{n \geq 1} \subset \Sigma$ で, $\mu(S_n) < +\infty$ ($\forall n$) かつ, $S = \bigcup_{n=1}^{\infty} S_n$ を満たすものが存在する. ここで, μ は個数測度であるから, 各 n について $[\mu(S_n) < +\infty \Leftrightarrow S_n$ は有限集合$]$ となるから, S は可算集合となる. これは, S が非可算であることに矛盾する.

(b) $\mu(E) = 0 \Rightarrow E = \emptyset \Rightarrow \nu(E) = 0$ から分かる.

(c) f: ラドン・ニコディム密度関数が存在するとする. すなわち, $\nu(A) = \int_A f \, d\mu$ ($A \in \Sigma$) を満たす非負 μ-積分可能関数 f が存在するとする. そのとき, $s \in S$ について, 一点集合 $\{s\}$ を考えれば, $0 = \nu(\{s\}) = \int_{\{s\}} f \, d\mu = f(s)\mu(\{s\}) = f(s)$ が得られる. したがって, $1 = \nu(S) = \int_S f \, d\mu = \int_S 0 \, d\mu = 0$ が生じ, 矛盾である.

42. (a) 同様であるから, $(\Sigma_1 \otimes \Sigma_2) \otimes \Sigma_3 = \Sigma_1 \otimes \Sigma_2 \otimes \Sigma_3$ を注意する. $(\Sigma_1 \otimes \Sigma_2) \otimes \Sigma_3 = \sigma(\sigma(\Sigma_1 \times \Sigma_2) \times \Sigma_3)$ であるから, $\Sigma_1 \times \Sigma_2 \times \Sigma_3$ を含む一つの σ-algebra である. したがって, 最小の σ-algebra $\Sigma_1 \otimes \Sigma_2 \otimes \Sigma_3$ を含む. 逆の包含関係に

ついて．それには，$(\Sigma_1 \otimes \Sigma_2) \times \Sigma_3 \subset \sigma(\Sigma_1 \times \Sigma_2 \times \Sigma_3)$ を示せば良い．ここで，$\Sigma_1 \otimes \Sigma_2 = \mathcal{M}(\mathcal{A}(\Sigma_1 \times \Sigma_2))$ であることに注意すれば，$\mathcal{F} = \{F \in \Sigma_1 \otimes \Sigma_2 : F \times G \in \Sigma_1 \otimes \Sigma_2 \otimes \Sigma_3, \forall G \in \Sigma_3\}$ で定義される集合族を考えれば，通常の手順 (各自で確かめること) で，$\mathcal{F} = \mathcal{M}(\mathcal{A}(\Sigma_1 \times \Sigma_2))$ (すなわち，$\mathcal{F} = \Sigma_1 \otimes \Sigma_2$) が得られる．よって，$F \in \Sigma_1 \otimes \Sigma_2$, $G \in \Sigma_3$ について，$F \times G \in \Sigma_1 \otimes \Sigma_2 \otimes \Sigma_3$ が得られる．すなわち，逆の包含が分かる．

(b) 同様であるから，$((\mu_1 \otimes \mu_2) \otimes \mu_3)(A) = (\mu_1 \otimes \mu_2 \otimes \mu_3)(A)$ $(A \in \Sigma_1 \otimes \Sigma_2 \otimes \Sigma_3)$ を注意する．それには，次の集合族 $\mathcal{F}$ について，通常の手順 (測度の拡張の唯一性) を踏めば良い．$\mathcal{F} = \{A \in \Sigma_1 \otimes \Sigma_2 \otimes \Sigma_3 : ((\mu_1 \otimes \mu_2) \otimes \mu_3)(A) = (\mu_1 \otimes \mu_2 \otimes \mu_3)(A)\}$. すなわち，semi-algebra $\mathcal{H} = \Sigma_1 \times \Sigma_2 \times \Sigma_3$ での両者の測度の一致と，それらが有限測度であることの確認であり，共に容易である (各自で確かめること)．

43. (a) $F(s,t) = (s, at+b)$ $((s,t) \in S \times \mathbf{R})$ により，$F : S \times \mathbf{R} \to S \times \mathbf{R}$ を定義する．そのとき，$\{(s,t) : (s, at+b) \in E\} \in \Sigma \otimes \mathcal{B}(\mathbf{R})$ は，$F^{-1}(E) \in \Sigma \otimes \mathcal{B}(\mathbf{R})$ と表示できる．したがって，$\mathcal{F} = \{E \subset S \times \mathbf{R} : F^{-1}(E) \in \Sigma \otimes \mathcal{B}(\mathbf{R})\} \supset \Sigma \otimes \mathcal{B}(\mathbf{R})$ を示す問題となる．$\Sigma \otimes \mathcal{B}(\mathbf{R}) = \mathcal{M}(\mathcal{A}(\Sigma \times \mathcal{B}(\mathbf{R})))$ であるから，通常の手順で，$\Sigma \times \mathcal{B}(\mathbf{R}) \subset \mathcal{F}$ を先ず示し，次に，$\mathcal{A}(\Sigma \times \mathcal{B}(\mathbf{R})) \subset \mathcal{F}$ を示し，最後に，$\mathcal{M}(\mathcal{A}(\Sigma \times \mathcal{B}(\mathbf{R}))) \subset \mathcal{F}$ を示せばよい．すなわち，第一段階としては，$A \times B$ $(A \in \Sigma, B \in \mathcal{B}(\mathbf{R}))$ についての確認である．それは，$F^{-1}(A \times B) = \{(s,t) : (s, at+b) \in A \times B\}$ であるから，$F^{-1}(A \times B) = A \times \{(B-b)/a\}$ となり，ここで，集合 $\{(B-b)/a\} \in \mathcal{B}(\mathbf{R})$ であることから，$F^{-1}(A \times B) \in \Sigma \times \mathcal{B}(\mathbf{R}) \subset \Sigma \otimes \mathcal{B}(\mathbf{R})$ が分かることになる．後の手順は，通常のルーチンワークである．

(b) $V(f) = \{(s,t) : 0 \leq t < f(s), s \in S\} \in \Sigma \otimes \mathcal{B}(\mathbf{R})$ であるから，$t \geq 0$ のとき，t での切り口 $(V(f))_t \in \Sigma$ であり，$\{s \in S : t < f(s)\} = (V(f))_t$ であるから，$\{s \in S : t < f(s)\} \in \Sigma$ が得られる．また，$t < 0$ のとき，$\{s \in S : t < f(s)\} = S \in \Sigma$ である．したがって，f は Σ-可測である．

(c) f が Σ-可測ならば，$V(f) \in \Sigma \otimes \mathcal{B}(\mathbf{R})$ を示す．$f = \chi_A$ $(A \in \Sigma)$ の場合．$V(f) = \{(s,t) : 0 \leq t < \chi_A(s), s \in S\} = A \times [0,1) \in \Sigma \times \mathcal{B}(\mathbf{R}) \subset \Sigma \otimes \mathcal{B}(\mathbf{R})$ より成り立つ．次に，$f = \theta = \sum_{i=1}^m c_i \chi_{A_i}$ (非負 Σ-単関数，ただし，$S = \sum_{i=1}^m A_i$, $A_i \in \Sigma$, $\forall i$) の場合．$V(\theta) = \sum_{i=1}^m (A_i \times [0,1)) \in \Sigma \otimes \mathcal{B}(\mathbf{R})$ より成り立つ．最後に，f が一般の Σ-可測関数の場合．$\{\theta_n\}_{n \geq 1}$: 非負 Σ-単関数の単調増加列で，$\theta_n(s) \to f(s)$ $(n \to \infty)$ を満たすものをとれば，$V(f) = \bigcup_{n=1}^\infty V(\theta_n)$ であることが容易に分かる．ところが，前段より，$V(\theta_n) \in \Sigma \otimes \mathcal{B}(\mathbf{R})$ が任意の n で成り立つから $V(f) = \bigcup_{n=1}^\infty V(\theta_n) \in \Sigma \otimes \mathcal{B}(\mathbf{R})$ が得られる．

(d) フビニの定理から，$(\mu \otimes \lambda)(V(f)) = \int_S \lambda((V(f))_s)\, d\mu(s)$
$= \int_S \lambda([0, f(s)))\, d\mu(s) = \int_S f(s)\, d\mu(s)$ が得られる．

44. (a) 問題 10 番 (a), (b) で示した事柄の一例である．

(b) $E_\alpha = \{\beta \in \Omega : \alpha < \beta\}$ であるから，$(E_\alpha)^c = \{\gamma \in \Omega : \gamma \leq \alpha\}$ となり，これは可算集合である．よって，$E_\alpha \in \Sigma$ が得られる．また，$E_\beta = \{\alpha \in \Omega : \alpha < \beta\}$ であるから，これは可算集合で，$E_\beta \in \Sigma$ が得られる．

(c) $E \in \Sigma \otimes \Sigma$ とせよ．そのとき，フビニの定理から，$(\mu \otimes \mu)(E) = \int_S \mu(E_\alpha)\, d\mu(\alpha) = \int_S \mu(E_\beta)\, d\mu(\beta)$ が成り立つ．ところが，最初の積分値は 1 であるが，次の積分値は 0 となり矛盾する．よって，$E \notin \Sigma \otimes \Sigma$ である．

45. (a) 41 番 (a) と同様である．

(b) Δ は $[0,1] \times [0,1]$ の閉集合である．また，$\Sigma_1 \otimes \Sigma_2 = \mathcal{B}([0,1]) \otimes \mathcal{B}([0,1]) =$

$\mathcal{B}([0,1] \times [0,1])$ である (証明は, $\mathcal{B}(\mathbf{R}) \otimes \mathcal{B}(\mathbf{R}) = \mathcal{B}(\mathbf{R}^2)$ と同様) から, $\Delta \in \mathcal{B}([0,1] \times [0,1]) = \Sigma_1 \otimes \Sigma_2$ が得られる.

(c) 一致しない. 第一の積分 $= \int_{S_1} \mu_2(\Delta_{s_1}) \, d\mu_1(s_1) = \int_{S_1} \mu_2(\{s_2\}) \, d\mu_1(s_1) = \mu_1(S_1) = 1$ であり, 第二の積分 $= \int_{S_2} \mu_1(\Delta_{s_2}) \, d\mu_2(s_2) = \int_{S_2} \mu_1(\{s_1\}) \, d\mu_2(s_2) = \int_{S_2} 0 \, d\mu_2(s_2) = 0$ である.

46. (a) $\Lambda \times \Lambda \subset \Lambda_2$ を示せば良い. $A \times B \in \Lambda \times \Lambda$ をとれ. $\lambda(A) < +\infty$, $\lambda(B) < +\infty$ の場合. $A = A_1 \cup N_1$ ($A_1 \in \mathcal{B}(\mathbf{R})$, $\lambda(N_1) = 0$, $A_1 \cap N_1 = \emptyset$), $B = B_1 \cup N_2$ ($B_1 \in \mathcal{B}(\mathbf{R})$, $\lambda(N_2) = 0$, $B_1 \cap N_2 = \emptyset$) と表示できるから, $A \times B = (A_1 \times B_1) \cup (A_1 \times N_2) \cup (N_1 \times B_1) \cup (N_1 \times N_2)$ である. ここで, $A_1 \times B_1 \in \mathcal{B}(\mathbf{R}^2) \subset \Lambda_2$ であり, $0 \leq \lambda_2^*(A_1 \times N_2) \leq \lambda_2(\mathbf{R} \times N_2) = \lambda(\mathbf{R})\lambda(N_2) = 0$ より $A_1 \times N_2 \in \Lambda_2$, 同様に, $N_1 \times B_1, N_1 \times N_2 \in \Lambda_2$. よって, $A \times B \in \Lambda_2$ が成り立つ. 次に, 一般の場合は, Λ の二つの単調増加な集合列 $\{C_n\}_{n \geq 1}$, $\{D_n\}_{n \geq 1}$ で, $\lambda(C_n) < +\infty$, $\lambda(D_n) < +\infty$ $(\forall n)$, $A = \bigcup_{n=1}^\infty C_n$, $B = \bigcup_{n=1}^\infty D_n$ を満たすものをとれば, 前段の結果から, $A \times B = \bigcup_{n=1}^\infty (C_n \times D_n) \in \Lambda_2$ が得られる.

(b) $V \times V \in \Lambda_2$ とせよ. そのとき, $\lambda_2(V \times V) > 0$ であるから (問題 15 番の結果を用いれば), 正数 r が存在して, $B(0, r) \subset (V \times V) - (V \times V)$ を満たす. ここで, $B(0, r)$ に属する有理点 (p, q) $(\neq (0, 0))$ をとれば, $p = u_1 - v_1$, $q = u_2 - v_2$ ($u_i, v_i \in V$) と表すことができる. すなわち, $u_1 \sim v_1$, $u_2 \sim v_2$ となり, V の性質から, $u_1 = v_1$, $u_2 = v_2$ となる. これは, $(p, q) \neq (0, 0)$ に矛盾する. したがって, $V \times V \notin \Lambda_2$ である.

(c) 集合 $\{a\} \times V$ について, $\lambda_2^*(\{a\} \times V) \leq \lambda_2^*(\{a\} \times \mathbf{R}) = \lambda_2(\{a\} \times \mathbf{R}) = \lambda(\{a\})\lambda(\mathbf{R}) = 0$ であるから, ルベーグ測度の完備性を用いて, $\{a\} \times V \in \Lambda_2$ が得られる. しかし, $\{a\} \times V \notin \Lambda \otimes \Lambda$ である. 実際, $\{a\} \times V \in \Lambda \otimes \Lambda$ ならば, $V = (\{a\} \times V)_a \in \Lambda$ となり, 矛盾が生じるからである.

(d) 完備ではない. 実際, $\lambda_2(\{a\} \times \mathbf{R}) = \lambda(\{a\})\lambda(\mathbf{R}) = 0$ であるから, もし完備ならば, $\{a\} \times V \in \Lambda \otimes \Lambda$ が成り立つが, これは前問 (c) の結果に矛盾する.

47. (a) $f = \chi_{E_1}$, $g = \chi_{E_2}$ ($E_1 \in \Sigma_1$, $E_2 \in \Sigma_2$) の場合. $f(s_1)g(s_2) = \chi_{E_1}(s_1)\chi_{E_2}(s_2) = \chi_{E_1 \times E_2}(s_1, s_2)$ であり, $E_1 \times E_2 \in \Sigma_1 \times \Sigma_2 \subset \Sigma_1 \otimes \Sigma_2$ であるから, $\Sigma_1 \otimes \Sigma_2$-可測である. f が非負 Σ_1-単関数で, g が非負 Σ_2-単関数の場合. $f(s_1)g(s_2) = \sum_{i=1}^m a_i \chi_{E_i}(s_1) \sum_{j=1}^n b_j \chi_{F_j}(s_2) = \sum_{i,j} a_i b_j \chi_{E_i \times F_j}(s_1, s_2)$ であり, 和を構成する各々の関数が (前段より) $\Sigma_1 \otimes \Sigma_2$-可測であるから, その和の関数 $f(s_1)g(s_2)$ も $\Sigma_1 \otimes \Sigma_2$-可測である. 最後に, f, g が一般の場合. 各々が, 前段の型の関数列の増加極限として得られるので, その積の関数 $f(s_1)g(s_2)$ も, 前段の型の関数の積の列の増加極限として得られる. したがって, この関数は, $\Sigma_1 \otimes \Sigma_2$-可測関数列の極限となるので, $\Sigma_1 \otimes \Sigma_2$-可測である.

(b) 前問 (a) の結果から, $f(s_1)g(s_2)$ について, フビニの定理が有効なので,
$$\int_{S_1 \times S_2} f(s_1)g(s_2) \, d(\mu_1 \otimes \mu_2)(s_1, s_2) = \int_{S_1} \left(\int_{S_2} f(s_1)g(s_2) \, d\mu_2(s_2) \right) d\mu_1(s_1)$$
$$= \int_{S_1} f(s_1) \, d\mu_1(s_1) \int_{S_2} g(s_2) \, d\mu_2(s_2) \text{ が成り立つ.}$$

48. (a) 任意に正数 ε を与えよ. そのとき, A に含まれるコンパクト集合 K と A を含む開集合 O で, $\lambda(O \setminus K) < \varepsilon/2$ を満たすものが存在する. そのとき, $K \cap O^c = \emptyset$ であるから, 二つの集合 K と O^c の距離 $d(K, O^c) = 2\delta > 0$ である. そして, $\|x\| < \delta$ とすれば, $K + x \subset O$ であるから, $K \subset O + x$ が成り立つ. したがって, $\|x\| < \delta$ であるとき, $f(x) = \lambda((A + x) \triangle A) = \lambda((A + x) \setminus A) + \lambda(A \setminus (A + x)) \leq$

$\lambda((O+x)\backslash K) + \lambda(O\backslash(K+x)) = \lambda(O+x) - \lambda(K) + \lambda(O) - \lambda(K+x) = 2(\lambda(O) - \lambda(K)) < \varepsilon$ が得られる (ここで, λ が平行移動で不変な測度であることを用いた). すなわち, $\lim_{x \to 0} f(x) = 0$ が示された.

(b) $|g(x) - g(y)| = |\lambda((A+x) \cap B) - \lambda((A+y) \cap B)| = |\lambda(((A+x)\backslash(A+y)) \cap B) - \lambda(((A+y)\backslash(A+x)) \cap B)| \leq \lambda(((A+x)\backslash(A+y)) \cap B) + \lambda(((A+y)\backslash(A+x)) \cap B) \leq \lambda((A+x)\backslash(A+y)) + \lambda((A+y)\backslash(A+x)) = \lambda((A+x)\triangle(A+y)) = \lambda((A+x-y)\triangle A) \to 0 \ (x \to y)$ が, 前問 (a) の結果から得られる. したがって, $\lim_{x \to y} g(x) = g(y)$ が得られ, g の連続性が示された.

(c) $\lambda(E) > 0$, $\lambda(E^c) > 0$ として, 矛盾を導く. そのとき, E に含まれるルベーグ可測集合 A で, $0 < \lambda(A) < +\infty$ を満たすもの, E^c に含まれるルベーグ可測集合 B で, $0 < \lambda(B) < +\infty$ を満たすものが存在する. そして, $g(x) = \lambda((A+x) \cap B)$ を考える. そのとき, 前問 (b) の結果より, g は連続関数であり, $0 \leq g(x) = \lambda((A+x) \cap B) \leq \lambda((E+x) \cap E^c) \leq \lambda((E+x)\triangle E) = 0 \ (x \in D)$ であるから, $g(x) = 0 \ (x \in D)$ が得られる. したがって, g の連続性を用いれば, $g(x) = 0 \ (x \in \mathbf{R}^k)$ が得られる. ところで, $0 = \int_{\mathbf{R}^k} g(x) \, d\lambda(x) = \int_{\mathbf{R}^k} (\int_{\mathbf{R}^k} \chi_{A+x}(t) \chi_B(t) \, d\lambda(t)) \, d\lambda(x)$ (フビニの定理を用いる) $= \int_{\mathbf{R}^k} \chi_{A+x}(t) \, d\lambda(x) \int_{\mathbf{R}^k} \chi_B(t) \, d\lambda(t) = \int_{\mathbf{R}^k} \lambda(t-A) \chi_B(t) \, d\lambda(t) = \lambda(A)\lambda(B) > 0$ で, 矛盾である (ここで, $\lambda(t-A) = \lambda(-A) = \lambda(A)$ を用いた).

(d) 各 $r \in \mathbf{R}$ について, $E(r) = \{x \in \mathbf{R}^k : \phi(x) \geq r\}$ とおくとき, ϕ の性質から, $E(r)$ は, $E(r) + d = E(r) \ (\forall d \in D)$ を満たすルベーグ可測集合である. したがって, 前問 (c) の結果から, $\lambda(E(r)) = 0$ あるいは $\lambda(E(r)^c) = 0$ のいずれか一方が成り立つ. 次の二つの場合: (i) $\lambda(E(r)) = 0$ を満たす r が存在する場合, (ii) $\lambda(E(r)^c) = 0$ を満たす r が存在する場合, が考えられる. (i) の場合. 集合 $N = \{r \in \mathbf{R} : \lambda(E(r)) = 0\}$ を考えれば, $N \neq \emptyset$ であり, しかも, N は下に有界である. 実際, $\inf N = -\infty$ ならば, N に属する数列 $\{r_n\}_{n \geq 1}$ で, $r_n \to -\infty$ を満たすものが存在するから, $\mathbf{R}^k = \bigcup_{n=1}^\infty \{x \in \mathbf{R}^k : \phi(x) \geq r_n\} = \bigcup_{n=1}^\infty E(r_n)$ が成り立ち, その結果, 矛盾: $\lambda(\mathbf{R}^k) \leq \sum_{n=1}^\infty \lambda(E(r_n)) = 0$ が, 生じる. したがって, $c = \inf N \in \mathbf{R}$ が存在する. このとき, $\phi(x) = c \ (\lambda\text{-a.e.})$ である. それを, 以下で注意しよう. 先ず, $a < c$ を満たす任意の a について, $\lambda(\{x \in \mathbf{R}^k : \phi(x) < a\}) = 0$ が分かる. それは, このような或る a で, $\lambda(\{x \in \mathbf{R}^k : \phi(x) < a\}) = \lambda(E(a)^c) > 0$ ならば, $\lambda(E(a)) = 0$ となり, c の定義に矛盾する. したがって, $\lambda(\{x \in \mathbf{R}^k : \phi(x) < c\}) \leq \sum_{n=1}^\infty \lambda(\{x \in \mathbf{R}^k : \phi(x) < c - 1/n\}) = 0$, すなわち, $\lambda(\{x \in \mathbf{R}^k : \phi(x) < c\}) = 0$ が得られる. 一方, c の定義から, N に属する数列 $\{a_n\}_{n \geq 1}$ で, 各 n で, $c \leq a_n < c + 1/n$ を満たすものが存在する. したがって, $\lambda(\{x \in \mathbf{R}^k : \phi(x) > c\}) \leq \sum_{n=1}^\infty \lambda(\{x \in \mathbf{R}^k : \phi(x) \geq a_n\}) = \sum_{n=1}^\infty \lambda(E(a_n)) = 0$ が得られる. すなわち, $\lambda(\{x \in \mathbf{R}^k : \phi(x) > c\}) = 0$ である. 以上より, $\phi(x) = c \ (\lambda\text{-a.e.})$ が示された. (ii) の場合も同様であり, この場合は, $F(r) = E(r)^c$ として, 同様の論法で, $c' = \sup\{r : \lambda(F(r)) = 0\} \in \mathbf{R}$ の存在を示し, その後, $\phi(x) = c' \ (\lambda\text{-a.e.})$ を示せばよい (各自で確かめよ).

49. (a) $f_n(x,y) = \sum_{i=1}^{n-1} f(x, i/n) \chi_{[(i-1)/n, i/n)}(y) + f(x, 1) \chi_{[(n-1)/n, 1]}(y)$ と表されることと, f の性質 (i), (ii) を用いれば, この和を構成する各関数は, ルベーグ可測であることが容易に分かることから, f_n がルベーグ可測関数であることが分かる. 例えば, $f(x, i/n) \chi_{[(i-1)/n, i/n)}(y)$ のルベーグ可測性は, 以下である. $r \geq 0$ の場合. $\{(x,y) \in [0,1] \times [0,1] : f(x, i/n) \chi_{[(i-1)/n, i/n)}(y) > r\} = \{x \in [0,1] : f(x, i/n) > r\} \times [(i-1)/n, i/n) \in \mathcal{B}([0,1] \times [0,1])$ である. $r < 0$ の場合. $\{(x,y) \in [0,1] \times [0,1] : f(x, i/n) \chi_{[(i-1)/n, i/n)}(y) > r\} = (\{x \in [0,1] : f(x, i/n) > r\} \times [(i-1)/n, i/n)) \cup ([0,1] \times [(i-1)/n, i/n)^c) \in \mathcal{B}([0,1] \times [0,1])$

である.

(b) 各 $(x,y) \in [0,1] \times [0,1]$ をとれ. そのとき, 各 n 毎に i_n が存在して, $y \in [(i_n-1)/n, i_n/n)$ (ただし, $i_n = n$ のとき, 閉区間とする) を満たす. このとき, f の性質 (i) と, $i_n/n \to y$ $(n \to \infty)$ より, $|f(x,y) - f_n(x,y)| = |f(x,y) - f(x, i_n/n)| \to 0$ $(n \to \infty)$ が得られる.

(c) 前問 (b) の結果から, f はルベーグ可測関数列 $\{f_n\}_{n \geq 1}$ の極限関数であるから, ルベーグ可測である.

50. (a) σ-algebra の条件 $(\sigma.1)$, $(\sigma.2)$, $(\sigma.3)$ を確認する. $(\sigma.1)$ について. $A = A \cap S$ であるから, $A \in \Sigma_A$ である. $(\sigma.2)$ について. $E \in \Sigma_S$ をとれば, $A \cap E$ の A における補集合: $A \setminus (A \cap E) = A \setminus E = A \cap E^c$ で, $E^c \in \Sigma_S$ であるから, $A \setminus (A \cap E) \in \Sigma_A$ である. $(\sigma.3)$ について. $\{E_n\}_{n \geq 1} \in \Sigma_S$ をとれば, $\bigcup_{n=1}^{\infty}(A \cap E_n) = A \cap (\bigcup_{n=1}^{\infty} E_n)$ で, $\bigcup_{n=1}^{\infty} E_n \in \Sigma_S$ であるから, $\bigcup_{n=1}^{\infty}(A \cap E_n) \in \Sigma_A$ である.

(b) (i) 先ず, $[\alpha^*(A) = 1 \Leftrightarrow E \cap A = \emptyset$ を満たす任意の E $(\in \Sigma_S)$ について, $\alpha(E) = 0$ が成り立つ$]$ を確かめよ (容易である). そして, $A \cap E_1 = A \cap E_2$ $(E_1, E_2 \in \Sigma_S)$ について, $\alpha(E_1) = \alpha(E_2)$ を示す. このとき, $A \cap (E_1 \setminus E_2) = A \cap (E_2 \setminus E_1) = \emptyset$ であるから, $\alpha^*(A) = 1$ の前述の条件を用いれば, $\alpha(E_1 \setminus E_2) = \alpha(E_2 \setminus E_1) = 0$ が得られる. したがって, $\alpha(E_1) = \alpha(E_2)$ が得られる.

(b) (ii) 可算加法性のみ注意する. $\{A \cap E_n\}_{n \geq 1}$ を Σ_A の元から成る互いに素な集合列とする. そのとき, $\alpha_A(A \cap E_1) = \alpha(E_1)$, $\alpha_A(A \cap E_2) = \alpha(E_2) = \alpha(E_2 \setminus E_1)$, $\alpha_A(A \cap E_3) = \alpha(E_3) = \alpha(E_3 \setminus (E_1 \cup E_2))$, $\cdots$, 一般に, $\alpha_A(A \cap E_n) = \alpha(E_n) = \alpha(E_n \setminus (E_1 \cup \cdots \cup E_{n-1}))$ $(n \geq 2)$ が成り立つ. それは, $E_n = (E_n \setminus (E_1 \cup \cdots \cup E_{n-1})) \cup (E_n \cap E_1) \cup \cdots \cup (E_n \cap E_{n-1})$ で, 各 $E_n \cap E_i$ $(i = 1, \ldots, n-1)$ は, A の補集合に含まれるから, 前問 (b) $[\cdots]$ での注意により, $\alpha(E_n \cap E_i) = 0$ $(i = 1, \ldots, n-1)$ であるからである. したがって, $\alpha_A(\sum_{n=1}^{\infty}(A \cap E_n)) = \alpha_A(A \cap \bigcup_{n=1}^{\infty} E_n) = \alpha(\bigcup_{n=1}^{\infty} E_n) = \alpha(E_1 \cup \sum_{n=2}^{\infty}(E_n \setminus (E_1 \cup \cdots \cup E_{n-1}))) = \alpha(E_1) + \sum_{n=2}^{\infty} \alpha(E_n \setminus (E_1 \cup \cdots \cup E_{n-1})) = \sum_{n=1}^{\infty} \alpha(E_n) = \sum_{n=1}^{\infty} \alpha_A(A \cap E_n)$ が得られる.

(b)(iii) $f = \chi_E$ $(E \in \Sigma_S)$ の場合. 左辺の積分 $= \alpha(E)$, 右辺の積分 $= \int_A \chi_{E \cap A} \, d\alpha_A = \alpha_A(E \cap A) = \alpha(E)$ である. よって, $f = \chi_E$ の形, すなわち, Σ_S の元の特性関数の場合に等式は成り立つ. したがって, 積分の線形性より, $f = \theta$: Σ_S-単関数の場合も, 等式が成り立つ. 最後に, 一般の非負 Σ_S-可測関数の場合. f は, 非負 Σ_S-単関数列 $\{\theta_n\}_{n \geq 1}$ の増加極限として得られるので, 前段の結果と積分の定義から等式が成り立つことが分かる.

(c) 外測度の定義から $\alpha^*(A) = \alpha(E)$, $A \subset E$, $E \in \Sigma_S$, $\beta^*(B) = \beta(F)$, $B \subset F$, $F \in \Sigma_T$ を満たす E, F が存在するから, $A \times B \subset E \times F \in \Sigma_S \otimes \Sigma_T$ を用いれば $(\alpha \otimes \beta)^*(A \times B) \leq (\alpha \otimes \beta)(E \times F) = \alpha(E)\beta(F) = 1$ である. したがって, この逆向きの不等式 $(\alpha \otimes \beta)^*(A \times B) \geq 1$ を示せばよい. この証明に前問 (b) の結果を用いる. さて, 外測度の定義から $(\alpha \otimes \beta)^*(A \times B) = (\alpha \otimes \beta)(G)$, $A \times B \subset G$, $G \in \Sigma_S \otimes \Sigma_T$ を満たす G が存在する. このとき, フビニの定理から $(\alpha \otimes \beta)(G) = \int_S \beta(G_s) d\alpha(s)$ が成り立つ. $f(s) = \beta(G_s)$ とおけば, f は, Σ_S-可測な非負関数であるから前段の結果から $\int_S \beta(G_s) d\alpha(s) = \int_A f_A(s) d\alpha_A(s)$ が成り立つ. ところが, $G \supset A \times B$ から, $[s \in A$ について, $G_s \supset B]$ で, $G_s \in \Sigma_T$ であるから, $\beta^*(B) \leq \beta(G_s)$, すなわち, $\beta^*(B) \leq f_A(s)$ $(s \in A)$ が得られる. し

たがって $\int_S \beta(G_s)d\alpha(s) \geq \int_A \beta^*(B)d\alpha_A(s) = \beta^*(B)\alpha_A(A) = \beta(T)\alpha(S) = 1$ が得られるので, 要求された結果が生じる.

51. (a) 全単射は明らか. f の連続性を注意する. $t \neq s$, $(t, s \in C)$ とすれば

$$t = \sum_{i=1}^{\infty} \frac{2a_i}{3^i}, \; s = \sum_{i=1}^{\infty} \frac{2b_i}{3^i} \; (a_i, b_i \in \{0,1\})$$

について

$$|t - s| \geq \frac{1}{3^{(t,s)(n)}} \; (ただし, (t,s)(n) = \min\{i \; : \; a_i \neq b_i\})$$

であるから, $|t - s| \to 0$ ならば, $(t,s)(n) \to \infty$ が得られる. したがって

$$d(f(t), f(s)) = d(a, b) = \sum_{i=1}^{\infty} \frac{|a_i - b_i|}{2^i} \leq \sum_{i \geq (t,s)(n)} \frac{1}{2^i} = \frac{1}{2^{(t,s)(n)-1}} \to 0$$

が成り立ち, f の連続性が分かる. したがって, f はコンパクト集合 C からハウスドルフ空間 $\{0,1\}^{\mathbf{N}}$ への連続写像であるから, f^{-1} も連続となる.

(b) $\nu(\mathbf{N}) = \sum_{i=1}^{\infty} 1/2^i = 1$ である. また, ν の可算加法性は, 正項級数の性質: 括弧を付加して和をとる, あるいは, 順序を入れ替えて和をとるという操作に依存しないで級数の値が定まる, ことから分かる.

(c) $[\rho(A,B) \geq 0]$, $[\rho(A,B) = 0 \Leftrightarrow A = B]$, $[\rho(A,B) = \rho(B,A)]$ といった距離の性質は容易に分かるから, 三角不等式のみ注意する. すなわち, $\rho(A,B) \leq \rho(A,C) + \rho(B,C)$ である. これは, $\nu(A\triangle B) \leq \nu(A\triangle C) + \nu(C\triangle B)$ を示すことである. そのために, 集合の包含関係: $A\triangle B \subset (A\triangle C) \cup (C\triangle B)$ を確認しよう. それは, 対称差 $\triangle$ に対して成り立つ次の等式: $A\triangle B = (A\triangle C)\triangle(C\triangle B)$ を用いる. 実際, $\triangle$ に関する結合法則より, $(A\triangle C)\triangle(C\triangle B) = A\triangle(C\triangle C)\triangle B$ が得られ, かつ, $C\triangle C = \emptyset$ から分かる. したがって, $A\triangle B = (A\triangle C)\triangle(C\triangle B) \subset (A\triangle C) \cup (C\triangle B)$ が得られる.

(d) d を, 前問 (a) における $\{0,1\}^{\mathbf{N}}$ 上の距離とすれば, 測度 ν, 距離 ρ の定義から, $d(a,b) = \rho(g(a), g(b))$ $(a, b \in \{0,1\}^{\mathbf{N}})$ が容易に示される. したがって, g は位相同形写像 (正確には, 等距離同形写像) である.

(e) $a, b \in \{0,1\}^{\mathbf{N}}$ について, $g(a+b) = g(a) + g(b)$ を示す. 注意すべきは, $a_i = b_i = 1$ のとき, 二進法で $a_i + b_i = 1 + 1 = 0$ となるから, $g(a+b) = g(a)\triangle g(b)$ が得られ, 定義より $g(a) + g(b) = g(a)\triangle g(b)$ であるから, 結果が生じる.

(f) 前段は, $f_a(x) = a + x$ が, $\{0,1\}^{\mathbf{N}}$ から $\{0,1\}^{\mathbf{N}}$ への位相同形写像であることから容易に生じる. 後段については以下である. $\nu(B) = \mu(a + B)$ と定義すれば, ν は, $\mathcal{B}(\{0,1\}^{\mathbf{N}})$ 上の確率測度であることが分かる. さて

$$\mathcal{B}(\{0,1\}^{\mathbf{N}}) = \sigma(\mathcal{A}), \; \mathcal{A} = \bigcup_{n \geq 1} \pi_{A_n}^{-1}(\Sigma_{A_n}),$$

ただし

$\pi_{A_n} : \{0,1\}^{\mathbf{N}} \to \{0,1\}\times\cdots\times\{0,1\}$ (n 個の直積), $\Sigma_{A_n} = \mathcal{B}(\{0,1\})\otimes\cdots\otimes\mathcal{B}(\{0,1\})$

であるから, $\mathcal{B}(\{0,1\}^{\mathbf{N}})$ 上で, $\mu = \nu$ を示すためには単調族定理から

$$\mu(A) = \nu(A) \; (\forall A \in \mathcal{A})$$

であり，そのためには，各 n について
$$\mu(\pi_{A_n}^{-1}(B)) = \nu(\pi_{A_n}^{-1}(B)) \ (B \in \mathcal{B}(\{0,1\}) \times \cdots \times \mathcal{B}(\{0,1\}))$$
を示せばよい (ここで，$\mathcal{B}(\{0,1\}) \times \cdots \times \mathcal{B}(\{0,1\})$ はボレル集合族の n 個の積集合族である)．ところが，$B \in \mathcal{B}(\{0,1\}) \times \cdots \times \mathcal{B}(\{0,1\})$ は
$$\{a_1\} \times \{a_2\} \times \cdots \times \{a_n\} \ (a_i = 0 \text{ あるいは } 1)$$
の形の集合の互いに素な有限和として得られるから，結局，次の形の集合
$$C = \{a_1\} \times \{a_2\} \times \cdots \times \{a_n\} \times \{0,1\} \times \{0,1\} \times \cdots \ (a_i = 0 \text{ あるいは } 1)$$
について $\mu(C) = \nu(C)$ を示せばよい．これらの集合は 2^n 個で，$C_1, \ldots, C_{2^n}$ と表せば
$$\mu(C_i) = 1/2^n \ (i = 1, \ldots, 2^n)$$
であり，各 i について，$a + C_i = C_j$ を満たす j が存在するから，$\nu(C_i) = \mu(a + C_i) = \mu(C_j) = 1/2^n$ となり，$\mu(C_i) = \nu(C_i) \ (\forall i)$ が得られる．したがって，要求された結果が得られた．

52. (a) Λ_0 の σ-algebra 性は，$\mathcal{B}(\{0,1\}^\mathbf{N})$ の σ-algebra 性を用いれば，ルーチンな手順で容易に分かる．また，$\Lambda_0 = \mathcal{B}([0,1])$ については，以下のようである．$B_{1,0} = \{\{b_n\}_{n\geq 1} : b_1 = 0\}$, $B_{1,1} = \{\{b_n\}_{n\geq 1} : b_1 = 1\}$, $B_{2,0} = \{\{b_n\}_{n\geq 1} : b_1 = b_2 = 0\}$, $B_{2,1} = \{\{b_n\}_{n\geq 1} : b_1 = 0, b_2 = 1\}$, $B_{2,2} = \{\{b_n\}_{n\geq 1} : b_1 = 1, b_2 = 0\}$, $B_{2,3} = \{\{b_n\}_{n\geq 1} : b_1 = b_2 = 1\}$ のようにして $B_{n,k}$ ($n = 1, 2, \ldots;\ k = 0, 1, \ldots, 2^n - 1$) を帰納的に定義すれば，各 $B_{n,k} \in \mathcal{B}(\{0,1\}^\mathbf{N})$ であり $\phi^{-1}(B_{1,0}) = [0, 1/2] = I(1,0)$, $\phi^{-1}(B_{1,1}) = [1/2, 1] = I(1,1)$, $\phi^{-1}(B_{2,0}) = [0, 1/2^2] = I(2,0)$, $\phi^{-1}(B_{2,1}) = [1/2^2, 2/2^2) = I(2,1)$,
$\phi^{-1}(B_{2,2}) = [2/2^2, 3/2^2) = I(2,2)$, $\phi^{-1}(B_{2,3}) = [3/2^2, 1] = I(2,3)$, $\ldots$, 一般に，$\phi^{-1}(B_{n,k}) = I(n,k)$ ($n = 1, 2, \ldots;\ k = 0, 1, \ldots, 2^n - 1$) が得られる．したがって，$\Lambda_0$ は全ての $I(n,k)$ を含む σ-algebra であることが分かるから，$\mathcal{B}([0,1]) = \sigma(\{I(n,k) : n = 1, 2, \ldots;\ k = 0, 1, \ldots, 2^n - 1\})$ を用いれば $\mathcal{B}([0,1]) \subset \Lambda_0$ が得られる．一方，$\mathcal{F} = \{B \in \mathcal{B}(\{0,1\}^\mathbf{N}) : \phi^{-1}(B) \in \mathcal{B}([0,1])\}$ とおけば，$\mathcal{F}$ は全ての $B_{n,k}$ を含む σ-algebra であることが分かるから，$\mathcal{B}(\{0,1\}^\mathbf{N}) \subset \mathcal{F}$ が得られる．よって，$\mathcal{F} = \mathcal{B}(\{0,1\}^\mathbf{N})$ が得られる．すなわち，$\Lambda_0 \subset \mathcal{B}([0,1])$ が成り立ち，前段と併せて $\Lambda_0 = \mathcal{B}([0,1])$ が得られる．

(b) ルベーグ測度の性質 (定理 1.2.24 の (c) $\Rightarrow$ (a) の証明を参照) を用いれば，F (F_σ-集合) $\in \mathcal{B}([0,1])$ が存在して，$\lambda(E \triangle F) = 0$ が成り立つことが分かるから，これと (a) の結果と併せれば，(b) が得られる．

53. (a) $\mathbf{N}_0(t) = \{n : \Phi(t)(n) = 0\}$, $\mathbf{N}_1(t) = \{n : \Phi(t)(n) = 1\}$ とおけば，$\mathbf{N} = \mathbf{N}_0(t) \cup \mathbf{N}_1(t)$, $\mathbf{N}_0(t) \cap \mathbf{N}_1(t) = \emptyset$ であるから，$1 = \mu_\mathcal{F}(\mathbf{N}) = \mu_\mathcal{F}(\mathbf{N}_0(t)) + \mu_\mathcal{F}(\mathbf{N}_1(t))$ が得られる．ここで，$\mu_\mathcal{F}$ の取る値は 0 あるいは 1 より，各 t について，次の二つの場合が成り立つ．(i) $\mu_\mathcal{F}(\mathbf{N}_0(t)) = 0$, $\mu_\mathcal{F}(\mathbf{N}_1(t)) = 1$, (ii) $\mu_\mathcal{F}(\mathbf{N}_0(t)) = 1$, $\mu_\mathcal{F}(\mathbf{N}_1(t)) = 0$ である．(i) の場合は，$F(t) = \int_\mathbf{N} \Phi(t)(n) d\mu_\mathcal{F}(n)$
$= \int_{\mathbf{N}_1(t)} \Phi(t)(n) d\mu_\mathcal{F}(n) = \mu_\mathcal{F}(\mathbf{N}_1(t)) \cdot 1 = 1$ である．同様に，(ii) の場合は，$F(t) = 0$ である．

(b) $t \in \mathbf{R}$, $d \in D$ をとれ．このとき，或る p が存在して，$R_n(t+d) = R_n(t) \ (\forall n \geq p+1)$ を示す．実際，これが分かれば，$\Phi(t+d)(n) = \Phi(t)(n) \ (\forall n \geq$

$p+1$) と, $\mu_{\mathcal{F}}(\mathbf{N}_p) = 0$ (ただし, $\mathbf{N}_p = \{1,\ldots,p\}$) を用いれば

$$F(t+d) = \int_{\mathbf{N}} \Phi(t+d)(n)d\mu_{\mathcal{F}}(n) = \int_{\mathbf{N}_p^c} \Phi(t+d)(n)d\mu_{\mathcal{F}}(n)$$

$$= \int_{\mathbf{N}_p^c} \Phi(t)(n)d\mu_{\mathcal{F}}(n) = \int_{\mathbf{N}} \Phi(t)(n)d\mu_{\mathcal{F}}(n) = F(t)$$

が得られるからである. さて, $d = [d] + a_1/2 + \cdots + a_p/2^p$ (ただし, $a_p = 1$) と表せば, $n \geq p+1$ について, $R_n(t+d) = \text{sgn}(\sin(2^n\pi t + 2^n\pi[d] + 2^{n-1}a_1\pi + \cdots + 2^{n-p}\pi)) = \text{sgn}(\sin(2^n\pi t)) = R_n(t)$ が得られる. また, D の稠密性は, 任意の実数 r について, $r - [r]$ が 2 進数展開可能であることから, 容易に分かる.

(c) $t \notin D$ とせよ. そのとき, $\sin(2^n\pi t) \neq 0$ $(\forall n)$ である. そして

$$\Phi(1-t)(n) = \frac{(1-R_n(1-t))}{2} = \frac{(1-\text{sgn}(\sin 2^n\pi(1-t)))}{2}$$

$$= \frac{(1+\text{sgn}(\sin 2^n\pi t))}{2} = 1 - \frac{(1-R_n(t))}{2} = 1 - \Phi(t)(n)$$

が成り立つ. したがって

$$F(1-t) = \int_{\mathbf{N}} \Phi(1-t)(n)d\mu_{\mathcal{F}}(n) = \int_{\mathbf{N}} (1-\Phi(t)(n))d\mu_{\mathcal{F}}(n) = 1 - F(t)$$

が得られる.

(d) $F(t+1) = F(t)$ が ((b) を用いて) 分かるから, 任意の整数 n について, $F(t+n) = F(t)$ が成り立つ. したがって, $\{t \in [0,1] : f(t) > r\} = E_r$ $(r \in \mathbf{R})$ とすれば

$$\{t \in \mathbf{R} : F(t) > r\} = \bigcup_{n=-\infty}^{\infty} (E_r + n)$$

が容易に得られる. これと, $\{t \in \mathbf{R} : F(t) > r\} \cap [0,1] = E_r$ であることを用いれば, (d) の結果が生じる.

(e) F を Λ-可測とすれば, 前問 (b) の結果と, 問題 48 番の結果から, 或る定数 c が存在して, $F(t) = c$ (λ-a.e.) が成り立つ. さて, $E = \{t \in \mathbf{R} : F(t) = c\} \backslash D$ とおけば, $\lambda(E) > 0$ である. ここで, $1 - E = \{1 - t : t \in E\}$ について, $\lambda(1-E) = \lambda(E) > 0$ であるから, $(1-E) \cap \{t \in \mathbf{R} : F(t) = c\} \neq \emptyset$ である. したがって, 或る $t^* \in E$ が存在して, $1 - t^* \in \{t \in \mathbf{R} : F(t) = c\}$ が成り立つ. よって, 前問 (c) の結果を用いれば, $c = F(1-t^*) = 1 - F(t^*) = 1 - c$ となり, $c = 1/2$ が得られる. すなわち, $F(t) = 1/2$ (λ-a.e.) が得られ, 前問 (a) の結果に矛盾する.

(f) 前問 (e) から, F は Λ-可測ではない. したがって, 前問 (d) の結果から, f は Λ-可測ではない. すなわち, ϕ は弱可測ではない.

54. (a) 次の集合族を考える. $\mathcal{F} = \{A \in \mathcal{P}(K) : $ 任意の正数 ε に対して, $F \subset A$ を満たす閉集合 F と, $O \supset A$ を満たす開集合 O で, $\mu(O \backslash F) < \varepsilon$ を満たすものが存在する $\}$. そのとき, 任意の開集合 O が $\mathcal{F}$ に属することが分かる. 実際, 距離空間であるから, $O = \bigcup_{n=1}^{\infty} F_n$ (各 F_n は閉集合, しかも, $F_1 \subset F_2 \subset \cdots \subset F_n \subset \cdots$ を満たす) と表される. したがって, $\mu(O \backslash F_n) < \varepsilon$ を満たす n をとれば, 閉集合 F として, F_n, 開集合 O としては O 自身をとれば, $\mu(O \backslash F) < \varepsilon$ が成り立つ. 次に, $\mathcal{F}$ が σ-algebra であることを示す. すなわち, $(\sigma.1), (\sigma.2), (\sigma.3)$ の確認である. $(\sigma.1)$ は, K が開集合かつ閉集合で

あるから, $O = F = K$ と取ることで分かる. (σ.2) について. $A \in \mathcal{F}$ とせよ. そのとき, 閉集合 F, 開集合 O で, $F \subset A \subset O$ かつ, $\mu(O \backslash F) < \varepsilon$ を満たすものが取れる. したがって, O^c: 閉集合 $\subset A^c \subset$ 開集合 F^c, $\mu(F^c \backslash O^c) = \mu(O \backslash F) < \varepsilon$ が得られる. すなわち, $A^c \in \mathcal{F}$ が成り立つ. (σ.3) について. 任意の集合列 $\{A_n\}_{n \geq 1} \subset \mathcal{F}$ と任意の正数 ε を与えよ. そのとき, $A_n \in \mathcal{F}$ ($n = 1, 2, \ldots$) であるから, 各 n 毎に, 閉集合 F'_n, 開集合 O_n で, $F'_n \subset A_n \subset O_n$ かつ $\mu(O_n \backslash F'_n) < \varepsilon/2^{n+1}$ を満たすものが存在する. ここで, $O = \bigcup_{n=1}^{\infty} O_n$ とすれば, O は, $\bigcup_{n=1}^{\infty} A_n \subset O$ を満たす開集合である. また, $F_m = \bigcup_{i=1}^m F'_i$ とおけば, $\{F_m\}_{m \geq 1}$ は $F'_m \subset F_m \subset \bigcup_{n=1}^{\infty} A_n$ ($m = 1, 2, \ldots$) を満たす単調増加な閉集合列である. そして, $\mu(O \backslash \bigcup_{n=1}^{\infty} F'_n) \leq \sum_{n=1}^{\infty} \mu(O_n \backslash F'_n) < \sum_{n=1}^{\infty} \varepsilon/2^{n+1} = \varepsilon/2$ が成り立つ. したがって, F_p を, $\mu((\bigcup_{n=1}^{\infty} F'_n) \backslash F_p) < \varepsilon/2$ を満たすようにとれば, 開集合 O と閉集合 $F = F_p$ について, $F \subset \bigcup_{n=1}^{\infty} A_n \subset O$ が成り立ち, かつ, $\mu(O \backslash F) \leq \mu(O \backslash \bigcup_{n=1}^{\infty} F'_n) + \mu((\bigcup_{n=1}^{\infty} F'_n) \backslash F) < \varepsilon/2 + \varepsilon/2 = \varepsilon$ が成り立つ. すなわち, $\bigcup_{n=1}^{\infty} A_n \in \mathcal{F}$ である. したがって, $\mathcal{F}$ は開集合族を含む一つの σ-algebra であるから, ボレル集合族 : $\mathcal{B}(K) \subset \mathcal{F}$ が得られる. このことは, 要求された結果を意味する.

(b) 前問 (a) の結果から, 任意の $E \in \mathcal{B}(K)$ と, 任意の正数 ε について, 閉集合 F で, $F \subset E$, $\mu(E \backslash F) < \varepsilon$ を満たすものの存在が分かる. ここで, K はコンパクトより, 閉集合 F はコンパクト集合となるから, μ がラドンであることが得られる.

問題 2

1. (a) 任意の正数 ε を与えよ. $g \in L_1(S, \Sigma, \mu)$ であるから, 十分大きい或る正数 a_0 が存在して, 任意の $a \geq a_0$ について, $\int_{g \geq a} g(s) \, d\mu(s) < \varepsilon$ が成り立つ. それは, $\mu(\{s \in S : g(s) \geq a\}) \leq (\int_{g \geq a} g(s) \, d\mu(s))/a \leq (\int_S g(s) \, d\mu(s))/a \to 0$ ($a \to +\infty$) と, g に対応する実測度 α_g の μ-絶対連続性 (命題 1.3.41 (5), (6)) から分かる. そして, 任意の $f \in \mathcal{H}_g$ について $\int_{f \geq a} f(s) \, d\mu(s) \leq \int_{g \geq a} g(s) \, d\mu(s)$ が成り立つことから, $a \geq a_0$ を満たす任意の a について, $\sup_{f \in \mathcal{H}_g}(\int_{f \geq a} f(s) \, d\mu(s)) \leq \int_{g \geq a} g(s) \, d\mu(s) < \varepsilon$ が得られる.

(b) $\mathcal{H}$ が前問 (a) の性質 ($*$) を満たすとき, (i), (ii) が成り立つことを示す. (i) について. 仮定から, 或る正数 a が存在して $\int_{|f| \geq a} |f(s)| d\mu(s) < 1$ ($\forall f \in \mathcal{H}$) が成り立つ. したがって, $\forall f \in \mathcal{H}$ について $\|f\|_1 = \int_S |f(s)| d\mu(s) \leq \int_{|f| \geq a} |f(s)| d\mu(s) + \int_{|f| < a} |f(s)| d\mu(s) < 1 + a\mu(S)$ ($< +\infty$) が得られるので, (i) が成り立つ. (ii) について. 任意の正数 ε を与えよ. そのとき, 同等積分可能性から, 或る正数 a が存在して $\int_{|f| \geq a} |f(s)| d\mu(s) < \frac{\varepsilon}{2}$ ($\forall f \in \mathcal{H}$) が成り立つ. そのとき, 正数 δ を, $\delta < \varepsilon/2a$ を満たすように選べば, $\mu(A) < \delta$ を満たす任意の $A \in \Sigma$ について

$$\int_A |f(s)| d\mu(s) = \int_{A \cap \{s : |f(s)| \geq a\}} |f(s)| d\mu(s) + \int_{A \cap \{s : |f(s)| < a\}} |f(s)| d\mu(s)$$

$$< \frac{\varepsilon}{2} + a\mu(A) < \frac{\varepsilon}{2} + a\delta < \varepsilon \ (\forall f \in \mathcal{H})$$

が得られるので, (ii) が成り立つ. 逆について. (i), (ii) を仮定して, (a) の性質 (∗) を示そう. 任意に正数 ε を与えよ. このとき, 性質 (ii) から, 正数 $\varepsilon/2$ に対して保証される正数 δ について, 正数 a_0 を, $a_0 > M/\delta$ を満たすようにとろう (ただし, M は (i) で保証される正定数である). そのとき, 任意の $a > a_0$ について $\mu(\{|f| \geq a\}) \leq \mu(\{s : |f| \geq a_0\}) \leq (1/a_0) \cdot \int_{|f| \geq a_0} |f(s)| d\mu(s) \leq (1/a_0) \|f\|_1 \leq M/a_0 < \delta \ (\forall f \in \mathcal{H})$ が成り立つ. したがって, $A_f = \{|f| \geq a\}$ とおけば, $\mu(A_f) < \delta \ (\forall f \in \mathcal{H})$ を満たすから, 正数 δ の性質により $\int_{|f| \geq a} |f(s)| d\mu(s) < \varepsilon \ (\forall f \in \mathcal{H})$ が得られる. したがって, (∗) が示された.

(c) 同等積分可能性の下では, $\mathcal{H}$ は有界集合であるから, $\mathcal{H}$ の $L_\infty(S, \Sigma, \mu)^*$ における弱∗閉包 $\overline{\mathcal{H}}^*$ について, $\overline{\mathcal{H}}^* \subset L_1(S, \Sigma, \mu)$ が得られることを注意すれば十分である. そのために, 任意の $\Phi \in \overline{\mathcal{H}}^*$ をとれ. そのとき, $\mathcal{H}$ のネット $\{f_\alpha\}_{\alpha \in D}$ で, $f_\alpha \to \Phi$ (弱∗位相) を満たすものが存在する. そのとき, 任意の $A \in \Sigma$ について $\int_S f_\alpha(s) \chi_A(s) d\mu(s) \to \Phi(\chi_A)$ であるから, $\nu(A) = \lim_{\alpha \in D} \int_A f_\alpha(s) \, d\mu(s) \, (= \Phi(\chi_A))$ によって, $\nu : \Sigma \to \mathbf{R}$ が定義できる. このとき, 同等積分可能性の (ii) の条件を用いれば ν が, μ-絶対連続な有界変動の実測度であることが分かる. したがって, ラドン・ニコディムの定理 (問題 1 の 40 番を参照) から, $\nu(A) = \int_A g(s) d\mu(s) \ (A \in \Sigma)$ を満たす $g \in L_1(S, \Sigma, \mu)$ が存在する. このとき, $\int_S g(s) \chi_A(s) \, d\mu(s) = \Phi(\chi_A) \ (A \in \Sigma)$ から $\int_S g(s) \phi(s) \, d\mu(s) = \Phi(\phi) \ (\phi \in L_\infty(S, \Sigma, \mu))$ が得られる. すなわち, $\Phi = g \in L_1(S, \Sigma, \mu)$ が示された.

(d) 相対弱コンパクト集合 $\mathcal{H}$ が強有界でないとすれば, 或る点列 $\{f_n\}_{n \geq 1} \subset \mathcal{H}$ について, $\|f_n\|_1 \to \infty \ (n \to \infty)$ が成り立つ. ここで, $\mathcal{H}$ の相対弱コンパクト性より, 適当な部分列 $\{f_{n(m)}\}_{m \geq 1}$ と $f \in \overline{\mathcal{H}}^w$ について, $m \to \infty$ のとき, $f_{n(m)} \to f$ (weakly) となるから (エバーライン・シュムリヤン, 例えば, 松田 [26] の定理 1.3.28 を参照), 一様有界性の原理から, $\{\|f_{n(m)}\|_1\}_{m \geq 1}$ は有界列となり, 矛盾が生じる. したがって, 同等積分可能性の条件 (i) が示された. (ii) については, 以下である (非常に長いが, 重要なので省略せず, 区分けして与える).

補題 1 (Z, d) を完備距離空間とし, Z で定義された実数値連続関数の列を $\{g_n\}_{n \geq 1}$ とする. そして, $\exists \lim_{n \to \infty} g_n(z) \ (\forall z \in Z) \cdots (*)$ を仮定する. そのとき, 与えられた正数 ε について, 次の性質を持つ番号 n, Z の点 a と, 正数 δ が存在する.

任意の $z \in B(a, \delta) \ (= \{z \in Z \ : \ d(z, a) < \delta\})$ について

$$|g_m(z) - g_n(z)| \leq \varepsilon \ (\forall m \geq n) \text{ が成り立つ}.$$

証明 各 n について, $Z_n = \bigcap_{m \geq n} \{z \ : \ |g_m(z) - g_n(z)| \leq \varepsilon\}$ とおけば, g_n の連続性から, 各 Z_n は閉集合であり, 仮定 (∗) から $Z = \bigcup_{n=1}^\infty Z_n$ が成り立つ. (Z, d) は完備距離空間であるから, 第 2 類集合である. したがって, ベールのカテゴリー定理より, 或る n が存在して, Z_n は内点 a を含む. すなわち, 或る正数 δ が存在して

$$B(a, \delta) \subset Z_n = \bigcap_{m \geq n} \{z \ : \ |g_m(z) - g_n(z)| \leq \varepsilon\}$$

が成り立つ. すなわち, 補題 1 が示された.

さらに, 測度論で良く知られた次の補題 2 を注意. (S, Σ, μ) を有限測度空間とし, Σ に次の同値関係 $\sim$ を導入する. $A, B \in \Sigma$ について $A \sim B \Leftrightarrow \mu(A \triangle B) = 0$ そのとき, $\sim$ が同値関係を定義することは明らかである. そして, $A \in \Sigma$ について, $[A] = \{B : B \sim A\}$ (A の同値類) とするとき, $\Sigma/\mu = \{[A] : A \in \Sigma\}$ とおく. すなわち, 同値類全体から成る集合である. このとき, Σ/μ に, 次で定義される距離 d を導入する.

$$d([E], [F]) = \mu(E \triangle F) \ ([E], [F] \in \Sigma/\mu)$$

実際, 同値類の作り方から, 右辺の値は, 同値類からの代表元 E, F の選び方に依存しないこと, すなわち

$$\mu(E \triangle E') = 0, \mu(F \triangle F') = 0 \Rightarrow d([E], [F]) = d([E'], [F'])$$

が成り立つことが容易に分かるので, d は $\Sigma/\mu \times \Sigma/\mu$ 上で定義された関数であり, 距離の公理を満たすことは容易に分かる. したがって, 距離空間 $(\Sigma/\mu, d)$ が得られた. このとき,

補題 2 距離空間 $(\Sigma/\mu, d)$ は完備である.

証明 $L_1(S, \Sigma, \mu)$ の完備性を利用する. さて, $\{[E_n]\}_{n \geq 1}$ を $(\overline{\Sigma}, d)$ のコーシー列とせよ. $m > n$ について

$$d([E_m], [E_n]) = \mu(E_m \triangle E_n) = \int_S |\chi_{E_m}(s) - \chi_{E_n}(s)| d\mu(s)$$

であるから, $\{\chi_{E_n}\}_{n \geq 1}$ は, $L_1(S, \Sigma, \mu)$ のコーシー列となる. したがって, $L_1(S, \Sigma, \mu)$ の完備性から, $f \in L_1(S, \Sigma, \mu)$ が存在して $\int_S |\chi_{E_n}(s) - f(s)| d\mu(s) \to 0 \ (n \to \infty)$ が成り立つ. そのとき, 適当に部分列 $\{\chi_{E_{n(k)}}\}_{k \geq 1}$ をとることで, μ-a.e. に $\chi_{E_{n(k)}}(s) \to f(s) \ (k \to \infty)$ であるから, $f(s)^2 = f(s)$ (μ-a.e.), が成り立つ. したがって $E = \{s : f(s) = 1\}$ とおけば, $f(s) = \chi_E(s)$ (μ-a.e.) が成り立つ. このとき

$$d([E_n], [E]) = \int_S |\chi_{E_n}(s) - \chi_E(s)| d\mu(s)$$
$$= \int_S |\chi_{E_n}(s) - f(s)| d\mu(s) \to 0 \ (n \to \infty)$$

が成り立つので, $\{[E_n]\}_{n \geq 1}$ は収束列となり, $(\Sigma/\mu, d)$ の完備性が示された.

補題 1, 補題 2 を用いて, [$\mathcal{H}$ が条件 (ii) を満たすこと] の証明を完成しよう. (ii) が満たされないと仮定しよう. そのとき, 或る正数 ε を適当にとれば, 各自然数 n について, $\mu(A_n) < 1/n$ を満たし, $\int_{A_n} |f_n(s)| d\mu(s) \geq \varepsilon$ を満たす集合列 $\{A_n\}_{n \geq 1} \subset \Sigma$ と関数列 $\{f_n\}_{n \geq 1} \subset \mathcal{H}$ が存在する. しかも, $\mathcal{H}$ の相対弱コンパクト性から, $\{f_n\}_{n \geq 1}$ から, 適当な弱収束する部分列 $\{f_{n(m)}\}_{m \geq 1}$ をとることができるので, (表記を簡潔にするために) 最初から, この関数列 $\{f_n\}_{n \geq 1}$ が弱収束列としておく. したがって, 各 $A \in \Sigma$ について

$$\exists \lim_{n \to \infty} \int_A f_n(s) d\mu(s)$$

が成り立つ. このとき, 各 f_n に対応して, $g_n : \Sigma/\mu \to \mathbf{R}$ を次のように定義する. 各 $[A] \in \Sigma/\mu$ について

$$g_n([A]) = \int_A f_n(s) d\mu(s)$$

そのとき，右辺の値は，よく定義されている．実際，$A \sim B$ であるとき

$$\left|\int_A f_n(s)d\mu(s) - \int_B f_n(s)d\mu(s)\right| \leq \int_{A\triangle B} |f_n(s)|d\mu(s) = 0$$

が得られるからである．また，このように定義された実数値関数 g_n は，完備距離空間 $(\Sigma/\mu, d)$ 上の連続関数である．実際，それは

$$|g_n([E]) - g_n([F])| = \left|\int_E f_n(s)d\mu(s) - \int_F f_n(s)d\mu(s)\right| \leq \int_{E\triangle F} |f_n(s)|d\mu(s)$$

であり，$\mu(E \triangle F) = d([E],[F]) \to 0$ であるとき，f_n の積分可能性から

$$\int_{E\triangle F} |f_n(s)|d\mu(s) \to 0 \ (命題 1.3.41(5),(6))$$

が成り立つことから生じる．さらに，$\{f_n\}_{n\geq 1}$ の (補題 2 の証明後に与えた) 性質から，各 $[A] \in \Sigma/\mu$ について

$$\exists \lim_{n\to\infty} g_n([A])$$

であるから，連続関数列 $\{g_n\}_{n\geq 1}$ について，補題 1 を利用することが可能である．その結果，任意の正数 ε を与えた時，次の性質を持つ番号 n, Σ/μ の元 $[E]$, 正数 δ_1 が存在する．すなわち，$d([E],[F]) < \delta_1$ を満たす任意の $[F] \in \Sigma/\mu$ と，任意の $m \geq n$ について $|g_m([F]) - g_n([F])| \leq \eta$ が成り立つ．ただし，$\eta = \varepsilon/5$ とする．そのとき，$\mu(A) < \delta_1$ を満たす任意の $A \in \Sigma$ と，各 $m\ (\geq n)$ について

$$B_1 = A \cap \{s\ :\ f_m(s) - f_n(s) \geq 0\},\ B_2 = A \cap \{s\ :\ f_m(s) - f_n(s) < 0\}$$

とおけば，$\mu(B_1) < \delta_1$, $\mu(B_2) < \delta_1$ が成り立つから

$$\begin{aligned}
\int_A |f_m(s) - f_n(s)|d\mu(s) &= \int_{B_1} (f_m(s) - f_n(s))d\mu(s) \\
&\quad + \int_{B_2} (f_n(s) - f_m(s))d\mu(s) \\
&\leq |g_m([B_1]) - g_n([B_1])| + |g_m([B_2]) - g_n([B_2])| \\
&\leq 4\eta
\end{aligned}$$

が得られる．ここで，最後の不等式は，$d([E],[E\cup B_i]) = \mu(B_i\setminus E) \leq \mu(B_i) < \delta_1\ (i=1,2)$, 及び $d([E],[E\setminus B_i]) = \mu(E\cap B_i) < \delta_1\ (i=1,2)$ であるから

$$|g_m([E\cup B_i]) - g_n([E\cup B_i])| \leq \eta,\ |g_n([E\setminus B_i]) - g_n([E\setminus B_i])| \leq \eta$$

が生じ，その結果，$i = 1, 2$ について

$$\begin{aligned}
|g_m([B_i]) - g_n([B_i])| &= |g_m([E\cup B_i]) - g_m([E\setminus B_i]) \\
&\quad - (g_n([E\cup B_i]) - g_n([E\setminus B_i]))| \\
&\leq |g_m([E\cup B_i]) - g_n([E\cup B_i])| \\
&\quad + |g_m([E\setminus B_i]) - g_n(E\setminus B_i])| \leq 2\eta
\end{aligned}$$

が得られることから分かるのである．したがって，$\mu(A) < \delta_1$ を満たす任意の $A \in \Sigma$ と任意の $m \geq n$ について

$$\int_A |f_m(s) - f_n(s)|d\mu(s) \leq 4\eta$$

が得られた．ここで, f_n の積分可能性から, 或る正数 δ_2 が存在して $\mu(A) < \delta_2$ を満たす任意の $A \in \Sigma$ について

$$\int_A |f_n(s)| d\mu(s) < \eta$$

とできることを用いれば, 上述の結果と併せることで, $\mu(A) < \min(\delta_1, \delta_2)$ を満たす任意の $A \in \Sigma$ と, 任意の $m \geq n$ について

$$\int_A |f_m(s)| d\mu(s) \leq \int_A |f_m(s) - f_n(s)| d\mu(s) + \int_A |f_n(s)| d\mu(s) < 5\eta$$

が成り立つことが分かる．さらに, $f_1, \ldots, f_{n-1}$ の積分可能性から, 或る正数 δ_3 が存在して, $\mu(A) < \delta_3$ を満たす任意の $A \in \Sigma$ について

$$\int_A |f_i(s)| d\mu(s) < \varepsilon \ (i = 1, \ldots, n-1)$$

とできる．したがって, $\delta = \min(\delta_1, \delta_2, \delta_3)$ とすれば, $\mu(A) < \delta$ を満たす任意の $A \in \Sigma$ について

$$\int_A |f_n(s)| d\mu(s) < \varepsilon \ (\forall n)$$

が成り立つことが得られる．そのとき, 十分大きい全ての n について, $\mu(A_n) < \delta$ が成り立つので, このような n について

$$\int_{A_n} |f_n(s)| d\mu(s) < \varepsilon$$

が成り立つことになり, 最初の仮定:

$$\int_{A_n} |f_n(s)| d\mu(s) \geq \varepsilon \ (\forall n)$$

に矛盾する．したがって, 証明が完結する．

2. (a) d の準距離性 (例えば, 三角不等式等) は d の形から明らかであり, 注意すべきは, $d(h, g) = 0 \Rightarrow h = g$ (すなわち, $h(s) = g(s), \forall s \in S$) である．これは, $d(h, g) = 0 \Rightarrow h(s) = g(s) (\mu\text{-a.e.})$ であり, ここで, $\mathcal{H}$ の性質 (i) を用いることで, $h(s) = g(s) \ (\forall s \in S)$ が得られるからである．

(b) $(\mathcal{H}, d)$ は距離空間であるから, コンパクト性のために, 列コンパクト性を示せば良い．$\mathcal{H}$ の任意の点列 $\{h_n\}_{n \geq 1}$ をとれ．そのとき, $\mathcal{H}$ の性質 (ii) から, 適当な部分列 $\{h_{n(m)}\}_{m \geq 1}$ と $h \in \mathcal{H}$ について, 各 $s \in S$ において, $h_{n(m)}(s) \to h(s) \ (m \to \infty)$ が成り立つから, 積分の優越収束定理を用いれば, $d(h_{n(m)}, h) = \int_S |h_{n(m)}(s) - h(s)| \, d\mu(s) \to 0 \ (m \to \infty)$ が得られる．すなわち, $(\mathcal{H}, d)$ の列コンパクト性が示された．

(c) $d \geq \tau_p$ (位相の強弱) を示せば良い．そのとき, $(\mathcal{H}, d)$ がコンパクトであり, $(\mathcal{H}, \tau_p)$ はハウスドルフであるから, $d = \tau_p$ が得られるからである．$d \geq \tau_p$ を示すために, $\mathcal{H}$ の点列 $\{h_n\}_{n \geq 1}$ と $h \in \mathcal{H}$ が, $d(h_n, h) \to 0 \ (n \to \infty)$ を満たすとせよ．そのとき, $h_n \to h$ (τ_p-位相), すなわち, 各 $s \in S$ において, $h_n(s) \to h(s) \ (n \to \infty)$ を示そう．これを否定して矛盾を導こう．そのとき, 或る点 $s^* \in S$, 或る正数 ε と $\{h_n\}_{n \geq 1}$ の部分列 $\{h_{n(m)}\}_{m \geq 1}$ が存在して, 任意の m で, $|h_{n(m)}(s^*) - h(s^*)| \geq \varepsilon$ が成り立つ．ここで, $\mathcal{H}$ の性質 (ii) を用いれば,

さらに, 部分列をとることで (記述の簡明さのために, 同じ点列としておく), 或る $g \in \mathcal{H}$ について, [各 $s \in S$ において, $h_{n(m)}(s) \to g(s)$ $(m \to \infty)$ が成り立つ]. したがって, 積分の優越収束定理から, $d(h_{n(m)}, g) \to 0$ $(m \to \infty)$ が成り立つ. また, $d(h_{n(m)}, h) \to 0$ $(m \to \infty)$ であるから, 結局, $g(s) = h(s)$ $(\forall s \in S)$ が成り立つ. したがって, $|h_{n(m)}(s^*) - g(s^*)| = |h_{n(m)}(s^*) - h(s^*)| \geq \varepsilon$ $(\forall m)$ となり, 上記 […] の内容に矛盾する. よって, 示された.

3. (a) 三角不等式のみ注意する (他は, 前問 2 番 (a) と同様). これは, 良く知られた不等式: $|a+b|/(1+|a+b|) \leq |a|/(1+|a|) + |b|/(1+|b|)$ を用いることで容易である (各自で確かめること). そして, この不等式は, $f(t) = t/(1+t)$ $(t \geq 0)$ の単調増加性と $|a+b| \leq |a| + |b|$ から得られる (念のために注意しておいた).

(b) $\mathcal{H}$ の有界性が仮定されていないが, d の形により, 被積分関数の一様有界性が分かるので, 前問 2 番 (b) と同様である.

(c) 前問 2 番 (c) と同様である.

4. (a) Z が距離空間であるから, 全有界な閉集合 A の点列コンパクト性を示そう. そのために, A の任意の点列 $\{a_n\}_{n \geq 1}$ をとれ. そして, この適当な部分列 $\{a_{n(m)}\}_{m \geq 1}$ と, A の点 a について, $d(a_{n(m)}, a) \to 0$ $(m \to \infty)$ が成り立つことを示そう. A の全有界性から, 1 について, 有限個の開球 $B(z_1^{(1)}, 1), \ldots, B(z_{p(1)}^{(1)}, 1)$ が存在して, $A \subset \bigcup_{i=1}^{p(1)} B(z_i^{(1)}, 1)$ が成り立つ. そのとき, 或る開球には, 点列 $\{a_n\}_{n \geq 1}$ の無限個の番号 n に対応する点が含まれる. したがって, $\{a_n\}_{n \geq 1}$ の部分列 $a(1,1), a(1,2), \ldots, a(1,n), \ldots$ であって, $\mathrm{diam}(\{a(1,n) : n = 1,2,\ldots\}) \leq 2$ であるものが存在する. 次に, A の全有界性から, $1/2$ について, 有限個の開球 $B(z_1^{(2)}, 1/2), \ldots, B(z_{p(2)}^{(2)}, 1/2)$ が存在して, $A \subset \bigcup_{i=1}^{p(2)} B(z_i^{(2)}, 1/2)$ が成り立つ. そのとき, 或る開球には, 点列 $\{a(1,n)\}_{n \geq 1}$ の無限個の番号 $(1,n)$ に対応する点が含まれる. したがって, $\{a(1,n)\}_{n \geq 1}$ の部分列 $a(2,1), a(2,2), \ldots, a(2,n), \ldots$ であって, $\mathrm{diam}(\{a(2,n) : n = 1,2,\ldots\}) \leq 1$ であるものが存在する. このような論法を続ければ, $\{a_n\}_{n \geq 1}$ の部分列 $\{a(m,n)\}_{n \geq 1}$ であって, $\mathrm{diam}(\{a(m,n) : n = 1,2,\ldots\}) \leq 2/m$ であるものが存在する. このとき, これらの部分列の対角線部分に現れる要素からできる点列 $\{a(m,m)\}_{m \geq 1}$ をとれば (対角線論法), これは $\{a_n\}_{n \geq 1}$ の部分列で, $\mathrm{diam}(\{a(m,n) : n = m, m+1, \ldots\}) \leq 2/m$ $(\forall m)$ を満たす. すなわち, $\{a(m,m)\}_{m \geq 1}$ は, コーシー列であることが分かる. したがって, Z の完備性と A の閉集合性を用いれば, $\{a(m,m)\}_{m \geq 1}$ は A の点 a に収束する. よって, $a_{n(m)} = a(m,m)$ $(m = 1,2,\ldots)$ とおけば, 要求された事項が示された.

(b) Z の可分性から, 稠密な可算集合 $\{z_i : i = 1,2,\ldots\}$ が存在する. したがって, 任意に正数 δ を与えれば, $Z = \bigcup_{i=1}^{\infty} B(z_i, \delta/2)$ が成り立つ. このとき, $B_1 = B(z_1, \delta/2)$, $B_n = B(z_n, \delta/2) \setminus \bigcup_{i=1}^{n-1} B(z_1, \delta/2)$ $(n = 2,3,\ldots)$ とおけば, B_1 は開集合, B_n $(n \geq 2)$ は, (開集合)\(開集合) の形であるから, 各 B_i はボレル集合であり, その定義の仕方から分かるように互いに素で, $Z = \bigcup_{i=1}^{\infty} B_1$, $\mathrm{diam}(B_i) \leq \mathrm{diam}(B(z_i, \delta/2)) = \delta$ を満たしている. よって, この集合列 $\{B_i\}_{i \geq 1}$ は要求されたものである.

(c) 前問 (b) の結果から, 各 n について, 互いに素なボレル集合の列 $\{B_i^{(n)}\}_{i \geq 1}$ で, $\mathrm{diam}(B_i^{(n)}) < 1/n$ $(i = 1,2,\ldots)$, $Z = \bigcup_{i=1}^{\infty} B_i^{(n)}$ を満たすものが存在する. 任意に正数 ε を与えよ. そのとき, 各 n 毎に, 或る番号 $j(n)$ が存在して, $\mu(Z \setminus \bigcup_{i=1}^{j(n)} B_i^{(n)}) < \varepsilon/2^n$ が成り立つ. したがって, $A = \bigcap_{n=1}^{\infty} (\bigcup_{i=1}^{j(n)} B_i^{(n)})$ とおけば, A の作り方から, A は全有界なボレル集合であり, $\mu(Z \setminus A) < \varepsilon$ を満たすことが分かる.

(d) A は全有界であるから, A の閉包 $\overline{A}$ もまた, 全有界である. したがって, 前問

(a) の結果から, $\overline{A}$ はコンパクトであり, $\mu(Z\setminus\overline{A}) \leq \mu(Z\setminus A) < \varepsilon$ が得られる. よって, 任意の正数 ε を与えれば, 或るコンパクト集合 K が存在して, $\mu(Z\setminus K) < \varepsilon/2$ が成り立つことが分かる. また, 問題 1 の 54 番 (a) から, 距離空間の場合には, 任意のボレル集合 E について, 或る閉集合 F で, $F \subset E$, $\mu(E\setminus F) < \varepsilon/2$ を満たすものが存在する. したがって, $K \cap F$ はコンパクト集合で, $\mu(E\setminus(K \cap F)) \leq \mu(E\setminus K) + \mu(E\setminus F) \leq \mu(Z\setminus K) + \mu(E\setminus F) < \varepsilon/2 + \varepsilon/2 = \varepsilon$ が成り立つから, μ がラドンであることが示された.

(e) 可分バナッハ空間においては, (X, w) 上のベール確率測度 μ は X 上のボレル確率測度であるから, 前問 (d) の結果から, μ は X 上のラドン確率測度であることが分かる.

5. (a) $u_0 \notin Y$ より, $0 \notin Y - u_0 = Y_0$ で, 集合 Y_0 は, 閉集合 Y の平行移動であるから, 閉集合である.

(b) Y_0 は原点を含まない閉集合で, U のような形の集合が, 原点の基本近傍系を作るから, 適当な U について, $U \cap Y_0 = \emptyset$ とできる.

(c) 各成分 i 毎に確かめればよく, U の形から容易である (略).

(d) 前問 (c) での U の性質より, p_U のセミノルム性は容易である. また, $U = \{u \in \mathbf{R}^I : p_U(u) < 1\}$ が分かるから, p_U は原点で連続, したがって, $|p_U(u_1) - p_U(u_2)| \leq p_U(u_1 - u_2)$ を用いれば, p_U の各点での連続性が得られる. また, $Y_0 \cap U = \emptyset$ より, $y - u_0 \notin U$ であるから, $p_U(y - u_0) \geq 1$ が成り立つ.

(e) $|c| \leq p_U(y + c \cdot u_0)$ を確かめる. $c = 0$ の場合は明らかより, $c \neq 0$ の場合の確認であるが, これは, p_U のセミノルム性から, $p_U(y/c + u_0) = p_U(-y/c - u_0) \geq 1$ の確認となるが, $-y/c \in Y$ を用いれば, 前問 (d) の結果から生じる.

(f) 前問 (e) の結果を用いて, ハーン・バナッハにより, この L を, この状態を保った形で, 全空間 $\mathbf{R}^I$ に拡張する. 拡張により得られた線形汎関数も L と表せば, $L(y + c \cdot u_0) = c$ $(y \in Y, c \in \mathbf{R})$ かつ, $|L(u)| \leq p_U(u)$ $(u \in \mathbf{R}^I)$ を満たす. したがって, L は連続で, $L(y) = 0$ $(y \in Y)$ を満たす.

6. (a) 命題 2.1.9 の写像 Φ の位相同形性の証明と同様である. Φ の内容を, Ψ の内容に換言すべく, 文字対応を的確に行えば良い.

(b) $\overline{\Psi(X^*)} = \mathbf{R}^J$ であること. これを否定して矛盾を導く. $\overline{\Psi(X^*)} \subsetneq \mathbf{R}^J$ として, $a \in \mathbf{R}^J \setminus \overline{\Psi(X^*)}$ をとれ. 局所凸空間 $\mathbf{R}^J$ における分離定理 (章末問題 5 番) から, $L \in (\mathbf{R}^J)^*$ が存在して, $L(a) = 1$, $L(\Psi(x^*)) = 0$ $(\forall x^* \in X^*)$ が成り立つ. ところで, $L \in (\mathbf{R}^J)^*$ は, 適当な有限個の実数 $b_1, \ldots, b_n$ と, J の有限個の元 $z_1, \ldots, z_n$ により, $L = \sum_{j=1}^n b_j \pi_{z_j}$ と表せるから

$$0 = L(\Psi(x^*)) = \sum_{j=1}^n b_j \pi_{z_j}(\Psi(x^*)) = \sum_{j=1}^n b_j (x^*, z_j) \ (x^* \in X^*)$$

が成り立つ. すなわち, $\sum_{j=1}^n b_j z_j = 0$ である. このことに, ハーメル基底の性質 (ii) を用いれば, $b_1 = \cdots = b_n = 0$ が得られ, $L = 0$ が生じ, $L(a) = 1$ に矛盾する. したがって示された.

(c) 定理 2.1.8 と前問 (a), (b) の結果から

$$\mathcal{B}a(\Psi(X^*)) = \sigma(\{S_{\Psi(X^*)}(\pi_z, r) : z \in J, r \in \mathbf{R}\})$$

が得られる. ところで, $\pi_z(\Psi(x^*)) = (x^*, z)$ であるから

$$S_{\Psi(X^*)}(\pi_z, r) = \{\Psi(x^*) : \pi_z(\Psi(x^*)) \geq r\}$$
$$= \{\Psi(x^*) : (x^*, z) \geq r\} = \Psi(S(z, r))$$

が成り立つ．したがって，$\mathcal{B}a(\Psi(X^*)) = \sigma(\{\Psi(S(z,r)) : z \in J, r \in \mathbf{R}\})$ が得られる．($\Psi : (X^*, w^*) \to \Psi(X^*)$ の位相同形性を用いれば) すなわち

$$\mathcal{B}a(X^*, w^*) = \sigma(\{S(z,r) : z \in J, r \in \mathbf{R}\})$$

が得られる．また，$\sigma(\{S(z,r) : z \in J, r \in \mathbf{R}\}) \subset \sigma(\{S(x,r) : x \in X, r \in \mathbf{R}\}) \subset \mathcal{B}a(X^*, w^*)$ は明らかであるから

$$\mathcal{B}a(X^*, w^*) = \sigma(\{S(x,r) : x \in X, r \in \mathbf{R}\})$$

が得られる．

7. (a) $\mathcal{B}a(X, w) = \sigma(\{S(x^*, r) : x^* \in X^*, r \in \mathbf{R}\})$ であるから，$f^{-1}(B) \in \Sigma (\forall B \in \mathcal{B}a(X, w)) \Leftrightarrow f^{-1}(S(x^*, r)) \in \Sigma (\forall S(x^*, r))$ は容易に分かる．それは，X の部分集合族 $\mathcal{F} = \{F : f^{-1}(F) \in \Sigma\}$ が，部分集合族 $\{S(x^*, r) : x^* \in X^*, r \in \mathbf{R}\}$ を含む σ-algebra であることが形式的手順で分かるからである．ここで，$f^{-1}(S(x^*, r)) = \{s \in S : (x^*, f(s)) \geq r\}$ であるから，$f^{-1}(S(x^*, r)) \in \Sigma (\forall x^* \in X^*, r \in \mathbf{R}) \Leftrightarrow x^* \circ f$ が Σ-可測，を考慮することにより，問題の結果が生じる．

(b) $X^{**} = (X^*)^*$ より，前問 6 番の結果を用いれば，先ず，$\mathcal{B}a(X^{**}, w^*) = \sigma(\{S'(x^*, r) : x^* \in X^*, r \in \mathbf{R}\})$ が分かる (ただし，$S'(x^*, r) = \{x^{**} \in X^{**} : (x^{**}, x^*) \geq r\}$). したがって，系 2.1.10 の証明と同様にして得られる．実際，X を X^{**} の線形部分空間とみて，$\mathcal{B}a(X, w) = \sigma(\{S'(x^*, r) \cap X : x^* \in X^{**}, r \in \mathbf{R}\}) = \{X \cap B : B \in \sigma(\{S'(x^*, r) : x^* \in I, r \in \mathbf{R}\})\} = \{X \cap B : B \in \mathcal{B}a(X^{**}, w^*)\}$ が得られる．

8. (a) f が強可測より，或る $S_0 \in \Sigma$ で，$\mu(S \setminus S_0) = 0$ かつ $f(S_0)$ が可分であるものが存在する．したがって，可分閉部分空間 $Y = \overline{\text{sp}}(f(S_0))$ とし，$g : S \to X$ を，$g(s) = f(s) (s \in S_0)$, $g(s) = 0 (s \in S \setminus S_0)$ で定義すれば，Y, g が要求された性質を持つことが分かる．

(b) g : 強可測であるから，$B \in \mathcal{B}(X)$ について，$g^{-1}(B) \in \Sigma_\mu$ (Σ の μ による完備化で得られる σ-algebra. また，完備化測度も μ と表すことにする) が成り立つ．よって，$g(\mu)$ は，$\mathcal{B}(X)$ で定義される (すなわち，X 上のボレル測度である). ところで，$g(S) \subset Y$ と，$B_Y \in \mathcal{B}(Y)$ について，$B_Y = B \cap Y (B \in \mathcal{B}(X))$ であることを用いれば，$g^{-1}(B_Y) = g^{-1}(B) \in \Sigma_\mu$ であり，$g(\mu)(B) = g(\mu)(B_Y)$ が成り立つ．したがって，$g(\mu)$ は，可分完備な距離空間 Y のボレル σ-algebra $\mathcal{B}(Y)$ で定義された有限測度と捉えることができる．よって，定理 2.1.25 を用いれば，任意の正数 ε について，Y の或るコンパクト部分集合 K で，$g(\mu)(Y \setminus K) < \varepsilon$ を満たすものが存在する．このとき，$g^{-1}(X \setminus K) = g^{-1}(Y \setminus K)$ に注意すれば，$g(\mu)(X \setminus K) < \varepsilon$ が得られ，$g(\mu)$ の X 上でのラドン性が分かる．

(c) 前問 (a) での g の作り方から，$f = g (\mu\text{-a.e.})$ である．したがって，各 $x^* \in X^*$ について，$(x^*, f(s)) = (x^*, g(s)) (\mu\text{-a.e.})$ が成り立つので，定理 2.1.35 から，$f(\mu) = g(\mu)$ が分かる．したがって，前問 (b) の結果から分かる．

(d) f が或る強可測関数 h と弱同値ならば，$f(\mu) = h(\mu)$ である．ここで，前問 (a), (b), (c) の結果を総合すれば，$h(\mu)$ は X 上のラドン測度となるから，結果が分かる．

9. (a) $A_1 \equiv A_2, B_1 \equiv B_1 \Rightarrow A_1 \cup B_1 \equiv A_2 \cup B_2$ は

$$(A_1 \cup B_1) \setminus (A_2 \cup B_2) \subset (A_1 \setminus A_2) \cup (B_1 \setminus B_2),$$

$$(A_2 \cup B_2) \setminus (A_1 \cup B_1) \subset (A_2 \setminus A_1) \cup (B_2 \setminus B_1)$$

から生じる．また
$$(A_1 \cap B_1)\backslash(A_2 \cap B_2) \subset (A_1\backslash A_2) \cup (B_1\backslash B_2),$$
$$(A_2 \cap B_2)\backslash(A_1 \cap B_1) \subset (A_2\backslash A_1) \cup (B_2\backslash B_1)$$

から，$A_1 \cap B_1 \equiv A_2 \cap B_2$ が生じる．さらに，$A_1 \equiv A_2$ から $A_1^c \equiv A_2^c$ が生じる．これらのことから，作用 $\vee, \wedge, '$ の定義の正当性が分かる．そして，これらの作用に関するブール代数として満たすべき性質も通常の手順で容易に分かる．最後の σ-代数に関する部分については以下である．$B = \bigcup_{n=1}^\infty A_n$ とおくとき，$[B] \wedge [A_n] = [B \cap A_n] = [A_n]$ $(\forall n)$ であるから，$[B] \geq [A_n]$ $(\forall n)$ が成り立つ．また，$[C] \geq [A_n]$ $(\forall n)$ を満たす $[C]$ について，$[C] \geq [B]$ が以下に示される．$[A_n] = [C] \wedge [A_n] = [C \cap A_n]$ $(\forall n)$ であるから，$\mu(A_n\backslash C) = 0$ $(\forall n)$ である．そのとき $\mu(B\backslash(C \cap B)) \leq \mu(A_n\backslash C) = 0$ であるから $[C \cap B] = [B]$ すなわち，$[C] \geq [B]$ が得られる (すなわち，$[\bigcup_{n=1}^\infty A_n] = \bigvee_{n=1}^\infty [A_n]$ である)．

(b) $\Psi(B) \wedge \Psi(B^c) = [\psi^{-1}(B)] \wedge [\psi^{-1}(B^c)] = [\psi^{-1}(B) \cap \psi^{-1}(B^c)] = [\psi^{-1}(\emptyset)] = [\emptyset] = 0$ から，$\Psi(B)' = \Psi(B^c)$ が生じる．$\Psi(\bigcup_{n=1}^\infty B_n) = \bigvee_{n=1}^\infty \Psi(B_n)$ は，定義と (a) (の解答の最後の部分) から以下のように生じる．

$$\Psi\left(\bigcup_{n=1}^\infty B_n\right) = \left[\psi^{-1}\left(\bigcup_{n=1}^\infty B_n\right)\right] = \left[\bigcup_{n=1}^\infty \psi^{-1}(B_n)\right]$$
$$= \bigvee_{n=1}^\infty [\psi^{-1}(B_n)] = \bigvee_{n=1}^\infty \Psi(B_n)$$

(c) i. 仮定 $\Psi([0,1]) = [S]$ から，$[0,1]$ の場合の代表元として S を選べる．ii. $[A_r] = \Psi([0,r]) = \Psi([0,q] \cup (q,r]) = \Psi([0,q]) \vee \Psi((q,r]) \geq \Psi([0,q]) = [A_q]$ より，$[A_q] = [A_r] \wedge [A_q] = [A_r \cap A_q]$, すなわち，$\mu(A_q\backslash A_r) = 0$ が得られる．したがって，$\mu(E(q,r)) = 0$ であるから，$\mu(E) \leq \sum_{q<r, q,r\in\mathbf{Q}} \mu(E(q,r)) = 0$ が得られる．iii. 前問 ii. より，$A_r \equiv B_r$ であるから，$[B_r] = [A_r] = \Psi([0,r])$ が成り立つ．$B_1 \supset A_1 = S$. $B_q\backslash B_r = A_q \cap (A_r \cup E)^c$ で，$A_q \subset A_r \cup E(q,r) \subset A_r \cup E$ であるから，$B_q\backslash B_r = \emptyset$, すなわち，$B_q \subset B_r$ が得られる．iv. $\psi(s) \geq 0$ は明らかで，$s \in S = B_1$ から $\psi(s) \leq 1$ が得られる．$s \in B_r$ $(r < t)$ ならば，$\psi(s) \leq r < t$ より，(右辺の集合) $\subset$ (左辺の集合) が成り立つ．一方，$s \in$ (左辺の集合) ならば，$\psi(s) = \inf\{r \in \mathbf{Q} : s \in B_r\} < t$ であるから，或る $r \in \mathbf{Q}$ が存在して，$s \in B_r$ が成り立つ．すなわち，$s \in$ (右辺の集合) が成り立つ．したがって，右辺の集合 (Σ の元 B_r の可算和集合) は Σ に属するので，$\{s \in S : \psi(s) < t\} \in \Sigma$ $(t \in [0,1])$ が得られ，それ以外の場合，$[t < 0 \Rightarrow \{s \in S : \psi(s) < t\} = \emptyset \in \Sigma]$，$[t > 1 \Rightarrow \{s \in S : \psi(s) < t\} = S \in \Sigma]$ であるから，ψ の Σ-$\mathcal{B}([0,1])$ 可測性が得られる．次に $[\psi^{-1}([0,r])] = [B_r]$ $(r \in \mathbf{Q})$ については以下のように分かる．先ず

$$[B_r] = \Psi([0,r]) = \Psi(\bigcap_{n=1}^\infty [0, r+1/n]) = \bigwedge_{n=1}^\infty \Psi([0, r+1/n]) = \bigwedge_{n=1}^\infty [B_{r+1/n}]$$

である (Ψ の σ-準同型を三番目の等号で利用)．一方，前段の結果から，任意の n について

$$\psi^{-1}([0, r+1/n)) = \bigcup_{q<r+1/n,\ q\in\mathbf{Q}} B_q \subset B_{r+1/n}$$

であるから

$$B_r \subset \psi^{-1}([0,r]) = \bigcap_{n=1}^\infty \psi^{-1}([0, r+1/n)) \subset \bigcap_{n=1}^\infty B_{r+1/n} \ (r \in \mathbf{Q})$$

が成り立つ. したがって $[B_r] \leq [\psi^{-1}([0,r])] \leq \bigwedge_{n=1}^{\infty}[B_{r+1/n}] \, (= [B_r])$ が得られ, 要求された結果が成り立つ. v. $\Psi([0,r]) = \Phi([0,r]) \, (r \in \mathbf{Q})$ と Ψ, Φ の σ-準同型性から $\{[0,r] : r \in \mathbf{Q}\}$ を含む最小の σ-algebra の元 B についても, $\Psi(B) = \Phi(B)$ が成り立つ. ところが, この σ-algebra は $\mathcal{B}([0,1])$ と一致するから, 要求された結果が得られる.

10. (a) 任意の正数 ε を与えよ. f の強可測性から, $\mu(E_1^{\varepsilon}) = 0$, $\mu(E_n^{\varepsilon}) > 0 \, (n = 2, 3, \ldots)$ で, 各 $n = 2, 3, \ldots$ について, $O(f|E_n) \, (= \sup\{\|f(s) - f(t)\| : s, t \in E_n\}) \leq \varepsilon/\mu(S)$ を満たすものが存在する. したがって, 各 $s_n \in E_n \, (n \geq 2)$ を任意に与えれば, μ-a.e に (すなわち, $s \notin E_1$ について) $\|f(s) - \sum_{n=1}^{\infty} f(s_n)\chi_{E_n}(s)\| \leq \varepsilon/\mu(S)$ が成り立つから, f のボッホナー積分可能性を用いれば

$$\sum_{n=1}^{\infty} \|f(s_n)\|\mu(E_n) \leq \int_S \|f(s)\|d\mu(s) + \varepsilon < +\infty$$

が得られる. すなわち, 分割 $\Delta = \{E_n\}_{n \geq 1} \in \Gamma$ が分かる. しかも, この分割 $\Delta = \{E_n\}_{n \geq 1}$ について, $\mathrm{diam}(J(f, \Delta)) \leq \varepsilon$ が得られる. 実際, 各 $s_n, t_n \in E_n \, (n = 2, 3, \ldots)$ をとれば, $\|f(s_n) - f(t_n)\| \leq O(f|E_n) \leq \varepsilon/\mu(S)$ であるから

$$\sum_{n=1}^{\infty} \|f(s_n) - f(t_n)\|\mu(E_n) \leq \varepsilon$$

が得られる. したがって, $\mathrm{diam}(J(f, \Delta)) \leq \varepsilon$ が分かる.

(b) (無限級数の絶対収束性より, 通常の収束性が保証されるから, 命題 2.2.10 の証明と同じ部分もあるが, 繰り返すことにする) 前半部分については, $\sum_{i,j} \|f(E_i \cap F_j)\|\mu(E_i \cap F_j) \leq \sum_{i,j} \|f(E_i)\|\mu(E_i \cap F_j) = \sum_{i=1}^{\infty} \|f(E_i)\|\mu(E_i) < +\infty$ が成り立つことから分かる. また, 後半部分については, 以下である. 或る $a = \sum_{i,j} f(t_{i,j})\mu(E_i \cap F_j) \, (\in J(f, \Delta_3))$ が, $\overline{\mathrm{co}}(J(f, \Delta_1))$ に属さないとして, 矛盾を導く. このとき, 分離定理から, 或る $x^* \in X^*$ が存在して

$$(x^*, a) > \sup\{(x^*, x) : x \in \overline{\mathrm{co}}(J(f, \Delta_1))\} \, (= \sup\{(x^*, x) : x \in J(f, \Delta_1)\})$$

が成り立つ. ここで, 任意の j について $f(t_{i,j}) \leq \sup_{t \in E_i} f(t)$ であることを用いれば

$$(x^*, a) \leq \sum_{i=1}^{\infty} \sup_{t \in E_i}(x^*, f(t))\mu(E_i) = \sup\{(x^*, x) : x \in J(f, \Delta_1)\}$$

が得られ, 矛盾が生じる. すなわち, $J(f, \Delta_3) \subset \overline{\mathrm{co}}(J(f, \Delta_1))$ が得られ, 左辺の閉凸包をとれば, $\overline{\mathrm{co}}(J(f, \Delta_3)) \subset \overline{\mathrm{co}}(J(f, \Delta_1))$ が分かる.

(c) 一般に $\mathrm{diam}(B) = \mathrm{diam}(\overline{B})$ は明らかであるから, $\mathrm{diam}(A) = \mathrm{diam}(\mathrm{co}(A))$ を示せばよい. $\mathrm{diam}(A) \leq \mathrm{diam}(\mathrm{co}(A))$ は明らかであるから, 逆向きの不等式を注意する. さて, $a, b \in \mathrm{co}(A)$ を任意にとれば, $a = \sum_{i=1}^{m} c_i a_i \, (\sum_{i=1}^{m} c_i = 1, c_i \geq 0)$, $b = \sum_{j=1}^{n} d_j b_j \, (\sum_{i=1}^{m} d_j = 1, d_j \geq 0)$ と表されるから, $\|a - b\| = \|\sum_{i,j} c_i d_j (a_i - b_j)\| \leq \sum_{i,j} c_i d_j \|a_i - b_j\| \leq (\sum_{i,j} c_i d_j) \mathrm{diam}(A) = \mathrm{diam}(A)$ が得られる. したがって, 結果が分かる.

(d) $\Gamma \neq \emptyset$ より, 或る分割 $\Delta^* = \{F_m\}_{m \geq 1}$ で, $\sum_{m=1}^{\infty} \|f(F_m)\|\mu(F_m) < +\infty$ を満たすものが存在する. 次に, f が強可測であるから, (a) と同様に, 分割 $\Delta = \{E_n\}_{n \geq 1}$ で, $\mu(E_1^{\varepsilon}) = 0$, $\mu(E_n^{\varepsilon}) > 0 \, (n = 2, 3, \ldots)$ を満たし, 各 $n = 2, 3, \ldots$ について, $O(f|E_n) \, (= \sup\{\|f(s) - f(t)\| : s, t \in E_n\}) \leq 1$ を満たすものが存

在する. そのとき, $\Delta_0 = \{F_m \cap E_n\}_{m,n}$ について, 前問 (b) の結果から, $\Delta_0 \in \Gamma$ が得られる. しかも, $O(f|F_m \cap E_n) \leq O(f|E_n) \leq 1 \ (\forall m, n)$ であるから, 各 m, n について $s_{m,n} \in F_m \cap E_n$ をとれば,
μ-a.e. に $\|f(s) - \sum_{m,n} f(s_{m,n})\chi_{F_m \cap E_n}(s)\| \leq 1$ が成り立つ. したがって

$$\int_S \|f(s)\|d\mu(s) \leq \sum_{m,n} \|f(s_{m,n})\|\mu(F_m \cap E_n) + \mu(S)$$

$$\leq \sum_{m,n} \|f(F_m \cap E_n)\|\mu(F_m \cap E_n) + \mu(S) < +\infty$$

が得られ, f のボッホナー積分可能性が分かる.

(e) 任意の $\Delta = \{E_n\}_{n \geq 1} \in \Gamma$ を与える. そのとき, 任意の正数 ε について, $B((\mathrm{B})\int_S f \, d\mu, \varepsilon) \cap \overline{\mathrm{co}}(J(f, \Delta)) \neq \emptyset$ を示す (ただし, $B((\mathrm{B})\int_S f \, d\mu, \varepsilon) = \{x \in X : \|x - (\mathrm{B})\int_S f \, d\mu\| < \varepsilon\}$). 前問 (a) の前半で与えたように, f のボッホナー積分可能性から, 或る分割 $\Delta' = \{F_m\}_{m \geq 1} \in \Gamma$ で, μ-a.e に, $\|f(s) - \sum_{m=1}^{\infty} f(s_m)\chi_{F_m}(s)\| < \varepsilon/(2\mu(S))$ $(s_m \in F_m, \forall m)$ を満たすものの存在が分かる. したがって, 分割 $\Delta^* = \{F_m \cap E_n\}_{m,n} \in \Gamma$ について, μ-a.e. に, $\|f(s) - \sum_{m,n} f(s_{m,n})\chi_{F_m \cap E_n}(s)\| \leq \varepsilon/(2\mu(S))$ が成り立つから (ノルム内の関数を $g(s)$ とおいて), ボッホナー積分を考えれば

$$(\mathrm{B})\int_S f(s)d\mu(s) = \sum_{m,n} f(s_{m,n})\mu(F_m \cap E_n) + \int_S g(s)d\mu(s)$$

が成り立つ (ただし, $s_{m,n} \in F_m \cap E_n, \forall m, n$). したがって, $\|g(s)\| \leq \varepsilon/(2\mu(S))$ (μ-a.e.) を用いれば

$$\left\|\int_S f(s)d\mu(s) - \sum_{m,n} f(s_{m,n})\mu(F_m \cap E_n)\right\| < \varepsilon$$

が得られる. ここで, $\sum_{m,n} f(s_{m,n})\mu(F_m \cap E_n) \in J(f, \Delta^*) \subset \overline{\mathrm{co}}(J(f, \Delta))$ に注意すれば (前問 (b) の結果), $B((\mathrm{B})\int_S f \, d\mu, \varepsilon) \cap \overline{\mathrm{co}}(J(f, \Delta)) \neq \emptyset$ が得られる. したがって, ε の任意性から, $(\mathrm{B})\int_S f \, d\mu \in \overline{\mathrm{co}}(J(f, \Delta))$ が分かる. これが, 任意の $\Delta \in \Gamma$ について成り立ち, かつ, $\mathrm{diam}(\overline{\mathrm{co}}(J(f, \Delta)))$ がいくらでも小さくなるから, (e) の右辺の集合は一点集合であることが分かり, 要求された結果が得られる.

11. (a) 凸集合の和集合: $\mathrm{co}(B_1) + \mathrm{co}(B_2)$ の凸性は容易であり, しかも, これは, $B_1 + B_2$ を含むことから, $\mathrm{co}(B_1 + B_2) \subset \mathrm{co}(B_1) + \mathrm{co}(B_2)$ が得られる. また, 逆向きの包含については, 右辺の集合に属する任意の元 $x = \sum_{i=1}^{m} a_i y_i + \sum_{j=1}^{n} b_j z_j$ ($\sum_{i=1}^{m} a_i = 1, a_i \geq 0, y_i \in B_1, \sum_{j=1}^{n} b_j = 1, b_j \geq 0, z_j \in B_2$) と表されるから, 結局, $x = \sum_{i,j} a_i b_j (y_i + z_j)$ ($\sum_{i,j} a_i b_j = 1, a_i b_j \geq 0, y_i + z_j \in B_1 + B_2$) となり, $x \in \mathrm{co}(B_1 + B_2)$ が得られる. 次に, 後半については, 右辺の集合に属する任意の元 x をとれ. そのとき, $\mathrm{co}(B_1)$ の点列 $\{y_n\}_{n \geq 1}$, $\mathrm{co}(B_2)$ の点列 $\{z_n\}_{n \geq 1}$ が存在して, $y_n + z_n \to x$ $(n \to \infty)$ となる. ここで, 前半の結果を用いれば, $y_n + z_n \in \mathrm{co}(B_1 + B_2)$ が分かるから, $x \in \overline{\mathrm{co}}(B_1 + B_2)$ が成り立つ.

(b) $c_i \in [0, 1]$ であるから, $c_i B_i \subset \mathrm{co}(B_i \cup \{0\})$ が分かる. 実際, $c_i x = c_i x + (1 - c_i)0$ $(x \in B_i)$ が成り立つからである. したがって, 前問 (a) の前半を,

n 個の集合 $B_1 \cup \{0\}, \ldots, B_n \cup \{0\}$ の場合に用いれば (n に関する帰納法で容易に生じる), 結果が得られる.

(c) $\text{co}(B)$ の各元 $x = \sum_{i=1}^m a_i x_i$ ($\sum_{i=1}^m a_i = 1$, $a_i \geq 0$, $x_i \in B$) と表されるから, $\|x\| \leq \sum_{i=1}^m a_i \|x_i\| \leq \|B\|$ が分かる. したがって, $\|\text{co}(B)\| \leq \|B\|$ が成り立つ. 逆向きの不等号は明らかより, $\|B\| = \|\text{co}(B)\|$ が得られる. 次に, $\overline{\text{co}}(B)$ の各元 x について, $\text{co}(B)$ の点列 $\{u_n\}_{n \geq 1}$ で, $\|u_n - x\| \to 0$ を満たすものが存在し, $\|u_n\| \leq \|\text{co}(B)\|$ ($\forall n$) であるから, $\|x\| \leq \|\text{co}(B)\|$ が得られる. したがって, 結果が生じる.

(d) 第一の不等号は, 前問 (b) の結果から生じる. 第二の等号については以下である. $\sum_{i=1}^n (B_i \cup \{0\})$ に属する各元 x は, $x = x_1 + \cdots + x_n$ ($x_i \in B_i \cup \{0\}$) であるから, $F = \{i : x_i \in B_i \setminus \{0\}\}$ とすれば, $\|x\| \leq \|\sum_{i \in F} B_i\|$ が分かる. このことから, $\|\sum_{i=1}^n (B_i \cup \{0\})\| \leq \sup_{F \subset \{1, \ldots, n\}} \|\sum_{i \in F} B_i\|$ が得られる. 逆向きの不等号は明らかより, 結果が生じる.

(e) 任意の正数 ε を与えよ. $\sum_{n=1}^\infty B_n$ の無条件収束性より, 或る番号 N が存在して, $\mathbf{N}$ の有限集合 F で, $F \cap \{1, 2, \ldots, N\} = \emptyset$ を満たす全ての F について, $\|\sum_{n \in F} B_n\| < \varepsilon$ が成り立つ. このとき, 前問 (a) の後半 (有限個の集合の場合に拡張したもの) と 前問 (c) の結果を用いれば

$$\left\|\sum_{n \in F} \overline{\text{co}}(B_n)\right\| \leq \left\|\overline{\text{co}}\left(\sum_{n \in F} B_n\right)\right\| = \left\|\sum_{n \in F} B_n\right\| < \varepsilon$$

が得られる. すなわち, $\sum_{n=1}^\infty \overline{\text{co}}(B_n)$ の無条件収束性が示された. 後半部分については, 以下である. 要求された包含関係を示すために, 任意の $x \in \sum_{n=1}^\infty \overline{\text{co}}(B_n)$ (ただし, $x = \sum_{n=1}^\infty x_n$, $x_n \in \overline{\text{co}}(B_n)$ と表記) について, $B(x, \varepsilon) \cap \text{co}(B) \neq \emptyset$ ($\forall \varepsilon > 0$) を示そう (この結果, $x \in \overline{\text{co}}(B)$ が生じる). 前半部分で観たように, 或る番号 N が存在して, $F \cap \{1, 2, \ldots, N\} = \emptyset$ を満たす任意の有限集合 F について, $\|\sum_{n \in F} B_n\| < \varepsilon/4$, $\|\sum_{n \in F} \overline{\text{co}}(B_n)\| < \varepsilon/4$ が成り立つ. このとき, $x' = \sum_{n=1}^N x_n$ について, $x' \in \sum_{n=1}^N \overline{\text{co}}(B_n) \subset \overline{\text{co}}(\sum_{n=1}^N B_n)$ であるから, $\|x - x'\| \leq \varepsilon/4$ であり, また, $\|x' - y\| \leq \varepsilon/4$ を満たす $y \in \text{co}(\sum_{n=1}^N B_n)$ が存在する. したがって, $y = c_1 z_1 + \cdots + c_p z_p$ ($\sum_{i=1}^p c_i = 1$, $c_i \geq 0$, $z_i \in \sum_{n=1}^N B_n$) と表される. このとき, 各 B_n ($n \geq N+1$) から一点ずつ $u_{N+1}, u_{N+2}, \ldots$ をとり, 各 j につき, $w_j = z_j + u_{N+1} + u_{N+2} + \cdots$ とおけば, $w_j \in \sum_{n=1}^\infty B_n = B$ であり, かつ, $\|z_j - w_j\| \leq \varepsilon/4$ が成り立つ. したがって, $w = c_1 w_1 + \cdots + c_p w_p \in \text{co}(B)$ であり, $\|y - w\| \leq \sum_{j=1}^p c_j \|z_j - w_j\| \leq \varepsilon/4$ が成り立つ. 結局, $\|x - w\| \leq \|x - x'\| + \|x' - y\| + \|y - w\| \leq 3\varepsilon/4 < \varepsilon$ が得られる. すなわち, $w \in B(x, \varepsilon) \cap \text{co}(B)$ が示された.

(f) $\sum_{n=1}^\infty \overline{\text{co}}(B_n)$ が, $\sum_{n=1}^\infty B_n (= B)$ を含む凸集合であることが分かる. 凸性のみ注意する. すなわち, $a, b \in \sum_{n=1}^\infty \overline{\text{co}}(B_n)$, $r \in [0, 1]$ について, $ra + (1-r)b \in \sum_{n=1}^\infty \overline{\text{co}}(B_n)$ を示す. $a = \sum_{n=1}^\infty a_n$, $b = \sum_{n=1}^\infty b_n$ ($a_n, b_n \in \overline{\text{co}}(B_n)$, $n = 1, 2, \ldots$) と表されるから, 各 n について, $ra_n + (1-r)b_n \in \overline{\text{co}}(B_n)$ および, $c = \sum_{n=1}^\infty (ra_n + (1-r)b_n)$ が存在する. したがって, $c = ra + (1-r)b \in \sum_{n=1}^\infty \overline{\text{co}}(B_n)$ が成り立つ. よって, 左辺の集合は, B を含む最小の閉凸集合である $\overline{\text{co}}(B)$ を含む. したがって, 前問 (e) と併せれば, 結果が得られる.

12. (a) $\max(m, n) = l$ とすれば, $p > l$, $q > l$ について, $\|s_{p,q} - x\| < \varepsilon$ が得られる.

(b) $s_{m,n} \to x$ ならば, 任意の正数 ε を与えたとき, 或る m が存在して, $p > m$, $q > m$ について, $|s_{p,q} - x| < \varepsilon/2$ が成り立つから, $p > p' > m$, $q > q' > m$ を満たす任意の $(p, q), (p', q')$ について, $|s_{p,q} - s_{p',q'}| \leq |s_{p,q} - x| + |x - s_{p',q'}| < \varepsilon$ が成り立つ. 逆に, この条件が成り立つとせよ. そのとき, 数列 $\{s_{n,n}\}_{n \geq 1}$ はコー

シー列となるから, X の完備性より, 或る $x \in X$ について, $s_{n,n} \to x$ が成り立つ. 任意に正数 ε を与えよ. 或る番号 m が存在して, $n > m$ ならば, $|s_{n,n} - x| < \varepsilon/2$ が成り立つ. また, $p > p' > m$, $q > q' > m$ を満たす任意の (p,q), (p',q') について, $|s_{p,q} - s_{p',q'}| < \varepsilon/2$ である. したがって, $p > m$, $q > m$, $p' = q' > m$ の場合を考えれば, $|s_{p,q} - x| \leq |s_{p,q} - s_{p',p'}| + |s_{p',p'} - x| < \varepsilon$ が得られる.

(c) この条件が成り立つとせよ. そのとき, 先ず, 任意の π につき, $s^*_{m,n} = \sum_{1 \leq i \leq m, 1 \leq j \leq n} x_{\pi(i,j)}$ とおき, 二重数列 $\{s^*_{m,n}\}_{m \geq 1, n \geq 1}$ について, 前問 (b) の条件を確かめれば, 二重級数 $\sum_{i,j} x_{\pi(i,j)}$ の収束性が分かる. 任意に正数 ε を与えよ. 条件から, 或る元 (m^*, n^*) が存在して, $F \subset \mathbf{N} \times \mathbf{N} \backslash (\{1,\ldots,m^*\} \times \{1,\ldots,n^*\})$ を満たす任意の有限集合 F について, $\|\sum_{(i,j) \in F} x_{i,j}\| < \varepsilon$ が成り立つ. π の全単射性から, 或る (p,q) が存在して $\{1,\ldots,m^*\} \times \{1,\ldots,n^*\} \subset \{\pi(i,j) : i = 1,\ldots,p, j = 1,\ldots,q\}$ が成り立つから, $r > r' > p$, $t > t' > q$ を満たす $(r,t), (r',t')$ について, $F = \{\pi(i,j) : i = 1,\ldots,r, j = 1,\ldots,t\} \backslash \{\pi(i,j) : i = 1,\ldots,r', j = 1,\ldots,t'\}$ について, $F \subset \mathbf{N} \times \mathbf{N} \backslash (\{1,\ldots,m^*\} \times \{1,\ldots,n^*\})$ が成り立つ. したがって, $\|s^*_{r,t} - s^*_{r',t'}\|$
$= \|\sum_{1 \leq i \leq r, 1 \leq j \leq t} x_{\pi(i,j)} - \sum_{1 \leq i \leq r', 1 \leq j \leq t'} x_{\pi(i,j)}\| < \varepsilon$ が分かる. よって, 二重数列 $\{s^*_{m,n}\}_{m \geq 1, n \geq 1}$ は収束する. 次に, $s_{m,n} \to x$ とすれば, 任意の π に対応して得られる二重数列 $\{s^*_{m,n}\}_{m \geq 1, n \geq 1}$ についても, $s^*_{m,n} \to x$ が成り立つことを示そう. $r > m^*$, $t > n^*$ を満たす任意の (r,t) をとる. そのとき, 或る (M,N) が存在して, $\{1,\ldots,r\} \times \{1,\ldots,t\} \subset \{\pi(i,j) : i = 1,\ldots,M, j = 1,\ldots,N\}$ が成り立つから, $k \geq M$, $l \geq n$ を満たす全ての (k,l) について, $\|s^*_{k,l} - s_{r,t}\| < \varepsilon$ が成り立つ. よって, $\lim_{k,l \to \infty} s^*_{k,l} = a$ とすれば, $|a - s_{r,t}| \leq \varepsilon$ が, 任意の $r > m, t > n$ を満たす r, t で成り立つから, $|a - x| \leq \varepsilon$ が得られ, $a = x$ が分かる.

13. (a) $\Delta = \{E_n\}_{n \geq 1} \in \Gamma$ について, 先ず, $\sum_{n=1}^{\infty} f(A \cap E_n) \mu(A \cap E_n)$, $\sum_{n=1}^{\infty} f(A^c \cap E_n) \mu(A^c \cap E_n)$ が, 共に無条件収束することを注意する. 同様であるから, 前者について示す. そのために, 任意に正数 ε を与えよ. そのとき, $\Delta \in \Gamma$ であるから, 或る番号 N が存在して, 任意の有限集合 F で, $F \cap \{1,\ldots,N\} = \emptyset$ を満たすものについて, $\|\sum_{i \in F} f(E_i) \mu(E_i)\| < \varepsilon$ が成り立つ. そのとき

$$\left\|\sum_{i \in F} f(A \cap E_i) \mu(A \cap E_i)\right\| \leq \left\|\sum_{i \in F} f(E_i) \mu(A \cap E_i)\right\|$$
$$= \left\|\sum_{i \in F} (\mu(A \cap E_i)/\mu(E_i)) f(E_i) \mu(E_i)\right\|$$
$$\leq \sup_{G \subset F} \left\|\sum_{i \in G} f(E_i) \mu(E_i)\right\| < \varepsilon$$

が得られる (最後から二番目の不等号は, 前問 11 番 (d) の結果による). したがって, 無条件収束性を得る. ここで, $B_1 = \sum_{n=1}^{\infty} f(A \cap E_n) \mu(A \cap E_n)$, $B_2 = \sum_{n=1}^{\infty} f(A^c \cap E_n) \mu(A^c \cap E_n)$ とおくとき, (前問 11 番の (f) の結果より) $\overline{\sum_{n=1}^{\infty} \overline{co}(f(A \cap E_n)) \mu(A \cap E_n)} = \overline{co}(B_1)$, $\overline{\sum_{n=1}^{\infty} \overline{co}(f(A^c \cap E_n)) \mu(A^c \cap E_n)} = \overline{co}(B_2)$ が成り立つから, $f(A \cap E_n) \subset f(E_n)$, $f(A^c \cap E_n) \subset f(E_n)$ ($\forall n$) と凸集合の和に関する性質: $\overline{co}(f(E_n)) \mu(A \cap E_n) + \overline{co}(f(E_n)) \mu(A^c \cap E_n) = \overline{co}(f(E_n)) \mu(E_n)$ ($\forall n$), を用いれば

$$\overline{co}(B_1) + \overline{co}(B_2) \subset \overline{\sum_{n=1}^{\infty} \overline{co}(f(E_n)) \mu(E_n)}$$

が得られる．したがって，$B = \sum_{n=1}^{\infty} f(E_n)\mu(E_n)$ とすれば

$$\begin{aligned}
\max(\mathrm{diam}(\overline{\mathrm{co}}(B_1)), \mathrm{diam}(\overline{\mathrm{co}}(B_2))) &\leq \mathrm{diam}(\overline{\mathrm{co}}(B_1) + \overline{\mathrm{co}}(B_2)) \\
&\leq \mathrm{diam}(\overline{\mathrm{co}}(B)) \\
&= \mathrm{diam}(J(f,\Delta))
\end{aligned}$$

が得られる．したがって，$J(f,\Delta) < \varepsilon$ を満たす分割 $\Delta = \{E_n\}_{n\geq 1} \in \Gamma$ について，$\Delta_A = \{E_n \cap A\}_{n\geq 1} = \{A_n\}_{n\geq 1}$ とすれば，$\mathrm{diam}(J(f,\Delta_A)) < \varepsilon$（また，$\Delta_{A^c} = \{E_n \cap A^c\}_{n\geq 1}$ について，$\mathrm{diam}(J(f,\Delta_{A^c})) < \varepsilon$）が得られる．

(b) $A = \sum_{n=1}^{\infty} A_n$ とせよ．$\Delta_A = \{A_n\}_{n\geq 1}$ は，A の一つの分割である．また，バーコフ積分を定義する際の所要の性質を持った，A の分割全体の集合を Γ_A とし，$\Delta_A^* = \{F_i\}_{i\geq 1} \in \Gamma_A$ を任意にとれ．そして，Δ_A と Δ_A^* によって得られる分割 $\Delta_A^{**} = \{A_n \cap F_i\}_{n,i}$ を考えれば，$\Delta_A^{**} \in \Gamma_A$ であり，$\overline{\mathrm{co}}(J(f,\Delta_A^{**})) \subset \overline{\mathrm{co}}(J(f,\Delta_A^*))$ が成り立つ（命題 2.2.10）．また，各 n 毎に，A_n の分割 $\Delta_{A_n} = \{A_n \cap F_i\}_{i\geq 1}$ は，A_n 上の f のバーコフ積分を定義する際の所要の性質を持った分割であるから，f の A_n 上でのバーコフ積分可能性と，f の 各 A_n 上でのバーコフ積分の定義を用いれば

$$(\mathrm{Bk})\int_{A_n} f(s)d\mu(s) \in \overline{\mathrm{co}}(J(f,\Delta_{A_n})) \ (n=1,2,\ldots)$$

が成り立つ．したがって

$$\sum_{n=1}^{\infty} (\mathrm{Bk})\int_{A_n} f(s)d\mu(s) \in \sum_{n=1}^{\infty} \overline{\mathrm{co}}(J(f,\Delta_{A_n}))$$

が成り立つ．ここで

$$B_n = \sum_{i=1}^{\infty} f(A_n \cap F_i)\mu(A_n \cap F_i), \ B = \sum_{n,i} f(A_n \cap F_i)\mu(A_n \cap F_i)$$

とおけば，（二重級数の無条件収束性から）$B = \sum_{n=1}^{\infty} B_n$ が得られるので，前問 11 番 (e) より，$\sum_{n=1}^{\infty} \overline{\mathrm{co}}(B_n) \subset \overline{\mathrm{co}}(B)$ が成り立つ．ここで，$\overline{\mathrm{co}}(B) = \overline{\mathrm{co}}(J(f,\Delta_A^{**}))$，$\overline{\mathrm{co}}(B_n) = \overline{\mathrm{co}}(J(f,\Delta_{A_n}))$ に注意すれば，結局

$$\sum_{n=1}^{\infty} (\mathrm{Bk})\int_{A_n} f(s)d\mu(s) \in \overline{\mathrm{co}}(J(f,\Delta_A^{**})) \subset \overline{\mathrm{co}}(J(f,\Delta_A^*))$$

が得られる．これが，任意の $\Delta_A^* \in \Gamma_A$ について成り立ち，f の A 上でのバーコフ積分可能性から

$$(\mathrm{Bk})\int_A f(s)d\mu(s) = \bigcap_{\Delta_A^* \in \Gamma_A} \overline{\mathrm{co}}(J(f,\Delta_A^*))$$

が成り立つので

$$\sum_{n=1}^{\infty} (\mathrm{Bk})\int_{A_n} f(s)d\mu(s) = (\mathrm{Bk})\int_A f(s)d\mu(s)$$

が得られる．すなわち，要求された結果である．

14. (a) $\sum_{n=1}^{\infty} x_n\mu(E_n)$ が無条件収束するとせよ．そのとき，S の分割 $\Delta^* = \{E_n\}_{n\geq 1}$ について，$\sum_{n=1}^{\infty} f(E_n)\mu(E_n) = \{\sum_{n=1}^{\infty} x_n\mu(E_n)\}$（一点集合）である

から, $J(f,\Delta^*) = \{\sum_{n=1}^{\infty} x_n \mu(E_n)\}$ となり, $\mathrm{diam}(J(f,\Delta^*)) = 0$ が成り立つので, f はバーコフ積分可能である. しかも, 任意の分割 $\Delta = \{F_m\}_{m\geq 1} \in \Gamma$ について, Δ と Δ^* の細分となる分割 $\Delta' = \{F_m \cap E_n\}_{m,n}$ を考えれば, $J(f,\Delta') \subset \overline{\mathrm{co}}(J(f,\Delta^*)) = \{\sum_{n=1}^{\infty} x_n \mu(E_n)\}$ であるから, $J(f,\Delta') = \{\sum_{n=1}^{\infty} x_n \mu(E_n)\}$ が得られる. したがって, $\{\sum_{n=1}^{\infty} x_n \mu(E_n)\} \in \overline{\mathrm{co}}(J(f,\Delta))$ ($\forall \Delta \in \Gamma$) が分かる. よって

$$(\mathrm{Bk})\int_S f(s)d\mu(s) = \bigcap_{\Delta \in \Gamma} \overline{\mathrm{co}}(J(f,\Delta)) = \left\{\sum_{n=1}^{\infty} x_n \mu(E_n)\right\}$$

が得られる. 逆に, f がバーコフ積分可能とせよ. そのとき, 或る分割 $\Delta_0 = \{G_m\}_{m\geq 1} \in \Gamma$ が存在して, $\sum_{m=1}^{\infty} f(G_m)\mu(G_m)$ が無条件収束する. したがって, Δ^* と Δ_0 の細分となる分割 $\Delta'' = \{G_m \cap E_n\}_{m,n}$ を考えれば
$\sum_{m,n} f(G_m \cap E_n)\mu(G_m \cap E_n)$ は無条件収束する. すなわち, 各 (m,n) について, $s_{m,n} \in G_m \cap E_n$ をとれば, $\sum_{m,n} f(s_{m,n})\mu(G_m \cap E_n)$ が無条件収束する. ここで

$$\sum_{m,n} f(s_{m,n})\mu(G_m \cap E_n) = \sum_{n=1}^{\infty}\left(\sum_{m=1}^{\infty} f(s_{m,n})\mu(G_m \cap E_n)\right)$$

$$= \sum_{n=1}^{\infty}\left(\sum_{m=1}^{\infty} x_n \mu(G_m \cap E_n)\right) = \sum_{n=1}^{\infty} x_n \mu(E_n)$$

であるから, $\sum_{n=1}^{\infty} x_n \mu(E_n)$ は無条件収束級数である.

(b) f が強可側ならば, f はボッホナー積分可能関数 g と, 可算値 Σ-可測関数 h の和であるから, f のバーコフ性 $\Leftrightarrow$ h のバーコフ性 $\Leftrightarrow$ $\sum_{n=1}^{\infty} x_n \mu(E_n)$ の無条件収束性 $\Leftrightarrow$ h のペッティス積分可能性 $\Leftrightarrow$ f のペッティス積分可能性, となる.

(c) 可分空間 X では, X-値弱可測関数は, (ペッティスの可測性定理から) 強可測関数となるから, 前問 (b) より分かる.

(d) f は, 或る正数 M について, $\|f(s)\| \leq M$ ($\forall s$) を満たすとする. 任意の正数 ε を与えよ. f がバーコフ積分可能であるならば, 或る分割 $\Delta^* = \{F_i\}_{i\geq 1} \in \Gamma$ が存在して, $\mathrm{diam}(J(f,\Delta^*)) < \varepsilon/2$ が成り立つ. そのとき, 或る番号 n を, $4M \cdot \sum_{i\geq n} \mu(F_i) < \varepsilon/2$ を満たすように選び, $\Delta = \{F_1,\ldots,F_{n-1},\cup_{i\geq n}F_i\}$ ($= \{E_1,\ldots,E_{n-1},E_n\} = \Delta$ と表記する) を考えよ. そのとき, $\mathrm{diam}(J(f,\Delta)) < \varepsilon$ が得られる. そのために, 任意の $s_i, s_i' \in E_i$ ($i=1,\ldots,n$) について, $\|\sum_{i=1}^{n}(f(s_i) - f(s_i'))\mu(E_i)\|$ の評価を行う. そのとき, $t_i = s_i$, $t_i' = s_i'$ ($i=1,\ldots,n-1$), $t_i, t_i' \in F_i$ ($i=n,n+1,\ldots$) について

$$\left\|\sum_{i=1}^{n}(f(s_i) - f(s_i'))\mu(E_i) - \sum_{i=1}^{\infty}(f(t_i) - f(t_i'))\mu(F_i)\right\|$$

$$\leq \left\|\sum_{i\geq n}\{f(s_n) - f(s_n') - (f(t_i) - f(t_i'))\}\mu(F_i)\right\| \leq 4M\sum_{i\geq n}\mu(F_i) < \varepsilon/2$$

が成り立ち, その結果

$$\mathrm{diam}(J(f,\Delta)) \leq \mathrm{diam}(J(f,\Delta^*)) + \frac{\varepsilon}{2} < \varepsilon$$

が得られる. 逆は明らかである.

15. (a) f が Σ-単関数 θ の場合に等式が成り立つことは容易に分かる (松田 [26] の 3 章問題 7 番の (a) の解答参照). 次に, 一般のボッホナー積分可能関数 f の場合には, Σ-単関数列 $\{\theta_n\}_{n\geq 1}$ で, $\theta_n(s) \to f(s)$ (μ-a.e.) かつ, 各 n について, $\|\theta_n(s)\| \leq \|f(s)\| + 1$ (μ-a.e.) を満たすもので, ボッホナー積分: $\int_E f(s)d\mu(s)$ が定義され得るので

$$\left(x^*, \int_E f(s)d\mu(s)\right) = \lim_{n\to\infty}\left(x^*, \int_E \theta_n(s)d\mu(s)\right)$$

$$= \lim_{n\to\infty}\int_E (x^*, \theta_n(s))d\mu(s) = \int_E (x^*, f(s))d\mu(s)$$

が得られる. 最後の等号は, 優越収束定理による.

(b) f の弱可測性 (すなわち, $x^* \circ f$ の可測性) と, $x^* \circ f \in L_1(S,\Sigma,\mu)$ を先ず注意する. そのために, 任意の $A \in \Sigma_\mu^+$ と, 任意の正数 ε をとれ. そのとき, $B \subset A$, $B \in \Sigma_\mu^+$ で, $O(x^* \circ f|B) < \varepsilon$ を満たす B の存在を示そう (その結果, $x^* \circ f$ の弱可測性が得られる. 松田 [26] の命題 3.1.1 を参照). さて, f は, A 上でもバーコフ積分可能 (前問 13 番 (a)) であるから, 任意の正数 ε について, 或る分割 $\Delta_A = \{A_n\}_{n\geq 1}$ で, $\sum_{n=1}^\infty f(A_n)\mu(A_n)$ が無条件収束し, かつ, $\mathrm{diam}(J(f,\Delta_A)) < 2\varepsilon\mu(A)$ を満たすものが存在する. したがって, 各 $x^* \in B(X^*)$ について

$$\sum_{n=1}^\infty O(x^* \circ f|A_n)\mu(A_n) \leq \mathrm{diam}(J(f,\Delta_A)) < 2\varepsilon\mu(A)$$

が成り立つ. よって

$$\inf_{\{n\,:\,\mu(A_n)>0\}} O(x^* \circ f|A_n)\mu(A) \leq \sum_{\{n\,:\,\mu(A_n)>0\}} O(x^* \circ f|A_n)\mu(A_n) \leq 2\varepsilon\mu(A)$$

すなわち, $\inf_{\{n\,:\,\mu(A_n)>0\}} O(x^* \circ f|A_n) < 2\varepsilon$ が成り立つ. したがって, $O(x^* \circ f|A_N) < \varepsilon$ を満たす $A_N \in \Sigma_\mu^+$ の存在が分かるので, $B = A_N$ ととればよい. 次に, $x^* \circ f \in L_1(S,\Sigma,\mu)$ については, 以下である. f がバーコフ積分可能であるから, 或る分割 $\Delta^* = \{F_m\}_{m\geq 1}$ で, $\sum_{m=1}^\infty f(F_m)\mu(F_m)$ が無条件収束するものが存在する. 次に, f が弱可測であるから, 分割 $\Delta = \{E_n\}_{n\geq 1}$ で, $\mu(E_1^\varepsilon) = 0$, $\mu(E_n^\varepsilon) > 0$ ($n = 2,3,\ldots$) を満たし, 各 $n = 2,3,\ldots$ について, $O(x^* \circ f|E_n)$ ($= \sup\{|(x^*,f(s)) - (x^*,f(t))| : s,t \in E_n\}) \leq 1$ を満たすものが存在する. そのとき, $\Delta_0 = \{F_m \cap E_n\}_{m,n}$ について, $\Delta_0 \in \Gamma$ が得られる. しかも, $O(x^* \circ f|F_m \cap E_n) \leq O(x^* \circ f|E_n) \leq 1$ ($\forall m,n$) であるから, 各 m,n について $s_{m,n} \in F_m \cap E_n$ をとれば μ-a.e. に

$$|(x^*f(s)) - \sum_{m,n}(x^*,f(s_{m,n}))\chi_{F_m \cap E_n}(s)| \leq 1$$

が成り立つ. したがって

$$\int_S |(x^*,f(s))|d\mu(s) \leq \sum_{m,n}|(x^*,f(s_{m,n}))|\mu(F_m \cap E_n) + \mu(S) < +\infty$$

が得られ, $x^* \circ f$ の積分可能性が分かる (ここで, $\sum_{m,n} f(s_{m,n})\mu(F_m \cap E_n)$ の無条件収束性から生じる $\sum_{m,n}(x^*,f(s_{m,n}))\mu(F_m \cap E_n)$ の無条件収束性, すなわち, 絶

対収束性を用いている). 最後に, 積分の等式について. $(Bk)\int_E f(s)d\mu(s) = a$ とおけ. 任意の $x^* \in B(X^*)$ と正数 ε を与えよ. 直前と同じ論理展開により, E の或る分割 $\Delta = \{E_n\}_{n\geq 1}$ で, $\sum_{n=1}^\infty f(E_n)\mu(E_n)$ が無条件収束し, $\mathrm{diam}(J(f,\Delta)) < \varepsilon$, かつ [$E$ 上で μ-a.e. に

$$\left|(x^*, f(s)) - \sum_{n=1}^\infty (x^*, f(s_n))\chi_{E_n}(s)\right| < \varepsilon/\mu(E) \ (s_n \in E_n, \ \forall n)]$$

を満たすものが存在する. そのとき, $a, \sum_{n=1}^\infty f(s_n)\mu(E_n) \in \overline{\mathrm{co}}(J(f,\Delta))$, $\mathrm{diam}(J(f,\Delta)) < \varepsilon$ より

$$\left|(x^*, a) - \sum_{n=1}^\infty (x^*, f(s_n))\mu(E_n)\right| < \varepsilon$$

が成り立ち, 上述の $[\cdots]$ の不等式より

$$\left|\int_E (x^*, f(s))d\mu(s) - \sum_{n=1}^\infty (x^*, f(s_n))\mu(E_n)\right| < \varepsilon$$

が成り立つ. したがって, 与えられた等式が得られる. その結果, ペッティス積分の定義より, $a = (P)\int_E f(s)d\mu(s)$ も生じる.

(c) [ボッホナー積分可能性 $\Rightarrow$ バーコフ積分可能性] は, 前問 10 番の (a) と, [絶対収束性 $\Rightarrow$ 無条件収束性] から得られる.

(d) E の分割 $\Delta = \{E_n\}_{n\geq 1}$ で, $\sum_{n=1}^\infty \|f(E_n)\|\mu(E_n) < +\infty$ を満たすものの全体を Γ_a, $\sum_{n=1}^\infty f(E_n)\mu(E_n)$ が無条件収束するものの全体を Γ_u とすれば, $\Gamma_a \subset \Gamma_u$ である. また, $a = (B)\int_E f(s)d\mu(s)$ とおけば

$$\{a\} = \bigcap_{\Delta \in \Gamma_a} \overline{\mathrm{co}}(J(f,\Delta)) \supset \bigcap_{\Delta \in \Gamma_u} \overline{\mathrm{co}}(J(f,\Delta)) = \left\{(Bk)\int_E f(s)d\mu(s)\right\}$$

が成り立つ. したがって, 結果が得られる.

16. (a) $\{\overline{F}_\alpha : \alpha \in D\}$ は有限交叉性を持つ閉集合族であることが, D の有向集合性から容易に分かるので, Z のコンパクト性から, 結果が得られる.

(b) $a \in \bigcap_{\alpha \in D} \overline{F}_\alpha$ ならば, 任意の近傍 $U(a)$ について, $U(a) \cap F_\alpha \neq \emptyset$ が得られるから, これに属する元 z_β をとれば, 要求されたものとなる. 逆に, (b) の条件 $(*)$ が満たされるとき, 各 $\alpha \in D$ と, a の任意の近傍 $U(a)$ について, $U(a) \cap F_\alpha \neq \emptyset$ が成り立つから, $a \in \overline{F}_\alpha$ ($\forall \alpha \in D$) が得られ, $a \in \bigcap_{\alpha \in D} \overline{F}_\alpha$ が成り立つ.

(c) $D' = \{(\alpha, U) : z_\alpha \in U, U \in \mathcal{U}(a)\}$ とおく (ただし, $\mathcal{U}(a)$ は, a の近傍系). そのとき, $(\alpha, U) \leq (\beta, V) \Leftrightarrow \alpha \leq \beta$ かつ $V \subset U$ で定義すれば, D' は有向集合となる. 実際, $(\alpha_1, U_1), (\alpha_2, U_2) \in D'$ について, a の集積点性から, 或る $\beta \in D$ で, $\beta \geq \alpha_1, \alpha_2$ を満たし, かつ $z_\beta \in U_1 \cap U_2$ を満たすものが存在する. したがって, $(\beta, U_1 \cap U_2) \in D'$ であり, $(\beta, U_1 \cap U_2) \geq (\alpha_1, U_1), (\alpha_2, U_2)$ が成り立つ. すなわち, D' は有向集合となる. しかも, $\phi : D' \to D$ を, $\phi(\alpha, U) = \alpha$ で定義すれば, 任意の α_0 について, $(\alpha_0, U) \leq (\alpha, V)$ を満たすならば, $\alpha_0 \leq \alpha$ が成り立つことから, $\phi((\alpha, V)) = \alpha \geq \alpha_0$ が得られる. したがって, $\{z_{\phi(\alpha, U)} : (\alpha, U) \in D'\}$ $(= \{z_\alpha : (\alpha, U) \in D'\})$ は, ネット $\{z_\alpha\}_{\alpha \in D}$ の部分ネットである.

さらに，この部分ネットの a への収束性をみるために，a の任意の近傍 V をとれ．そのとき，$z_\beta \in V$ を満たす $\beta \in D$ が存在する．したがって，$(\beta, V) \in D'$ であり，$(\beta, V) \leq (\gamma, W)$, $(\gamma, W) \in D'$ ならば，$z_{\phi(\gamma, W)} = z_\gamma \in W \subset V$ が得られるから，収束性が示された．

(d) 結論を否定すれば，a の或る開近傍 $U(a)$ を適当にとれば，任意の $\alpha \in D$ について，$\beta \geq \alpha$, $\beta \in D$ が存在して，$z_\beta \notin U(a)$ が成り立つ．すなわち，$F_\alpha \setminus U(a) \neq \emptyset$ $(\forall \alpha \in D)$ が分かる．したがって，$\overline{F_\alpha} \setminus U(a) \neq \emptyset$ が得られる．このことから，閉集合族 $\{\overline{F_\alpha} \setminus U(a) : \alpha \in D\}$ の有限交叉性は容易に分かるので，Z のコンパクト性から，$(\bigcap_{\alpha \in D} \overline{F_\alpha}) \setminus U(a) \neq \emptyset$ が得られる．ところが，仮定と前問 (b) から，$\{a\} = \bigcap_{\alpha \in D} \overline{F_\alpha}$ であるから，矛盾が生じる．したがって，要求された結果が示された．

17. (a) $E \in \Sigma_\mu^+$ をとれ．そのとき，或る m が存在して，$\mu(E \cap E_m) > 0$ である．したがって，任意の $N \in \mathcal{N}(\mu)$ について，$\emptyset \neq (E \cap E_m) \setminus N \subset E \setminus N$ であるから，$x_m \in g(E \setminus N) \subset \overline{co}g(E \setminus N)$ $(\forall N \in \mathcal{N}(\mu))$ が成り立つ．したがって，$x_m \in cor_g(E)$ が得られ，結果が生じる．

(b) $f(t) = \sum_{n=1}^\infty 2^n e_n \chi_{(1/2^n, 1/2^{n-1}]}(t)$ (ただし，$e_n = (0, \ldots, 0, 1, 0, \ldots)$, n 番目のみ 1 の c_0 の元) で，可算値 Λ-可測関数であるから，前問 (a) の結果より，結果が生じる．

(c) 各 n について，$B(l_1)$ に属する元 $e_n^* = (0, \ldots, 0, 1, 0, \ldots)$ (ただし，n 番目のみ 1) を考えれば，$(e_n^* \circ f)(t) = 2^n \chi_{(1/2^n, 1/2^{n-1}]}(t)$ となるから，任意の n について

$$\sup_{a \in B(l_1)} \int_{(1/2^n, 1/2^{n-1}]} |(a \circ f)(t)| d\lambda(t)$$
$$\geq \int_{(1/2^n, 1/2^{n-1}]} 2^n \chi_{(1/2^n, 1/2^{n-1}]}(t) d\lambda(t) = 1$$

が得られる．ここで，$\lambda((1/2^n, 1/2^{n-1}]) = 1/2^n \to 0$ $(n \to \infty)$ であるから，$\mathcal{H}$ は同等連続ではないことが分かる．

(d) $T_f(B(l_1)) = \mathcal{H}$ である．また，前問 (c) と，1 番 (d) より，$\mathcal{H}$ は相対弱コンパクトではない．したがって，T_f は弱コンパクト写像ではない．

18. (a) 定理 2.2.45 の十分性の証明の中で，或る $x^*_{(F_0, \varepsilon_0)} \in B(X^*)$ で，$(x^*_{(F_0, \varepsilon_0)}, f(s)) = g(s)$ $(\mu$-a.e.$)$ が成り立ち，かつ，$H = \{z^* \in B(X^*) : (z^*, f(s)) = (x^*_{(F_0, \varepsilon_0)}, f(s))$ $(\mu$-a.e.$)\}$ について，$0 \in \overline{H}^{w^*}$ が成り立つことを示したので，x_0^* としては，この $x^*_{(F_0, \varepsilon_0)}$ をとればよい．実際，$(x_0^*, f(s)) = g(s)$ $(\mu$-a.e.$)$ であるから

$$\left| \int_S (x_0^*, f(s)) h(s) d\mu(s) \right| = \left| \int_S g(s) h(s) d\mu(s) \right| \geq \beta > 0$$

が成り立ち，$\mu(\{s \in S : (x_0^*, f(s)) \neq 0\}) > 0$ が得られるからである．

(b) (仮定から) 補題 2.2.42 を用いれば，或る $a \in cor_f(S)$ が存在して，$(x_0^*, a) \neq 0$ が成り立ち，また，任意の $z^* \in H$ について，$(z^* - x_0^*, x) = 0$ $(x \in cor_f(S))$ が成り立つ．したがって，任意の $z^* \in H$ について，$(z^*, a) = (x_0^*, a)$ が成り立つ．ここで $0 \in \overline{H}^{w^*}$ を用いれば，直前の式の左辺の z^* に関する極限移行で，$0 = (x_0^*, a)$ が得られ，矛盾が生じる．よって，示された．

19. (a) j の点 g $(\in Z)$ での連続性は，Z のネット $\{g_\alpha\}_{\alpha \in D}$ で，$g_\alpha \to g$ $(\tau$-位相$)$ について，$j(g_\alpha) \to j(g)$ (w) すなわち，任意の $h \in L_\infty(S, \Sigma, \mu)$ について

$\int_S g_\alpha(s)h(s)d\mu(s) \to \int_S g(s)h(s)d\mu(s)$ が成り立つことである．したがって，j が g^* で不連続ならば，或る $h \in L_\infty(S, \Sigma, \mu)$ について，ϕ_h が点 g^* で不連続となる．

(b) ϕ_h が 点 g^* で不連続とは $[\overline{\phi}_h(g^*) > \phi_h(g^*)$ あるいは，$\phi_h(g^*) > \underline{\phi}_h(g^*)]$ であるから，前者の場合：p, q $(p < q)$ を，$\phi_h(g^*) \le p < q < \overline{\phi}_h(g^*)$ を満たすようにとれば，要求された p, q である．また，後者の場合は，h の代わりに $-h$ をとれば，前者の場合に帰着できることが分かる．このような h と q について，$g^* \in \overline{Y}^\tau$ であることは，以下のようにして分かる．それは，q の性質を用いれば，任意の近傍 $U \in \mathcal{U}_\tau(g^*)$ について，或る $f_U \in U$ で $\phi_h(f_U) > q$ を満たすものが存在することから，Y に属する，このネット $\{f_U\}_{U \in \mathcal{U}_\tau(g^*)}$ に注意すれば，$f_U \to g^*$ (τ-位相) となり，$g^* \in \overline{Y}^\tau$ が得られる．

(c) $V(F, \varepsilon) \in \mathcal{U}_\tau(g^*)$ であるから，$g^* \in \overline{Y}^\tau$ より，$C(F, \varepsilon) = V(F, \varepsilon) \cap Y \ne \emptyset$ が分かる．また，$\overline{C(F,\varepsilon)} = H(F, \varepsilon)$ は閉凸集合より弱閉凸集合で，$\overline{Z}^w$ (弱コンパクト集合) に含まれるので，$H(F, \varepsilon)$ は弱コンパクトである．しかも，$\{H(F, \varepsilon) : F$ は S の有限部分集合，$\varepsilon > 0\}$ は有限交叉性を持つことから，問題の要求された結果が得られる．

(d) f' を，前問 (c) の共通部分の元とすれば，各 (F, ε) について，$f' \in \overline{C(F, \varepsilon)}$ であるから，題意の或る点列 $\{f_n\}_{n \ge 1}$ が得られる．このとき，適当に部分列 $\{f_{n(m)}\}_{m \ge 1}$ をとることで，$f_{n(m)}(s) \to f(s)$ (μ-a.e.) に成り立つ．したがって，Z の τ-コンパクト性から，この部分列の τ-集積点を $f_{(F, \varepsilon)}$ とすれば，$V(F, \varepsilon)$ の τ-閉性から，$f_{(F, \varepsilon)} \in V(F, \varepsilon)$ で，$f_{(F, \varepsilon)} = f'$ (μ-a.e.) が成り立つ．

(e) 或る (F_0, ε_0) を一つとり，これに対応して (d) で定まる元 $f_{(F_0, \varepsilon_0)}$ を，ψ とする．これが要求された性質を持つことが，以下のようにして分かる．先ず f' が，$\int_S f'(s)h(s)d\mu(s) \ge q$ を満たすことは，各 n について $\int_S f_n(s)h(s)d\mu(s) \ge q$ および，$\|f_n - f'\|_1 \to 0$ から容易に分かる．したがって，$\int_S \psi(s)h(s)d\mu(s) \ge q$ となるので，前問 (b) の g^* の性質を考慮すれば，ψ が 性質 (1) を持つことが分かる．また，前問 (d) の結果から，任意の (F, ε) について $f_{(F, \varepsilon)} = f' = \psi$ (μ-a.e.) が成り立ち，$f_{(F, \varepsilon)} \in V(F, \varepsilon)$ であるから，$f_{(F, \varepsilon)} \to g^*$ (τ-位相) が分かるので，ψ が性質 (2) を持つことも分かる．

20. (必要性) (a) は明らかより，(b) のみ確かめる．$Y = \overline{\text{sp}}(\nu_f(\Sigma))$ とおけば，これは可分な閉部分空間であり，$T_f^*(\chi_E) = \nu_f(E) \in Y$ であるから，$x^* \in Y^\perp$ ならば，任意の $E \in \Sigma$ について，$0 = (x^*, T_f^*(\chi_E)) = (T_f(x^*), \chi_E) = \int_E (x^*, f(s))d\mu(s)$ が成り立つ．したがって，$(x^*, f(s)) = 0$ (μ-a.e.) が得られる．(十分性) 可分閉部分空間は weakly compactly generated であるから，条件 (a), (b) から f のペッティス積分可能性が得られる．また，条件 (b) を満たす可分閉部分空間 Y は $\nu_f(\Sigma) \subset Y$ を満たす．実際，これを否定して，或る $\nu_f(E)$ が存在して，$\nu_f(E) \notin Y$ とせよ，そのとき，ハーン・バナッハにより，$x^* \in X^*$ で，$(x^*, \nu_f(E)) = 1$, $(x^*, y) = 0$ ($y \in Y$) (すなわち，$x^* \in Y^\perp$) を満たすものが存在する．ここで f のペッティス積分可能性と $x^* \in Y^\perp$ から

$$1 = (x^*, \nu_f(E)) = (x^*, T_f^*(\chi_E)) = \int_E (x^*, f(s))d\mu(s) = 0$$

が得られ，矛盾が生じる．したがって，$\nu_f(\Sigma)$ は可分である．

21. (a) $\|V(h)\|_1 = \int_S |h(f(s))|d\mu(s) = \int_X |h(x)|df(\mu)(x) = \|h\|_1$ であることから得られる．

(b) $(V(h),\phi) = \int_S h(f(s))\phi(s)d\mu(s)$, $(h,V^*(\phi)) = \int_X h(x)V^*(\phi)(x)df(\mu)(x)$ および, 共役写像の性質: $(V(h),\phi) = (h,V^*(\phi))$ から, 等式が生じる. また, 全射であることは

$$V^*(B(L_\infty(S,\Sigma,\mu))) = B(L_\infty(X,\mathcal{B}a(X,w),f(\mu)))$$

を示す. $\|V^*\| = \|V\| = 1$ (前問 (a) の結果) であるから, $V^*(B(L_\infty(S,\Sigma,\mu))) \subset B(L_\infty(X,\mathcal{B}a(X,w),f(\mu)))$ は明らかより, この包含が真に異なるとして, 矛盾を導く. この差集合に含まれる元 g をとれ. そのとき, V^* の 弱*-弱* 連続性から, $V^*(B(L_\infty(S,\Sigma,\mu)))$ は弱*コンパクト凸集合で, g を含まないから, 分離定理により, 或る $h \in L_1(X,\mathcal{B}a(X,w),f(\mu))$ が存在して

$$\|h\|_1 \geq \int_X h(x)g(x)df(\mu)(x) > \sup\{\int_X h(x)V^*(\phi)(x)df(\mu)(x) :$$

$\phi \in B(L_\infty(S,\Sigma,\mu))\} = \sup\{(V(h),\phi) : \|\phi\|_\infty \leq 1\} = \|V(h)\|_1 = \|h\|_1$
が得られ, 矛盾が生じる.

(c) $(x^*,j(x)) = (x^*,x)$ であるから, j の弱可測性は明らかで, しかも,
$\int_X |(x^*,j(x))|df(\mu)(x) = \int_X |(x^*,x)|df(\mu)(x) = \int_S |(x^*,f(s))|d\mu(s)$ であることから, j のダンフォード積分可能性が得られる.

(d) 各 $x^* \in X^*$ について, 前問 (b) の等式を用いれば

$$(x^*,T_j^*(g)) = (T_j(x^*),g) = \int_X (x^*,x)g(x)df(\mu)(x) = \int_X (x^*,x)V^*(\phi)(x)df(\mu)(x)$$

$$= \int_S (x^*,f(s))\phi(s)d\mu(s) = (T_f(x^*),\phi) = (x^*,T_f^*(\phi))$$

が得られる (したがって, $T_j^*(g) = T_f^*(\phi)$ が分かる).

(e) 前問 (b) と (d) の結果から容易に分かる.

22. (a) 右辺の総和において, $i=n$ の時のみ $\chi_{\{i\}}(n) = 1$ で, 他は 0 より, 右辺の値 $= 2^n x_n$ である.

(b) 各 $E \in \mathcal{P}(\mathbf{N})$ について, $\sum_{i=1}^\infty 2^i x_i \mu(E \cap \{i\}) = \sum_{i \in E} 2^i x_i \mu(\{i\}) = \sum_{i \in E} x_i$ であることと, 系 2.2.51 (1) から分かる.

(c) $\|f(n)\| = \sum_{i=1}^\infty 2^i \|x_i\| \chi_{\{i\}}(n)$ であるから, 非負関数についての項別積分可能定理から, $\int_{\mathbf{N}} \|f(n)\| d\mu(n) = \sum_i^\infty 2^i \|x_i\| \mu(\{i\}) = \sum_{i=1}^\infty \|x_i\| = +\infty$ が得られる.

23. (a) g は有界強可測よりボッホナー積分可能, したがってペッティス積分可能より, T_g は弱コンパクト写像である. したがって, $T_h = T_f - T_g$ も弱コンパクト写像である.

(b) 17 番 (a) と全く同じである (略).

(c) 前問 (a), (b) の結果と, 定理 2.2.43 から得られる.

問題 3

1. (a) 定理 2.1.29, 定理 2.2.3 から, 或る強可測関数 k' で, f と弱同値であるものが存在する. そのとき, k' の強可測性を用いれば, $\mu(S \backslash S_0) = 0$ を満たす $S_0 \in \Sigma$

が存在して, $k'(S_0)$ は可分であるから, $k(s) = k'(s)$ $(s \in S_0)$, $k(s) = 0$ $(s \notin S_0)$ として定義される関数 k が要求された関数の一つであることは容易に分かる.

(b) $Y = \overline{\mathrm{sp}}(k(S))$ とおけば, Y は X の可分閉部分空間である. したがって, 可分バナッハ空間の性質 (松田 [26] の命題 1.2.16 の (2) を参照) を用いれば, 或る $\{y_n^*\}_{n \geq 1} \subset B(Y^*)$ が存在して, 任意の $y \in Y$ について $\|y\| = \sup\{(y_n^*, y) : n \geq 1\}$ が成り立つ. したがって, 各 $s \in S$ について $\|k(s)\| = \sup\{(y_n^*, k(s)) : n \geq 1\}$ が成り立つ. さて, μ-a.e. に, $\|k(s)\| \leq 1$ が成り立たないとして, 矛盾を導こう. そのとき, $\mu(\{s \in S : \|k(s)\| > 1\}) > 0$ であり

$$\{s \in S : \|k(s)\| > 1\} = \bigcup_{n=1}^{\infty} \{s \in S : (y_n^*, k(s)) > 1\}$$

であることから, 或る p が存在して $\mu(\{s \in S : (y_p^*, k(s)) > 1\}) > 0$ が成り立つ. したがって, $A = \{s \in S : (y_p^*, k(s)) > 1\}$ とし, y_p^* の, Y から X へのノルム不変の拡張 (ハーン・バナッハによる) を x_p^* とすれば

$$\mu(A) \geq \|x_p^*\|\mu(A) \geq (x_p^*, \alpha(A)) = \int_A (x_p^*, f(s))d\mu(s)$$

$$= \int_A (x_p^*, k(s))d\mu(s) = \int_A (y_p^*, k(s))d\mu(s) > \mu(A)$$

が得られ, 矛盾が生じた.

(c) $F = \{s \in S : \|k(s)\| \leq 1\}$ とし, $g(s) = k(s)$ $(s \in F)$, $g(s) = 0$ $(s \notin F)$ とすれば, $\|g(s)\| \leq 1$ $(\forall s)$ かつ, g は強可測である. したがって, $g : S \to B(X)$ で, ボッホナー積分可能であり, f と弱同値も明らかであるから, 任意の $x^* \in X^*$ と $E \in \Sigma$ について

$$(x^*, \alpha(E)) = \int_E (x^*, f(s))d\mu(s) = \int_E (x^*, g(s))d\mu(s) = (x^*, (\mathrm{B})\int_E g(s)d\mu(s))$$

が成り立つ. したがって, 要求された結果が得られる.

2. (問題 1 の 48 番のハール測度版であるから, その解答を参照せよ) (a) $|f(a) - f(b)| \leq \mu((E + a - b) \triangle E)$ から得られる (問題 1 の 48 番 (b) の解答を参照).

(b) 問題 1 の 48 番 (c) の後半部分 (フビニの定理の利用) を, ハール測度 μ に変えればよい.

(c) 問題 1 の 48 番 (c) と同様の論理展開で $\mu(E) = 0$ あるいは, $\mu(E^c) = 0$ が得られるから, 後者については, $\mu(E) = 1$ より, 結果が生じる.

(d) $\mathcal{F} \in \Sigma_\mu$ とせよ. そのとき, $K_0 = \{a = \{a_n\}_{n \geq 1} \in K : \{n : a_n = 1\}$ が有限集合 $\}$ (すなわち, K_0 は有限集合全体から作られる部分集合族に対応) とするとき, K_0 は K の稠密な部分集合であり, $\mathcal{F}$ の性質から, $\mathcal{F} + a = \mathcal{F}$ $(a \in K_0)$ が成り立つから, $\mu((\mathcal{F} + a) \triangle \mathcal{F}) = 0$ $(a \in K_0)$ が成り立つ. したがって, 前問 (c) の結果から, $\mu(\mathcal{F}) = 0$ または, $\mu(\mathcal{F}) = 1$ が得られる. ところが, $\mathcal{F}$ の性質から, $\mathcal{F} + e = \mathcal{F}^c$ (ただし, $e = \{a_n\}_{n \geq 1}$, $a_n = 1, \forall n$) が成り立ち, μ の平行移動不変性を用いれば, $\mu(\mathcal{F}) = \mu(\mathcal{F}^c)$ が得られるから, $\mu(\mathcal{F}) = 1/2$ となる. したがって, 矛盾が得られ, $\mathcal{F} \notin \Sigma_\mu$ が分かる.

(e) free ultrafilter $\mathcal{F}$ に対応して得られる l_∞^* の元 ($\{0,1\}$-値の有限加法的測度) を $\mu_\mathcal{F}$ とする. また, $x = \{x_n\}_{n \geq 1} \in K$ に対応する $\mathbf{N}$ の部分集合 $\{n : x_n = 1\}$ を A_x とすれば

$$(\mu_\mathcal{F}, \psi(x)) = \int_\mathbf{N} x_n d\mu_\mathcal{F}(n) = \chi_\mathcal{F}(A_x)$$

となる．したがって，前問 (d) の結果：$\mathcal{F}$ の非可測性から，ψ の非弱可測性が生じる．また，ψ の弱 $*$ 可測性は，以下．$a = \{a_n\}_{n\geq 1} \in l_1$ について，$(a, \psi(x)) = \sum_{n=1}^{\infty} a_n x_n = \sum_{n=1}^{\infty} a_n \pi_n(x)$（ただし，$\pi_n$ は，次問 (f) のもの）であり，$\pi_n : K \to \mathbf{R}$ は連続であるから，ボレル可測（よって，μ-可測）であることを用いれば，$(a, \psi(x))$ の μ-可測性（したがって，ψ の弱 $*$ 可測性）が得られる．

(f) $\|\alpha(E)\| = \sup\left\{\left|\int_E \pi_n(x)d\mu(x)\right| : n \geq 1\right\}$ であるから，$|\pi_n(x)| = |x_n| \leq 1$（$\forall x \in K$）を用いれば，$\left|\int_K \pi_n(x)d\mu(x)\right| \leq \mu(E)$（$\forall n$）が得られる．よって，要求された不等式が得られる．

(g) (f) の α と (K, Σ_μ, μ) の組について，α がペッティス密度関数を持たないことを示す．そのために，或るペッティス積分可能関数 $f : K \to B(l_\infty)$ で

$$(x^*, \alpha(E)) = \int_E (x^*, f(x))d\mu(x) \ (x^* \in l_\infty^*, \ E \in \Sigma_\mu)$$

を満たすものが存在するとせよ．このとき，$x^* = e_n$（$\in l_1 \subset l_\infty^*$）をとれば

$$\int_E \pi_n(x)d\mu(x) = (e_n, \alpha(E)) = \int_E (e_n, f(x))d\mu(x) \ (E \in \Sigma_\mu)$$

から，各 n について，$\pi_n(x) = (e_n, f(x))$（μ-a.e.）が得られる．したがって，例 3.1.4 と同様の論理展開で，$\psi(x) = f(x)$（μ-a.e.）が得られる．ところが，この左辺は，弱可測ではなく（前問 (e) の結果），右辺は弱可測であるから，矛盾である．

3. (a) 実数倍の場合は明らかである．和の場合．任意の真に増加な有限列 $m(1) < m(2) < \cdots < m(n+1)$ を与えよ．そのとき

$$\sum_{j=1}^{n}\left(\sum_{i=m(j)}^{m(j+1)-1}(x(i)+y(i))\right)^2 = \sum_{j=1}^{n}\left(\sum_{i=m(j)}^{m(j+1)-1}x(i)\right)^2$$
$$+ 2\sum_{j=1}^{n}\left(\sum_{i=m(j)}^{i=m(j+1)-1}x(i) \cdot \sum_{i=m(j)}^{i=m(j+1)-1}y(i)\right)$$
$$+ \sum_{j=1}^{n}\left(\sum_{i=m(j)}^{m(j+1)-1}y(i)\right)^2$$

であり，シュワルツの不等式より

$$2\sum_{j=1}^{n}\left(\sum_{i=m(j)}^{i=m(j+1)-1}x(i) \cdot \sum_{i=m(j)}^{i=m(j+1)-1}y(i)\right)$$
$$\leq 2\left(\sum_{j=1}^{n}\left(\sum_{i=m(j)}^{i=m(j+1)-1}x(i)\right)^2\right)^{1/2} \cdot \left(\sum_{j=1}^{n}\left(\sum_{i=m(j)}^{i=m(j+1)-1}y(i)\right)^2\right)^{1/2}$$

であるから

$$\sum_{j=1}^{n}\left(\sum_{i=m(j)}^{m(j+1)-1}(x(i)+y(i))\right)^2 \le \|x\|_J^2 + 2\|x\|_J\|y\|_J + \|y\|_J^2$$

が得られる．したがって，この不等式の左辺で，このような有限列についての上限をとれば

$$\|x+y\|_J^2 \le (\|x\|_J + \|y\|_J)^2 < +\infty$$

が得られる．

(b) $|x(n)| \le (\sum_{i=1}^{n} x(i)^2)^{1/2} \le \|x\|_J$ から得られる．ここで，二つ目の不等式は，有限列 $m(i)=i$ $(i=1,\ldots,n+1)$ に対応した量:

$$\left(\sum_{j=1}^{n}\left(\sum_{i=m(j)}^{m(j+1)-1} x(i)\right)^2\right)^{1/2} = \left(\sum_{i=1}^{n} x(i)^2\right)^{1/2}$$

から生じる．

(c) (b) の結果から，$\|x\|_J = 0 \Rightarrow x(n)=0$ $(\forall n)$ が得られ，$x=0$ が分かる．また，$\|\lambda x\|_J = |\lambda|\|x\|_J$ は明らかであり，さらに，(a) で得られた不等式から $\|x+y\|_J \le \|x\|_J + \|y\|_J$ が得られる．

(d) $(J, \|\cdot\|_J)$ の完備性を示す．$\{x_l\}_{l\ge 1}$ を J のコーシー列とし，$x_l = \{x^{(l)}(n)\}_{n\ge 1}$ と表せ．そのとき，(b) の結果から

$$|x^{(l)}(n) - x^{(k)}(n)| \le \|x_l - x_k\|_J \to 0 \ (k,l \to \infty)$$

であるから，各 n 毎に，極限値: $\lim_{l\to\infty} x^{(l)}(n) = x(n)$ $(\in \mathbf{R})$ が存在する．このとき，$x = \{x(n)\}_{n\ge 1}$ とおけば，$x \in J$ かつ，$\|x_l - x\|_J \to 0$ $(l\to\infty)$ が，以下で得られる．任意の正数 ε を与えよ．$\{x_l\}_{l\ge 1}$ のコーシー性から，或る番号 N が存在して，$N \le l < k$ を満たす任意の l, k について，$\|x_k - x_l\|_J < \varepsilon$ が成り立つ．したがって，任意の有限列 $m(1) < m(2) < \cdots < m(n+1)$ について

$$\sum_{j=1}^{n}\left(\sum_{i=m(j)}^{i=m(j+1)-1}(x^{(k)}(i) - x^{(l)}(i))\right)^2 < \varepsilon^2$$

が成り立つ．ここで，このような l を固定して，$l<k$ を満たす k について，$k\to\infty$ とすれば

$$\left(\sum_{j=1}^{n}\left(\sum_{i=m(j)}^{i=m(j+1)-1}(x(i) - x^{(l)}(i))\right)^2\right)^{1/2} \le \varepsilon \cdots (*)$$

が得られる．したがって，$l=N$ とし，このような有限列についての左辺の上限をとれば

$$\|x - x^{(N)}\|_J \le \varepsilon$$

が得られる．(a) と同様にして

$$\left(\sum_{j=1}^n \left(\sum_{i=m(j)}^{i=m(j+1)-1} x(i)\right)^2\right)^{1/2} \leq \sum_{j=1}^n \left(\sum_{i=m(j)}^{m(j+1)-1} (x(i)-x^{(N)}(i))\right)^2$$
$$+ 2\left(\sum_{j=1}^n \left(\sum_{i=m(j)}^{i=m(j+1)-1} (x(i)-x^{(N)}(i))\right)^2\right)^{1/2}$$
$$\cdot \left(\sum_{j=1}^n \left(\sum_{i=m(j)}^{i=m(j+1)-1} x^{(N)}(i)\right)^2\right)^{1/2}$$
$$+ \sum_{j=1}^n \left(\sum_{i=m(j)}^{m(j+1)-1} x^{(N)}(i)\right)^2$$

が成り立つから

$$\left(\sum_{j=1}^n \left(\sum_{i=m(j)}^{i=m(j+1)-1} x(i)\right)^2\right)^{1/2} \leq \varepsilon + 2\varepsilon \cdot \|x^{(N)}\|_J + \|x^{(N)}\|_J$$

が得られ，$x \in J$ が分かる．しかも，$(*)$ から，$l \geq N$ を満たす l について，$\|x-x^{(l)}\|_J \leq \varepsilon$ が得られるから，$\|x^{(l)} - x\|_J \to 0 \; (l \to \infty)$ が示された．

(e) $x = \{x(n)\}_{n \geq 1} \in J$ について，$\sum_{n=1}^\infty x(n)$ の収束性，すなわち，任意の正数 ε に対して，或る番号 N が存在して，$p \geq N$, $p+l$ について，$|\sum_{j=p}^{p+l} x(j)| < \varepsilon$ を示そう．$\|x\|_J$ の定義から，或る有限列 $m(1) < m(2) < \cdots < m(n+1)$ が存在して

$$\|x\|_J^2 - \varepsilon^2 < \sum_{j=1}^n \left(\sum_{i=m(j)}^{i=m(j+1)-1} x(i)\right)^2$$

が成り立つ．このとき，$N > m(n+1)$ ととれば，$p \geq N$, $p+l$ について，$m(n+2) = p$, $m(n+3) = p+l+1$ として

$$\sum_{j=1}^n \left(\sum_{i=m(j)}^{i=m(j+1)-1} x(i)\right)^2 + (x(m(n+1))+\cdots+x(p-1))^2 + (x(p)+\cdots+x(p+l))^2 \leq \|x\|_J^2$$

が成り立つ．
$$(x(p)+\cdots+x(p+l))^2 < \varepsilon^2$$
が得られ，結果が生じる．また，後半部分については，任意の m について

$$\left|\sum_{n=1}^m x(n)\right| \leq \|x\|_J$$

を注意すればよい. そのために, 有限列 $m(1) = 1, m(2) = m + 1$ を考えよう. そのとき

$$\|x\|_J \geq \left(\left(\sum_{n=1}^{m} x(n)\right)^2\right)^{1/2} = \left|\sum_{n=1}^{m} x(n)\right|$$

が得られる.

(f) 単調性については, 任意の n と, 有限列 $\{a_i\}_{1 \leq i \leq n+1}$ について

$$\left\|\sum_{i=1}^{n} a_i e_i\right\|_J \leq \left\|\sum_{i=1}^{n+1} a_i e_i\right\|_J$$

を示す. $a = \sum_{i=1}^{n} a_i e_i = \{a(i)\}_{i \geq 1}$, $b = \sum_{i=1}^{n} a_i e_i = \{b(i)\}_{i \geq 1}$ とおく. そのとき, $\|a\|_J^2$, $\|b\|_J^2$ を評価するには, $m(1) < m(2) < \cdots < m(p+1)$ で, $m(p+1) - 1 \geq n + 1$ を満たす有限列 $\{m(i)\}_{1 \leq i \leq p+1}$ で考えればよい. 実際, $\|\cdot\|_J^2$ の定義式をみれば, 有限列を伸ばすことにより, 上限を考える数値を増加させることができるからである. したがって, 上述の性質を持つ有限列 $\{m(i)\}_{1 \leq i \leq p+1}$ で考える. 次の二つの場合に分かれる. (1) $m(p) \leq n$ のとき.

$$\begin{aligned}
\sum_{j=1}^{p} \left(\sum_{i=m(j)}^{i=m(j+1)-1} a(i)\right)^2 &= \sum_{j=1}^{p-1} \left(\sum_{i=m(j)}^{m(j+1)-1} a(i)\right)^2 + \left(\sum_{i=m(p)}^{i=m(p+1)-1} a(i)\right)^2 \\
&= \sum_{j=1}^{p-1} \left(\sum_{i=m(j)}^{m(j+1)-1} a(i)\right)^2 + \left(\sum_{i=m(p)}^{n} a_i\right)^2 \\
&\leq \sum_{j=1}^{p-1} \left(\sum_{i=m(j)}^{m(j+1)-1} a(i)\right)^2 + \left(\sum_{i=m(p)}^{n} a_i\right)^2 + a_{n+1}^2 \\
&\leq \|b\|_J^2
\end{aligned}$$

が成り立つ. また, (2) $m(p) \geq n + 1$ のとき.

$$\begin{aligned}
\sum_{j=1}^{p} \left(\sum_{i=m(j)}^{i=m(j+1)-1} a(i)\right)^2 &= \sum_{j=1}^{p-1} \left(\sum_{i=m(j)}^{m(j+1)-1} a(i)\right)^2 + \left(\sum_{i=m(p)}^{i=m(p+1)-1} a(i)\right)^2 \\
&= \sum_{j=1}^{p-1} \left(\sum_{i=m(j)}^{m(j+1)-1} a(i)\right)^2 \quad (a(i) = 0, \ i \geq n+1, \text{より}) \\
&= \sum_{j=1}^{p-1} \left(\sum_{i=m(j)}^{m(j+1)-1} b(i)\right)^2 + \left(\sum_{i=m(p)}^{m(p+1)} b(i)\right)^2 \\
&\leq \|b\|_J^2
\end{aligned}$$

が成り立つ. したがって, $\|a\|_J^2 \leq \|b\|_J^2$ が得られ, 要求された不等式が成り立つ. 次に基底であること. $a = \{a(i)\}_{i \geq 1} \in J$ について, 任意に正数 ε を与えれば, 或る有限列 $m(1) < m(2) < \cdots < m(n+1)$ が存在して

$$\|a\|_J^2 - \varepsilon^2 < \sum_{j=1}^{n} \left(\sum_{i=m(j)}^{i=m(j+1)-1} a(i)\right)^2$$

が成り立つ. そのとき, 任意の各 $p \,(\geq m(n+1))$ について
$$\left\| a - \sum_{i=1}^{p} a(i)e_i \right\|_J^2$$
を評価しよう. $b_p = a - \sum_{i=1}^{p} a(i)e_i$ について, $b_p(i) = 0 \,(i=1,\ldots,p)$ であるから, $\|b_p\|_J^2$ を定義する有限列 $l(1) < l(2) < \cdots < l(k+1)$ について, $l(k+1) \leq p+1$ である場合は, この有限列に対して与えられる数値:
$$\sum_{j=1}^{k} \left(\sum_{i=l(j)}^{i=l(j+1)-1} b_p(i) \right)^2 = 0$$
より, $l(j) > p+1$ を満たす j が存在するような有限列で考えればよい. この場合は, このような j の最小番号 j_0 から始まる有限列 $l(j_0) < l(j_0+1) < \cdots < l(k+1)$ で置き換えればよいから, 最初から, $l(1) > p+1$ を満たす有限列 $l(1) < l(2) < \cdots < l(k+1)$ で考えれば十分である. このとき
$$\sum_{j=1}^{n} \left(\sum_{i=m(j)}^{i=m(j+1)-1} a(i) \right)^2 + \sum_{j=1}^{k} \left(\sum_{i=l(j)}^{i=l(j+1)-1} b_p(i) \right)^2$$
$$= \sum_{j=1}^{n} \left(\sum_{i=m(j)}^{i=m(j+1)-1} a(i) \right)^2 + \sum_{j=1}^{k} \left(\sum_{i=l(j)}^{i=l(j+1)-1} a(i) \right)^2 \leq \|a\|_J^2$$
であるから
$$\sum_{j=1}^{k} \left(\sum_{i=l(j)}^{i=l(j+1)-1} b_p(i) \right)^2 \leq \|a\|_J^2 - (\|a\|_J^2 - \varepsilon^2) = \varepsilon^2$$
が得られる. したがって $\|b_p\|_J \leq \varepsilon \,(\forall p \geq m(n+1))$ となり
$$a = \sum_{i=1}^{\infty} a(i)e_i$$
が得られる. 最後に有界完備基底であること. 数列 $\{a_i\}_{i \geq 1}$ は
$$\sup_{q \geq 1} \| \sum_{i=1}^{q} a_i e_i \|_J \,(= M) < +\infty$$
を満たすとする. このとき, $a = \{a(i)\}_{i \geq 1} \in J$ を示そう (ただし, $a(i) = a_i, \forall i$). そのために, 任意の有限列 $m(1) < m(2) < \cdots < m(n+1)$ を与えよ. そのとき, $N = m(n+1)$ とし, $m(n+2) = N+1$ ととれば
$$\sum_{j=1}^{n} \left(\sum_{i=m(j)}^{m(j+1)-1} a(i) \right)^2 \leq \sum_{j=1}^{n+1} \left(\sum_{i=m(j)}^{m(j+1)-1} a(i) \right)^2$$
$$\leq \left\| \sum_{i=1}^{N} a_i e_i \right\|_J^2 \leq M^2$$

が得られる. したがって

$$\sup\left\{\sum_{j=1}^{n}\left(\sum_{i=m(j)}^{m(j+1)-1}a(i)\right)^2 : n\geq 1,\ m(1)<m(2)<\cdots<m(n+1)\right\}\leq M^2$$

が得られ, $a\in J$ が分かる. したがって, 有界完備基底であることが示された.

(g) 任意の $x=\{x(n)\}_{n\geq 1}\in J$ について, 前問 (e) の不等式を用いて

$$|(e^*,x)|=\left|\sum_{n=1}^{\infty}x(n)\right|\leq\|x\|_J$$

であり, e^* の線形性は明らかであるから, $e^*\in J^*$, $\|e^*\|\leq 1$ が得られる. また, $\|e_n\|_J=1$ で, $(e^*,e_n)=1$ であるから, $\|e^*\|\geq 1$ が得られる. したがって, $\|e^*\|=1$ が得られる.

(h) $e^*\in J^*\setminus\overline{\mathrm{sp}}(\{e_n^*\}_{n\geq 1})$ である. ただし, $\{e_n^*\}_{n\geq 1}$ ($\subset J^*$) は, 基底 $\{e_n\}_{n\geq 1}$ に対応して定まる係数汎関数列である. 実際, $e^*\in\overline{\mathrm{sp}}(\{e_n^*\}_{n\geq 1})$ とすれば, $[(e^*,e_n)\to 0\ (n\to\infty)]$ が, 各 e_m^* について, $(e_m^*,e_n)\to 0\ (n\to\infty)$ が成り立つことを用いることにより, 容易に分かる. しかし, $(e^*,e_n)=1\ (\forall n)$ であるから, 矛盾する. よって, $J^*\neq\overline{\mathrm{sp}}(\{e_n^*\}_{n\geq 1})$ である. すなわち, 有界完備基底 $\{e_n\}_{n\geq 1}$ は, 短縮基底ではない. したがって, J は回帰的ではない (例えば, 松田 [26] の定理 2.2.5 を参照).

4. (a) $\mathcal{O}=\{O\in\mathcal{O}(Z):\mu(O)=0\}$ (ただし, $\mathcal{O}(Z)$ は Z の開集合族) とする. そのとき, $W=\bigcup_{O\in\mathcal{O}}O$ とおけば, W は開集合であり, $\mu(W)=0$ が得られる. 実際, μ の正則性から, $L\subset W$ を満たす任意のコンパクト集合 L について, $\mu(L)=0$ を示せばよいが, それは, L の開被覆 $\mathcal{O}$ から, 有限部分被覆 $\{O_1,\ldots,O_n\}$ がとれば, $\mu(L)\leq\sum_{i=1}^{n}\mu(O_i)=0$ となることから分かる. そのとき, $F=Z\setminus W$ とすれば, F が要求された空でない閉集合である. そのために, $O\cap F\neq\emptyset$ を満たす開集合 O をとれ. そのとき, $\mu(O\setminus F)=\mu(O\cap W)\leq\mu(W)=0$ である. 今, $\mu(O\cap F)=0$ と仮定せよ. そのとき, 直前の内容と併せて $\mu(O)=0$ が得られ, 結局, $\mu(O)=0$, すなわち, $O\in\mathcal{O}$ となるので, $O\subset W$ が得られ, $O\cap F=\emptyset$ が生じ, 矛盾である. したがって, $\mu(O\cap F)>0$ が得られる.

(b) μ の正則性から, A は, $\mu(K)>0$ を満たすコンパクト集合 K を含む. このとき, $\mathcal{O}_K=\{O\in\mathcal{O}(Z):O\cap K\neq\emptyset,\ \mu(O\cap K)=0\}$ とおけ. $\mathcal{O}_K=\emptyset$ のとき, $K=C$ とすれば, これが要求されたものである. $\mathcal{O}_K\neq\emptyset$ のとき, $V=\bigcup_{O\in\mathcal{O}_K}O$ とおけば, V は開集合である. このとき, $C=K\setminus V\ (=K\setminus(K\cap V))$ とおけば, これが求める空でない閉集合である. 先ず, $\mu(K\cap V)=0$ である (実際, (a) の, $\mu(W)=0$ の証明と同様である). さらに, $U\cap C\neq\emptyset$ を満たす開集合 U を任意にとり, $\mu(U\cap C)>0$ が成り立つことを以下で示そう. $U\cap K=(U\cap(K\setminus C))\cup(U\cap C)$ より, $\mu(U\cap K)=\mu(U\cap(K\setminus C))+\mu(U\cap C)$ が成り立つ. ここで

$$\mu(U\cap(K\setminus C))=\mu(U\cap(K\cap V))\leq\mu(K\cap V)=0$$

が得られるから, $\mu(U\cap(K\setminus C))=0$ が成り立つ. 今, $\mu(U\cap C)=0$ と仮定せよ. そのとき, 直前の内容と併せて $\mu(U\cap K)=0$ が得られる. しかも, $U\cap K\supset U\cap C\neq\emptyset$ であるから, $U\in\mathcal{O}_K$ が得られ, $U\subset V$ となり, $U\cap C\subset V\cap C=\emptyset$ が得られ, 矛盾である. したがって, $\mu(U\cap C)>0$ が示された.

5. (a) $j^*(B(X^*))=B(Y^*)$ を, 先ず示す. 任意の $y^*\in B(Y^*)$ について, ハーン・バナッハの定理から, $x^*\in X^*$ で

$$\|x^*\|=\|y^*\|,\ (x^*,y)=(y^*,y)\ (y\in Y)$$

を満たすものが存在する. このとき
$$(j^*(x^*), y) = (x^*, j(y)) = (x^*, y) = (y^*, y) \ (y \in Y)$$
であるから, $j^*(x^*) = y^*$ が得られるので, 要求された結果が分かる. 次に, j^* の連続性については, $x_\alpha^* \to x^* \ (w^*)$ であるとき
$$j^*(x_\alpha^*) \to j^*(x^*) \ (w^*)$$
すなわち, 任意の $y \in Y$ について
$$(j^*(x_\alpha^*), y) \to (j^*(x^*), y)$$
を示す. これは
$$(j^*(x_\alpha), y) = (x_\alpha, j(y)) \to (x^*, j(y)) = (j^*(x^*), y)$$
から得られる.

(b) $\nu \in \mathcal{P}(B(Y^*), w^*))$ をとれ. また, $C(B(X^*), w^*)$ の次の部分空間 $\mathcal{H}$ を考えよ.
$$\mathcal{H} = \{f \circ j^* \ : \ f \in C(B(Y^*), w^*)\}$$
そして, $l : \mathcal{H} \to \mathbf{R}$ を
$$l(f \circ j^*) = \int_{B(Y^*)} f(y^*) d\nu(y*) \ (f \in C(B(Y^*), w^*))$$
で定義する. これが良く定義されていること, すなわち
$$f_1 \circ j^* = f_2 \circ j^* \Rightarrow \int_{B(Y^*)} f_1(y^*) d\nu(y^*) = \int_{B(Y^*)} f_2(y^*) d\nu(y^*)$$
が成り立つことは, 前問 (a) の j^* の全射性から分かる. そのとき, l は $\mathcal{H}$ 上の有界線形汎関数である. 実際
$$l(1) = 1 = \|l\|$$
を満たしている. このとき, ハーン・バナッハの定理を用いれば, l の拡張である有界線形汎関数 $L : C(B(X^*), w^*) \to \mathbf{R}$ で
$$L(1) = 1 = \|L\|$$
を満たすものが存在する. したがって (Riesz-Kakutani-Markov により), 或る $\mu \in \mathcal{P}(B(X^*), w^*)$ で
$$L(g) = \int_{B(X^*)} g(x^*) d\mu(x^*) \ (g \in C(B(X^*), w^*))$$
を満たすものが存在する. このとき, 特に $g = f \circ j^* \ (f \in C(B(Y^*), w^*))$ とすれば
$$\int_{B(X^*)} (f \circ j^*)(x^*) d\mu(x^*) = \int_{B(Y^*)} f(y^*) d\nu(y^*) \ (f \in C(B(Y^*), w^*))$$
が得られる. すなわち, $j^*(\mu) = \nu$ が示された.

(c) 任意の $y^{**} \in Y^{**}$ について, $y^{**} : (B(Y^*), w^*) \to \mathbf{R}$ が普遍的可測であること, すなわち, 各 $\nu \in \mathcal{P}(B(Y^*), w^*)$ について, y^{**} が ν-可測であることを示す. そのために, 任意の正数 ε と $\nu(E) > 0$ を満たす $E \in \mathcal{B}(B(Y^*), w^*)$ をとれ. そのとき, 前問 (b) の結果から, $j^*(\mu) = \nu$ を満たす $\mu \in \mathcal{P}(B(X^*), w^*)$ が存在する. さて
$$\mu((j^*)^{-1}(E)) = j^*(\mu)(E) = \nu(E) > 0$$
であることに注意せよ. ここで, $B(X^*)$ がタラグランの意味でペッティス集合であることを用いれば, $j^{**}(y^{**}) (\in X^{**})$ が μ-可測であることから, 或る $F \in \mathcal{B}(B(X^*), w^*)$ で, $F \subset (j^*)^{-1}(E)$ を満たし
$$\mu(F) > 0, \ O(j^{**}(y^{**})|F) < \varepsilon$$
を満たすものが存在する. μ がラドン測度であるから, F は弱 * コンパクトとしてよい. このとき, $G = j^*(F) \in \mathcal{B}(B(Y^*), w^*), G \subset E$ で, $\nu(G) = j^*(\mu)(G) \geq \mu(F) > 0$ を満たす. さらに
$$O(y^{**}|G) = O(y^{**}|j^*(F)) = O(j^{**}(y^{**})|F) < \varepsilon$$
が得られる. したがって, 要求された結果が生じる.

6. (a) $B(Y^*)$ がペッティス集合でないことから, ペッティス集合の定義 3.2.4 ($K = B(Y^*)$ の場合) の性質 $(*)$ の否定から得られる.

(b) 定理 3.2.24 (d) $\Rightarrow$ (a) の証明内で, 写像 $T : l_1 \to X$ について行った論理展開を $j : Y \to X$ について行えば $j^*(F) = D, D \subset B(X^*)$ を満たす弱 * コンパクト集合の存在が分かるから, $\mathcal{F} \neq \emptyset$ が得られる. さらに, $\mathcal{F}^*$ を, $\mathcal{F}$ の全順序部分集合として, $\mathcal{F}^*$ が $\mathcal{F}$ に上界を持つことを示す. そのために
$$F^* = \bigcap_{F \in \mathcal{F}^*} F$$
とおけば, F^* は, $j^*(F^*) = D$ を満たす弱 * コンパクト集合で, $F^* \geq F (\forall F \in \mathcal{F}^*)$ は容易に分かり, 結果が得られる.

(c) F_0 を $\mathcal{F}$ の極大元とする. そのとき, $j^{**}(y^{**}) \in X^{**}$ と, $B(X^*)$ のペッティス性から, 表記の弱 * 開集合 U の存在が分かる.

(d) $W_0 = B(Y^*) \backslash (j^*(F_0 \backslash U))$ は, j^* の弱 *-弱 * 連続性と, F_0 の弱 * コンパクトを用いれば, $((B(Y^*), w^*)$ の) 弱 * 開集合であることが分かる. しかも, $W_0 \cap D = \emptyset$ とすれば
$$D \subset B(Y^*) \backslash W_0 = j^*(F_0 \backslash U) \subset j^*(F_0) = D$$
となり, $D = j^*(F_0 \backslash U)$ (すなわち, $F_0 \backslash U \in \mathcal{F}$) が得られる. したがって, F_0 の極大性から, $F_0 = F_0 \backslash U$, すなわち, $F_0 \cap U = \emptyset$ が得られ, 矛盾が生じる. よって, $W_0 \cap D \neq \emptyset$ である. 次に, $W_0 \cap D \subset j^*(F_0 \cap U)$ を示そう. この部分も, 定理 3.2.14 の (b) $\Rightarrow$ (a) の証明内の対応部分と同じである.

(e) (a) の y^{**} について, (c), (d) の結果から
$$O(y^{**}|W_0 \cap D) \leq O(y^{**}|j^*(F_0 \cap U)) = O(j^{**}(y^{**})|F_0 \cap D) \leq \varepsilon$$
が得られる. これと, (a) を併せれば
$$2\varepsilon \leq O(y^{**}|W_0 \cap D) \leq \varepsilon$$
となり, 矛盾が生じる.

以上が，本書における問題 1 から問題 3 までの全ての問題に対する解答やコメントである．ただし，ここで与えたのは単なる一解答例であることを肝に銘じ，解答例をなぞったり，理解するのみではなく，各人が自らの解法を探ることを切に希望する．

あとがき

本書を著すに際して参考とした文献を，各分野，内容毎に，書物，論文の順であげる．先ず，1章で解説した測度，積分の一般理論等については

[1] 伊藤清三, ルベーグ積分入門, 裳華房, 1963

[2] 河田敬義-三村征雄, 現代数学概説 II, 岩波書店, 1965

[3] 中西シズ, 積分論, 共立出版, 1973

[4] G. de Barra, Introduction to Measure Theory, Van Nostrand, 1974

[5] E. Hewitt-K. Stromberg, Real and Abstract Analysis, Springer-Kinokuniya, 1970

[6] M.M. Rao, Measure Theory and Integration, Wiley-Interscience, 1987

[7] K. Yoshida-E. Hewitt, Finitely additive measures, Trans. Amer. Math. Soc., **72** (1952), 46-66.

などであり，特に1章4節については

[8] L. Gillman-M. Jerison, Rings of Continuous Functions, Van Nostrand, 1960

および，以下に記載の [12] などである．2章1節のバナッハ空間における測度論については

[9] G.A. Edgar, Measurability in a Banach space, Indiana Univ. Math. J., **26** (1977), 663-677.

[10] S.S. Khurana, Pointwise compactness and measurability, Pacif. J. Math., **83** (1979), 387-391.

[11] K. Musial, Topics in the theory of Pettis integration, Rend. Istit. Mat. Univ. Trieste, **23** (1991), 177-262.

[12] M. Talagrand, Pettis integral and measure theory, Memoirs AMS., **307**, 1984

などである．[9] は，このような問題を最初に扱った論文である．2章2節のバーコフ積分については

[13] G. Birkhoff, Integration of functions with values in a Banach space, Trans. Amer. Math. Soc., **38** (1935), 357-378.

[14] J. Rodriguez, Universal Birkhoff integrability in dual Banach spaces, Quaest. Math., **28** (2005), 525-536.

である．2章2節のペッティス積分については, [11], [12] および

[15] B. Beauzamy, Introduction to Banach Spaces and Their Geometry, North-Holland, 1985

[16] R.B. Holmes, Geometric Functional Analysis and its Applications, Springer, 1975

[17] H.L. Royden, Real Analysis (2nd ed.), Macmillan, 1968

[18] E.M. Bator-P. Lewis-D. Race, Some connections between Pettis integration and operator theory, Rocky Mountain J. Math., **17** (1987), 683-695.

[19] R.E. Huff, Remarks on Pettis integrability, Proc. Amer. Math. Soc., **96** (1986), 402-404.

[20] B.J. Pettis, On integration in a vector space, Trans. Amer. Math. Soc., **44** (1938), 277-304.

などで,特に,[11], [12] を参照している.[11], [12] は,ペッティス積分とその周辺分野に関するその年代までの広範な成果が手際よく纏められた論文 (survey) であり,この分野の手引書 (ただし,論理の手際よさが,難解さを含むので注意) である.最終章の 3 章については,[11], [12], [15] 以外に

[21] D. Van Dulst, Characterizations of Banach Spaces not Containing l_1, CWI Tract, Amsterdam, 1989

[22] N. Ghoussoub-G. Godefroy-B. Maurey-W. Schachermayer, Some topological and geometrical structures in Banach spaces, Memoirs AMS., **378**, 1987

[23] H. Rosenthal, Some recent discoveries in the isomorphic theory of Banach spaces, Bull. Amer. Math. Soc., **84** (1978), 803-831.

などで,特に [11], [12], [23] を参照している.さらに,この章で利用した私に負う論理展開の参考文献として

[24] M. Matsuda, On Sierpinski's function and its applications to vector measures, Math. Japon., **28** (1983), 549-560.

[25] M. Matsuda, On certain decomposition of bounded weak*-measurable functions taking their ranges in dual Banach spaces, Hiroshima Math. J., **27** (1997), 429-437.

をあげる.なお,[21] は,l_1 を含まないバナッハ空間 X に関するその年代までの広範な成果 (特に,共役空間 X^* の WRNP との関連を重視した成果) が丁寧な表現の下,総括的内容で構成されており,この分野の本格的テキストとして最初のものと考える.また,著作に当たって随所で,拙著

[26] 松田 稔,バナッハ空間とラドン・ニコディム性,横浜図書, 2006

を参照している.

以上,わが国で殆ど紹介されることの無かった測度論,積分論の関連分野を,(著者個人の興味に任せて) ほんの一部ではあるが紹介した.読者の関心への惹起に結びつけば,幸せである.なお,紙面の都合上,非ラドン・ニコディム集合の場合に,[26] で展開した「一般化された Sierpinski 関数の構成に基づく理論展開」が,非ペッティス集合にも可能で,同様の具体的結果 (例えば,凸解析的,図形的,幾何的結果等) も得られることについては全く紹介できなかったことをお断りして,筆を置くことにする.

索引

A
absolute convergence 331
algebra 15
almost everywhere (a.e.) 97

B
Baire-1 関数 425, 427
Birkhoff integral 278, 331
Bochner integral 278, 331

C
Cantor set 261
Cantor space 169
core 373
Corson space 380
(countably additive) measure 37

D
(direct) product measure space 168, 177
Dominated Convergence Theorem 101

F
finitely additive measure 117
finite measure space 61
fixed filter 222
free fIlter 222

I
interval function 27

J
James' space (J) 417, 472
James tree space (JT) 417

L
lattice 121, 253
Lebesgue Decomposition Theorem 164
Lebesgue integral 85
Lebesgue measure space 58
lifting theorem 420
linear support 302
l_1-sequence (l_1-関数列) 448

M
measurable set 48
measurable space 61
measure compact 307
measure space 61
metric outer measure 259
monotone class 23
Monotone Class Theorem 23
Monotone Convergence Theorem 101
μ-absolutely continuous (μ-絶対連続)
.... 162, 164
μ-singular (μ-特異) 162, 164

N
negative set 154
(normalized) Haar measure 169
null set 154

O
outer measure 45

P
Pettis integrable 357
Pettis integral 278, 340
Pettis set 421
point mapping theorem 324
positive set 154
purely finitely additive measure 117, 134

R
ring 14, 17

Rademacher 関数列 246
RNP (Radon-Nikodym property)
　...413, 416, 417

S
scalarly degenerate 293
scalarly non-degenerate 293
self-supported set 459
semi-algebra 8
semi-ring 8
Sierpinski 関数 229, 251, 276, 466
σ-algebra（σ-集合体）......................20, 21
σ-finite measure space（σ-有限測度空間）...61
σ-ring（σ-集合環）...........................20, 21
∑-simple function（∑-単関数）................74
signed measure 117, 149
strongly measure compact 307

T
tail event 214
τ-smooth 307
topologically critical set（t-critical 集合）... 447
topologically stable（t-stable） 448

U
ultrafilter 228
unconditional convergence 331
universally measurable 456

V
Vitali set 71

W
weak integral 340
weakly compactly generated
　....................................312, 384, 410, 417, 471
WRNP (weak Radon-Nikodym property)
　...413, 414, 417, 419

X
X-値関数 278, 322

Z
zero-one law 168
zero set 279

あ
位相的安定 448
位相的臨界集合 447
エグゾーションアーギュメント
　（枯渇論理）..................................... 460
オーリッツ・ペッティスの定理 340

か
（カラテオドリの）外測度 45
可算加法性 37, 41
（可算加法的）測度 38
可算値強可測関数 388, 395
可算劣加法性 45, 47
可測関数 76, 77, 84
可測空間 73
可測矩形 172
可測集合 47, 48
関数の列が独立 448
カントール空間 169, 218, 219, 221, 222, 275
カントール集合 260, 261, 275
完備測度空間 65
強可測 323, 387
強測度コンパクト 307
共役空間 292, 294
距離付け可能（性）...................294, 301, 398
距離的外測度 259
区間関数 27
クレイン・シュムリヤンの定理 340, 347
ゲルファント積分可能 358
コア 322, 373, 378
コーソン空間 380, 381
固定フィルター 222

さ
最小の algebra 17
最小の ring 17
最小の σ-algebra 21

項目	ページ
最小の σ-ring	21
最小の単調族	23
ジェームス空間	417, 472
自己支持集合	459
射影（写像）	195, 205, 282
弱位相	278
弱可測	318, 319, 323
弱コンパクト	312, 313
弱コンパクト写像	368
弱コンパクト集合により生成される	312
弱積分	340
弱同値	319
弱ベール集合族	293
弱ベール測度	293, 318, 320
弱ラドン・ニコディム性	413, 414, 419
弱連続	349
弱*位相	240, 292
弱*可算閉	381
弱*可測	323
弱*コンパクト	351, 455, 456
弱*スライス（列）	457
弱*積分可能	358
弱*密度関数	419
弱*連続	347, 356
自由フィルター	222
集合環	14
集合体	15
集合の対の列が独立	448
ジョルダン分解定理	154
純粋に有限加法的	117, 134
振幅，振幅関数	422
スカラー的退化	293
スカラー的非退化	293, 294
（正規化された）ハール測度	169, 218, 222
積測度	168, 169, 175, 177, 194
積測度空間	177, 194, 195, 205
0–1 法則	168, 213, 221
線形的台	302
絶対収束性	331
全変動（全変分）	139
全変動測度	128, 139
像測度	199
束	121, 253
測度空間	58, 61
測度空間の完備化	262
測度コンパクト	307

た

項目	ページ
互いに素	14
タラグランの意味で，ペッティス集合	456
単関数	74, 76, 84
単調収束定理	101
単調族	23
ダンフォード積分可能	357, 359
逐次積分	180, 186
同等積分可能	397

は

項目	ページ
ハーン分解定理	155
バーコフ積分	331
バーコフ積分可能（関数）	336
半集合環	8
半集合体	8
非順序収束性	333
ビタリ集合	71
ビタリ・ハーン・サックスの定理	131
尾部事象	214
フィルター	218, 222
フビニの定理	177, 184, 187
普遍的可測	456
平均値域	374, 377
平行移動で不変	69, 71, 222, 276
ベール集合族	279
ベクトル値積分	322, 330
ベクトル値測度	419
ペッティス集合	421
ペッティス積分	322, 357
ペッティス積分可能	357, 359
ペッティス密度関数	413, 414, 419
ボッホナー積分	330
ボッホナー積分可能	330
ボッホナー密度関数	413

殆ど至る所で成り立つ 97
ボレル（確率）測度 219, 277, 398
ボレル可測関数 78
ボレル集合，ボレル集合族 59, 219

ま
無条件収束 331, 332

や
優越収束定理 101
有限加法的 120
有限加法的実測度 117
有限加法的測度 118
有限個の有限加法的実測度の上限，下限
　　.................................... 121
有限測度空間 61
吉田・ヒューイット（の）分解定理
　　.............................134, 147, 148

ら
ラドン（確率）測度 219
ラドン・ニコディムの定理 168, 270
リフティング定理 420
リンデレーフの性質 59, 312
ルージン可測 230
ルベーグ可測関数 78
ルベーグ可測空間 61
ルベーグ可測集合 58
ルベーグ測度 58
ルベーグ測度空間 58
ルベーグ分解定理 164
零集合 154
列コンパクト 294, 398

松田　稔（まつだ　みのる）

静岡大学理学部数学科教授（専門分野：関数解析学・実解析学．特に，ベクトル値測度論，バナッハ空間論）を経て，現在：静岡大学名誉教授（理学博士）

測度・積分とバナッハ空間

2016年7月9日　初版発行

著　者　松田　稔
発行者　中田　典昭
発行所　東京図書出版
発売元　株式会社 リフレ出版
　　　　〒113-0021　東京都文京区本駒込 3-10-4
　　　　電話 (03)3823-9171　FAX 0120-41-8080
印　刷　株式会社 ブレイン

© Minoru Matsuda
ISBN978-4-86223-977-8 C3041
Printed in Japan 2016
落丁・乱丁はお取替えいたします。

ご意見、ご感想をお寄せ下さい。

［宛先］〒113-0021　東京都文京区本駒込 3-10-4
　　　　東京図書出版